建筑草图大师SketchUp效果图设计自学经典

王 昣 许 慧 编著

清华大学出版社
北 京

内 容 简 介

本书以实际应用为出发点，通过大量来源于实际工作中的具有实用性和可操作性的典型案例，对读者在日常工作中所遇到的问题进行了全面解答。

全书共 10 章，其中包括了 SketchUp 2014 的工作界面、基本操作、绘图工具的使用、编辑工具的使用、漫游工具的使用、沙盒工具的使用、剖面工具的使用、光影的设定操作、材质与贴图的应用、文件的导入与导出、基础模型的制作、室内外效果图的制作、园林景观图的设计等内容。

本书结构编排合理，图文并茂、案例丰富、解说详略得当，具有很强的可操作性，可以有效帮助用户提高使用 SketchUp 的绘图水平。

本书既可作为高等院校、大中专院校相关专业学生的教材，也可以作为室内外设计人员、园林景观设计人员的参考书籍，同时更是效果图爱好者不可多得的学习宝典。

图书在版编目(CIP)数据

建筑草图大师 SketchUp 效果图设计自学经典 / 王昣，许慧编著. —北京：清华大学出版社，2016 (2021.7重印)
（自学经典）
ISBN 978-7-302-42368-3

Ⅰ. ①建… Ⅱ. ①王…②许… Ⅲ. ①建筑设计—计算机辅助设计—应用软件 Ⅳ. ①TU201.4

中国版本图书馆 CIP 数据核字（2015）第 296120 号

责任编辑：杨如林
装帧设计：刘新新
责任校对：徐俊伟
责任印制：丛怀宇

出版发行：清华大学出版社
网　址：http://www.tup.com.cn，http://www.wqbook.com
地　址：北京清华大学学研大厦 A 座　　邮　编：100084
社 总 机：010-62770175　　邮　购：010-83470235
投稿与读者服务：010-62776969，c-service@tup.tsinghua.edu.cn
质量反馈：010-62772015，zhiliang@tup.tsinghua.edu.cn
印 装 者：天津鑫丰华印务有限公司
经　销：全国新华书店
开　本：188mm×260mm　　印　张：20.5　　字　数：528 千字
（附光盘 1 张）
版　次：2016 年 3 月第 1 版　　印　次：2021 年 7 月第 5 次印刷
定　价：59.80 元

产品编号：063951-01

前 言

众所周知，SketchUp是一套直接面向设计方案创作过程的设计工具，其创作过程不仅能充分表达设计师的思想，且能够满足与客户即时交流的需要。利用它使得设计师可以直接在电脑上进行十分直观的构思。正是由于它的出色表现，因此受到了广大用户的青睐。为了帮助读者在短时间内掌握并熟练应用新版本，我们组织教学一线的教师编写了此书。全书以“理论”为基础，以“实例”为主线，全面详细地对SketchUp 2014的知识进行了讲解，以强调知识点的实际应用性。

本书特色概括如下：

合理的结构框架。全书以实际应用为出发点，打破了传统的按部就班讲解知识的模式，按照设计人员的实际工作进行排篇布局。

直观的讲解方式。全书采用图文结合的方式进行讲解，每一个操作步骤都配有对应的插图，使读者在学习的过程中更易于理解和掌握。

完整的学习脉络。在学习完每章知识内容后，结尾还增加了上机实训练习环节。以保证读者能学以致用、举一反三。

全书共10章，各章节内容概述如下。

第1章主要介绍SketchUp 2014的应用领域、新功能、绘图环境、鼠标的使用等知识。

第2章主要介绍SketchUp 2014的基础操作，包括视图的控制、对象选择、面的操作等内容。

第3章主要介绍绘图工具、编辑工具、建筑施工工具、漫游工具等的使用方法。

第4章主要介绍群组工具、图层工具、实体工具、沙盒工具、剖面工具等的使用方法。

第5章主要介绍材质与贴图的应用知识。

第6章主要介绍SketchUp的导入与导出功能，包括与AutoCAD、3ds Max等绘图软件的交互使用。

第7章主要介绍基础模型的制作。

第8~10章分别介绍居室轴测图、别墅场景图、小区景观图的创建方法。

本书由王昣、许慧老师担任主要编写工作，其中第1~3章由王昣老师编写，第4、8章由许慧老师编写，第5章由王莹莹、刘珊珊老师编写，第6章由王晖、卢向往老师编写，第7章由邱志茹、彭超老师编写，第9章由李娟、吴涛、王关老师编写，第10章由张婷、王京波、张静老师编写，在此对参与本书编写、审校以及光盘制作的老师一并表示感谢。

本书不仅能作为掌握SketchUp 2014各项功能和最新特性的应用指南，还能作为提高用户设计和创新能力的指导用书。同时，本书既可作为各大中专院校相关课程的专业用书，又可作为室内外及园林景观设计人员的参考用书。

本书在编写过程中力求严谨细致，但由于时间与精力有限，疏漏之处在所难免，望广大读者批评指正。

作 者

目录

第9章 冬日别墅场景的制作 243

第10章 小区景观场景的制作 270

第1章 SketchUp 2014轻松入门

本章概述 SketchUp是一款功能强大、简便易学的绘图工具，它融合了铅笔画的优美与自然笔触，可以迅速地建构、显示、编辑三维建筑模型，是一套注重设计摸索过程的软件。本章将主要介绍SketchUp软件的应用领域、用途、软件特点以及相关工作环境的设置等，为后面章节的学习做一个铺垫。

知识要点

- SketchUp的应用领域；
- SketchUp界面构成；
- 自定义快捷键；
- 自定义工具栏；
- 设置场景单位；
- 鼠标的使用。

1.1 SketchUp 2014概述

SketchUp是一套用于开发一些在概念阶段的设计草案的建模工具软件，是一套直接面向设计方案创作过程的设计工具。它被比喻作电子设计中的“铅笔”，被称作“草图大师”。SketchUp具有直观的操作方式，其界面简洁，操作命令也很简单，使用者可以更简单、迅速地将设计的概念呈现出来。

使用SketchUp建立三维模型，就像使用铅笔在图纸上作图一样，它的建模流程很简单，就是画线创造成面，然后推拉成型，这是建筑建模最常用的方法。使用SketchUp，设计者可以专注于设计本身，不必对任何使用软件而烦恼，因为它的使用很简单。设计者可以自由地创建3D模型，还可以将自己的制作发布到Google Earth上和其他人分享，或者提交到Google's 3D Warehouse。此外，设计者也能从Google's 3D Warehouse那儿得到自己想要的素材，以此作为创作的基础，获得灵感。

1.1.1 设计相关软件分类与分析

目前在设计行业普遍应用的CAD软件很多，主要有以下几种类型：

第一种是AutoCAD，及以其为平台编写的众多的专业软件。这种类型的特点是依赖于AutoCAD本身的能力，而AutoCAD由于其历史很长，为了照顾大量老用户的工作习惯，很难对其内核进行彻底的改造，只能进行缝缝补补的改进。因此，AutoCAD固有的建模能力弱的特点和坐标系统不灵活的问题，越来越成为设计师与计算机进行实时交流的瓶颈。即使是专门编写的专业软件也大都着重于平、立、剖面图纸的绘制，对设计师在构思阶段灵活建模的需要基本难以满足。

第二种是3ds Max、Maya、SoftImage等具备多种建模能力及渲染能力的软件。这种类型软件的特点是虽然自身相对完善，但是其目标是“无所不能”和“尽量逼真”，因此其重点实际上并没有放到设计的过程上。即使是3ds viz这种号称是为设计师服务的软件，其实也是3ds Max的简化版本而已，本质上都没有对设计过程进行重视。

第三种是Lightscape、MentalRay等纯粹的渲染器，其重点是如何把其他软件建好的模型渲染得更加接近现实，当然就更不是关注设计过程的软件了。

第四种是Rihno这类软件，不具备逼真级别的渲染能力或者渲染能力很弱，其主要重点就是建模，尤其是复杂的模型。但是由于其面向的目标是工业产品造型设计，所以很不适合建筑设计师、室内设计师使用。

目前在建筑设计、室内设计领域急需一种直接面向设计过程的专业软件。什么是设计过程呢？多数设计师无法直接在电脑里进行构思并及时与业主交流，只好以手绘草图为主，因为几乎所有软件的建模速度都跟不上设计师的思路。现在比较流行的工作模式是：设计师构思—勾画草图—向制作人员交待—建模人员建模—渲染人员渲染—设计师提出修改意见—修改—修改—最终出图，由于设计师能够直接控制的环节太少，必然会影响工作的准确性和效率。在这种情况下，我们欣喜地发现了直接面向设计过程的SketchUp。

1.1.2 SketchUp 软件简介

AtlastSoftware公司是美国著名的建筑设计软件开发商，公司最新推出的SketchUp建筑草图设计工具是一套令人耳目一新的设计工具，它给建筑师带来边构思边表现的体验，产品打破建筑师设计思想表现的束缚，快速形成建筑草图，创作建筑方案。SketchUp被建筑师称为最优秀的建筑草图工具，是建筑创作上的一大革命。

SketchUp是相当简便易学的强大工具，一些不熟悉电脑的建筑师可以很快地掌握它，它融合了铅笔画的优美与自然笔触，可以迅速地建构、显示、编辑三维建筑模型，同时可以导出透视图、DWG或DXF格式的2D向量文件等尺寸正确的平面图形。这是一套注重设计摸索过程的软件，世界上所有具规模的AEC（建筑工程）企业或大学几乎都已采用。建筑师在方案创作中使用CAD繁重的工作量可以被SketchUp的简洁、灵活与功能强大所代替，它带给建筑师的是一个专业的草图绘制工具，让建筑师更直接更方便地与业主和甲方交流，这些特性同样也适用于装潢设计师和户型设计师。

SketchUp是一套直接面向设计方案创作过程而不只是面向渲染成品或施工图纸的设计工具，其创作过程不仅能够充分表达设计师的思想，而且完全满足与客户即时交流的需要，与设计师用手工绘制构思草图的过程很相似，同时其成品导入其他着色、后期、渲染软件可以继续形成照片级的商业效果图。是目前市面上为数不多的直接面向设计过程的设计工具，它使得设计师可以直接在电脑上进行十分直观的构思，随着构思的不断清晰，细节不断增加，最终形成的模型可以直接交给其他具备高级渲染能力的软件进行最终渲染。这样，设计师可以最大限度地减少机械重复劳动和控制设计成果的准确性。

1.1.3 SketchUp 软件特色

SketchUp之所以能够快速、全面地被室内设计、建筑设计、园林景观、城市规划等诸多设计领域设计者接受并推崇，主要有以下几种区别于其他三维软件的特点。

1. 直观多样的显示效果

在使用SketchUp进行设计创作时，可以实现“所见即所得”，在设计过程中的任何阶段都可以作为直观的三维成品来观察，甚至可以模拟手绘草图的效果，能够快速切换不同的显示风格，使得设计过程的交流完全可行。摆脱了传统绘图方法的繁重与枯燥，可以与客户进行更为直接、有效的交流。

2. 建模高效快捷

SketchUp提供三维的坐标轴，在绘制草图时，用户只要稍微留意一下跟踪线的颜色，就可以准确定位图形的坐标。

SketchUp“画线成面，推拉成体”的操作方法极为便捷，在软件中不需要频繁地切换视图，可以直接在三维界面中轻松地绘制出二维图形，然后直接推拉成三维立体模型。另外，我们还可以通过数值输入框手动输入数值进行建模，以确保模型尺寸的标准。

3. 材质和贴图使用便捷

SketchUp拥有自己的材质库，用户可以根据自己的需要赋予模型各种材质和贴图，并且能够实时显示出来，从而直观地看到效果。也可以将自定义的材质添加到材质库中，以便在以后的设计制作中直接应用。材质确定后，可以方便地修改色调，并能够直观地显示修改结果，以避免反复的试验过程。另外，通过调整贴图的颜色，一张贴图也可以改变为不同颜色的材质。

4. 全面的软件支持与互转

SketchUp虽然俗称“草图大师”，但是其功能远远不局限于方案设计的草图阶段。SketchUp不但能够在模型的建立上满足建筑制图高精确度的要求，还能完美结合VRay、Piranesi、Artlantis等渲染器实现多种风格的表现效果。

此外，SketchUp与AutoCAD、3ds Max、Revit等常用设计软件可以进行十分快捷的文件转换互用，能满足多个设计领域的需求。

5. 准确定位阴影

可以设定建筑所在的城市、时间等，并可以实时分析阴影，形成阴影的演示动画。

1.1.4 SketchUp 运用领域

SketchUp的适用范围十分广泛，可以应用于建筑设计、园林设计、城市规划设计、游戏场景设计、室内设计以及机械设计等领域，如图1-1 ~ 图1-5所示。

图1-1　建筑设计场景效果

图1–2　景观园林场景效果

图1–3　城市规划场景效果

图1–4　室内场景效果

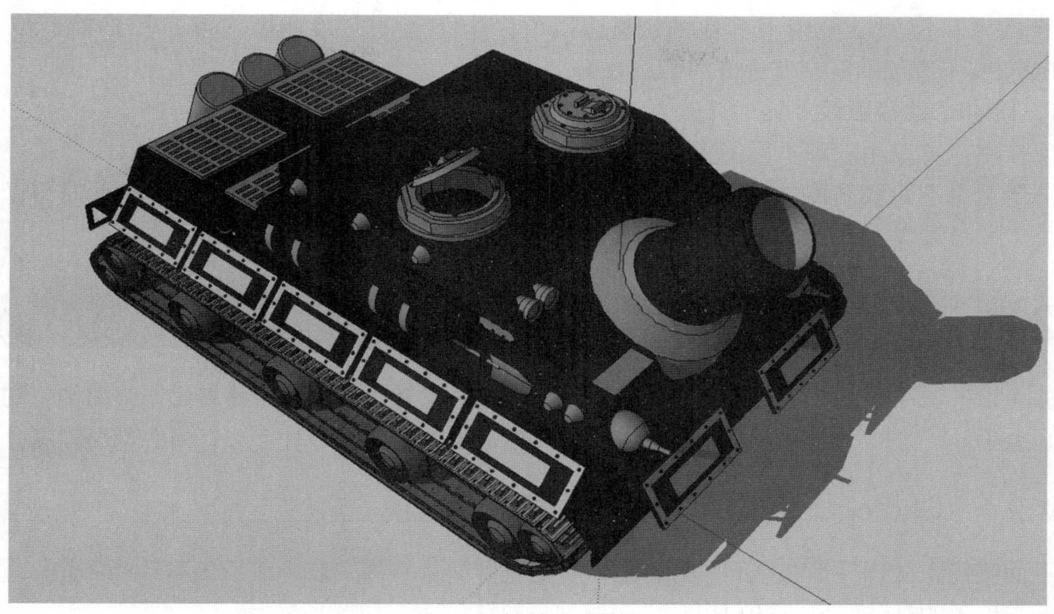

图1-5　机械设计效果

1.1.5　SketchUp 新功能

SketchUp中免费的3D模型几乎是无穷无尽的。在SketchUp 2014中，对3D模型库所做的改进使得3D模型库的用处变得更大。从完全交互式的模型预览到全新的用户界面，2014版本的变化非常巨大。

1. BIM分类和互操作性

有了SketchUp 2014，用户就无需再费尽心思地为模型添加BIM元素了。SketchUp 2014已经增添了对象分类功能，并按照行业中一些最常见的BIM标准导出文件。

2. 省时的建筑施工图工具

当设计一些用户不会亲自去建造的东西时，所有的问题就都归结到了施工图上。SketchUp 2014中的LayOut程序可以负责日期、页码和重复文本等问题，这样一来用户就可以专注于真正重要的事情，那就是生成更好的图纸。

3. 网页图形库查看器

现在新3D模型库中的所有模型都可以使用集成网页图形库查看器进行浏览。这就意味着在把模型下载到自己的项目中之前，用户可以用3D模式预览模型。

4. 直接上传模型

有了全新的3D模型库，用户就可以直接从浏览器上传3D模型了，没有必要先在SketchUp中打开它们。

5. 互操作性分类器（专业版）

用重要的元数据来丰富用户的模型并提高模型与其他建筑信息建模（BIM）工具的兼容性。新的分类器工具用符合行业标准的实体类型来标注几何体：墙、平板、屋顶以及成百上千的其他东西。借助现有的分类体系，打开一个文本编辑器来创建自己的实体类别。

6. IFC格式导出（专业版）

将模型中的实体分类以后，导出一个IFC（建筑工程数据交换标准）文件，这样可以转换用户的项目模型以便用于其他的BIM应用程序中。连同三维模型一起，用户能获取到在SketchUp Pro中添加的所有有价值的信息数据。

7. 新的3D建模弧线工具

现在用户可以用三种不同的方法来绘制弧线：默认的两点圆弧工具可以选取两个端点，再选取一个定义“弧线高度”的第三个点。或者，选取弧线的中心点，再选取边线上的两点，根据角度定义出弧线。饼图弧线工具的运作方式相同，但是可以生成饼形表面。

1.2 SketchUp 2014界面构成

SketchUp以简易明快的操作风格在三维设计软件中占有一席之地，其界面非常简洁，初学者很容易上手。

1.2.1 SketchUp的启动界面与主界面

下面我们来认识一下SketchUp的启动界面与主界面。软件安装完成后，启动SketchUp应用程序，首先出现的是SketchUp 2014启动界面的“学习”界面，如图1-6所示。

图1-6 启动界面

SketchUp中有很多模板可以选择，如图1-7所示。使用者可以根据自己的需求选择相对应的模板进行设计建模。选择好合适的模板后，单击 “开始使用SketchUp”按钮，就可以开始使用了。

SketchUp 2014的设计宗旨是简单易用，其默认工作界面也十分简洁，界面主要由菜单栏、工具栏、状态栏、数值输入框以及中间的绘图区构成，如图1-8所示。

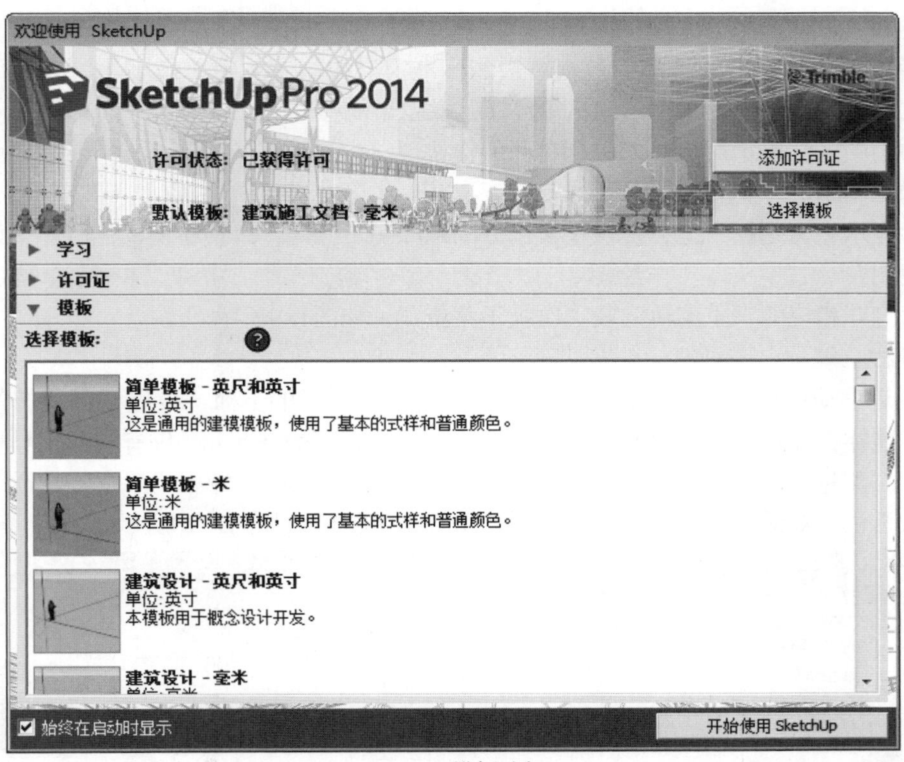

图1–7　模板选择

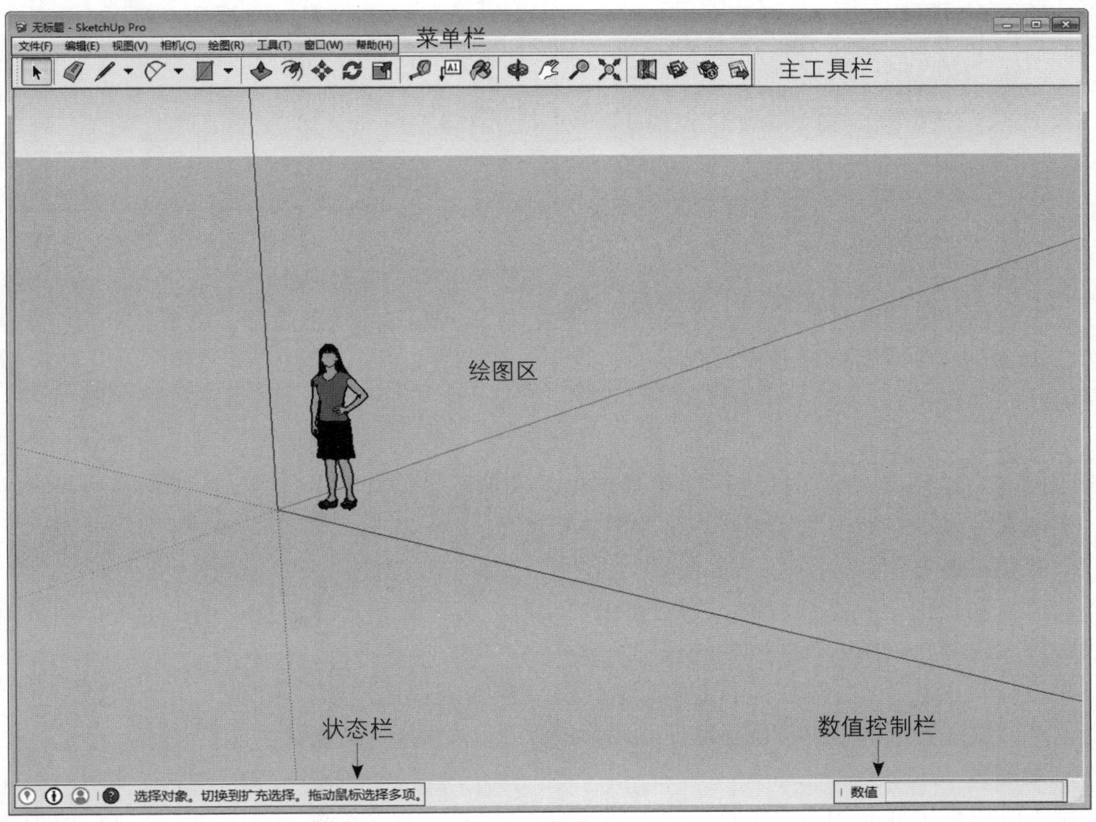

图1–8　操作界面

1. 标题栏

标题栏位于绘图窗口的顶部，包括右边的标准窗口控制（关闭、最小化、最大化）和窗口所打开的文件名。当用户启动SketchUp并且标题栏中当前打开的文件名为“无标题”时，系统将显示空白的绘图区，表示用户尚未保存自己的作业。

2. 菜单栏

菜单栏显示在标题栏下方，提供了大部分的SketchUp工具、命令和设置，由“文件”、“编辑”、“视图”、“镜头”、“绘图”、“工具”、“窗口”、“帮助”8个菜单构成，每个主菜单都可以打开相应的“子菜单”及“次级子菜单”，如图1-9所示。

3. 工具栏

工具栏是浮动窗口，可排列在视窗的左边或者大工具栏的下面，可以根据我们的个人习惯进行设置，这样在设计制作的时候就方便多了。默认状态下的SketchUp仅有横向工具栏，主要为“绘图”、“测量”、“编辑”等工具组按钮。另外，通过执行“视图”|“工具栏”命令，在打开的“工具栏”对话框中也可以调出或者关闭某个工具栏，如图1-10所示。

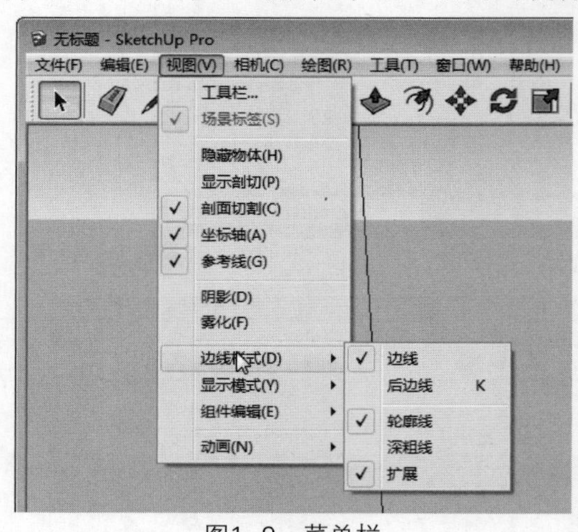

图1-9 菜单栏

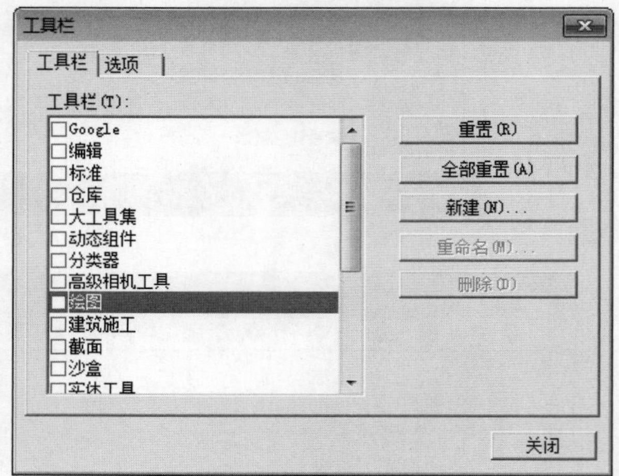

图1-10 “工具栏”对话框

4. 状态栏

状态栏位于绘图窗口的下面，左端是命令提示和SketchUp的状态信息，用来显示当前操作的状态，也会对命令进行描述和操作提示。包含了地理位置定位、声明归属、登录以及显示/隐藏工具向导四个按钮。

这些信息会随着绘制的东西而改变，但是总的来说是对命令的描述，提供修改键和它们怎么修改的。当操作者在绘图区进行任意操作时，状态栏就会出现相应的文字提示，根据这些提示，操作者可以更加准确地完成操作，如图1-11所示。

5. 数值控制栏

数值控制栏位于状态栏右侧，用于在用户绘制内容时显示尺寸信息。用户也可以在数值控制栏中输入数值，以操纵当前选中的视图。

在进行精确模型创建时，可以通过键盘直接在输入框内输入“长度”、“半径”、“角度”、“个数”等数值，以准确指定所绘图形的大小，如图1-12所示。

6. 绘图区

绘图区占据了SketchUp工作界面的大部分空间，与Maya、3ds Max等大型三维软件的平面、立面、剖面及透视多视口显示方式不同，SketchUp为了界面的简洁，仅设置了单视口，通过对应的工具按钮或快捷键快速地进行各个视图的切换，如图1-13、图1-14、图1-15所示，有效减轻了系统的显示负担。而通过SketchUp独有的“剖面”工具还能快速实现如图1-16所示的剖面效果。

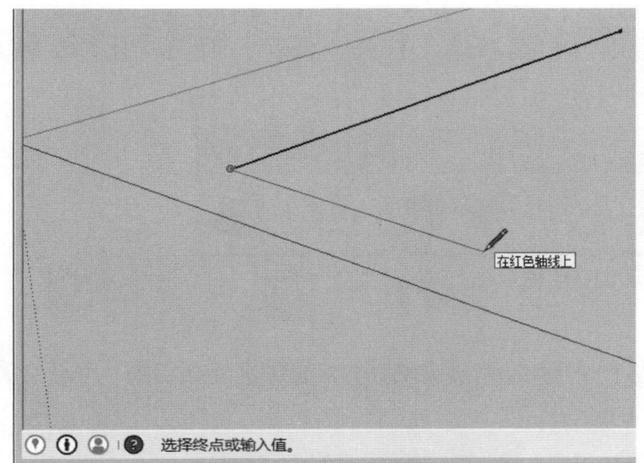

图1-11　状态栏

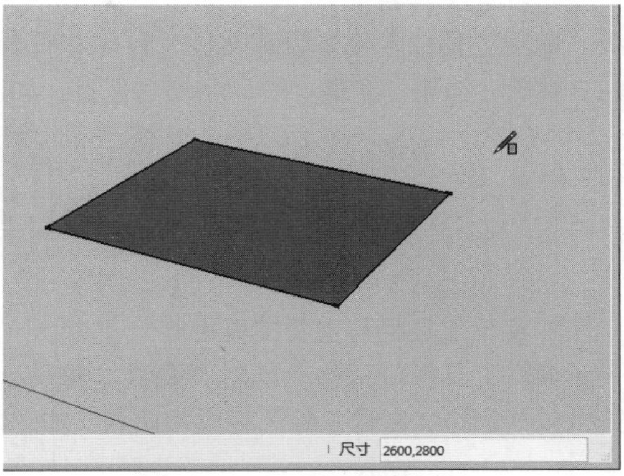

图1-12　数值控制栏

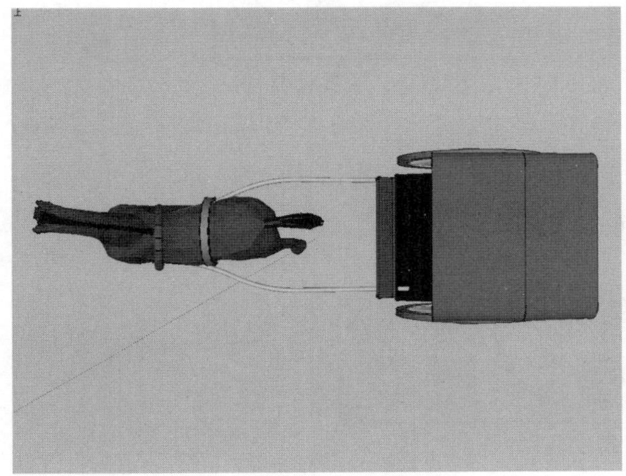

图1-13　俯视图

图1-14　立面图

图1-15　等轴侧视图

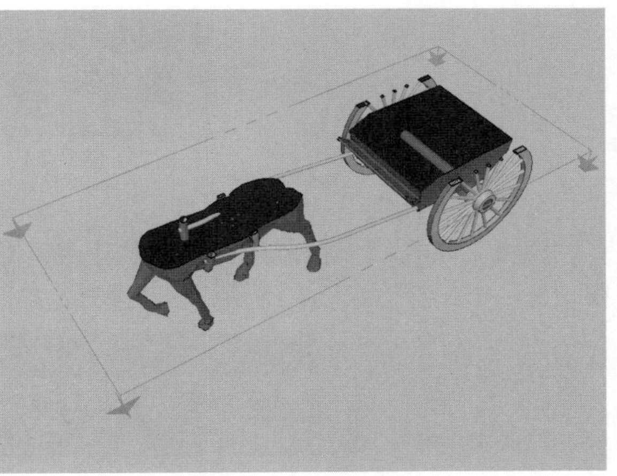

图1-16　剖面图

1.2.2 SketchUp的主要工具栏

SketchUp的工具栏和其他应用程序的工具栏相似。可以游离或者吸附到绘图窗口的边上，也可以根据需要拖曳工具栏窗口，调整其大小。

1. 标准工具栏

标准工具栏主要是管理文件、打印和查看帮助。包括新建、打开、保存、剪切、复制、粘贴、擦除、撤销、重做、打印和模型信息，如图1–17所示。

图1–17 标准工具栏

2. 编辑工具栏与主要工具栏

编辑工具栏包括移动复制、推/拉、旋转、路径跟随、缩放和偏移，如图1–18所示。主要工具栏包括选择、制作组件、材质和擦除，如图1–19所示。

图1–18 编辑工具栏

图1–19 主要工具栏

3. 绘图工具栏与建筑施工工具栏

进行绘图的基本工具。绘图工具栏包括矩形、直线、圆、手绘线、多边形、圆弧和饼图。圆弧分为两种，分别为根据起点、终点和凸起部分绘制圆弧，从中心和两点绘制圆弧，如图1–20所示。

图1–20 绘图工具栏

建筑施工工具栏包括卷尺工具、尺寸、量角器、文字、轴和三维文字，如图1–21所示。

图1–21 建筑施工工具栏

4. 相机工具栏

相机工具栏用于控制视图显示的工具。包括环绕观察、平移、缩放、缩放窗口、充满视窗、上一个、定位相机、绕轴旋转和漫游，如图1–22所示。

图1–22 相机工具栏

5. 样式工具栏

样式工具栏控制场景显示的风格模式。包括X光透视模式、后边线、线框显示、消隐、阴影、材质贴图和单色显示，如图1–23所示。

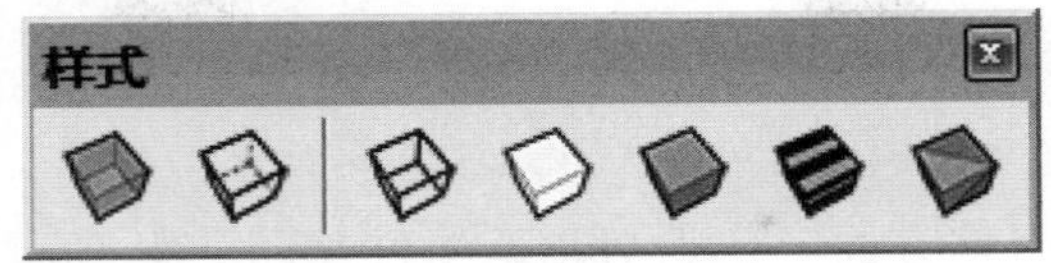

图1–23　样式工具栏

6. 视图工具栏

切换到标准预设视图的快捷按钮。底视图没有包括在内，但是可以从查看菜单中打开。此工具栏包括等轴、俯视图、前视图、右视图、后视图和左视图，如图1–24所示。

图1–24　视图工具栏

7. 图层工具栏

提供了显示当前图层、了解选中视图所在图层、改变实体的图层分配、开启图层管理器等常用的图层操作，如图1–25所示。

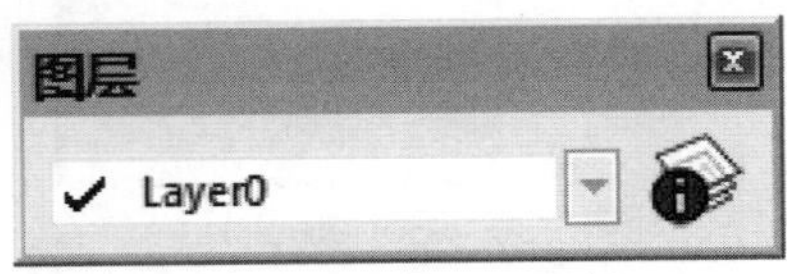

图1–25　图层工具栏

8. 阴影工具栏

提供简洁的控制阴影的方法。包括阴影设置、显示/隐藏阴影以及太阳光在不同日期和时间中的控制，如图1–26所示。

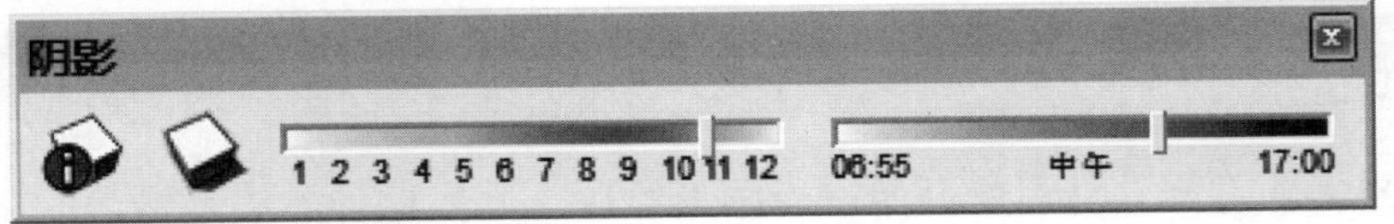

图1–26　阴影工具栏

9. 截面工具栏

截面工具栏可以很方便地执行常用的剖面操作。包括添加剖切面、显示/隐藏剖切面和显示/隐藏剖面切割，如图1–27所示。

图1–27　截面工具栏

10. 沙盒工具栏

常用于地形方面的制作。包括根据等高线创建、根据网格创建、曲面起伏、曲面平整、曲面投射、添加细部和对调角线，如图1–28所示。

图1-28　沙盒工具栏

11. 动态组件工具栏

常用于制作动态互交组件方面。包括与动态组件互动、组件选项和组件属性，如图1-29所示。

图1-29　动态组件工具栏

12. Google工具栏

SketchUp软件被Google公司收购以后增加的工具，可以使SketchUp软件与Google旗下的软件进行紧密协作。包括添加位置、切换地形、照片纹理和在Google地球中预览模型，如图1-30所示。

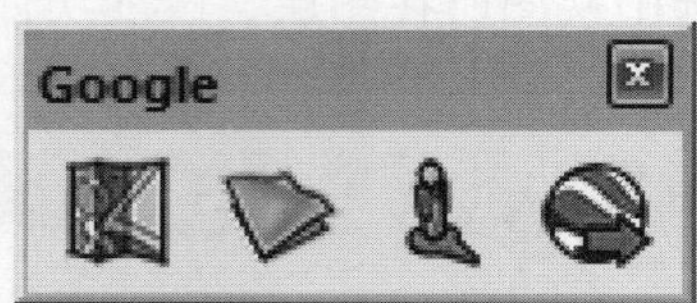

图1-30　Google工具栏

提示

在初始界面是看不到大工具栏的，需要执行“视图”|“工具栏”命令，选择“大工具栏”命令之后才会显示，后面的内容我们会进行详细介绍。

1.3　绘图环境的设置

通常，用户喜欢打开软件后就开始进行图形绘制，其实这种方法是错误的。大多数工程设计软件（如3ds Max、AutoCAD等），默认情况下都是以美制单位作为绘图基本单位，因此绘图的第一步应该是进行绘图环境的设置。

用户可以根据自己的操作习惯来设置SketchUp的单位、工具栏、快捷键等绘图环境，可以有效地提高工作效率。

1.3.1　优化视图工作区

下面来介绍一下优化视图工作区的操作方法。

01 启用SketchUp应用程序，打开“欢迎使用SketchUp”欢迎界面，在窗口中单击“选择模板”按钮，选择相应的模板，如图1-31所示。

02 单击“开始使用SketchUp”按钮，新打开的视图工作区将会改变为所选择的模板样式，如图1-32所示。

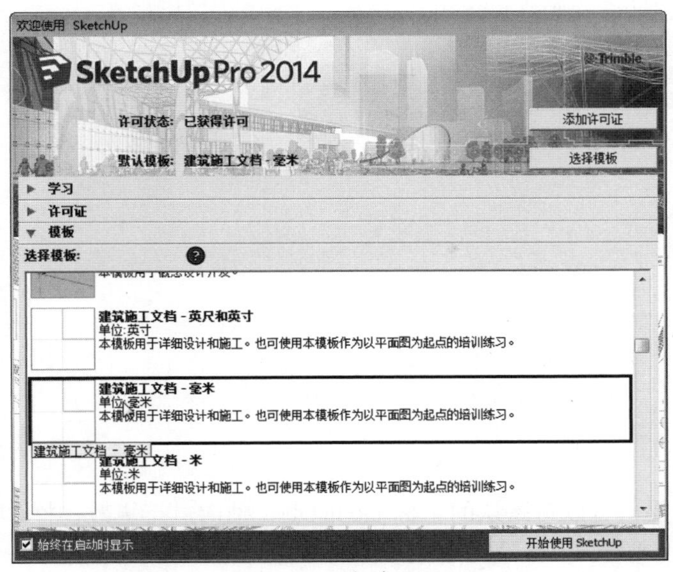

图1–31　启动界面

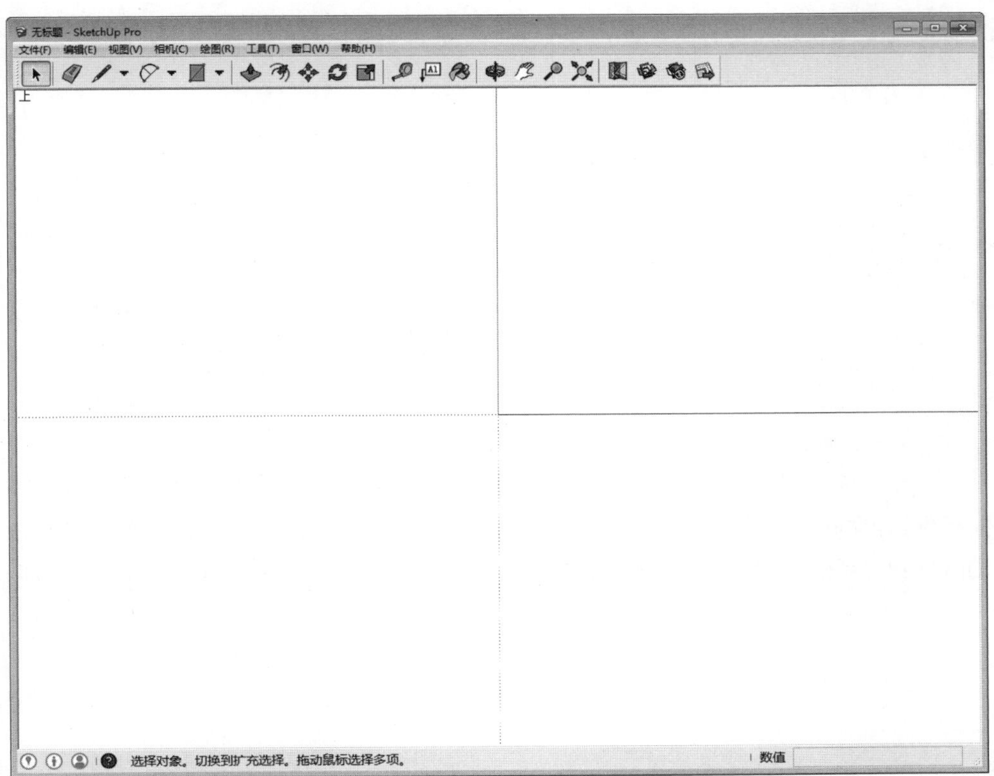

图1–32　工作界面

1.3.2　设置场景坐标系

与其他三维建筑设计软件一样，SketchUp也使用坐标系来辅助绘图。启动SketchUp后，会发现屏幕中有一个三色的坐标轴。绿色的坐标轴代表X轴向，红色的坐标轴代表Y轴向，蓝色的坐标轴代表Z轴向，其中实线轴为坐标轴正方向，虚线轴为坐标轴负方向，如图1–33所示。

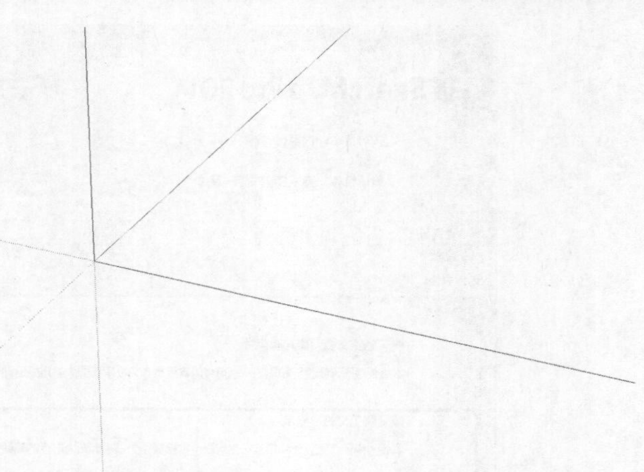

图1-33 场景坐标系

根据设计师的需要，可以对默认的坐标轴的原点、轴向进行更改，操作步骤如下。

01 激活轴工具，重新定义系统坐标，可以看到此时屏幕中的鼠标指针变成了一个坐标轴，如图1-34所示。

02 移动鼠标到需要重新定义坐标的位置，单击鼠标左键，完成原点的定位，如图1-35所示。

图1-34 坐标系统示意图　　图1-35 定位原点

03 转动鼠标到红色的Y轴所需要的方向位置，单击鼠标左键，完成Y轴的定位，如图1-36所示。

04 再转动鼠标到绿色的X轴所需要的方向位置，单击鼠标左键，完成X轴的定位，如图1-37所示。

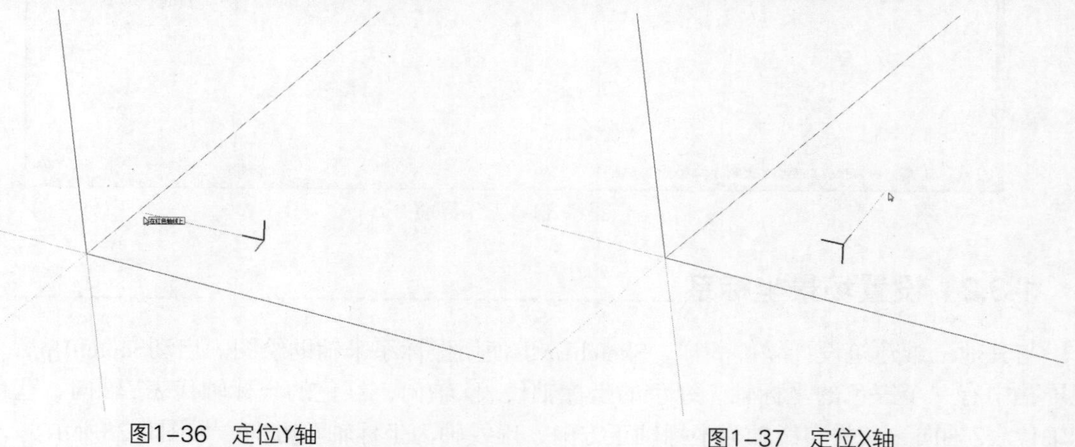

图1-36 定位Y轴　　图1-37 定位X轴

05 此时可以看到坐标系已经被重新定义，如图1-38所示。

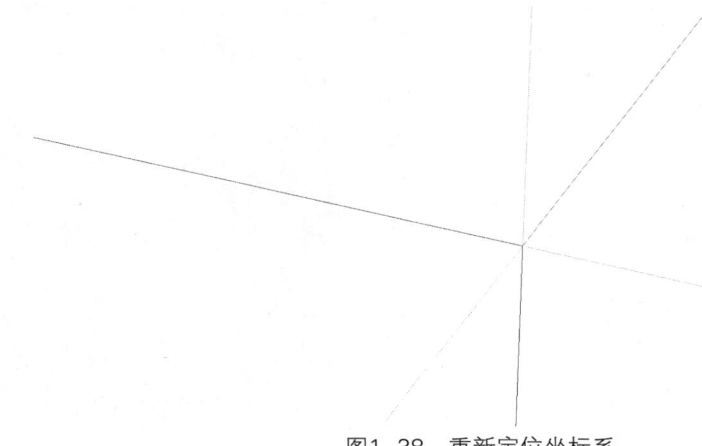

图1-38　重新定位坐标系

如果用户想在绘图时出现如图1-39所示的用于辅助定位的十字光标，就像是在AutoCAD中绘图时的屏幕光标一样，可以通过“系统设置”对话框来进行设置。

执行“窗口”|“系统设置”命令，打开“系统设置”对话框，切换到“绘图”设置面板，勾选“显示十字准线”选项即可，如图1-40所示。

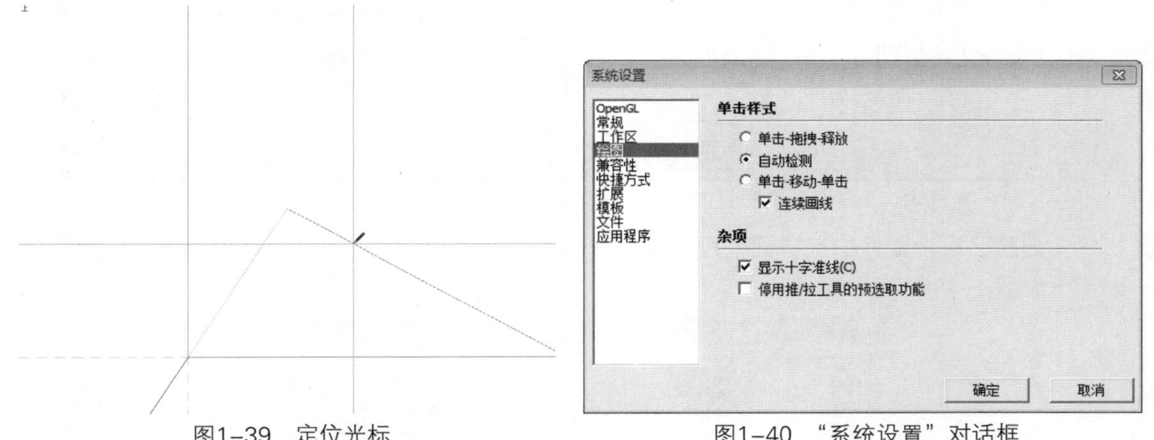

图1-39　定位光标　　　图1-40　“系统设置”对话框

提示

本小节中所讲解的设置场景坐标轴和显示十字光标这两个操作并不常用，对于初学者来说，并不需要过多地进行研究，有一定的了解即可。

1.3.3　自定义快捷键

SketchUp为一些常用工具设置了默认快捷键，如图1-41所示。用户也可以自定义快捷键，以符合个人的操作习惯，操作步骤如下。

01 单击“窗口”菜单，在弹出的快捷菜单中单击“系统设置”命令，如图1-42所示。

02 打开“系统设置”对话框，在左侧单击“快捷方式”选项，即可在右侧进行自定义快捷键，如图1-43所示。

03 输入快捷键后，单击“添加”按钮即可。如果该快捷键已经被其他命令占用，系统将会弹出如图

1-44所示的提示框，此时单击“是”按钮即会将原有快捷键代替。

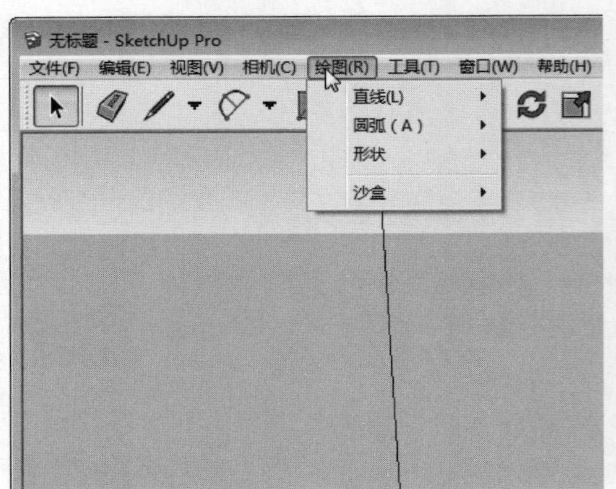

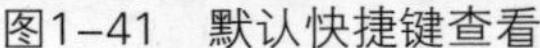

图1-41　默认快捷键查看

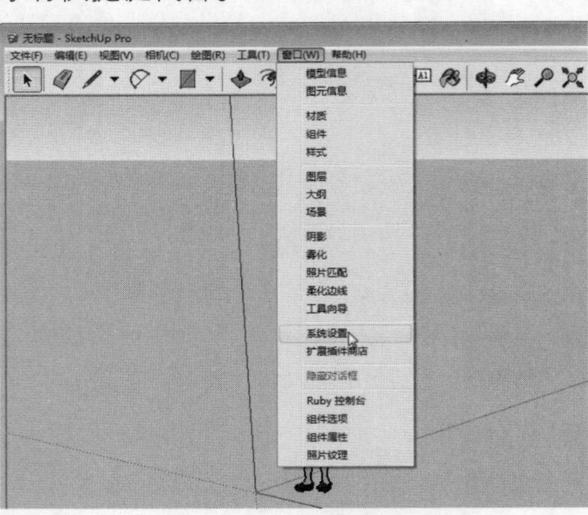

图1-42　窗口菜单

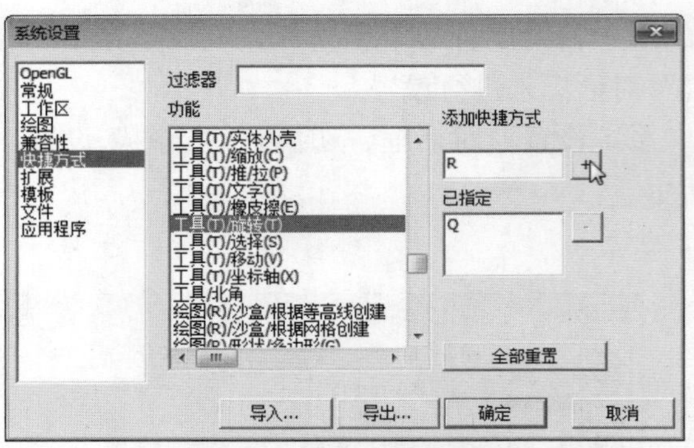

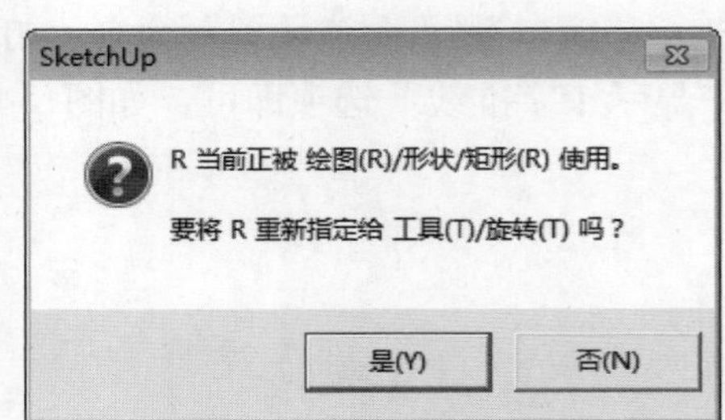

图1-43　“系统设置”对话框　　　　图1-44　系统提示信息

04 如果要删除已经设置好的快捷键，只需要在右侧单击选择已指定的快捷键，再单击“删除”按钮即可，如图1-45所示。

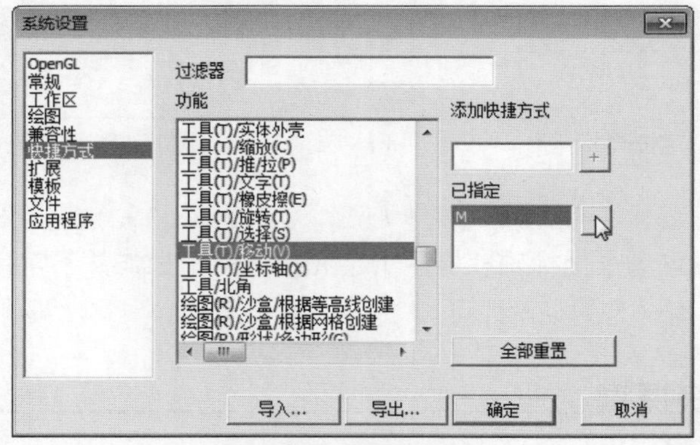

图1-45　删除快捷键

提示

单击“系统设置”面板中的“输出”按钮，会弹出“输出设置”对话框，如图1-46所示，在其中设置好文件名并单击“导出”按钮，即可将自定义好的快捷键以dat文件进行保存。而当重装系统或在他人电脑上应用SketchUp时，再单击“输入”按钮，在弹出的“输入设置”对话框中选择快捷键文件，如图1-47所示，单击“导入”按钮，即可快速加载之前自定义的所有快捷键。

图1–46 “输出设置”对话框

图1–47 “输入设置”对话框

下面将对常见的快捷键设置进行介绍，如表1–1所示。

表1-1 常见快捷键

线段		L	漫游		W	平行偏移		O
圆弧		A	透明显示		ALT+	量角器		V
多边形		N	消隐显示		ALT+2	尺寸标注		D
选择		空格键	贴图显示		ALT+4	三维文字		SHIFT+Z
橡皮擦		E	等角透视		F2	视图平移		H
移动		M	前视图		F4	充满视图		SHIFT+

续表

缩放		S	左视图		F6	回到下个视图		F9
路径跟随		J	矩形		B	绕轴旋转		K
测量		Q	圆		C	添加剖面		P
文字标注		T	不规则线段		F	线框显示		ALT+1
坐标轴		Y	油漆桶		X	着色显示		ALT+3
视图旋转		鼠标中键	定义组件		G	顶视图		F3
视图缩放		Z	旋转		R	后视图		F5
恢复上个视图		F8	推拉		U	右视图		F7
相机位置		I						

1.3.4 设置场景单位

SketchUp在默认情况下是以美制英寸为绘图单位，而我国设计规范均以毫米（米制）为单位，精度则通常保持为0mm。因此在使用SketchUp时，第一步就应该将系统单位调整好，操作步骤如下。

01 执行“窗口”|“模型信息”命令，打开“模型信息”对话框，如图1-48所示。

02 在左侧单击“单位”选项，在右侧的面板中设置“格式”为“十进制”，单位为“mm”，“精确度”为“0mm”，如图1-49所示。

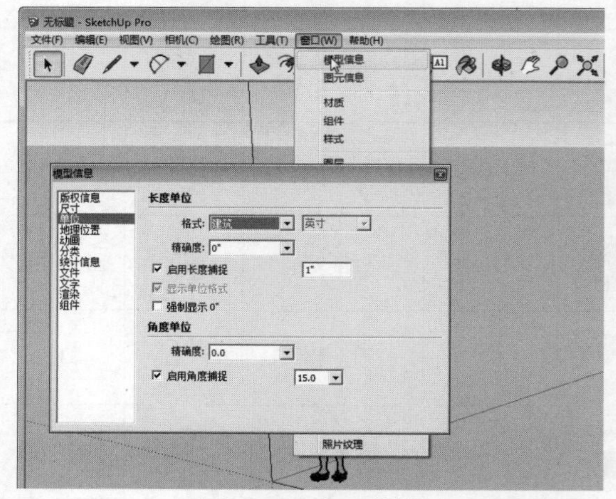

图1-48 窗口菜单

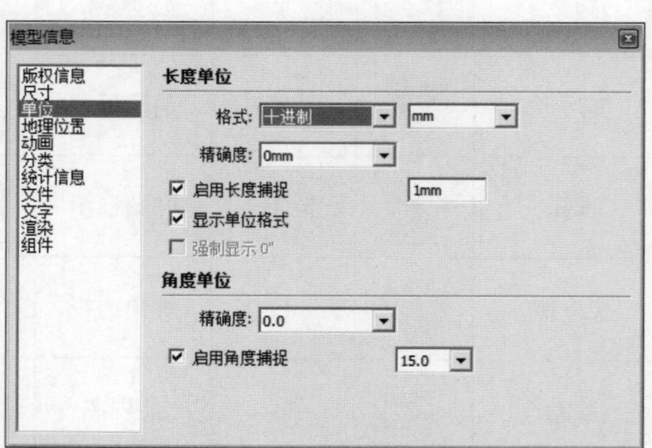

图1-49 “模型信息”对话框

提示

在开启SketchUp时，会弹出启动面板，在“模板”选项板中也可以设置毫米制的建筑绘图模板。

1.3.5 自定义工具栏

在使用SketchUp时，工具栏的摆放位置非常重要。因为刚开始的时候用户对每个工具的作用和快捷键都不熟悉，所以把不同的工具摆放在自己喜欢的位置可以方便操作，提高工作效率。设置步骤如下。

01 单击“视图”命令，在弹出的快捷菜单中单击“工具栏”命令，如图1-50所示。

02 打开“工具栏”对话框，在列表中选择自己需要的工具栏选项，如图1-51所示。

图1-50 视图菜单

图1-51 “工具栏”对话框

03 关闭“工具栏”对话框，返回到工作界面，可以看到被调出的工具栏，如图1-52所示。

04 除了系统中原有的工具栏，用户还可以根据自己的绘图习惯创建自定义的工具栏，再次打开“工具栏”对话框，单击“新建”按钮，如图1-53所示。

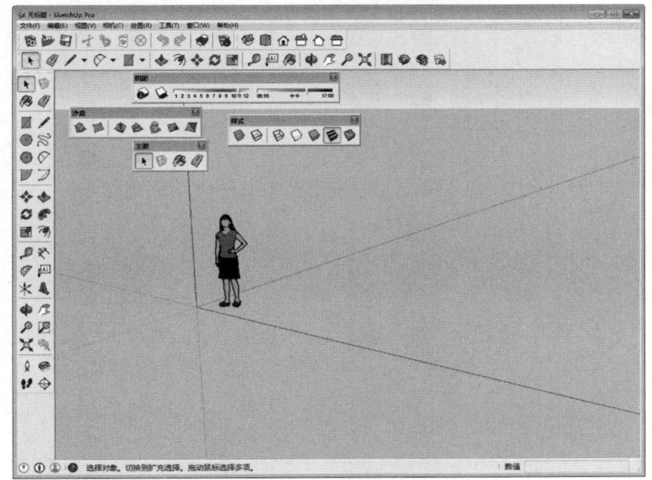

图1-52 调出工具栏

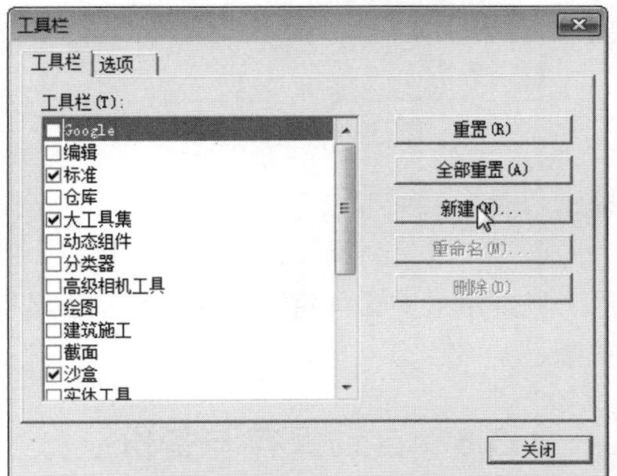

图1-53 创建工具栏

05 在弹出的“工具栏名称”输入框中输入“自定义”，如图1-54所示。

06 单击“确定”按钮，在“工具栏”对话框中会自动增加“自定义”选项，在界面中也会增加一个空白的“自定义”工具栏，如图1-55所示。

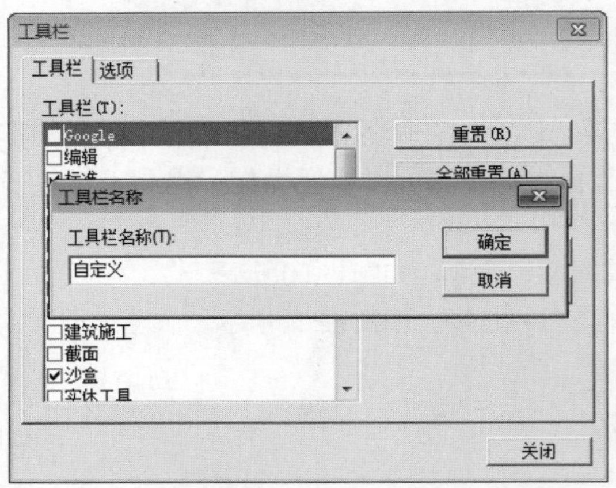

图1-54　自定义工具栏

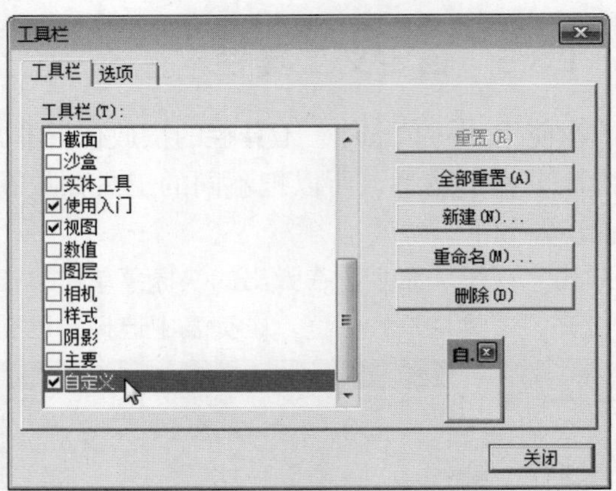

图1-55　新建空白工具栏

07 调整“自定义”工具栏到合适位置，在左侧工具栏中选择自己需要的工具，按住鼠标左键将其拖曳到“自定义”工具栏中，如图1-56所示。

08 继续拖动其他工具到“自定义”工具栏中，完成“自定义”工具栏的制作，同时所拖动的工具将会从左侧工具栏中消失，如图1-57所示。

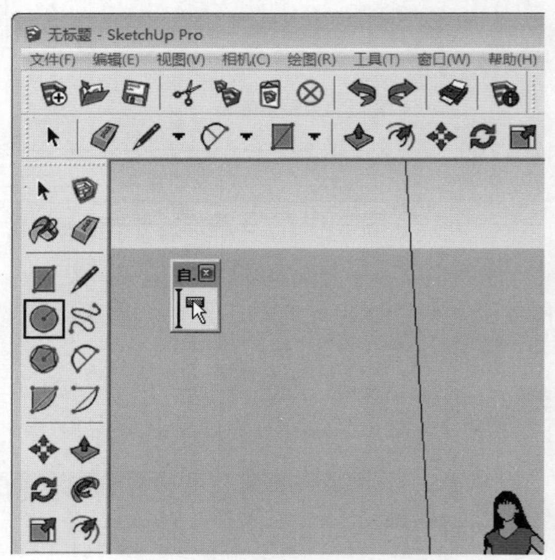

图1-56　创建工具栏图标

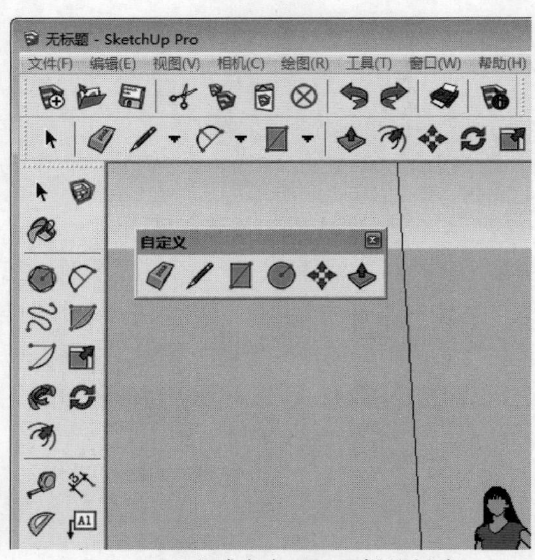

图1-57　完成自定义工具栏的创建

提示

自定义工具栏操作必须在“工具栏”对话框打开的情况才可以进行工具的拖曳。拖曳成功后，原工具条中的该工具将被移除，在“工具栏”对话框中单击“全部重置”按钮，可恢复原工具栏的布置。

1.3.6　自动保存与备份

为了防止断电等突发情况造成文件的丢失，SketchUp提供了文件自动备份与保存的功能，执行“窗口”|“系统设置”命令，打开“系统设置”对话框，选择“常规”设置面板，用户可根

据需要勾选相关选项，如图1-58所示。

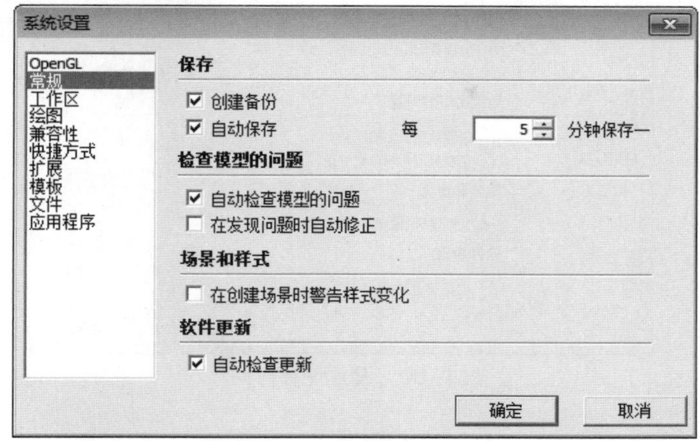

图1-58　文件的备份设置

- 创建备份：提供创建*.skb的备份文件，当出现意外情况时可以将备份文件的后缀名改为*.skp，即可打开还原文件。
- 自动保存：以后面的间隔时间进行自动保存。
- 自动检测模型的问题：可以自动检测模型在加载或保存时的错误。
- 在发现问题时自动修正：不提供提示信息，自动修复所发现的错误。

下面介绍文件的自动保存与备份的操作，具体步骤如下。

01 单击“窗口”命令，在弹出的快捷菜单中单击“系统设置”命令，如图1-59所示。

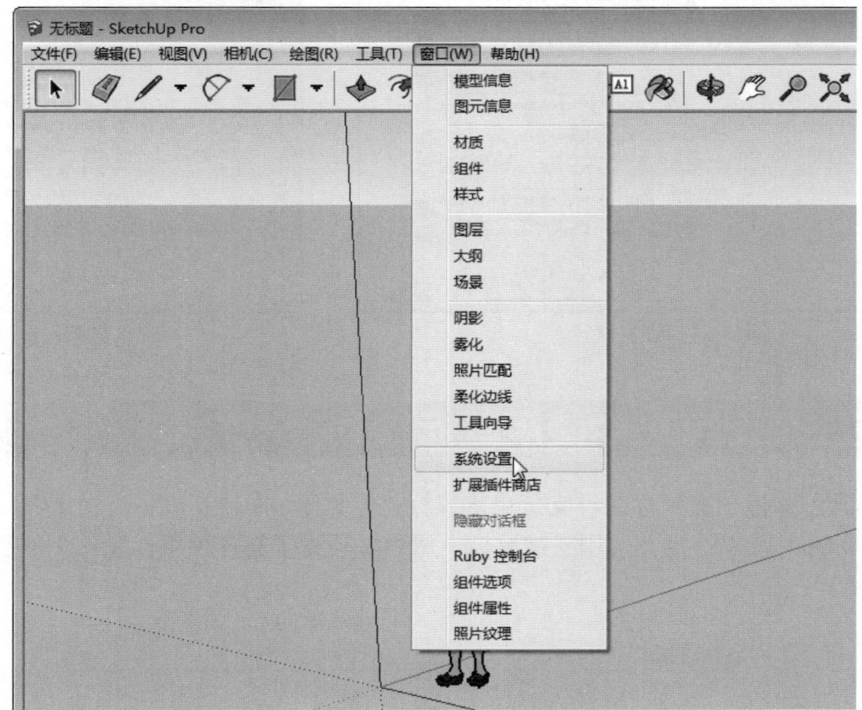

图1-59　窗口菜单

02 打开“系统设置”对话框，在左侧单击“常规”选项，在右侧的面板中勾选“创建备份”、“自动保存”，并设置保存时间，如图1-60所示。

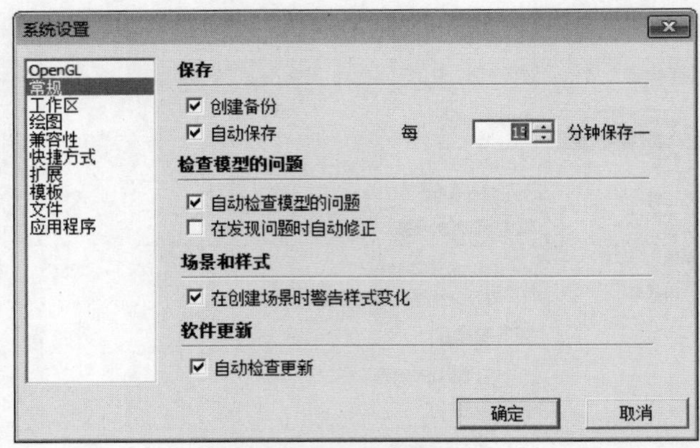

图1-60　设置保存时间

提示

创建备份与自动保存是两个不同的概念，如果只勾选“自动保存”复选框，则数据将直接保存在已经打开的文件上。只有同时勾选“创建备份”，才能够将数据另存在一个新的文件上，这样，即使打开的文件出现损坏，还可以使用备份文件。

03 单击左侧的“文件”选项，在右侧单击“模型”后的“设置路径”按钮，如图1-61所示。

04 打开“浏览文件夹”对话框，从中选择自动备份的文件路径即可，如图1-62所示。

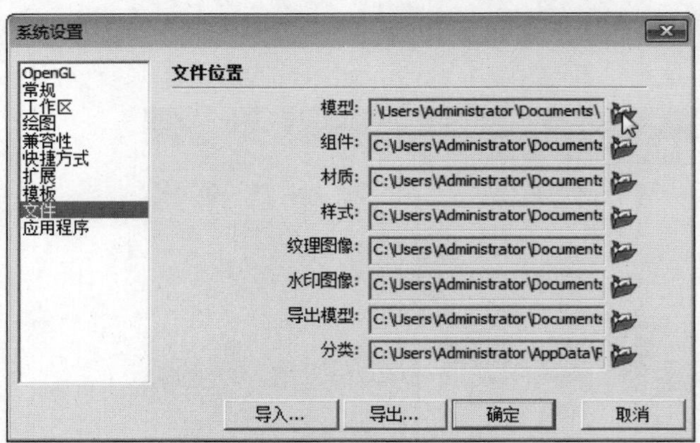

图1-61　设置路径

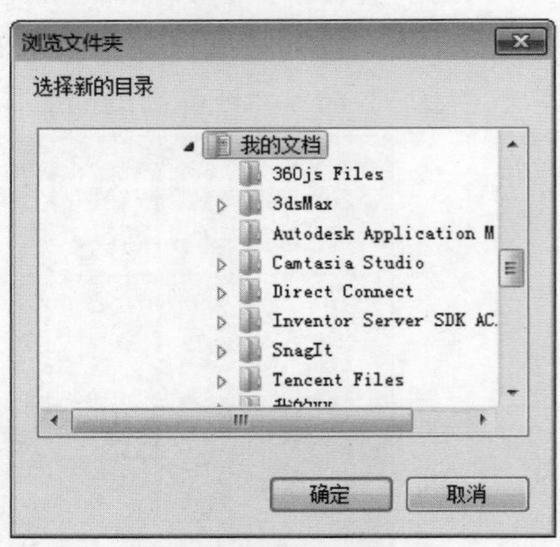

图1-62　选择备份路径

1.4 在SketchUp中使用鼠标

SketchUp既可支持三键鼠标又可支持单键鼠标（常见于Mac计算机）。由于三键鼠标能大大提高使用SketchUp的效率，推荐选用三键鼠标。用户必须先了解各种鼠标操作，然后才能开始在SketchUp中绘图。

1.4.1 使用三键鼠标

三键鼠标包含一个鼠标左键，一个鼠标中键（也叫做滚轮）以及一个鼠标右键。下面介绍在SketchUp中使用三键鼠标的各种常见操作。

- 单击：单击是指用户快速按下鼠标左键，然后放开。

- 单击并按住：单击并按住是指用户按下并按住鼠标左键。
- 单击、按住并拖动：单击、按住并拖动操作是指用户按下并按住鼠标左键，然后移动光标。
- 中键单击、按住并拖动：中键单击、按住并拖动操作是指用户按下并按住鼠标中键然后移动光标。
- 滚动：滚动是指用户旋转鼠标中间的滚轮。
- 右键单击：右键单击是指单击鼠标右键。右键单击一般用来显示上下文菜单。

提示

上下文菜单是内容随调用环境不同而发生变化的菜单（通常位于绘图区的一个或多个图元上或者是在组件内，例如对话框）。如图1-63所示为一个平面图元的上下文菜单。

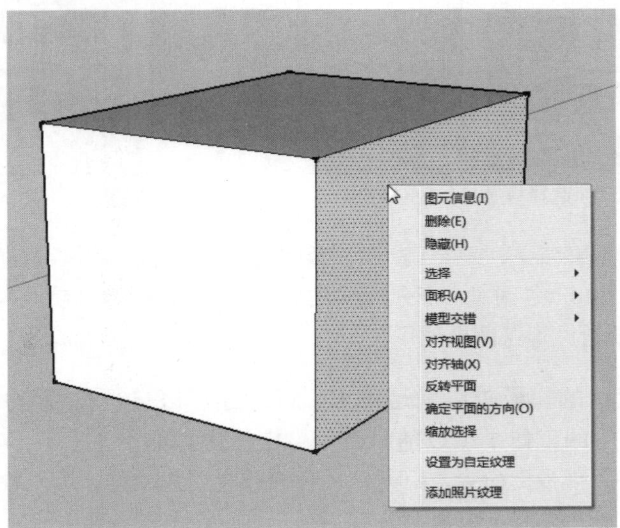

图1-63　上下文菜单

1.4.2　使用单键鼠标

下面介绍在SketchUp中使用单键鼠标的各种常见鼠标操作。

- 单击：单击是指用户快速按下然后释放鼠标键。
- 单击并按住：单击并按住是指用户按下并按住鼠标键。
- 单击、按住并拖动：单击、按住并拖动操作是指用户按住鼠标键，然后移动光标。
- 滚动：滚动是指用户旋转鼠标滚动球（在某些Mac计算机上可用）。
- 右键单击：右键单击是指用户按住控制键的同时单击按下鼠标键。

1.5　上机实训

在SketchUp中可以直接调用模板来绘图，在模板中绘图的环境已经设置好。这里有两种方法可以选择模板，下面将进行介绍。

（1）在软件的欢迎界面中单击“选择模板”按钮，在列表中选择系统设定好的或者自定义模板皆可，如图1-64所示。

（2）在软件操作界面中执行“窗口”|“系统设置”命令，在弹出的“系统设置”对话框中选择模板，如图1-65所示。可以看到，“系统设置”对话框中的模板列表与欢迎界面中的模板是一致的。

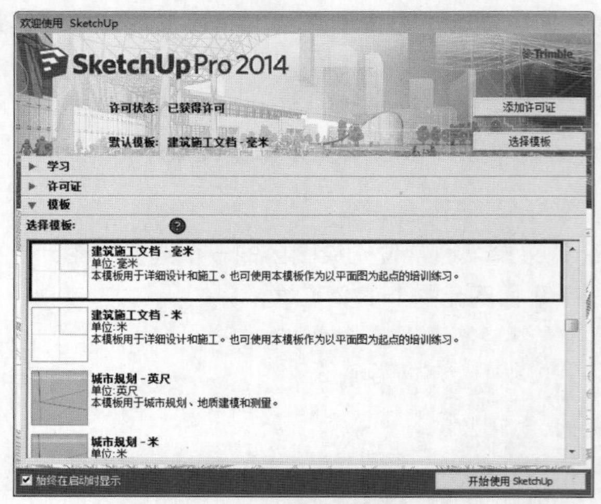

图1-64　选择模板

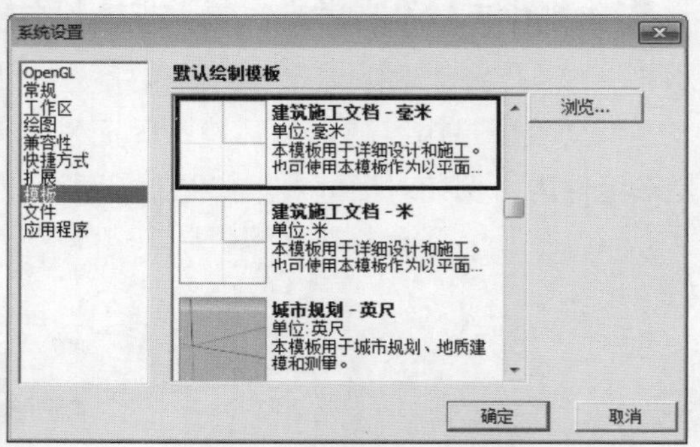

图1-65　“系统设置”对话框

提示

在第一次使用SketchUp软件时就应该加载“建筑施工文档-毫米”模板，这是一个一劳永逸的做法，以后再作图就不需要再设置绘图单位了。

另外，如果系统默认的模板难以满足需求，读者还可以自行设置常用的绘图环境，保存为自己的模板文件，在以后的工作中可以随时调用，操作步骤如下。

01 执行“文件”|“另存为模板”命令，打开“另存为模板”对话框，输入模板名称以及文件名，勾选“设为预设模板”复选框，再单击“保存”按钮，如图1-66所示。

02 设置完成后，关闭SketchUp应用程序，再重新打开SketchUp，在开启界面中即可选择之前保存好的模板文件，如图1-67所示。

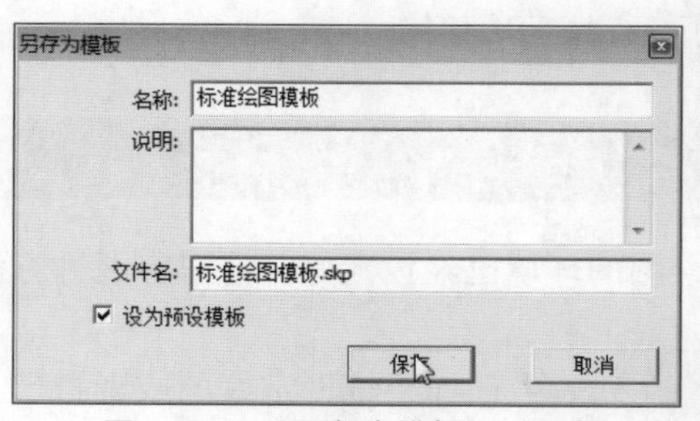

图1-66　“另存为模板”对话框

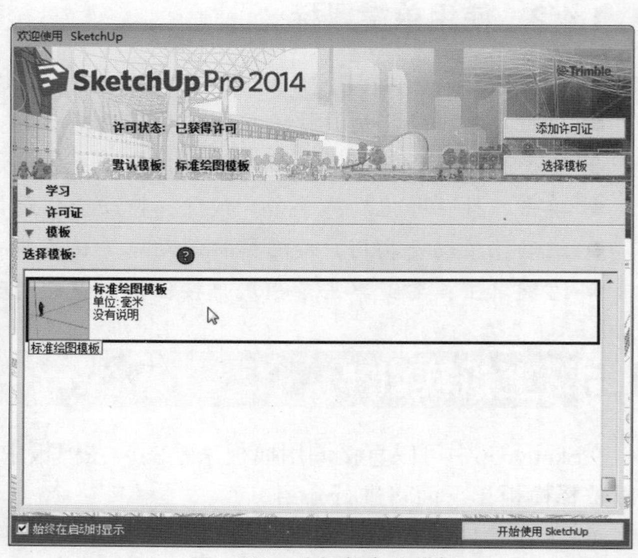

图1-67　选择保存的模板

第2章 SketchUp 2014基础操作

本章概述 SketchUp同AutoCAD一样，具有多种视图显示，用户可以利用多种方式来观察场景以及选择物体。另外，它还具有AutoCAD不具备的多种图形显示风格，设计者可以根据需要将场景效果自由变换。本章将主要介绍SketchUp软件的视图控制技巧，对物体的选择，场景的显示风格与背景设置等知识，使读者可以进一步了解这个软件。

知识要点

- 视图的操作；
- 对象的选择方式；
- SketchUp的7种显示模式；
- 背景与天空设置；
- 面的了解与操作。

2.1 SketchUp 视图控制

在使用SketchUp进行方案推敲的过程中，经常会需要通过视图的切换、缩放、平移等操作，以确定模型的创建位置或观察当前模型的细节效果。熟练地对视图进行操控是掌握SketchUp其他功能的前提。

2.1.1 切换视图

平面视图有平面视图的作用，三维视图有三维视图的作用，各种平面视图的作用也各不相同。设计师在三维制图时经常要进行视图间的切换，在SketchUp中，切换视图主要是通过“视图”工具栏中的6个视图按钮进行快速切换，如图2-1所示。

图2-1 视图工具栏

单击其中的按钮即可切换到相应的视图，依次为等轴视图、俯视图、前视图、右视图、后视图、左视图，如图2-2至图2-7所示。

图2-2 等轴视图

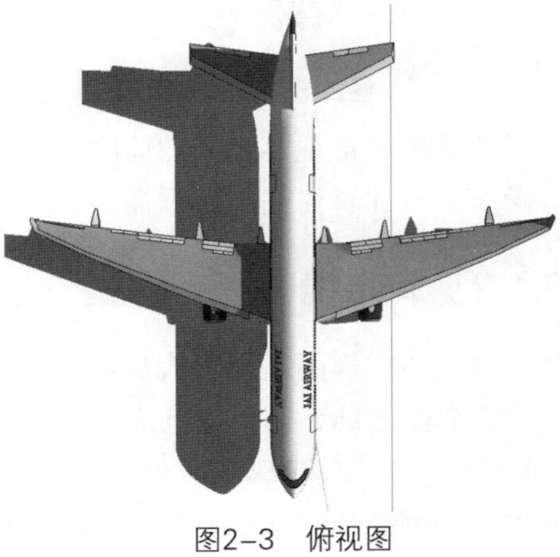

图2-3 俯视图

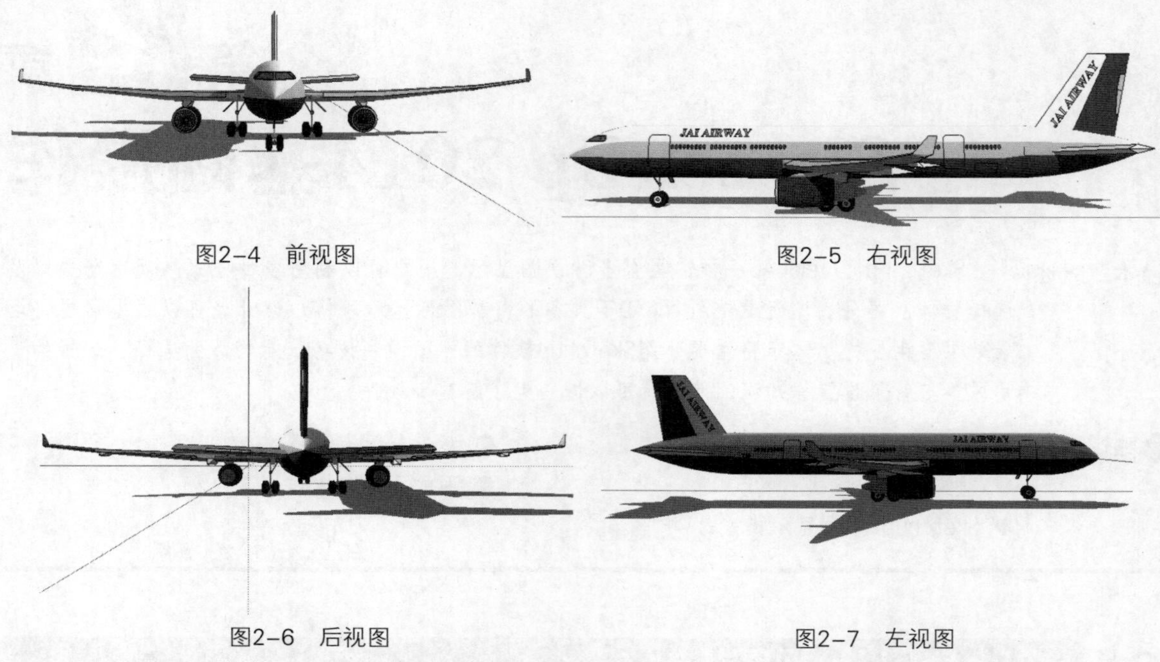

图2-4　前视图　　图2-5　右视图

图2-6　后视图　　图2-7　左视图

提示

SketchUp默认设置为“透视显示”，因此所得到的平面与立面视图都非绝对的投影效果，如图2-8所示，执行“相机”|“平行投影”命令即可得到绝对的投影视图，如图2-9所示。

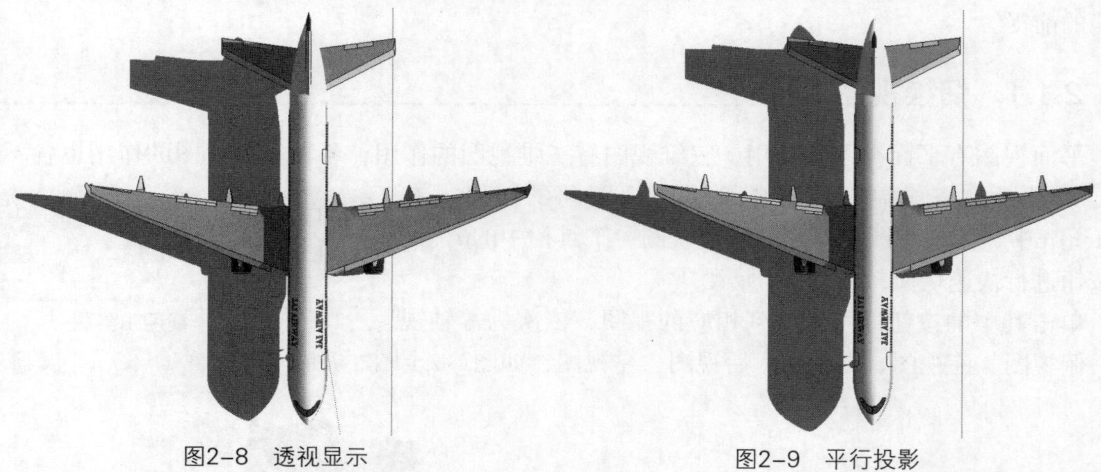
图2-8　透视显示　　图2-9　平行投影

由于计算机屏幕观察模型的局限性，为了达到三维精确作图的目的，必须转换到最精确的视图窗口操作，设计者往往会根据需要即时调整视口到最佳状态，这时对模型的操作才最准确。

2.1.2　旋转视图

在三维视图中作图是设计人员绘图的必需步骤，在SketchUp中切换三维视图是非常方便的。在介绍旋转视图之前，需要先向大家介绍有关三维视图的两个类别：透视图与轴测图。

透视图是模拟人的视觉特征，使图形中的物体有“近大远小”的消失关系，如图2-10所示。而轴测图虽然是三维视图，但是距离视点近的物体与距离视点远的物体大小显示是一样的，如图2-11所示。

图2-10　透视图

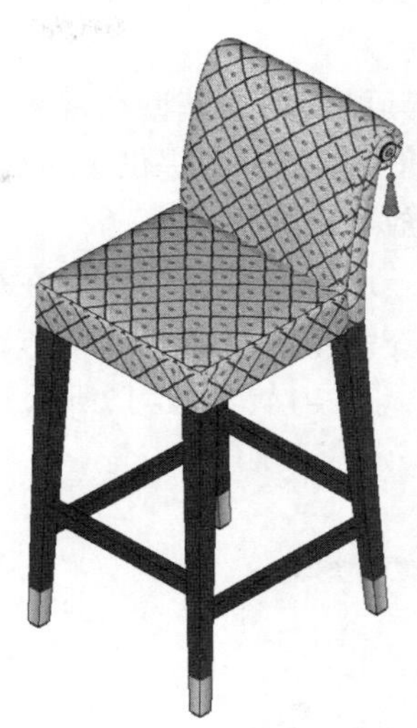

图2-11　轴测图

在任意视图中旋转，可以快速观察模型各个角度的效果，“镜头”工具栏中提供了“绕轴观察”命令。旋转三维视图有两种方法：一种是直接单击工具栏中的“绕轴观察”按钮，直接旋转屏幕以达到观测的角度；另一种是按住鼠标中键不放，在屏幕上转动视图以达到观测的角度，如图2-12所示。

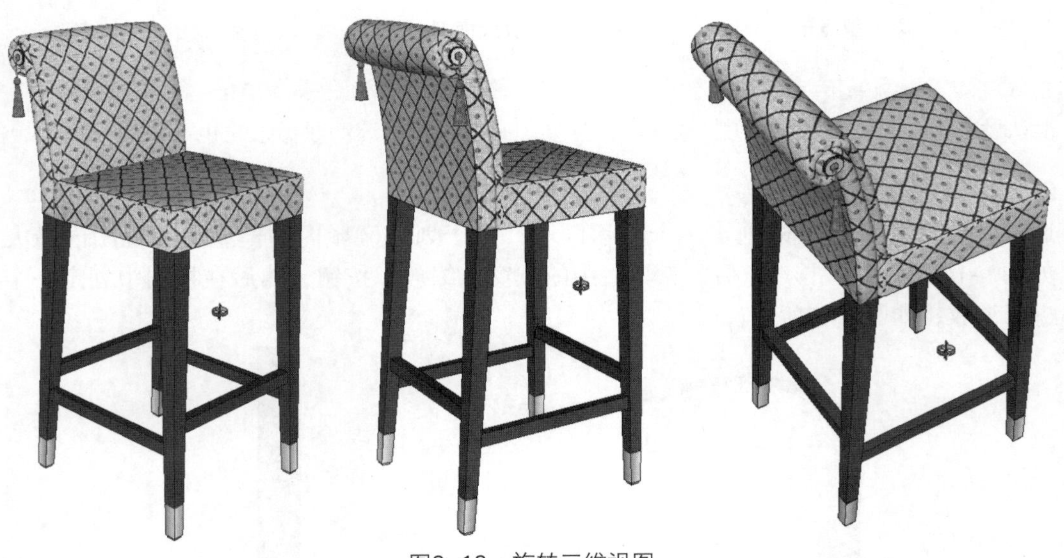

图2-12　旋转三维视图

提示

在使用“绕轴观察”工具调整观测角度时，SketchUp为保证观测测试点的平稳性，将不会移动相机机身的位置。如果需要观测视点随着鼠标的转动而移动相机机身，可以按住Ctrl键不放，再进行转动。

2.1.3　缩放视图

绘图是一个不断地从局部到整体，再从整体到局部的过程。为了精确绘图，设计师经常需要放大图形以观察图形的局部细节；而为了进行全局的调整，又要缩小图形以查看整体的效果。

通过缩放工具可以调整模型在视图中的显示大小，从而进行整体细节或局部细节的观察，SketchUp的“相机”工具栏中提供了多种视图缩放工具。

1. “实时缩放”工具

“实时缩放”用于调整整个模型在视图中的大小。单击“镜头”工具栏中的“实时缩放”按钮，按住鼠标左键不放，从屏幕下方往上方移动是扩大视图，从屏幕上方往下方移动是缩小视图，如图2-13、图2-14、图2-15所示。

图2-13 原模型显示　图2-14 放大模型　图2-15 缩小模型

提示

默认设置下，“实时缩放”的快捷键为“Z”，此外，前后滚动鼠标滚轮也可以进行缩放操作。

2. “窗口缩放”工具

通过“窗口缩放”可以划定一个显示区域，位于划定区域内的模型将在视图内最大化显示，如图2-16所示。单击“镜头”工具栏中的“窗口缩放”按钮，然后在视图中划定一个区域即可进行缩放，如图2-17所示。

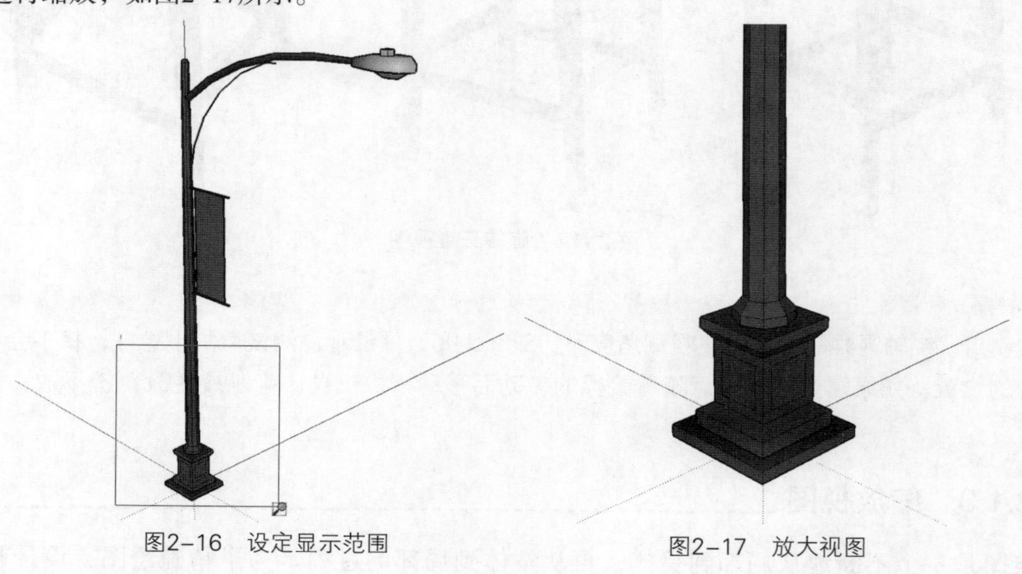

图2-16 设定显示范围　图2-17 放大视图

3. "充满视图"工具

"充满视图"工具可以快速地将场景中所有可见模型以屏幕中心为中心进行最大化显示。其操作步骤也非常简单，单击"相机"工具栏中的"充满视窗"按钮即可，设置前后效果如图2–18所示。

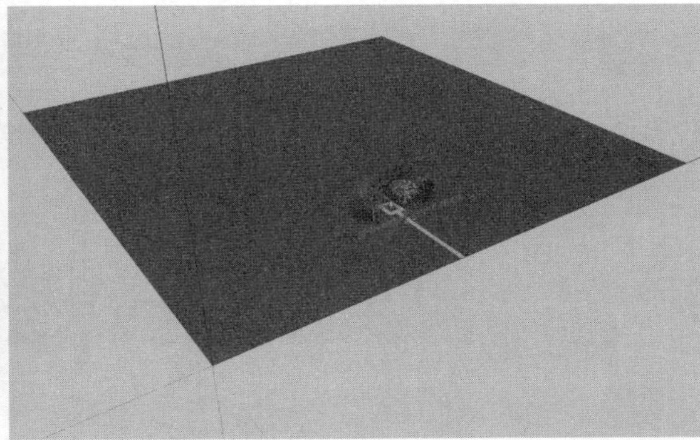

图2–18 充满视图前后效果对比

提示

在进行视图操作时，难免会出现错误操作，这时使用"镜头"工具栏中的"上一个"按钮或"下一个"按钮，即可进行视图的撤销与返回。

2.1.4 平移视图

"平移"工具可以保持当前视图内模型显示大小比例不变，整体拖动视图进行任一方向的移动，以观察到当前未显示在视窗内的模型。

单击"镜头"工具栏中的"平移"按钮，当视图中出现抓手图标时，拖动鼠标即可进行视图的平移操作，如图2–19、图2–20、图2–21所示依次为原始图效果、向左平移效果、向右平移效果。

图2–19 原始场景

图2-20　向左平移

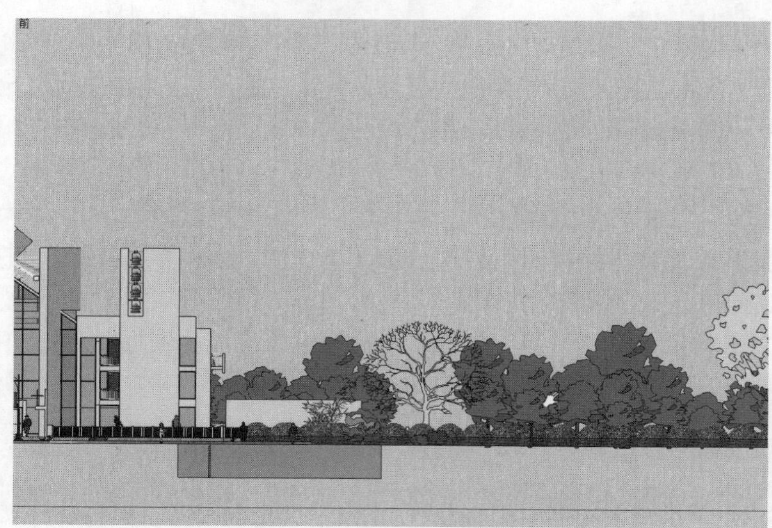

图2-21　向右平移

提示

当今的计算机大多数都配有滚轮鼠标，滚轮鼠标可以上下滑动，也可以将滚轮当中键使用。为了加快SketchUp的作图速度，对视图进行操作时应该最大程度地发挥鼠标的如下功能。

第一，按住中键不放并移动鼠标可实现转动功能。

第二，按住Shift键不放加鼠标中键实现平移功能。

第三，将滚轮鼠标上下滑动实现缩放功能。

2.2 物体对象的选择

SketchUp是一个面向对象的软件，即首先创建简单的模型，然后选择模型进行深入细化等后续工作，因此在工作中能否快读、准确地选择到目标对象，对工作效率有着很大的影响。SketchUp常用的选择方式有“一般选择”、“框选与叉选”及“扩展选择”三种。

2.2.1 一般选择

SketchUp中的“选择”命令可以通过单击工具栏中的“选择”按钮或者直接按键盘上的空格键来激活，操作步骤如下。

01 打开模型，本模型为一个由多个构建组成的户外座椅，如图2-22所示。

02 单击“选择”按钮，或者直接按键盘上的空格键，激活“选择”工具，此时在视图内将出现一个箭头图标，如图2-23所示。

图2-22 打开模型

图2-23 选择模型

03 此时在任意对象上单击均可将其选择，这里选择一侧的椅座，可以看到被选择的对象以高亮显示，区别于其他对象，如图2-24所示。

04 在选择了一个对象后，如果要继续选择其他对象，则首先要按住Ctrl键不放，当试图中的光标变成时，再单击下一个目标对象，即可将其加入选择。利用该方法加选另一侧的椅座，如图2-25所示。

图2-24 选择椅座

图2-25 加选图形

提示

如果按住Shft键不放，则视图中的光标会变成。这时单击当前未选择的对象则会进行加选，单击当前已选择的对象则会进行减选。

2.2.2 框选与叉选

以上介绍的选择方法均为单击鼠标进行的，因此每次只能选择单个对象，这里来介绍“框选”与“叉选”，用户可以一次性完成多个对象的选择。

“框选”是指在激活“选择”工具后，使用鼠标从左至右划出如图2-26所示的实线选择框，完全被该选择框包围的对象将会被选择，如图2-27所示。

图2-26 框选图形

图2-27 框选结果

“叉选”是指在激活“选择”工具后，使用鼠标从右到左划出如图2-28所示的虚线选择框，全部或者部分位于选择框内的对象都将被选择，如图2-29所示。

图2-28 叉选图形

图2-29 选择结果

提示

在实际操作中应注意以下事项。

第一，选择完成后，单击视图任意空白处，将取消当前所有选择。

第二，按Ctrl+A组合键将全选所有对象，无论是否显示在当前的视图范围内。

第三，上一节中所讲述的加选与减选的方法对于“框选”、“叉选”同样适用。

提示

在使用框选与叉选时一定要注意方向性，前者是从左到右，后者是从右到左，这两个选择模式经常使用，特别是在物体较多时，可以一次性进行选择。

2.2.3 扩展选择

在SketchUp中，“线”是最小的可选择单位，“面”则是由“线”组成的基本建模单位，通过扩展选择，可以快速选择关联的面或线。

鼠标单击某个“面”，则这个面会被单独选中，如图2–30所示。

鼠标双击某个“面”，则与这个面相关的“线”也将被选中，如图2–31所示。

图2–30 单击面

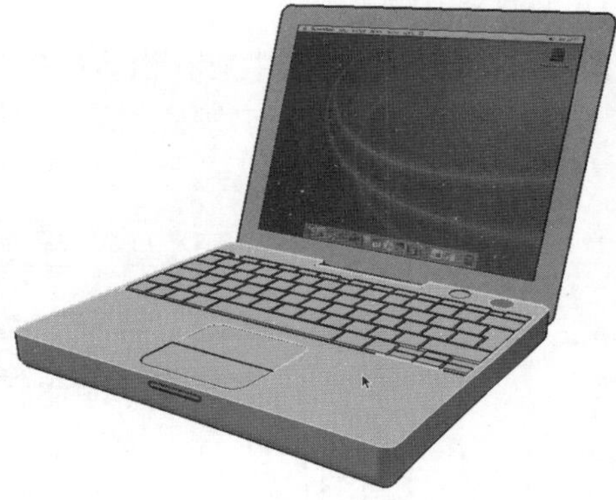

图2–31 双击面

鼠标三击某个“面”，则与这个面相关的其他“面”、“线”都将被选择，如图2–32所示。

提示

在选择对象上单击鼠标右键，在弹出的快捷菜单中单击“选择”选项，在其次级子菜单中即可进行“边界边线”、“连接的面”、“连接的所有项”的选择，如图2–33所示。

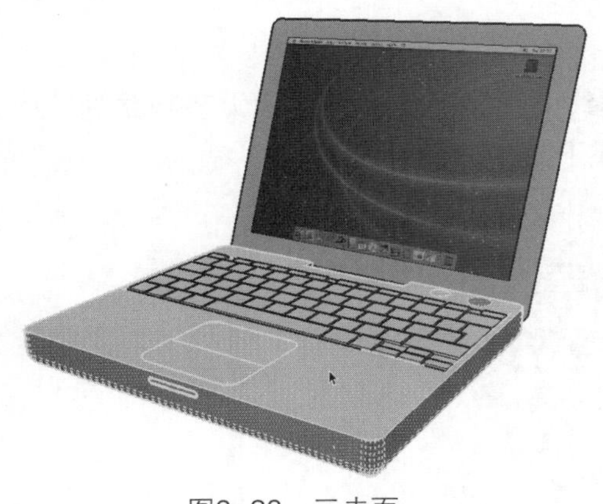

图2–32 三击面

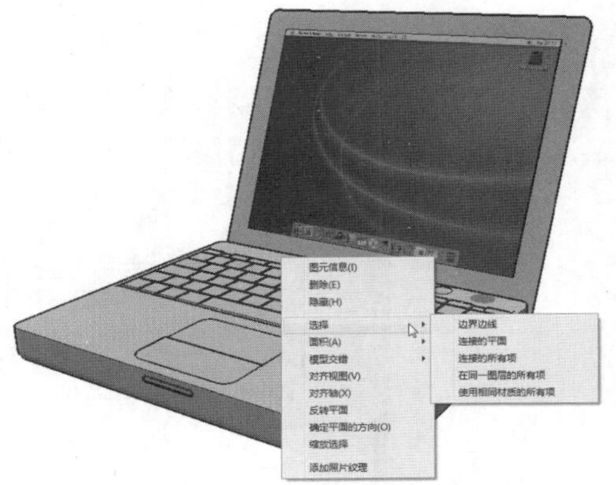

图2–33 查看右键菜单选项

2.3 对象的显示风格及样式

在设计方案时，设计师为了让甲方能够更好地了解方案，理解设计意图，往往会从各个角度、用各种方法来表达设计成果。SketchUp作为直接面向设计的软件，提供了大量的显示模式，以便于设计师选择表现手法，满足设计方案的表达。

2.3.1 7种显示模式

SketchUp的“样式”工具栏中包含了“X光透视模式”、“后边线”、“线框显示”、“消隐”、“阴影”、“材质贴图”、“单色显示”7种显示模式，如图2-34所示。

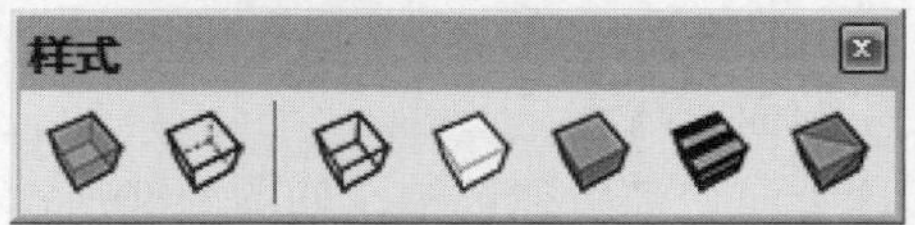

图2-34 演示工具栏

（1）X光透视模式

该模式的功能是将场景中所有物体都透明化，就像用X射线扫描的一样，如图2-35所示。在此模式下，可以在不隐藏任何物体的情况下方便地观察模型内部的构造。

图2-35 X光透视模式

（2）后边线

该模式的功能是在当前显示效果的基础上以虚线的形式显示模型背面无法观察到的线条，如图2-36所示。在当前为“X射线”和“线框”模式下时，该模式无效。

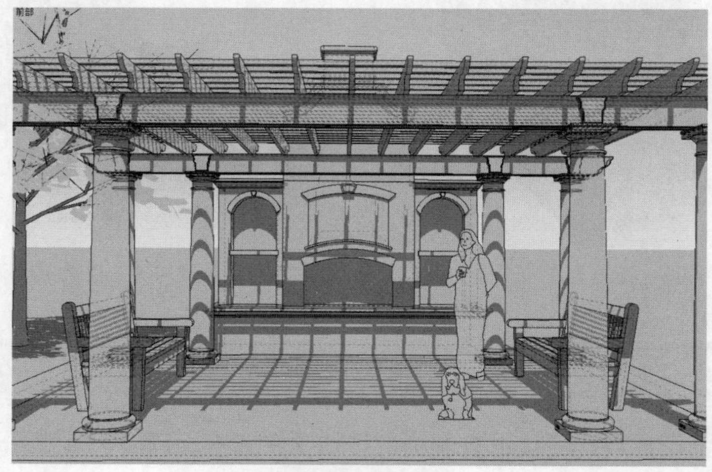

图2-36 后边线

（3）线框显示

该模式是将场景中的所有物体以线框的方式显示，如图2–37所示。在这种模式下，所有模型的材质、贴图和面都是失效的，但是此模式下显示效果非常迅速。

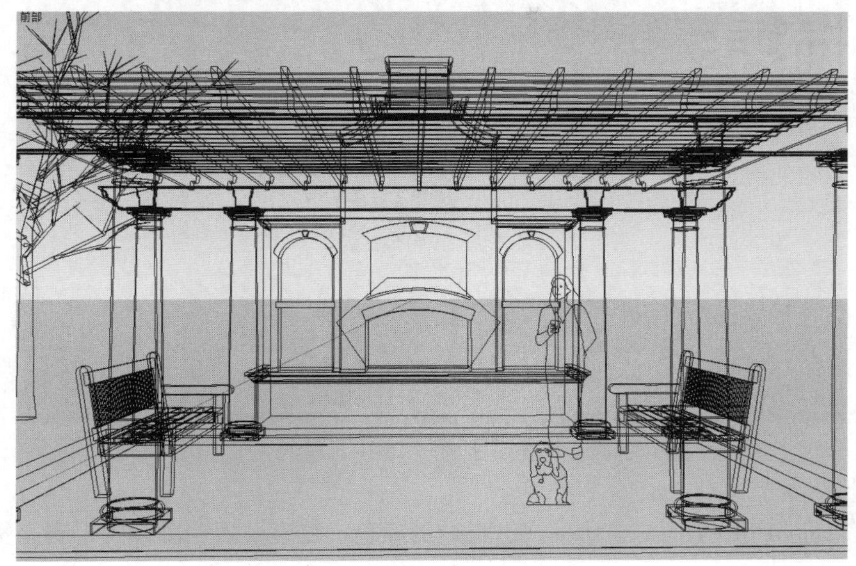

图2–37　线框显示

（4）消隐

该模式将仅显示场景中可见的模型面，此时大部分的材质与贴图会暂时失效，仅在视图中体现实体与透明的材质区别，如图2–38所示。

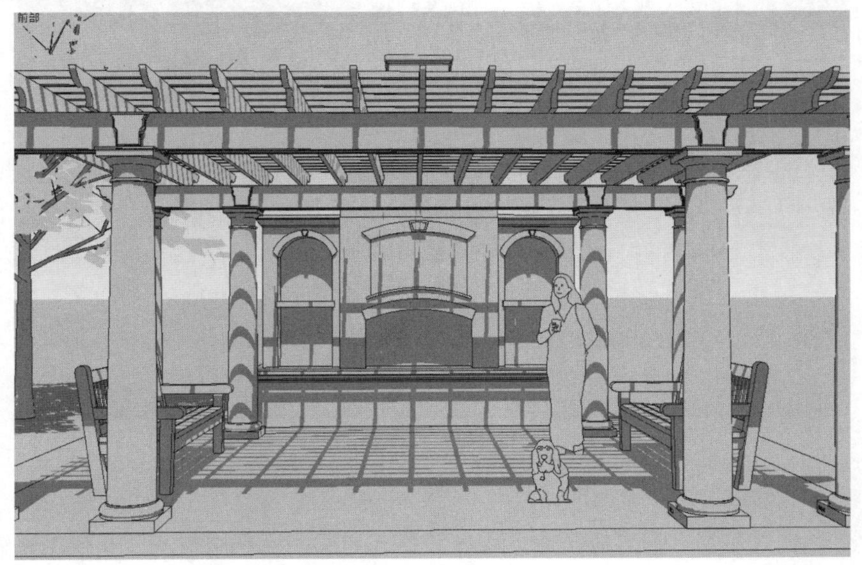

图2–38　消隐

（5）阴影

该模式是介于“隐藏线”和“阴影纹理”之间的一种显示模式，该模式在可见模型面的基础上，根据场景已经赋予过的材质，自动在模型表面生成相近的色彩，如图2–39所示。在该模式下，实体与透明的材质区别也有体现，因此模型的空间感比较强烈。

图2-39　阴影

（6）材质贴图

该模式是SketchUp中全面的显示模式，材质的颜色、纹理及透明度都将得到完整的体现，如图2-40所示。

图2-40　材质贴图

提示

材质贴图显示模式占用大量系统资源，因此该模式通常用于观察材质以及模型整体效果，在建立模式、旋转、平衡视图等操作时，则应尽量使用其他模式，以避免卡屏、迟滞等现象。此外，如果场景中模型没有赋予任何材质，该模式将无法应用。

（7）单色显示

该模式是一种在建模过程中经常使用到的显示模式，以纯色显示场景中的可见模型面，以黑色显示模型的轮廓线，有着十分强的空间立体感，如图2-41所示。

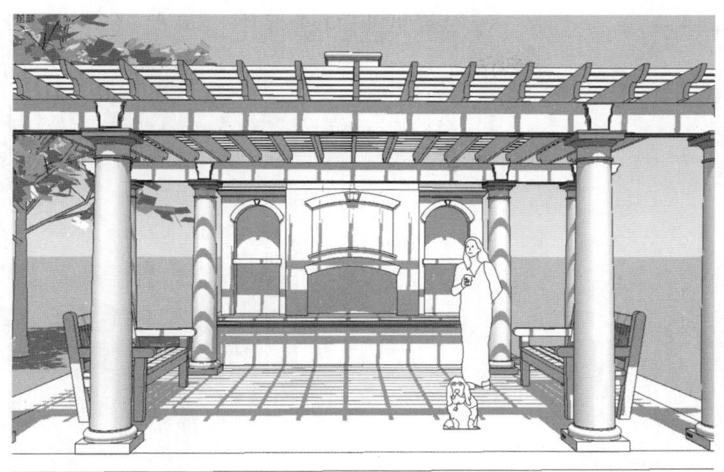

图2-41 单色显示

提示

对于这几种显示模式，要针对具体情况进行选择。在绘制室内设计图时，由于需要看到内部的空间结构，用户可以考虑用x光透视模式；绘制建筑方案时，在图形没有完成的情况下可以使用阴影模式，这时显示速度会快一些；图形完成后可以使用材质贴图模式来查看整体效果。

2.3.2 边线的显示效果

SketchUp俗称草图大师，即该软件的功能有些趋向于设计方案的手绘。手绘方案时，在图形的边界往往会有一些特殊的处理效果，如两条直线相交时出头、使用有一定弯度变化的线条代替单调的直线，这样的表现手法在SketchUp中都可以体现，如图2-42所示。

图2-42 边线的显示效果

1. 设置边线显示类型

执行“视图”|“边线样式”命令，在其二级子菜单中可以快速设置轮廓线、深度暗示线、

延长线等，如图2-43所示。另外，在“样式”对话框中也可以设置边线的显示，如图2-44所示。

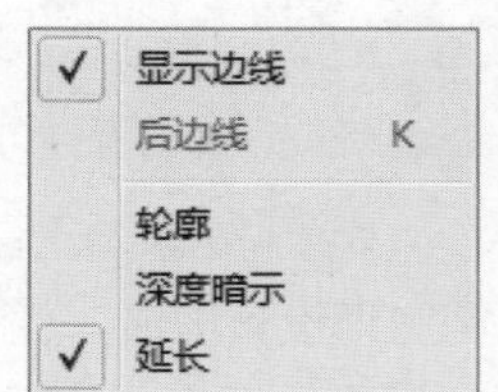

图2-43 边线样式子菜单

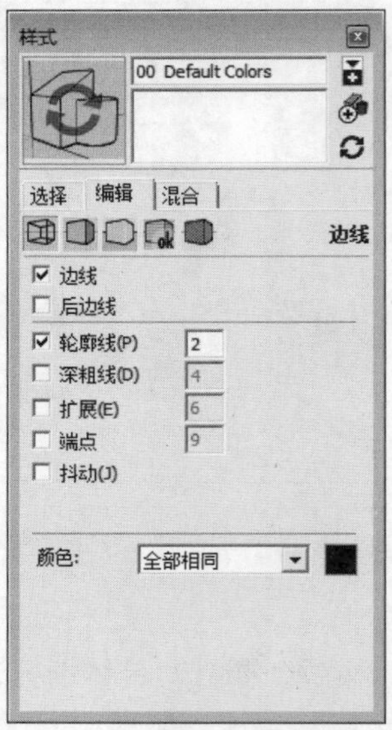

图2-44 “样式”对话框

提示

对于“样式”对话框中“边线”栏中的复选框并不是只能选择其中一项，可以进行多项选中。要注意的是，过多的选中会占用计算机系统资源，影响软件运行速度，所以一般情况下在建模时并不选中它们，只是在完成模型后根据具体情况选择需要的边线效果。

打开模型，如图2-45所示为模型仅显示边线的效果。勾选“轮廓线”，可以看到场景中的模型边线得到加强，如图2-46所示。

图2-45 边线效果

图2-46 轮廓线显示效果

勾选“深粗线”，边线将以比较粗的深色线条显示，如图2-47所示。但是由于这种效果影响模型的细节，通常不予采用。

勾选“扩展”，即可显示出手绘草图的效果，两条相交的直线会稍微延伸出头，如图2-48所示。

图2-47　深粗线显示效果

图2-48　扩展显示效果

提示

打开“样式”对话框，单击“选择”面板，在下面的列表中单击“手绘边线”文件夹，如图2-49所示，即可打开“手绘边线”的样式库，用户可以任意选择边线的样式，如图2-50所示。

2. 设置边线显示颜色

默认设置下，边线以深色显示，单击“样式”对话框中的“颜色”下拉按钮，在下拉列表中可以选择三种不同的边线颜色设置类型，如图2-51所示。

图2-49　选择样式

图2-50　样式库

图2-51　边线颜色设置

其中各个选项含义如下。

（1）全部相同

默认边线颜色选项为“全部相同”，单击其后的色块可以自由调整色彩，如图2-52、图2-53所示分别为红色边线与蓝色边线的显示效果。

图2-52　红色边线效果

图2-53　蓝色边线效果

（2）按材质

选择该选项后，系统将自动调整模型边线为与自身材质颜色一致的颜色，如图2-54所示。

（3）按轴线

选择该选项后，系统会分别将X、Y、Z轴向上的边线以红、绿、蓝三种颜色显示，如图2-55所示。

图2-54　材质效果

图2-55　轴线效果

提示

SketchUp无法分别设置边线颜色，唯有利用“按材质”或“按轴线”才能使边线颜色有所差别，但是即使这样，颜色效果的区分也不是绝对的，因为即使不设置任何边线类型，场景的模型仍可以显示出部分黑色边线。

除了调整以上类似铅笔黑白素描的效果外，通过“样式”对话框中的下拉按钮，还可以选择诸如手绘边线、照片建模、颜色集等其他效果，如图2-56所示。各效果下又有多个不同选择，如图2-57所示。

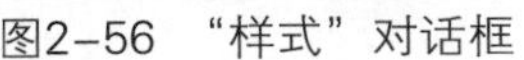
图2-56 “样式”对话框

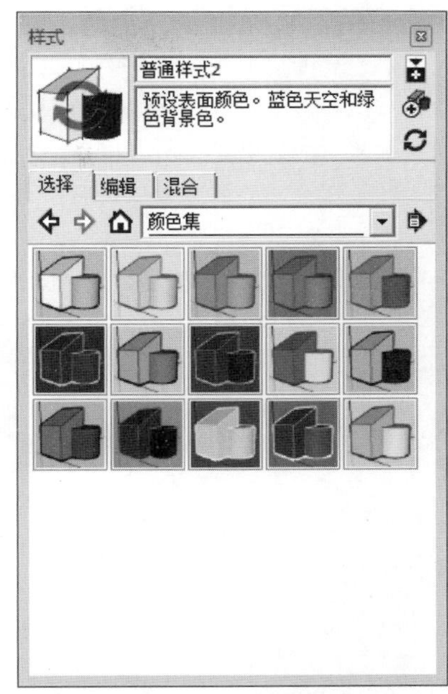

图2-57 样式颜色集

如图2-58所示为颜色集下橙色和绿色的显示效果。

图2-58 橙色和绿色显示效果

2.3.3 背景与天空

场景中的建筑物等并不是孤立存在的，需要通过周围的环境烘托，比如背景和天空。在SketchUp中用户可以根据个人喜好进行这二者的设置，操作方法如下。

01 执行“窗口”|“样式”命令，如图2-59所示。

02 打开“样式”面板，在“编辑”选项板中单击“背景设置”按钮，如图2-60所示，即可对背景选项进行设置。

03 单击背景颜色的色块，打开“选择颜色”对话框，设置颜色模式为RGB，并设置参数，如图2-61所示。

04 再单击天空颜色的色块，设置天空颜色，如图2-62所示。

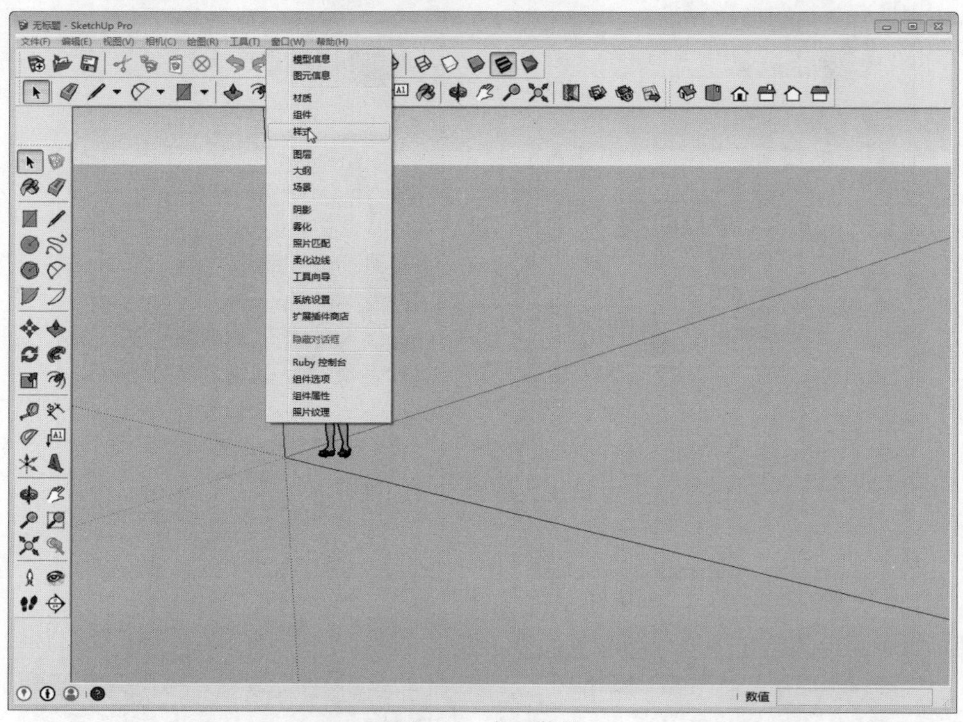

图2-59　窗口菜单

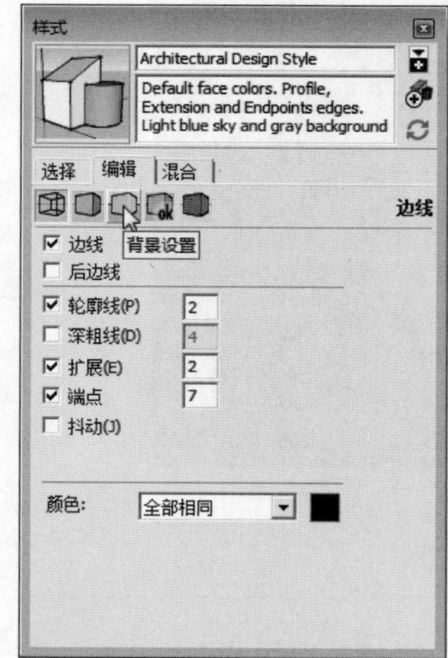

图2-60　“样式”对话框

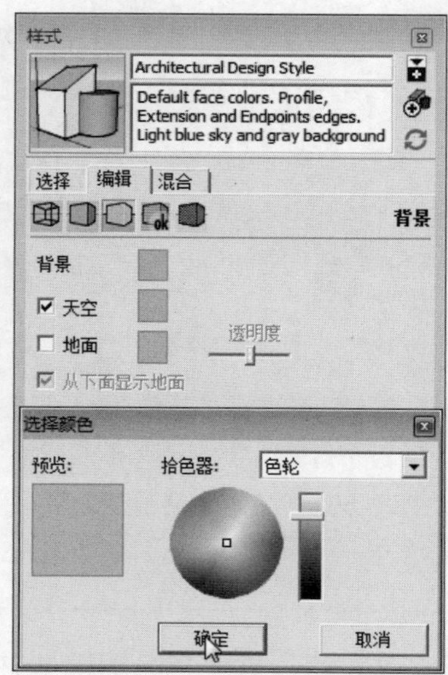

图2-61　“选择颜色”对话框

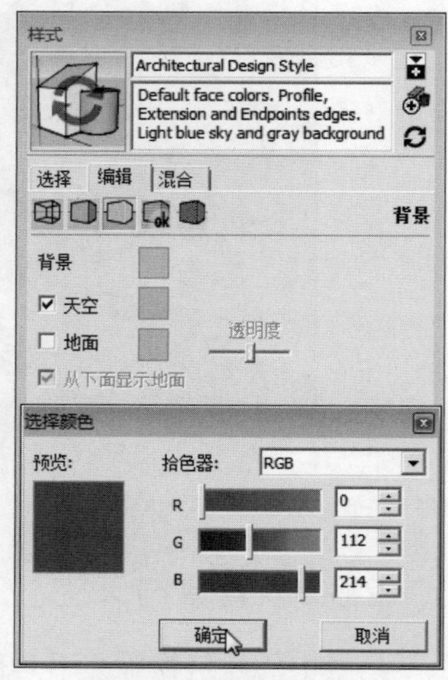

图2-62　设置天空颜色

05 关闭“样式”面板，即可看到场景中背景天空设置后的效果，如图2-63所示。

提示

在SketchUp中，背景与天空都无法贴图，只能用简单的颜色来表示。如果需要增加配景贴图，用户可以在Photoshop中完成，也可以将SketchUp的文件导入到彩绘大师Piranesi中生成水彩画或马克画的效果图。较为简单的方法是利用水印功能表现天空背景，具体操作下一小节会有介绍。

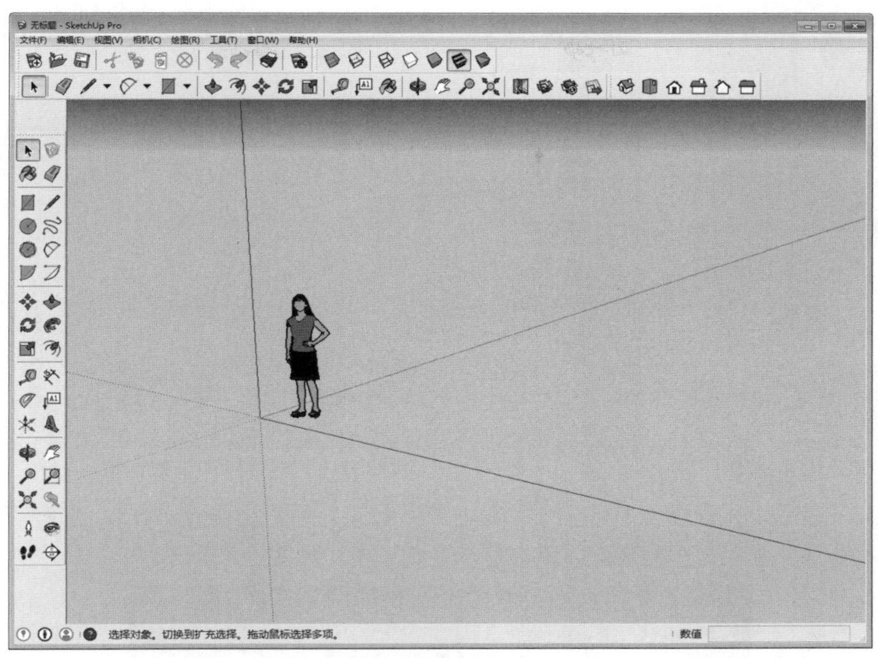

图2-63 查看设置效果

2.3.4 水印设置

SketchUp的水印是一个很有意思的功能，其创意性不亚于SketchUp本身，很多漂亮的风格就是建立在这个基础上的，而且同样简单，易于操作。水印的功能除了原有的保护图片原创的功能的同时，又有很多扩展的应用。其中之一就是用作背景，这个功能屡试不爽。本小节中就以为建筑添加背景天空效果为例进行介绍。

01 打开场景，可以看到场景中的背景是蓝色的天空，如图2-64所示。

02 执行“窗口”|“样式”命令，打开“样式”对话框，如图2-65所示。

图2-64 打开文件

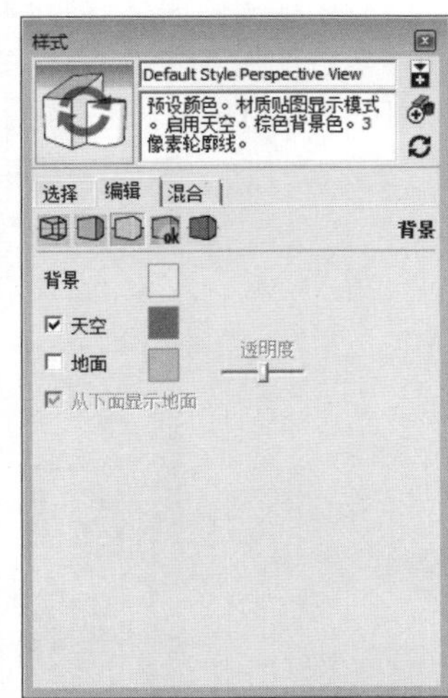

图2-65 “样式”对话框

03 单击“水印设置”按钮，打开“水印”设置面板，如图2-66所示。

04 单击“添加水印”按钮⊕，打开“选择水印”对话框，选择要作为背景的图片，如图2-67所示。

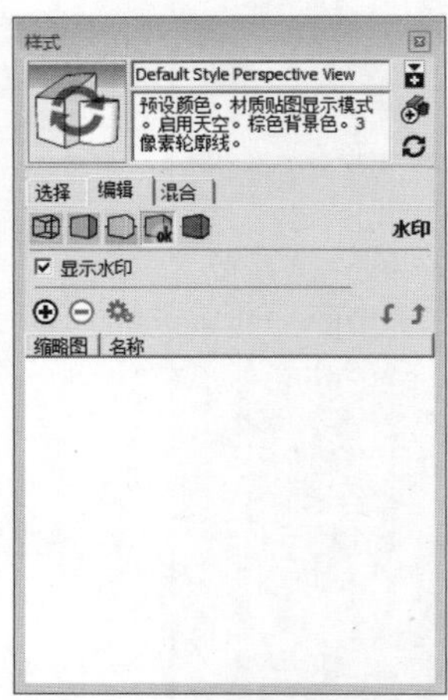

图2-66　设置水印

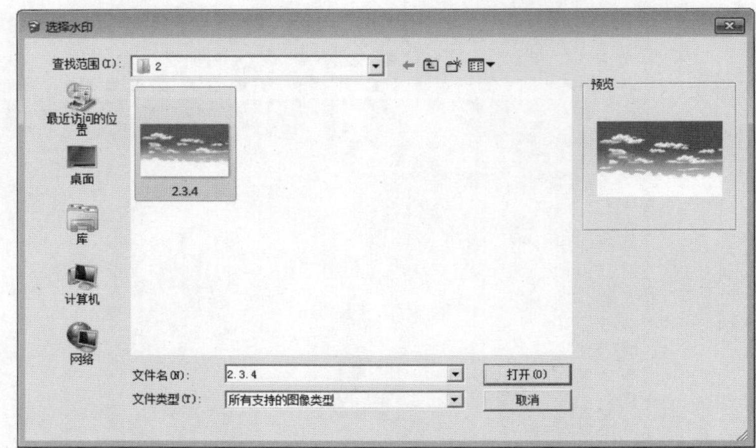

图2-67　“选择水印”对话框

05 单击“打开”按钮，即可将图片作为水印添加到场景中，系统会自动弹出“创建水印”对话框，从中选择“背景”选项，则图片会以背景显示在场景中，如图2-68所示。

图2-68　选择背景

06 单击“下一个”按钮，进入到下一步，调整背景和图像的混合度，如图2-69所示。

图2-69　调整背景

07 单击“下一个”按钮，进入下一步，选择“在屏幕中定位”选项，在右侧选择中上方，再调整图片显示比例，这里调整为最大，如图2-70所示。

08 单击“完成”按钮，即可完成水印的添加，“样式”对话框中会显示水印的图片，如图2-71所示。

图2-70 调整图片显示比例

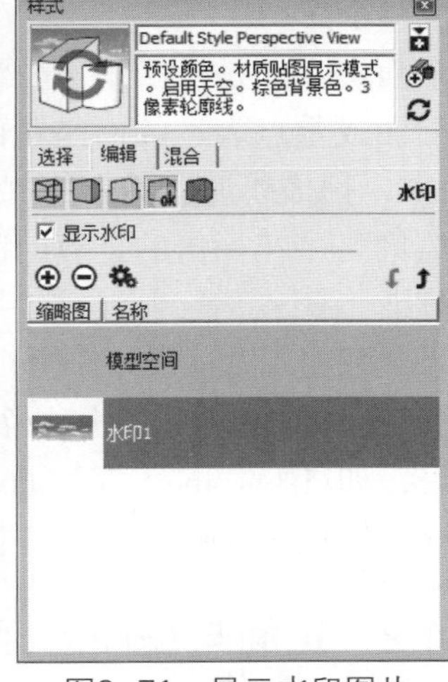

图2-71 显示水印图片

09 设置完成后的水印效果如图2-72所示。

图2-72 完成水印添加

提示

为了避免后期，我们可以尝试直接在SketchUp里面加入天空的水印用作背景，只是要注意几点：一是选择用作天空的图片要空间高远一些，色彩要和场景尽量搭配，还有就是出图的时候视角要低一些，不然就露馅了！

2.4 面的操作

在3ds Max中，模型可以是多边形、片面和网格中的一种或几种形式的组合，但是在SketchUp中，模型都是由面组成的。所以在SketchUp中的建模是紧紧围绕着以面为核心的方式来操作的。这种操作方式的优点是模型很精简，操作起来很简单，缺点是很难建立形体奇特的模型。

2.4.1 面的概念

在Sketchup中，只要是线性物体（直线、圆形、圆弧）组成了一个封闭、共面的区域，即会自动形成一个面。

一个面实际上是由两个部分组成，即正面与反面。正面与反面是相对的，一般情况下，需要渲染的面或重点表达的面是正面。三维设计软件渲染器默认设置一般都是单面渲染，比如在3ds Max中，扫描线渲染器中的“强制双面”复选框是未选中的。由于面数成倍增加，双面渲染比单面渲染要多花一倍的计算时间。所以为了节省作图时间，设计师在绝大多数情况下都是使用单面渲染。

如果单独使用SketchUp作图，可以不考虑单面与双面的问题，因为SketchUp没有渲染功能。设计师往往会将SketchUp用作一个中间软件，即在SketchUp中建模，然后倒入到其他的渲染器中进行渲染，如Lightscape、3ds Max等。在这样的思路引导下，用SketchUp作图时，必须对所有的面进行统一处理，否则进入到渲染器后，正反面不一致，无法完成渲染。

2.4.2 正面与反面的区别

在SketchUp中，通常用黄色或者白色的表面表示正面，用蓝色或者灰色的表面表示反面。如果需要修改正反面显示的颜色，执行“窗口”|“样式”命令，在打开的“样式”对话框中切换到“编辑”设置面板，再选择“表面”选项，调整前景色与背景色。

用颜色来区分正反面只不过是事物的外表。要真正理解正反面的本质区别，就需要在3ds Max中观察显示的效果。

在3ds Max的默认情况下，只渲染正面而不渲染反面。所以在制作室内设计图时，需要把正面向内；而在绘制室外建筑图时，正面需要向外，而且正面与反面一定要统一方向。

2.4.3 面的反转

在绘制室内效果图时，需要表现室内墙体的效果，所以这时的正面需要向内。在绘制室外效果图时，需要表现的是外墙的效果，所以这时正面需要向外。在默认情况下，SketchUp将正面设置在外侧。如果是绘制室内效果图，具体操作步骤如下。

01 制作一个长方体，如图2-73所示。

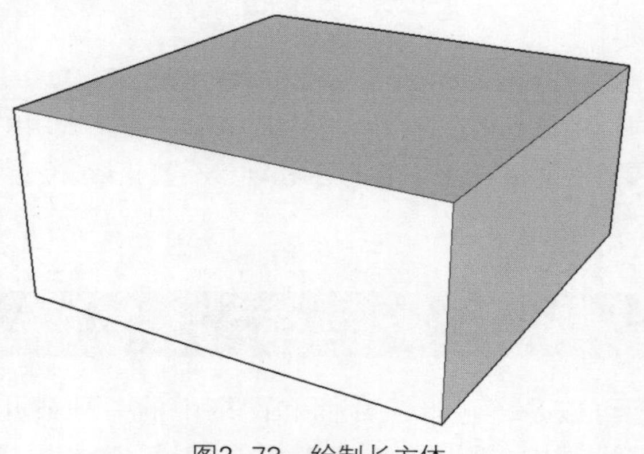

图2-73　绘制长方体

02 右键单击任意一个面，在弹出的快捷菜单中选择“反转平面”命令，如图2-74所示。

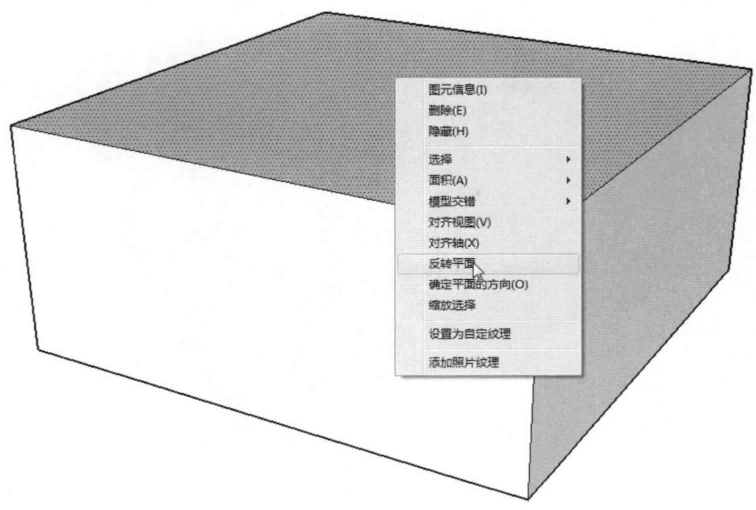

图2-74　反转平面

03 将选择的正面翻转到里面，将深蓝色的反面显示到外面，如图2-75所示。

图2-75　反转结果

04 再右键单击该反面，在弹出的快捷菜单中选择“确定平面的方向”命令，如图2-76所示。

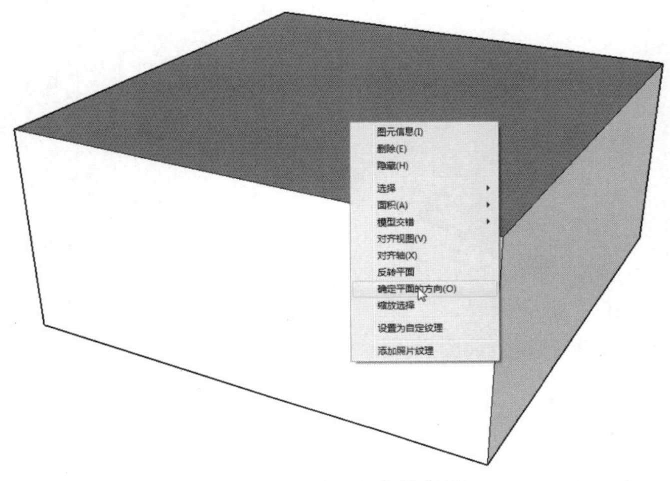

图2-76　调出右键菜单

05 如此即可将所有的面都翻转为反面，如图2-77所示。

图2-77　查看反转结果

提示

使用“确定平面的方向”命令一次，只能针对相关联的物体，如果场景中还有其他的物体，还需要再一次进行操作。

2.5 实体的显示和隐藏

要简化当前视图显示，或者想看到物体内部并在其内部工作，有时候可以将一些几何体隐藏起来。隐藏的几何体不可见，但是它仍然在模型中，需要时可以重新显示。

1. 显示隐藏的几何体

激活视图菜单下的“隐藏物体”命令，可以使隐藏的物体以网格形式显示。如图2-78所示隐藏了长方体的一个面，执行“视图”|“隐藏物体”命令，则被隐藏的面会以网格显示，如图2-79所示。

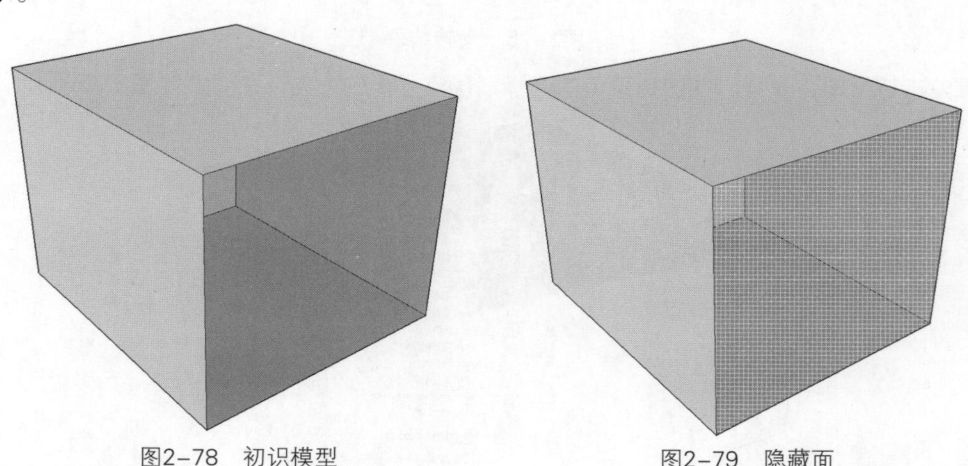

图2-78　初识模型　　　　图2-79　隐藏面

2. 隐藏和显示实体

SketchUp中的任何实体都可以被隐藏。包括：组、组件、辅助物体、坐标轴、图像、剖切面、文字和尺寸标注。SketchUp提供了一系列的方法来控制物体的显示。

- 编辑菜单：用选择工具选中要隐藏的物体，然后选择编辑菜单中的“隐藏”命令。相关命令还有：选定项、最后、全部。
- 关联菜单：在实体上单击鼠标右键，在弹出的关联菜单中选择显示或隐藏。
- 删除工具：使用删除工具的同时，按住Shift键，可以将边线隐藏。
- 图元信息：每个实体的“图元信息”对话框中都有个隐藏复选框。在实体上单击鼠标右键，在弹出的关联菜单中选择“图元信息”命令，在打开的“图元信息”对话框中即可设置隐藏复选框。

3. 隐藏绘图坐标轴

SketchUp的绘图坐标轴是绘图辅助物体，不能像几何实体那样选择隐藏。要隐藏坐标轴，可以在视图菜单中取消“坐标轴”。用户也可以在坐标轴上右击鼠标，在关联菜单中选择“隐藏”。

4. 隐藏剖切面

剖切面的显示和隐藏是全局控制。使用剖面工具栏或工具菜单可以控制所有剖切面的显示和隐藏。

5. 隐藏图层

用户可以同时显示和隐藏一个图层中的所有几何体，这是操作复杂几何体的有效方法。图层的可视控制位于图层管理器中。

首先，在窗口菜单中选择“图层”命令打开图层管理器，或者单击图层工具栏上的图层管理器按钮。然后单击图层的“可见”栏，则该图层中的所有几何体就从绘图窗口中消失了。

2.6 上机实训

SketchUp是以面为核心的建模方式，因此对于面的操作就显得格外的重要，特别是面的移动与复制。下面将对其相关操作进行介绍。

01 选择长方体的任意一个面，激活移动工具，锁定轴线进行移动，如图2-80所示。

02 将面向右移动到合适的位置释放鼠标，可以发现这时模型的拓扑关系并未发生改变，如图2-81所示。

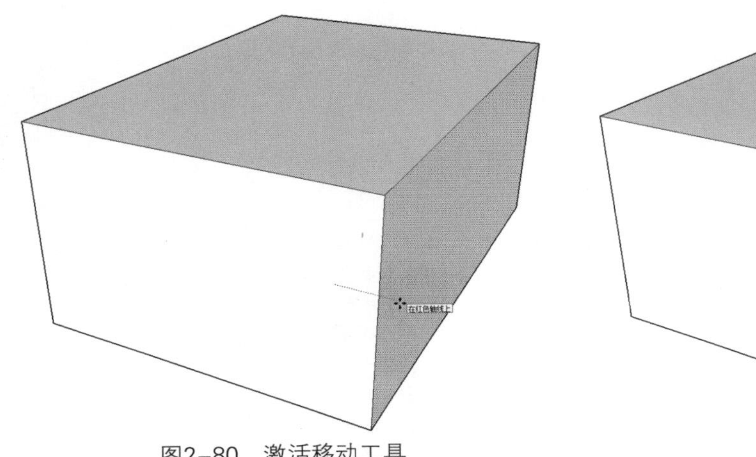

图2-80　激活移动工具　　图2-81　移动面

03 保持移动工具，按住Ctrl键继续移动到合适位置，可将该面复制出来，如图2-82所示。

04 在右下角数据控制栏中输入“*3”，即可复制出3个面，如图2-83所示。

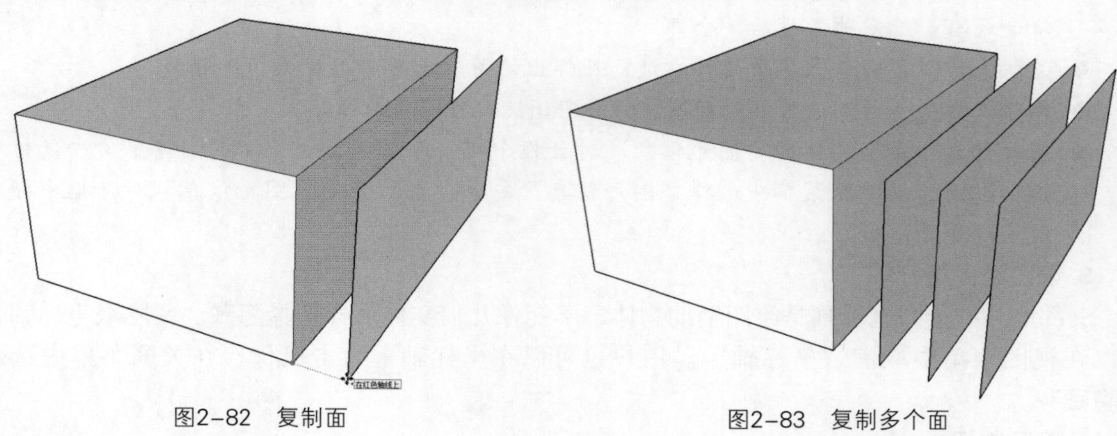

图2-82　复制面　　　　图2-83　复制多个面

提示

一般来说，在建筑设计与室内设计中，由于墙体的集合关系，对于面的移动都会锁定一个轴向进行操作，即沿X、Y或Z轴上任意一轴进行移动。

第3章 基础工具

本章概述 使用SketchUp有几个特点：一是精确性，可以直接以数值定位，进行绘图捕捉；二是工业制图性，拥有三维的尺寸与文本标注。本章将主要介绍使用SketchUp的常用工具进行的一些绘图的基本操作，其中包括绘图工具、编辑工具、建筑施工工具和漫游工具以及删除工具等，只有熟悉并掌握这些工具后才能绘制出完美的图形。

知识要点

- 绘图工具的使用；
- 编辑工具的使用；
- 建筑施工工具的使用；
- 漫游工具的使用。

3.1 二维图形绘图工具

SketchUp的“绘图”工具栏如图3-1所示，包含了“矩形”、“直线”、“圆形”、“圆弧”、“多边形”和“徒手绘图” 6种二维图形绘制工具。

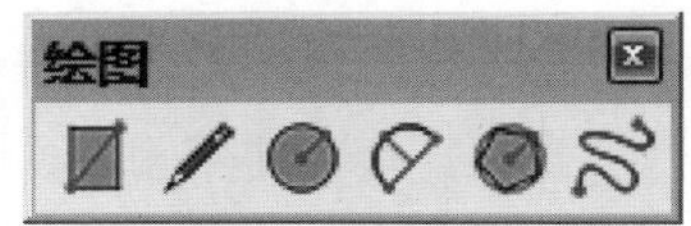

图3-1　绘图工具栏

3.1.1 矩形工具

矩形工具通过定位两个对角点来绘制规则的平面矩形，并且自动封闭成一个面。单击“绘图”工具栏中的“矩形”按钮或者执行“绘图”|“矩形”命令均可启动该命令。

1. 绘制一个矩形

矩形的绘制很简单，但是使用频率很高。在各大三维建筑设计软件中，长方形房间大多都是先使用矩形工具绘制出一个矩形的二维形体，然后再拉伸成三维模型的。绘制一个矩形的操作步骤如下。

01 单击“绘图”工具栏中的“矩形”命令，此时屏幕上的光标就会变成一只带着矩形的铅笔图标。

02 在屏幕上单击确定矩形的第一个角点，然后拖动鼠标至所需要的矩形的对角点上，如图3-2所示。

03 在矩形的对角点位置单击，即可完成矩形的绘制，这时SketchUp将这四条位于同一平面的直线直接转换成了另一个基本的绘图单位——面，如图3-3所示。

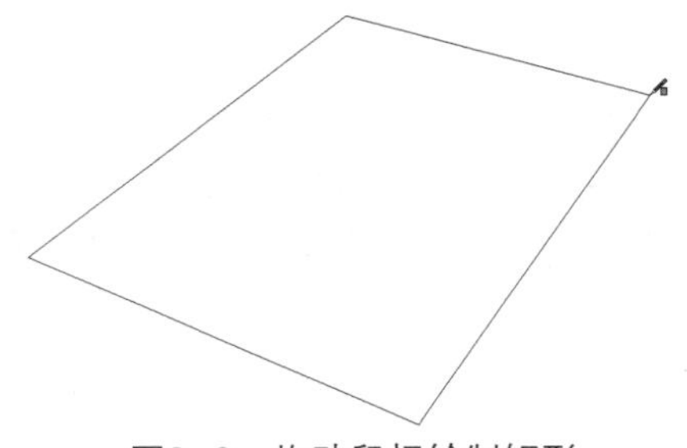

图3-2　拖动鼠标绘制矩形

图3-3　绘制好的矩形

提示

在创建二维图形时，SketchUp自动将封闭的二维图形生成等大的面，此时用户可以选择并删除自动生成的面。当绘制的“矩形”长宽比接近0.618的黄金分割比例时，矩形内部将会出现一条对角的虚线，如图3-4所示，这时单击鼠标确认对角点即可创建出满足黄金分割比的矩形。

在绘制矩形时，如果长宽比满足黄金分割比例，则在拖动鼠标定位时会在矩形中出现一条虚线表示的对角线，在鼠标指针旁会出现“黄金分割”的文字提示，如图3-4所示，此时绘制的矩形满足黄金分割比是最协调的。如果长度宽度相同，矩形中同样会出现一条虚线的对角线，鼠标指针旁会显示“正方形”的文字提示，如图3-5所示，这时矩形为正方形。

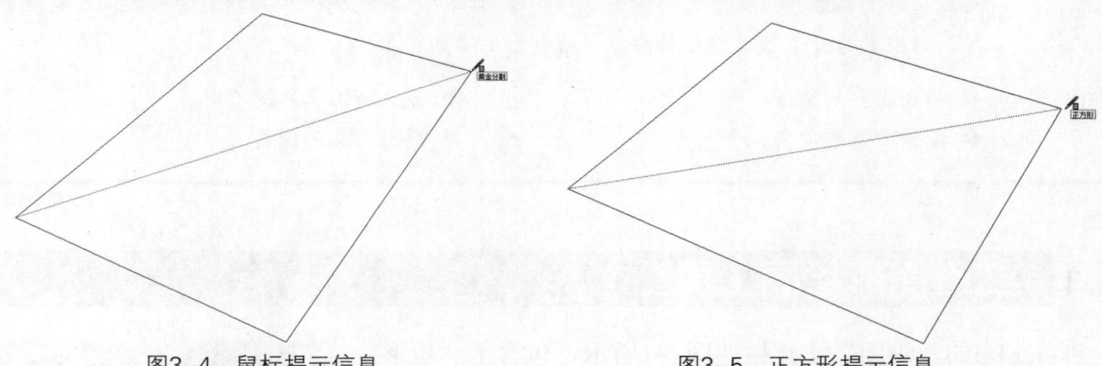

图3-4　鼠标提示信息　　图3-5　正方形提示信息

用户还可以使用输入具体尺寸的方法来绘制矩形，具体操作步骤如下。

01 激活矩形工具，在视图区定位矩形的第一个角点。

02 在屏幕上拖动鼠标，定位第二个角点，可以看到屏幕右下角的数值控制栏出现“尺寸”字样，如图3-6所示，表明此时用户可以输入需要的矩形尺寸。

03 输入矩形的长度和宽度，这里输入“3000,2000”，按Enter键即可完成矩形的创建，如图3-7所示。

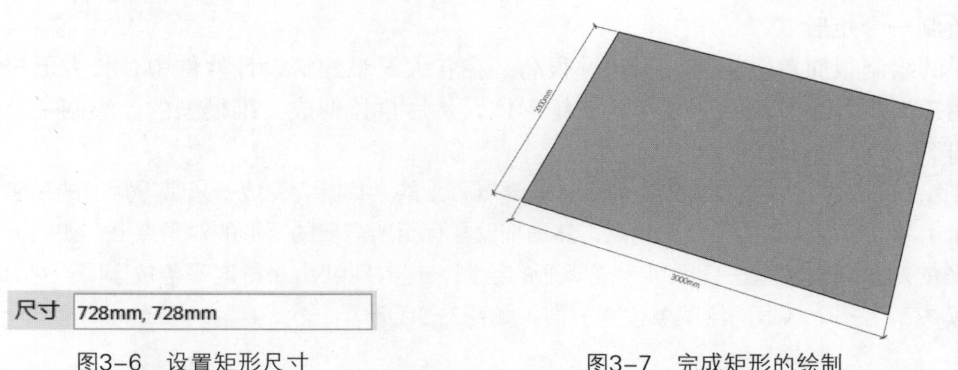

图3-6　设置矩形尺寸　　图3-7　完成矩形的绘制

提示

在数值控制栏中输入精确的尺寸来作图，是SketchUp建立模型的最重要的手法之一。例如，本案例中绘制的3000*2000的矩形实际就是一个3米长、2米宽的小房间，利用推拉工具将矩形向上拉伸3米，就完成了一个基本房间模型的创建。

2. 在已有的平面上绘制矩形

下面介绍如何在已有的平面上绘制矩形。在一个长方体的一个面上绘制矩形，操作步骤如下。

01 单击“绘图”工具栏中的“矩形”按钮，激活“矩形”工具。

02 将光标放在长方体的一个面上，当光标旁边出现“在表面上”的提示文字时，单击鼠标左键确定矩形的第一个角点，拖动鼠标，此时的图形在长方体的面上，如图3-8所示。

03 确定好另一对角点，单击鼠标左键即可完成矩形的绘制，这时可以观察到矩形的一个面被分为了两个面，如图3-9所示。

图3-8 确定角点

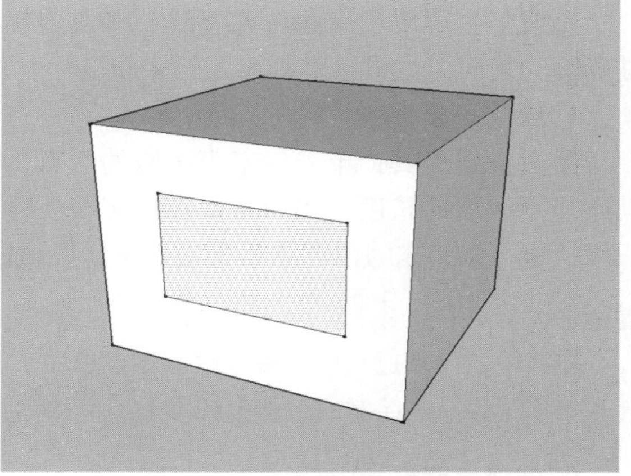

图3-9 在面上绘制矩形

提示

在原有的面上绘制矩形可以完成对面的分割，这样做的好处是在分割之后的任一一个面上都可以进行三维的操作，这种绘图方法在建模中经常用到。

3. 绘制非XY平面的矩形

在默认情况下，矩形的绘制是在XY平面中，这与大多数三维软件的操作方法一致。下面来介绍如何将矩形绘制到XZ或者YZ平面中，操作步骤如下。

01 激活“矩形”工具，定位矩形的第一个角点。

02 拖动鼠标定位矩形的另一个对角点，注意此时在非XY的平面中定位。

03 找到正确的定位方向后，按住Shift键不放以锁定鼠标的移动轨迹，如图3-10所示。

04 在需要的位置再次单击鼠标，完成XZ平面上矩形的绘制，可以看到在XZ平面上形成了一个面，如图3-11所示。

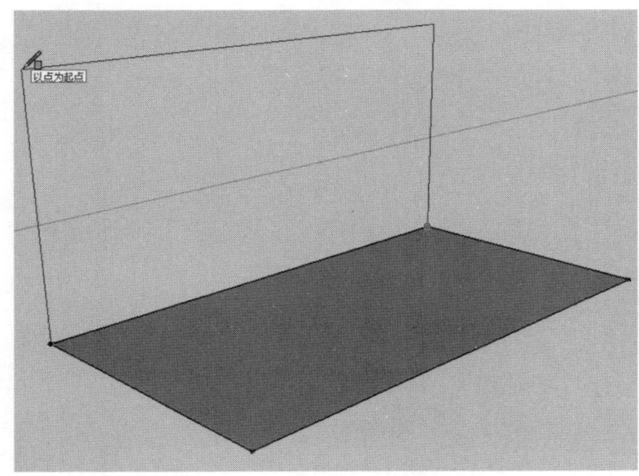

图3-10 锁定鼠标移动轨迹

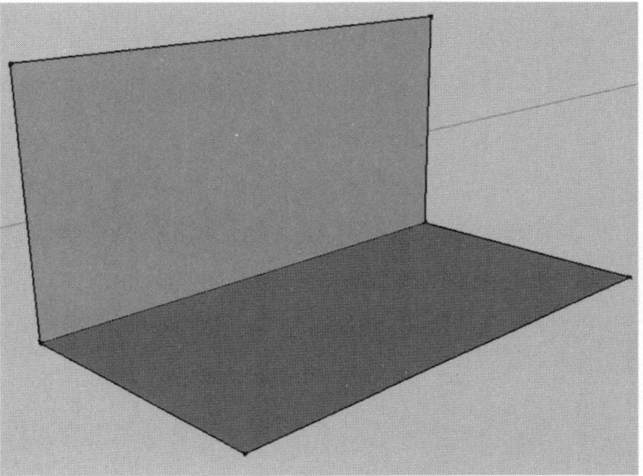

图3-11 完成平面的绘制

提示

在绘制非XY平面的矩形时，第二个对角点的定位非常困难，这时需要转成三维视图，以达到一个较好的观测角度。

3.1.2 直线工具

直线工具可以用来画单段直线、多段连接线或者闭合的形体，也可以用来分割表面或修复被删除的表面，也可以直接输入尺寸和坐标点，并且有自动捕捉功能和自动追踪功能。

1. 绘制一条直线

激活直线工具，单击确定直线段的起点，往画线的方向移动鼠标，此时在数值控制框中会动态显示线段的长度。用户可以在确定线段终点之前或画好线后，从键盘输入一个精确的线段长度，也可以单击线段起点后移动鼠标，在线段终点处再次单击，绘制一条直线。

提示

在线段的绘制过程中，确定线段终点后按下Esc键，即可完成此次线段的绘制。如果不取消，则会开始下一线段的绘制，上一条线段的终点即为下一条线段的起点。

2. 创建表面

三条以上的共面线段首尾相连，可以创建一个表面。用户必须确定所有的线段都是首尾相连，在闭合的时候可以看到“端点”的工具提示，如图3-12所示。创建完一个表面后，直线工具就空闲出来，但仍处于激活状态，此时用户可以继续绘制别的线段，如图3-13所示。

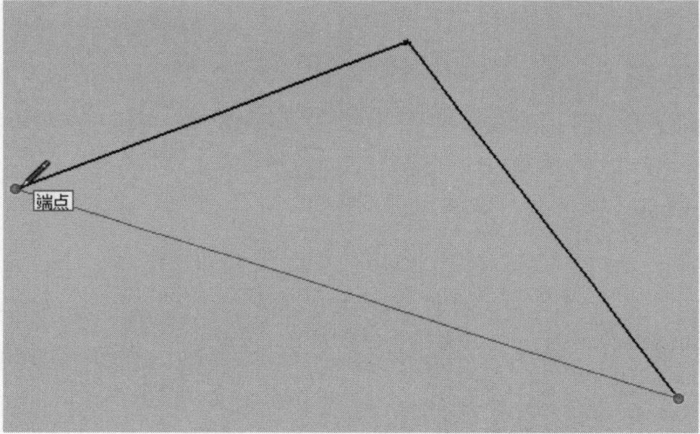

图3-12　绘制闭合的线段

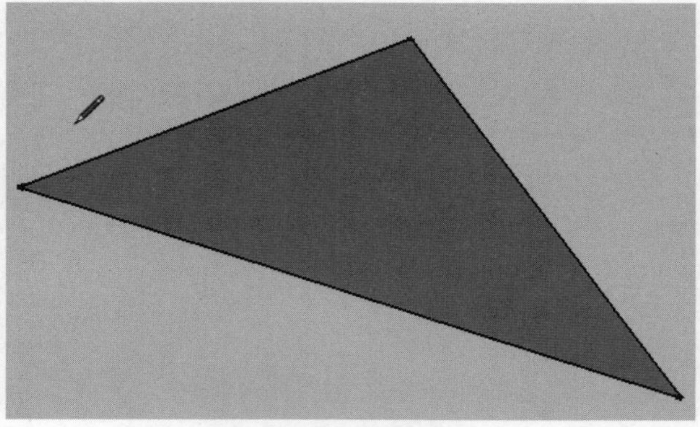

图3-13　完成面的绘制

注意

许多情况下，封闭直线并没有生成面，这时就需要人为地手工补线。补线的目的实际上就是向系统确认边界。

3. 分割线段

如果用户在一条线段上开始绘制直线，SketchUp会自动将原来的线段从新直线的起点处断开。例如，如果要将一条线分为两段，就以该线上的任意位置为起点，绘制一条新的直线，再次选择原来的线段时，即可发现该线段已经被分为两段，如图3–14、图3–15所示。如果将新绘制的线段删除，则已有线段又重新恢复成一条完整的线段。

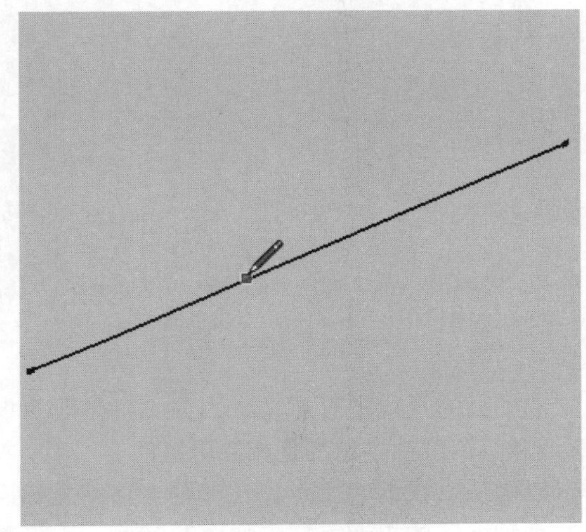

图3–14　选择起点

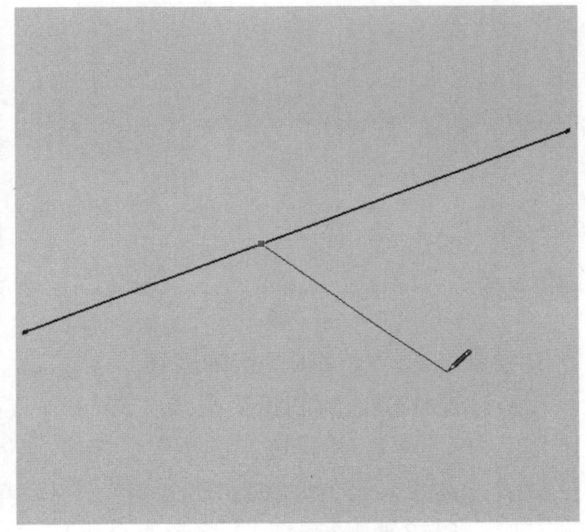

图3–15　绘制直线

4. 分割平面

在SketchUp中，可以通过绘制一条起点和端点都在平面边线上的直线来分割这个平面，在已有平面的一条边上选择单击一个点作为直线的起点，再向另一条边上拖动鼠标，选择好终点单击鼠标完成直线的绘制，可以看到已有平面就变成了两个，如图3–16、图3–17所示。

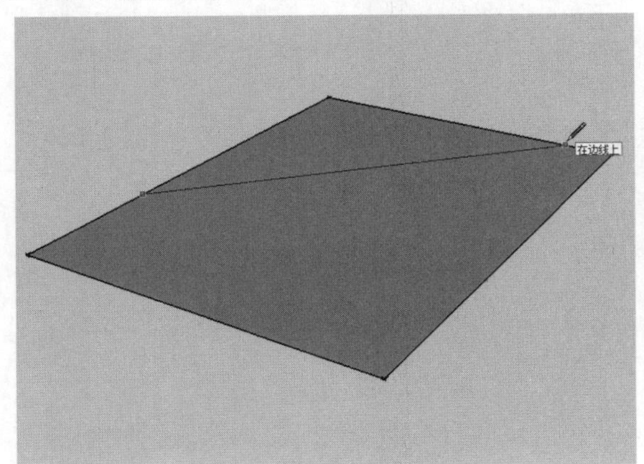

图3–16　分割平面

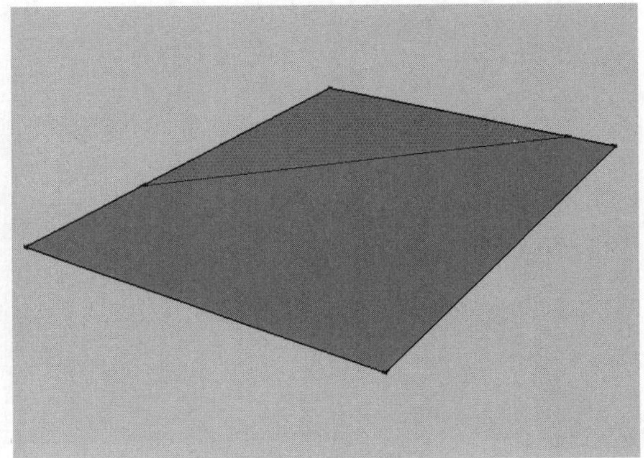

图3–17　分割结果

有时候，交叉线不能按照用户的需要进行分割。在打开轮廓线的情况下，所有不是表面周长一部分的线都会显示为较粗的线。如果出现这样的情况，用直线工具在该线上描绘一条新的线来进行分割，SketchUp就会重新分析几何图形并重新整合这条线。

5. 通过输入长度绘制直线

在实际工作中，经常会需要绘制精确长度的线段，这时可以通过键盘输入数值的方式来完成这类线段的绘制。激活"直线"工具，待光标变成时，在绘图区单击确定线段的起点如图3-18所示。拖动鼠标移至线段的目标方向，然后在数值控制栏中输入线段长度，按Enter键确定，再按Esc键即可完成该线段的绘制如图3-19所示。

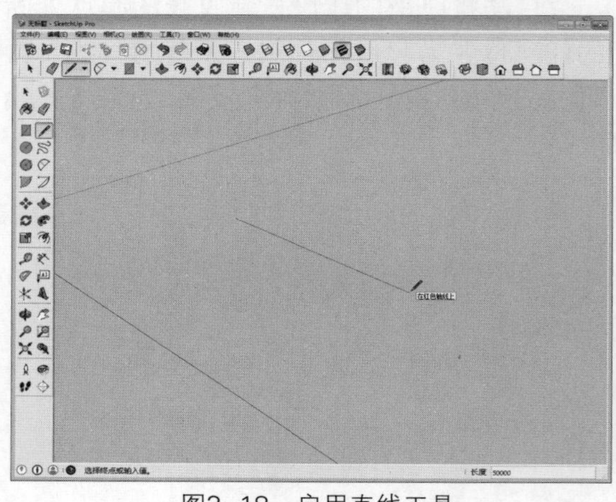

图3-18 启用直线工具

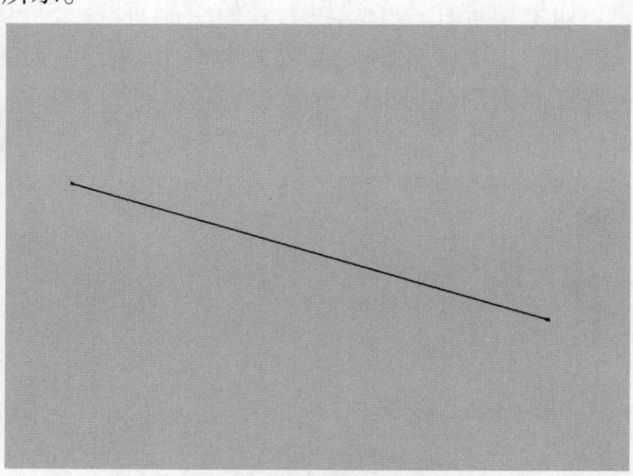

图3-19 绘制指定长度的直线

6. 绘制与X、Y、Z轴平行的直线

在实际操作中，绘制正交直线，即与X、Y、Z轴平行的直线更有意义，因为不管是建筑设计还是室内设计中，根据施工的要求，墙线、轮廓线和门窗线基本上都是相互垂直的。

激活"直线"工具，在绘图区选择一点，单击以确认直线的起始点。在屏幕上移动光标以对齐Z轴，当与Z轴平行时，光标旁边会出现"在蓝色轴上"的提示字样，如图3-20所示。接着按住Shift键不放锁定平行于Z轴，移动光标直到直线的结束点，再次单击并按Esc键完成与Z轴平行直线的绘制，如图3-21所示。

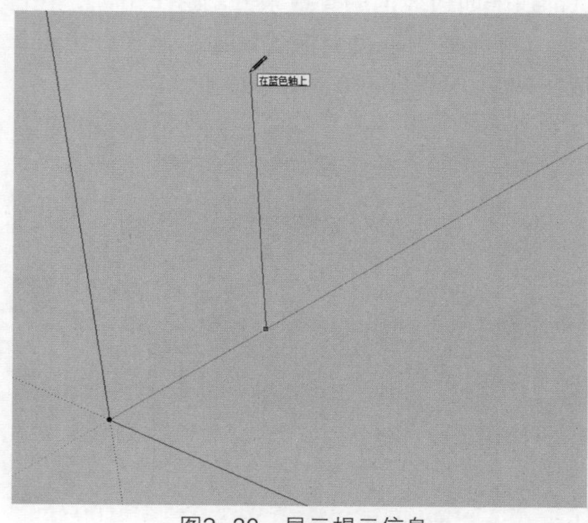

图3-20 显示提示信息

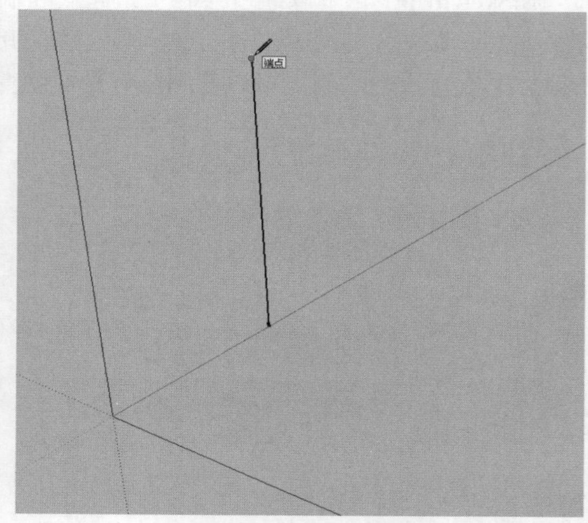

图3-21 绘制直线

7. 直线的捕捉与追踪功能

与CAD相比，SketchUp的捕捉与追踪功能显得更加简便，更易操作。在绘制直线时，多数情况下都需要使用到捕捉功能。

所谓捕捉就是在定位点时，自动定位到特殊点的绘图模式。SketchUp自动打开了3类捕捉，即端点捕捉、中点捕捉和交点捕捉，如图3-22所示。在绘制集合物体时，光标只要遇到这三类特殊的点，就会自动捕捉到，这是软件精确作图的表现之一。

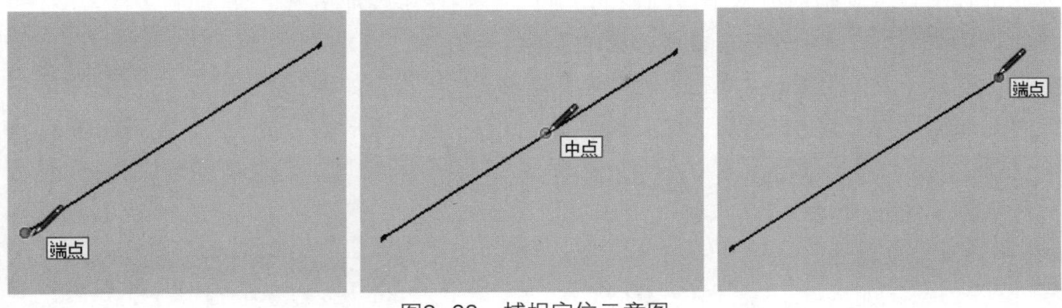

图3-22　捕捉定位示意图

提示

SketchUp的捕捉与追踪功能是自动开启的，在实际工作中，精确作图的每一步要么用数值输入，要么就用捕捉功能。

8. 参考锁定

有时候，SketchUp不能捕捉到用户需要的对齐参考点。捕捉的参考点可能受到别的几何体的干扰。这时，用户可以按住Shift键来锁定需要的参考点。例如，将鼠标移动到一个面上，当显示出“在表面上”的工具提示后，按住Shift键，则以后所绘制的线都会锁定在这个表面所在的平面上。

9. 等分线段

SketchUp中的线段可以等分为若干段。在线段上右键单击鼠标，在关联菜单中选择等分选项后，在线段上移动鼠标，系统会自动计算分段数量以及长度，如图3-23、图3-24所示。

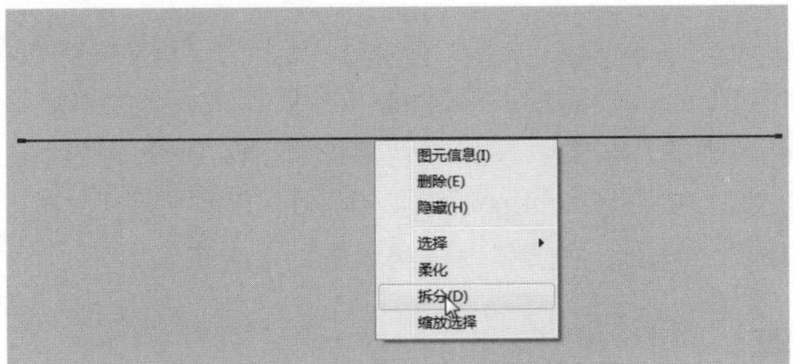

图3-23　选择菜单选项

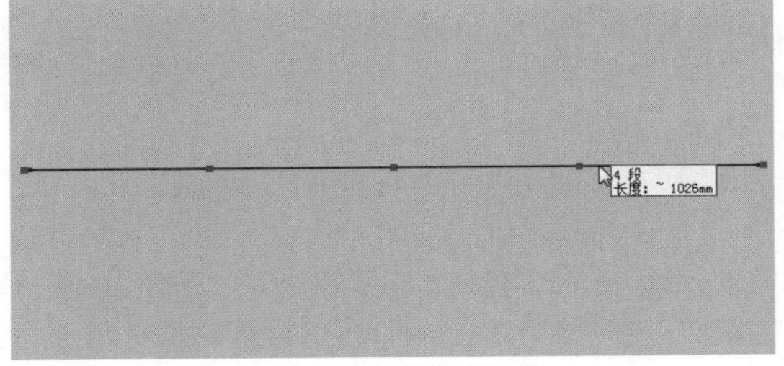

图3-24　等分线段结果

3.1.3 圆形工具

圆形作为一个几何形体，在各类设计中是一个出现得非常频繁的构图要素。在SketchUp中，圆形工具可以用来绘制圆形以及生成圆形的“面”，操作步骤如下。

01 激活“圆形”工具，此时光标会变成一只带圆圈的铅笔。

02 在绘图区选择一点作为圆心并单击，移动光标拉出圆的半径，如图3-25所示。

03 确定半径长度后再次单击鼠标，完成圆的绘制，并自动形成圆形的“面”，如图3-26所示。

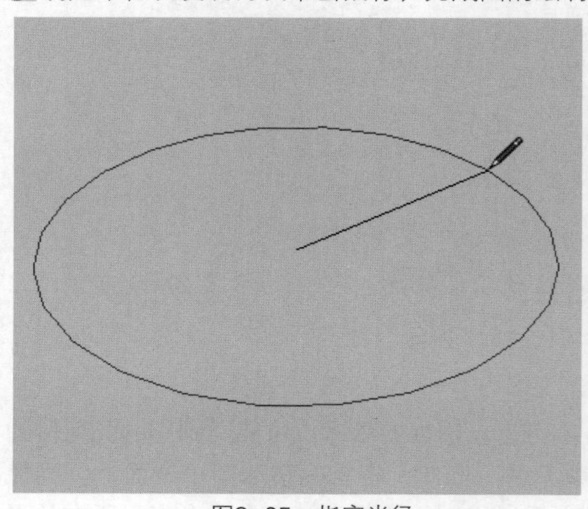

图3-25 指定半径

图3-26 绘制圆面

在SketchUp中的圆形实际上是由正多边形所组成的，操作时并不明显，但是当导出到其他软件后就会发现问题。所以在SketchUp中绘制圆形时可以调整圆的片段数（即多边形的边数）。在激活“圆形”工具后，在数值控制栏中输入片段数“s”，如“8s”表示片段数为8，也就是此圆用正八边形来显示，“16s”表示正十六边形，然后再绘制圆形。要注意，尽量不要使用片段数低于16的圆。

提示

一般来说，不用去修改圆的片段数，使用默认值即可。如果片段数过多，会引起面的增加，这样会使场景的显示速度变慢。在将SketchUp模型导入到3ds Max中时尽量减少场景中的圆形，因为导入到3ds Max中会产生大量的三角面，在渲染时占用大量的系统资源。

3.1.4 圆弧工具

圆弧工具用于绘制圆弧实体，和圆一样，都是由多个直线段连接而成的，可以像圆弧曲线那样进行编辑，是圆的一部分。

1. 绘制圆弧

01 激活“圆弧”工具，此时光标会变成一只带圆弧的铅笔。

02 在视口中选择一点作为圆弧的起始点并单击，再移动光标到结束点，单击鼠标，此时创建了一条直线，如图3-27所示。

03 沿着弧长的垂直方向移动光标，这时创建的是圆弧的矢高，如图3-28所示。

04 选择好需要的位置单击鼠标，即可完成圆弧的创建，如图3-29所示。

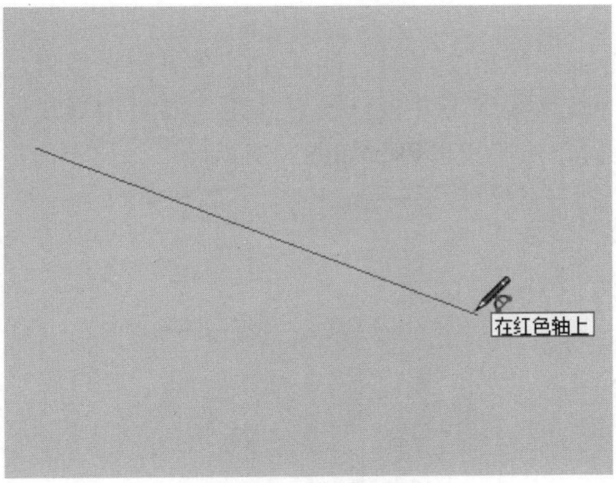

图3-27 绘制直线

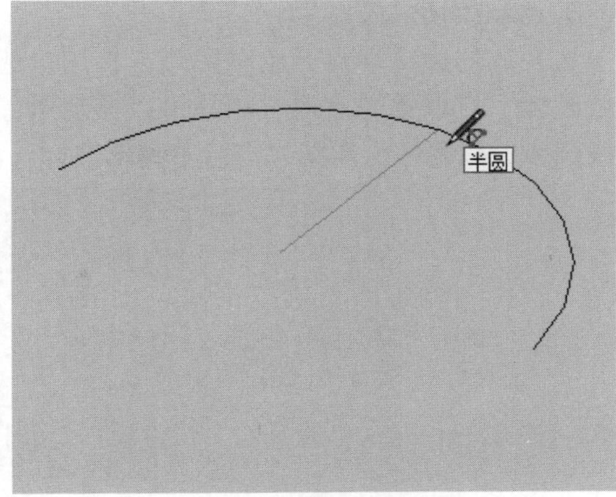

图3-28 指定圆弧的矢高

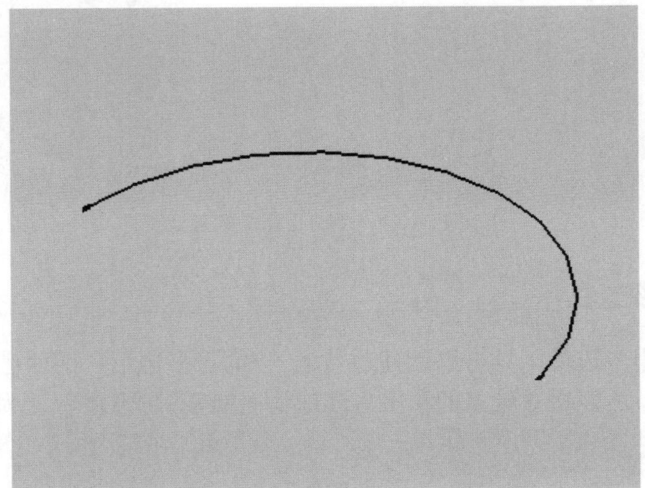

图3-29 完成圆弧的绘制

2. 绘制半圆

调整圆弧的凸出距离，圆弧会临时捕捉到半圆的参考点，如图3-30所示。

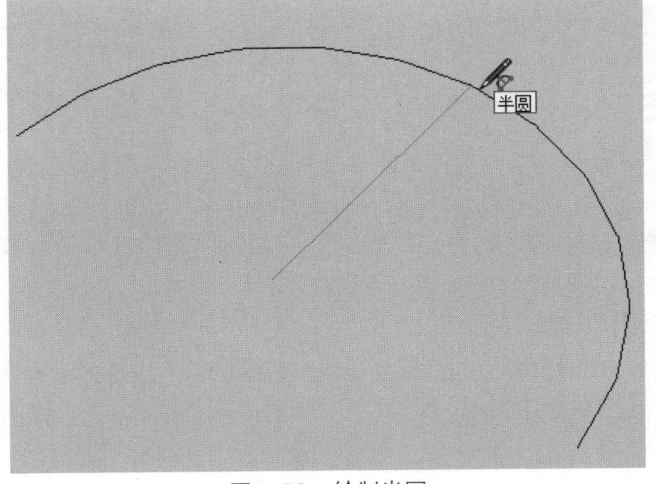

图3-30 绘制半圆

3. 绘制相切的圆弧

从开放的边线端点开始画圆弧，在用户选择圆弧的第二点时，圆弧工具会显示一条青色的切线圆弧。点取第二点后，用户可以移动鼠标打破切线参考并自己设置凸距。如果用户要保留切线圆弧，只要在点取第二点后不移动鼠标并再次单击确定即可。如图3-31所示。

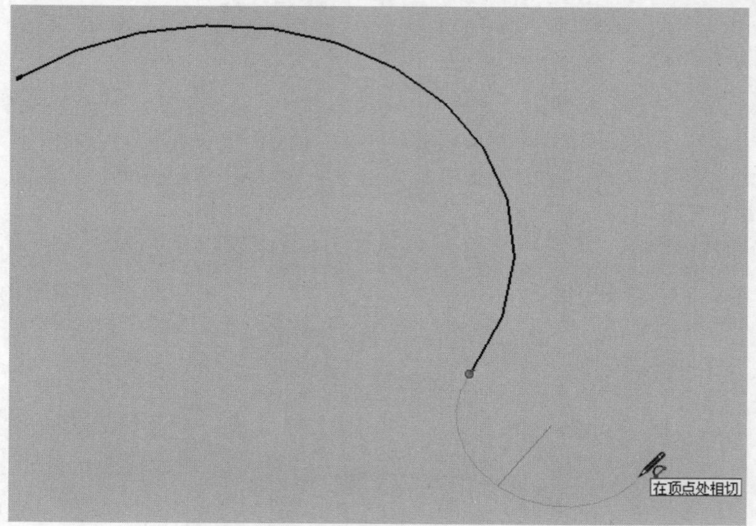

图3-31　绘制相切的圆弧

3.1.5　多边形工具

在SketchUp中使用多边形工具可以创建边数大于3的正多边形。前面已经介绍过圆与圆弧都是由正多边形组成的，所以边数较多的正多边形基本上就显示成圆形了，如图3-32所示。

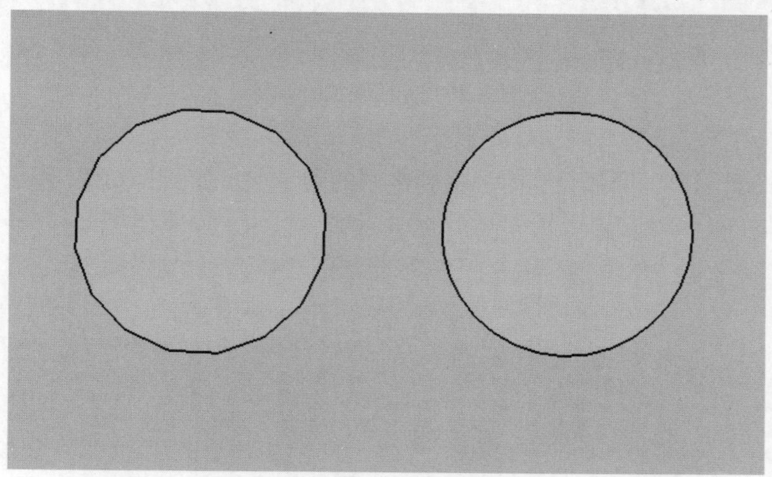

图3-32　绘制多边形

创建正多边形的操作步骤如下：

01 激活“多边形”工具，此时屏幕上的光标会变成一只默认带六边形的铅笔。

02 在屏幕右下角的数值控制栏中输入“边数”，这里输入“8”，表示绘制正八边形，如图3-33所示。

03 按Enter键确认，移动光标到需要的位置，单击确认正八边形的中心点，再移动光标以确认正八边形的半径，也可以在数值控制栏中输入正八边形的半径，按Enter键确认，使用精确的尺寸绘制出正八边形，如图3-34所示。

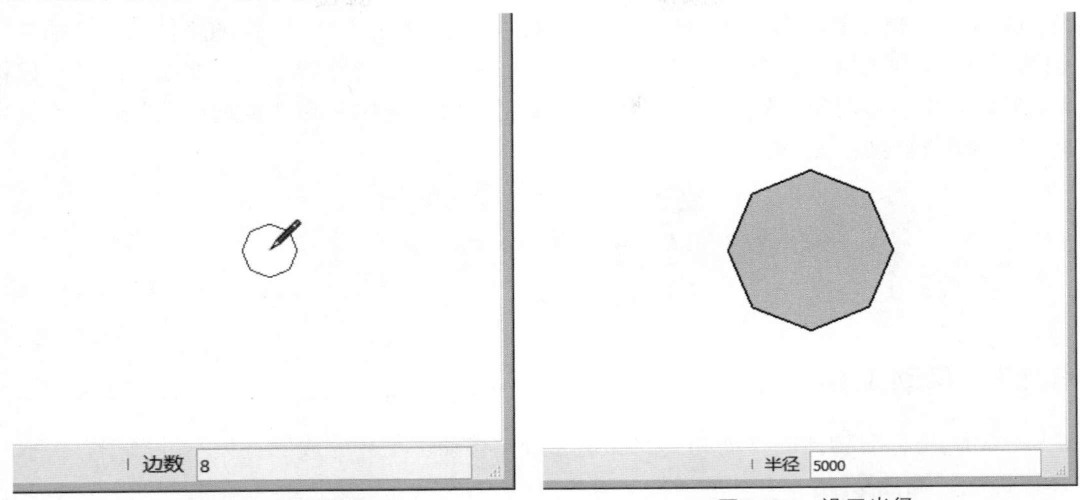

图3-33 设置边数　　图3-34 设置半径

提示

当边数达到一定的数量后，多边形与圆形就没有什么区别了。这种弧形模型构成的方式与3ds Max是一致的。

3.1.6 徒手画笔工具

徒手画笔工具常用来绘制不规则的、共面的曲线形体。单击“徒手画笔”工具，在视口中的一点单击并按住鼠标左键不放，移动光标以绘制所需要的曲线，绘制完毕后释放鼠标即可，如图3-35所示。

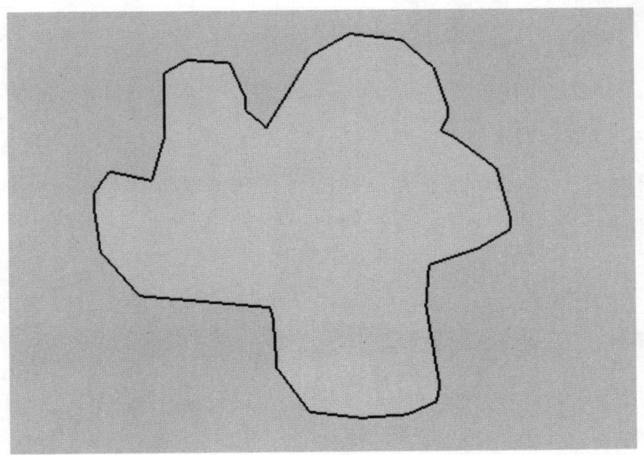

图3-35 徒手画笔工具的应用

提示

一般情况下很少用到“徒手画笔”工具，因为这个工具绘制曲线的随意性比较强，非常难以掌握。建议操作者在AutoCAD中绘制完成这样的曲线，再导入到SketchUp中进行操作。将AutoCAD文件导入到SketchUp的方法在本书的后面章节中有介绍。

3.2 三维模型编辑工具

SketchUp的编辑工具栏包含了“移动”、“推拉”、“旋转”、“跟随路径”、“缩放”以及“偏移复制”6种工具，如图3-36所示。其中，“移动”、“旋转”、“缩放”以及“偏移复制”4个工具是用于对对象位置、形态的变换与复制，而“推拉”和“跟随路径”两个工具主要用于将二维图形转变成三维实体。

图3-36　编辑工具栏

3.2.1　移动工具

在SketchUp中，对物体的移动和复制都是通过“移动”工具完成的，只不过操作方法不同。

1. 点、线、面的移动

使用移动工具可以随意对点、线、面进行移动，移动时，与之相关的面会改变形状，从而实现某些建模效果。下面利用线的移动来创建一个简单的屋顶造型，操作步骤如下。

01 激活矩形工具，绘制一个矩形平面，如图3-37所示。

02 激活推拉工具，将其向上推出，形成一个长方体，如图3-38所示。

图3-37　绘制矩形平面

图3-38　绘制长方体

03 激活直线工具，捕捉中点，在长方体上方绘制一条直线，如图3-39所示。

04 选择直线，如图3-40所示。

图3-39　绘制直线

图3-40　选择直线

05 激活移动工具，沿蓝色轴向上移动适当的距离，即可创建出简单的屋顶造型，如图3-41所示。

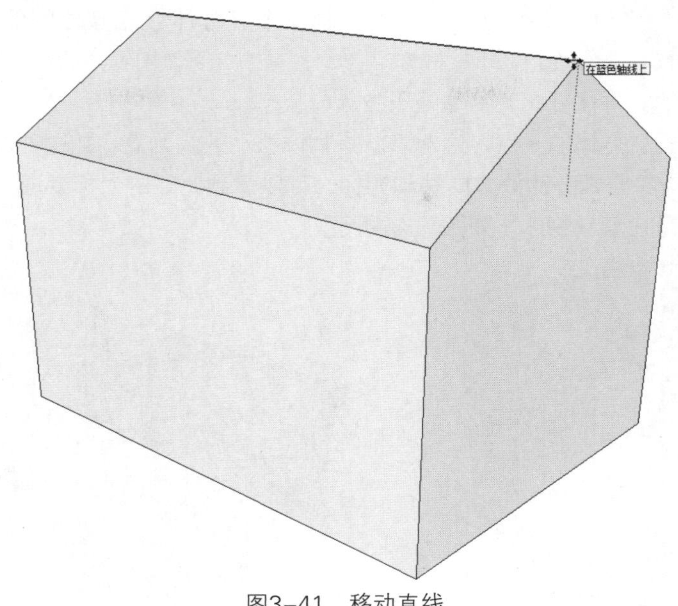

图3-41　移动直线

2. 移动物体

移动物体的操作方法如下。

01 选择需要移动的物体，此时物体处于被选择状态。

02 激活“移动”工具，此时光标会变成一个四方向的箭头，单击物体，单击的这一点就是物体移动的起始点，向需要的方向移动光标，此时物体会跟随着光标一起移动，如图3-42所示。

03 在目标点位置再次单击，即可完成对物体的移动。

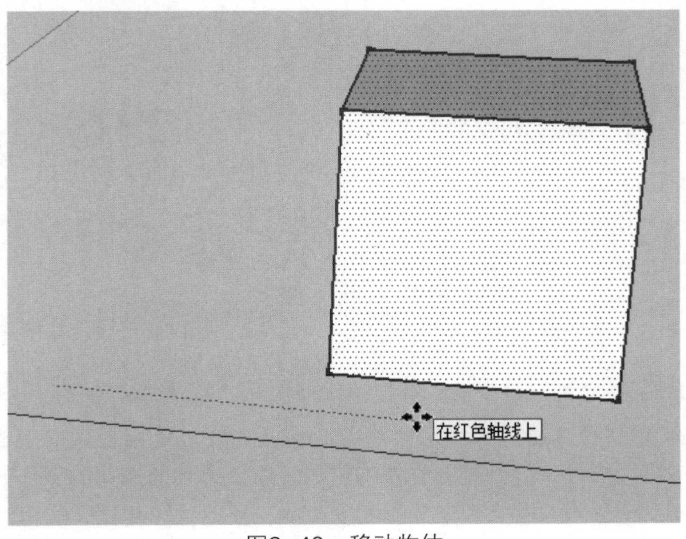

图3-42　移动物体

提示

在作图时往往会使用精确距离的移动，移动物体时按住Shift键锁定移动方向后，就可以在数值控制栏中输入需要移动的距离，按Enter键确定，这时物体就会按照设定距离进行精确的移动。

3. 复制物体

复制物体的操作与移动物体类似，这里以复制三个立方体，相互之间的距离为200为例来介绍复制物体的操作，操作步骤如下。

01 选择需要进行复制的立方体，此时物体处于被选择状态。

02 激活移动工具，单击立方体的一点，这一点就是物体移动的起始点，如图3-43所示。

03 按住Ctrl键不放，向着需要移动的方向移动光标，可以看到此时的光标变成了一个带有+号的四方向箭头，表明此时是在复制物体，如图3-44所示。

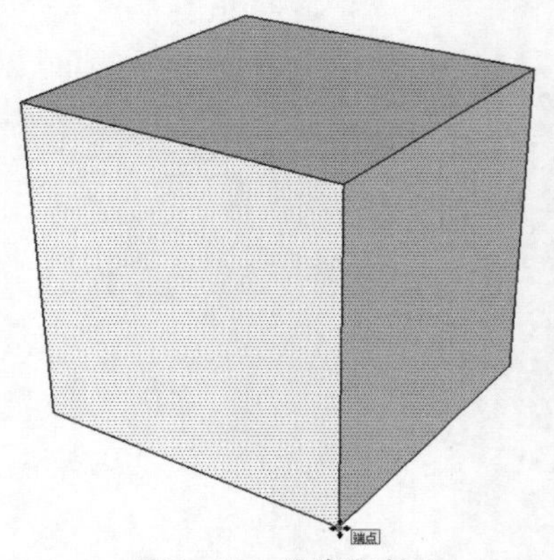

图3-43 设定起始点

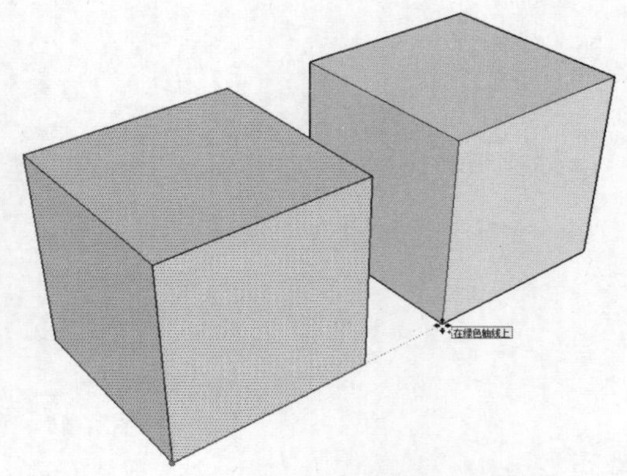

图3-44 复制图形

04 在屏幕右下角的数值控制栏中输入200，表明复制移动的距离为200，按Enter键确定复制操作，如图3-45所示。

05 保持鼠标不动，继续在数值控制栏中输入“3*”，表明除原有物体外一共复制三个，按Enter键完成复制操作，如图3-46所示。

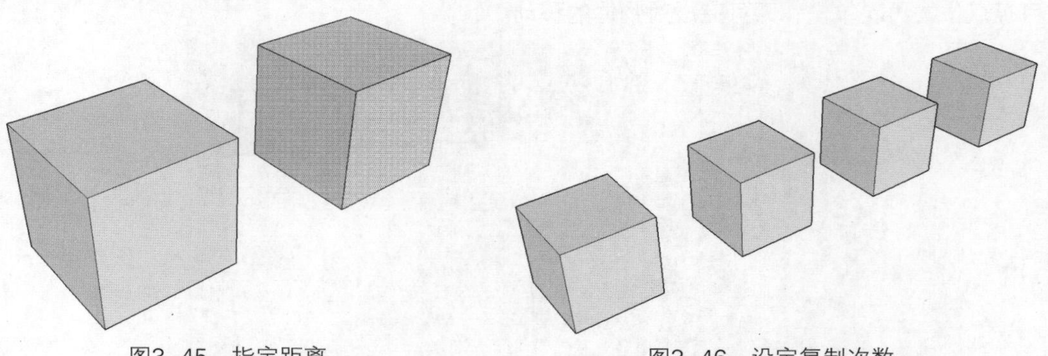

图3-45 指定距离　　图3-46 设定复制次数

提示

这种配合Ctrl键来复制物体的方法经常会用到。除此之外，使用工具栏中的（剪切、复制、粘贴）三个功能按钮同样可以达到复制物体的目的，这三个功能按钮的操作方法与Windows的操作方法一致。因为这样的粘贴复制无法达到精确作图的目的，所以很少用到，这里读者可以自行练习。

3.2.2 旋转工具

旋转工具用于旋转对象，可以对单个物体或者多个物体进行旋转，也可以对物体中的某一个部分进行旋转，还可以在旋转的过程中对物体进行复制。

1. 旋转对象

01 打开模型，选择模型并激活"旋转"工具，当光标变成量角器时，拖动鼠标至旋转轴心点处单击，完成旋转轴的指定。

02 移动光标到需要的位置再次单击，这个定位点与旋转轴心形成了旋转参照边，如图3-47所示。

03 再移动光标，可以看到物体在随着光标的移动进行旋转，如图3-48所示。

04 在需要的角度位置单击鼠标，即可完成旋转操作，如图3-49所示。

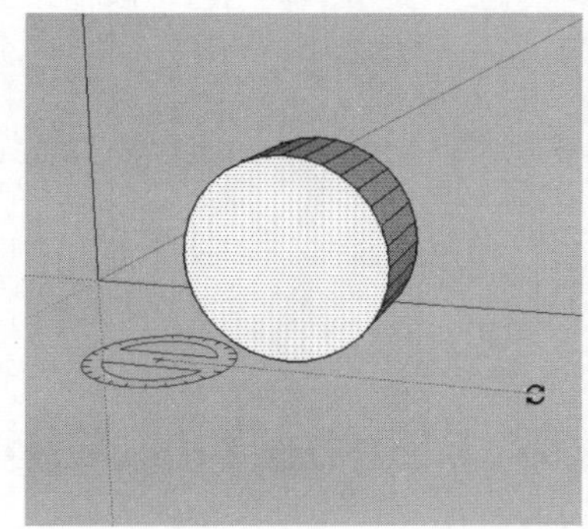

图3-47　定位点

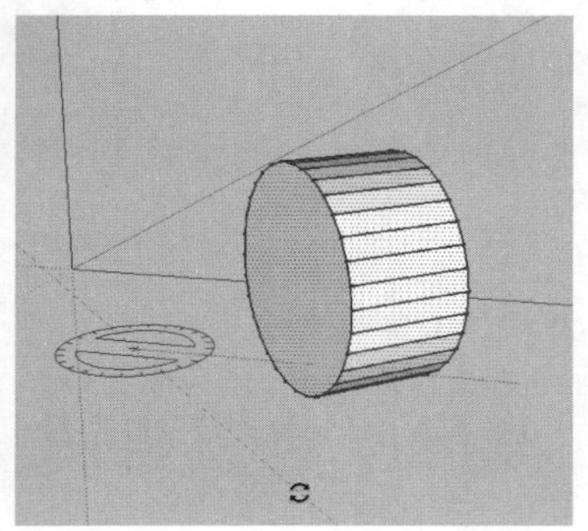

图3-48　移动光标

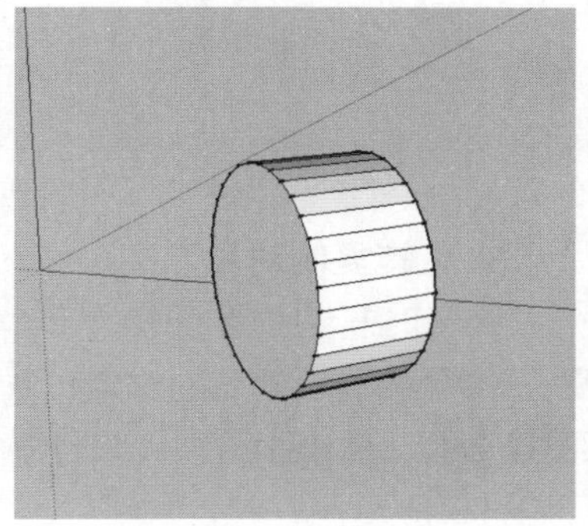

图3-49　完成旋转

提示

在旋转时，可以根据需要在屏幕右下角的数值控制框中输入物体旋转的角度，再按Enter键，以达到精确作图的目的。角度值为正表示按照顺时针旋转，角度值为负表示按照逆时针旋转。

2. 旋转对象的部分模型

除了对整个模型对象进行旋转外，还可以对已经分割好的模型进行部分旋转，操作步骤如下。

01 旋转模型要旋转的部分平面，激活"旋转"工具，确定好旋转平面、轴心点与轴心线，如图3-50所示。

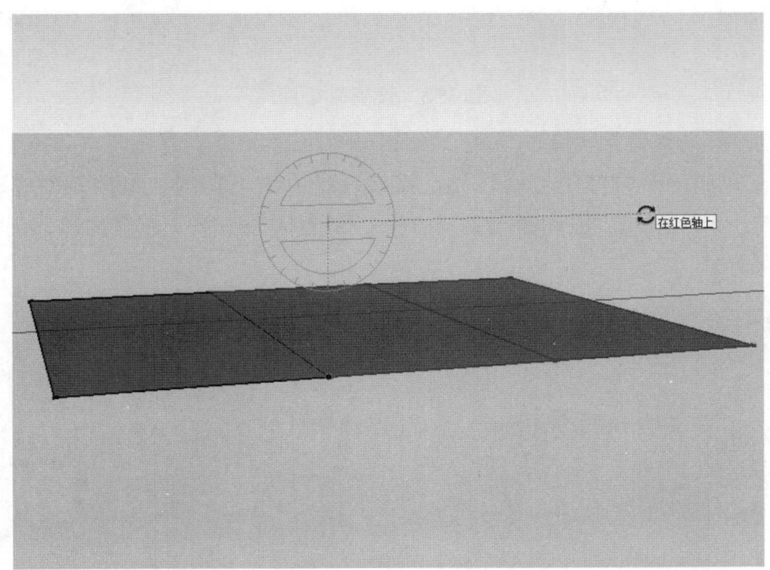

图3-50　确定旋转对象

02 移动光标进行旋转，或者直接输入旋转角度，按Enter键确定完成一次旋转，如图3-51所示。

03 再次选择一个平面，按照上述操作步骤进行旋转，完成本次操作，效果如图3-52所示。

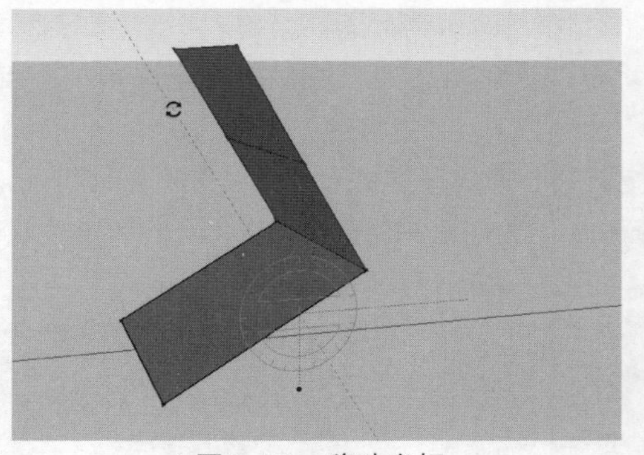
图3-51　移动光标

图3-52　完成旋转

3. 旋转复制对象

旋转时复制物体的操作步骤如下。

01 选择需要旋转复制的对象，激活“旋转”工具。

02 当光标变成量角器时，选择轴心点并单击，这里以坐标轴原点为轴心点，再设置轴心线，如图3-53所示。

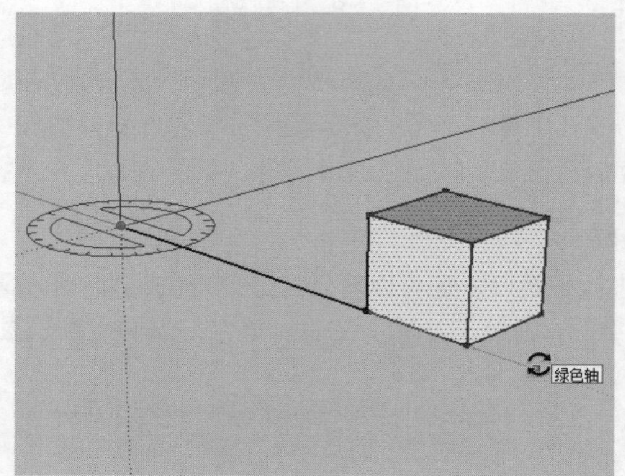

图3-53　设置轴心线

03 按住Ctrl键不放，移动光标至需要的位置，如图3-54所示。

04 单击鼠标确认，完成一个物体的旋转复制。接着在屏幕右下角的数值控制栏中输入4，表明以这个旋转角度复制出4个物体，按Enter键确认，即可看到场景中除了原有物体，还有4个复制出的物体，如图3-55所示。

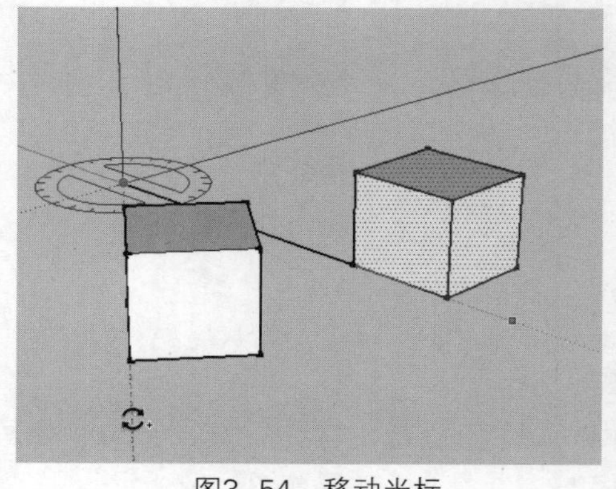
图3-54　移动光标

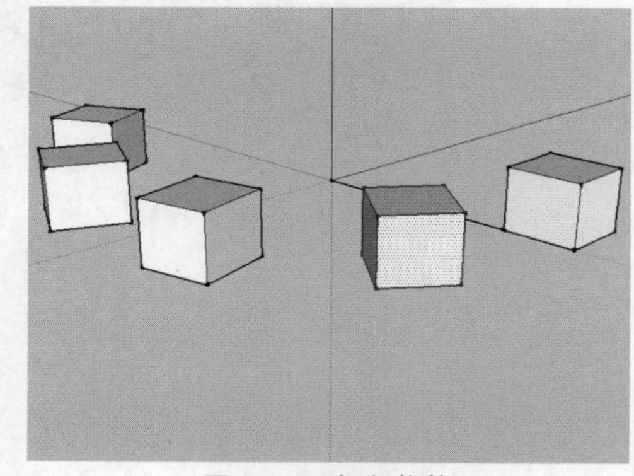
图3-55　复制物体

旋转复制物体时，如果将复制的物体旋转至如图3-56所示的位置上，然后在数据控制栏中输入5，则表明共复制5个物体，并且在原物体和新物体之间以四等分排列，如图3-57所示，这就是等分旋转复制。

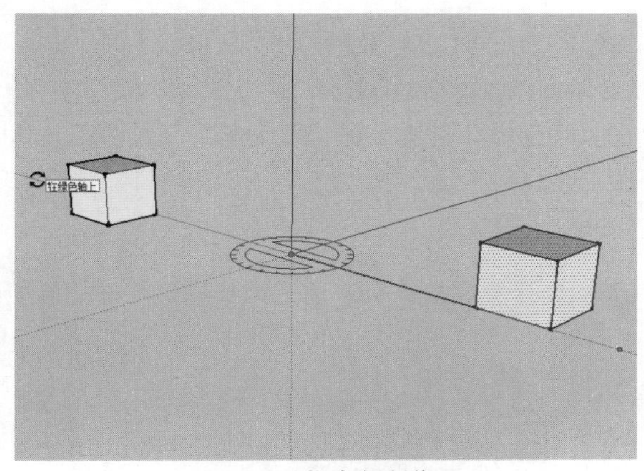

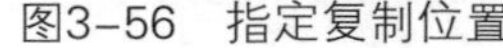
图3-56　指定复制位置

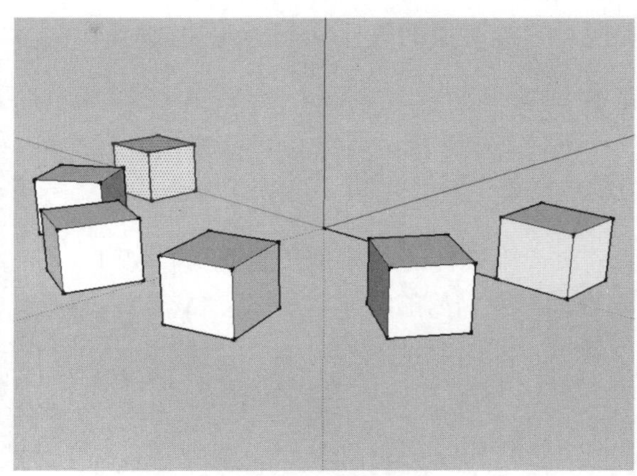
图3-57　复制结果

提示

在旋转定位旋转轴时，有时会比较困难，这时可以适当地调整视窗以方便观察与作图，如果量角器的角度正确了，可以按住Shift键不放，以锁定方向。

3.2.3　缩放工具

“缩放”工具主要用于对物体进行放大或缩小，可以是在X、Y、Z这三个轴同时进行等比缩放，也可以是锁定任意两个或单个轴向的非等比缩放。

1. 二维对象的缩放

选择需要进行缩放的二维对象，激活缩放工具，即可对二维对象进行缩放控制。激活缩放工具后，二维对象上出现了黄色矩形控制框和8个绿色控制点，分别调节这8个控制点，可以实现对二维对象的等比和非等比缩放，如图3-58所示。

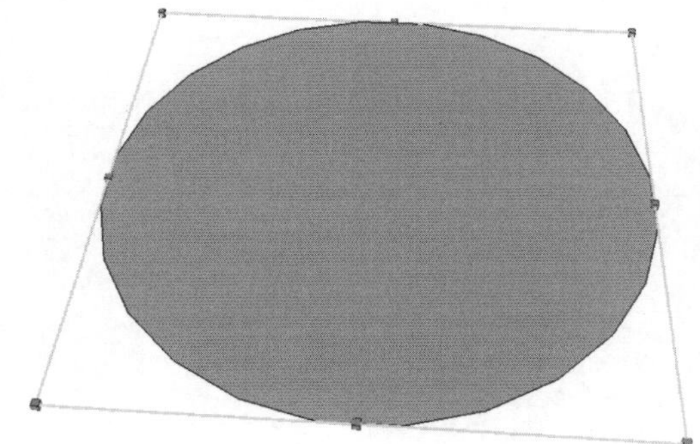

图3-58　缩放二维对象

2. 三维对象的缩放

以上讲解的是缩放工具对二维对象的操作，下面再来讲解三维对象的缩放操作。三维对象的操作与二维对象的操作基本相同，不同的是三维对象的缩放控制点较二维对象复杂，并且三维对象可进行缩放的轴向比二维对象多。

激活缩放工具后，三维对象上出现了黄色矩形控制框和26个绿色控制点。如果将长方体的每个表面看做一个二维平面的话，那么这些平面上的点与二维对象的控制点基本相同，不过在每个面的中心还有一个控制点，也就是说，长方体的每个面有9个控制点，利用这些控制点可以实现对三维对象的等比和非等比缩放。

提示

需要注意的是，即使三维对象不是长方体，而是其他对象，其缩放框仍然为长方体的线框，黄色缩放框每个面上有9个控制点，总数为26个保持不变。

对三维物体等比缩放的操作方法如下。

01 选择需要缩放的物体，激活“缩放”工具，此时光标会变成缩放箭头，而三维物体被缩放栅格所围绕，如图3-59所示。

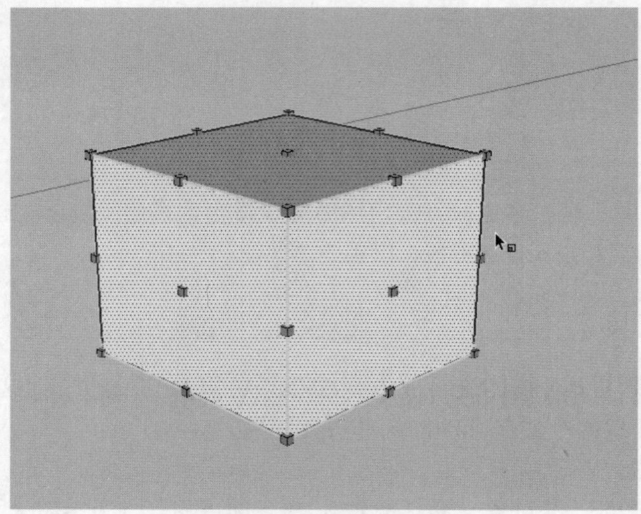

图3-59 选择缩放对象

02 将光标移动到对角点处，此时光标处会提示“等比缩放：以相对点为轴”的字样，表明此时的缩放为X、Y、Z这3个轴向同时进行的等比缩放，如图3-60所示。

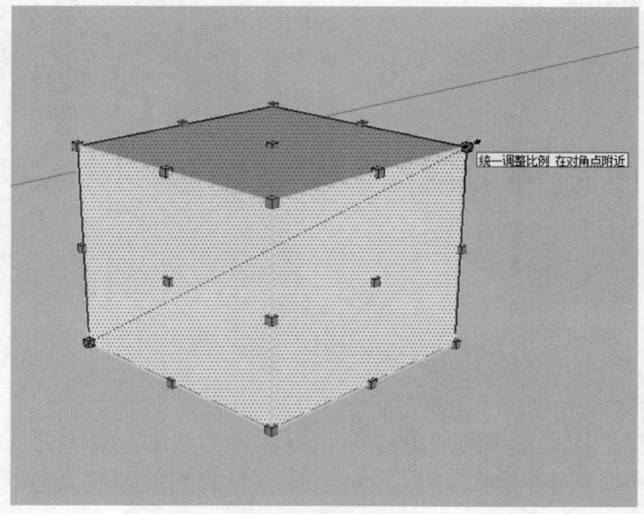

图3-60 等比缩放

03 单击并按住鼠标左键不放，拖动光标，向下移动是缩小，向上移动是放大，当物体缩放到需要的大小时释放鼠标，结束缩放操作。

提示

用户可以在缩放时根据需要在屏幕右下角的数值控制栏中输入物体缩放的比例，按Enter键即可达到精确缩放的目的。比例小于1为缩小，大于1为放大。

对三维物体锁定YZ轴（绿/蓝色轴）的非等比缩放的操作如图3-61所示。

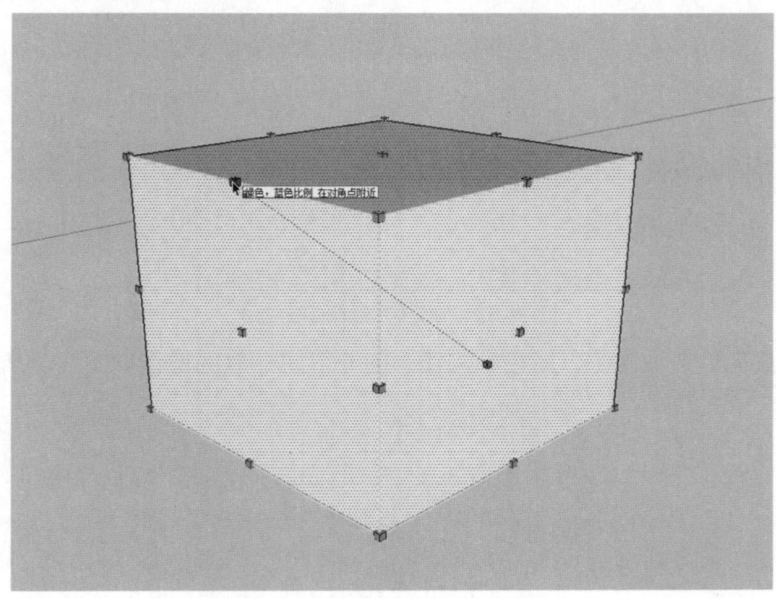

图3-61 锁定YZ轴非等比缩放

对三维物体锁定XZ轴（红/蓝色轴）的非等比缩放的操作如图3-62所示。

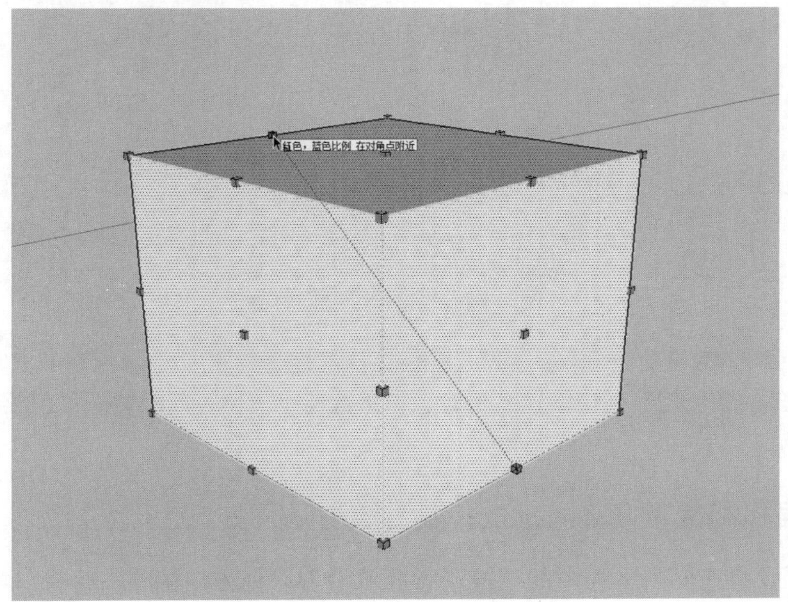

图3-62 锁定XZ轴非等比缩放

对三维物体锁定XY轴（红/绿色轴）的非等比缩放的操作如图3-63所示。

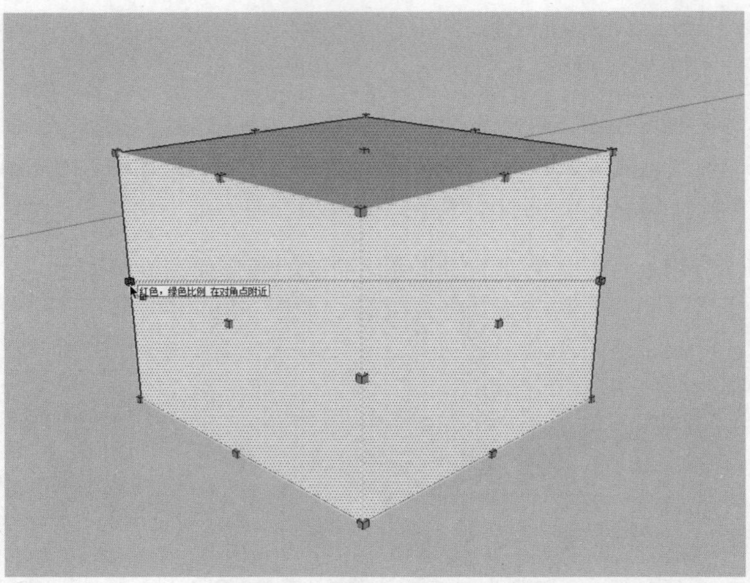

图3-63　锁定XY轴非等比缩放

对三维物体锁定单个轴向（以绿色轴为例）的非等比缩放的操作如图3-64所示。

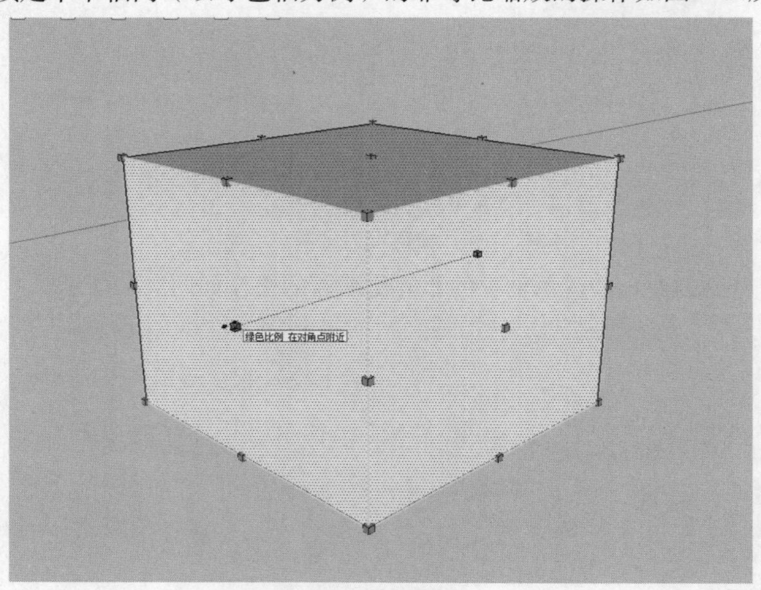

图3-64　锁定单个轴向缩放

提示

在屏幕右下角的数值控制栏中输入比例时，如果数值是负值，此时物体不但要被缩放，而且还会被镜像。

3.2.4　偏移和复制工具

偏移工具可以将在同一平面中的线段或者面域沿着一个方向偏移一个统一的距离，并复制出一个新的物体。偏移的对象可以是面域、两条或两条以上首尾相接的线形物体集合、圆弧、圆或者多边形。

1. 面的偏移复制

01 选择需要偏移的面域，激活“偏移”工具，此时屏幕上的光标变成两条平行的圆弧。

02 单击并按住鼠标左键不放，移动光标，可以看到面域随着光标的移动发生偏移，如图3-65所示。

03 当移动到需要的位置时释放鼠标左键，就可以看到面域中又创建了一个长方形，并且由原来的一个面域变成了两个，如图3-66所示。

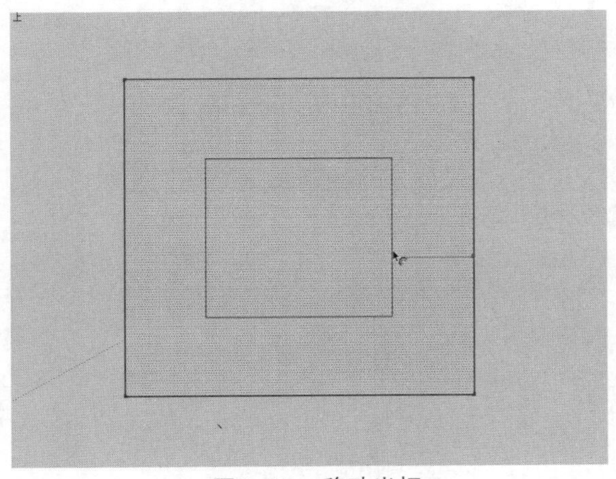

图3-65　移动光标

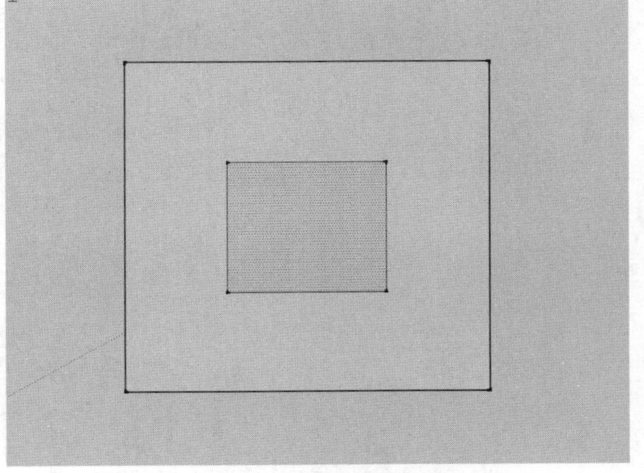

图3-66　偏移复制结果

提示

在实际操作中，可以在偏移时根据需要在数值控制栏中输入物体偏移的距离，按Enter键即可完成精确偏移。

“偏移”工具对于任意造型的面均可以进行偏移操作，如图3-67所示。

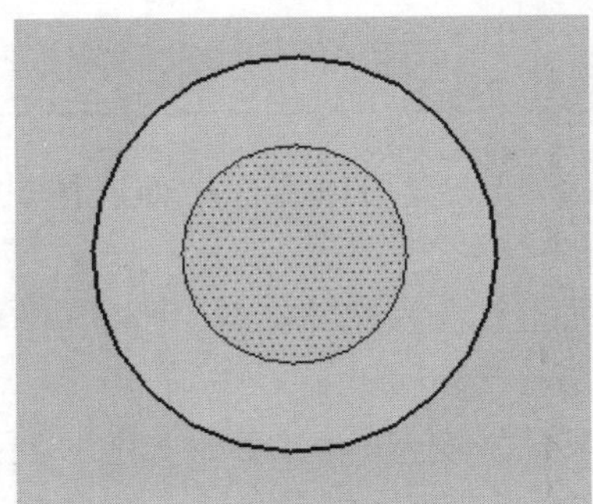

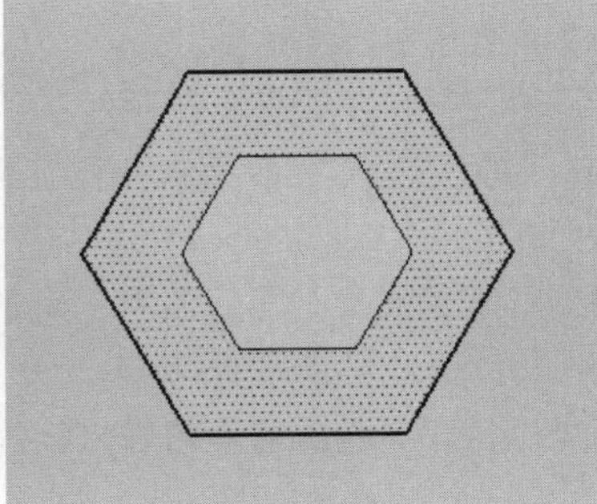

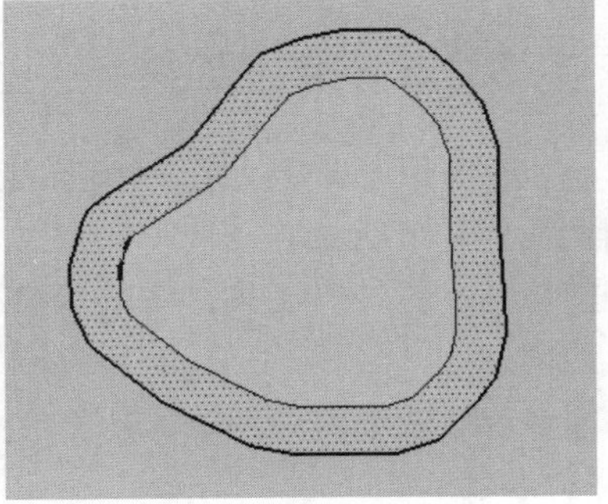

图3-67　偏移面

提示

在实际操作中，面域偏移的操作要远远多于对线形物体偏移的操作，这主要是因为SketchUp是以“面”建模为核心的。

2. 线段的偏移复制

“偏移”工具无法对单独的线段以及交叉的线段进行偏移复制，当光标放置在这两种线段上时，光标的图案会变成，并且会有如图3-68所示的提示。

对于多条线段组成的转折线、弧线以及线段与弧形组成的线形，均可以进行偏移复制操作，如图3-69所示。其具体操作方法与面的操作类似，这里不再赘述。

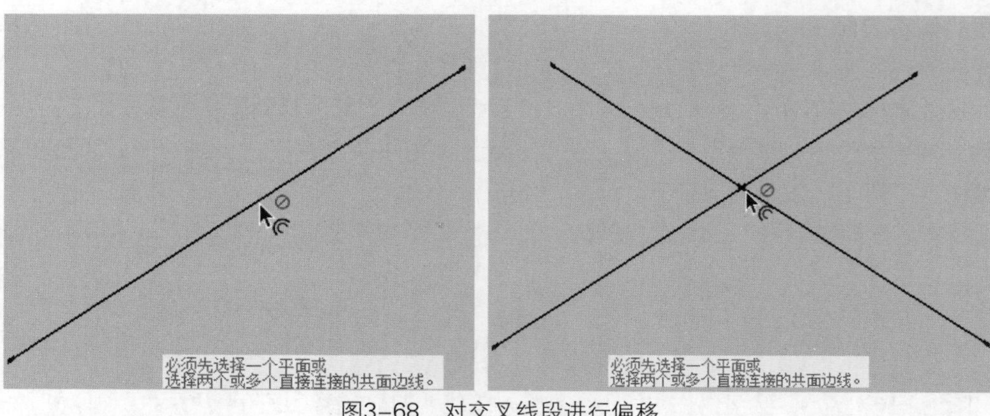

图3-68　对交叉线段进行偏移

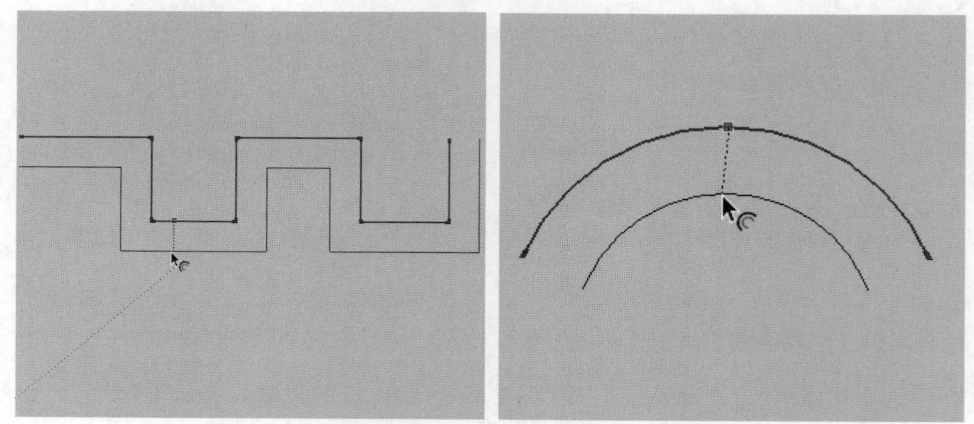

图3-69　对弧线进行偏移

3.2.5　推拉工具

"推拉"工具是二维平面生成三维实体模型最为常用的工具，该工具可以将面拉伸成体。操作步骤如下。

01 激活"推拉"工具，将鼠标移动到已有的面上，可以看到已有的面显示为被选择状态，如图3-70所示。

02 单击鼠标并按住左键不放，拖动光标，已有的面就会随着光标的移动转换为三维实体，如图3-71所示。

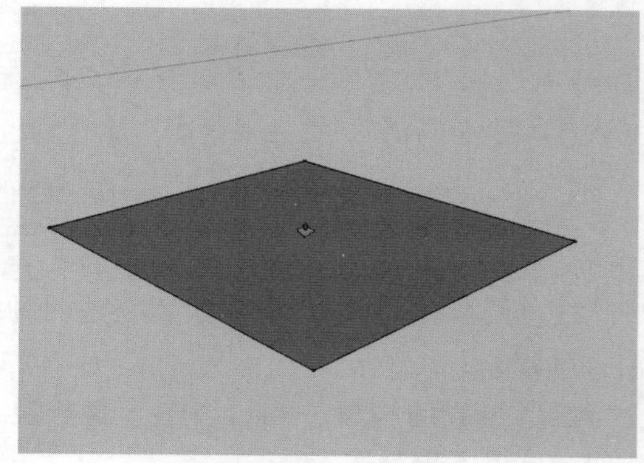

图3-70　选择面

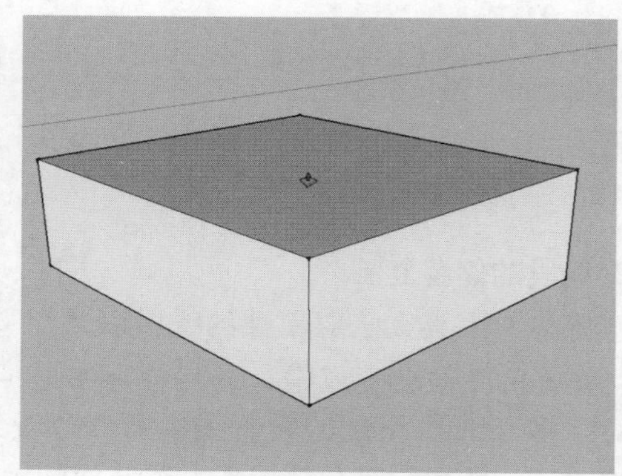

图3-71　转换结果

还可以对所有面的物体进行推拉，或改变体块的体积大小，只要是面，就可以使用“推拉”工具来改变其形态、体积，如图3-72所示。

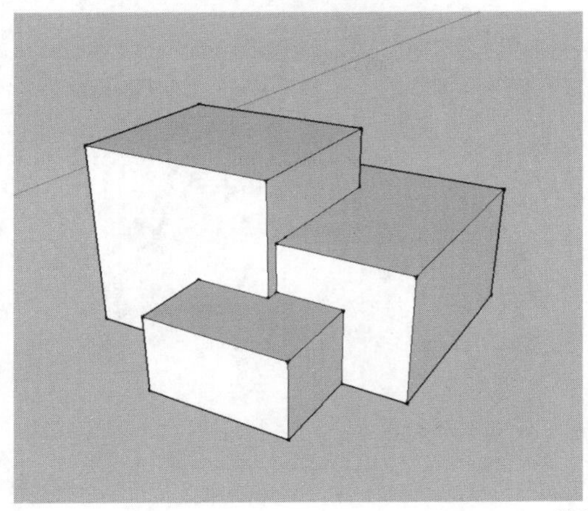
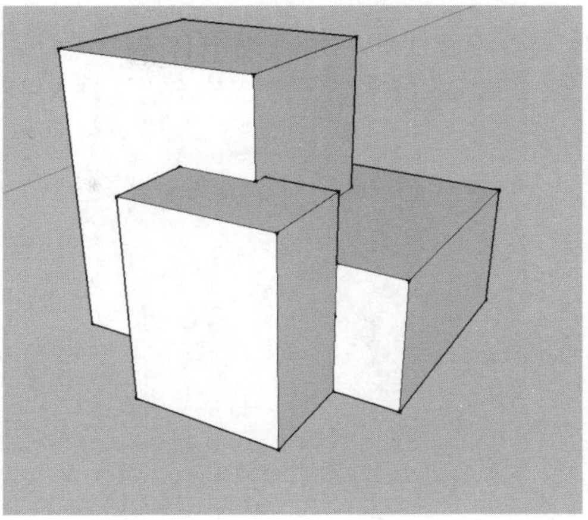

图3-72　推拉工具的应用

提示

如果有多个面的推拉深度相同，则在完成其中某一个面的推拉之后，在其他面上使用“推拉”工具直接双击鼠标左键即可快速完成相同的操作。

3.2.6　跟随路径工具

跟随路径是指将一个界面沿着某一指定线路进行拉伸的建模方式，与3ds Max的放样命令有些相似，是一种很传统的从二维到三维的建模工具。

1. 面与线的应用

使一个面沿着某一指定的曲线路径进行拉伸的具体操作步骤如下。

01 激活“跟随路径”工具，根据状态栏中的提示单击截面，以选择拉伸面，如图3-73所示。

02 再将光标移动到作为拉伸路径的曲线上，这时可以看到曲线变红，光标随着曲线移动，截面也会随着形成三维模型，如图3-74所示。

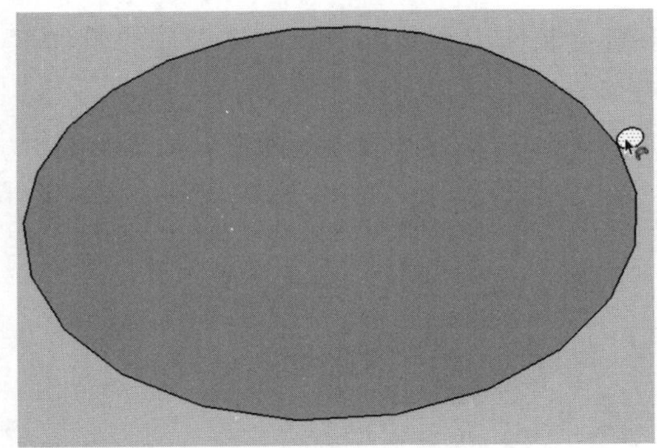

图3-73　选择拉升面

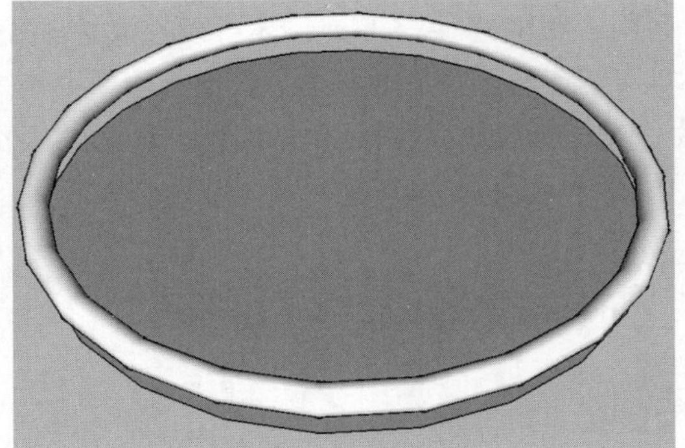

图3-74　拉伸结果

2. 面与面的应用

使用“跟随路径”工具也可以使一个面沿着另一个面的路径进行拉伸，操作步骤如下。

01 本实例来绘制一个圆锥体模型，在视图中绘制圆形平面与三角形平面，并相互垂直，激活“跟随路径”工具，单击三角形平面，如图3-75所示。

02 待光标变成时，再将其移动到圆形平面边缘，跟随其捕捉一周，如图3-76所示。

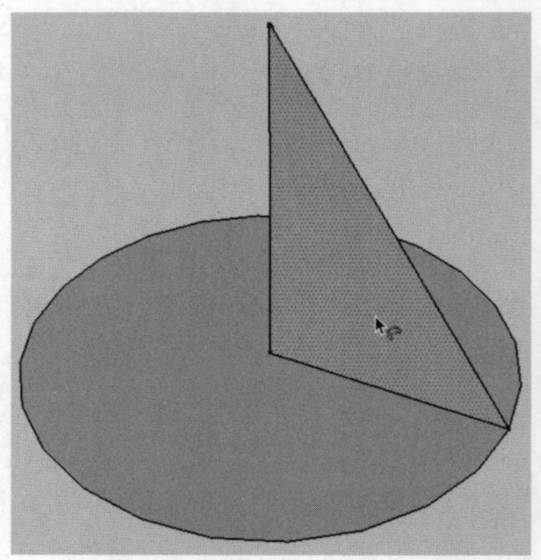

图3-75　选择平面

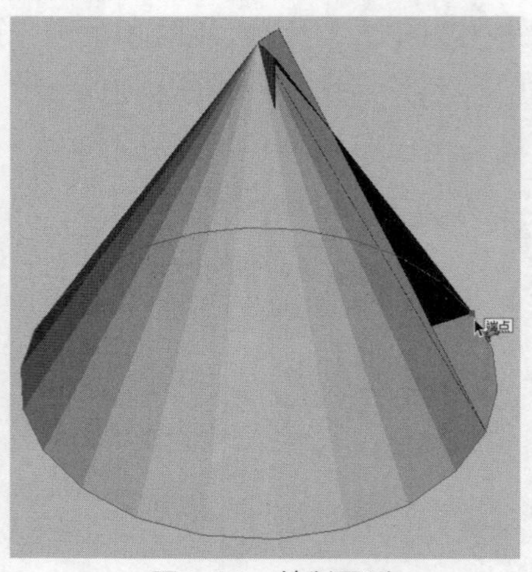

图3-76　绘制图形

03 光标捕捉一周后，单击鼠标左键确定，即可完成圆锥体模型的创建，如图3-77所示。

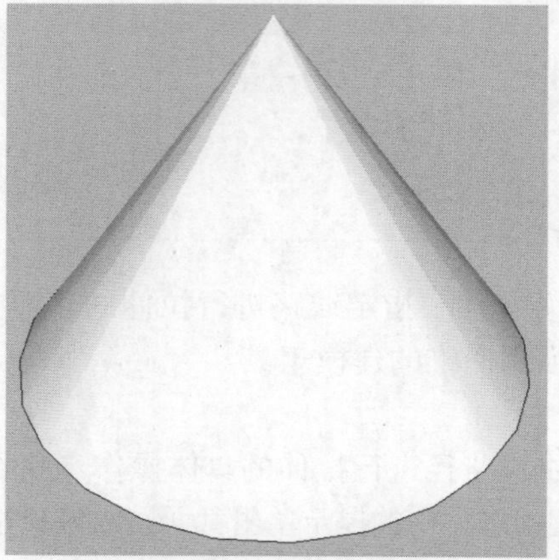

图3-77　完成圆锥体模型的创建

3. 实体上的应用

利用“跟随路径”工具，还可以在实体模型上直接制作出边角细节，具体操作步骤如下。

01 本实例来制作一个柱脚模型，在实体表面绘制好柱脚轮廓截面，如图3-78所示。

02 激活“跟随路径”工具，单击选择轮廓截面，此时可以看到出现了参考的轮廓线，如图3-79所示。

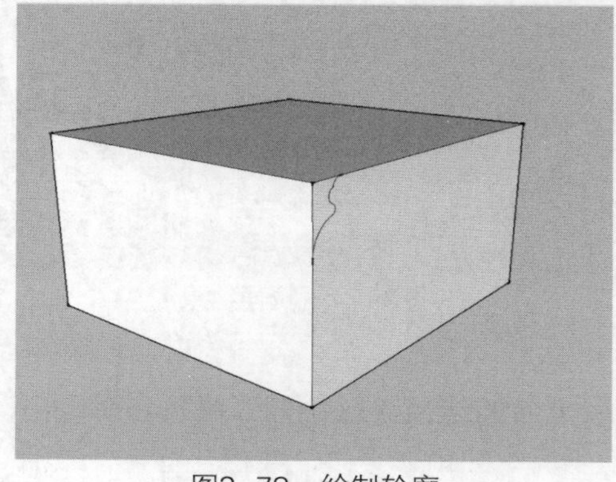

图3-78　绘制轮廓

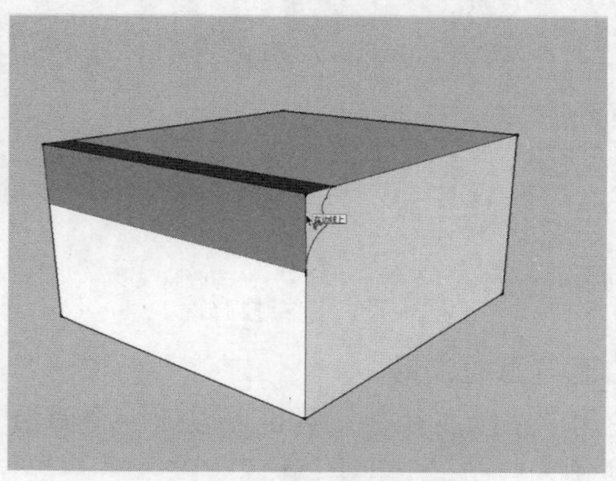

图3-79　选择轮廓线

03 移动光标，绕顶面一周，回到原点，效果如图3-80所示。

04 单击鼠标左键确认，即可完成柱脚模型的创建，如图3-81所示。

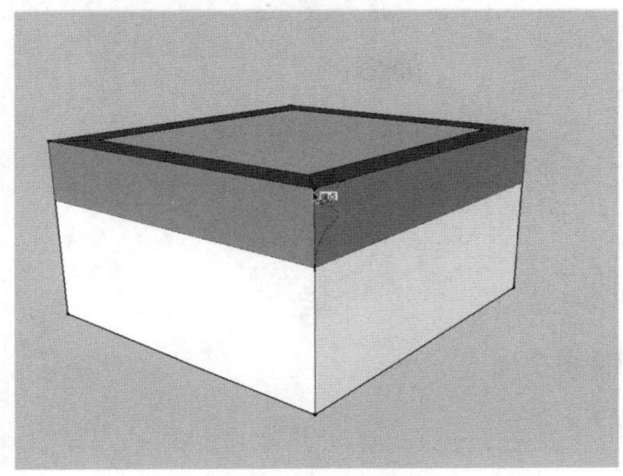

图3-80　绘制图形

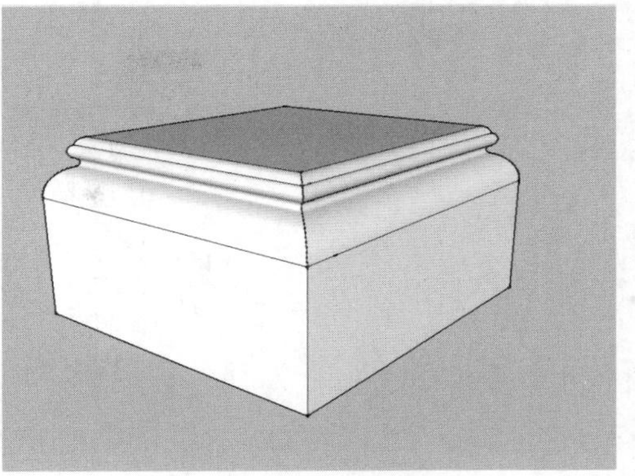

图3-81　绘制结果

3.3 删除工具

“主要”工具栏中包括“选择”、“颜料桶”、“擦除”3个工具，如图3-82所示，都是在SketchUp中经常用到的，这里主要讲述“删除”工具。

图3-82　删除工具栏

通常，在建模软件中，删除操作可以通过选择需要删除的对象，然后按Delete键进行删除，SketchUp软件也是如此，可以使用选择工具选择需要删除的线或面，再按Delete键进行删除。

除了使用Delete键进行删除以外，SketchUp软件还拥有自己的删除工具。

1. 删除边

使用擦除工具删除边的方式有两种：一种是点选删除，点选删除就是使用擦除工具单击进行删除，在需要删除的边上单击鼠标即可将之删除，使用这种方法一次只能删除一条边，如图3-83所示。

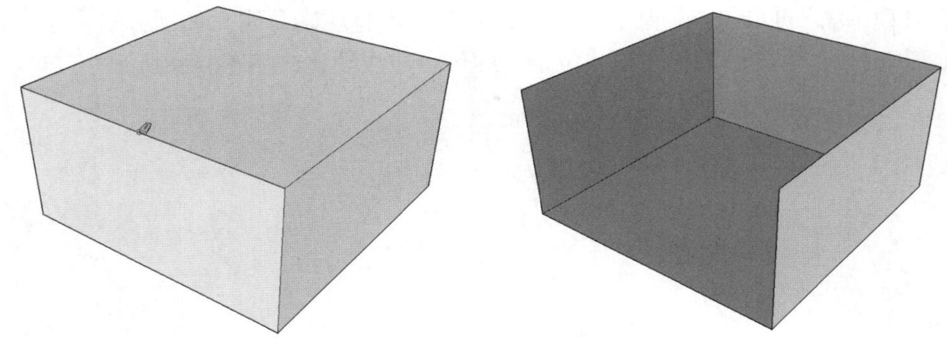

图3-83　删除边

另外一种是拖曳删除，即按住鼠标左键不放，拖曳鼠标，凡是被擦除工具滑过变成蓝色的边，在释放鼠标后都会被删除，使用这种方法一次可以删除多条边，如图3-84所示。

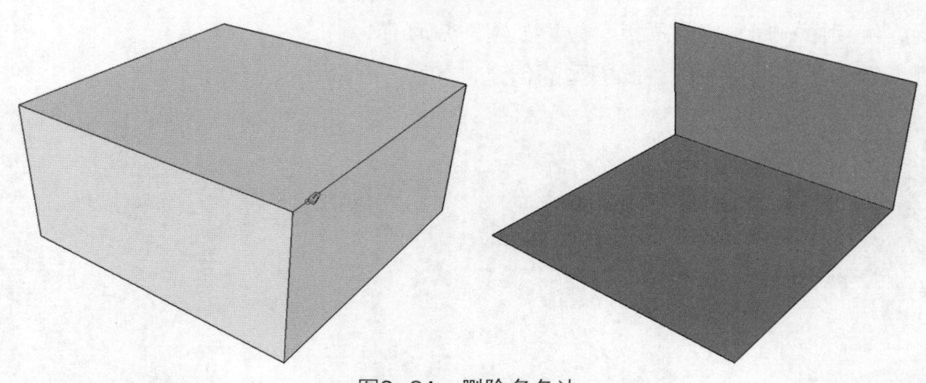
图3-84　删除多条边

提示

删除了几何体的边之后，与边相连的面也会随之被删除。在使用拖曳删除的方法时，鼠标移动的速度不要过快，否则可能会使需要选择的边没有被选择上，从而影响操作的质量。

2. 柔化、硬化和隐藏边

使用擦除工具除了可以进行边线的删除操作以外，还可以配合键盘上的按键对边线进行柔化、硬化及隐藏处理。

以一个长方体为例，激活擦除工具，选择长方体的一条边，如图3-85所示。按住Shift键，单击该边线，即可将该边线隐藏，但仍然可以分出明暗面，如图3-86所示。

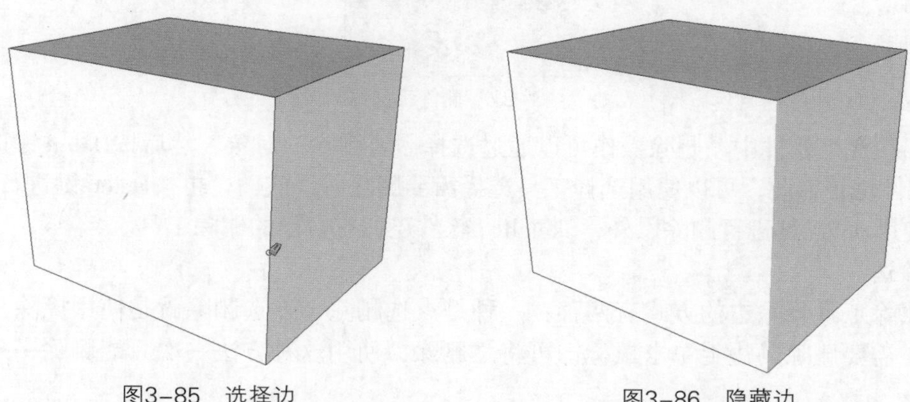
图3-85　选择边　　图3-86　隐藏边

如果按住Ctrl键，再单击该边线，即可将边软化，不见明暗分明，如图3-87所示。最后同时按住Shift键和Ctrl键，单击被柔化的边线位置，即可将边线硬化，如图3-88所示。

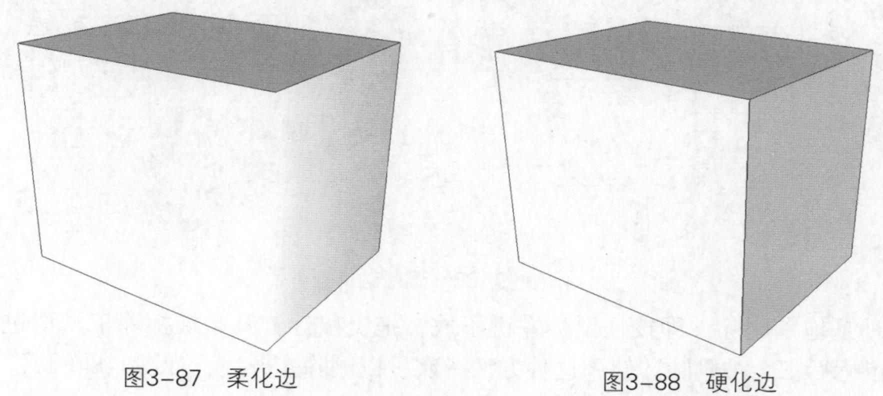
图3-87　柔化边　　图3-88　硬化边

3.4 建筑施工工具

SketchUp建模可以达到很高的精确度，主要得益于功能强大的“建筑施工”工具。“建筑施工”工具栏包括“卷尺”、“量角器”、“尺寸”、“文本”、“轴”及“三维文字”工具，如图3-89所示。其中，“卷尺”与“量角器”工具主要用于尺寸与角度的精确测量与辅助定位，其他工具则用于进行各种标识与文字创建。

图3-89 建筑施工工具栏

3.4.1 卷尺工具

“卷尺”工具不仅可以用于距离的精确测量，也可以用于制作精准的辅助线。

1. 测量长度

01 打开已有模型，激活“卷尺”工具，当光标变成卷尺时单击确定测量起点，如图3-90所示。

02 拖动鼠标至测量终点，光标旁会显示出距离值字样，在数值控制栏中也可以看到显示的长度值，如图3-91所示。

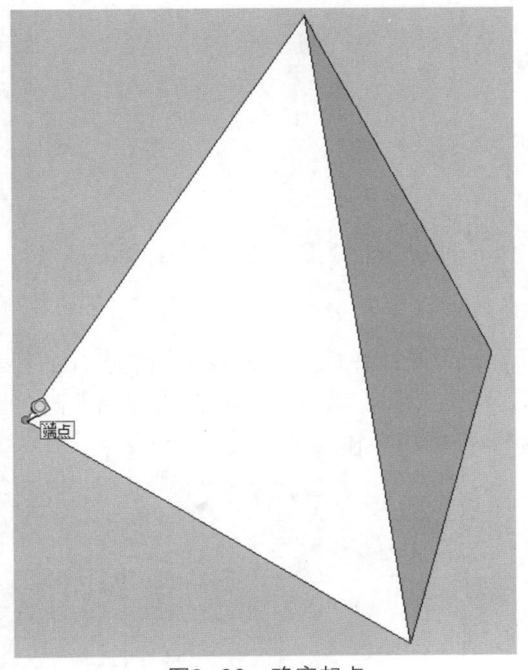

图3-90 确定起点

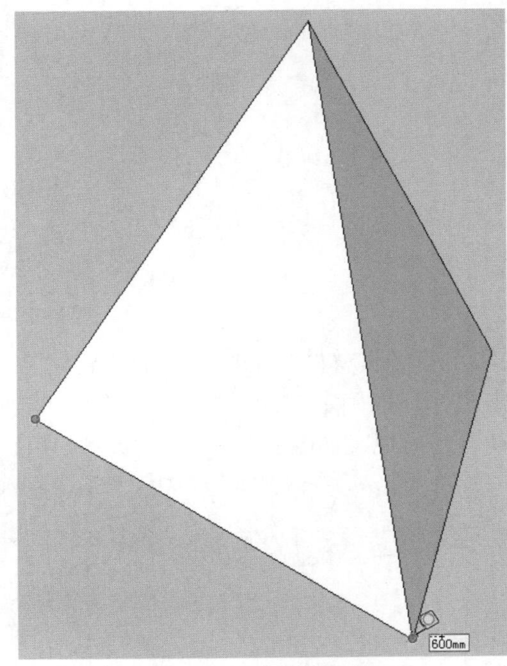

图3-91 查看测量值

03 在此单击鼠标左键，即可完成本次测量。

提示

如果事先未对单位精度进行设置，那么数据控制栏中显示的测量数值为大约值，这是因为SketchUp根据单位精度进行了四舍五入。打开“模型信息”对话框，在“单位”面板中即可对单位精度进行设置，如图3-92所示。

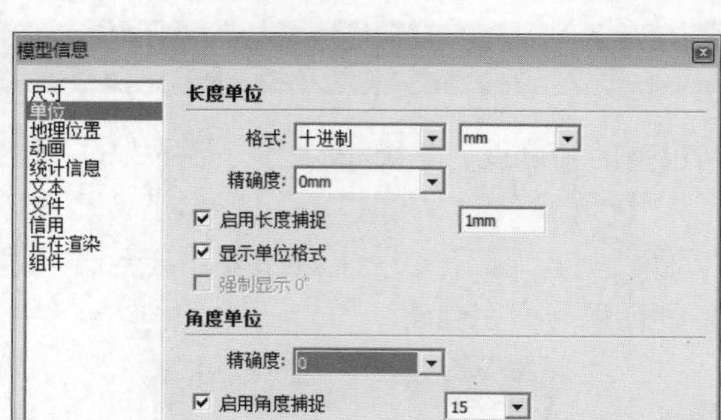

图3-92 “模型信息”对话框

2. 创建辅助线

“卷尺”工具还可以创建如下两种辅助线。

（1）线段延长线。激活“卷尺”工具后，用光标在需要创建延长线段的端点处开始拖出一条延长线，延长线的长度可以在屏幕右下角的数值控制栏中输入，如图3-93所示。

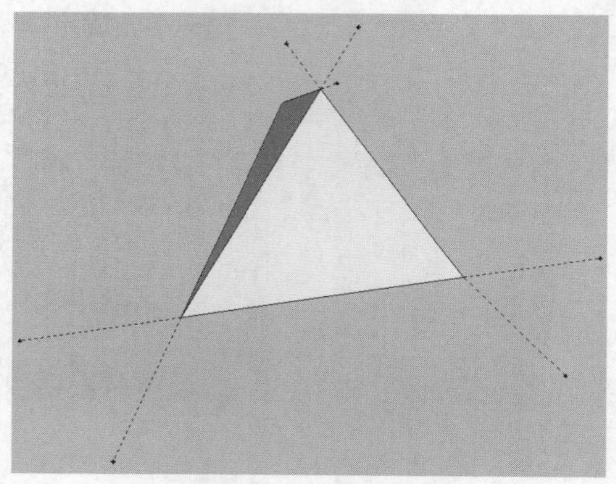
图3-93 线段延长线

（2）直线偏移的辅助线。激活“卷尺”工具后，用光标在偏移辅助线两侧端点外的任意位置单击鼠标，以确定辅助线起点，如图3-94所示。移动光标，就可以看到偏移辅助线随着光标的移动自动出现，如图3-95所示，也可以直接在数值控制栏中输入偏移值。

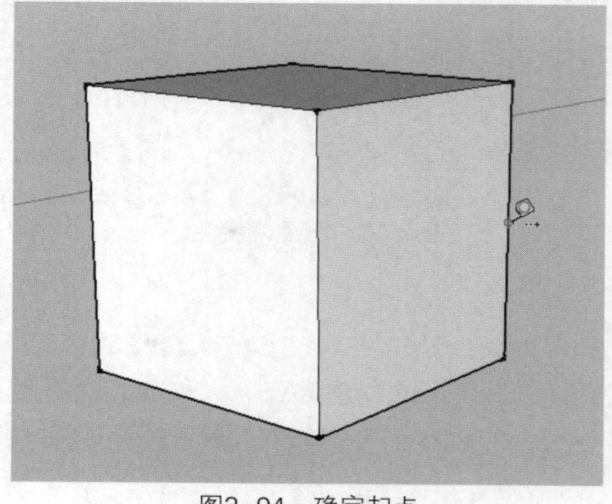
图3-94 确定起点

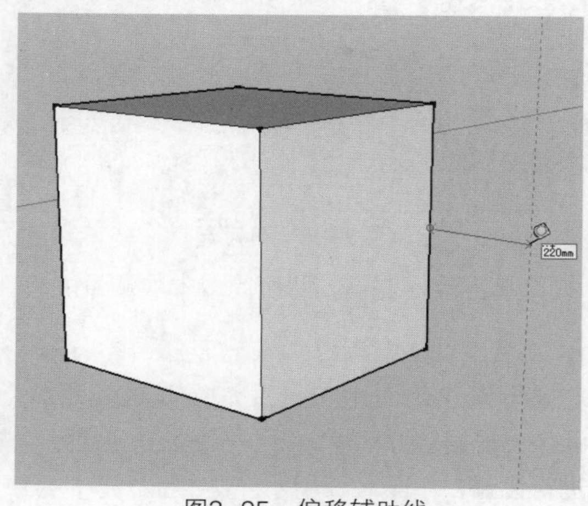

图3-95 偏移辅助线

提示

场景中常常会出现大量的辅助线，如果是已经不需要的辅助线，就可以直接删除；如果辅助线在后面还有用处，也可以将其隐藏起来。选择辅助线，执行“编辑”|“隐藏”命令即可，或者单击鼠标右键，在弹出的快捷菜单中单击“隐藏”命令。

3.4.2 量角器工具

“量角器”工具可以用来测量角度，也可以用来创建所需要的辅助线。

1. 测量角度

使用“量角器”工具测量角度的操作步骤如下。

01 打开已有模型，激活“量角器”工具，当鼠标变成量角器图标时，单击鼠标确定目标测量角的顶点，如图3-96所示。

02 移动光标，选择目标测量角的任意一条边线，如图3-97所示，单击鼠标确认。

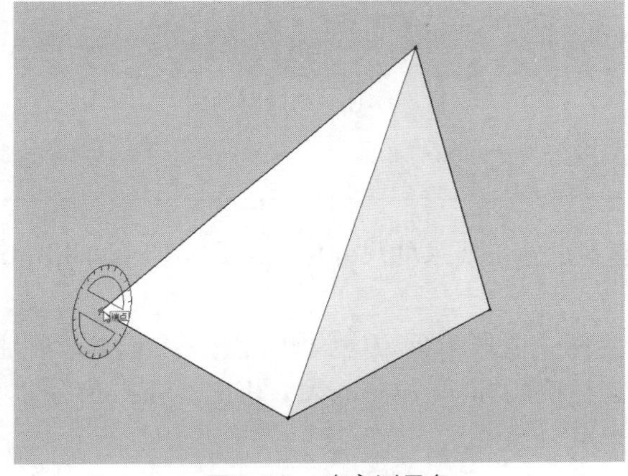

图3-96 确定测量角

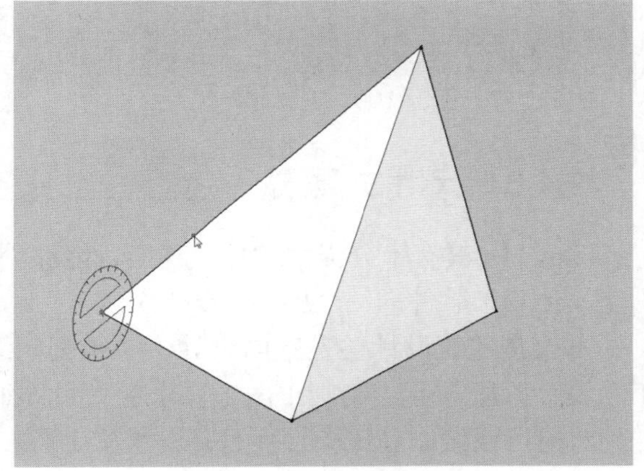

图3-97 选择边线

03 再移动光标捕捉目标测量角的另一条边线，如图3-98所示，再次单击鼠标确认。

04 测量完毕后，即可在数值控制栏中看到测量角度，如图3-99所示。

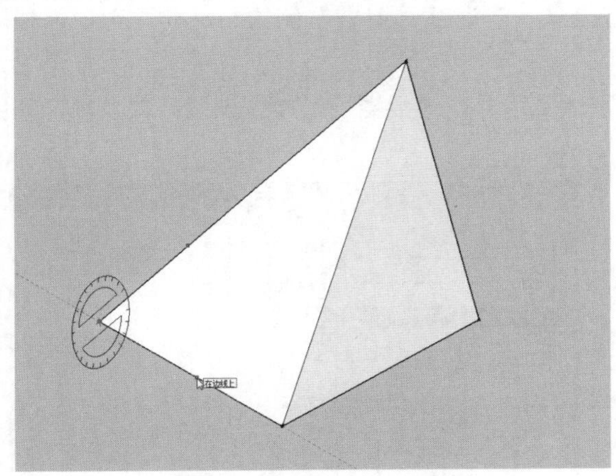

图3-98 选择另一条边线

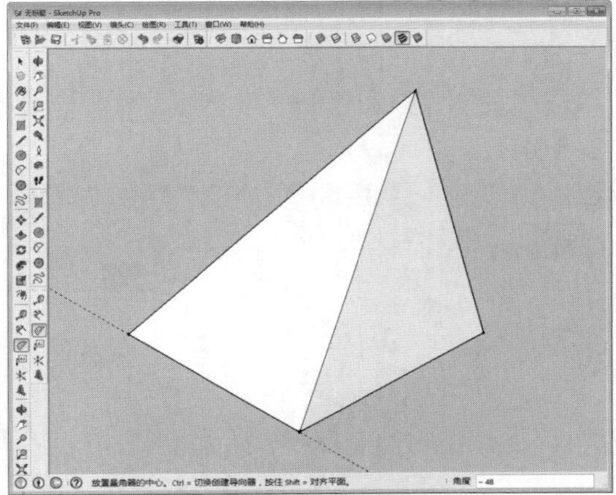

图3-99 查看测量角度

2. 创建辅助线

使用“量角器”工具可以创建任意的角度辅助线，操作方法如下。

01 激活“量角器”工具，单击鼠标确定顶点位置，移动光标选择辅助线的起始线，如图3-100所示，单击鼠标确定。

02 移动光标并在数值控制栏中输入角度值，按Enter键确定即可创建以起始线为参考，具有相对角度的辅助线，如图3-101所示。

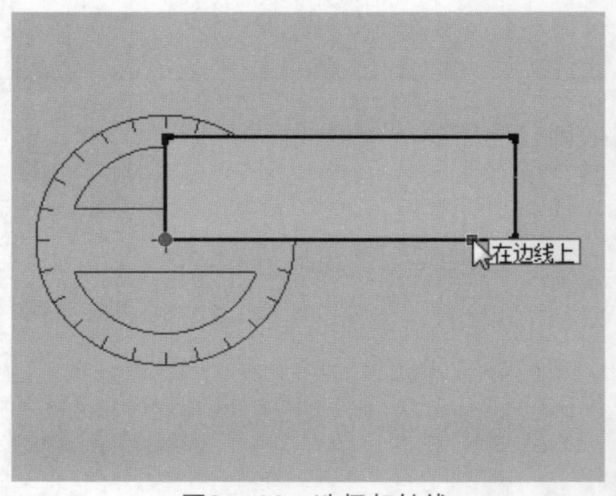

图3-100　选择起始线

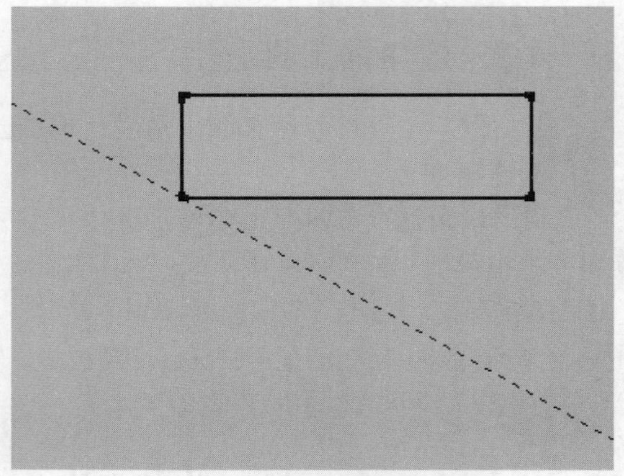

图3-101　创建辅助线

3.4.3　尺寸工具

SketchUp具有十分强大的标注功能，能够创建满足施工要求的尺寸标注，这也是SketchUp区别于其他三维软件的一个明显优势。

不论是建筑设计还是室内设计，一般都归结为两个阶段，即方案设计和施工图设计。在施工图设计阶段需要绘制施工图，要求有大量详细、精确的标注。与3ds Max相比，SketchUp软件的优势是可以绘制施工图，而且是三维施工图。

1. 标注样式的设置

不同类型的图纸对于标注样式有不同的要求，在图纸中进行标注的第一步就是设置需要的标注样式，操作步骤如下。

01 执行“窗口”|“模型信息”命令，打开“模型信息”对话框，单击左侧的“尺寸”选项，如图3-102所示。

02 单击“字体”按钮打开“字体”对话框，设置字体及字号，再根据场景模型设置字体大小，如图3-103所示。

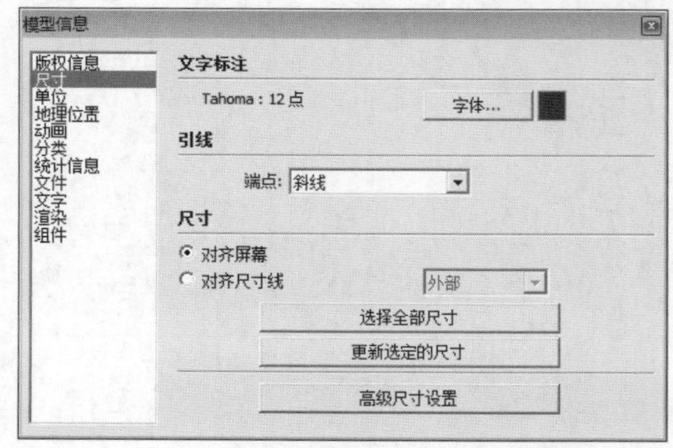

图3-102　“模型信息”对话框

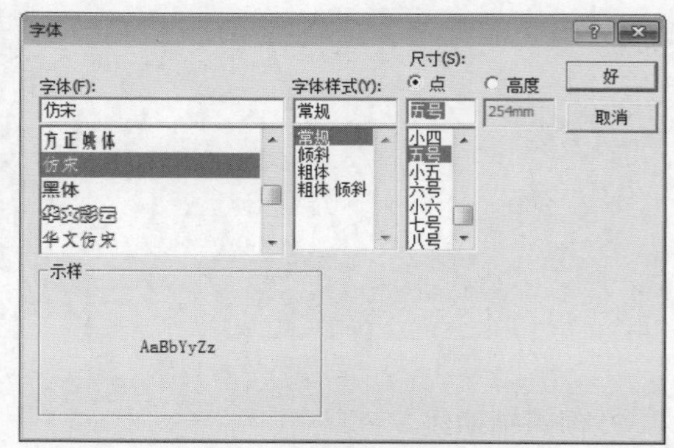

图3-103　设置字体格式

03 返回到“模型信息”对话框，设置引线样式为“闭合箭头”，如图3-104所示。

04 设置完毕即可关闭“模型信息”对话框。

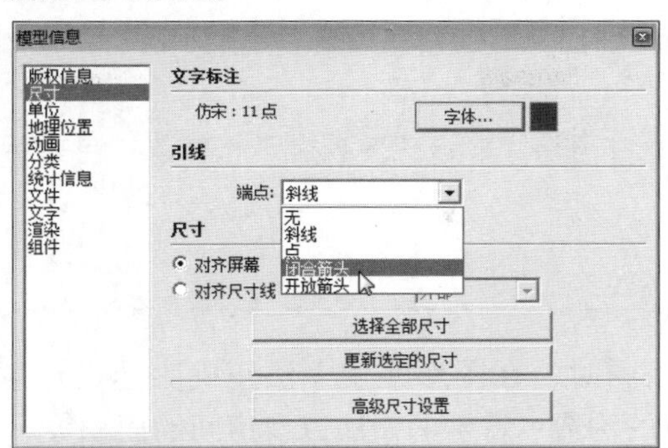

图3-104　设置引线样式

提示

使用AutoCAD绘制建筑施工图和使用SketchUp绘制建筑施工图是不一样的。使用AutoCAD绘制的建筑施工图是二维的，各类图形要素必须符合国标，而使用SketchUp绘制的施工图是三维的，只要便于查看即可。

2. 尺寸标注

SketchUp的尺寸标注是三维的，其引出点可以是端点、终点、交点以及边线，并且可以标注三种类型的尺寸：长度标注、半径标注、直径标注。

（1）长度标注

激活“尺寸”工具，在长度标注的起点单击，再移动光标到长度标注的终点，再次单击，移动光标即可创建尺寸标注。

（2）半径标注

SketchUp中的半径标注主要是针对弧形物体，激活“尺寸”工具，单击选择弧形，移动光标即可创建半径标注，标注文字中的“R”表示半径，如图3-105所示。

（3）直径标注

SketchUp中的直径标注主要是针对圆形物体，激活“尺寸”工具，单击选择圆形，移动光标即可创建直径标注，标注文字中的“DIA”表示直径，如图3-106所示。

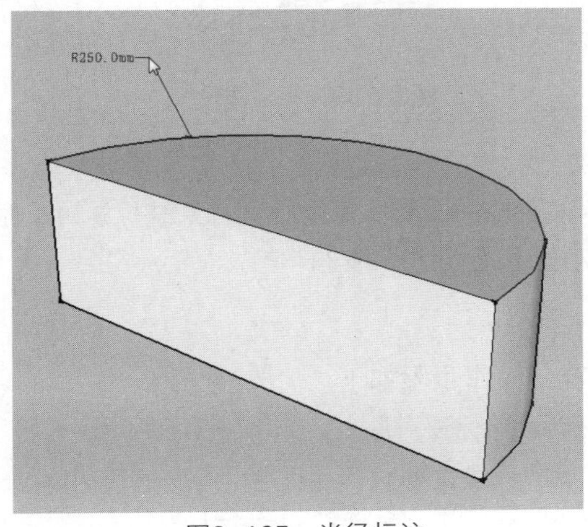

图3-105　半径标注

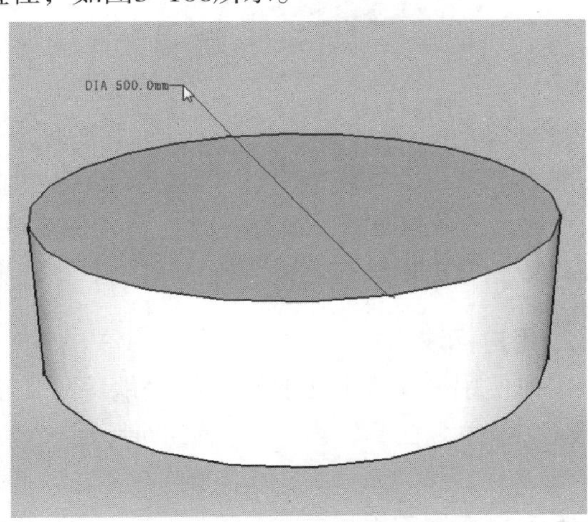

图3-106　直径标注

提示

尺寸标注的数值是系统自动计算的，虽然可以修改，但是一般情况下是不允许的。因为作图时必须按照场景中的模型与实际尺寸1:1的比例来绘制，这种情况下，绘图是多大的尺寸，在标注时就是多大。

如果标注时发现模型的尺寸有误，应该先对模型进行修改，再重新进行尺寸标注，以确保施工图纸的准确性。

3.4.4 文本工具

在绘制设计图或者施工图时，在图形元素无法正确表达设计意图时可使用文本标注来表达，比如材料的类型、细节的构造、特殊的做法以及房间的面积等。

SketchUp的文本标注有系统标注和用户标注两种类型。系统标注是指标注的文本由系统自动生成，用户标注是指标注的文本由用户自己输入。

1. 系统标注

系统标注可以直接对面积、长度、定点坐标进行文字标注，操作步骤如下。

01 激活“文本”工具，当光标变成A1时，将光标移动目标对象的表面，如图3-107所示。

02 拖出引线，在适当的位置单击确定标注位置，再在空白处单击即可完成系统标注，如图3-108所示。

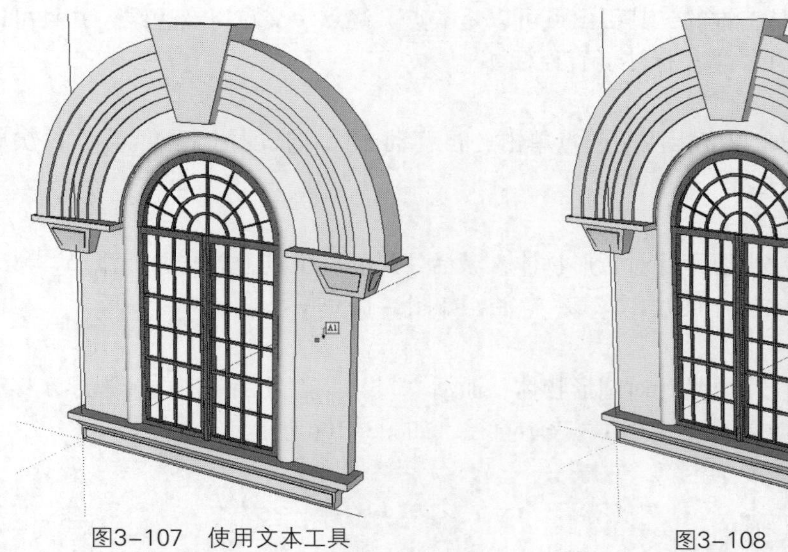

图3-107 使用文本工具　　图3-108 标注图形

提示

对封闭的面域进行系统标注时，系统将自动标注该面域的面积；对线段进行系统标注时，系统将自动标注线段长度；对弧线进行标注时，系统将自动显示该标注点的坐标值。

2. 用户标注

用户使用“文本”工具可以轻松地编写文字内容，操作步骤如下。

01 激活“文本”工具，当光标变成A1时，将光标移动到目标标注对象上，如图3-109所示。

02 单击鼠标，移动光标到任意位置再次单击，此时标注内容处于编辑状态，如图3-110所示。

03 完成标注内容的编写后，在空白处单击鼠标确认，即可完成用户标注，如图3-111所示。

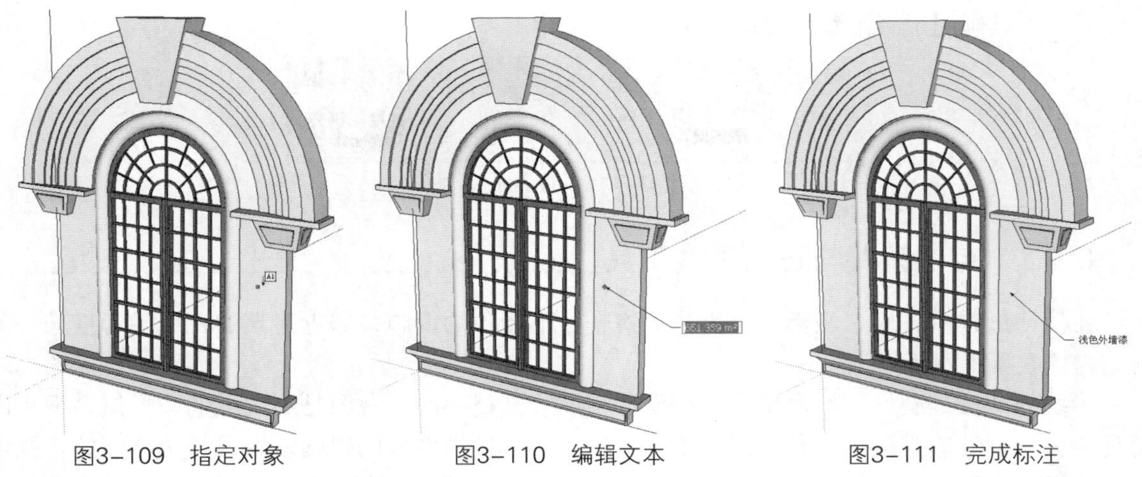

图3-109 指定对象　　图3-110 编辑文本　　图3-111 完成标注

3.4.5 标注的修改

不管是尺寸标注还是文本标注，都会遇到需要对标注的样式或内容进行修改的时候。要修改标注时，可以直接单击鼠标右键，在弹出的快捷菜单中选择要进行修改的类型即可，如图3-112所示。

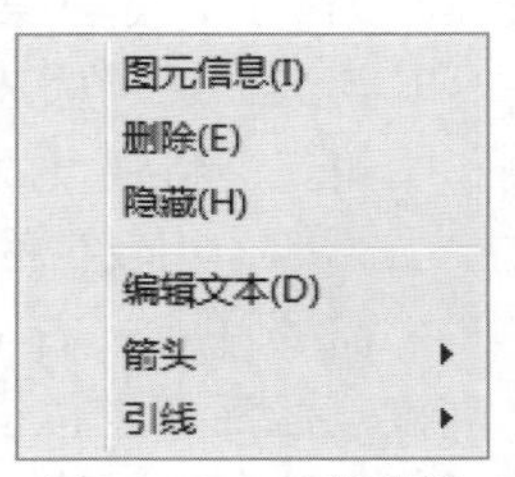

图3-112 快捷菜单

1. 修改标注文字

01 鼠标右键单击标注，在弹出的快捷菜单中单击“编辑文字”选项，此时标注中的文字已经处于编辑状态。

02 输入需要的替代文字内容，在空白处单击鼠标，即可完成标注文字的修改。

2. 修改标注箭头

鼠标右键单击标注，在弹出的快捷菜单中选择“箭头”，弹出二级子菜单，如图3-113所示，用户可根据需要选择箭头的格式。

3. 修改标注引线

鼠标右键单击标注，在弹出的快捷菜单中选择“引线”，弹出二级子菜单，如图3-114所示，用户可根据需要选择引线的格式。

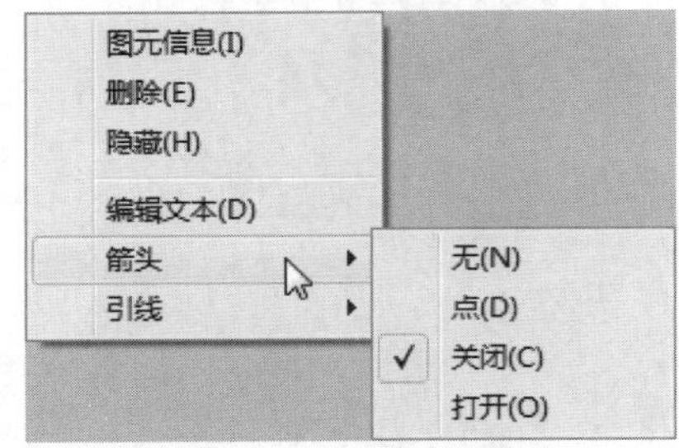

图3-113 设置箭头

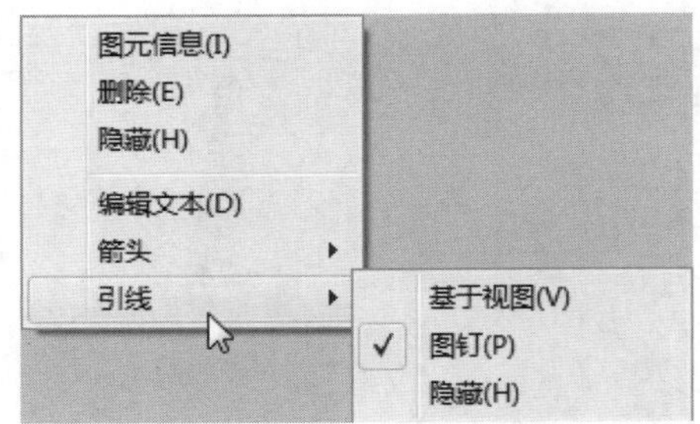

图3-114 设置引线

3.5 漫游工具

漫游工具包括“定位镜头”、“正面观察”、“漫游”3个工具，位于“镜头”工具栏中，如图3-115所示，其中“定位镜头”和“正面观察”工具用于相机位置与观察方向的确定，而

“漫游”工具则用于制作漫游动画。

图3-115　漫游工具

3.5.1　定位镜头与正面观察工具

在设计过程中，用户经常需要快速地检查一下屋顶的设施，邻近建筑的视线或者推敲一下建筑坐落在哪里比较好。

传统的做法是制作工作模型，而在设计初期绘制精确的透视图是不实际的，虽然透视草图有助于方案设计的推敲，但是草图毕竟不精确，无法提供良好的视图效果，甚至会因此干扰设计者的设计意图。使用SketchUp就可以很好地解决这个问题。在设计过程的任何阶段，用户都可以得到精确且可以量度的透视图，SketchUp的相机功能可以让用户实现以下操作。

第一，决定从某个精确的视点观察，哪些事物可见。

第二，决定从某个精确的视点观察，哪些事物不可见。

第三，将视点放置到指定的视点高度上。

第四，用较少的时间完成多个透视组合。

需要注意，右下角的数值控制栏中显示的是视点高度，用户可以在其中输入自己需要的高度。激活“定位镜头”工具按钮，此时光标将变成，移动光标至相机目标放置点后单击即可，系统默认眼睛高度为1676mm，如图3-116所示。

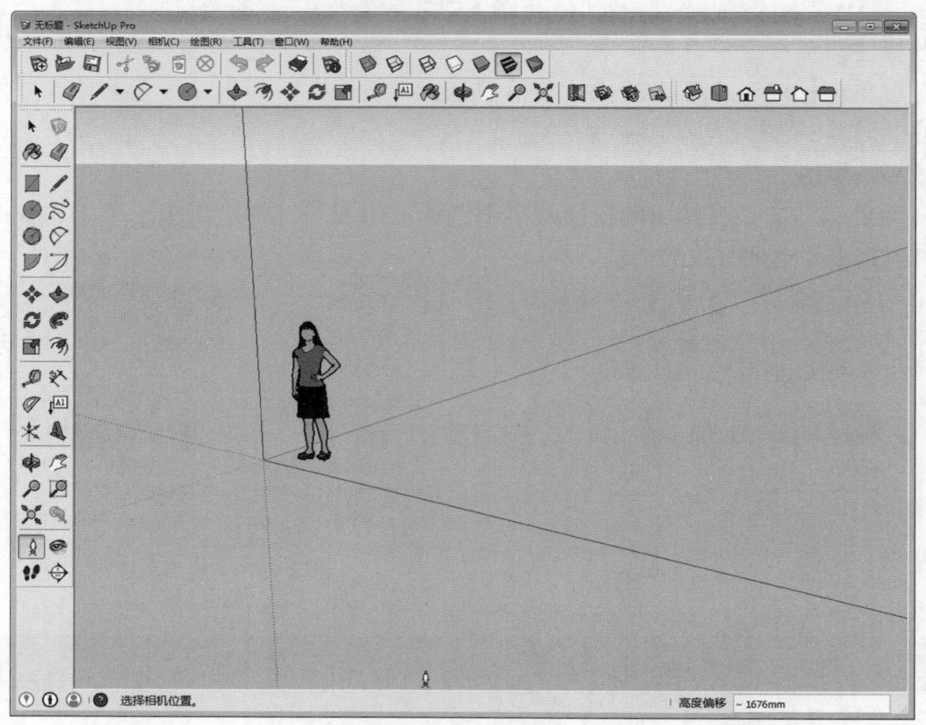

图3-116　默认高度

相机设置好后，按住鼠标左键不放，拖动光标即可进行视角的转换，如图3-117所示。

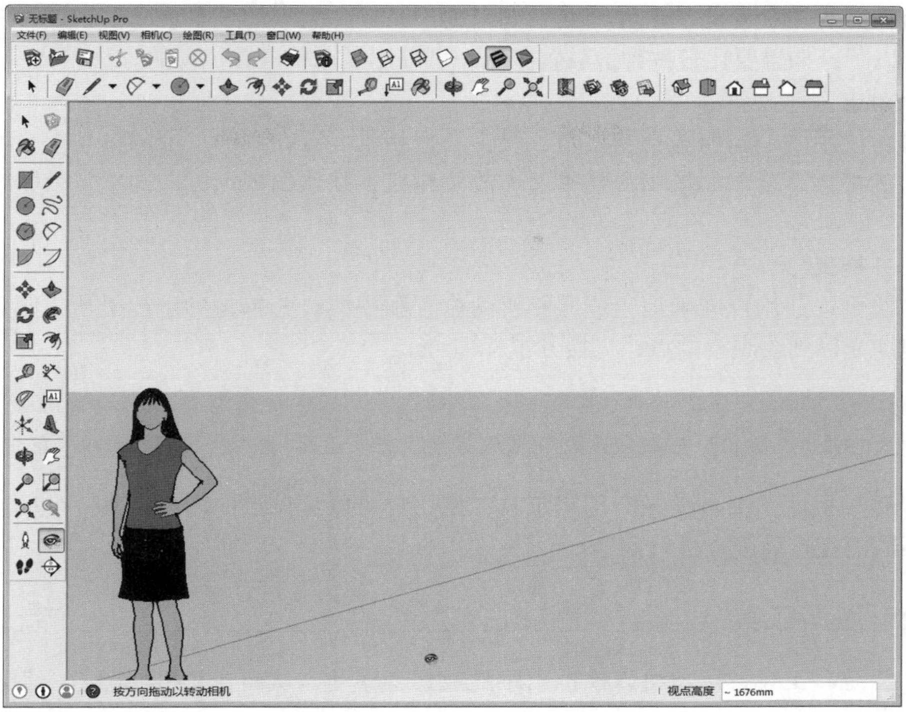

图3-117　转换视角

提示

设置好相机后，旋转鼠标中键，即可自动调整相机的眼睛高度。为了以后的其他操作，执行“视图”|“动画”|“添加场景”命令，即可创建一个单独的场景进行保存，如图3-118所示。

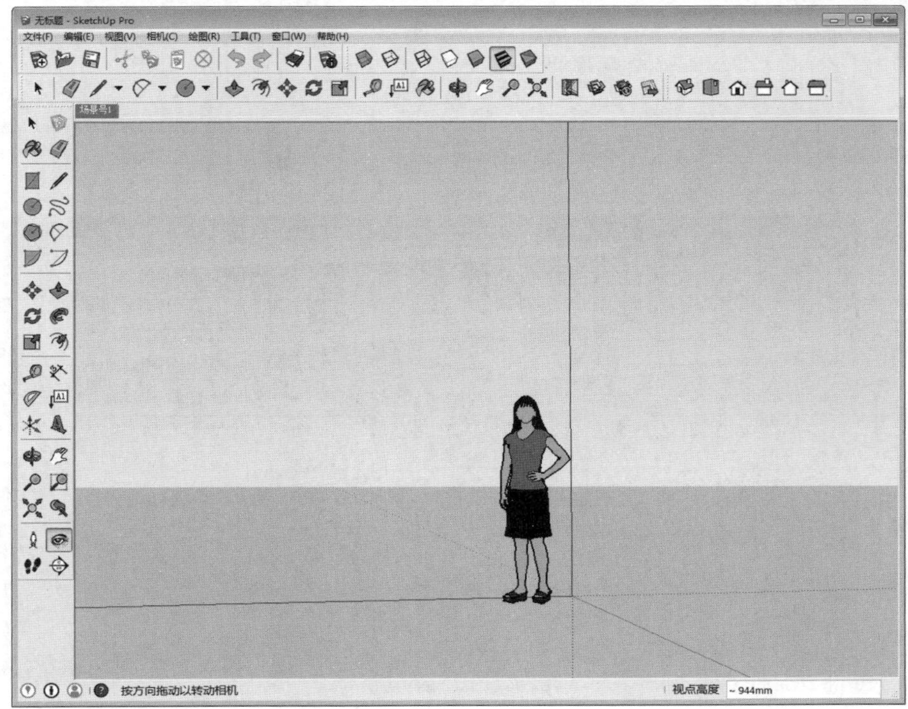

图3-118　创建场景

照相机位置有两种不同的放置方法，如果用户只需要大致的人眼视角的视图，用鼠标单击的方法就可以了；如果要比较精确地放置相机，可以用鼠标单击并拖曳的方法。

1. 鼠标单击

鼠标单击使用的是当前的视点方向，仅仅是把相机放置在用户点取的位置上，并设置相机高度为通常的视点高度。如果用户在平面上放置相机，默认的视点方向向上，就是一般情况下的北向。

2. 单击并拖曳

这个方法可以让用户准确地定位照相机的位置和视线。先单击确定相机（人眼）所在的位置，然后拖动光标到要观察的点，再松开鼠标即可。

提示

用户可以先使用测量工具和数值控制栏来放置辅助线，这样有助于更加精确地放置相机。

放置好照相机后，会自动激活环视工具，使用户可以从该点向四处观察。此时用户也可以再次输入不同的视点高度来进行调整。

3.5.2 漫游工具

通过“漫游”工具，用户可以模拟出跟随观察者移动，从而在相机视图内产生连续变化的漫游动画效果。

启用“漫游”工具后，光标将会变成，用户通过鼠标、Ctrl键以及Shift键就可以完成前进、上移、加速、旋转等漫游动作，操作步骤如下。

01 打开模型，激活“漫游”工具，光标将变成，如图3-119所示。

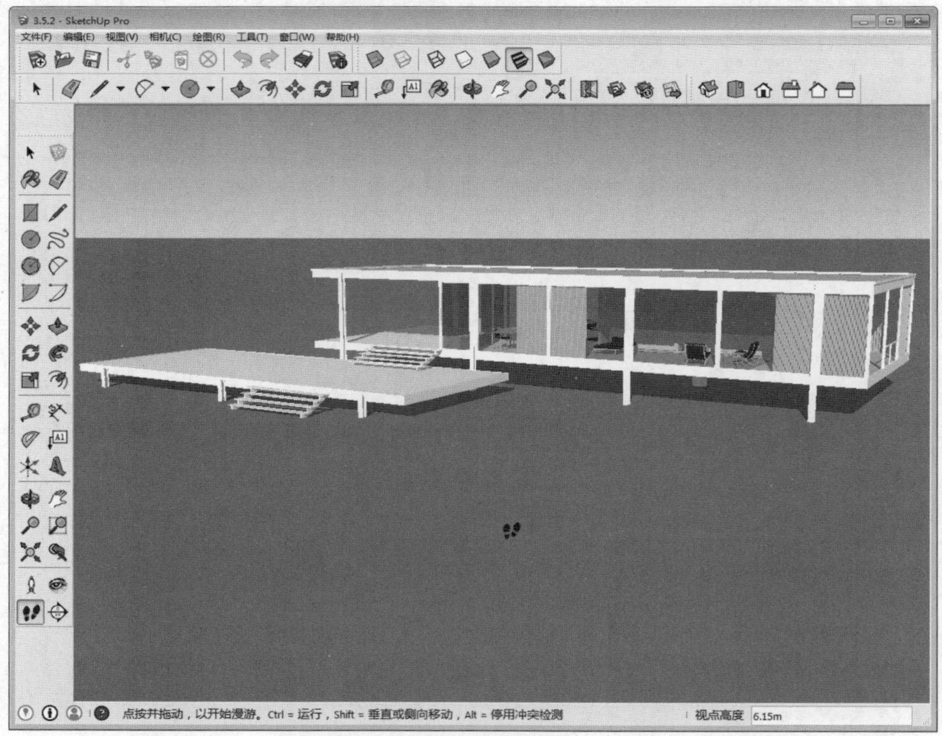

图3-119 激活“漫游”工具

02 在视图内，按住鼠标左键向前推动摄影机即可产生前进的效果，如图3-120所示。

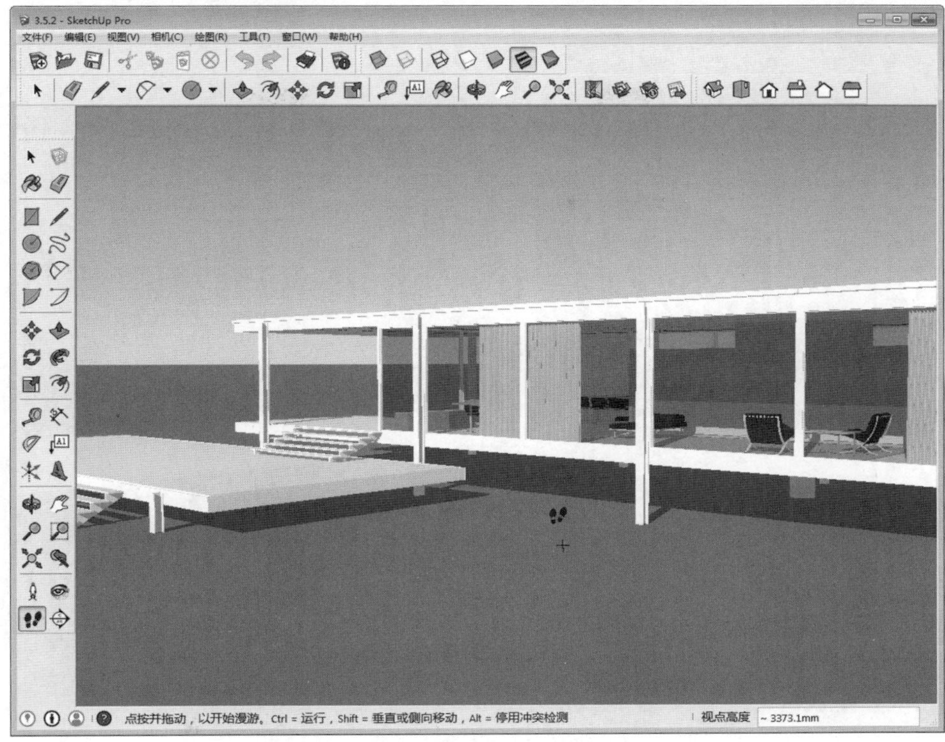

图3-120　推动摄影机

03 按住Shift键上下移动鼠标，可以升高或者降低相机的视点，如图3-121所示。

图3-121　改变视点高度

04 按住Ctrl键推动鼠标，则会产生加速前进的效果，如图3-122所示。

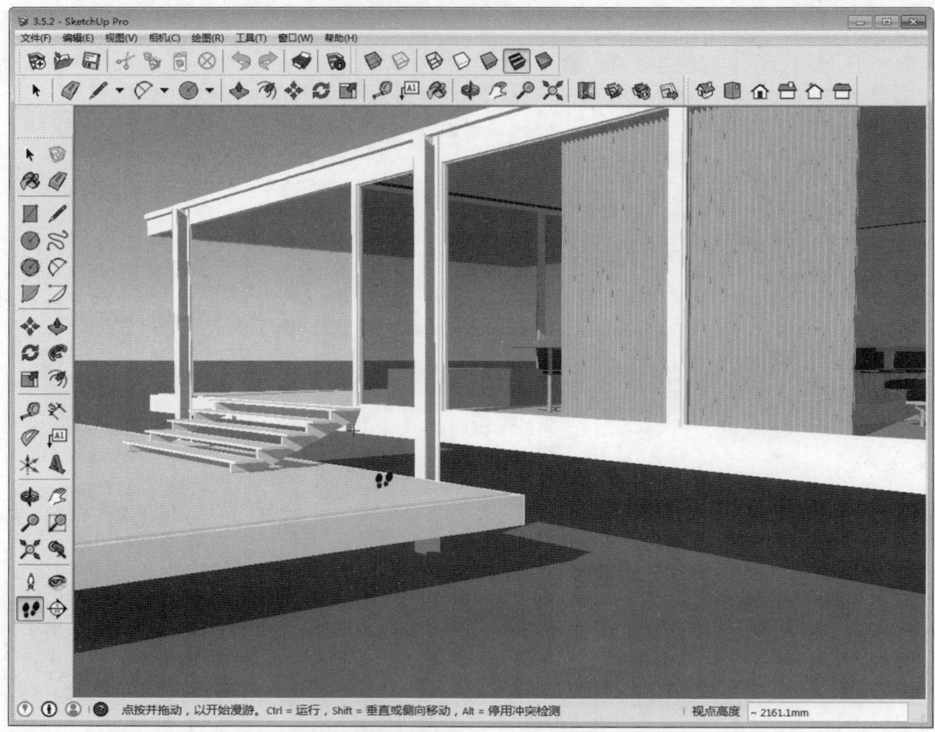

图3-122 调整镜头

05 按住鼠标左键移动光标，则会产生转向的效果，如图3-123所示。

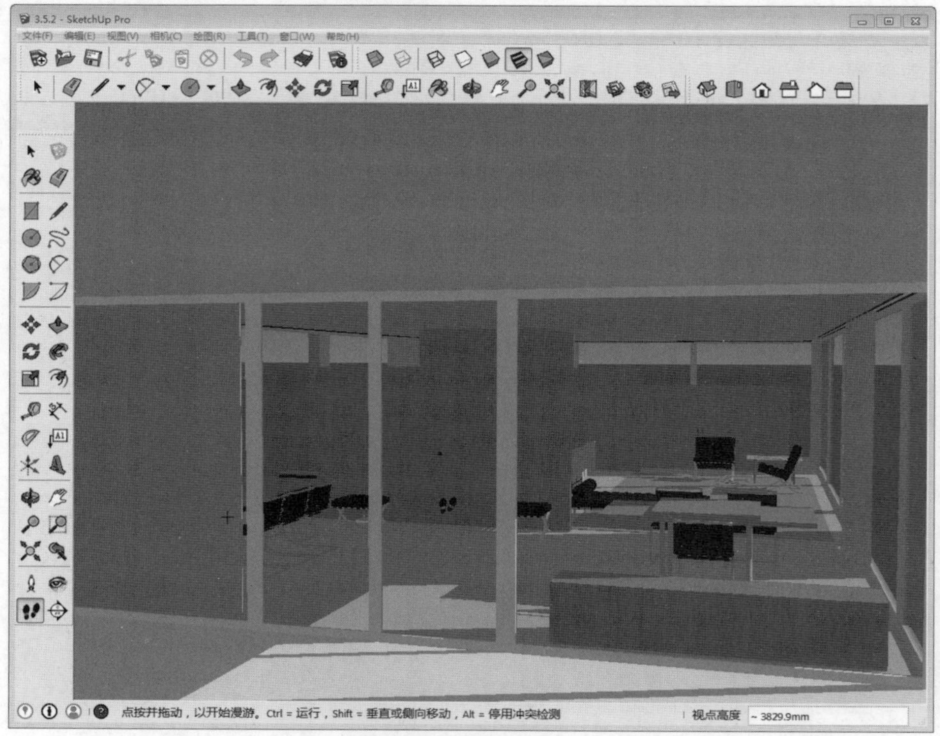

图3-123 查看转向效果

提示

快速移动与垂直或横向移动都是漫游功能的一部分。快速移动用于进入建筑物、在室内移动、在建筑物之间穿梭等观测者的行走，而垂直或横向移动是在快速移动的基础上对观测者视点的一些微调。SketchUp就是通过漫游命令来制作出形形色色的建筑游历动画的。

3.5.3 创建动画

动画是基于人的视觉原理创建运动图像，在一定的时间内连续快速观看一系列相关联的静止画面时，会感觉为连续动作，每个单幅画面被称为帧。使用三维动画软件制作动画时，只需要创建记录每个动画序列的起始帧、结束帧等关键帧，软件就会自动计算生成连续的动画文件。

1. 创建页面

创建漫游路线，设置动画效果的操作方法如下。

01 打开配套模型，观察当前的相机视角，如图3-124所示。

图3-124 观察视角

02 为了避免操作失误，首先创建一个场景，执行“视图”|“动画”|“添加场景”命令即可，如图3-125所示。

提示

SketchUp制作的动画就是按照顺序依次播放场景中的页面来完成的，对页面的选择是创建动画的关键。

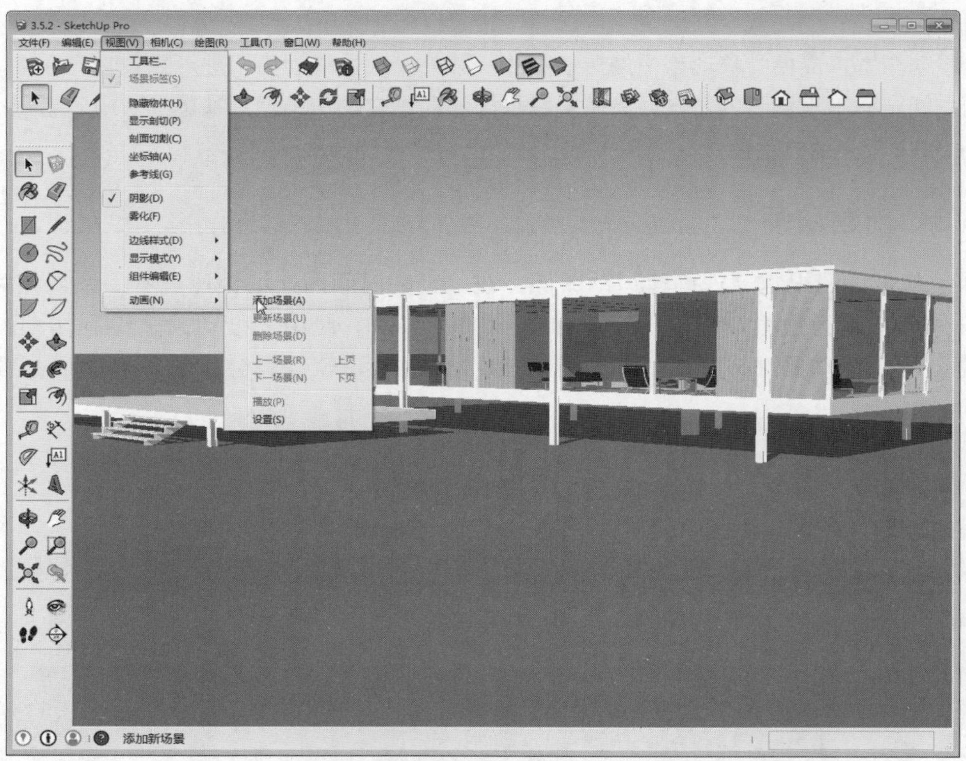

图3-125　创建场景

03 激活“漫游”工具，待光标变成后，按住鼠标左键推动使镜头向前移动，如图3-126所示。

图3-126　移动镜头

04 前进到一定的距离时，按住鼠标左键向右移动鼠标，产生转向再向前推动，直至如图3-127所示的画面时释放鼠标，并添加新的场景。

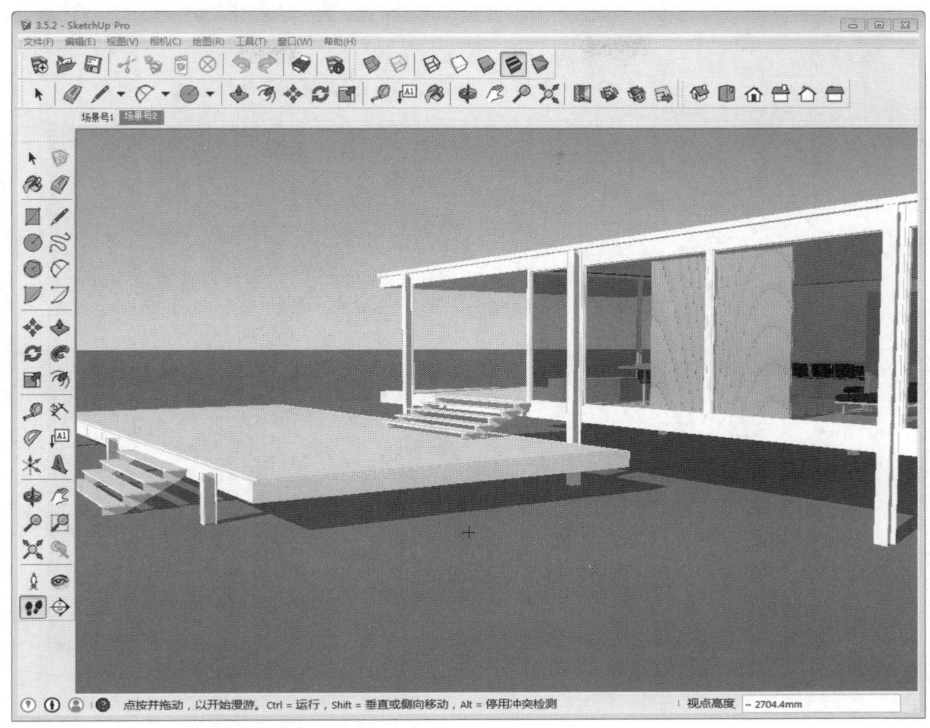

图3-127　添加新场景

05 向后移动鼠标并旋转镜头，再次向前移动到如图3-128所示画面时释放鼠标，并添加新的场景。

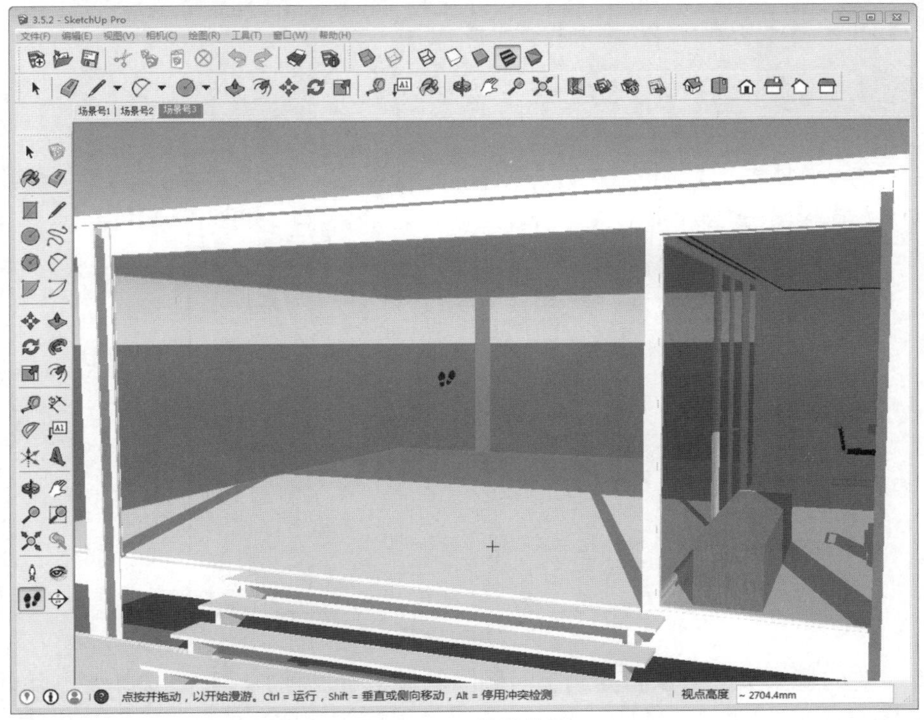

图3-128　旋转镜头

06 按住Ctrl键向左后方快速旋转移动，再向右前方快速旋转移动，直到如图3-129所示画面时释放鼠标并添加新的场景。

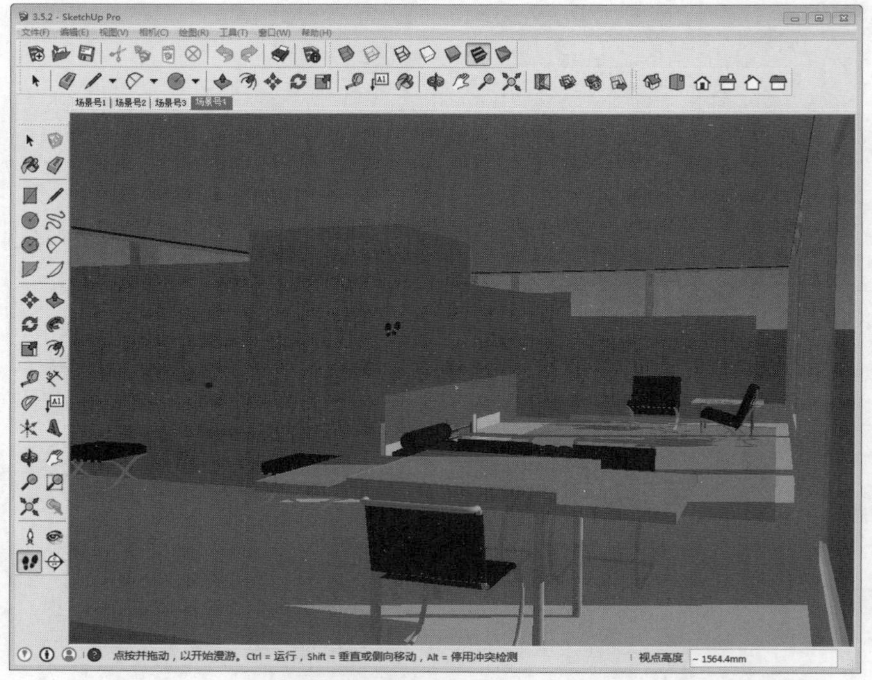

图3-129　旋转移动

提示

页面设置的数目是根据自身的需要来设置的。一个关键帧就是一个页面，随着页面的增多，动画会更加平滑流畅，但是计算生成的时间也会更多。

07 至此完成漫游的设置。用户可以通过执行“视图”|“动画”|“播放”命令来播放已设置完成的效果。

08 默认参数下的动画播放速度过快，执行“视图”|“动画”|“设置”命令，打开“模型信息”对话框的“动画”面板，在这里可以设置场景转换时间及延迟时间，如图3-130所示。

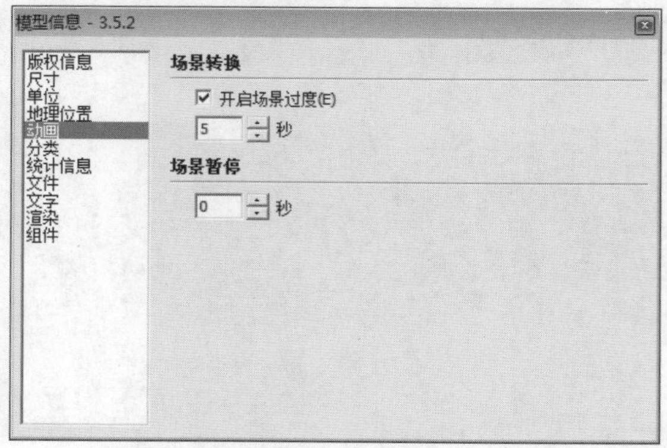

图3-130　“模型信息”对话框

对于不需要的场景页面可以将其删除。删除的方法有三种：一种是选择要删除的页面后，执行“视图”|“动画”|“删除场景”命令；一种是右击需要删除的页面，在弹出的快捷菜单中

选择“删除场景”命令；第三种就是在场景管理器中单击⊖按钮将场景删除。

2. 场景的设置与修改

制作建筑动画实际上也是方案制作的过程之一，需要对文件不断地进行推敲调整。主要会对以下设置进行调整：页面名称、页面顺序、播放速度、页面更新。

（1）场景名称的调整

更改页面名称实际上是为了管理动画更加方便，对每一关键帧有一个文字上的描述。右击需要更改名称的页面，在弹出的快捷菜单中选择“场景管理器”选项，打开场景管理器，如图3-131所示。单击“显示详细信息”按钮，展开详细信息，用户即可对场景名称进行调整，如图3-132所示。

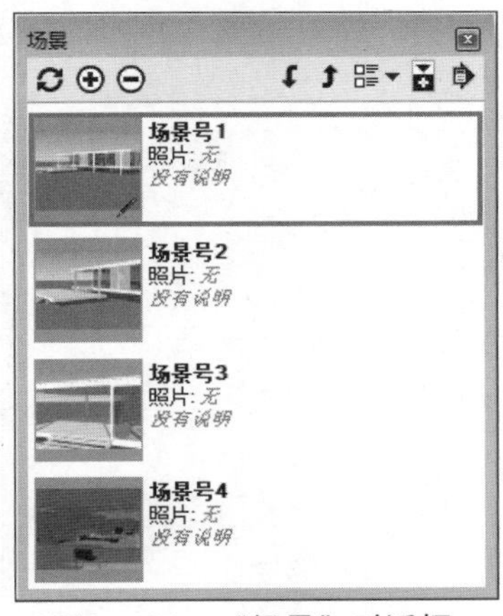

图3-131 “场景”对话框

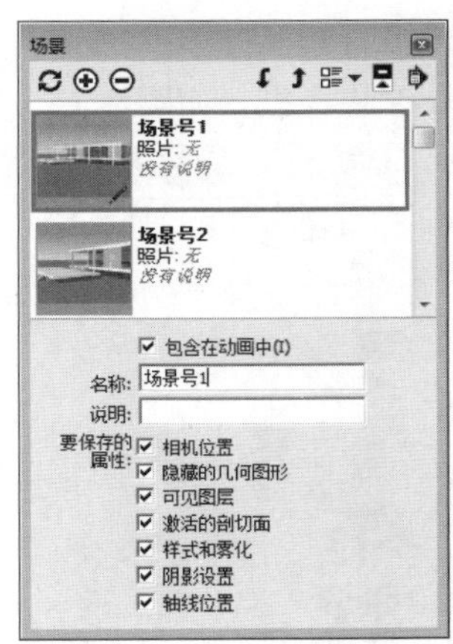

图3-132 查看详细信息

（2）场景顺序的调整

SketchUp是按照顺序依次播放场景中的页面来完成动画的，当场景顺序有误时，可以右击需要调整顺序的场景，在弹出的快捷菜单中选择“左移”或“右移”命令，将此场景向左或向右移动以更改顺序，如图3-133所示。

（3）播放速度的调整

执行“视图”|“动画”|“设置”命令，打开“模型信息”对话框，在“动画”面板中可对场景转换时间和场景暂停时间进行设置，如图3-134所示。

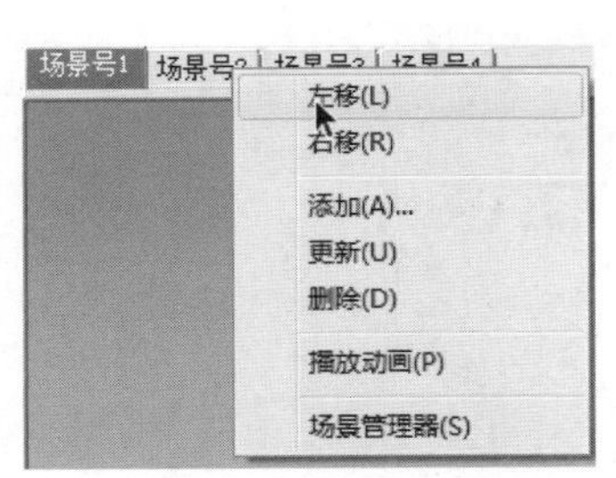

图3-133 调整顺序

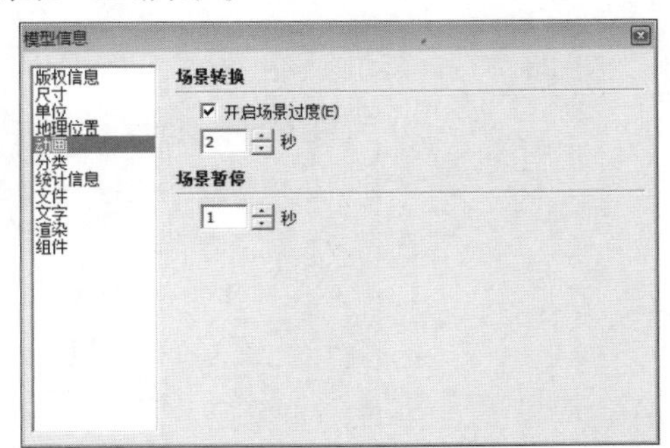

图3-134 设置动画

提示

“场景转换”的数值应该按照具体的页面动画内容需要来调整，而“场景延时”的数值不宜过大，否则动画会出现明显的停顿感。

（4）场景更新

当某一个场景更改了动画信息时，需要对此场景进行更新。右键单击此场景，在弹出的快捷菜单中选择“更新”命令即可。

3. 导出动画

SketchUp的标准文件是SKP文件，通过这个文件可以播放演示动画。但是这样的播放方式有明显的缺陷：一是必须在安装有SketchUp的计算机上才能播放，二是无法对动画文件进行增加演示文字及背景音乐的修饰等操作。

因此在SketchUp中制作完动画后，需要将其导出，最常用的动画文件格式是AVI，具体操作步骤如下。

01 执行“文件”|“导出”|“动画”|“视频”命令，打开“输出动画”对话框，设置动画存储路径及名称，再设置导出文件类型，如图3-135所示。

图3-135　输出动画

提示

如果文件中只有一个场景页面，是无法导出动画的，也无法弹出“输出动画”对话框。

02 单击“选项”按钮，打开“动画导出选项”对话框，设置分辨率等参数，如图3-136所示。

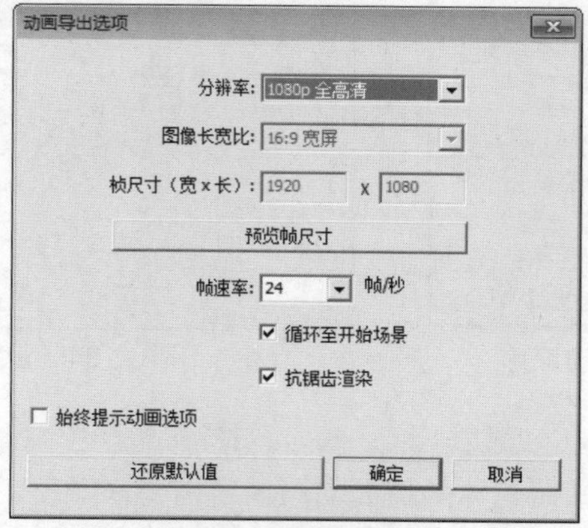

图3-136　设置导出选项

提示

分辨率设置得越大，动画就越清晰，但是动画文件也会越大。

03 设置完成后单击“导出”按钮，即可开始输出，并显示如图3-137所示的进度框。

04 输出完毕后，通过播放器即可观看动画效果，如图3-138所示。

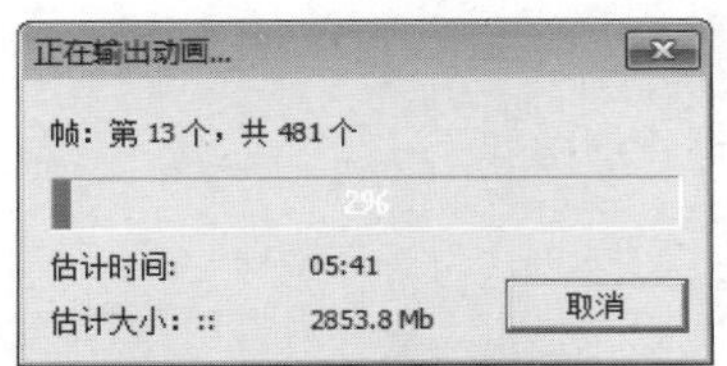

图3-137 输出动画

图3-138 查看动画

提示

导出的AVI格式的动画视频文件可以使用视频编辑软件增加解说文字、背景音乐以及其他素材，使动画显得更加生动。

3.6 上机实训

在学习了本章的知识后，读者将会对SketchUp的基本操作有了一定的掌握，本小节就利用本章学习的知识来创建一个简易的桌子模型，操作步骤如下。

01 激活矩形工具，在视图中绘制一个1200×600的矩形，如图3-139所示。

02 激活推拉工具，将矩形向上推出30，制作出长方体，如图3-140所示。

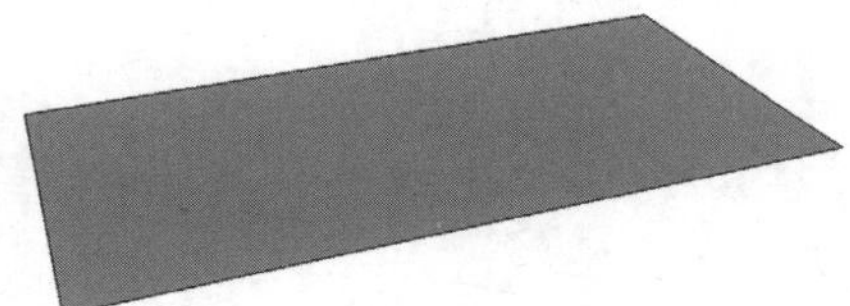

图3-139 绘制矩形

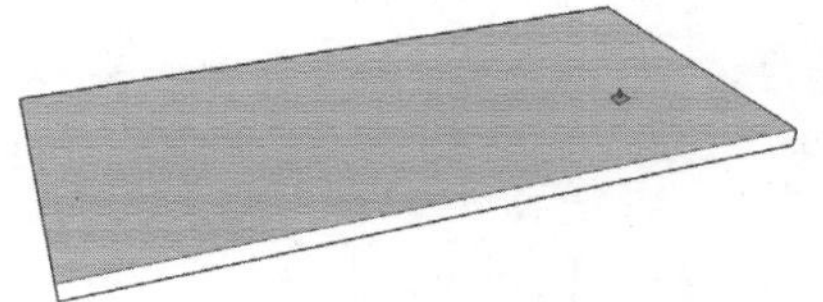

图3-140 绘制长方体

03 利用直线工具和弧形工具在长方体左上角绘制造型，如图3-141所示。

04 选择上部边线，再激活路径跟随工具，单击造型面，制作出造型，如图3-142所示。

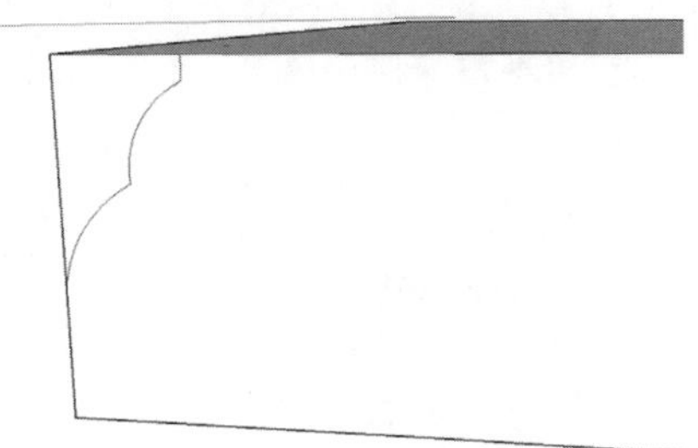

图3-141 绘制造型

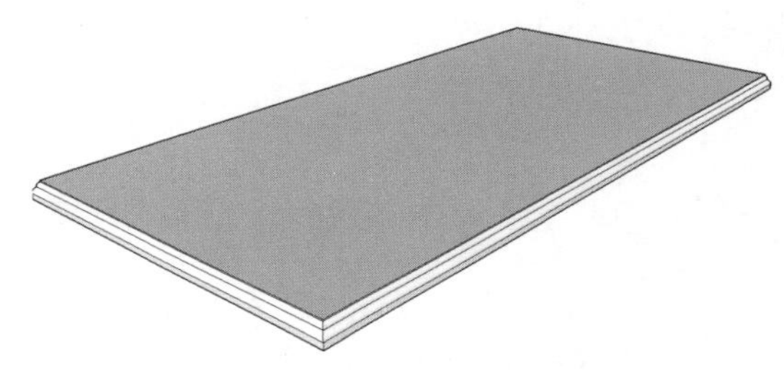

图3-142 制作造型

05 转到模型下方，激活偏移工具，将下方边线向内偏移20，如图3-143所示。

06 激活推拉工具，将中间的面推出120，如图3-144所示。

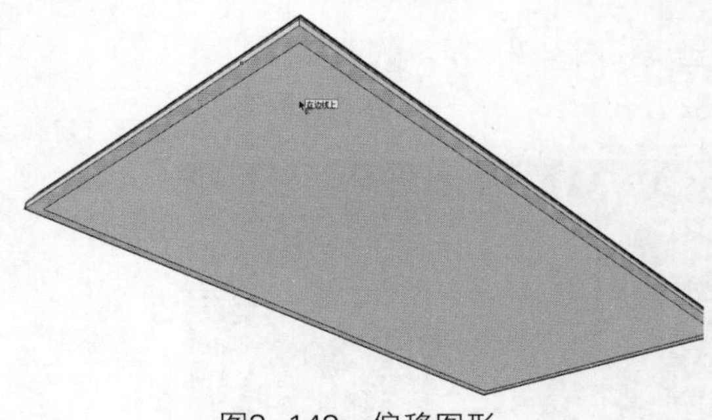
图3-143　偏移图形

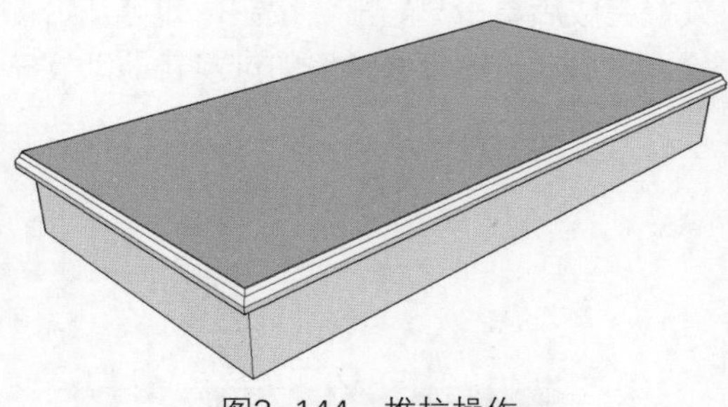
图3-144　推拉操作

07 激活矩形工具，在底部绘制四个40×40的矩形，如图3-145所示。

08 激活推拉工具，将四个矩形向下推出600，如图3-146所示。

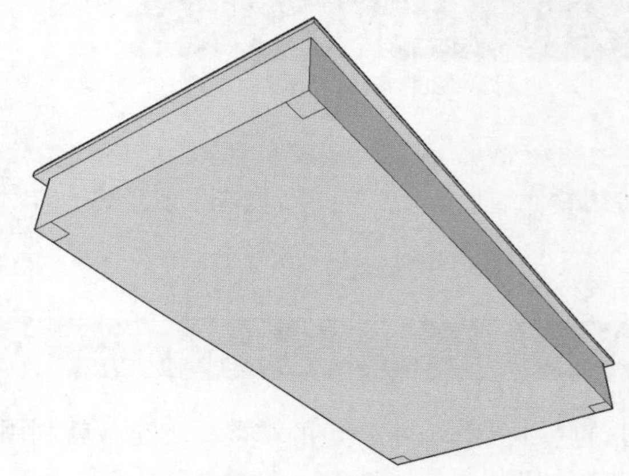
图3-145　绘制小矩形

图3-146　制作桌腿

09 选择一条桌子腿底部的面，激活缩放工具，调整对角控制点，如图3-147所示。

10 依次缩放其他三个桌子腿，完成桌子模型的制作，如图3-148所示。

图3-147　调整对角控制点

图3-148　缩放桌腿

第4章 高级工具

本章概述 SketchUp作为三维设计软件，绘制二维图形只是铺垫，其最终目的还是建立三维模型。前几章已经介绍了SketchUp的基本建模和辅助工具的操作方法，本章将要介绍一些高级建模功能和场景管理工具的使用方法，以便于读者进一步深入掌握SketchUp的建模技巧。

知识要点

- 群组工具的设置；
- 实体工具的使用；
- 沙盒工具的使用；
- 剖面工具的应用；
- 光影效果的设定。

4.1 群组工具

在SketchUp中，可以对多个对象进行打包组合，同3ds Max的组模方式基本相同，但又有其独特之处。SketchUp的高级工具包括“组”、“组件”、“材质与贴图”3种工具，主要用来对场景模型进行管理。

4.1.1 创建与分解群组

在SketchUp中，组可以将部分模型包裹起来从而不受外界（其他部分）的干扰，同样也便于对其进行单独操作。因此合理地创建和分解组能使建模更加方便有序，提高建模效率，减少不必要的操作过程。

1. 组的创建与分解

创建组的操作步骤如下。

01 选择需要创建组的物体，单击鼠标右键，在弹出的快捷菜单中单击“创建组”选项，如图4-1所示。

02 组创建完成的效果如图4-2所示，这时单击任意物体的任意部位，即会发现它们成为了一个整体。

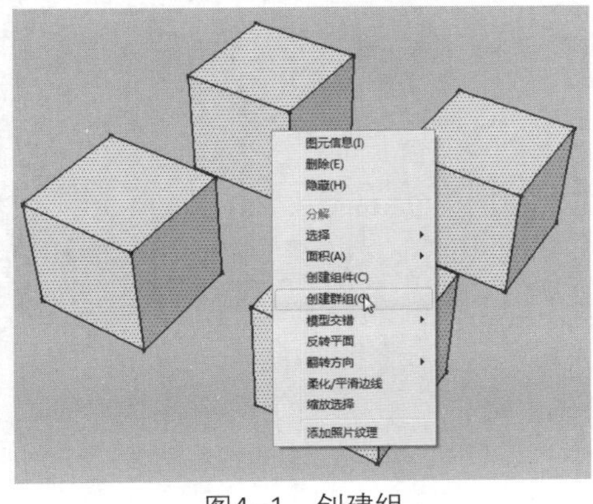

图4-1 创建组

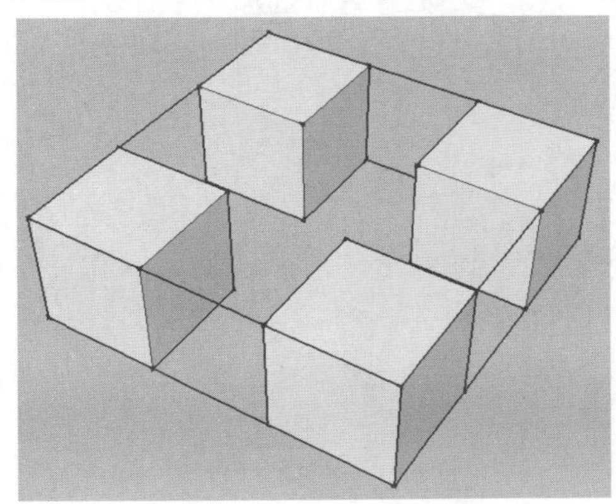

图4-2 查看成组结果

分解组的操作步骤同创建组基本相似，选择组，单击鼠标右键，在弹出的快捷菜单中单击“分解”命令即可，如图4-3所示，这时原来的组物体将会重新分解成多个独立的单位。

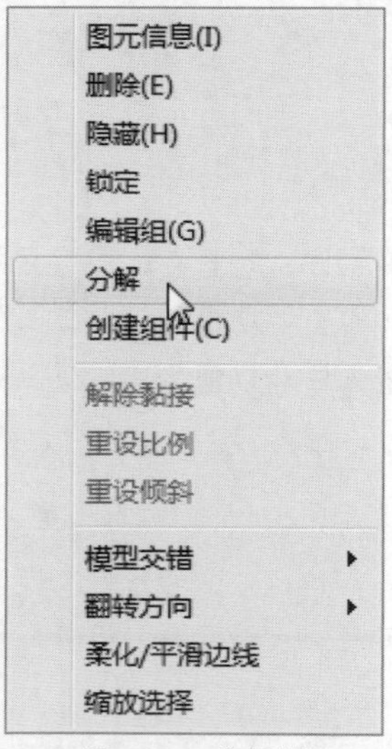

图4-3 分解组

提示

在建模时，群组是非常重要的一个概念，总体原则是晚建不如早建，少建不如多建，如果整个模型建立得差不多时，发现有些群组没有建，这时再去补救将花费很大的精力，有时甚至无法补救。在建模时一旦出现可以建立群组的物体集，应立即建立。在群组中增加、减少物体的操作是很简单的。如果整个模型都非常细致地进行了分组，那么调整模型就会显得非常方便。

2. 组的嵌套

组的嵌套就是指一个群组中还包括有群组，大群组与小群组之间相互包容就是群组的嵌套。创建一个组后，再将该组同其他物体一起再次创建成一个组，操作步骤如下。

01 如图4-4所示的场景中有多个组，选择场景中的所有物体并单击鼠标右键，在弹出的快捷菜单中单击“创建组”命令。

02 单击场景中任意一个物体，就可以发现场景中的多个物体变成了一个整体，如图4-5所示。

图4-4 选择组

图4-5 查看成组结果

提示

虽然在建立群组时对群组的嵌套级别没有过多的限制，但一般情况下不宜嵌套过多。这是因为如果嵌套级别过多在调整群组时就会显得很困难，有时往往找不到需要调整的物体在哪一级嵌套中。

在有嵌套的组中使用“分解”命令，一次只能分解一级嵌套。如果有多级嵌套，就必须一级一级进行分解。

3. 组的编辑

双击组或者在右键快捷菜单中单击“编辑组”命令，即可对组中的模型进行单独选择和调整，调整完毕后还可以恢复到组状态，操作步骤如下。

01 打开上一小节中的组模型，选择对象，如图4-6所示。

02 用鼠标双击该组，可以看到模型周围显示出一个虚线组成的三维长方体，如图4-7所示。

图4-6 选择模型

图4-7 查看模型

03 此时可以单独选组内的模型进行编辑，选择其中一个模型并单击“移动”工具，将其进行适当移动，如图4-8所示。

04 调整完毕后单击“选择”工具，再将光标移动到虚线框外单击，即可恢复组状态，如图4-9所示。

图4-8 移动模型

图4-9 查看移动结果

提示

在组打开后，选择其中的模型，按Ctrl+X组合键可以暂时地将其剪切出组。关闭组后，再按Ctrl+V组合键就可以将该模型粘贴进场景并移出组。

4.1.2 嵌套群组

“组件”工具主要用来管理场景中的模型，将模型制作成组件，可以精减模型个数，方便模型的选择。如果复制出多个，对其中一个进行编辑时，其他模型也会同样变化，这一点同3ds Max中的实例复制相似。此外，模型组件还可以单独导出，不但方便与他人分享，也方便以后再次利用。

1. 组件的创建与编辑

创建组件的操作步骤如下。

01 打开模型并全选，单击鼠标右键，在快捷菜单中单击“创建组件”命令，如图4-10所示。

02 打开“创建组件”对话框，在“名称”文本框中输入组件名称，单击“创建”按钮即可，如图4-11所示。

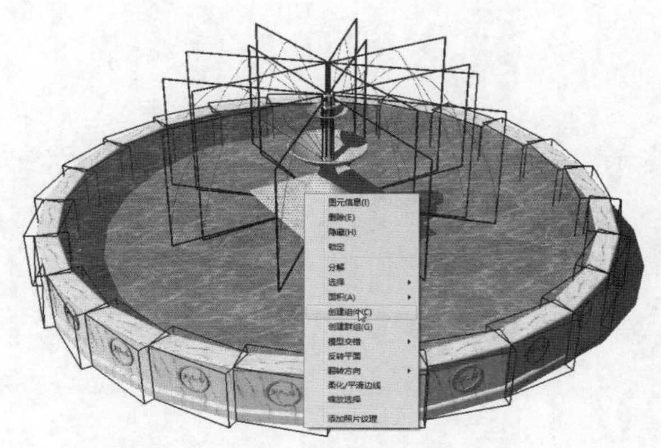

图4-10 利用右键菜单创建组件

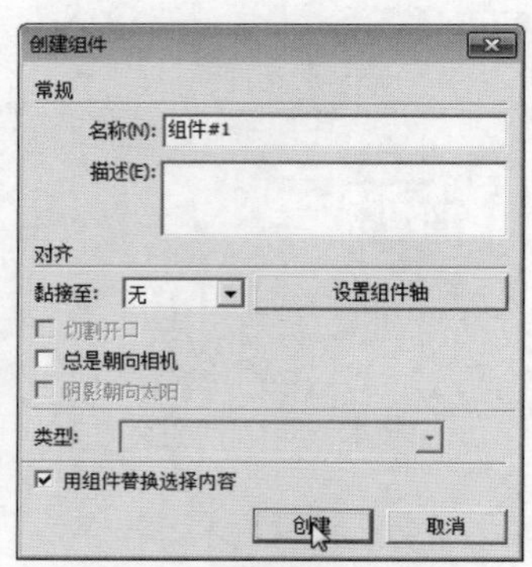

图4-11 设置组件名称

提示

如果在“创建组件”对话框中勾选了“总是朝向相机”、“阴影朝向太阳”复选框，这样不论如何旋转视口，组件都始终以正面面向视口，避免出现不真实的单面渲染效果。

03 组件创建完成后，如果需要对组件进行修改，只需要单击鼠标右键，在弹出的快捷菜单中单击“编辑组件”命令即可，如图4-12所示。

04 组件进入编辑状态后，周围会以虚线框显示，用户就可以对其进行操作编辑，如图4-13所示。

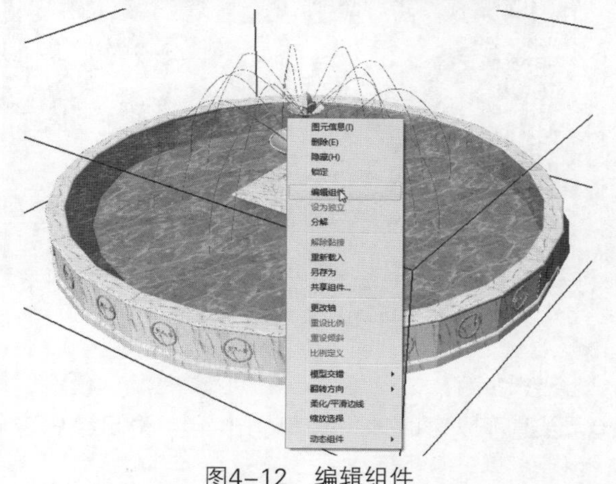

图4-12 编辑组件

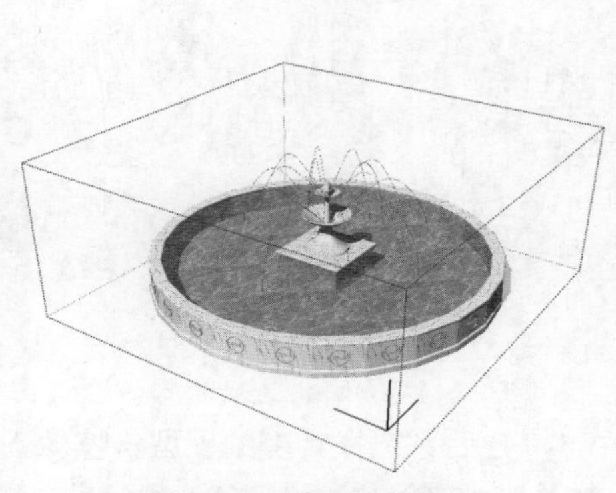

图4-13 进入编辑状态

2. 导入与导出组件

完成了组件的创建后，用户可以将其导出为单独的模型，以方便分享及再次调用，具体操作步骤如下。

01 选择创建好的组件，单击鼠标右键，在弹出的快捷菜单中单击“另存为”命令，如图4-14所示。

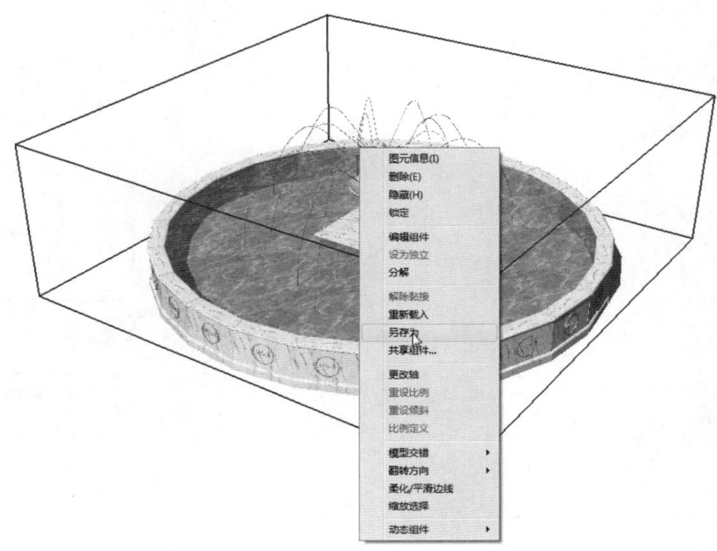

图4-14　执行“另存为”命令

02 打开“另存为”对话框，选择存储路径并为其命名，单击“保存”按钮即可，如图4-15所示。

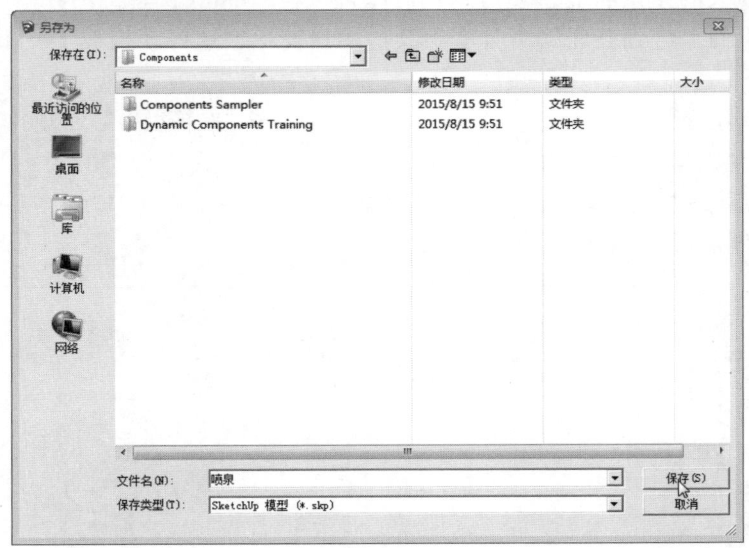

图4-15　保存组件

提示

只有将模型保存在SketchUp安装路径中名为“Components”的文件夹内，才能通过“组件”对话框直接调用。

03 如需再次调用该模型，则执行“窗口”|“组件”命令，如图4-16所示。

04 打开“组件”对话框，从中选择保存的组件，如图4-17所示。

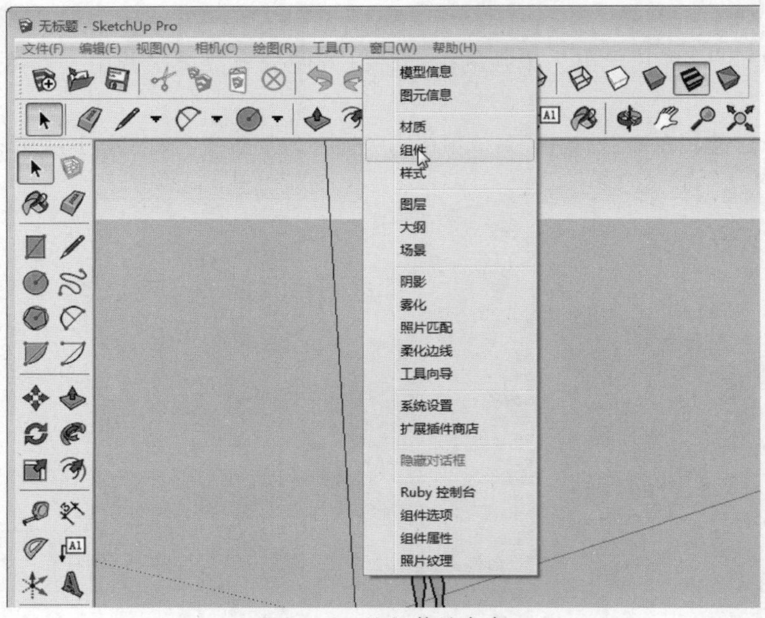

图4-16　执行菜单命令

图4-17　选择组件

05 在场景中的任意一点单击，即可将该组件插入到场景中。

3. 组件库

个人制作的组件数量有限，在大量的作图时就供应不上。Google公司在收购了SketchUp之后，结合其自身强大的搜索功能，使得用户可以直接在SketchUp程序中搜索组件，同时也可以将自己制作好的组件上传到互联网中分享给其他用户使用，这样就构成了一个十分庞大的组件库。操作方法如下。

01 执行“窗口”|“组件”命令，打开“组件”对话框，单击“在模型中”右侧的下拉按钮，在弹出的列表中选择相应的组件类型，如图4-18所示。

02 此时组件就会自动进入到Google 3D模型库中搜索，如图4-19所示。

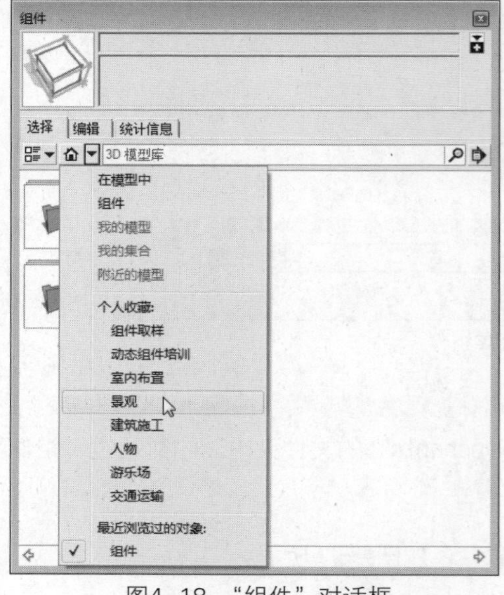

图4-18　“组件”对话框

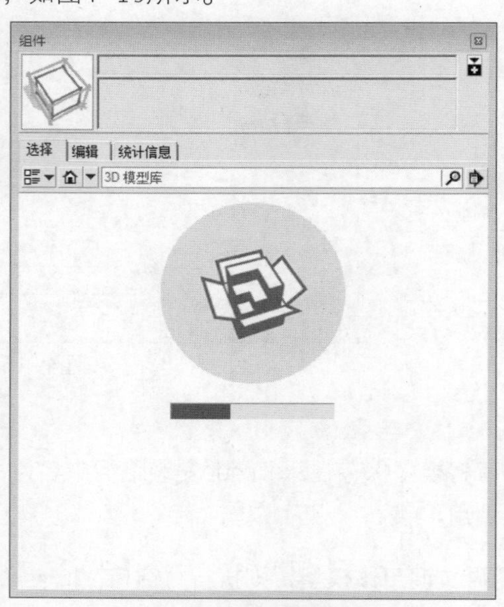

图4-19　搜索组件

03 搜索结果如图4-20所示。

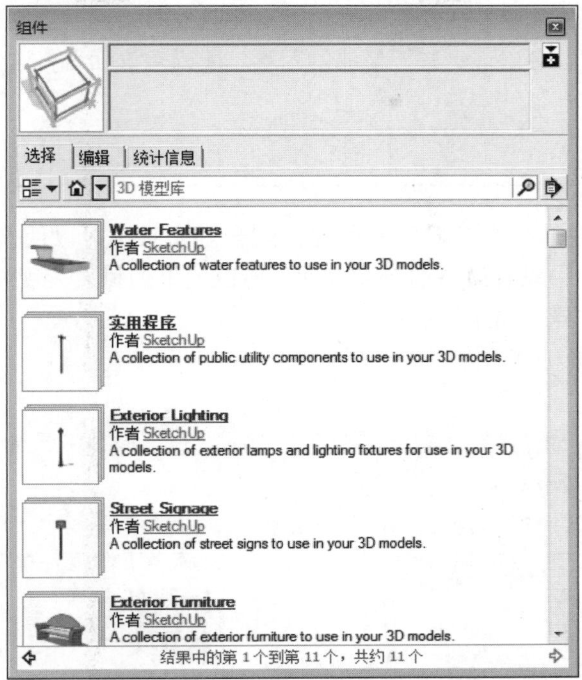

图4-20　查看搜索结果

04 除了默认组件外，用户还可以输入字符进行自定义搜索，在搜索列表中单击选择需要的模型，系统会自动进行下载，如图4-21所示。

图4-21　单击模型进行下载

05 下载完毕后，在视口中单击即可将其插入。

提示

对计算机操作不熟练的读者，在安装SketchUp这个软件时最好不要更改默认的安装目录，因为更改后再增加一些目录时，会出现一些不必要的困难。所以建议读者将这个软件安装到默认目录下即可。

4.1.3 编辑群组

材质是模型在渲染时产生真实质感的前提，配合灯光系统可以使模型体现出颜色、纹理、明暗等，由于在SketchUp中只有简单的天光表现，所以这里的材质表现并不明显，但正因如此，SketchUp的材质显示操作异常简单迅速。

1. 材质的赋予及编辑

操作步骤如下。

01 打开模型，单击“颜料桶”按钮，打开“材质”面板，在该面板中已经分类制作好了一些材质，供用户直接使用，如图4-22所示。

02 单击文件夹即可进入该类材质列表，如图4-23所示。

图4-22 选择材质

图4-23 材质分类列表

03 为避免材质赋予错误，首先要选择好对象，这里双击椅子座垫进入编辑模式，并将其全选，如图4-24所示。

04 在“材质”面板中单击需要的材质，如图4-25所示。随后光标将会变成🎨。

图4-24 双击进入编辑模式

图4-25 选择材质

05 移动光标到椅子上并单击，可以看到座垫已经被赋予了材质，如图4-26所示，但是贴图尺寸太大，需要对贴图进行编辑。

06 在“材质”面板中单击“编辑”栏，即可看到该材质的现在颜色、纹理等， 如图4-27所示。

图4-26 赋予材质

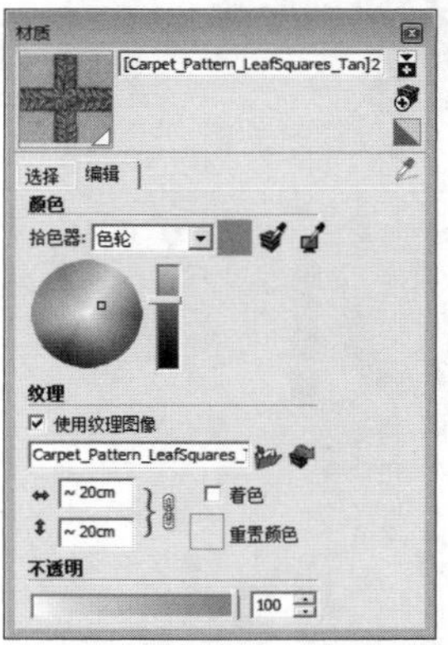

图4-27 查看材质属性

07 调整纹理尺寸，如图4-28所示。

08 此时在视口中可以看到椅子坐垫的颜色及材质纹理已经发生了变化，如图4-29所示。

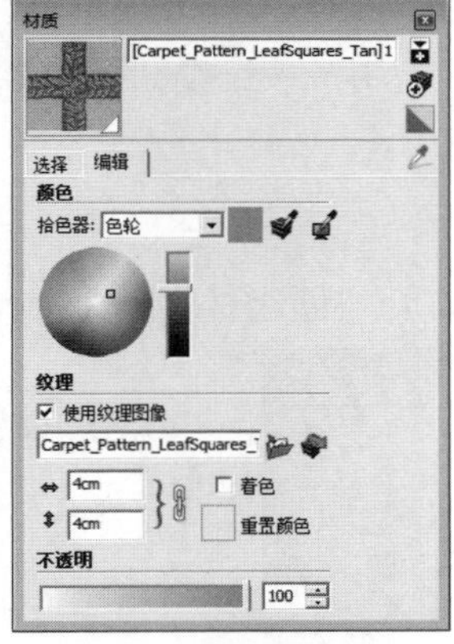

图4-28 调整纹理尺寸

图4-29 查看效果

09 返回选择面板，选择“木质纹”选项，在列表中选择一种木纹贴图，如图4-30所示。

10 将材质指定给椅子的靠背及椅子腿等模型，如图4-31所示。

图4-30 选择贴图

图4-31 赋予模型

⑪ 打开“编辑”栏。调整材质颜色，效果如图4-32所示。

⑫ 调整后的模型效果如图4-33所示。

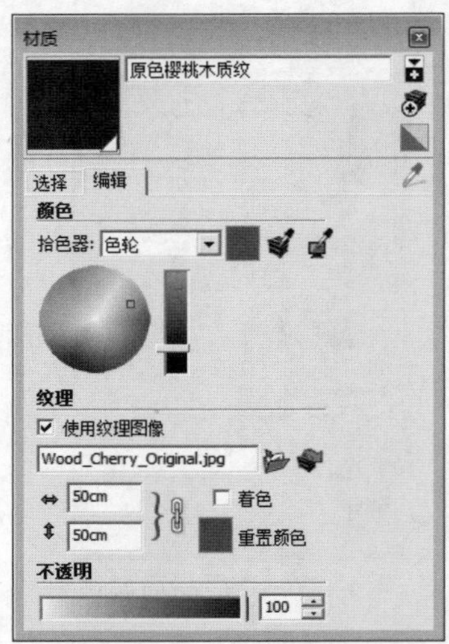

图4-32 调整颜色

图4-33 查看模型效果

提示

如果场景中的模型已经指定了材质，可以单击“在模型中”按钮进行查看。此外，还可以单击“样本颜料”按钮直接在模型的表面吸取其具有的材质。

2. 材质编辑器

在“材质”面板中单击“创建材质”按钮，即可打开“创建材质”面板，如图4-34所示。

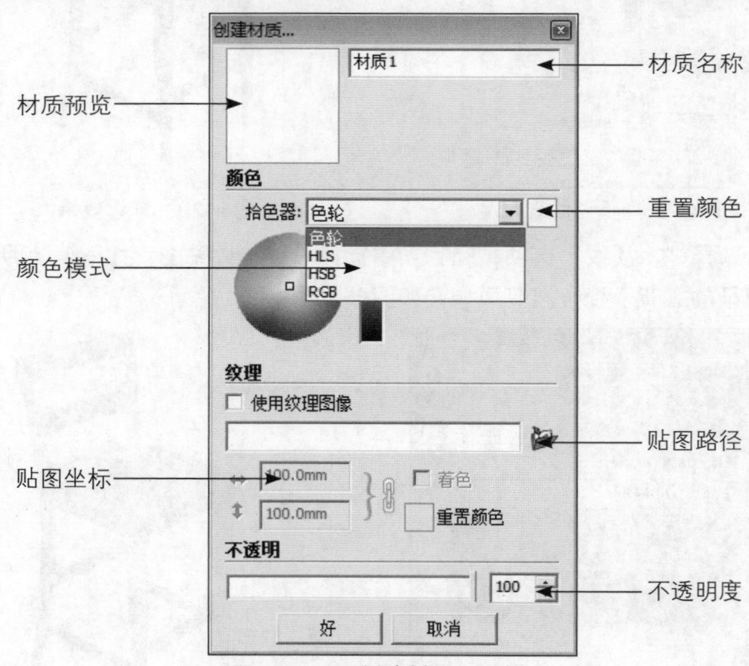

图4-34 “创建材质”面板

（1）材质名称

新建材质的第一步就是为材质起一个名称，简短易识别，如“木纹”、“玻璃”等。

（2）材质预览

用户通过材质预览窗口可以看到当前的材质效果，包括材质的颜色、纹理、透明度等。

（3）颜色模式

单击“颜色模式”下拉列表，可以选择默认模式外的“HLS”、“HSB”、“RGB”三种模式。

（4）重置颜色

单击该色块，系统将恢复颜色的RGB值为137、122、41的默认状态。

（5）贴图路径

单击“贴图路径”后的“浏览材质图像文件”按钮，即可打开“选择图像”对话框来进行贴图的选择，如图4-35所示。

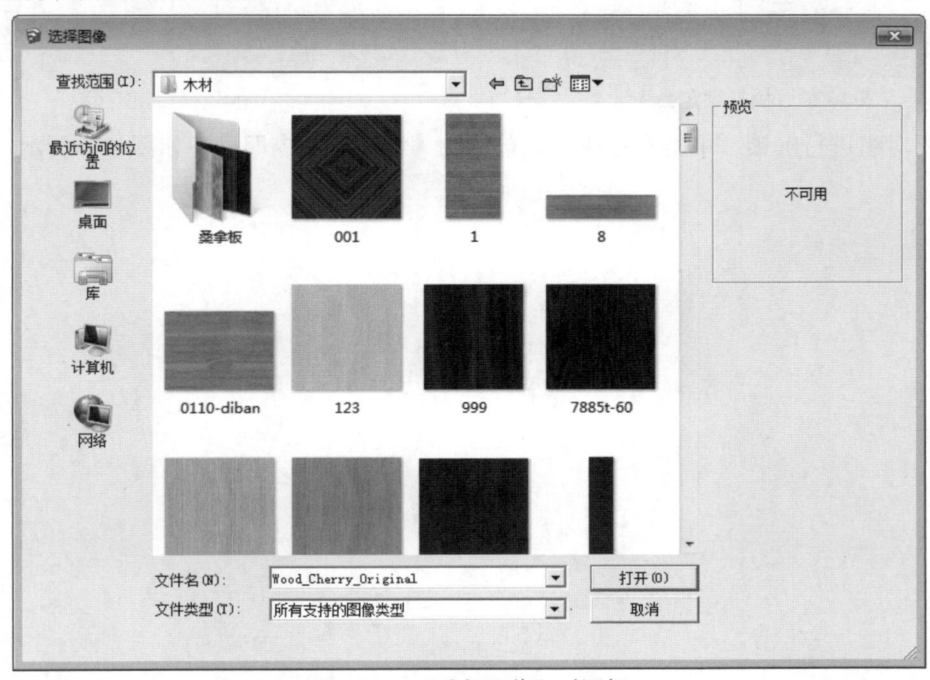

图4-35　“选择图像”对话框

提示

添加贴图后，“使用纹理图像”复选框将被自动勾选。通过勾选该复选框也可以自动打开“选择图像”对话框。如果想取消贴图的使用，取消勾选该复选框即可。

（6）贴图坐标

默认的贴图尺寸如果不适合场景对象，用户也可以在这里进行贴图尺寸的调整。

（7）不透明度

不透明度值越高，材质越不透明，用户可以在这里调整材质的透明效果。

4.1.4 锁定群组

在场景中，如果有暂时不需要编辑的组，用户可以将其锁定，以免误操作。选择组，单击鼠标右键，在弹出的快捷菜单中单击“锁定”命令即可，如图4-36所示。锁定后的组会以红色线框显示，用户不可以对其进行修改，如图4-37所示。

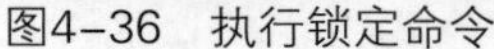

图4-36　执行锁定命令

图4-37　锁定组

如果要对组进行解锁，单击右键快捷菜单中的“解锁”命令即可，如图4-38所示。

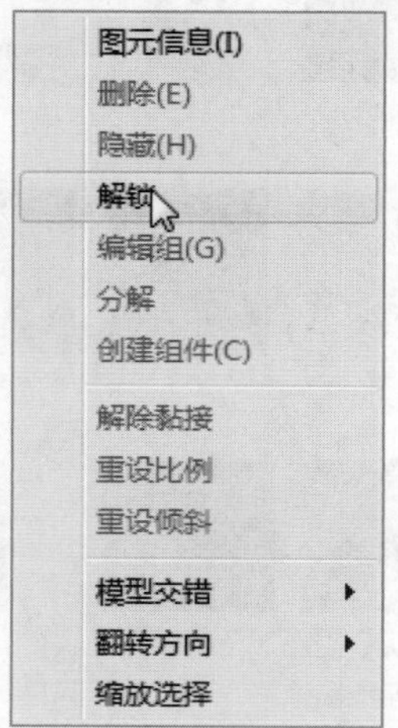

图4-38　解锁组

提示

只有组才可以被锁定，物体是无法被锁定的。

4.2 图层工具

很多图形图像软件都有“图层”功能。图层的功能主要有两大类：一类如3ds Max、AutoCAD等，作用是管理图形文件；另一类如Photoshop，用来绘图时做出特效， SketchUp的图层功能是用来管理图形文件的。

由于SketchUp主要是单面建模，单体建筑就是一个物体，一个室内场景也是一个物体，所以“图层管理”这个功能就不会有像AutoCAD那样高的使用频率，设置室内设计与单体建筑设计中根本用不到这个功能。因此，在SketchUp的默认启动界面中是没有“图层”工具栏的。

执行“视图”|“工具栏”命令，打开“工具栏”对话框，用户可以从中勾选“图层”选项，打开“图层”工具栏，如图4-39所示。执行“窗口”|“图层”命令，可以打开图层管理

器，如图4-40所示。或者在“图层”工具栏中单击“图层管理器”按钮也可以打开“图层”对话框。

图4-39　图层工具栏

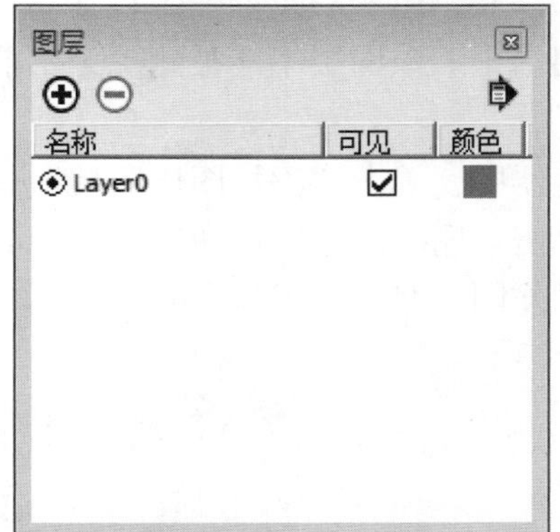

图4-40　“图层”对话框

在“图层”工具栏中单击下拉按钮，即可选择其他图层，切换当前图层，或者在“图层”对话框中单击要切换的图层前面的小圆圈即可。

4.2.1　图层的显示与隐藏

管理图层的一个关键方法就是对图层的显示与隐藏的操作。为了对同一类别的图形对象进行快速操作，如赋予材质、整体移动等，可以将其他类别的图层隐藏起来，而只显示此时需要操作的图层。

如果已经按照图形的类别进行了分类，那么就可以用图层的显示和隐藏来快速完成此操作。隐藏图层只需要在图层管理器中取消勾选图层对应“显示”列表中的复选框即可，如图4-41所示。该场景中的“树木”和“建筑小品”图层是隐藏图层，“Layer0”图层和“房子”图层是显示图层，在图层工具栏中，显示图层字体为黑色，隐藏图层字体为灰色，如图4-42所示。要注意的是，当前图层不可被隐藏。

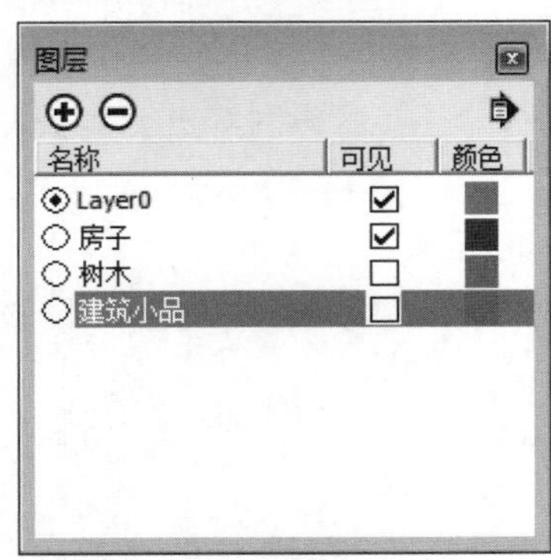

图4-41　隐藏图层

图4-42　查看图层

提示

在大型场景的建模过程中，特别是小区设计、景观设计、城市设计时，由于图形对象较多，用户应详细地对图形进行分类，并以此创建图层，以方便后面的作图与图形的修饰。而在单体建筑设计与室内设计中，图形相对较为简单，此时不需要使用图层管理，使用默认的“Layer0”图层进行绘图即可。

4.2.2 增加与删除图层

在SketchUp中，系统默认创建一个“Layer0”图层，如果不新建其他图层，则所有的图形都将被放置在该图层中。该图层不能被删除，不能改名，如果系统只有这一个图层，则该图层也不能被隐藏。

在图层管理器中，单击“添加图层”按钮⊕，即可创建新的图层，用户可以设置图层名称及图层颜色。单击“删除图层”按钮⊖，可以直接删除没有图形文件的图层，如果该图层中有图形文件，在删除图层时会弹出如图4-43所示的“删除包含图元的图层”对话框，用户可以根据具体需求来选择。

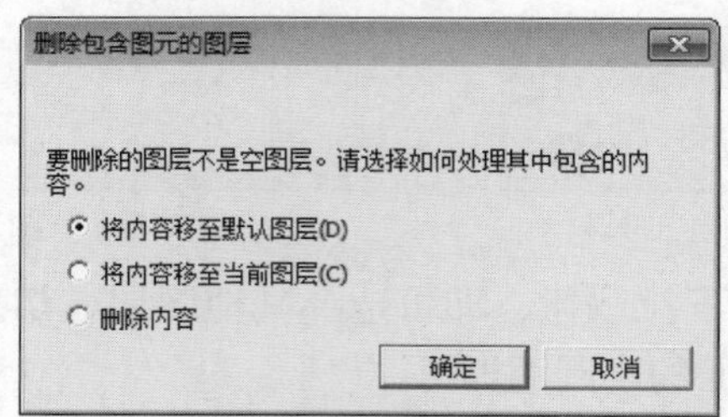

图4-43 “删除包含图元的图层”对话框

4.3 实体工具

SketchUp中的实体工具包括“外壳”、“相交”、“联合”、“减去”、“剪辑”、“拆分”6个工具，如图4-44所示，也就是我们平时所说的布尔运算工具，接下来分别介绍每种工具的使用方法。

图4-44 实体工具栏

4.3.1 外壳工具

“外壳”工具可以快速将多个单独的实体模型合并成一个实体，操作步骤如下。

01 使用SketchUo创建两个模型，此时如果直接使用“外壳”工具对其进行编辑，将会出现“不是实体”的提示，如图4-45所示。

02 在这里首先要将其中一个模型创建为组，如图4-46所示。

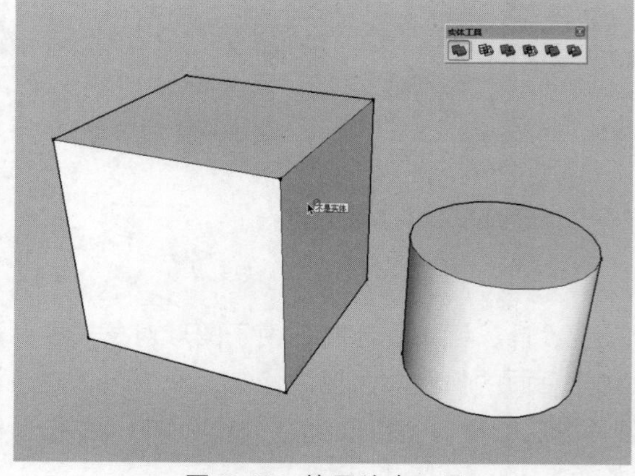

图4-45 使用外壳工具

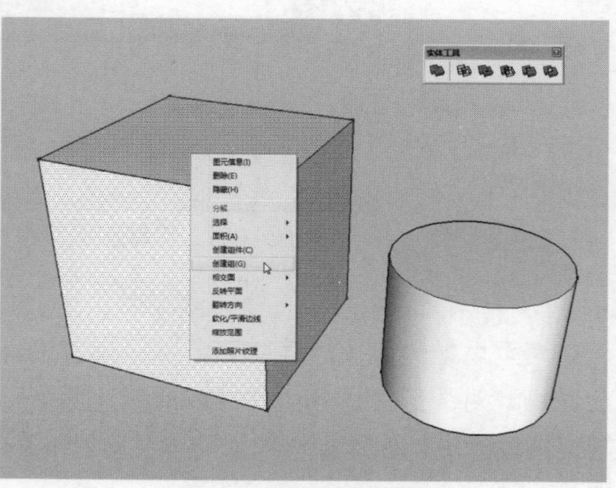

图4-46 创建组

03 激活“外壳”工具，将鼠标移动到创建的组上，将会出现“①实体组”的提示，表示当前合并的实体数量，如图4-47所示。

04 使用同样的方法将右侧的模型也转化为组，再次激活“外壳”工具，将光标移动到一个实体上单击，再将光标移动到另一个实体上，如图4-48所示。

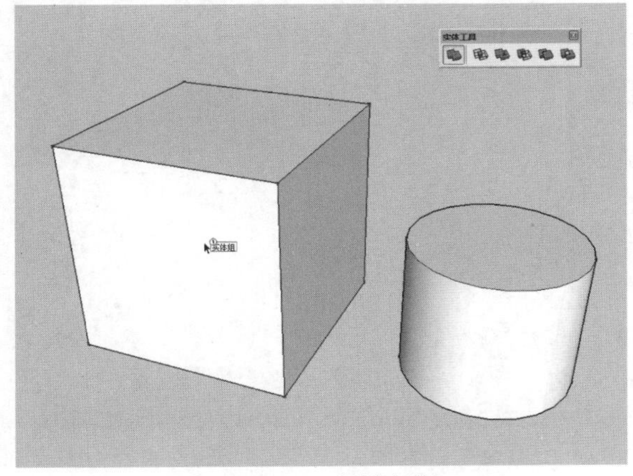

图4-47　合并实体

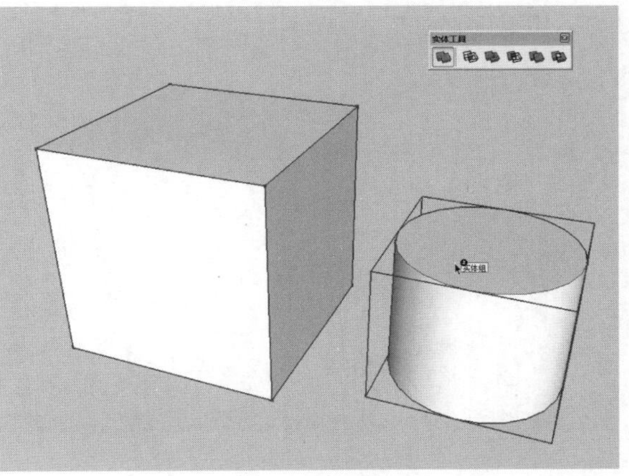

图4-48　转化组

05 单击确认即可将两个实体组成一个实体，如图4-49所示。

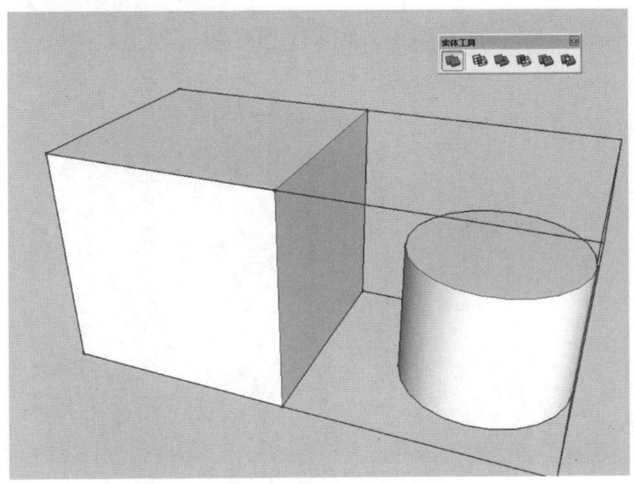

图4-49　合并实体

提示

如果场景中需要合并的实体较多，用户可以先选择全部的实体，再单击“外壳”工具按钮即，可进行快速的合并。

提示

SketchUp中“外壳”工具的功能与之前介绍的“组”嵌套有些相似的地方，都可以将多个实体组成一个大的对象。但是，使用“组”嵌套的实体在打开后仍可进行单独的编辑，而使用“外壳”工具进行组合的实体是一个单独的实体，打开后模型将无法进行单独的编辑。

4.3.2　相交

“相交”工具也就是大家熟悉的布尔运算交集工具，大多数三维图形软件都具有这个功

能，交集运算可以快速获取实体之间相交的那部分模型，操作步骤如下。

01 激活“相交”工具，单击选择相交的其中一个实体，如图4-50所示。

02 再移动光标到另一个实体上并单击，如图4-51所示。

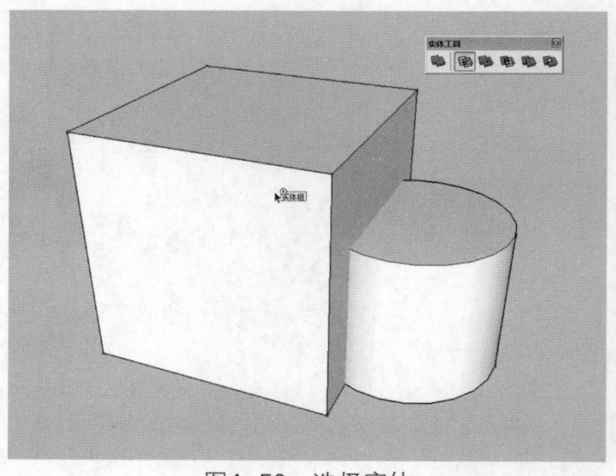

图4-50　选择实体

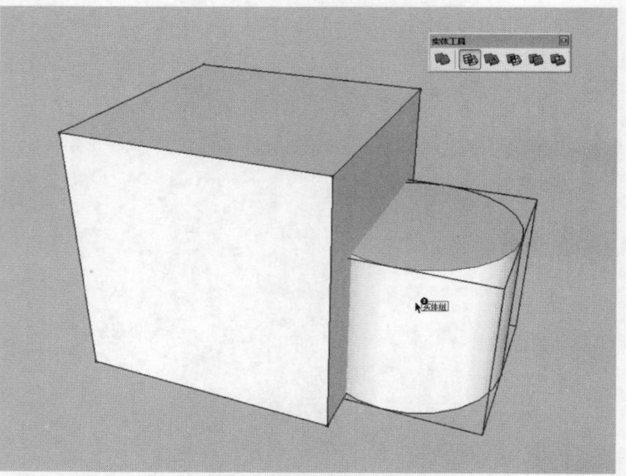

图4-51　单击实体

03 如此即可得到两个实体相交部分的模型，如图4-52所示。

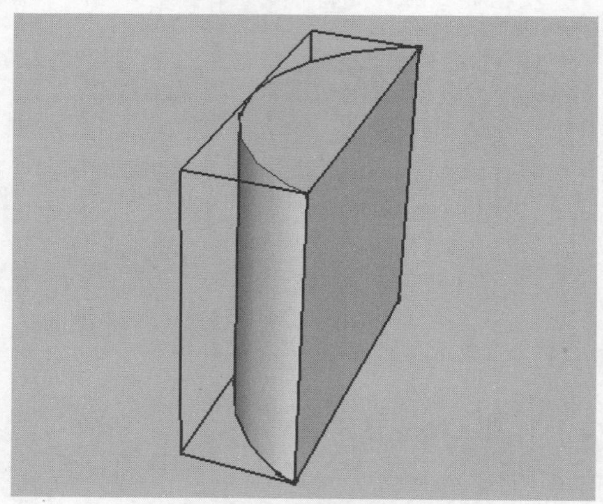

图4-52　获取相交模型

提示

“相交”工具并不局限于两个实体之间，多个实体也可以使用该工具。用户可以先选择全部相关实体，再单击“相交”工具按钮即可。

4.3.3　联合

“联合”工具即布尔运算并集工具，在SketchUp中，“联合”工具和之前介绍的“外壳”工具的功能没有明显的区别，其使用方法同“相交”工具，这里就不多做介绍。

4.3.4　减去

“减去”工具即布尔运算差集工具，运用该工具可以将某个实体中与其他实体相交的部分进行切除，操作方法如下。

01 激活“减去”工具，单击相交的其中一个实体，这里选择正方体，如图4-53所示。

02 再单击另一个实体圆柱体，如图4-54所示。

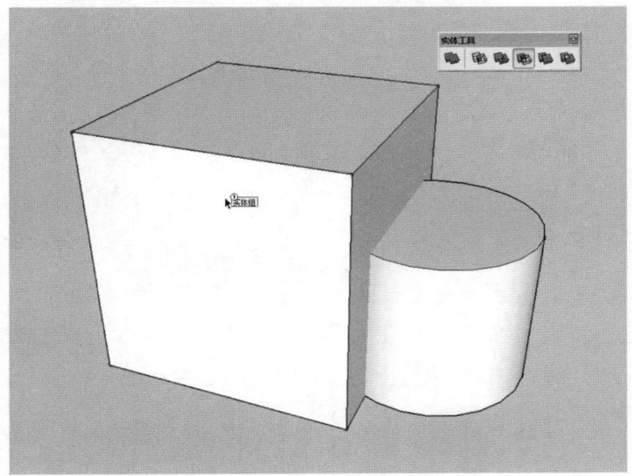

图4-53 选择正方体

图4-54 选择圆柱体

03 运算完成后可以看到圆柱体被删除了与正方体相交的部分，正方体也被删除，如图4-55所示。

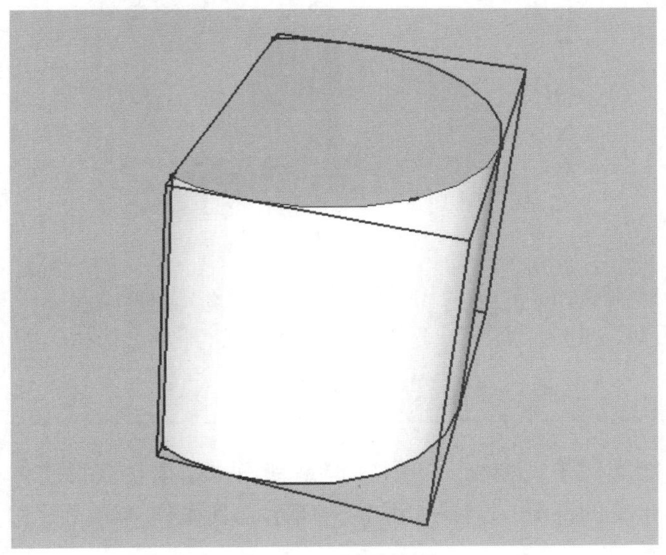

图4-55 得到模型

提示

在使用“减去”工具时，实体的选择顺序可以改变最后的运算结果。运算完成后保留的是后选择的实体，删除先选择的实体及相交的部分。

4.3.5 剪辑

“剪辑”工具类似于“减去”工具，不同的是使用“剪辑”工具运算后只会删除后面选择的实体的相交的部分，操作步骤如下。

01 激活“剪辑”工具，单击相交的其中一个实体，这里选择正方体，如图4-56所示。

02 再单击另一个实体圆柱体，如图4-57所示。

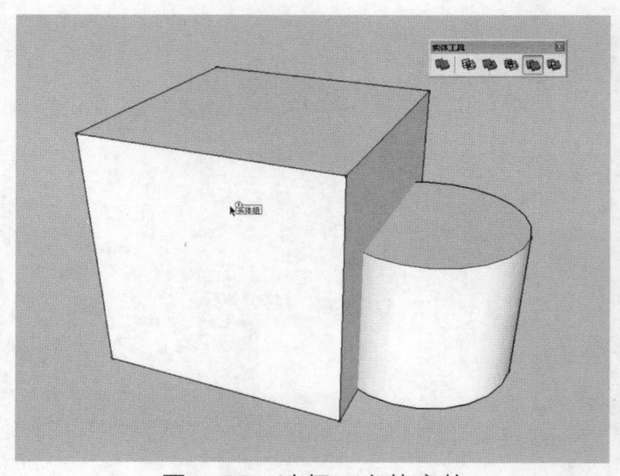

图4-56　选择正方体实体

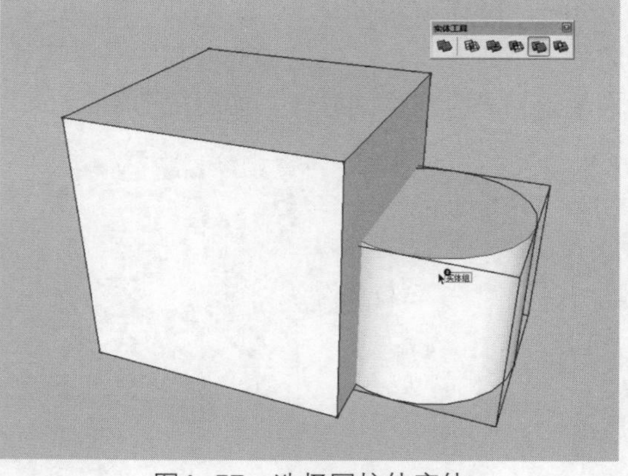

图4-57　选择圆柱体实体

03 将实体移动，可以看到圆柱体被删除了相交的部分，而正方体完整无缺，如图4-58所示。

图4-58　剪辑实体

提示

与“减去”工具相似，使用“剪辑”工具选择实体的顺序不同会产生不同的修剪结果。

4.3.6　拆分

“拆分”工具功能类似于“相交”工具，但是其操作结果在获得实体相交的那部分同时仅删除实体与实体之间相交的部分，结果如图4-59所示，其操作步骤同“相交”、“减去”等工具，这里不多介绍。

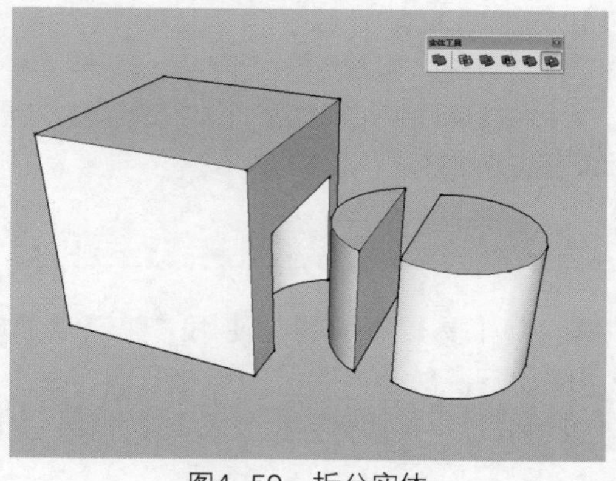

图4-59　拆分实体

4.4 沙盒工具

"沙盒"工具是SketchUp中内置的一个地形工具，用于制作三维地形效果。在新版本的SketchUp中，"沙盒"工具是默认加载好的，无需读者再手动加载。"沙盒"工具栏中包含"根据等高线创建"、"根据网格创建"、"曲面起伏"、"曲面平整"、"曲面投射"、"添加细部"、"对调角线"7个工具，如图4-60所示。

图4-60 沙盒工具栏

4.4.1 根据等高线创建

"根据等高线创建"工具的功能是封闭相邻的等高线以形成三角面。其等高线可以是直线、圆弧、圆形或者曲线等，将自动封闭闭合或者不闭合的线形成面，从而形成有等高差的坡地。操作步骤如下。

01 用"徒手画笔"工具在场景中绘制一个曲线平面，如图4-61所示。

02 激活 "推拉"工具，按住Ctrl键向上推拉复制，完成如图4-62所示的效果。

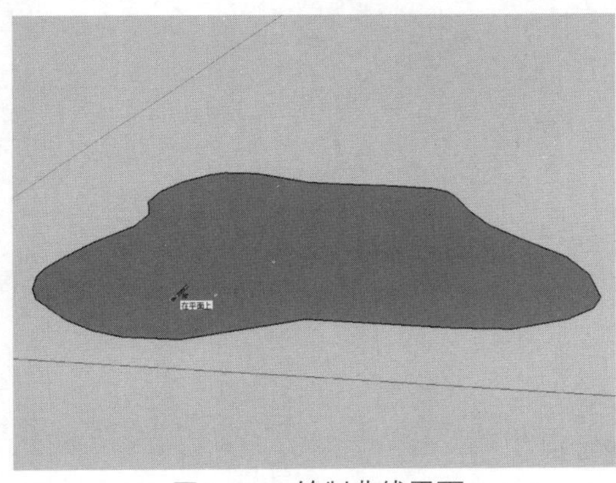

图4-61 绘制曲线平面

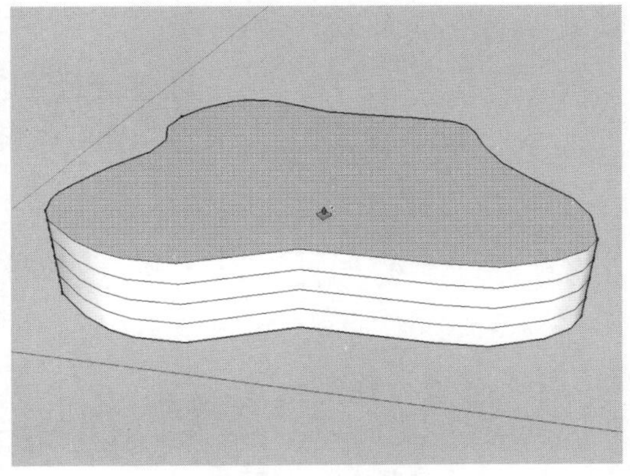

图4-62 编辑图形

03 删除推拉出的面，仅保留曲线作为等高线，如图4-63所示。

04 激活"拉伸"工具，从下到上依次缩放边线，使其形成坡度，如图4-64所示。

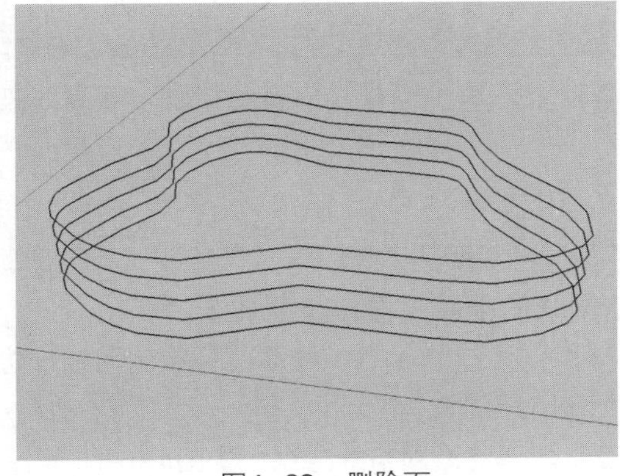

图4-63 删除面

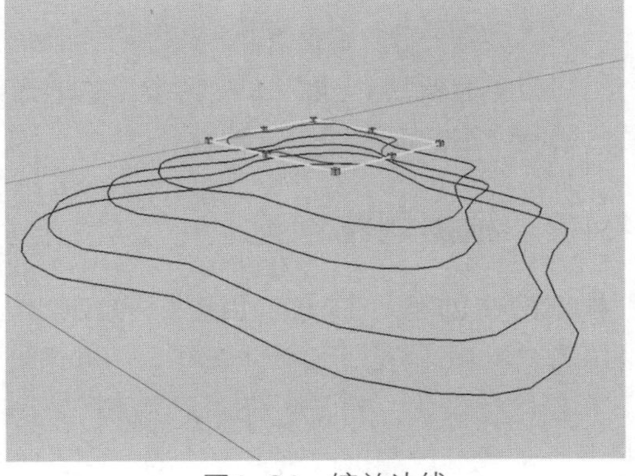

图4-64 缩放边线

05 选择等高线，适当调整其高度，效果如图4-65所示。

06 再全选所有等高线，在“沙盒”工具栏中单击“根据等高线创建”按钮，根据制作好的等高线，SketchUp将自动生成相对应的地形效果，如图4-66所示。

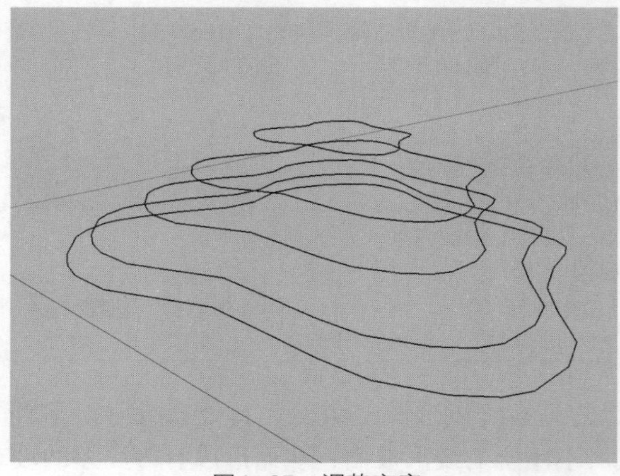

图4-65 调整高度

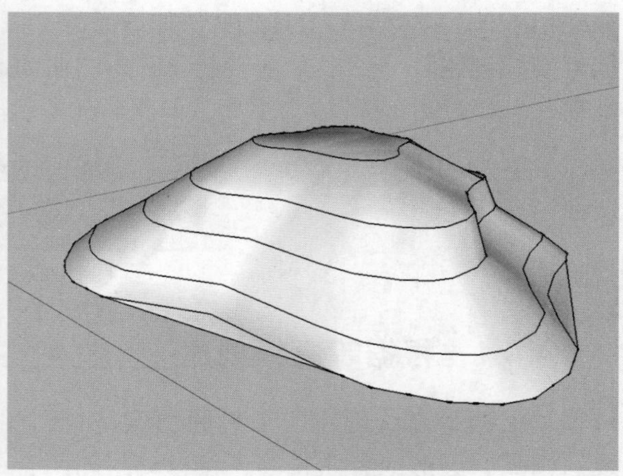

图4-66 生成地形效果

07 逐步选择地形上的等高线进行删除，删除完成后即可得到单独的地形模型，如图4-67所示。

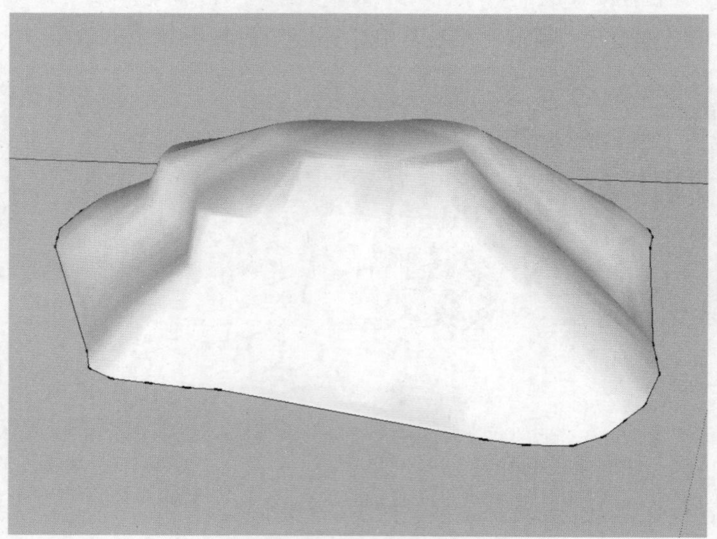

图4-67 得到地形图

提示

利用“根据等高线创建”工具制作出的地形细节效果取决于等高线的精细程度，等高线越是细致紧密，所制作出的地形图也越精致。

4.4.2 根据网格创建

“根据网格创建”工具的功能就是绘制出方格网状的平面。操作步骤如下。

01 激活“根据网格创建”工具，在视口中单击选择一点作为绘制起点，拖动鼠标绘制网格一边的宽度，单击鼠标确认，如图4-68所示。

02 再横向拖动鼠标绘制出网格另一边的宽度，单击确认即可完成网格的绘制，如图4-69所示。

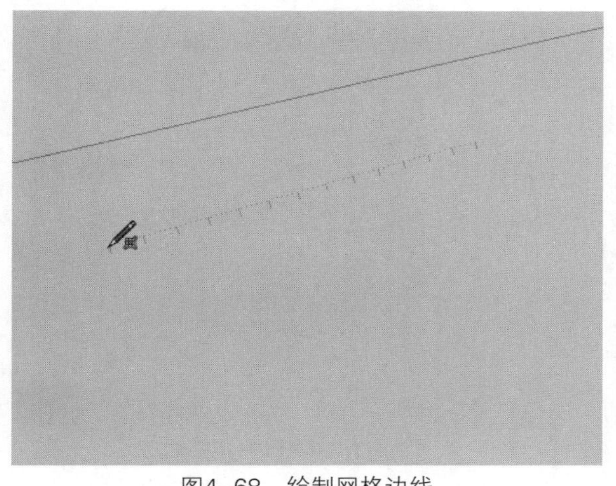
图4-68　绘制网格边线

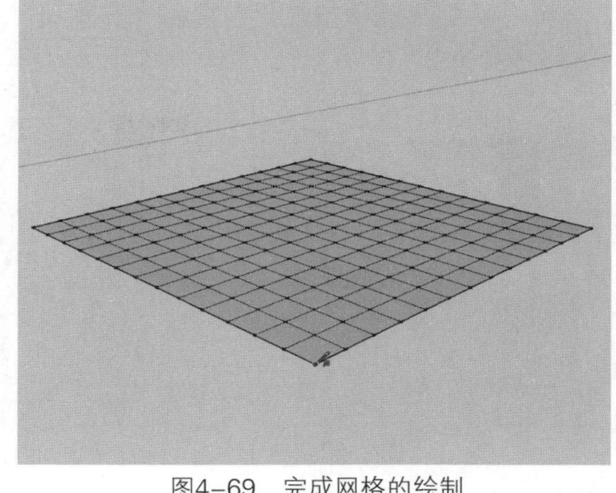
图4-69　完成网格的绘制

方格网并不是最终的效果，设计者还可以利用“沙盒”工具栏中的其他工具配合制作出需要的地形。

4.4.3 曲面起伏

“曲面起伏”工具是用来修改地形物体上Z轴的起伏程度，而这个命令不能直接对群组进行操作，所以需要先进入群组编辑状态。操作步骤如下。

01 双击视图中绘制好的网格，进入到编辑状态，如图4-70所示。

02 激活“曲面起伏”工具，光标会变成一个上下相反的箭头，将光标移动到网格上的一个交点上，会出现一个以该交点为圆心的圆形，如图4-71所示。

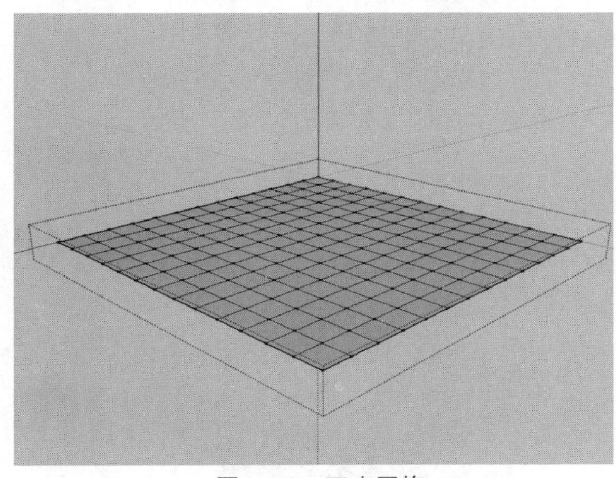
图4-70　双击网格

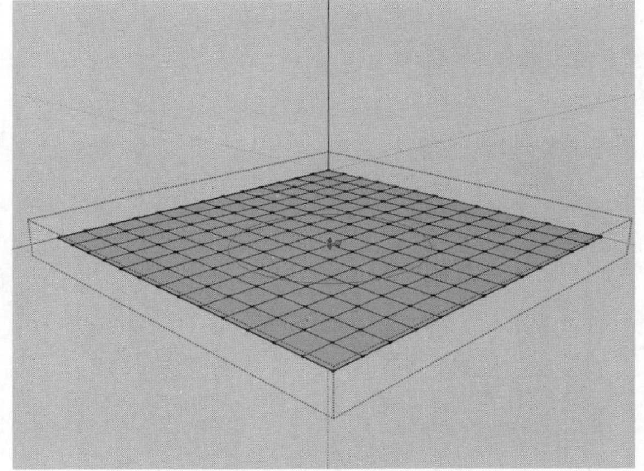
图4-71　编辑图形

03 单击该点，系统会自动选择圆形内的交点，如图4-72所示。

04 向上移动光标并单击鼠标确定，网格会随着光标的移动出现凸起，形成起伏效果，如图4-73所示。

05 在数据控制栏中输入半径值为15000，选择任意一点再次进行地形起伏的操作，可以得到如图4-74所示的效果，可以看到该点半径15000内的地形都发生了起伏变化。

06 设置半径值为5000，选择网格中的任意边线，进行地形起伏的操作，得到如图4-75所示的山脊效果。

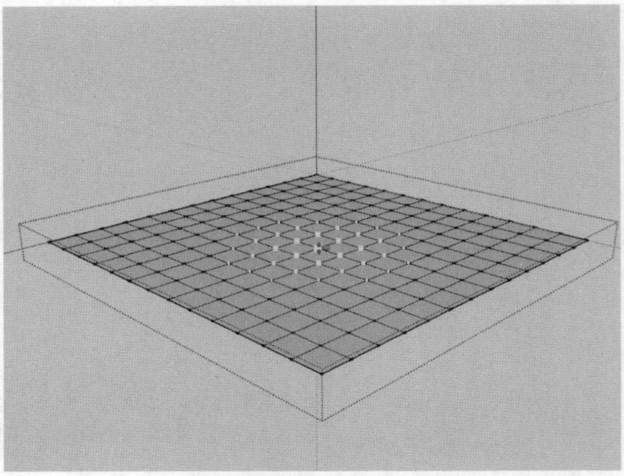

图4-72 单击点

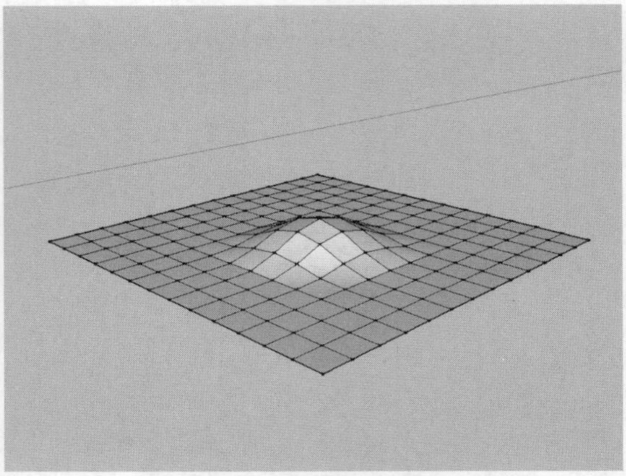

图4-73 绘制图形

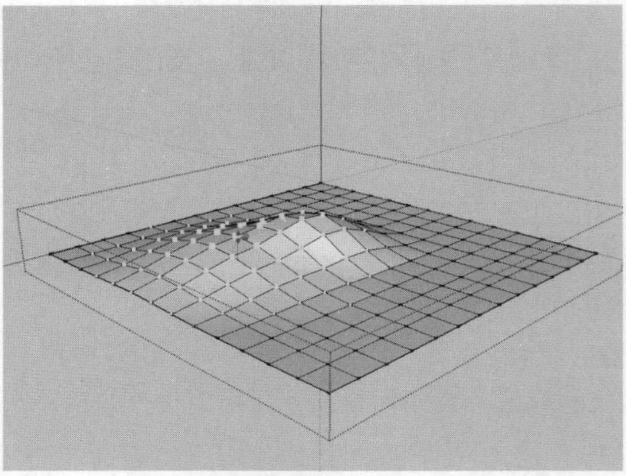

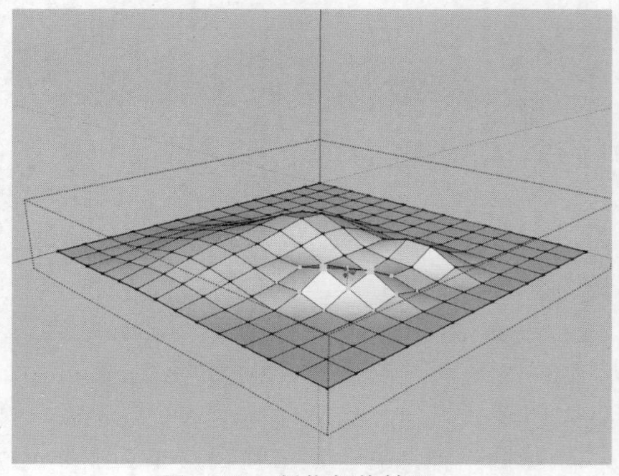

图4-74 绘制地形

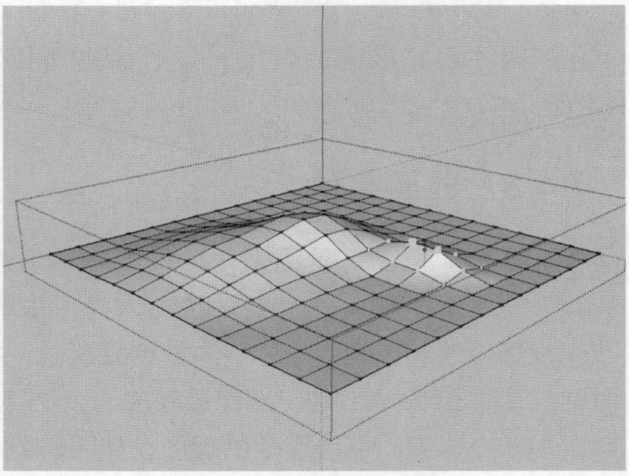

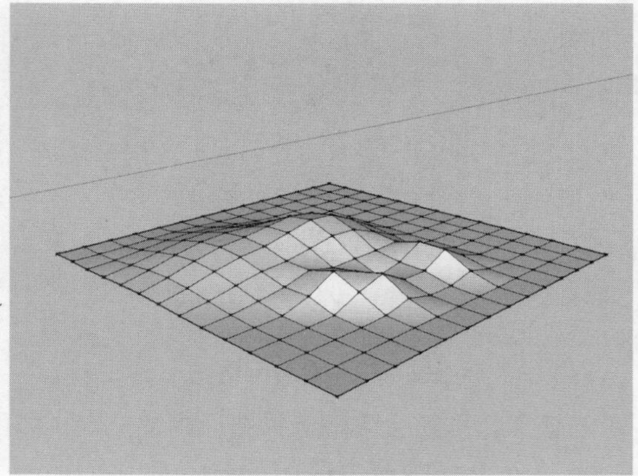

图4-75 绘制山脊

07 再选择网格中的虚线的对角线进行操作，可以得到斜向起伏的效果，如图4-76所示。

08 最终完成效果如图4-77所示。

图4-76 制作起伏效果

图4-77 完成图形的绘制

提示

用户还可以对网格中的面进行操作。另外，在数据控制栏中直接输入地形起伏半径可以扩大地形起伏面积，或者输入精确的起伏高度数值来得到精确的高度。如果输入负值，则会产生凹陷的效果。

4.4.4 曲面平整

“曲面平整”工具的功能就是以建筑物地面为基准面，对地形物体进行平整。操作步骤如下。

01 打开已有模型，可以看到房屋位于山顶上空，选择房屋模型，激活“曲面平整”工具，则房屋模型下方会出现一个红色的长方形，如图4-78所示，该矩形即是对下方山地产生影响的范围。

02 将光标移动到山顶位置，光标会变成，山地模型也会处于被选中状态，如图4-79所示。

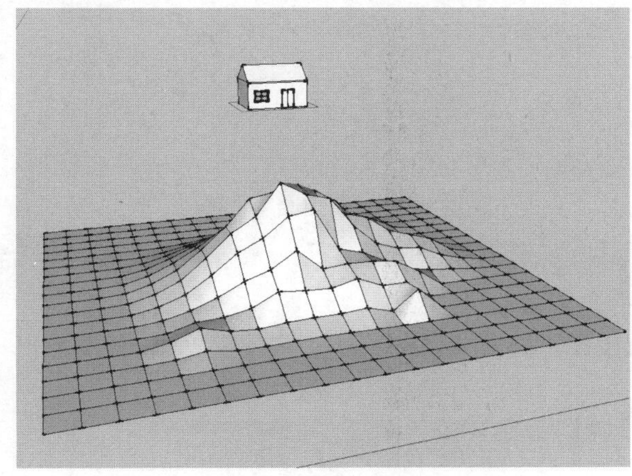

图4-78　打开模型

图4-79　选择山地模型

03 单击鼠标，光标会变成上下相反的箭头，在山顶位置会出现一个可以调整的长方体平面，大小同房屋模型的底部，如图4-80所示，调整完成后，单击鼠标确认即可。

04 将房屋模型移动到山顶的平面上，即完成本次的操作，如图4-81所示。

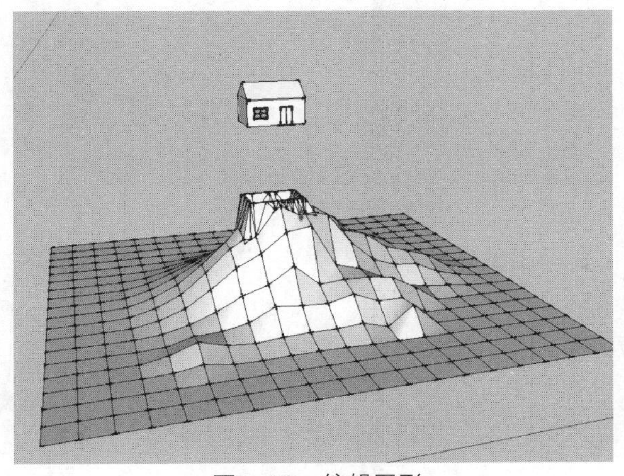

图4-80　编辑图形

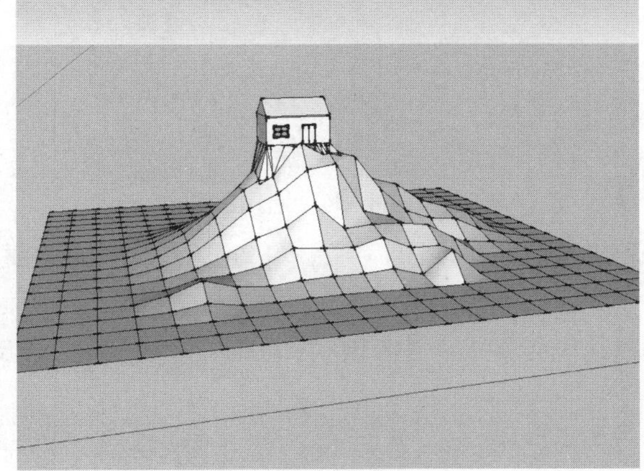

图4-81　完成移动操作

4.4.5 曲面投射

“曲面投射”功能就是将平面的道路映射到崎岖不平的山地模型上，在山地上开辟出山路网。操作步骤如下。

01 打开已有的山地模型，如图4-82所示。

02 激活“徒手画笔”工具，在山地上方绘制出道路的平面图并将其移动到山地上方，如图4-83所示。

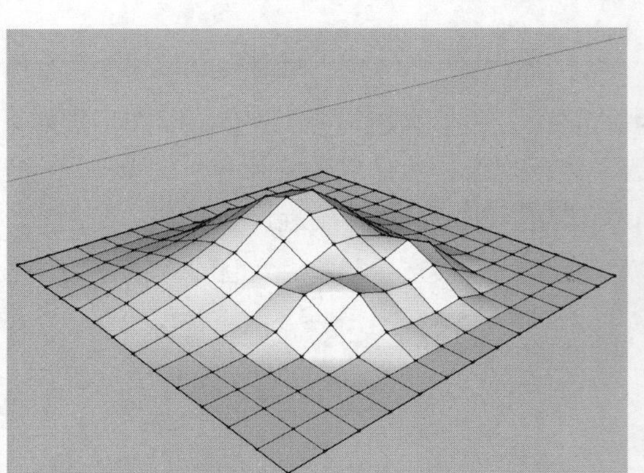

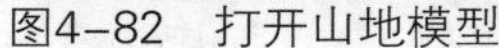

图4-82　打开山地模型

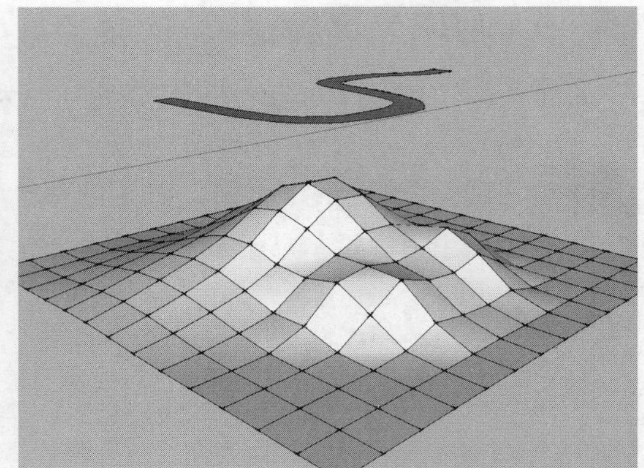

图4-83　绘制道路平面图

03 选择道路平面图，单击“曲面投射”工具按钮，将光标移动到山地上方，则光标会变成，而山地模型则显示被选择状态，如图4-84所示。

04 在山地上单击鼠标，道路平面即会在山地上进行投影，山地上会出现道路的轮廓边线，如图4-85所示。

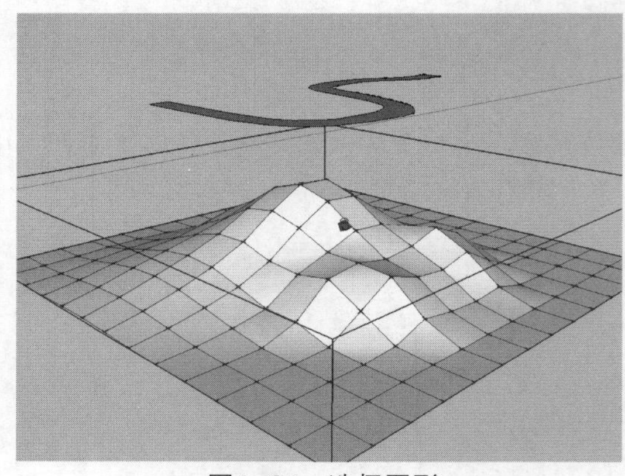

图4-84　选择图形

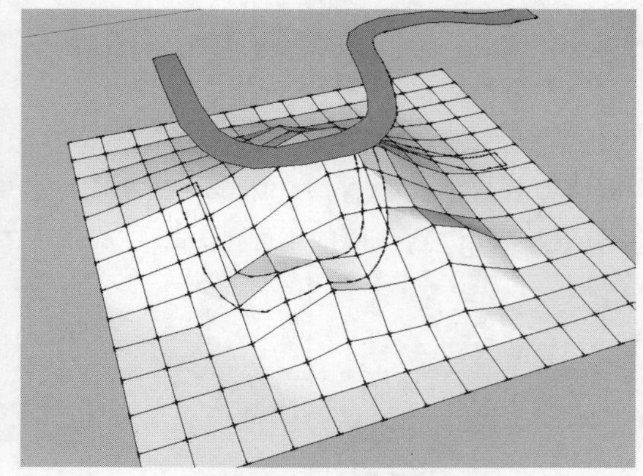

图4-85　移动图形

05 隐藏道路平面图，再选择山地，单击鼠标右键，在弹出的快捷菜单中单击“软化/平滑边线”命令，打开“柔化边线”对话框，如图4-86所示。

06 从中勾选“平滑法线”复选框，并调整法线角度，如图4-87所示。

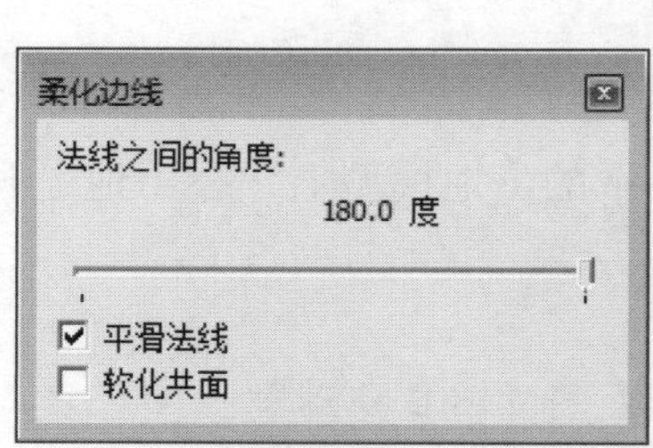

图4-86　“柔化边线”对话框

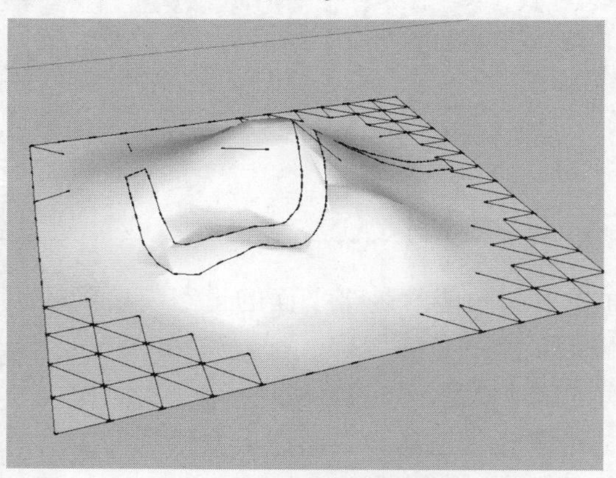

图4-87　查看绘制效果

07 双击山地模型进入编辑模式，将多余的线条删除即可，如图4-88所示。

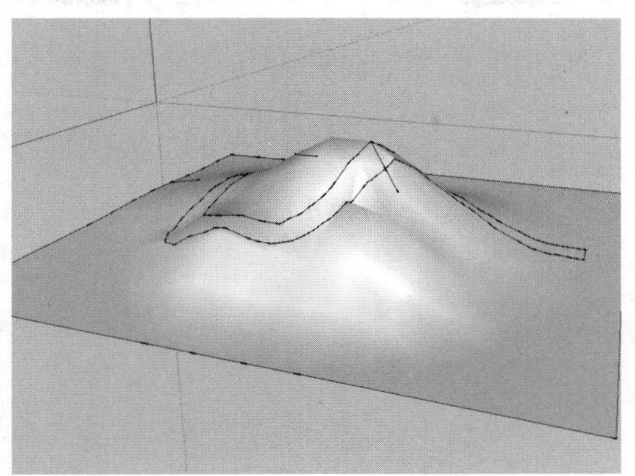

图4-88 完成绘制

4.4.6 添加细部

“添加细部”工具的功能是将已经绘制好的网格物体进一步细化，因为原有的网格物体的部分或者全部的网格密度不够，这就需要使用“添加细部”工具来进行调整。操作步骤如下。

01 打开已经创建好的模型，双击进入编辑模式，如图4-89所示。

02 进入顶视图，选择需要进行细化的网格面，如图4-90所示。

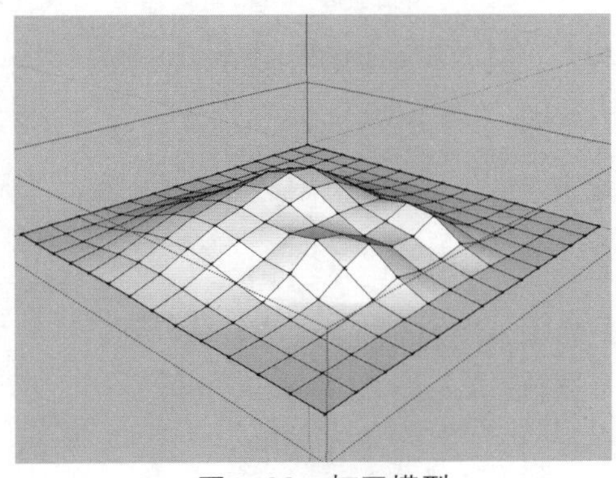

图4-89 打开模型

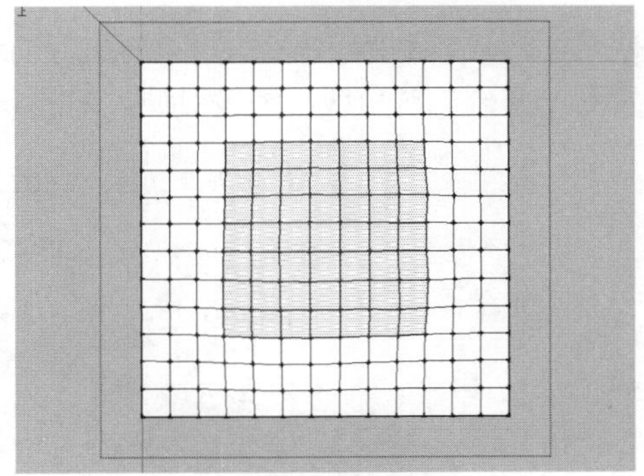

图4-90 编辑图形

03 回到透视视口，单击“添加细部”按钮，就可以看到选择部分的网格已经进行了重新划分，更加详细，如图4-91所示。

04 再使用“曲面拉伸”工具进行拉伸，即可得到平滑拉伸边缘，如图4-92所示。

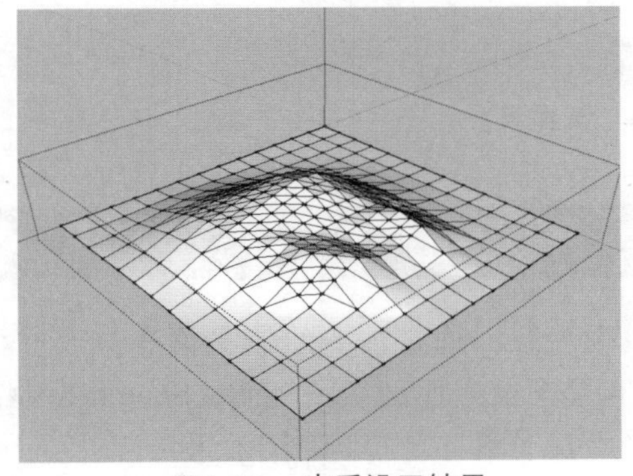

图4-91 查看设置结果

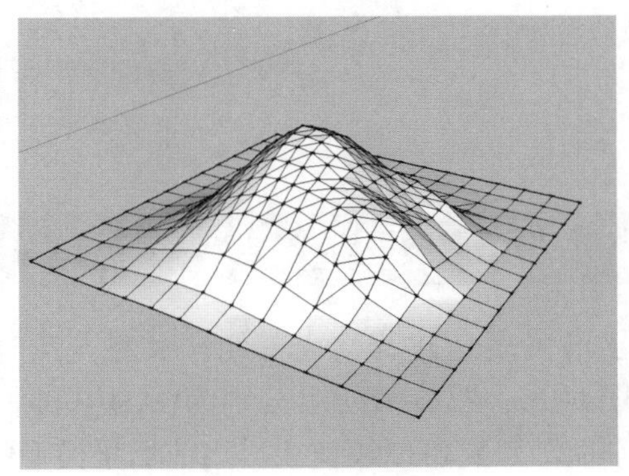

图4-92 拉伸图形

4.4.7 对调角线

“对调角线”工具的作用是根据地势走向对应改变对角线的方向，从而使地形变得更加平缓。操作步骤如下。

01 打开模型文件，如图4-93所示。

02 执行“视图”|“隐藏几何体图形”命令，勾选“隐藏几何体图形”选项，则场景中的网格图形会显示出对角虚线，如图4-94所示。

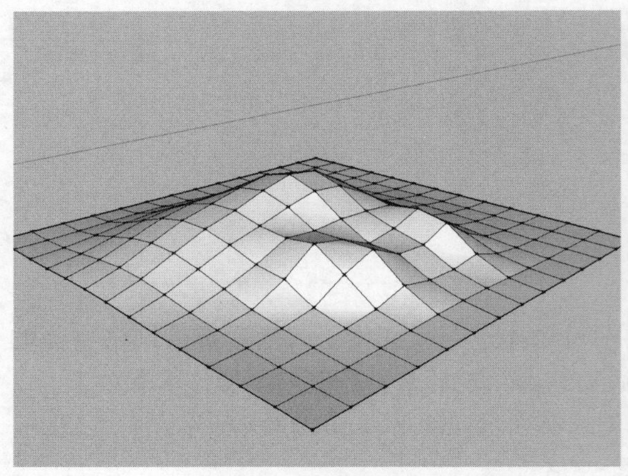

图4-93 打开图形文件

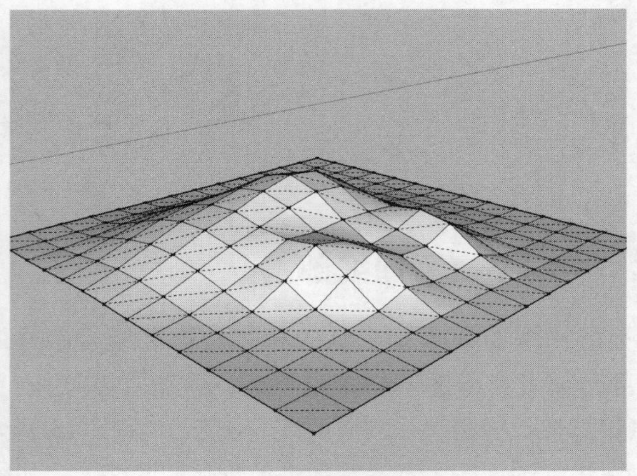

图4-94 执行菜单命令

03 双击网格图形进入到编辑模式，再激活“对调角线”工具，单击需要对调的对角线。操作完毕后可以看到一部分的对角线已经被对调，如图4-95所示。

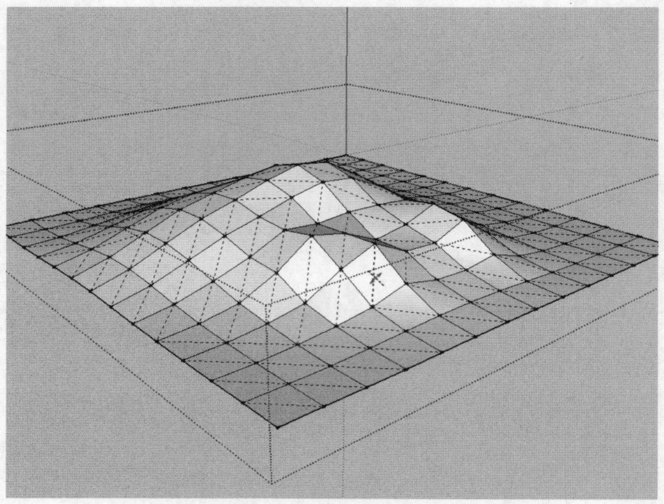

图4-95 查看设置结果

4.5 剖面工具

为了准确表达建筑物内部结构关系与交通组织关系，通常需要绘制平面布局及立面剖切图，如图4-96、图4-97所示分别为CAD中的平面布局图及立面剖切图。而在SketchUp中，利用“剖切平面”工具可以快速获得当前场景模型的平面布局图与立面剖切图效果。

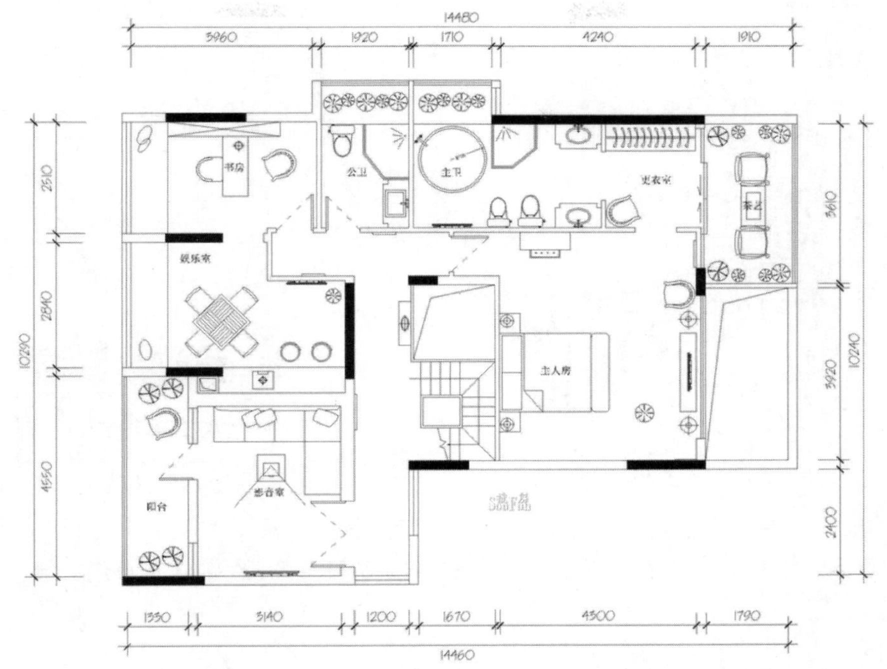

图4-96　平面布局图

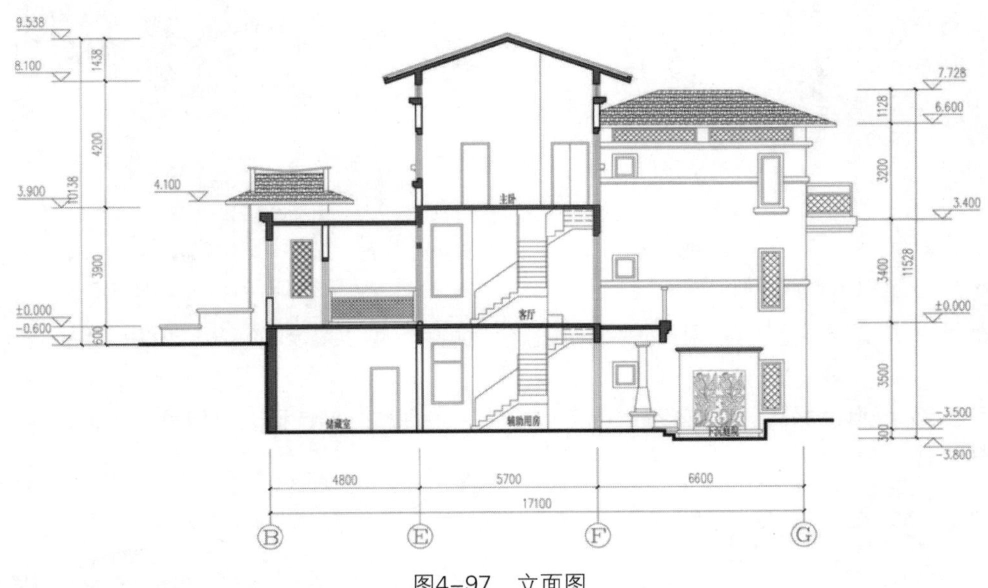

图4-97　立面图

4.5.1　创建剖切面

在SketchUp中，“剖切”这个常用的表达手法不但容易操作，而且可以动态地调整剖切面，生成任意的剖切方案图。具体操作步骤如下。

01 打开场景素材文件，该场景为一个封闭的居室空间，如图4-98所示。

02 执行“视图”|“工具栏”命令，打开“工具栏”对话框，从中调出“截面”工具栏，如图4-99所示。

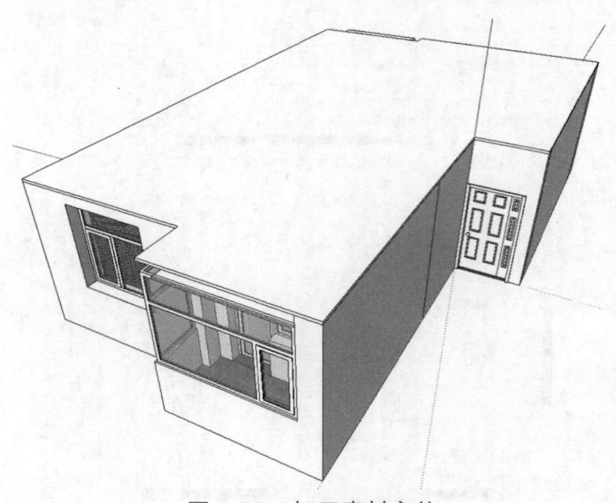
图4-98　打开素材文件

图4-99　截面工具栏

03 激活“剖切面”工具，在场景中合适位置单击，即可创建剖切面，如图4-100所示。

04 这里可以看到，所创建的剖切面位置过高，选择剖切符号并沿z轴向下移动到合适位置，如图4-101所示。

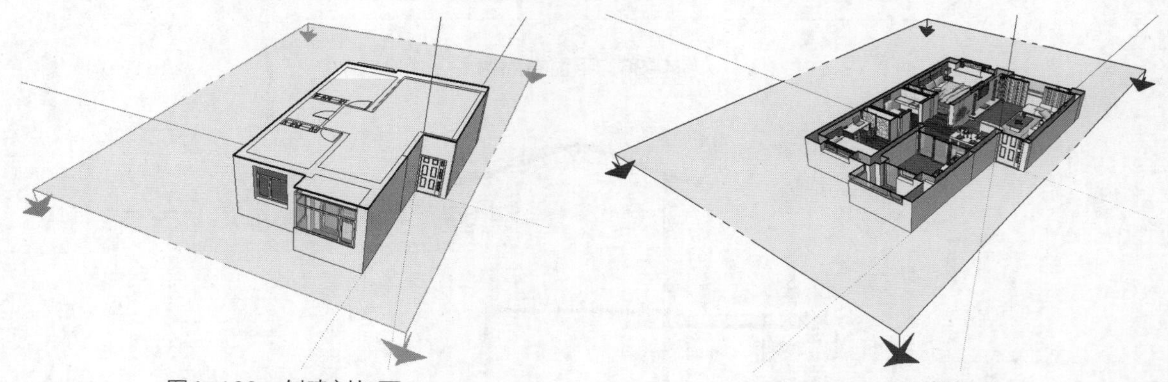
图4-100　创建剖切面

图4-101　设置剖切点

05 切换到俯视图，再执行“相机”|“平面投影”命令，可以看到如图4-102所示的剖切面投影视图。

06 除了可以移动剖切面外，用户还可以使用“旋转”工具旋转剖切面，可以得到不同的剖切效果，如图4-103所示。

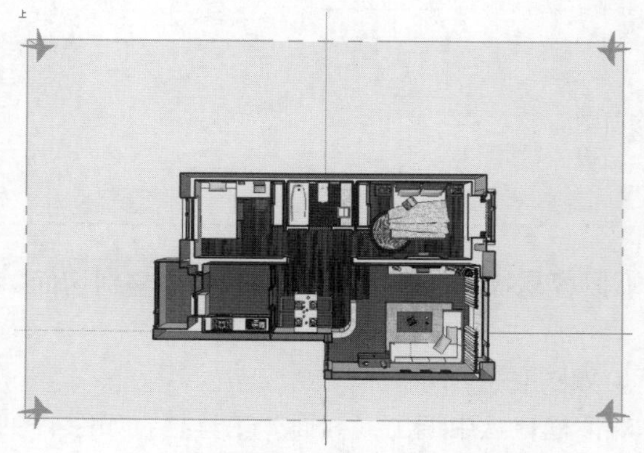
图4-102　执行菜单命令

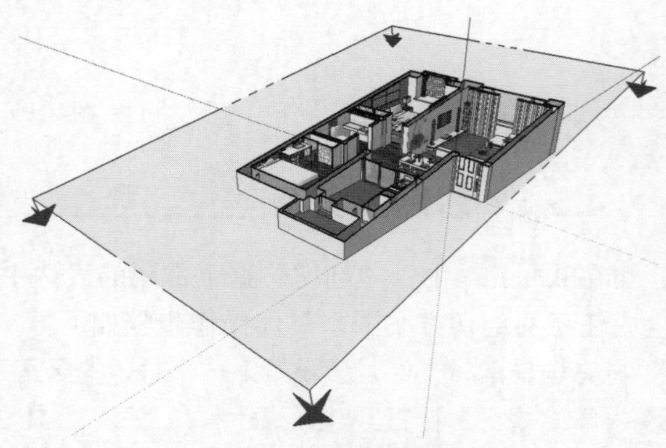
图4-103　旋转剖切面

提示

剖切面确定好之后，除了可以在SketchUp中直接观看外，还可以切换至顶视图，选择平行投影，并导出对应的DWG文件。

4.5.2 剖切面常用操作与功能

在SketchUp中，剖面图的绘制、调整和显示都很方便，可以很轻松地完成需要的剖面图。设计师可以根据方案中垂直方向的结构、交通和构件等去选择剖面图，而不是去绘制剖面图。

1. 剖切面的隐藏与显示

创建剖切面并调整好剖切位置后，单击“截面”工具栏中的“显示/隐藏剖切面”工具，即可隐藏/显示剖切效果，如图4-104所示。

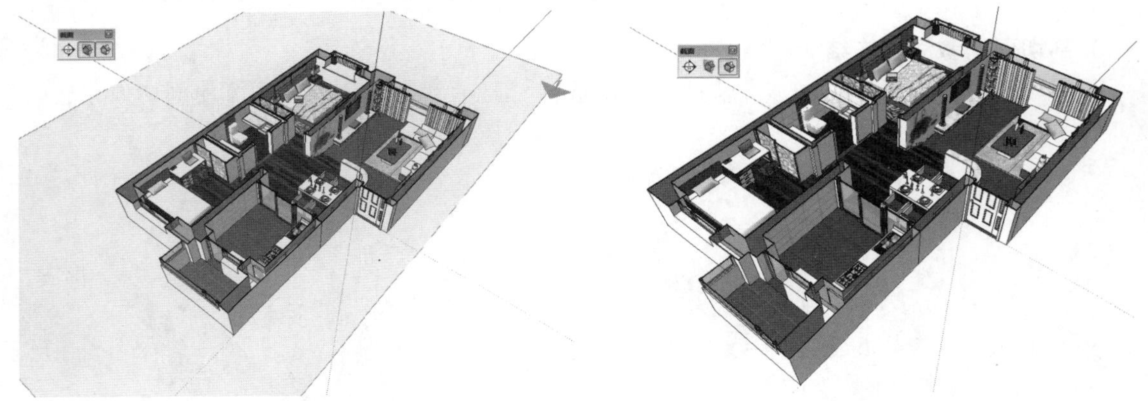

图4-104 显示/隐藏剖切面的对比效果

此外，用户也可以单击选择剖切面，当剖切面边框变成蓝色时，单击鼠标右键，在快捷菜单中选择“隐藏”选项，同样可以隐藏剖切面，如图4-105所示。

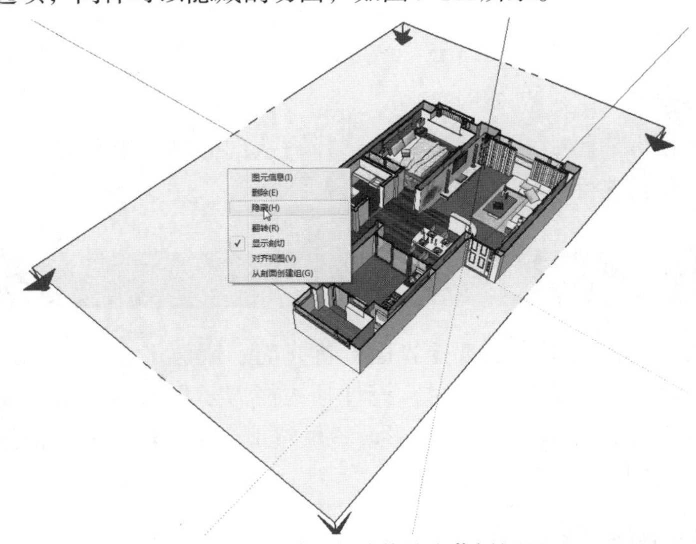

图4-105 利用右键菜单隐藏剖切面

2. 翻转剖切面

在剖切面上单击鼠标右键，在快捷菜单中选择“翻转”命令，即可将剖切面反向剖切，如图4-106所示。

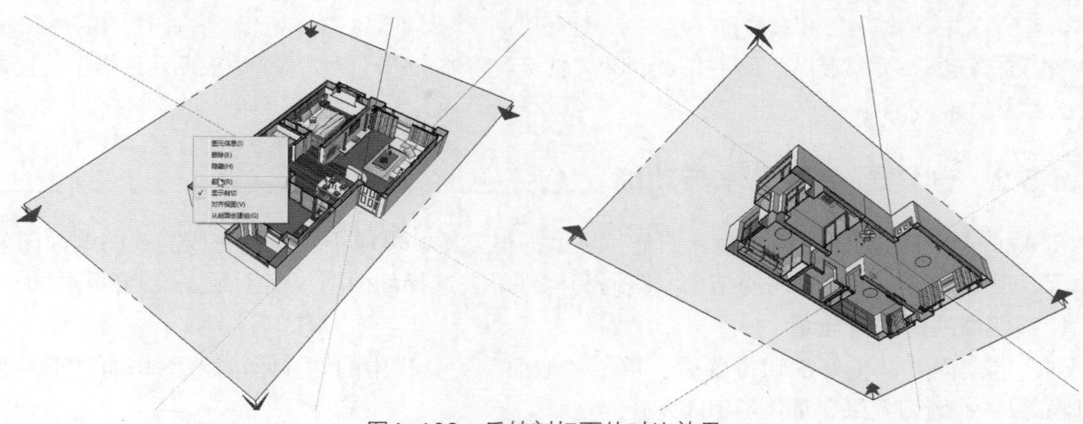

图4-106　反转剖切面的对比效果

3. 剖切面的激活与冻结

在剖切面上单击鼠标右键，在快捷菜单中选择“显示剖切”命令，即可使剖切效果暂时失效，如图4-107所示。

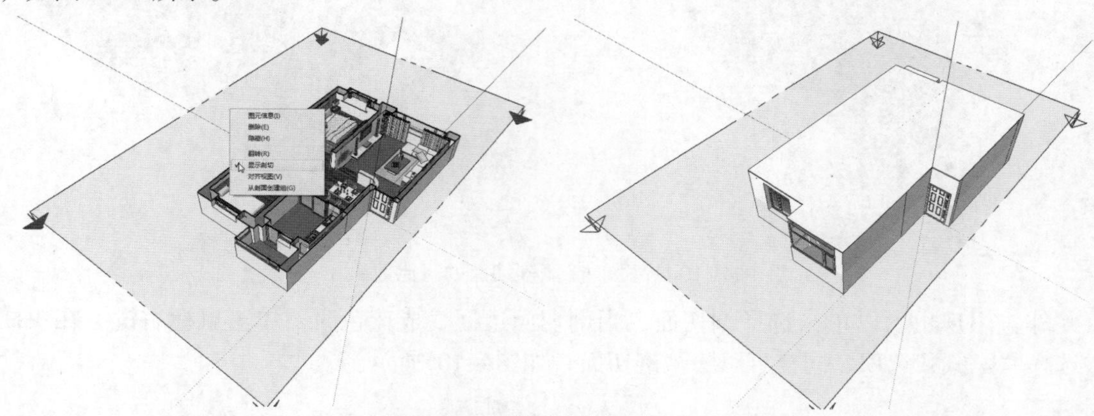

图4-107　激活/冻结的对比效果

4. 从切口创建群组

在剖切面上单击鼠标右键，在快捷菜单中选择“从剖面创建组”命令，即可在剖切位置产生单独剖切线效果，并能进行移动、缩放等操作。

4.6 光影设定

物体在阳光或天光的照射下会出现受光面、背光面、阴影区。通过阴影效果与明暗对比，能够衬托出物体的立体感。在方案设计时，设计师往往需要自己的作品有很强的立体感，这时阴影的设置就显得格外重要。SketchUp的阴影设置虽然很简单，但是其功能还是比较强大的，甚至在SketchUp中还能制作具有阴影的动画。

4.6.1 设置地理位置参照

南北半球的建筑物接受日照不一样，就是在同一半球、同一国家，由于经纬度的不同，日照的情况也不一样。因此，设置准确的地理位置，是SketchUp产生准确光影效果的前提，操作步骤如下。

01 执行“窗口”|“模型信息”命令，打开“模型信息”对话框，选择“地理位置”选项，可以看到当前模型尚未进行地理定位，如图4-108所示。

02 单击“手动设置位置”按钮，打开“手动设置地理位置”对话框，输入地理位置及经纬度等参数，如图4-109所示，单击“确定”按钮即可。

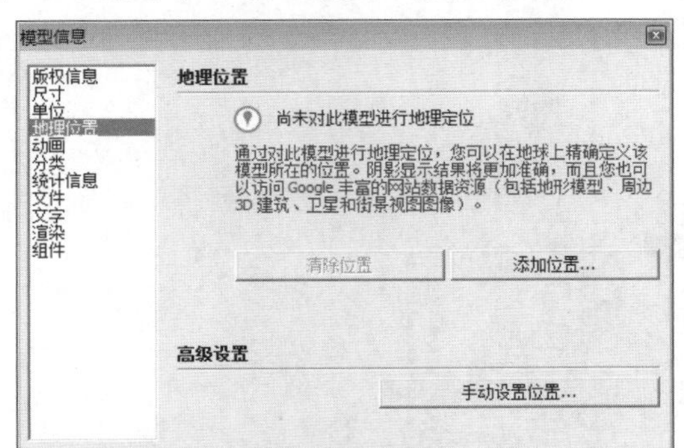

图4-108 “模型信息”对话框

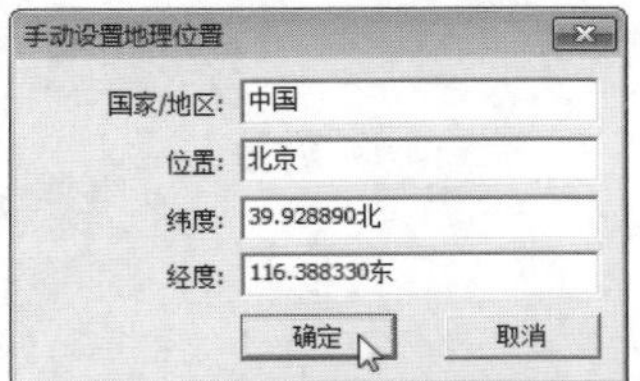

图4-109 设置地理位置

提示

很多用户不注意地理位置的设置。由于纬度的不同，不同地区的太阳高度、太阳照射的强度与角度也不一样，如果地理位置设置不正确，则阴影与光线的模拟也会失真，从而影响整体的效果。

4.6.2 设置阴影

通过“阴影”工具栏可以对时区、日期、时间等参数进行十分细致的调整，从而模拟出十分准确的光影效果。执行“视图”|“阴影”命令，勾选“阴影”选项，即可打开“阴影”工具栏，如图4-110所示。

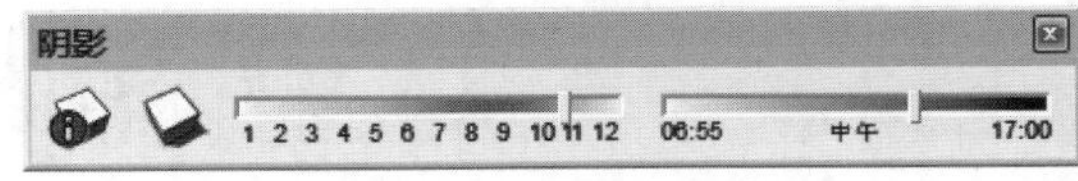

图4-110 阴影工具栏

1. 阴影设置

单击“阴影设置”按钮，打开“阴影设置”对话框，如图4-111所示。“阴影设置”对话框中第一个参数设置是UTC调整，UTC是协调世界时的英文缩写。在中国统一使用北京时间（东八区）为本地时间，因此以UTC为参考标准，北京时间应该是UTC+8:00，如图4-112所示。

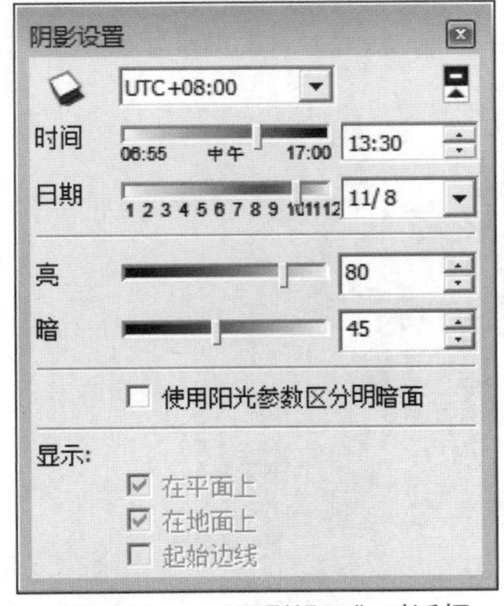

图4-111 “阴影设置”对话框

图4-112 设置时区

设置好UTC时间后，拖动面板中“时间”后面的滑块来进行调整，在相同的日期不同的时间将会产生不同的阴影效果，如图4-113、图4-114、图4-115所示分别为早上、中午、下午某时间点的效果显示。

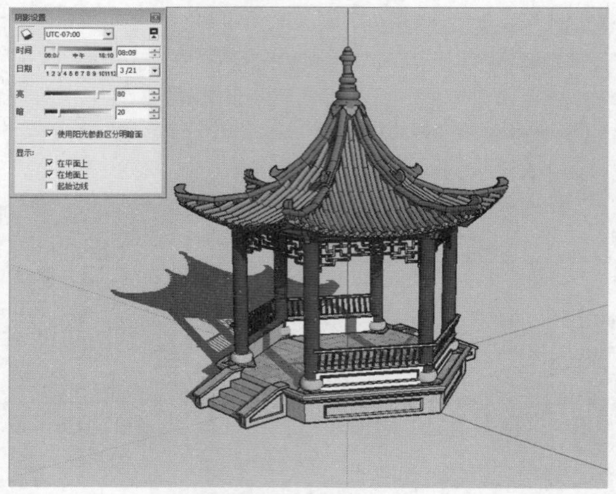

图4-113　8点阴影效果

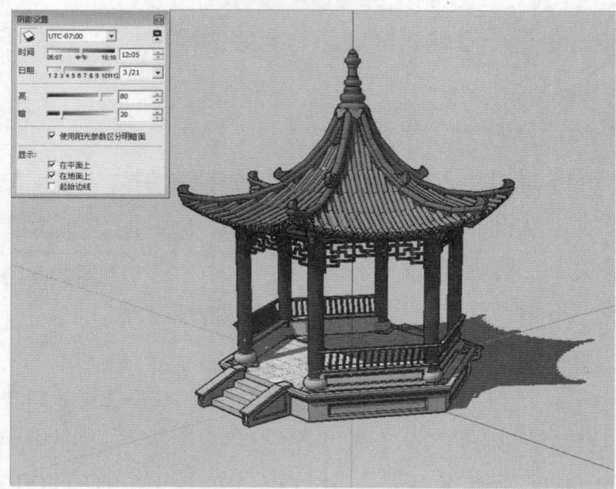

图4-114　12点阴影效果

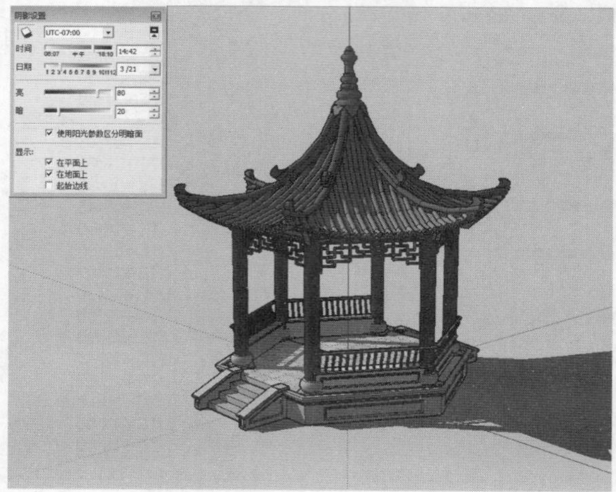

图4-115　14点阴影效果

而在同一时间下，不同日期也会产生不同的阴影效果，如图4-116、图4-117、图4-118所示分别为2/13日、7/4日、11/7日某时间点的效果显示。

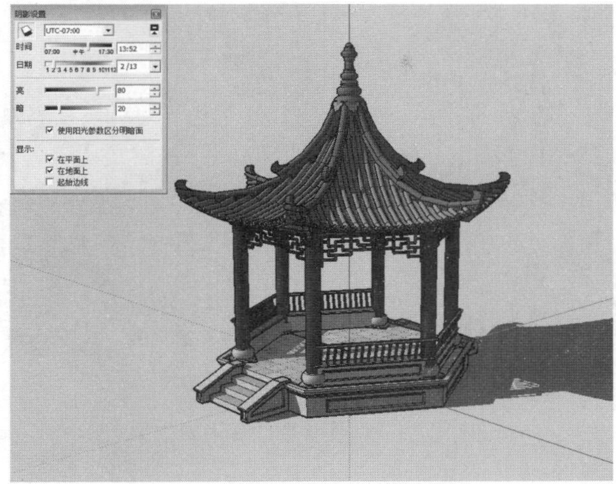

图4-116　2/13日阴影效果

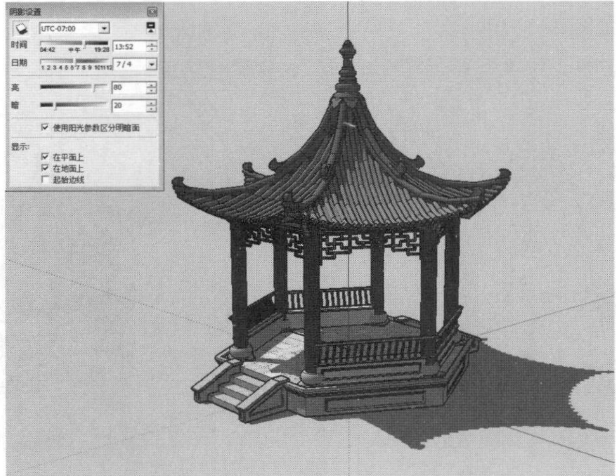

图4-117　7/4日阴影效果

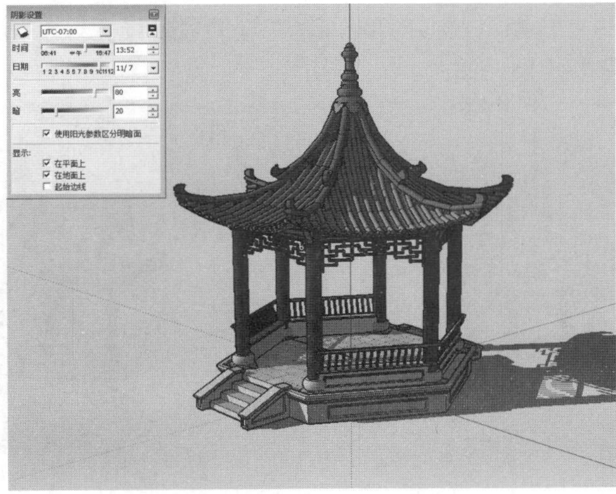

图4-118　11/7日阴影效果

在其他参数不变的情况下，调整亮、暗参数的滑块，也可以改变场景中阴影的明暗对比，如图4–119所示。

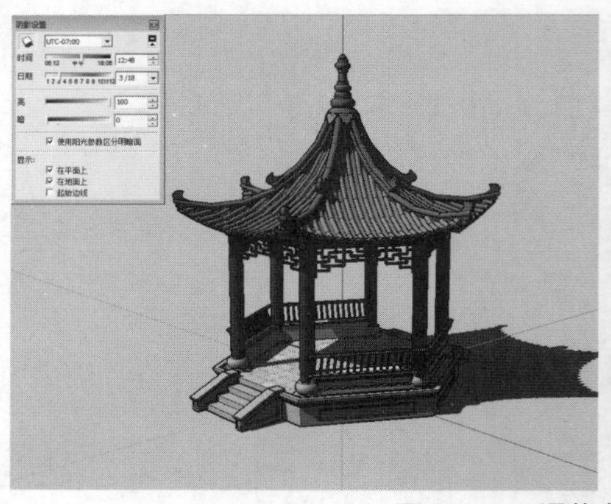
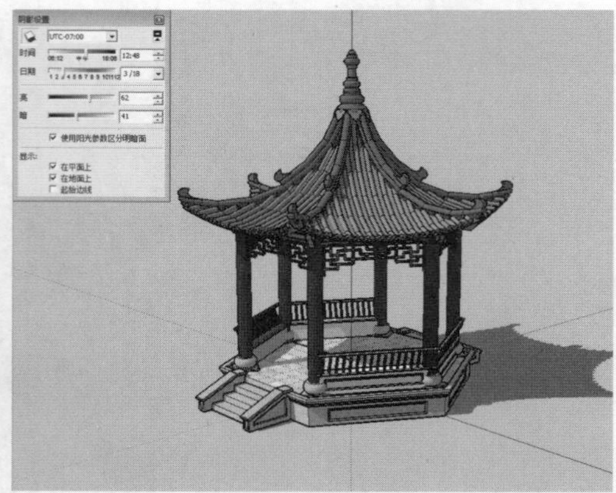

图4–119 调整参数改变阴影效果

2. 阴影的显示切换

在SketchUp中，用户可以通过“阴影”工具栏中的“显示/隐藏阴影”按钮对整个场景的阴影进行显示与隐藏，如图4–120所示。

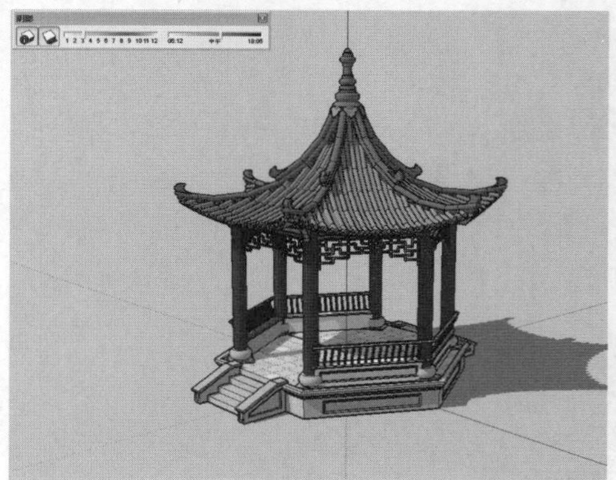
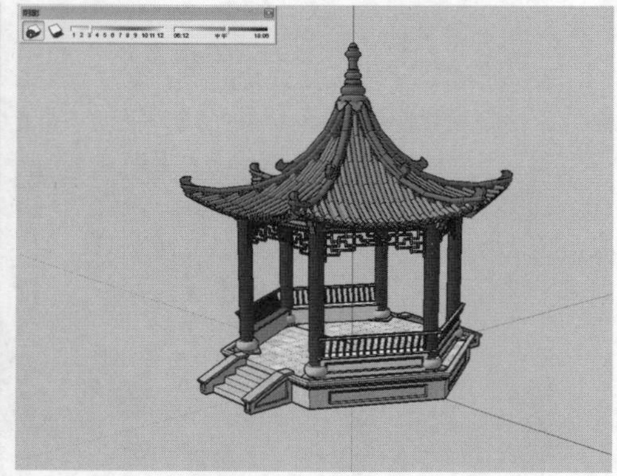

图4–120 显示/隐藏阴影对比效果

3. 日期与时间

“阴影”工具栏中的“日期”与“时间”滑块与“阴影设置”对话框中的同名滑块功能相同，拖动滑块即可调整阴影效果，如图4–121所示。

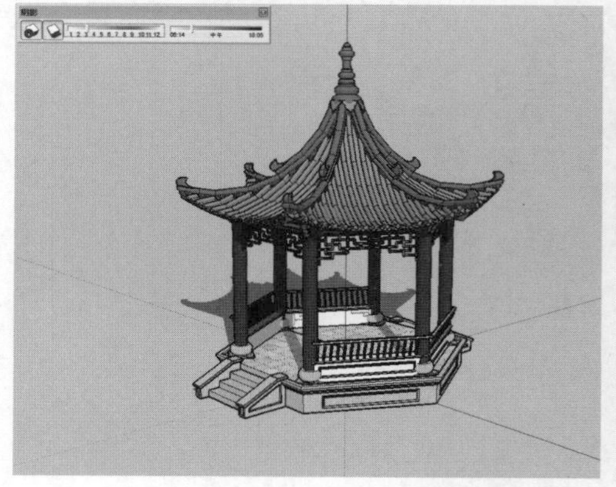
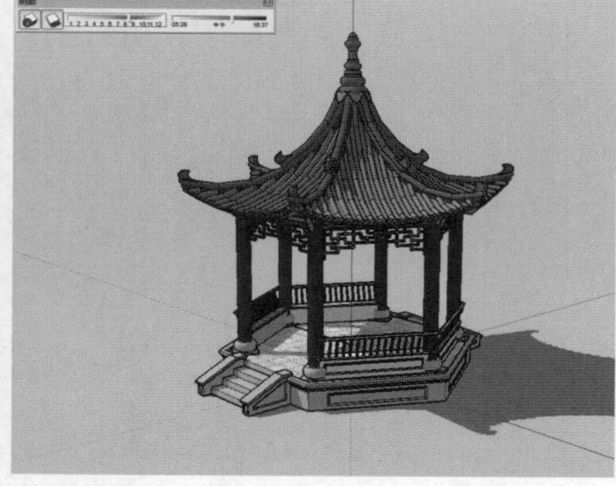

图4–121 拖动滑块调整阴影效果

提示

“显示阴影”对计算机的硬件要求很高，特别是CPU运算与显卡的3D功能。在一般作图时，不要选择该选项，否则会消耗大量的系统资源，影响作图速度。模型细部做好后，为了观看整体效果，可以开启阴影的显示。而最后的效果图，不论是输出效果图还是动画，都要用逼真的阴影效果来烘托建筑模型。

4.6.3 物体的投影与受影

在实际生活中，除了极为透明的物体外，在灯光或者阳光的照射下都会产生阴影。SketchUp中有时为了美化图像或者保持明暗对比效果，可以人为地取消一些模型的投影与受影，操作方法如下。

01 调整模型的阴影，使其产生真实的阴影效果，如图4-122所示。

02 在亭子上单击鼠标右键，在弹出的快捷菜单中单击“图元信息”选项，如图4-123所示。

图4-122 调整模型阴影

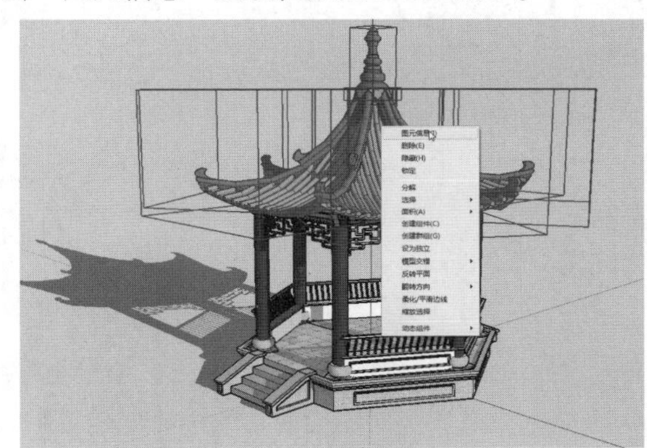

图4-123 执行右键菜单

03 在弹出的“图元信息”对话框中取消“投射阴影”复选框的勾选，如图4-124所示。

04 可以看到场景中的亭子不再有阴影显示，如图4-125所示。

图4-124 “图元信息”对话框

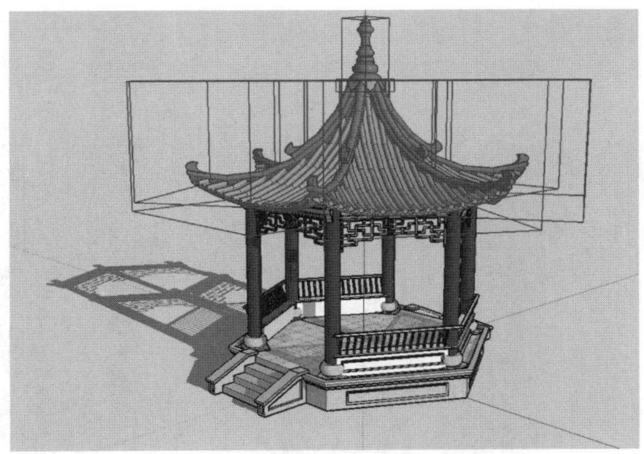

图4-125 查看结果

05 如果选择亭子底座及柱子并取消其“接收阴影”复选框，则亭子不会在底座上投影，如图4-126所示。

06 如果同时取消勾选亭子底座及柱子的“投射阴影”和“接收阴影”选项，则亭子正常投影，而亭子底座及柱子的投影消失，如图4-127所示。

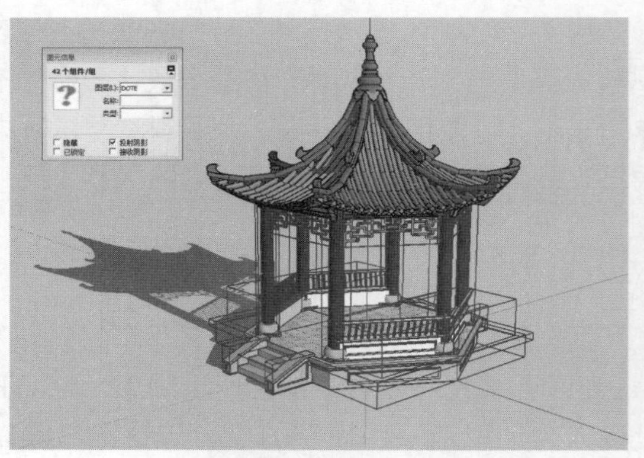

图4-126 调整阴影效果

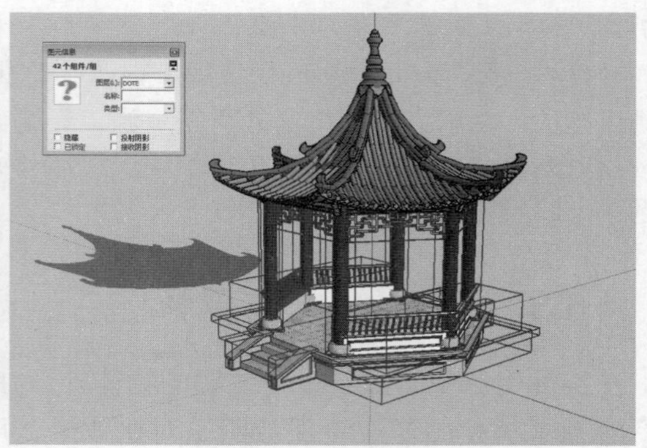

图4-127 调整亭子投影

4.7 雾化效果

在SketchUp中还有一种特殊的“雾化”效果，可以烘托环境的氛围，增加一种雾气朦胧的效果。操作步骤如下。

01 打开模型，可以看到模型在阳光下的效果，如图4-128所示。

02 执行“窗口”|“雾化”命令，打开“雾化”对话框，可以看到当前模型并未开启“显示雾化”，如图4-129所示。

图4-128 打开模型

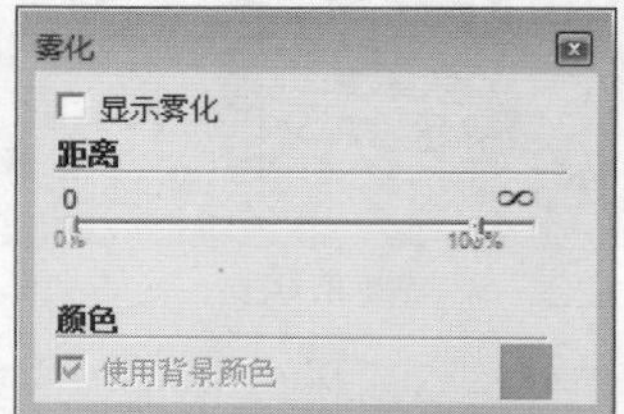

图4-129 “雾化”对话框

03 勾选“显示雾化”复选框，可以看到场景中已经产生了浓雾的效果，如图4-130所示。

图4-130 浓雾效果

04 拖动滑块，调整雾气细节，如图4-131所示。

图4-131 调整雾气

05 在默认设置下，雾气的颜色与背景颜色一致，这里取消“使用背景颜色”的勾选，调整右侧色块的颜色来改变雾气颜色，最后形成清晨淡淡雾气下光照的效果，如图4-132所示。

图4-132 查看最终效果

4.8 上机实训

通过本章学习的知识，我们已经了解了SketchUp的高级功能，包括实体的操作以及场景的后期制作等，下面来实战演练一下前面所学的知识，以提高应用能力和水平。

01 设置场景效果。打开实例模型，观察模型现有的状态，如图4-133所示，模型已经被赋予了材质，我们下面的操作可以省去赋予材质这一步骤。

02 执行“窗口”|“样式”命令，打开“样式”对话框，切换到“编辑”面板，再单击“背景设置”按钮，进入到背景设置面板，设置背景颜色，如图4-134所示。

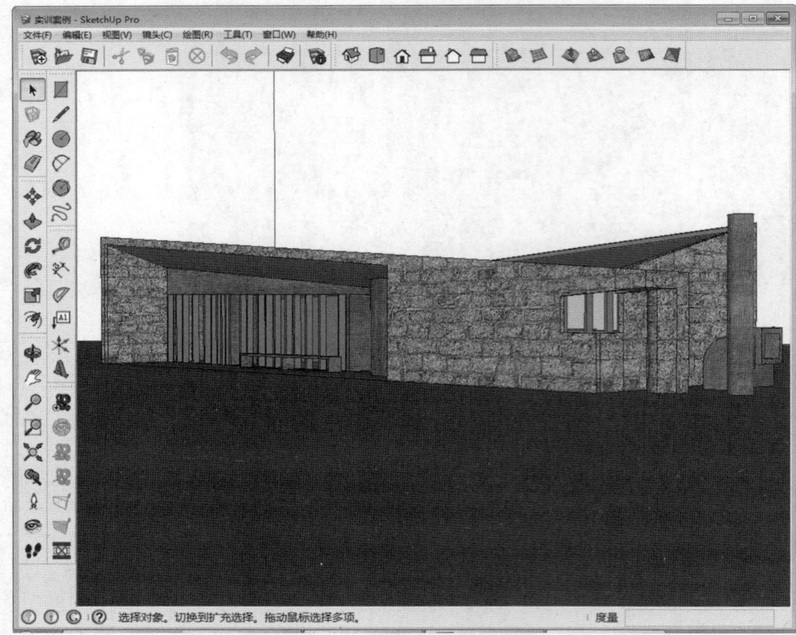
图4-133 打开场景

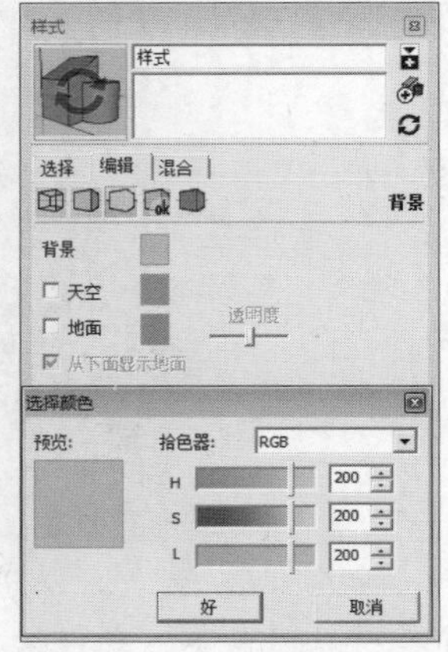
图4-134 “样式”对话框

03 勾选“天空”复选框，再设置天空颜色，如图4-135所示。

04 再单击“边线设置”按钮，进入“边线设置”面板，勾选“延长”、“端点”复选框，如图4-136所示。

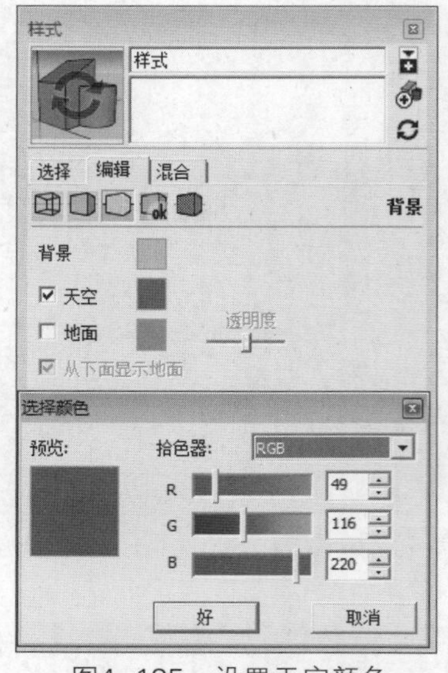
图4-135 设置天空颜色

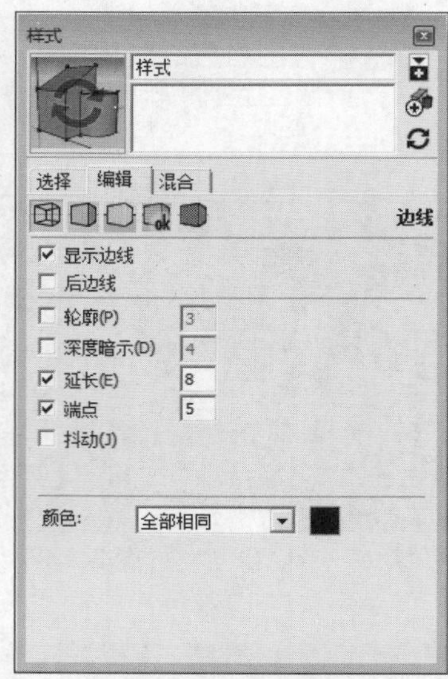
图4-136 设置边线

05 此时可以看到场景中的环境以及模型的显示效果都发生了变化，如图4-137所示。

06 执行“窗口”|“阴影”命令，打开“阴影设置”对话框，单击“显示/隐藏阴影”按钮，观察启动了阴影显示后的效果，如图4-138所示。

07 在“阴影设置”对话框中设置时间、日期等参数，调整场景的阴影显示效果，如图4-139所示。

08 执行“窗口”|“雾化”命令，打开“雾化”对话框，勾选“显示雾化”复选框，取消勾选“使用背景颜色”复选框，并设置距离参数及雾化颜色，效果如图4-140所示。

图4-137　查看效果

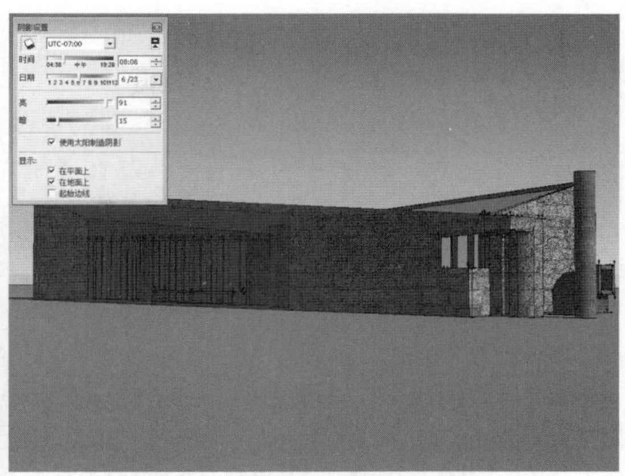

图4-138　设置阴影效果

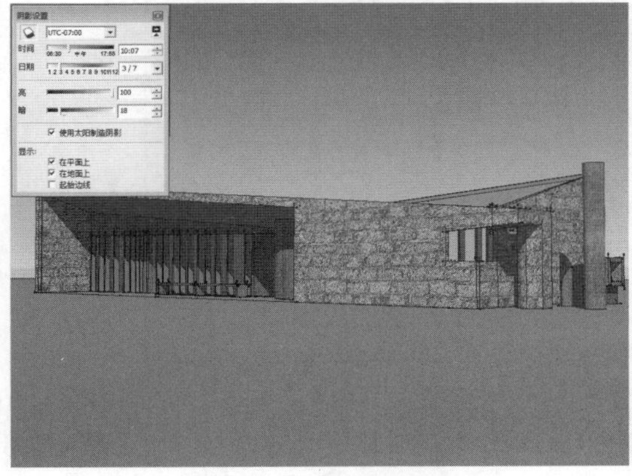

图4-139　调整阴影效果

图4-140　设置雾化效果

09 制作漫游动画。在当前视角下，执行“视图”|“动画”|“添加场景”命令，创建新的场景，如图4-141所示。

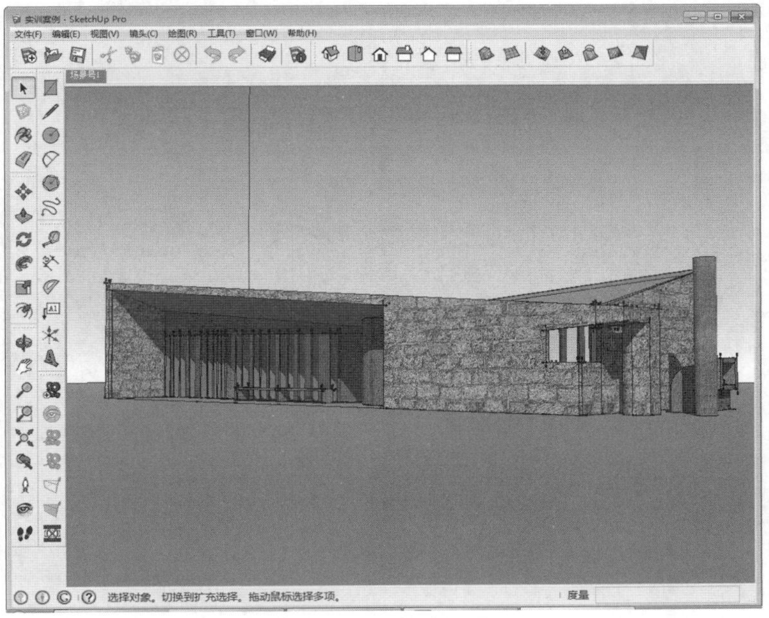

图4-141　创建场景

⑩ 激活“漫游”工具，当光标变成时，按住鼠标左键向前推进，到如图4-142所示的视角时，释放鼠标并创建新的场景。

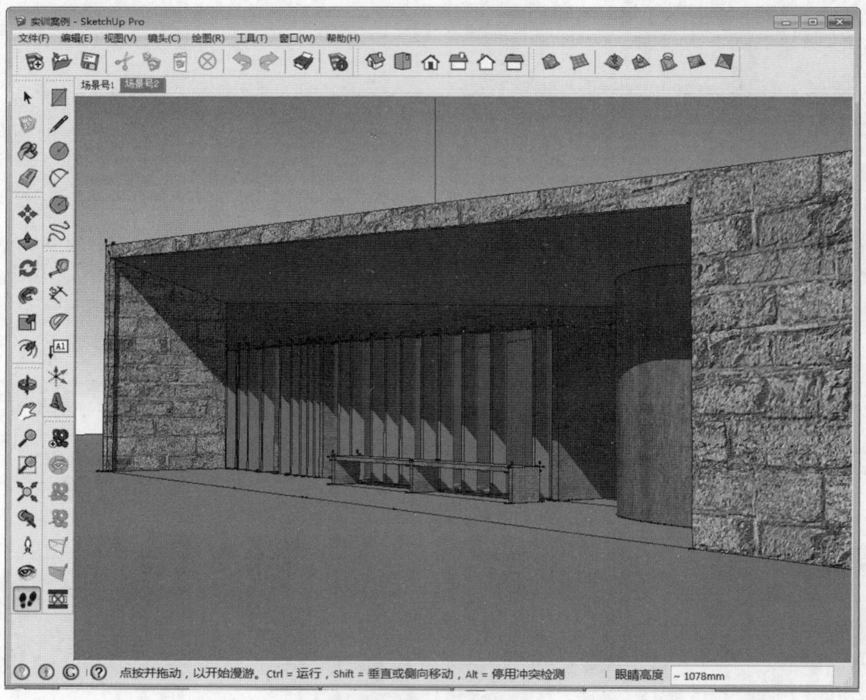

图4-142　改变视角

⑪ 向后推动鼠标，再向前大幅度旋转视口，到如图4-143所示的视角时释放鼠标，并创建新的场景。

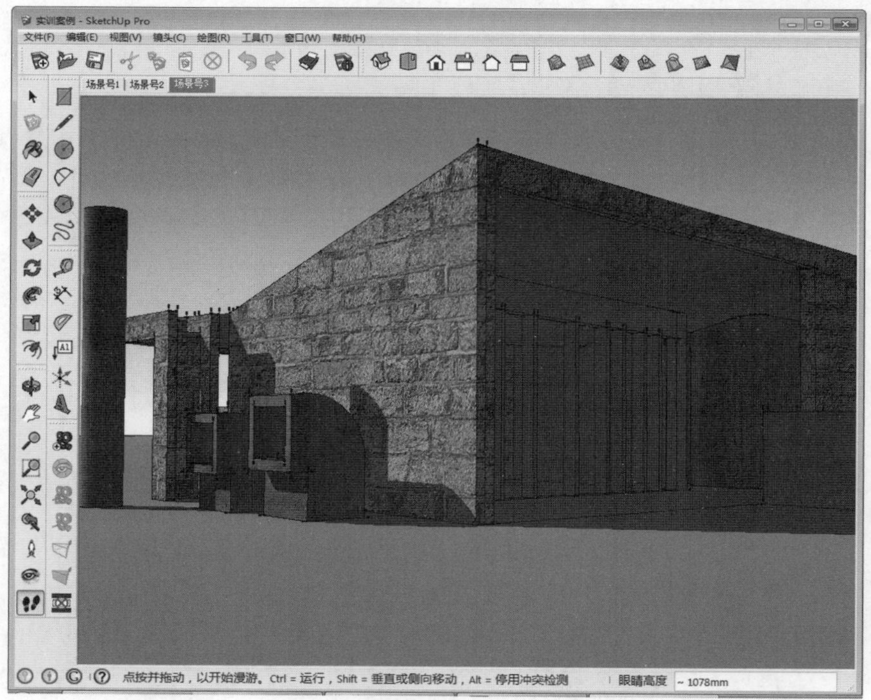

图4-143　旋转视角

⑫ 向右旋转鼠标，再按住Shift键向上移动视角，当到达天井位置时，再向下移动视角，旋转视角至如图4-144所示的场景时，释放鼠标并创建新的场景。

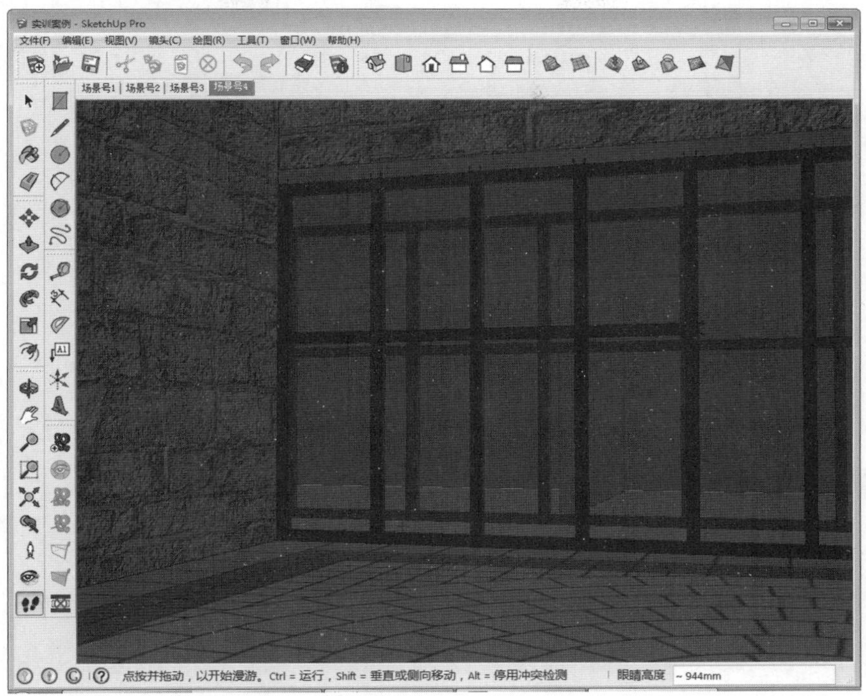

图4-144　旋转视角

⑬ 向上移动视角，退出天井，再移动鼠标从后门处进入室内，旋转视角到如图4-145所示的场景时，释放鼠标并创建新的场景。至此完成漫游场景的制作。

图4-145　完成漫游场景制作

⑭ 返回到场景1，执行“视图”|“动画”|“设置”命令，打开“模型信息”的“动画”面板，设置场景转换时间及延迟时间，如图4-146所示。

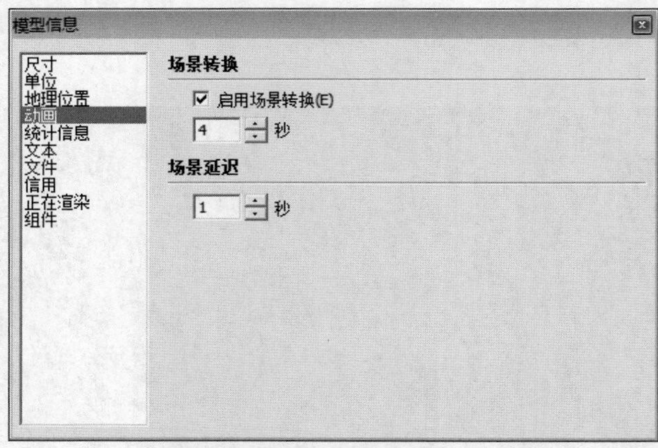

图4-146　场景转换时间

⑮ 执行“视图”|“动画”|“播放”命令，即可播放漫游动画。

第5章 材质与贴图

本章概述 表现模型质地的最好方式就是材质。材质并不是孤立存在的，而是与灯光配合使用。在灯光的照射下，物体表面形成了明暗两个部分，明部、暗部与环境光共同组成了完整的材质系统。本章将主要介绍材质与贴图的使用，用户在使用SketchUp时，如果需要一般的效果，可以直接使用软件本身的材质；如果需要较为逼真的效果，就需要转出到3ds Max中赋予材质并进行真实的渲染计算。

知识要点

- 材质浏览器与材质编辑器的使用；
- 贴图的创建；
- 颜色的填充；
- 贴图的编辑。

5.1 材质浏览器与材质编辑器

在SketchUp中，一般使用材质浏览器与材质编辑器工具来调整或赋予材质。打开材质浏览器的操作方法有两种：一种是单击工具栏中的“材质”工具图标，另一种就是执行“窗口”|“材质”命令，都可以打开材质浏览器，如图5-1所示。单击▾按钮，可以切换到其他类别的材质列表，如图5-2所示，材质浏览器的主要功能是提供用户选择需要的材质。

单击“编辑”按钮，即可切换到材质编辑器，如图5-3所示。打开编辑材质选项卡后，可以看到很多选项，其中包括材质名称、材质预览、拾色器、贴图坐标、不透明度等选项，具体介绍如下。

图5-1 材质浏览器

图5-2 打开材质列表

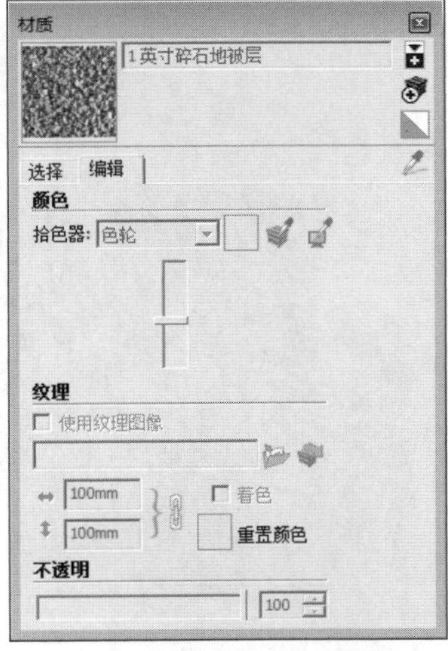

图5-3 编辑材质选项

（1）材质名称

对材质的指代，使用中文、英文或阿拉伯数字都可以，方便认识即可。要注意的是，如果需要将模型导出到3ds Max或Artlantis等软件，则尽量不要使用中文的材质名称，以避免不必要的麻烦。

（2）材质预览

用于显示调整的材质效果。这是一个动态的窗口，随着每一步的调整进行相应的改变。

（3）拾色器

用于调整材质贴图的颜色。在该功能区中，用户可进行以下四种操作。

- 还原颜色更改：还原颜色到默认状态。
- 匹配模型中对象的颜色：在保持贴图纹理不变的情况下，用模型中其他材质的颜色与当前材质混合。
- 匹配屏幕上的颜色：在保持贴图纹理不变的情况下，用屏幕中的颜色与当前材质混合。
- 着色：勾选后可以去除颜色与材质混合时产生的杂色。

在SketchUp中，用户可以选择四种颜色系统：色轮、HLS、HSB、RGB。用户可以从选择颜色对话框最上面的菜单中选择任意一种系统。

- 色轮：使用色轮可从中选择任意一种颜色。同时，用户可以沿色轮拖曳鼠标,快速浏览许多不同的颜色。
- HLS：HLS吸取器从灰度级颜色中取色。使用灰度级颜色吸取器取色，调节出不同的黑色。
- HSB：像色轮一样，HSB颜色吸取器可以从HSB中取色。HSB提供给用户一个更加直观的颜色模型。
- RGB：RGB颜色吸取器可以从RGB中取色。RGB颜色是电脑屏幕上最传统的颜色，代表着人类眼睛所能看到的最接近的颜色。RGB有一个很宽的颜色范围，是SketchUp最有效的颜色吸取器。

打开一个赋予好材质的模型，如图5-4所示，在材质编辑器中单击拾取按钮，在场景中拾取材质，如图5-5所示。

图5-4　打开材质模型

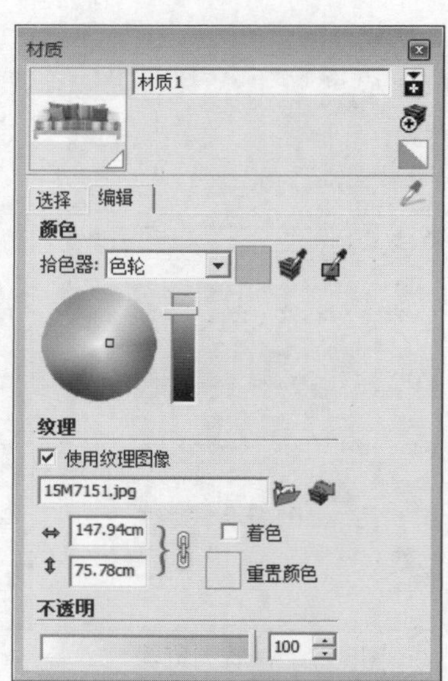

图5-5　拾取材质

调整拾色器的颜色，如图5-6所示，则场景效果也发生了变化，如图5-7所示。

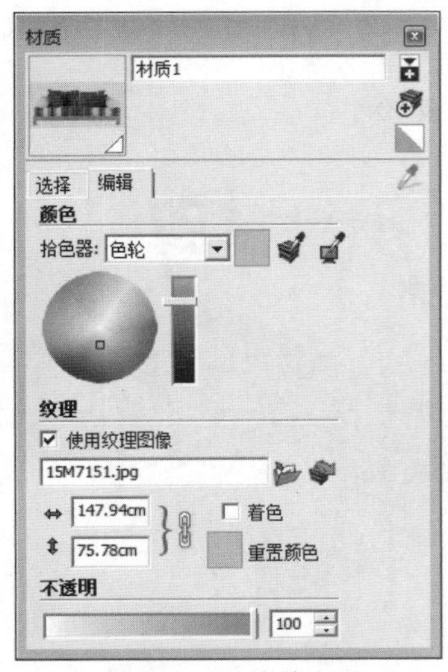

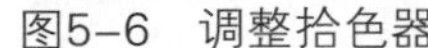

图5-6 调整拾色器

图5-7 改变场景效果

（4）纹理

如果材质使用了外部贴图，这里可以调整贴图的大小，即贴图横向及纵向的尺寸。在该功能区中，用户可进行以下几种操作。

- 调整大小：在贴图卷展栏下方，通过调整长宽数据来调整贴图在纵横方向上的大小。
- 重设大小：单击纵横方向的图标即可使贴图大小还原到默认的状态。
- 单独调整大小：单击锁链图标，使其断开，即可单独调整纵横方向的大小。
- 浏览：单击浏览按钮，可以从外部选择图片替换掉当前模型中材质的纹理贴图。
- 在外部编辑器中编辑纹理图像：可以打开默认的图片编辑软件对当前模型中的贴图纹理进行编辑。

（5）不透明度

用于制作透明材质，最常见的就是玻璃。当不透明度数值为100时，材质没有透明效果；当透明度为0时，材质完全透明。

打开一个赋予好材质的模型，如图5-8所示，在材质编辑器中单击拾取按钮，在场景中拾取玻璃的材质，如图5-9所示。

图5-8 打开模型

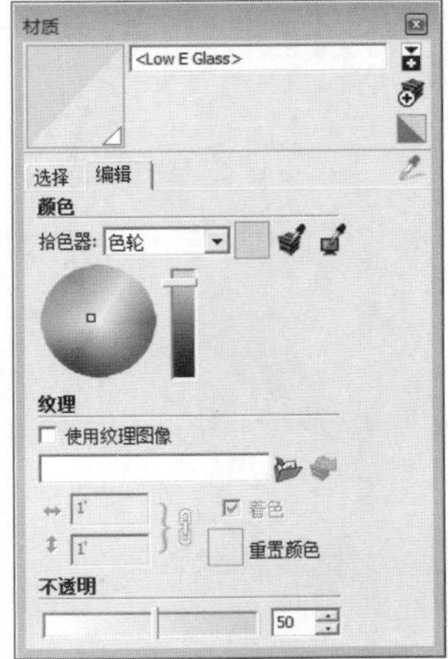

图5-9 拾取玻璃材质

调整不透明度，如图5-10所示，场景中的玻璃效果发生了变化，如图5-11所示。

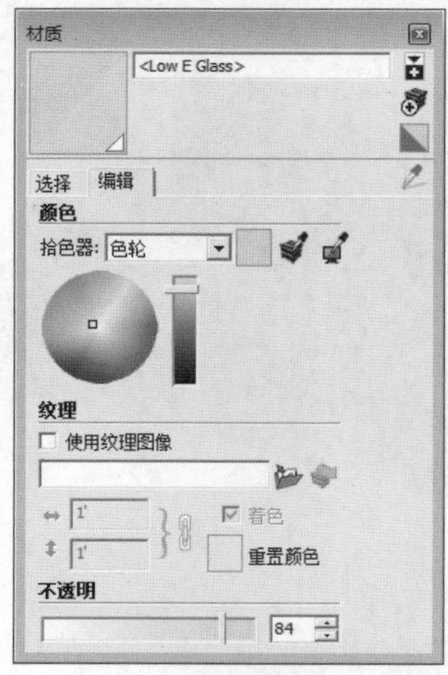

图5-10　调整不透明度

图5-11　改变玻璃效果

提示

任何SketchUp的材质都可以通过材质编辑器设置透明度。

5.2 颜色的填充

利用Ctrl、Shift、Alt键，填充工具可以快速地给多个表面同时分配材质。这些按键可以加快设计方案的材质推敲过程。

1. 单个填充

填充工具会给用户单击的单个边线或表面赋予材质。如果用户先用选择工具选中多个物体，就可以同时给所有选中的物体上色。

2. 邻接填充

填充一个表面时按住Ctrl键，则会同时填充与所选表面相邻并且使用相同材质的所有表面。

如图5-12所示为多个群组模型，双击其中一个进入编辑模式，按住Ctrl键时鼠标指针的油漆桶图标会增加三个横向排列的红色点，对一个面进行填充，则该模型的所有面都会被填充，如图5-13所示。

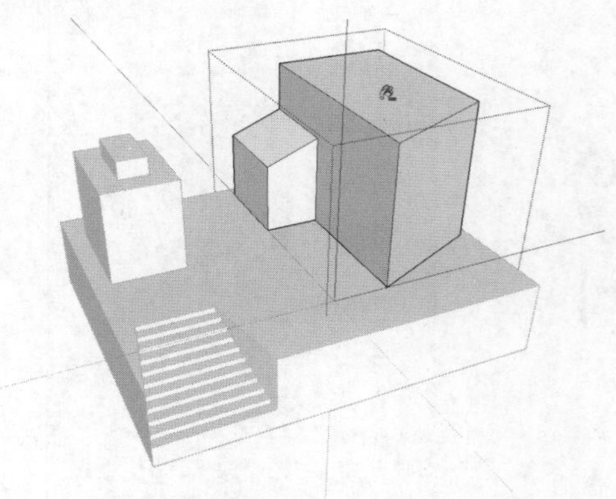

图5-12　打开模型文件

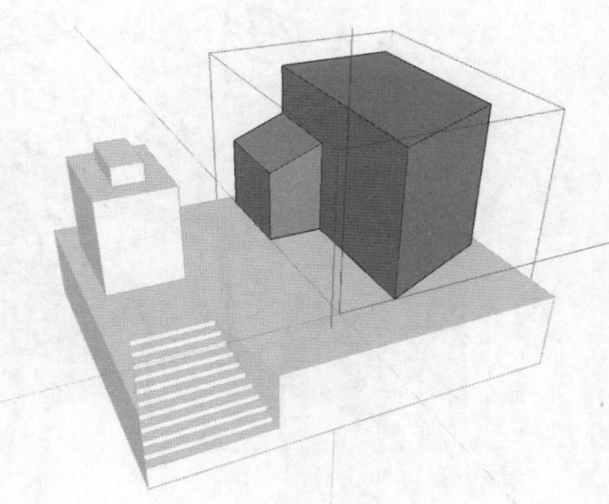

图5-13　填充面

如果用户先选中多个物体，那么邻接填充操作就会被限制在选集内。

3. 替换材质

填充一个表面时按住Shift键，会用当前材质替换所选表面的材质，则模型中所有使用该材质的物体都会同时改变材质。

如图5-14所示为两个模型使用相同材质，另选一种材质，按住Shift键时鼠标指针的油漆桶图标会增加三个直角排列的红色点，单击填充其中一个，则另一个模型的材质也会发生改变，如图5-15所示。

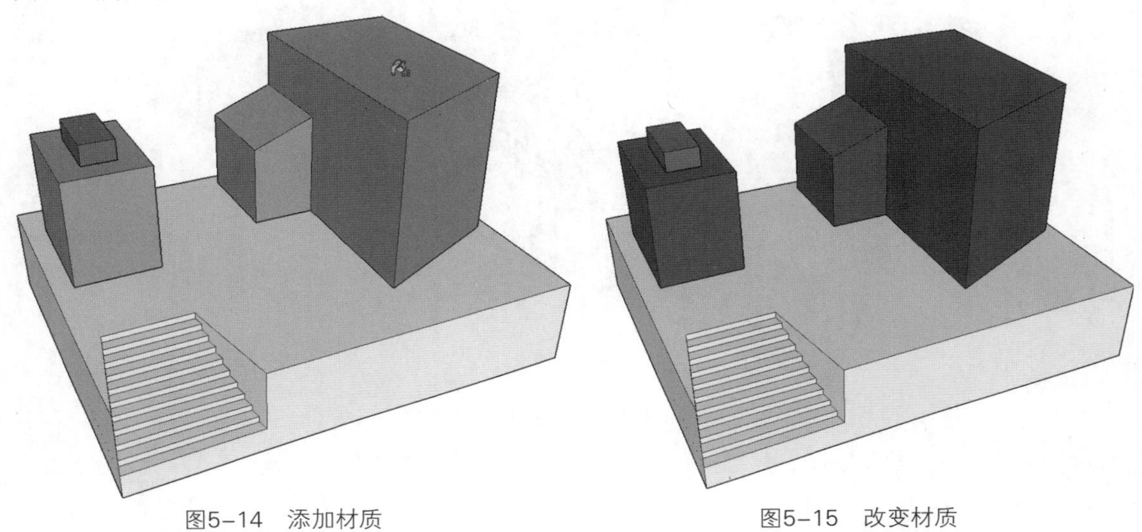

图5-14　添加材质　　　　图5-15　改变材质

4. 邻接替换

填充一个表面的同时按住Ctrl键和Shift键，就会实现上述两种的组合效果。填充工具会替换所选表面的材质，但替换的对象限制在与所选表面有物理连接的几何体中。

如果用户先用选择工具选中多个物体，那么邻接替换操作会被限制在选集内。

5. 提取材质

激活材质工具时，按住Alt键，再单击模型中的实体，就可以提取该实体的材质。所提取的材质会被设置为当前材质，然后用户就可以使用这个材质来进行填充了。

6. 给组或者组件上色

当用户给组或者组件上色时，是将材质赋予给整个组或者组件，而不是内部的元素。组或组件中所有分配了默认材质的元素都会继承赋予组件的材质。而那些分配了特定材质的元素则会保留原来的材质不变。

5.3 贴图的创建

SketchUp贴图按照使用需要可以分为三类，分别是普通贴图、包裹贴图、投影贴图。

5.3.1 贴图的使用与编辑

贴图最普遍的，就是赋予一个平面一个贴图材质，这个贴图单元在这个平面上可以重复n次，也可以比平面大。这种贴图的调整主要靠贴图坐标来进行。操作步骤如下。

01 在需要调整贴图的平面上单击鼠标右键，在弹出的快捷菜单中依次单击“纹理”|“位置”选项，如图5-16所示。

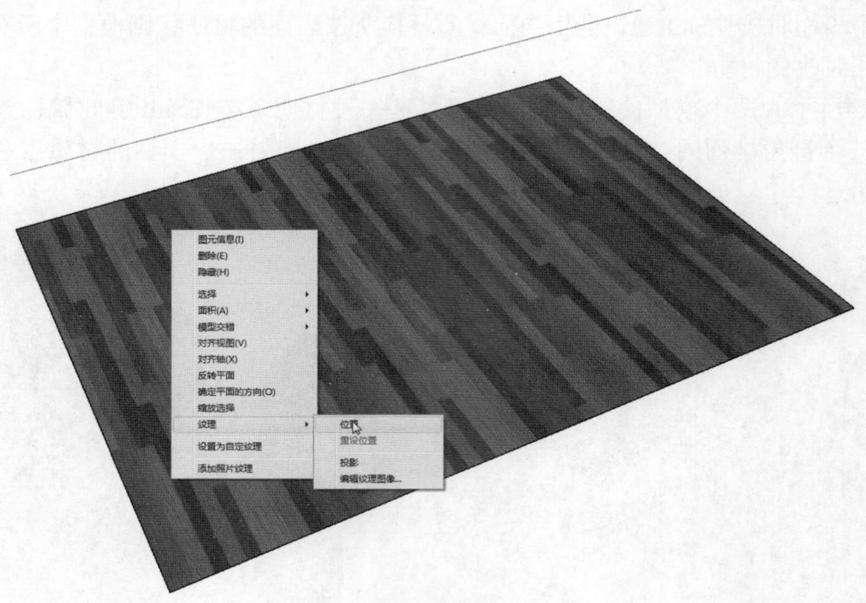

图5-16　右键菜单选项

02 SketchUp将会扩展显示贴图，并且在贴图上面显示4个图钉，如图5-17所示。

图5-17　扩展贴图

提示

这4个图钉用途各不相同。

红色图钉：拖动图钉可以移动纹理，点按可以抬起图钉。

蓝色图钉：拖动图钉可以调整纹理比例或修剪纹理，点按可以抬起图钉。

绿色图钉：拖动图钉可以调整纹理比例或旋转纹理，点按可以抬起图钉。

黄色图钉：拖动图钉可以扭曲纹理，点按可以抬起图钉。

03 拖动红色图钉，移动到矩形的左上角，可以发现整个贴图都随之移动，如图5-18所示。

04 拖动蓝色图钉向右移动，可以发现贴图比例发生了改变，如图5-19所示。

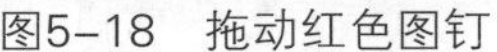

图5-18 拖动红色图钉

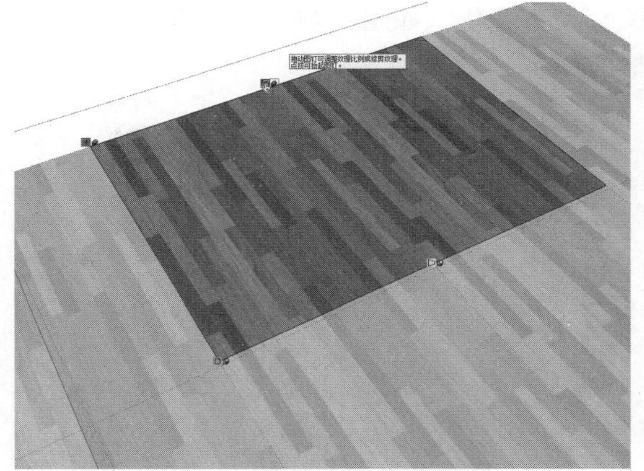

图5-19 拖动蓝色图钉

05 继续拖动蓝色图钉，可以发现贴图图像的夹角发生了变化，如图5-20所示。

06 拖动绿色图钉，可以发现贴图角度发生了缩放及旋转，如图5-21所示。

图5-20 查看效果

图5-21 拖动绿色图钉

07 拖动黄色图钉，贴图开始扭曲变形，如图5-22所示。

08 设置完毕后，单击鼠标右键，在弹出的快捷菜单中单击“完成”选项，如图5-23所示。

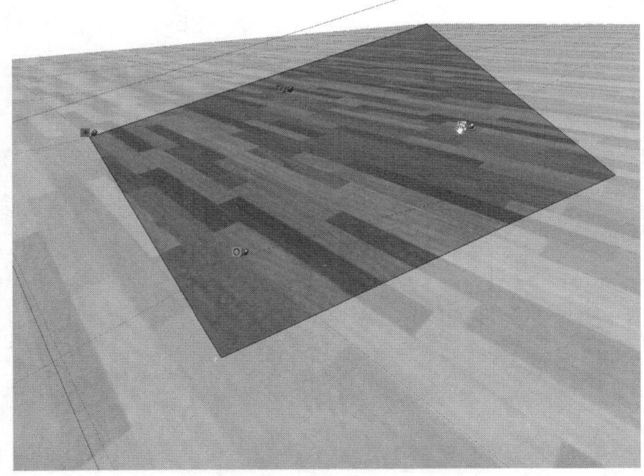

图5-22 拖动黄色图钉

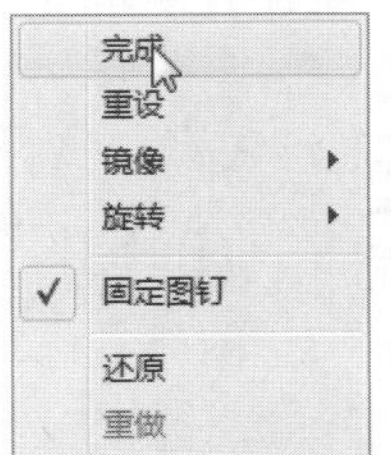

图5-23 结束操作

在编辑状态下，单击鼠标右键，在弹出的快捷菜单中取消勾选“固定图钉”选项，各色图钉又会发生变化，如图5-24所示。拖动任意图钉，贴图都会发生旋转、缩放、扭曲等操作，如图5-25所示。

图5-24 固定图钉

图5-25 拖动图钉

提示

单击图钉，即可将图钉抬起，跟随鼠标指针，用户可以将其移动到任意位置。

5.3.2 曲面的贴图

想要在SketchUp中对曲面进行正确的贴图是一件比较困难的事情，尤其是新手更加无从下手，本小节中将分别介绍为曲面贴图及为球体贴图。

下面来讲述平面上的曲面，如山脉等，常规的贴图方式所呈现的效果如图5-26所示。

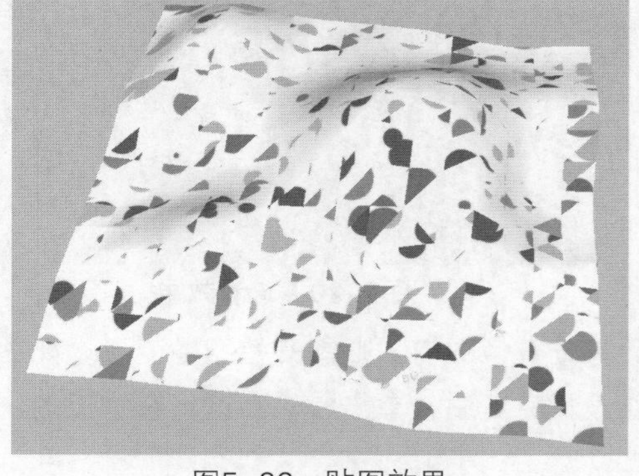

图5-26 贴图效果

接下来介绍正确的贴图方式，操作步骤如下。

01 在SketchUp中导入需要使用到的贴图图片，如图5-27所示。

02 调整图片位置及大小，使其与曲面的大小一致，如图5-28所示。

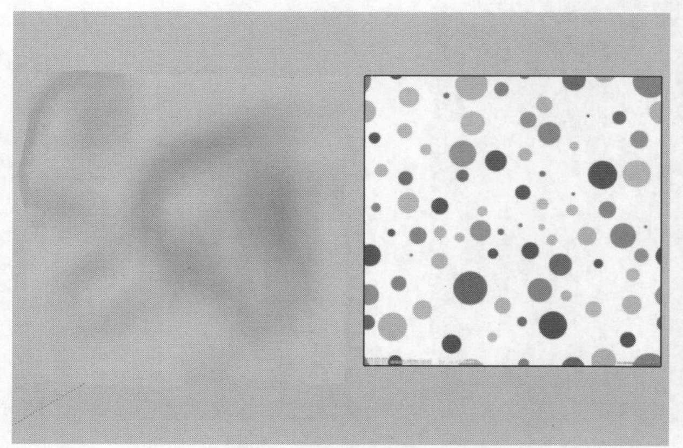

图5-27 导入图片

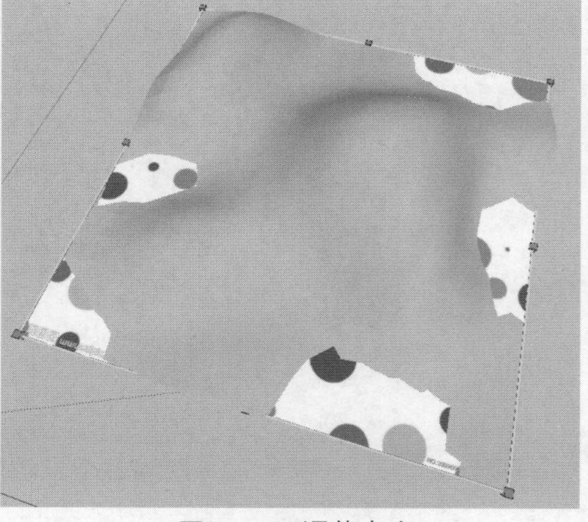

图5-28 调整大小

03 选择图片并单击鼠标右键，在快捷菜单中选择“分解”命令，将其分解，如图5-29所示。

04 激活“材质”工具，打开“材质”面板，单击吸管图标，在图片上吸取材质，如图5-30所示。

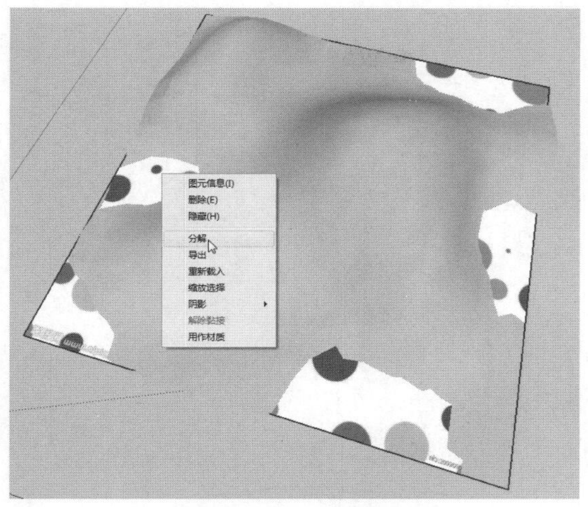

图5-29 执行“分解”命令

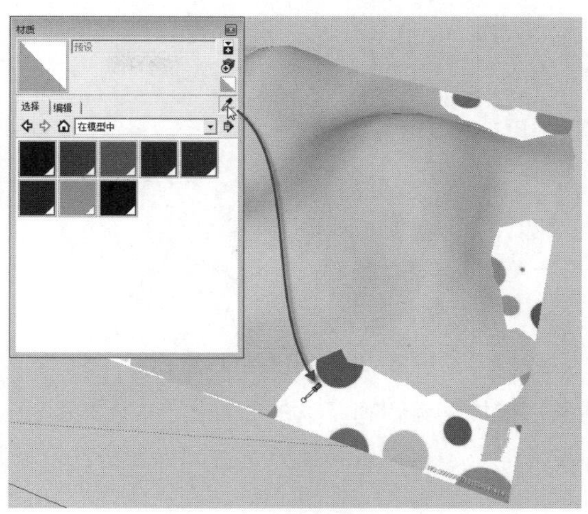

图5-30 拾取材质

提示

在吸取材质时，千万不要选择材质管理器中的材质（图片分解后，材质管理器中会自动将该图片添加为材质）。

05 将吸取到的材质赋予到曲面上，删除图片即可完成曲面贴图的制作，如图5-31所示。

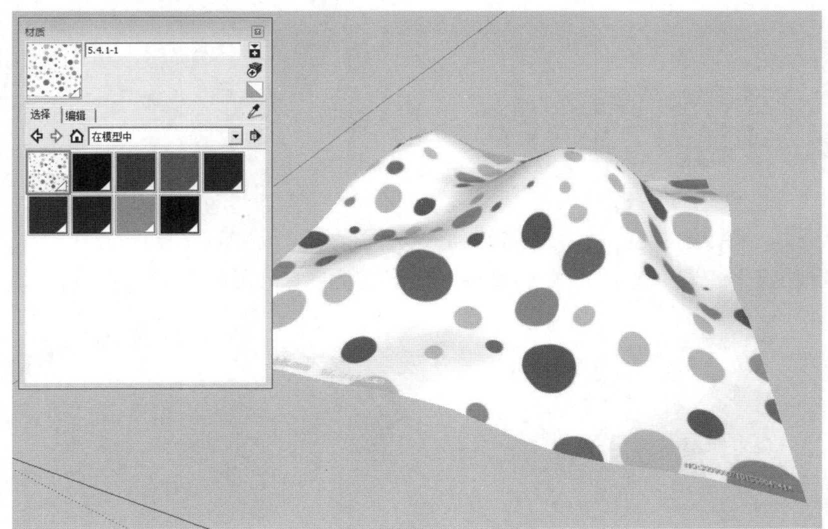

图5-31 查看完成效果

提示

需要赋予材质的对象是组或者组件的话，必须先进入组或组件的编辑状态才可以赋予材质。

5.4 上机实训

本章主要介绍了材质与贴图的使用与编辑，读者通过本章的学习可以学会为物体赋予材质的方法，这里以创建花盆模型为例进行介绍。

01 创建一个半径为150，高度为15的圆柱体，如图5-32所示。

02 激活偏移工具，将圆柱体底面的边向内偏移15，如图5-33所示。

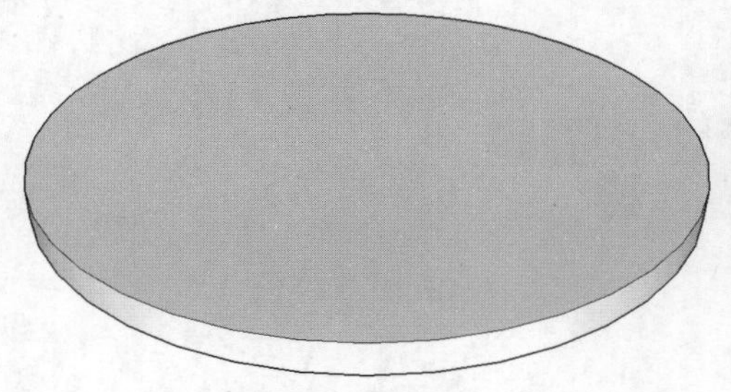

图5-32　创建圆柱体

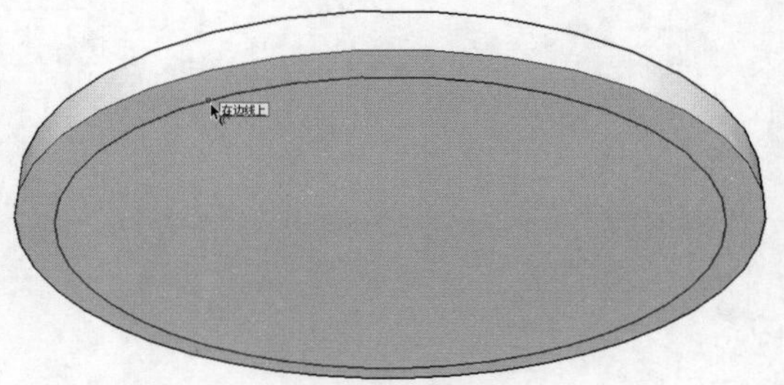

图5-33　偏移图形

03 激活推拉工具，将下方的面推出140，如图5-34所示。

04 激活偏移工具，再将上方边线向内偏移20，如图5-35所示。

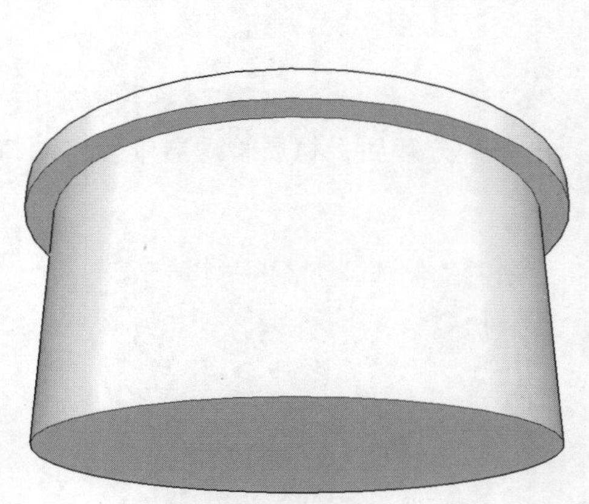

图5-34　编辑图形

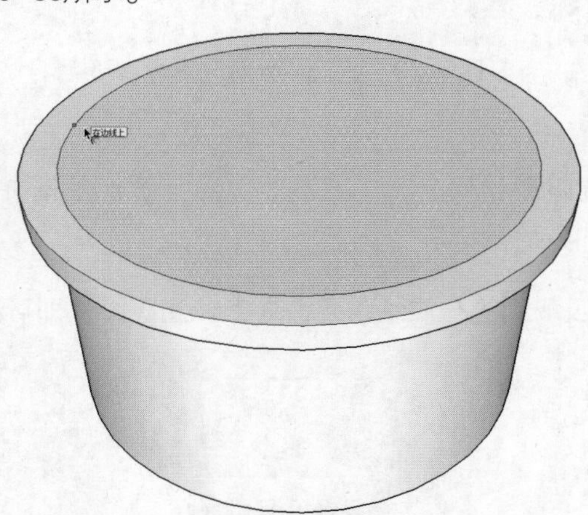

图5-35　向内偏移图形

05 将面向下推出20，制作出花盆的边沿，如图5-36所示。

06 利用直线工具和弧形工具，在模型底部绘制一个半径为20的扇面，如图5-37所示。

图5-36　制作花盆边沿

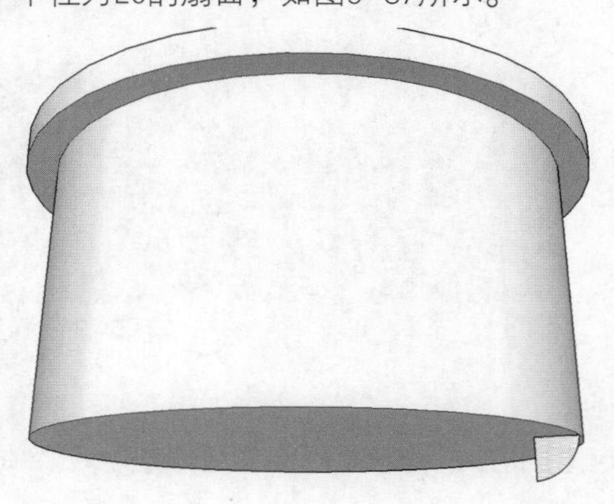

图5-37　绘制扇面

07 激活路径跟随工具，按住扇面绕底部边线一周，制作出花盆的底座造型，如图5-38所示。

08 激活偏移工具，将底部边线向内偏移105，如图5-39所示。

图5-38　制作底座造型

图5-39　偏移图形

09 激活推拉工具，推出5，制作出花盆底部出水口，如图5-40所示。

10 为泥土面赋予材质，如图5-41所示。

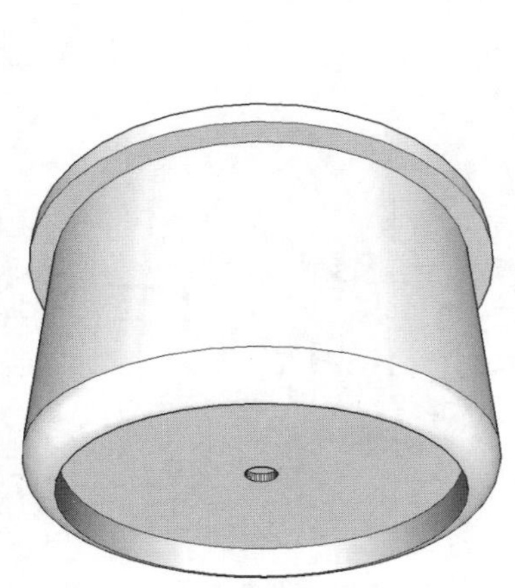

图5-40　制作出水口

图5-41　赋予材质

11 将图片拖入SketchUp，调整角度，使其水平垂直，如图5-42所示。

图5-42　导入图片

⑫ 单击鼠标右键将其分解，使其成为贴图，如图5-43所示。

图5-43　制作贴图

⑬ 打开材质编辑器，单击“样本颜料”按钮，拾取贴图材质，并将材质指定给花盆侧身，删除多余图形，如图5-44所示。

⑭ 最后添加植物模型，完成本次模型的制作，如图5-45所示。

图5-44　拾取贴图材质

图5-45　完成模型的制作

第6章 导入与导出

本章概述 SketchUp软件虽然是一个面向方案设计的软件，但是其与AutoCAD、3ds Max、Photoshop及Piranesi几个常用的图形图像软件之间也是可以相互协作的。本章就来介绍一下SketchUp的导入与导出功能。

知识要点
- SketchUp的导入功能；
- SketchUp的导出功能。

6.1 SketchUp的导入功能

SketchUp中带有良好的AutoCAD的DWG文件输入接口，设计师可以直接利用AutoCAD的平面线形作为设计底图参照。虽然在SketchUp中画线的功能与AutoCAD相差无几，但是如果能直接利用现有的DWG文件作为底面，则可以节省一定的作图时间。

SketchUp支持方案设计的全过程，除了其本身的三维模型制作功能，还可以通过导入图形来制作出高精度、高细节的三维模型。

6.1.1 导入AutoCAD文件

在设计的过程中，有些设计师会把AutoCAD所建立的二维图形导入到SketchUp中用作建立三维设计模型的底图。操作步骤如下。

01 执行“文件”|“导入”命令，如图6-1所示。

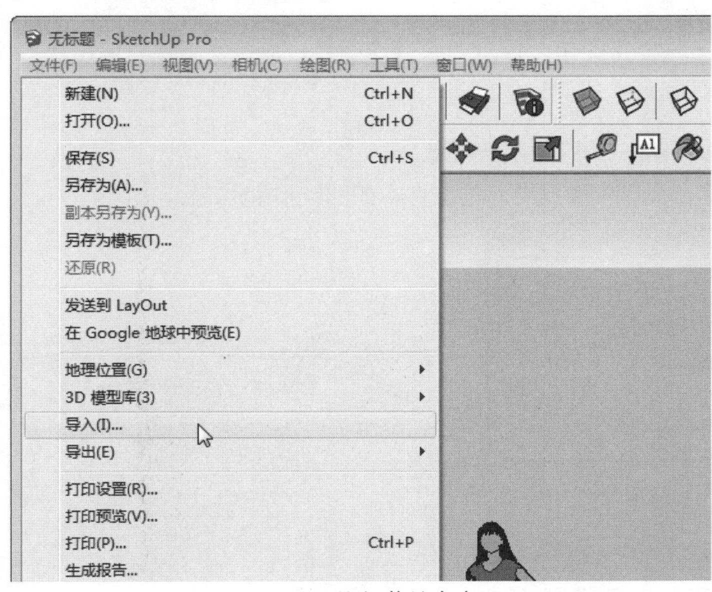

图6-1 执行菜单命令

02 打开“打开”对话框，设置文件类型为.dwg、.dxf，选择要导入的CAD文件，如图6-2所示。

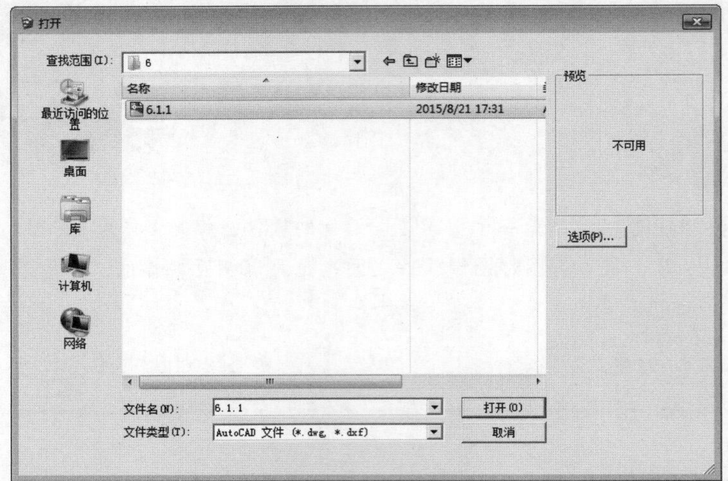

图6-2 “打开”对话框

03 单击“选项”按钮，打开“导入AutoCAD DWG/DXF选项”对话框，设置比例单位为毫米，勾选相关选项，如图6-3所示。

04 设置完毕后，即可导入文件，系统会弹出一个进度框，提示导入进度，如图6-4所示。

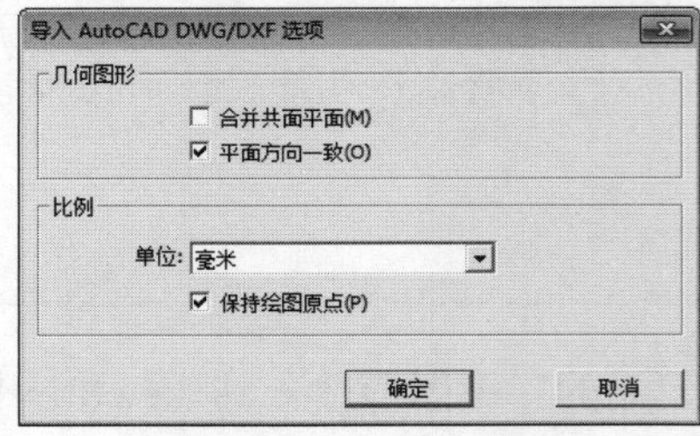

图6-3 设置导入选项

图6-4 导入进程

提示

导入CAD文件的方法非常简单，但是如果操作不当，很容易出现单位错误。单位错误的图形导入到SketchUp中是没有任何意义的。

05 导入完毕后会弹出如图6-5所示的提示框。

06 关闭提示框，即可在视口中看到导入的文件，如图6-6所示。

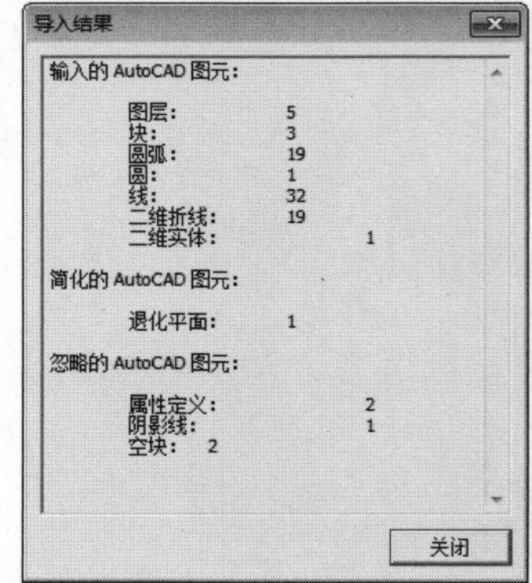

图6-5 导入结果显示

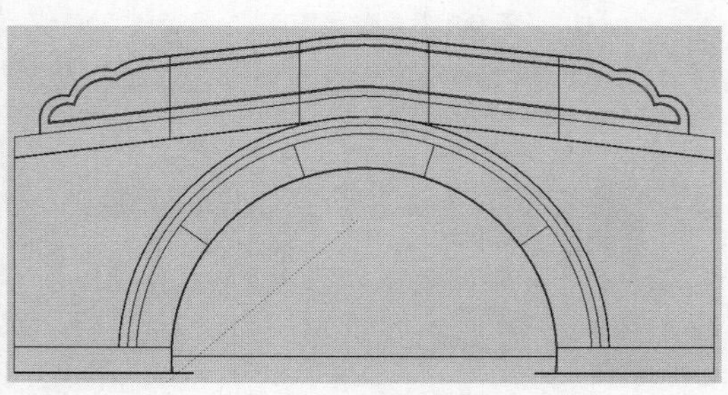

图6-6 导入文件

07 对比如图6-7所示的AutoCAD中的图形效果，可以发现两者并无区别。

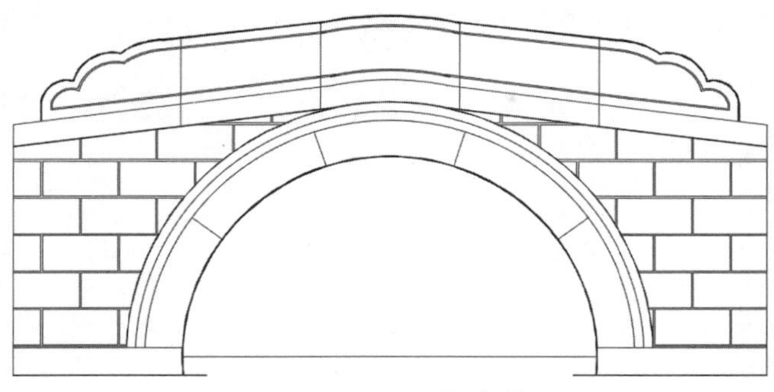

图6-7 CAD图纸文件

提示

如果在导入文件前，SketchUp中已经有了别的实体，那么所导入的图形将会自动合并为一个组，以免与已有图形混淆在一起。

SketchUp目前支持的AutoCAD图形元素包括线、圆形、圆弧、圆、多段线、面、有厚度的实体、三维面、嵌套图块等，还可以支持图层。但是实心体、区域、Splines、锥形宽度的多段线、XREFS、填充图案、尺寸标注、文字和ADT/ARX等物体，在导入时将会被忽略。

另外，SketchUp只能识别平面面积大小超过0.0001平方单位的图形，如果导入的模型平面面积低于0.0001平方单位，将不能被导入。

6.1.2 导入3DS文件

SketchUp为3DS格式的文件提供了比较好的链接，但是导入之后，仍然需要一些细节的调整。

1. 3DS文件导入方法

SketchUp也支持3DS格式的三维文件的导入，操作步骤如下。

01 执行“文件”|“导入”命令，如图6-8所示。

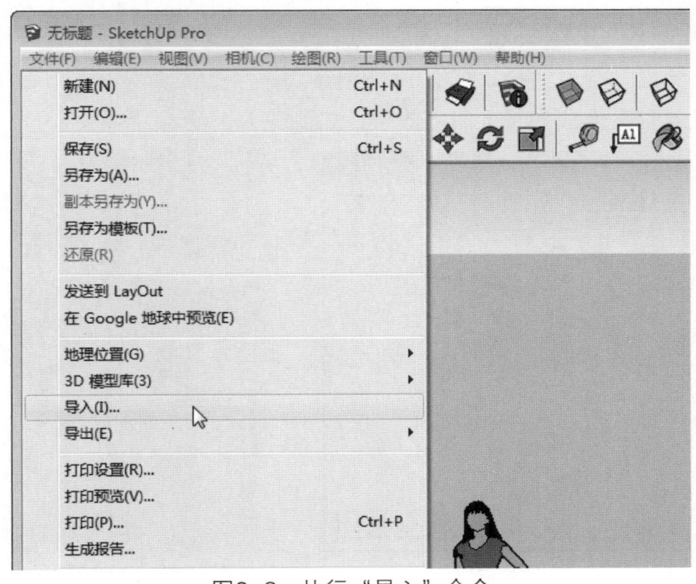

图6-8 执行“导入”命令

02 打开“打开”对话框，设置文件类型为.3ds，选择要导入的3DS文件，如图6-9所示。

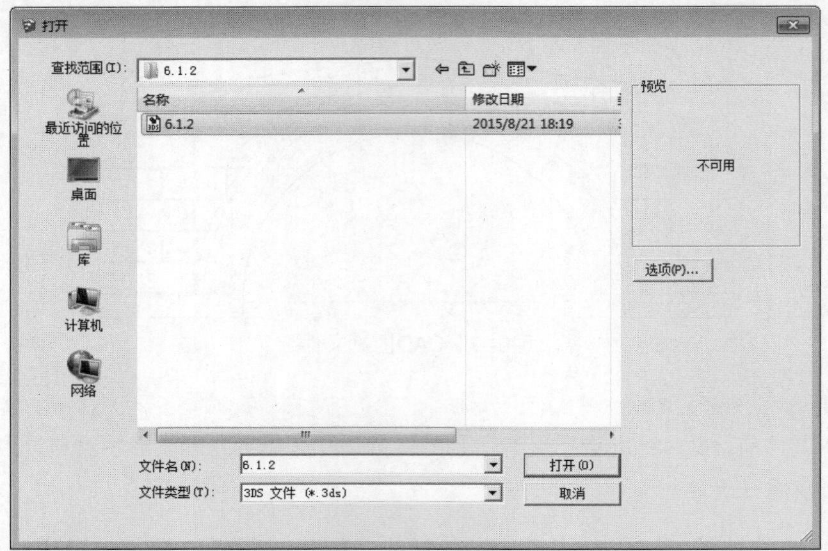

图6-9　选择导入文件

03 单击“选项”按钮，打开“3DS导入选项”对话框，勾选“合并共面平面”复选框，并设置单位，如图6-10所示。

04 设置完成后导入文件，系统会弹出进度提示框，如图6-11所示。

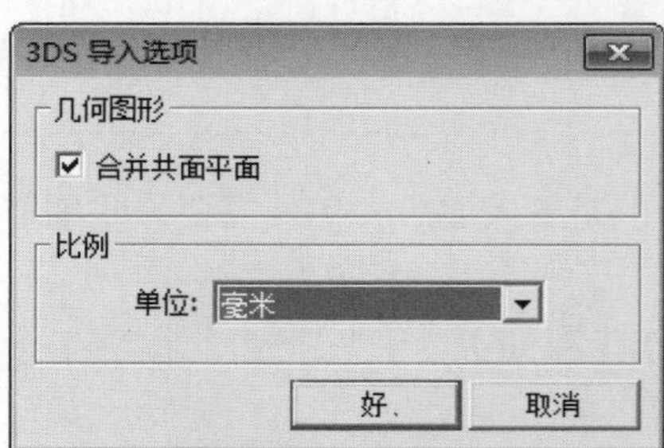

图6-10　设置选项

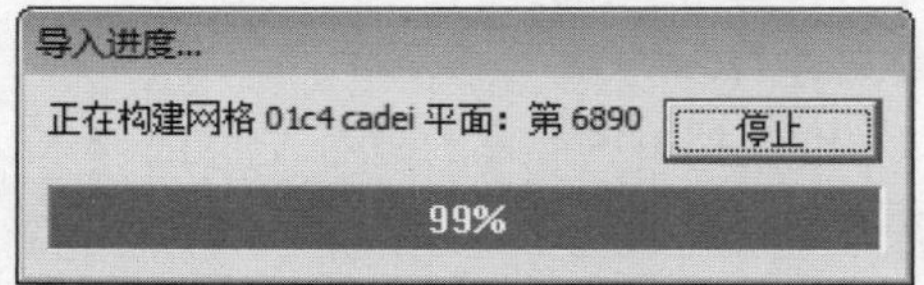

图6-11　导入进程

05 文件导入完成后会弹出一个对话框，如图6-12所示。

06 关闭提示框，即可看到文件成功导入后的效果，如图6-13所示。

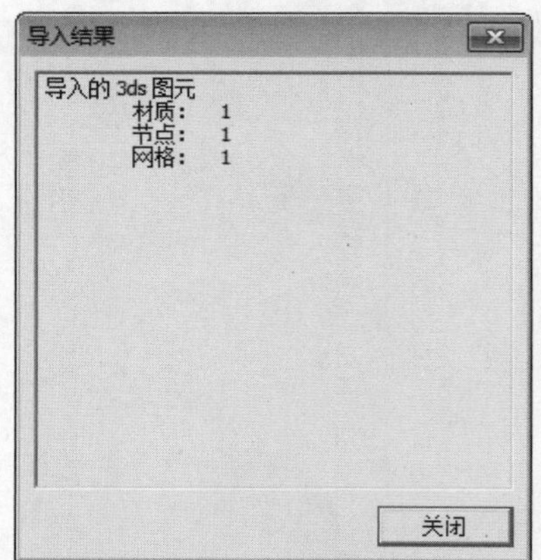

图6-12　查看导入结果

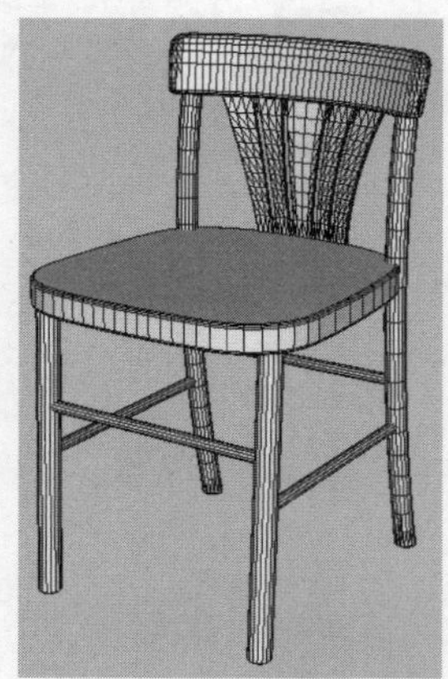

图6-13　导入图形

07 对模型进行细节调整，统一正面，修补漏面，再单击鼠标右键，在弹出的快捷菜单中选择“柔化/平滑边线”命令，如图6-14所示。

08 打开“柔化边线”设置面板，拖动滑块调整法线之间的角度，调整后椅子的显示效果如图6-15所示。

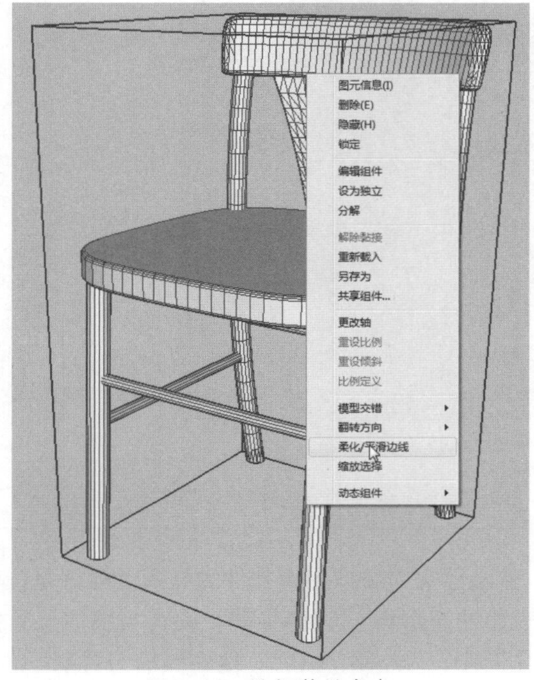

图6-14　选择菜单命令

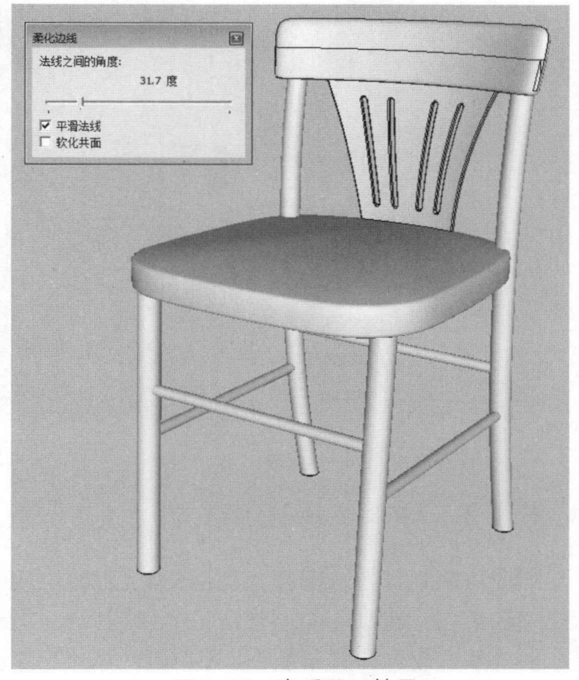

图6-15　查看显示效果

2. 3ds文件导入技巧

在SketchUp中，导入3ds文件很容易出现模型移位的问题，如图6-16所示。用户可以在3ds Max中将模型转换为可编辑多边形，然后将模型中的其他部分附加为一个整体，如图6-17所示。

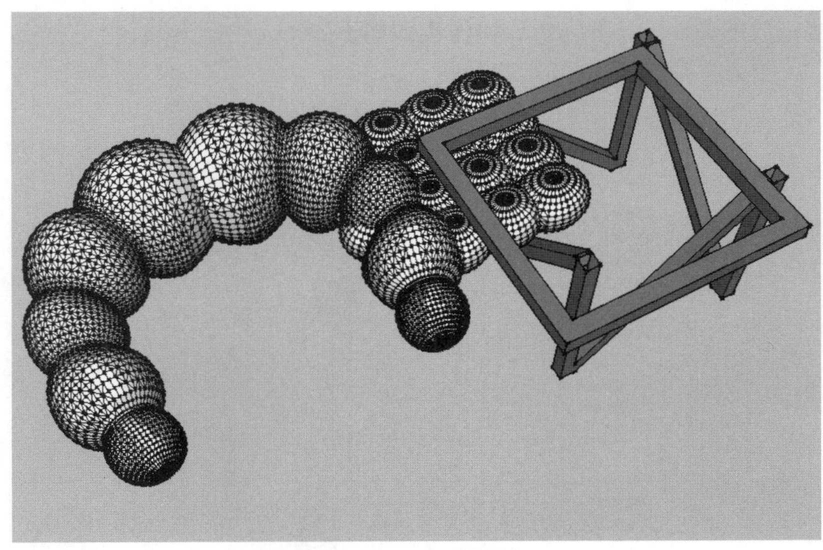

图6-16　查看图形

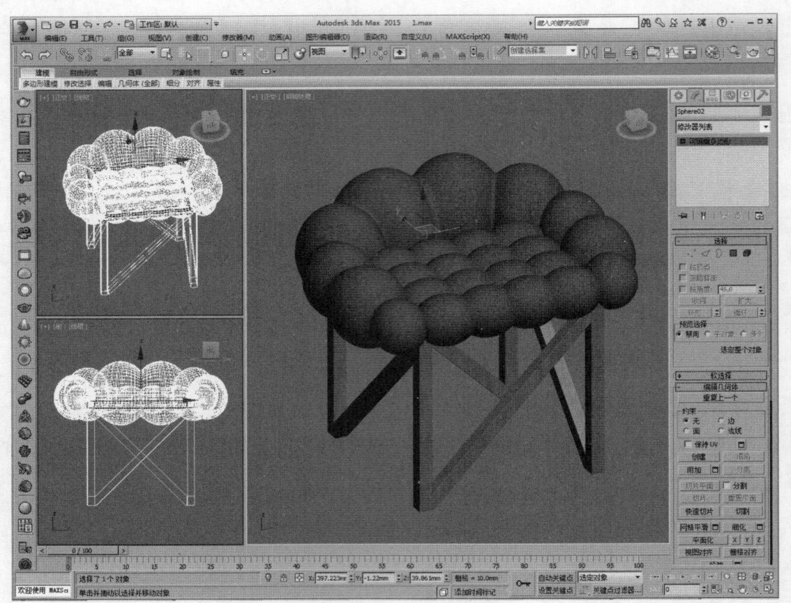

图6-17　编辑图形

6.1.3　导入二维图像文件

图像对象允许导入图片，支持JPG、PNG、TIF、TGA等常用二维图像文件的导入，最好是PNG和JPG格式。图像对象本质上是一个以图像文件作表面的矩形面，能够移动、旋转与缩放，它们能水平与垂直放置，但不能作成非矩形。图像可以用来制作广告牌、招牌、地面纹理与背景。

图像的分辨率是有意义的，分辨率越高越清晰，但只要够用就可以。分辨率的大小是受限制的，这取决于OpenLG的处理能力，最好的系统是1024×1024像素，如果需要更大的图像，可以用几张图片拼接。

1. 插入图像

有两种方法可以将扫描图像导入SketchUp。即执行“文件”|“导入”命令或者从Windows资源管理器里直接拖放图像到SketchUp中。操作步骤如下。

01 执行“文件”|“导入”命令，如图6-18所示。

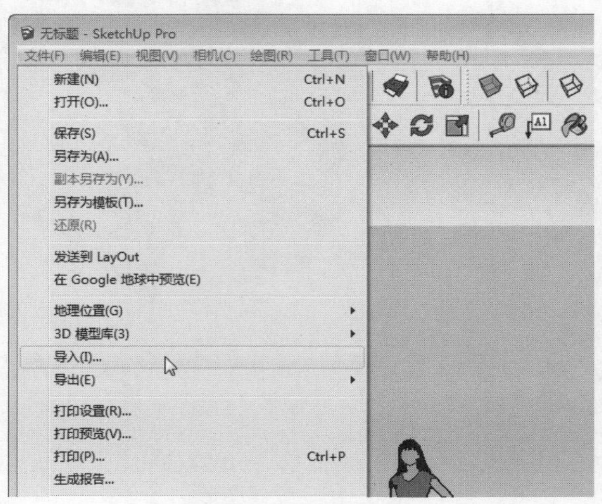

图6-18　执行菜单命令

02 打开“打开”对话框，设置文件类型为JPEG图像，选择要导入的图像文件，如图6-19所示。

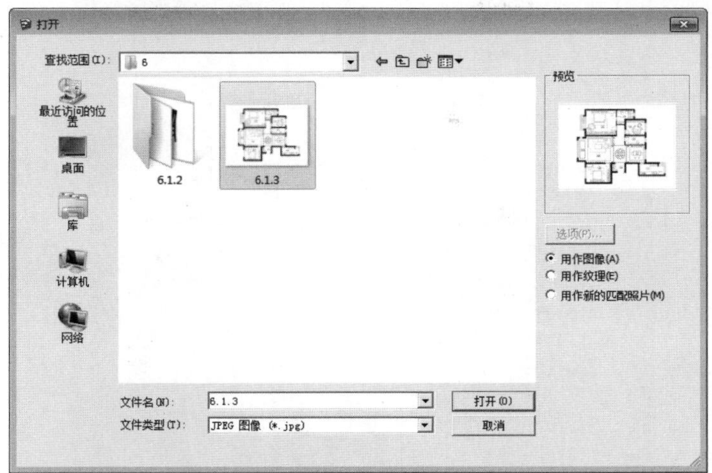

图6-19　选择图像

03 导入二维图像文件后效果如图6-20所示。随后即可根据导入的图片进行捕捉绘图。

图6-20　查看导入结果

如果在“打开”对话框中勾选“用作纹理”选项，如图6-21所示，将图片导入到SketchUp中后，将光标移动到模型的一点上，光标会变成油漆桶的样式，如图6-22所示，单击鼠标确定端点。

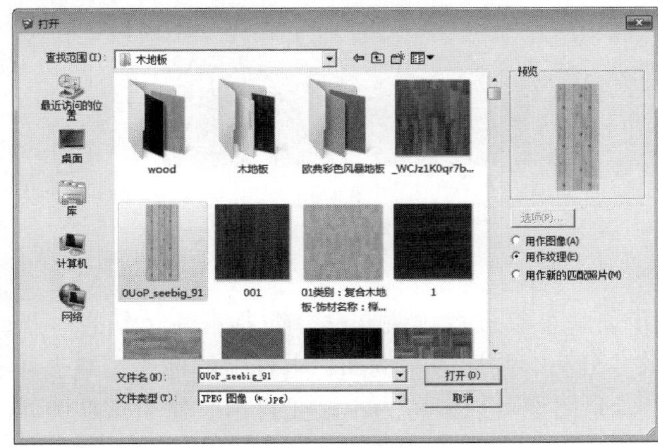

图6-21　设置选项

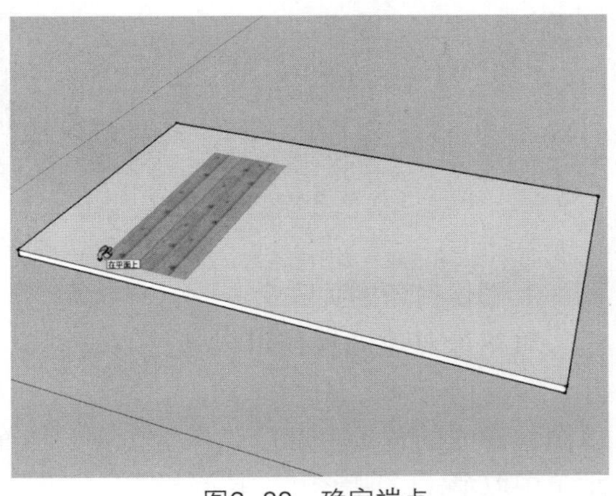

图6-22　确定端点

再移动光标至另一端点并单击，则可以将导入的图片用作材质赋予到模型表面，如图6-23所示。

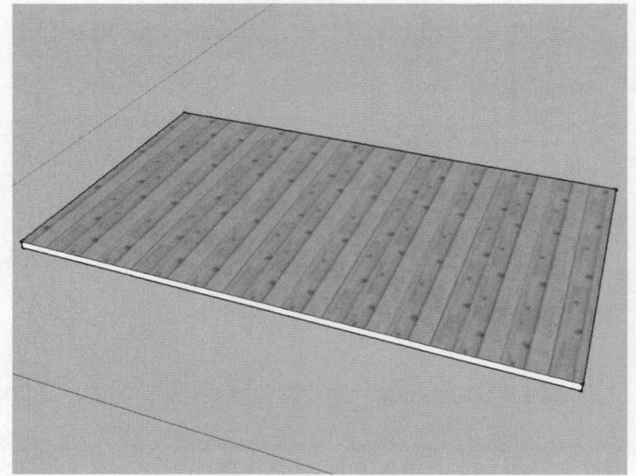

图6-23　添加材质

如果在“打开”对话框中勾选“用作新的匹配照片”选项，则图片导入后，SketchUp会出现如图6-24所示的界面，用户可以对其进行匹配调整。

图6-24　导入图形

2. 图像对象的关联命令

对图像对象的操作可以通过右击图像打开关联菜单进行。关联命令包括：实体信息、擦除、隐藏/不隐藏、分解、输出、再装入、缩放、分离、阴影等。例如，电杆上的标语在地上和以图像作成的背景上都可以产生投影，然而，背景图像可以设置为不接受投影。这只需在关联菜单中取消（“阴影”|“接受投影”）即可。

6.2 SketchUp的导出功能

SketchUp可以将场景内的三维模型（包括单面对象）进行导出，以方便在AutoCAD或3ds Max中重新打开。

6.2.1 导出AutoCAD文件

将SketchUp中的三维模型导出为DWG/DXF格式，操作步骤如下。

01 打开模型文件，执行“文件”|“导出”|“三维模型”命令，如图6-25所示。

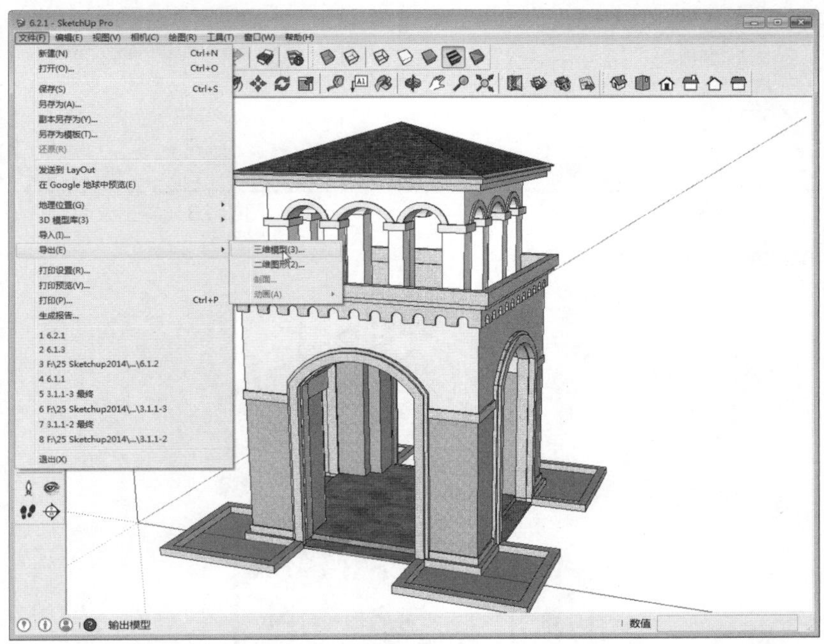

图6-25　导出模型

02 打开“导出模型”对话框，选择输出位置并设置输出类型为“AutoCAD DWG文件”，如图6-26所示。

图6-26　设置文件类型

03 单击“选项”按钮，打开“AutoCAD导出选项”对话框，设置导出文件版本及导出选项，如图6-27所示，设置完成后单击“好”按钮。

04 返回到“导出模型”对话框，单击“导出”按钮，即可将模型导出，模型导出完毕后，系统会弹出提示框，如图6-28所示。

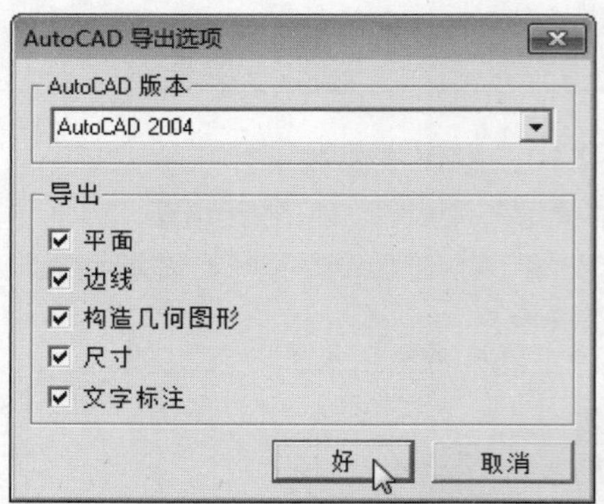

图6-27 设置导出选项

图6-28 导出文件

05 打开导出的AutoCAD文件，如图6-29所示。

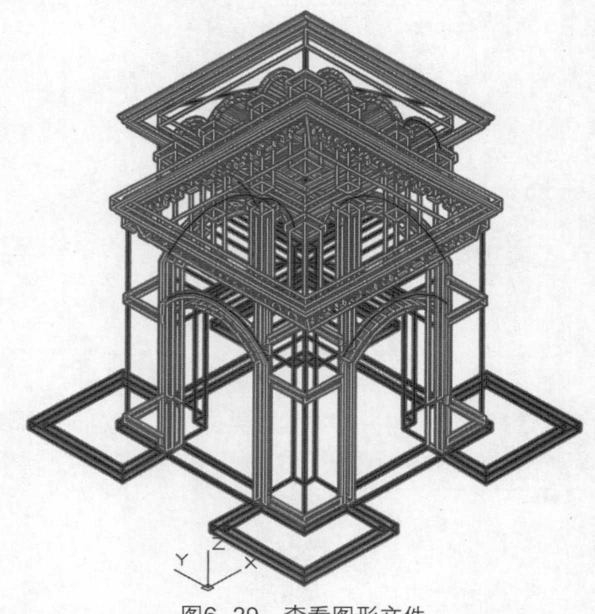

图6-29 查看图形文件

提示

在导出AutoCAD文件时，用户可以根据需要在“Auto导出选项”对话框中设置各项参数，如AutoCAD的版本及图像元素。

6.2.2 导出常用三维文件

除了DWG文件格式外，SketchUp还可以导出3DS、OBJ、WRL、XSL等一些常用的三维格式文件。因设计者较常使用3ds Max进行后期的渲染处理，这里就以导出3DS文件为例，讲述其操作步骤。

1. 导出3DS文件

01 打开模型文件，如图6-30所示。

图6-30 打开模型

02 执行“文件”|“导出”|“三维模型”命令，打开“导出模型”对话框，设置输出类型为3DS文件并设置输出路径，单击“选项”按钮，如图6-31所示。

图6-31 导出模型

03 打开“3DS导出选项”对话框，根据需要设置选项，如图6-32所示。

04 设置完毕后关闭“3DS导出选项”对话框，在“导出模型”对话框中单击“确定”按钮开始导出（场景模型稍大，需稍等片刻），导出完毕后，系统会弹出提示框，如图6-33所示。

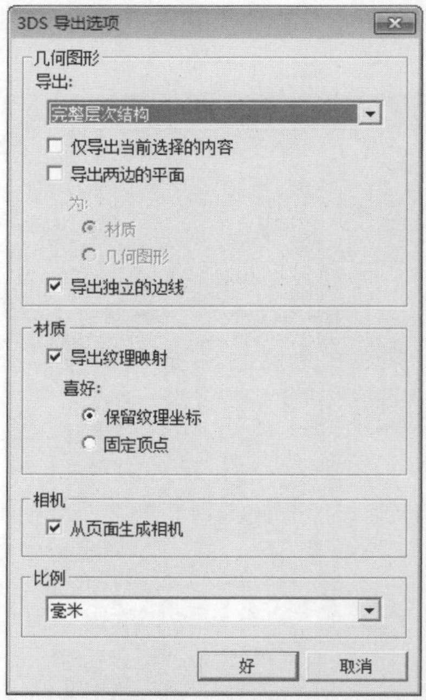

图6-32 设置导出选项

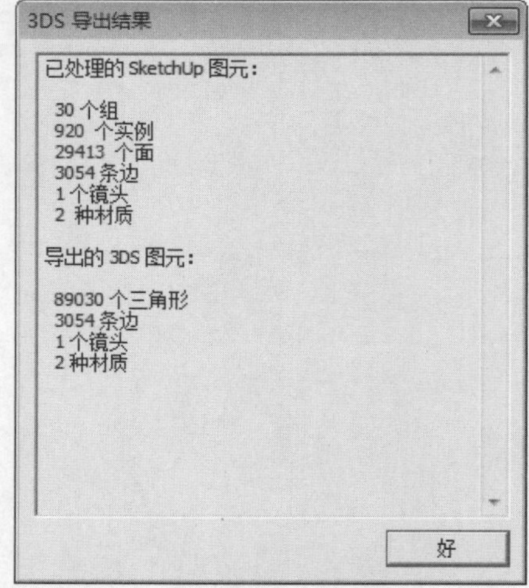

图6-33 查看导出结果

05 找到导出的3DS文件，使用3ds Max将其打开，如图6-34所示，可以看到，导出的3DS文件不但有完整的模型文件，还自动创建了对应的摄影机。

图6-34 打开导出文件

06 在默认设置下渲染摄影机视口，效果如图6-35所示。

图6-35 进入摄影机视口

2. 设置“3DS导出选项”对话框

在导出3DS文件之前，用户可以对“3DS导出选项”对话框进行设置，如图6-36所示。

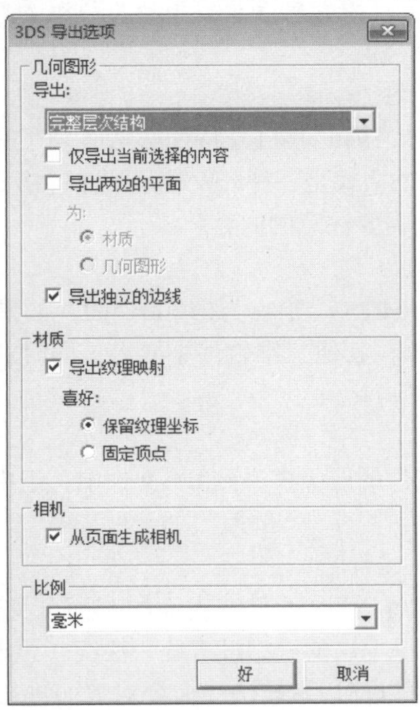

图6-36 “3DS导出选项”对话框

该对话框中各项参数的含义如下。

- 完整层次结构：使用该选项导出3DS文件，SketchUp会自动进行分析，按照几何体、组及组件定义来导出各个物体。由于3DS格式不支持SketchUp的图层功能，因此导出时只有最高一级的模型会导出为3ds模型文件。
- 按图层：该选项导出3DS文件，将以SketchUp组件层级的形式导出模型，在同一个组件内的所有模型将转化为单个模型，处于最高层次的组件将被处理成一个选择集。
- 按材质：使用该选项导出3DS文件，将以材质类型进行模型的分类。
- 单个对象：使用该选项导出3DS文件，将会合并为单个物体，如果场景较大，应该避免选择该项，否则会导出失败或者部分模型丢失。
- 仅导出当前选择的内容：勾选该复选框后，仅将SketchUp中当前选择的对象导出为3DS文件。
- 导出两边的平面：勾选其下的“材质”复选框，导出的多边形数量和单面导出的多边形数量一样，但是渲染速度会下降，特别是开启阴影和反射效果时。此外，将无法使用SketchUp模型表面背面的材质；如果勾选“几何图形”复选框，结果就会相反，此时将会把SketchUp的面都导出两次，一次导出正面，另一次导出背面，导出的多边形数量增加一倍，同时会造成渲染速度下降。
- 导出独立的边线：大部分的三维程序都不支持独立边线的功能，3DS也是如此，勾选此复选框后，导出的3DS格式文件将创建非常细长的矩形来模拟边线，但是这样会造成贴图坐标出错，甚至整个3DS文件无效，因此在默认情况下该选项是关闭的。
- 导出纹理映射：默认情况下该选项为勾选，这样在导出3DS文件时，其材质也会被同时导出。
- 从页面生成相机：默认该选项为勾选，这样导出的3DS文件中将以当前视图创建摄影机。
- 比例：通过其下的选项，可以指定导出模型使用的测量单位。默认设置为模型单位。即SketchUp当前的单位。

3. 3DS格式文件导出的局限性

SketchUp为方案推敲而设计，因此其自身特性必然有别于其他三维软件，在导出3DS文件后，会丢失一些信息。另外，3DS格式是一种开发较早的文件格式，其本身即存在局限性（如不能保存贴图等），下面介绍一些需要注意的内容。

（1）物体顶点限制

3DS格式的单个模型最多为64000个顶点与64000个面，如果导出的SketchUp模型超出了这个限制，导出的文件就可能无法在其他三维软件中导入，同时SketchUp自身也会自动监视并进行提示。

（2）嵌套的组或组件

SketchUp不能导出多层次组件的层级关系到3DS文件中，组中的嵌套会被打散，并附属于最高层级的组。

（3）双面的表面

在大多数的三维软件中，默认情况下只有表面的正面可见，这样可以提高渲染效率。而SketchUp中的两个面都可见，如果导出的模型没有统一法线，导出到别的应用程序中后就可能出现丢失表面的现象。这里用户可以使用翻转法线命令对表面进行手工复位，或者使用同一相邻表面命令，将所有相邻表面的法线方向统一，即可修正多个表面法线的问题。

（4）双面贴图

在SketchUp中的模型表面会有正反两面，但是在3DS文件中只有正面的UV贴图可以导出。

6.2.3 导出二维图像文件

SketchUp可以导出的二维图像文件格式有很多，如JPG、BMP、TGA、TIF、PNG等，这里以最常见的JPG格式为例进行介绍。

01 打开模型文件，执行“文件”|“导出”|“二维图形”命令，如图6-37所示。

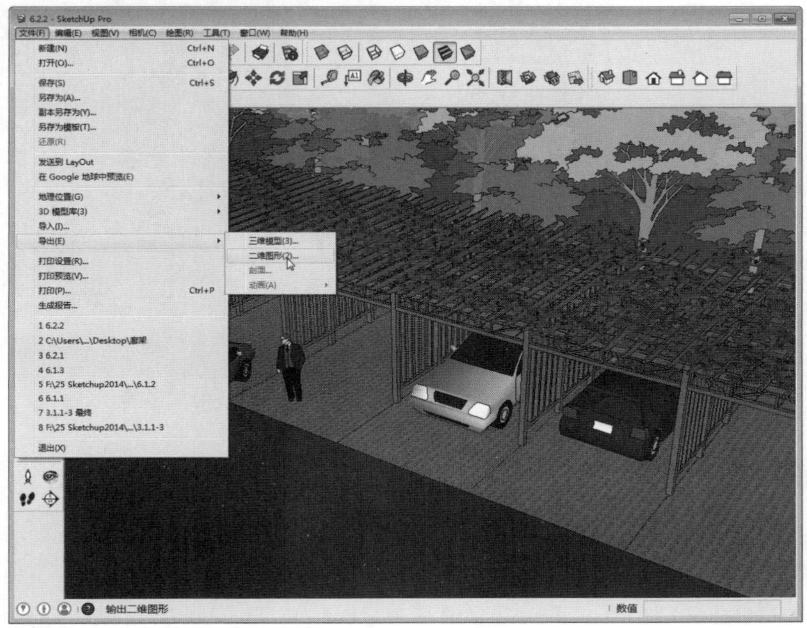

图6-37 打开模型

02 打开“导出二维图形”对话框，设置输出路径、输出类型及输出名称，如图6-38所示。

图6-38 导出二维图形

03 单击“选项”按钮，打开“导出JPG选项”对话框，设置图像大小等导出参数，如图6-39所示。

04 设置完毕后关闭该对话框，进行图像导出，导出效果如图6-40所示。

导出 JPG 选项
图像大小
☑ 使用视图大小
宽度: 1059 像素
高度: 734 像素
渲染
☑ 消除锯齿
JPEG 压缩
较小的文件 更好的质量
确定 取消

图6-39 设置导出选项

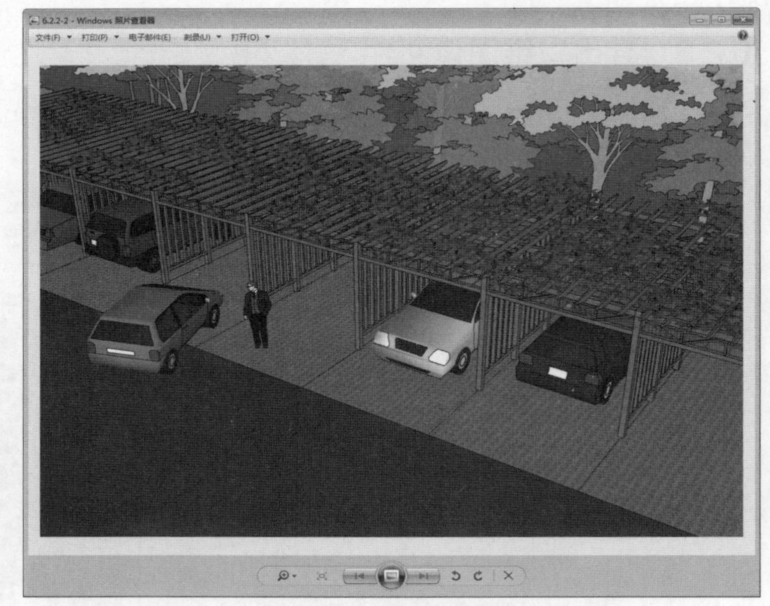

图6-40 查看导出效果

6.2.4 导出二维剖切文件

用户还可以将SketchUp中剖切的图形导出为AutoCAD可用的DWG格式文件，从而在AutoCAD中加工成施工图，操作步骤如下。

01 打开模型文件，如图6-41所示，可以看到该场景已经应用了“剖切”工具，在视图中可以看到其内部布局。

02 执行“文件”|“导出”|“剖面”命令，如图6-42所示。

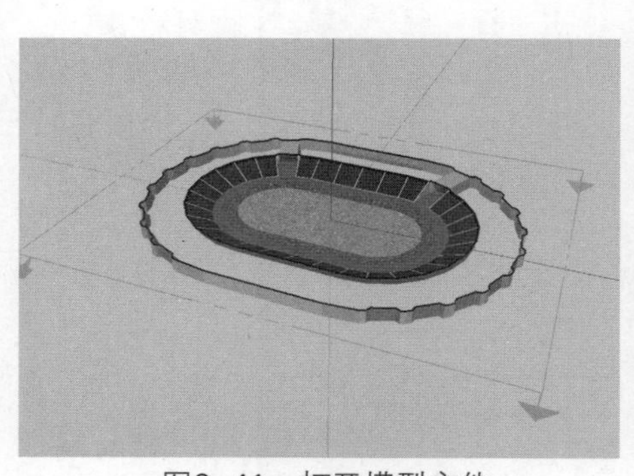

图6-41 打开模型文件

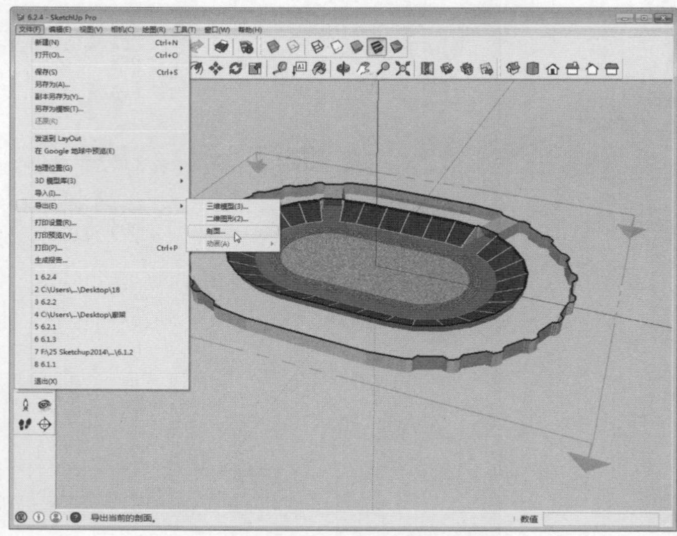

图6-42 执行文件菜单

03 打开“输出二维剖面”对话框，设置输出类型为AutoCAD DWG File格式，如图6-43所示。

04 单击“选项”按钮，打开“二维剖面选项”对话框，根据导出要求设置参数，如图6-44所示。

图6-43 设置输出类型

图6-44 设置参数

05 文件导出完毕后，系统会弹出提示框，如图6-45所示。

06 打开导出的文件，如图6-46所示。

图6-45 导出提示

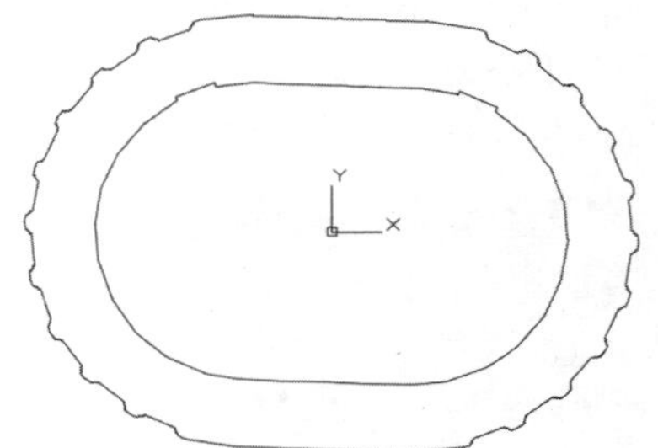

图6-46 导出图形

6.3 上机实训

本章中学习了SketchUp的导入与导出功能，这里就利用本章以及前面章节所学习到的知识做一个简单的模型练习。

01 在AutoCAD中打开需要的图形文件，如图6-47所示。

02 删除多余的图形，如图6-48所示。

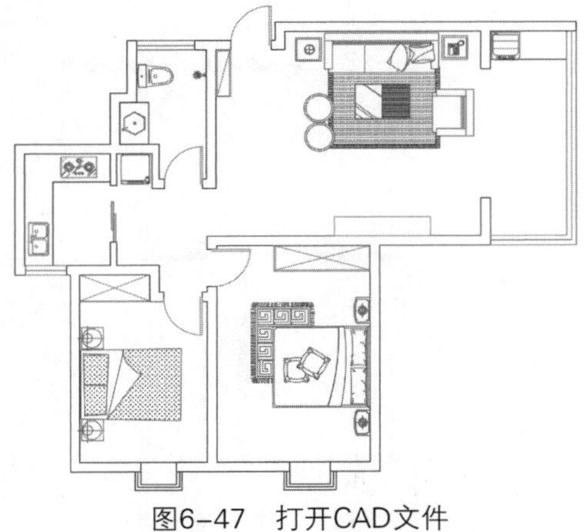

图6-47 打开CAD文件

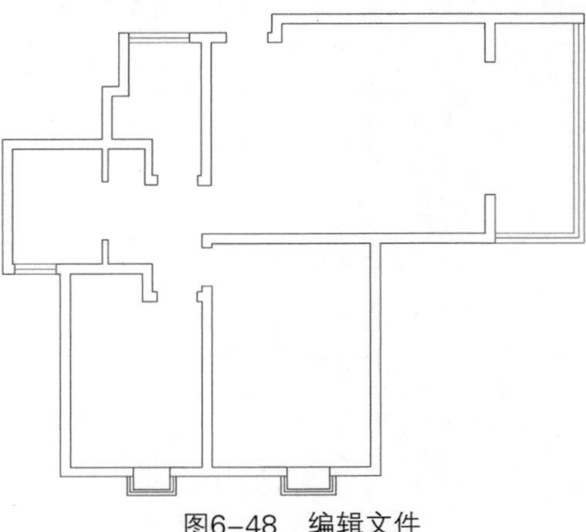

图6-48 编辑文件

03 启动SketchUp应用程序，执行“文件”|“导入”命令，弹出“打开”对话框，从中设置文件类型为AutoCAD文件，选择需要的文件，如图6-49所示。

04 单击“打开”按钮，即可将CAD文件导入到SketchUp中，如图6-50所示。

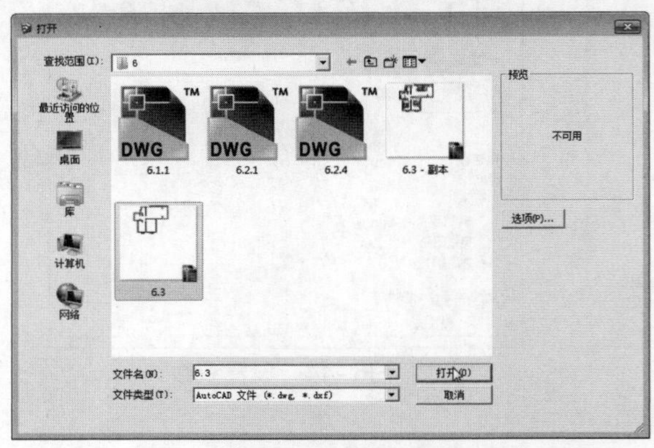

图6-49 打开图形

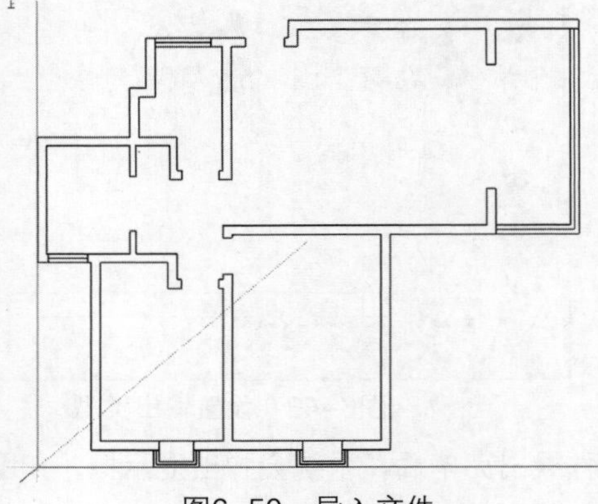

图6-50 导入文件

05 执行“窗口”|“样式”命令，打开“样式”对话框，在“编辑”设置面板中取消勾选“轮廓线”选项，如图6-51所示。

06 调整后的边线显示效果如图6-52所示。

图6-51 设置选项

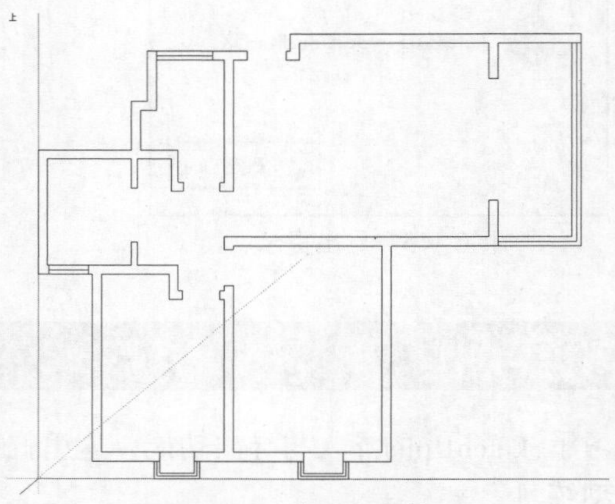

图6-52 查看设置效果

07 再次删除多余的线条，如图6-53所示。

08 激活直线工具，绘制墙体轮廓，如图6-54所示。

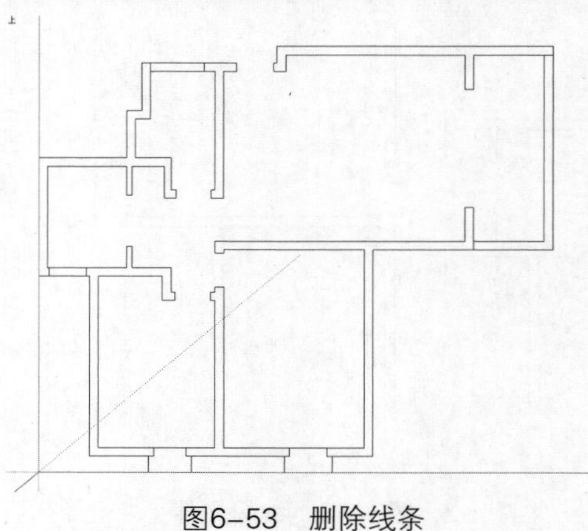

图6-53 删除线条

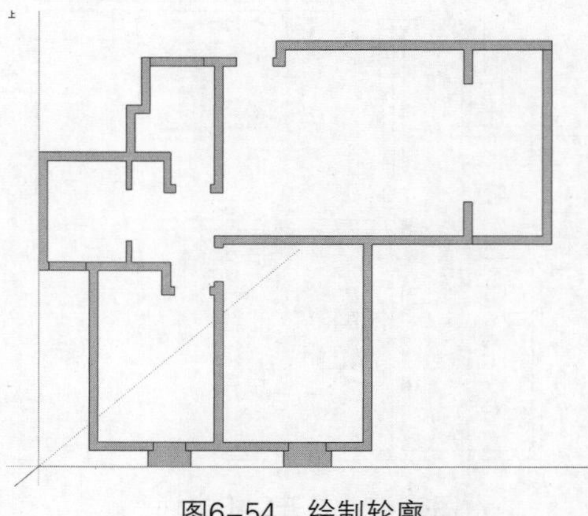

图6-54 绘制轮廓

09 激活推拉工具，将墙体面向上推出2750，如图6-55所示。

10 将飘窗面向上推出650，如图6-56所示。

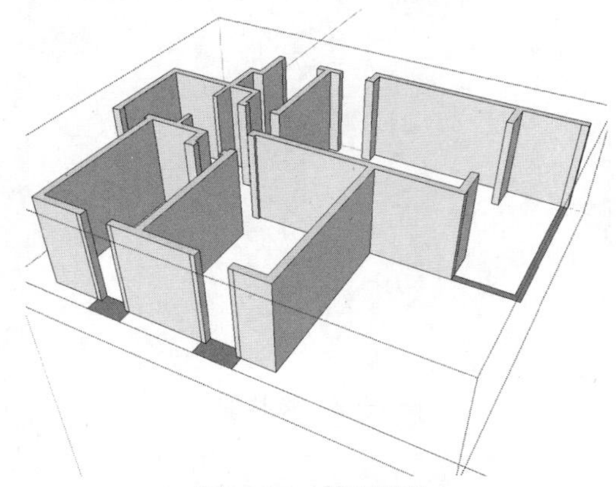
图6-55　绘制墙体

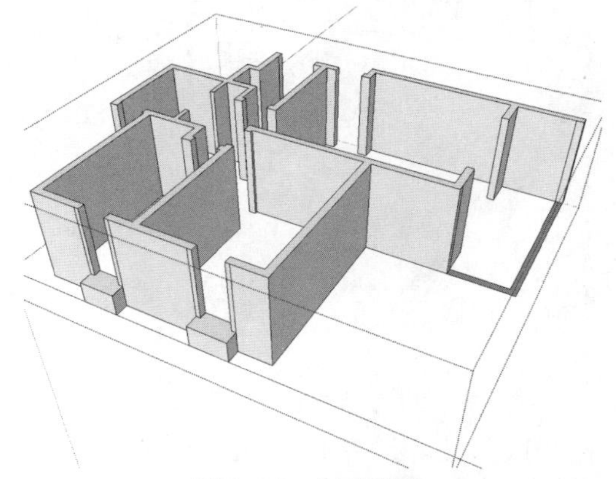
图6-56　制作飘窗

11 再将其他窗户的面向上推出900，如图6-57所示。

12 选择一处窗户的上边线，按住Ctrl向下移动复制300，如图6-58所示。

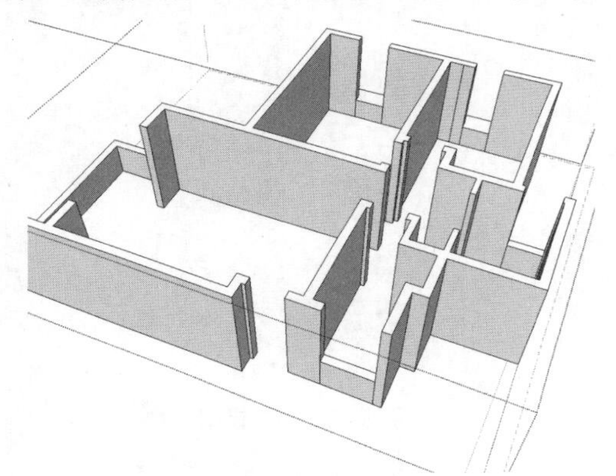
图6-57　制作窗户

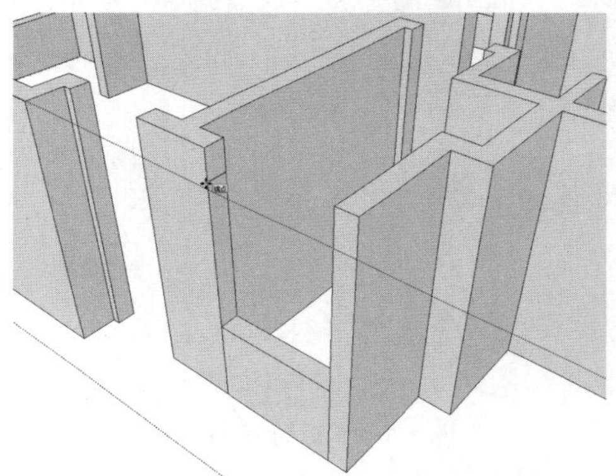
图6-58　移动复制

13 激活推拉工具，将面推出，制作出窗洞造型，如图6-59所示。

14 照此操作方法制作除飘窗外的其他窗户的造型，如图6-60所示。

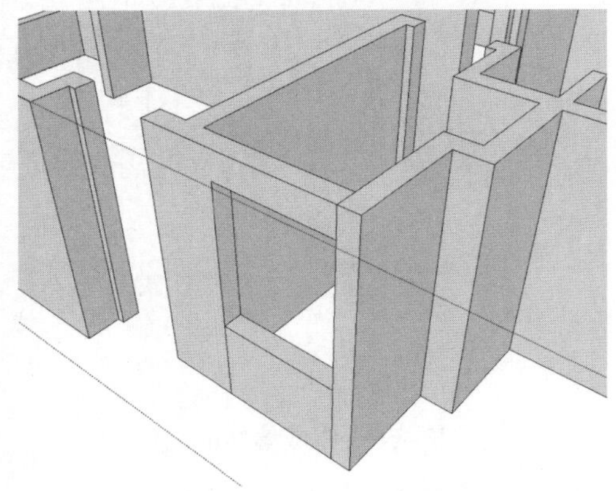
图6-59　制作窗洞

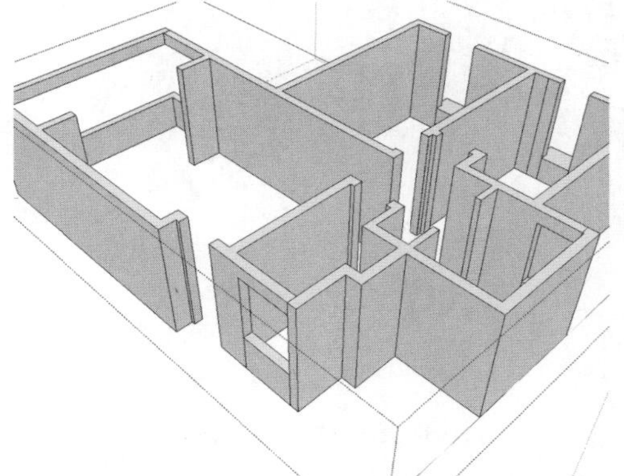
图6-60　制作窗户造型

15 再制作2100高的卧室门洞，2200高的厨房门洞，2400高的阳台门洞，如图6-61所示。

16 选择飘窗上的面，如图6-62所示。

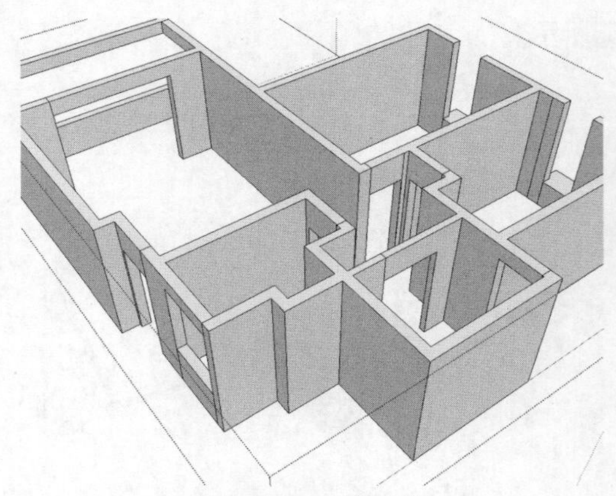
图6-61　制作门洞

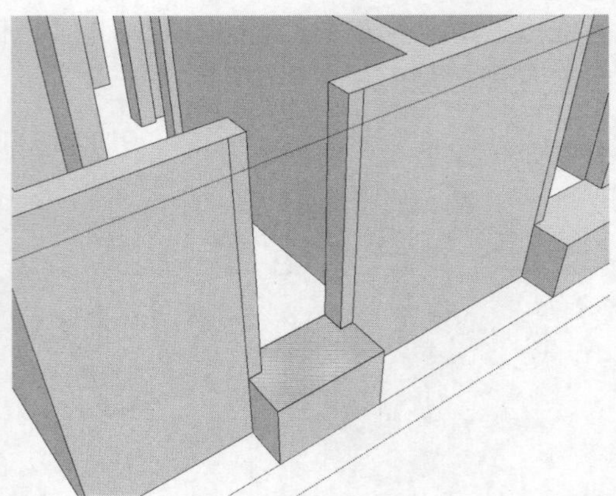
图6-62　选择面

⑰ 按住Ctrl键向上移动复制，如图6-63所示。

⑱ 激活推拉工具，将面向下推出500，如图6-64所示。

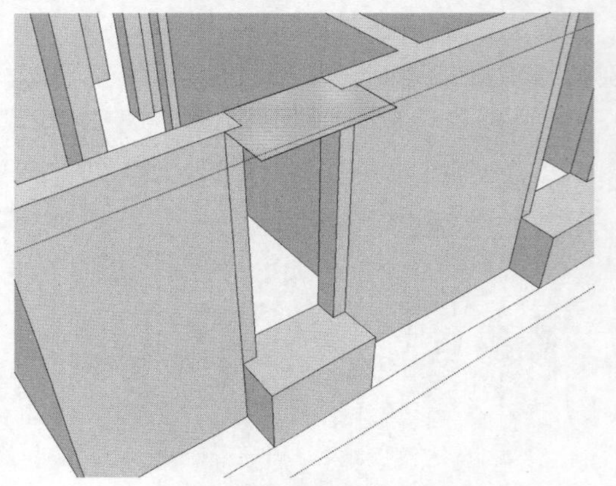
图6-63　执行复制

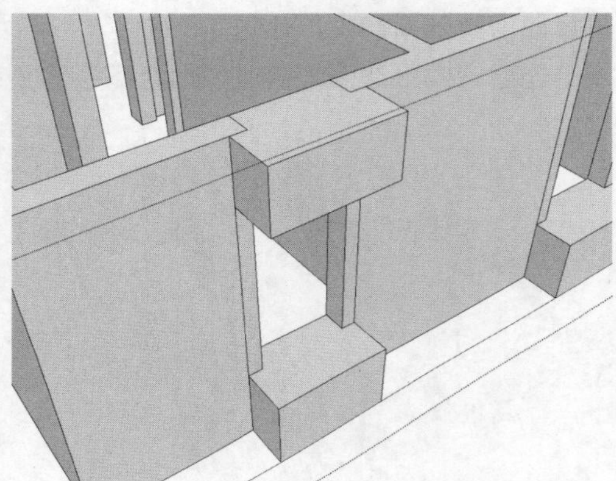
图6-64　编辑面

⑲ 同样制作另外飘窗的造型，如图6-65所示。

⑳ 清除多余的线条，完成墙体框架的制作，如图6-66所示。

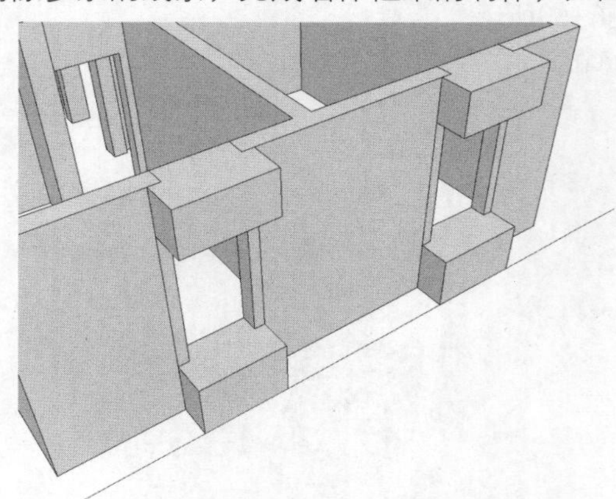
图6-65　制作飘窗造型

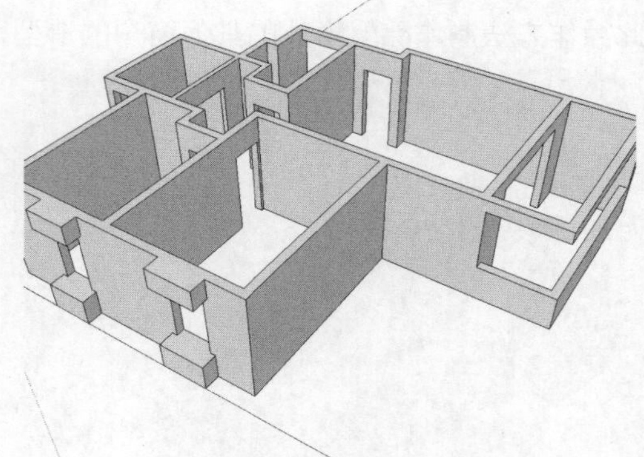
图6-66　完成墙体的制作

㉑ 退出编辑模式，激活直线工具，捕捉绘制地面，如图6-67所示。

㉒ 将地面创建成组，再双击进入编辑模式，激活推拉工具，将地面向下推出20的厚度，完成居室框架模型的制作，如图6-68所示。

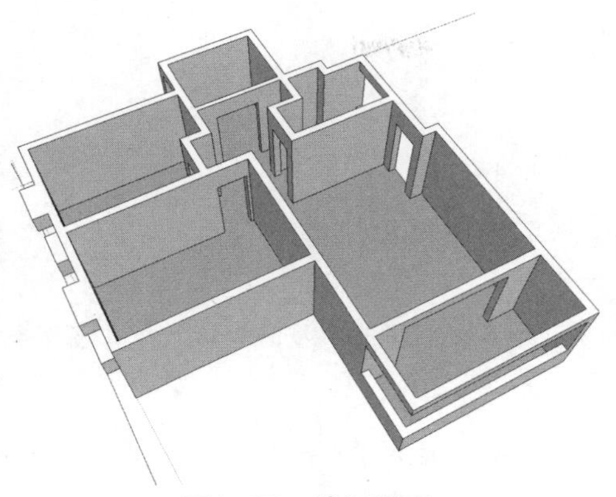

图6-67　绘制地面

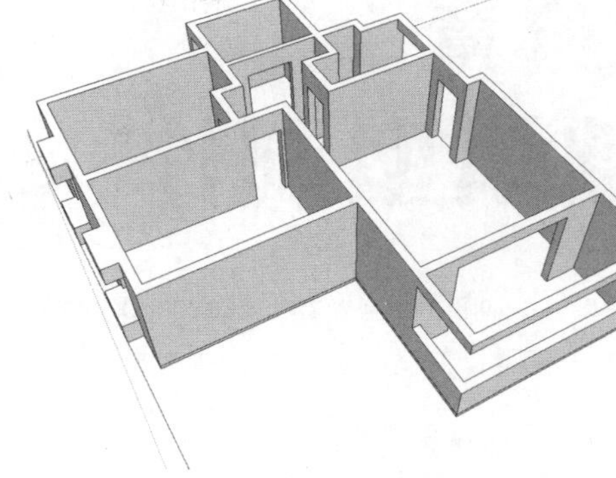

图6-68　完成模型

23 执行“文件”|“导出”|“三维模型”命令，打开“导出模型”对话框，设置导出文件名称及路径，如图6-69所示。

24 单击“选项”按钮，打开“3DS导出选项”对话框，进行相关设置，如图6-70所示，设置完毕后单击“好”按钮返回，再单击“导出”按钮。

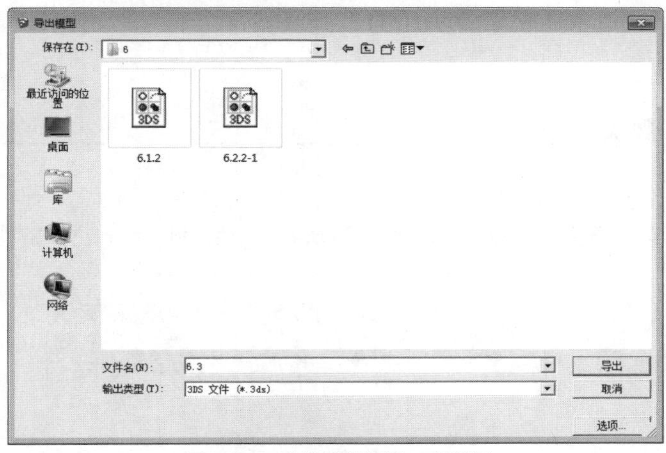

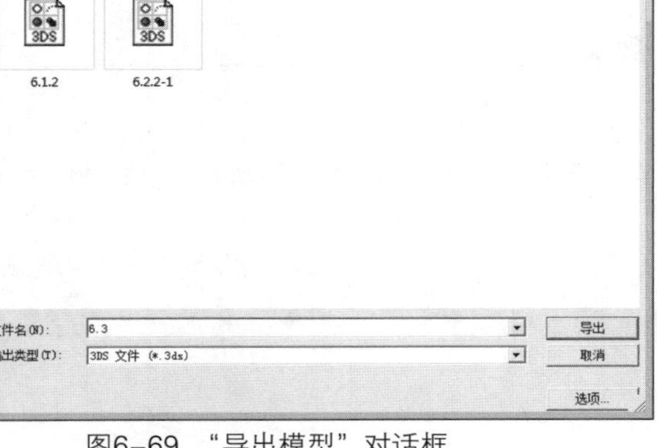

图6-69　“导出模型”对话框

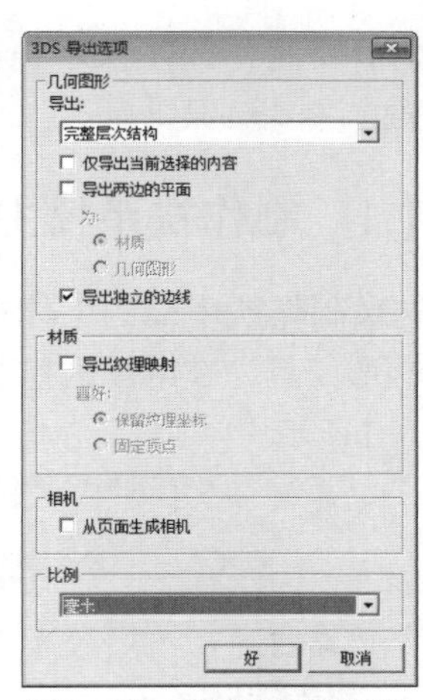

图6-70　设置导出选项

25 导出完毕后，系统会弹出“3DS导出结果”提示框，如图6-71所示。

26 使用3ds Max应用程序打开导出的文件，如图6-72所示。

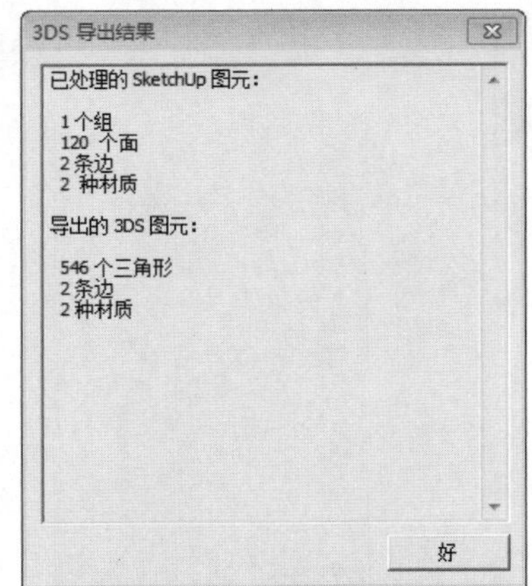

图6-71　查看导出信息

图6-72　查看导出模型

第7章 基础模型制作

本章概述｜前面几章介绍了SketchUp中的建模方法，本章将利用所学习的知识制作日常建模所需的模型，使读者能够熟练掌握操作方法。

知识要点｜
- 扶手椅模型的制作；
- 双人床模型的制作；
- 2D植物模型的制作。

7.1 制作扶手椅模型

本小节要制作的是扶手椅模型，由木质框架及皮质的坐垫及靠背组成。其制作过程涉及到前面所学的许多知识要点。

7.1.1 制作扶手椅主体框架

首先来制作扶手椅的主体框架，操作步骤如下。

01 激活矩形工具，在绘图区拖动鼠标，在数值输入框中输入“30,40”，绘制一个30*40的矩形面，如图7-1所示。

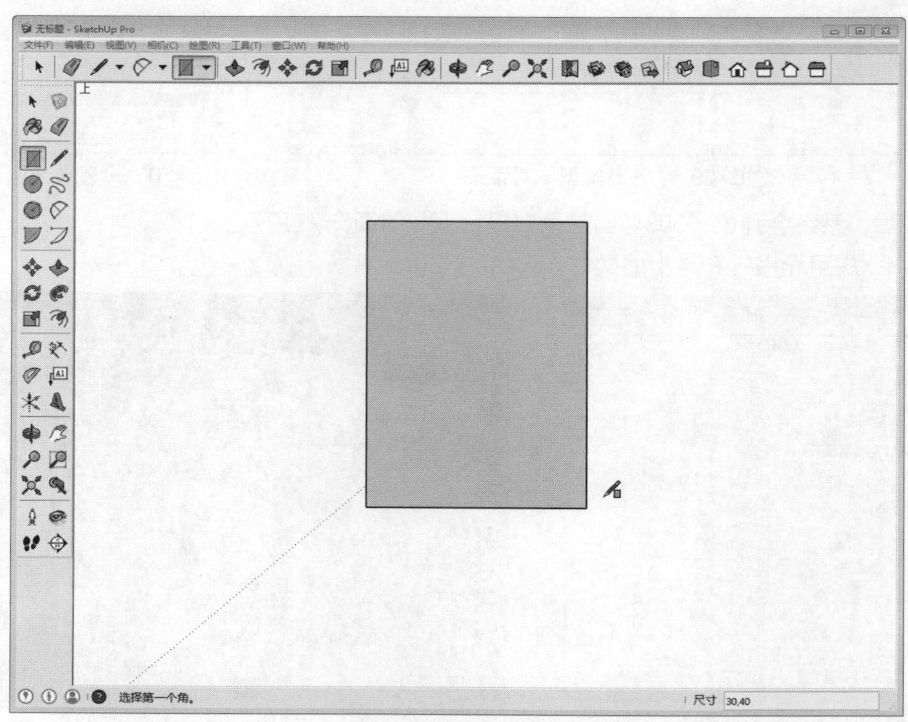

图7-1　绘制矩形

02 激活推/拉工具，将矩形向上推出600，制作出一个长方体，如图7-2所示。

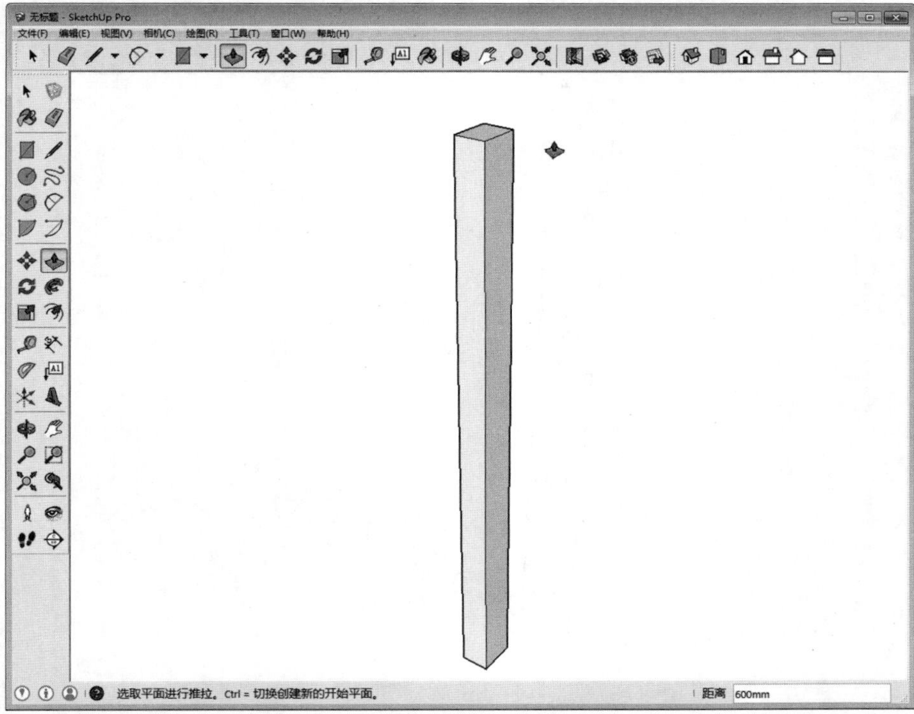

图7-2 推拉面

03 选择长方体，单击鼠标右键，在弹出的快捷菜单中选择“创建群组”命令，将长方体创建成组，如图7-3所示。

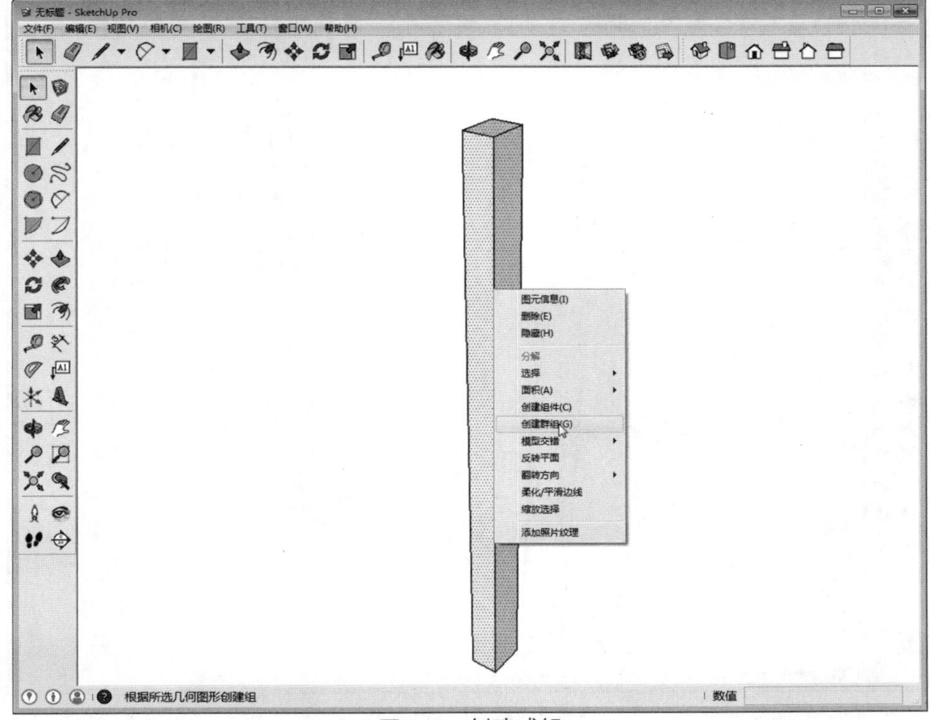

图7-3 创建成组

04 按照上述步骤创建一个30*380*40的长方体，并将其创建成组，移动到合适位置，如图7-4所示。

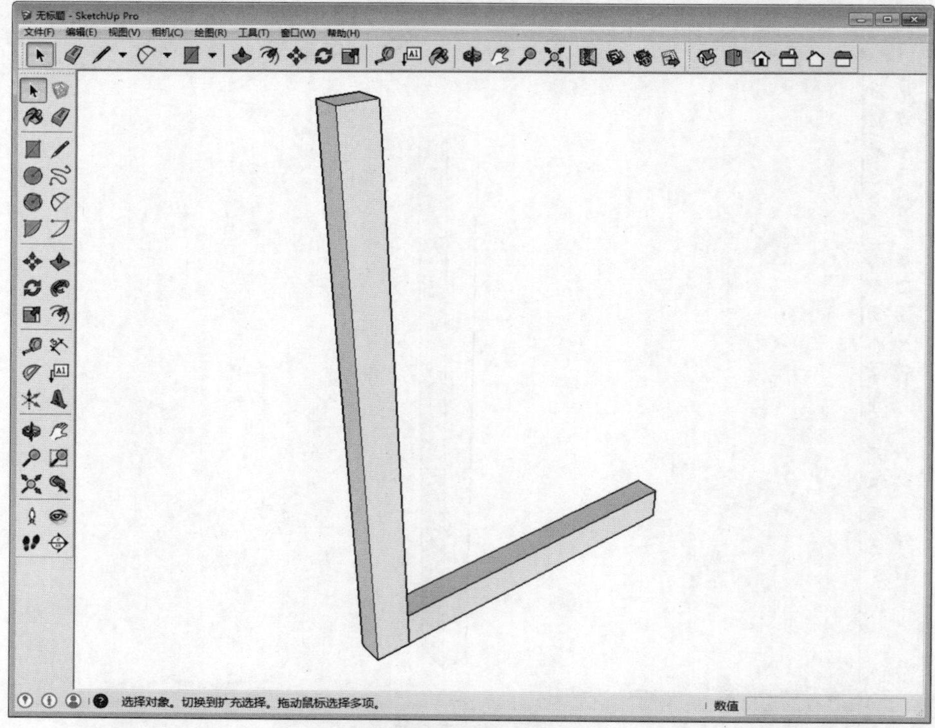

图7-4　创建长方体

05 激活移动工具，按住Ctrl键捕捉复制长方体，如图7-5所示。

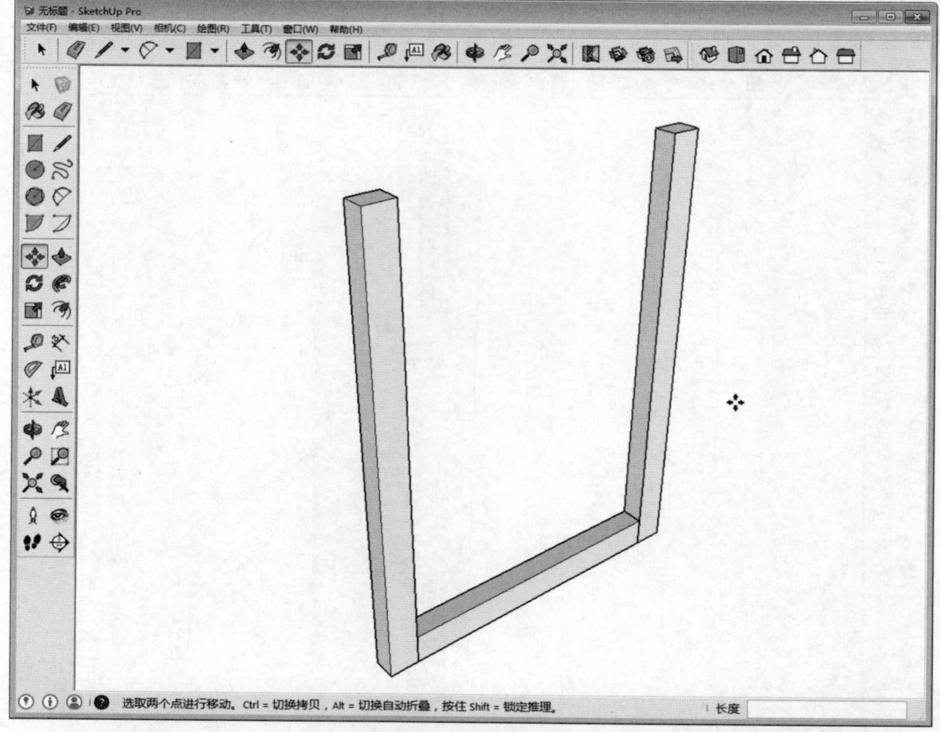

图7-5　复制长方体

06 激活选择工具，双击长方体，进入编辑状态，如图7-6所示。

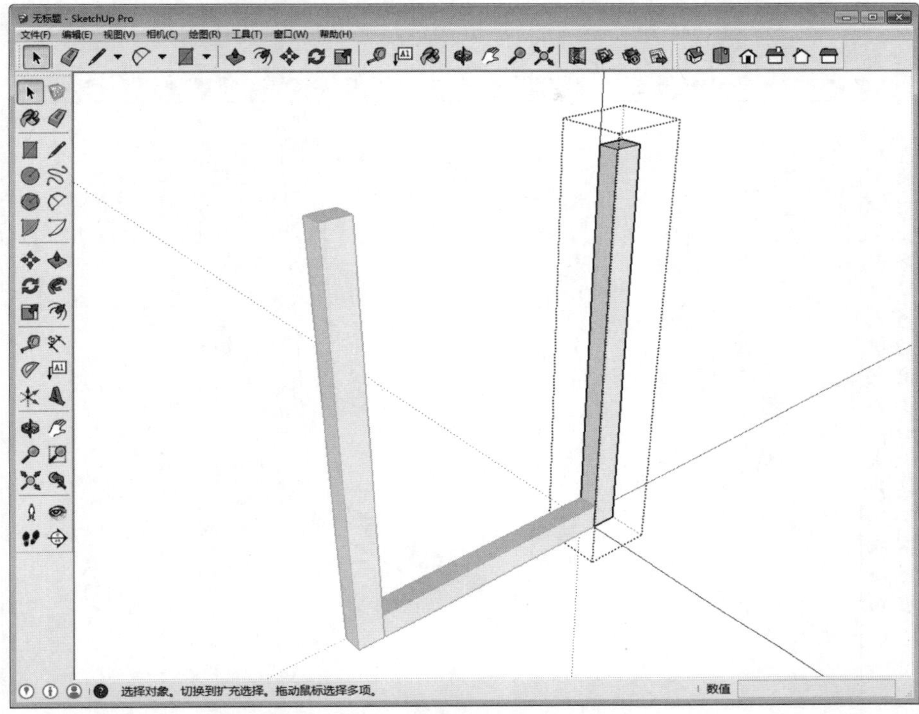

图7-6 进入编辑状态

07 激活推/拉工具，将该长方体向上推出30，再退出编辑状态，切换到右视图，可以看到挤出后的效果，如图7-7所示。

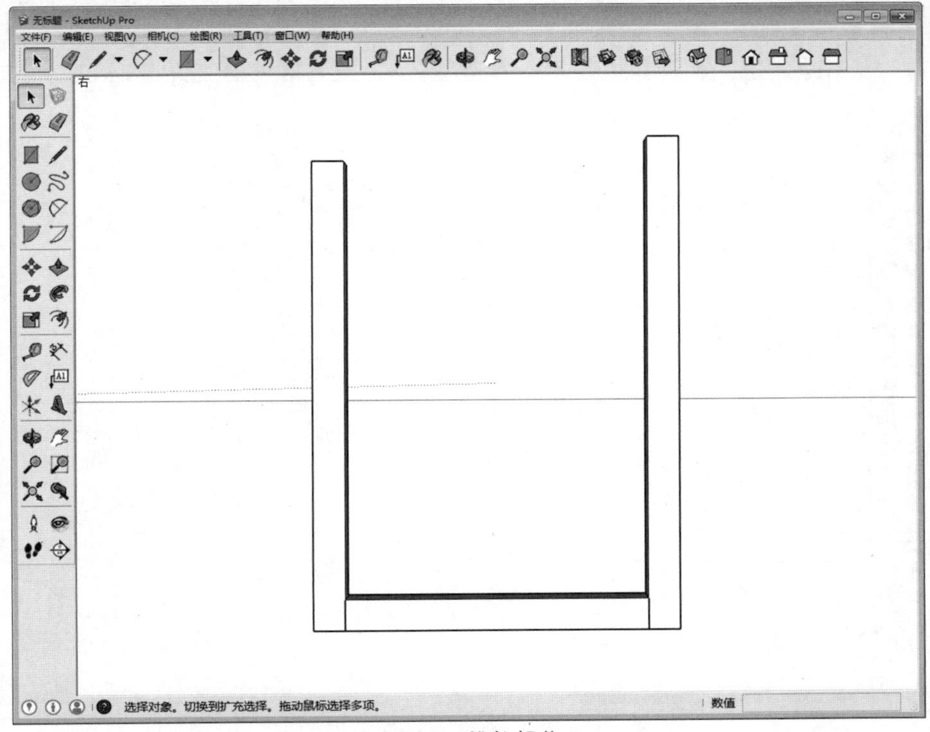

图7-7 推拉操作

08 制作一个30*420*35的长方体，并将其创建成组，移动到合适位置，如图7-8所示。

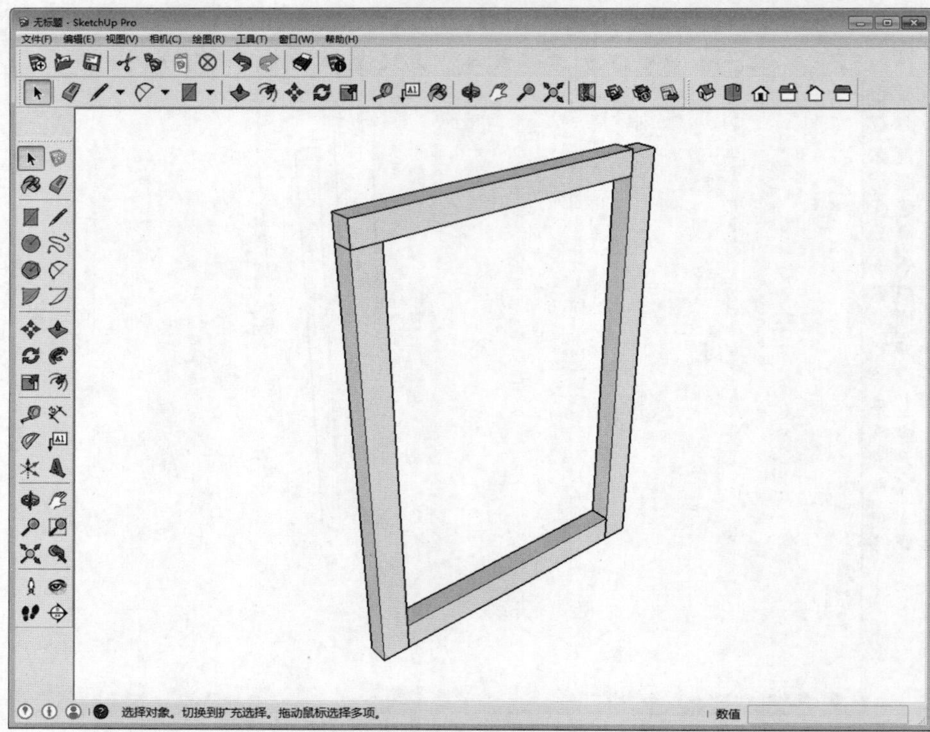

图7-8　创建长方体

09 双击长方体进入编辑状态，如图7-9所示。

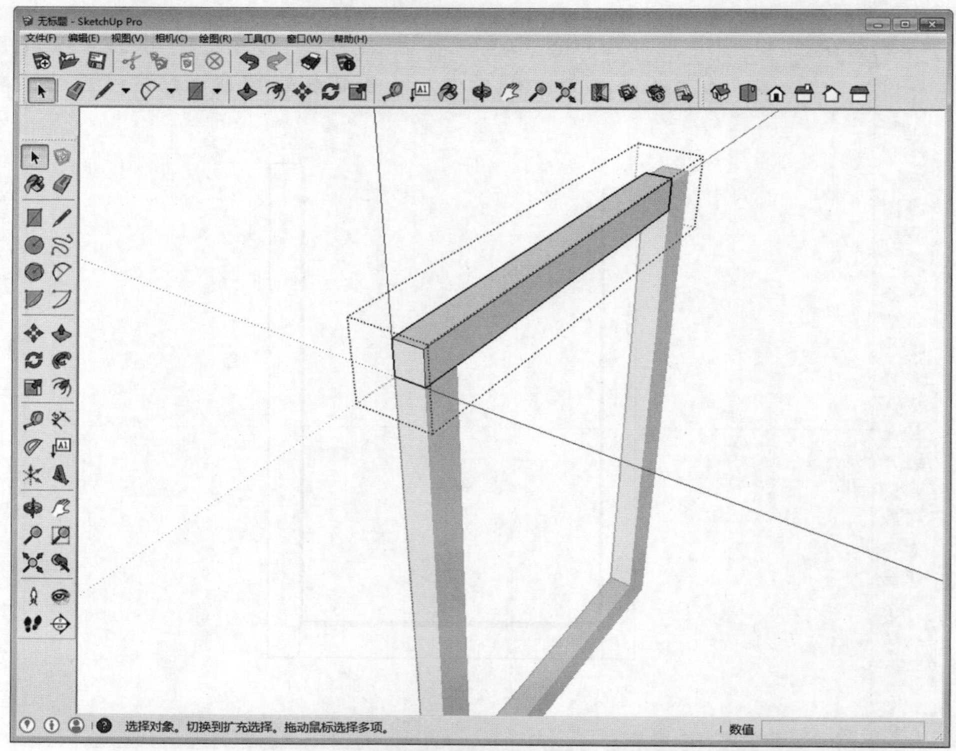

图7-9　进入编辑状态

⑩ 激活圆弧工具，在长方体的一侧绘制半径为5的圆弧，如图7–10所示。

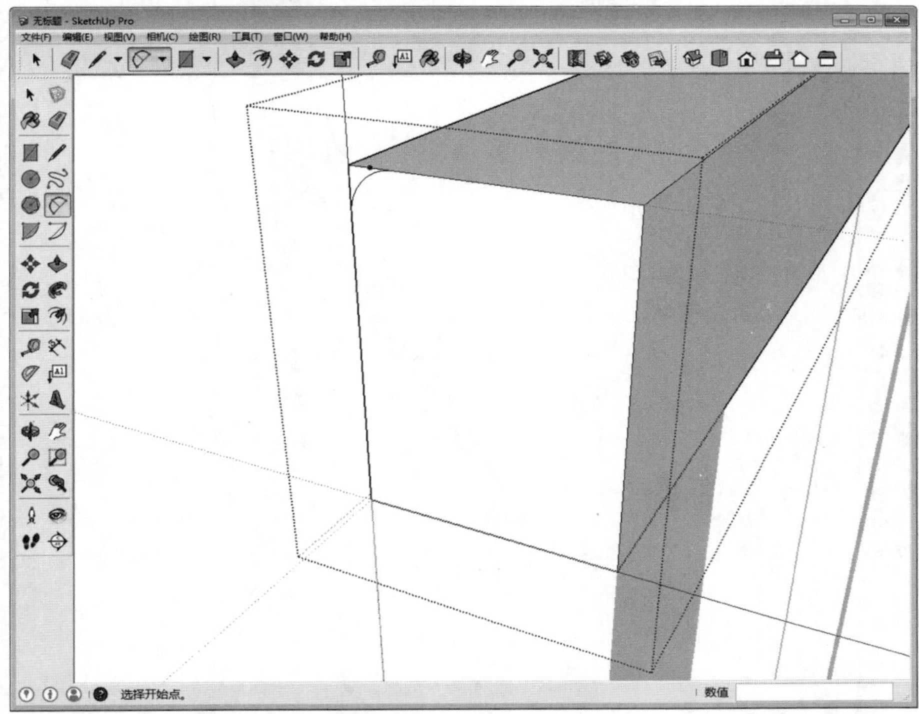

图7–10　绘制圆弧

⑪ 激活路径跟随工具，将鼠标移动到左上角的面，单击鼠标后移动光标沿长方体上方的边绕一周，如图7–11所示。

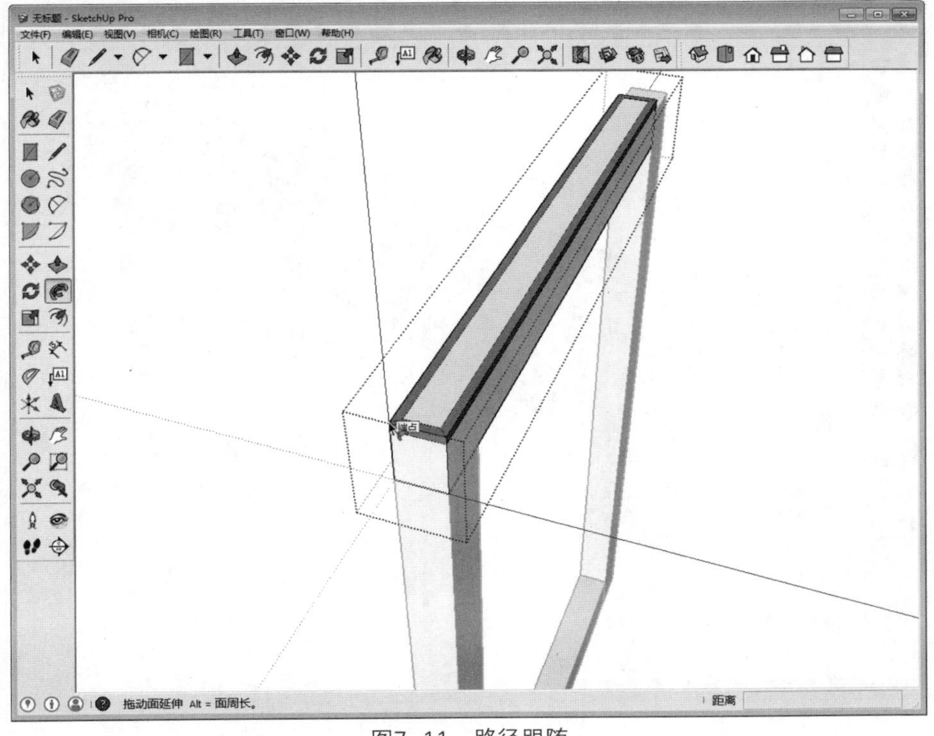

图7–11　路径跟随

⑫ 当终点与起点重合时再次单击鼠标，对长方体进行圆角处理，如图7-12所示。

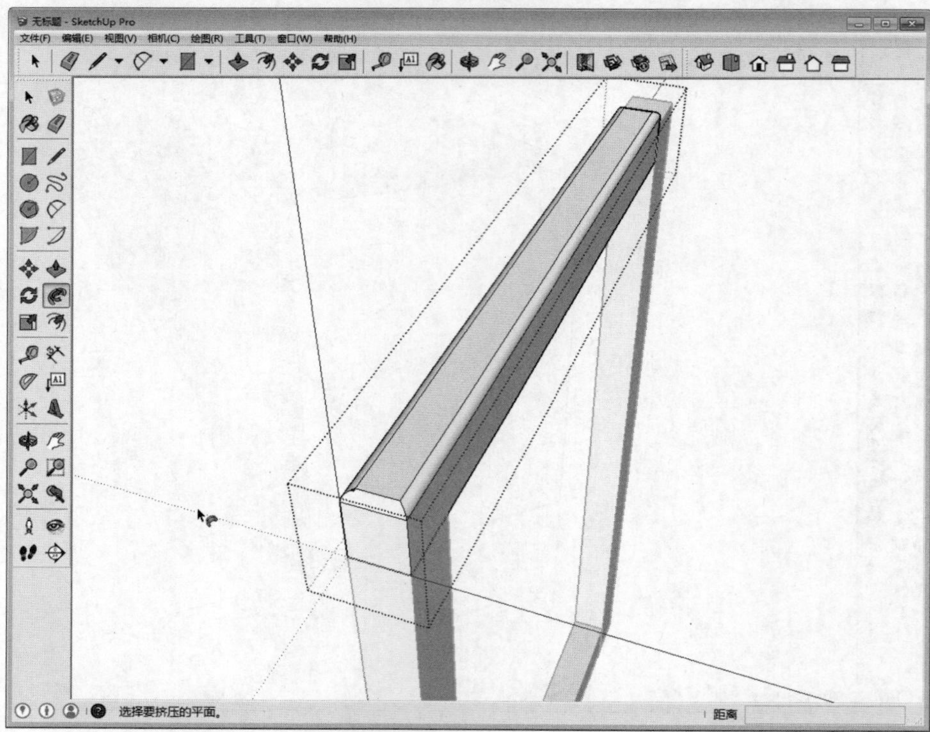

图7-12　制作圆角

⑬ 激活选择工具，选择如图7-13所示的边和面。

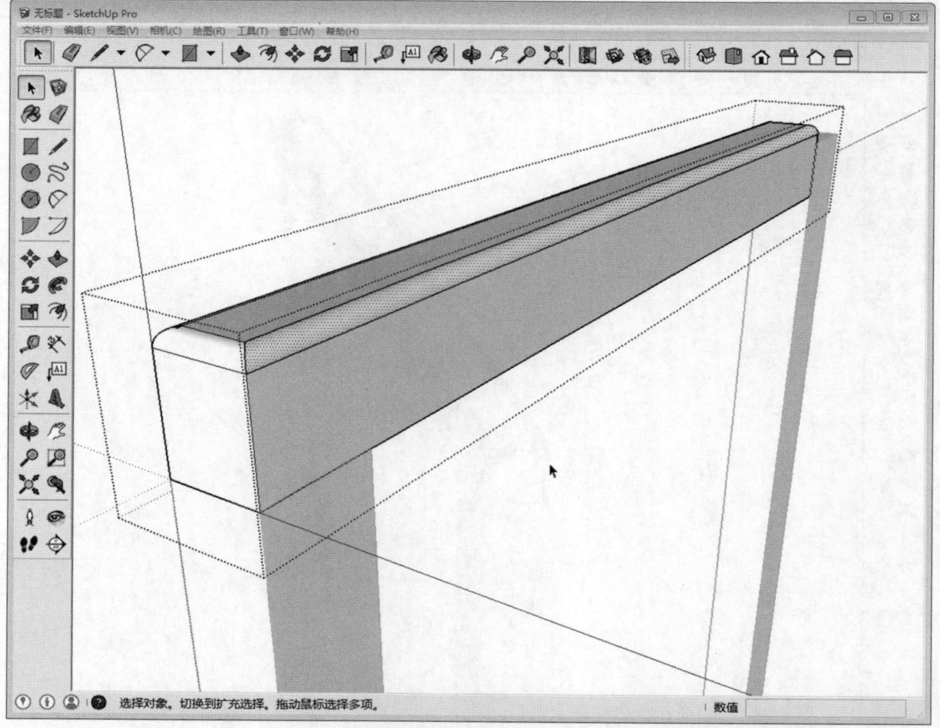

图7-13　选择边和面

⑭ 激活移动工具，沿轴向一侧移动20，制作出徒手造型，如图7-14所示。

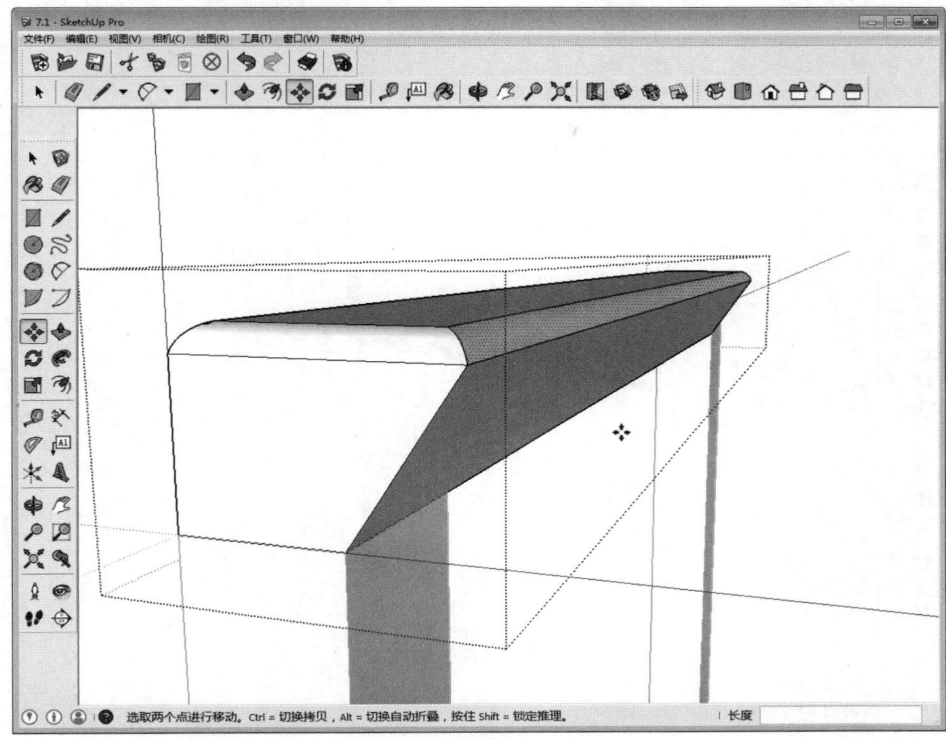

图7-14　移动图形

⑮ 退出编辑模式，激活移动工具，将长方体向上复制，如图7-15所示。

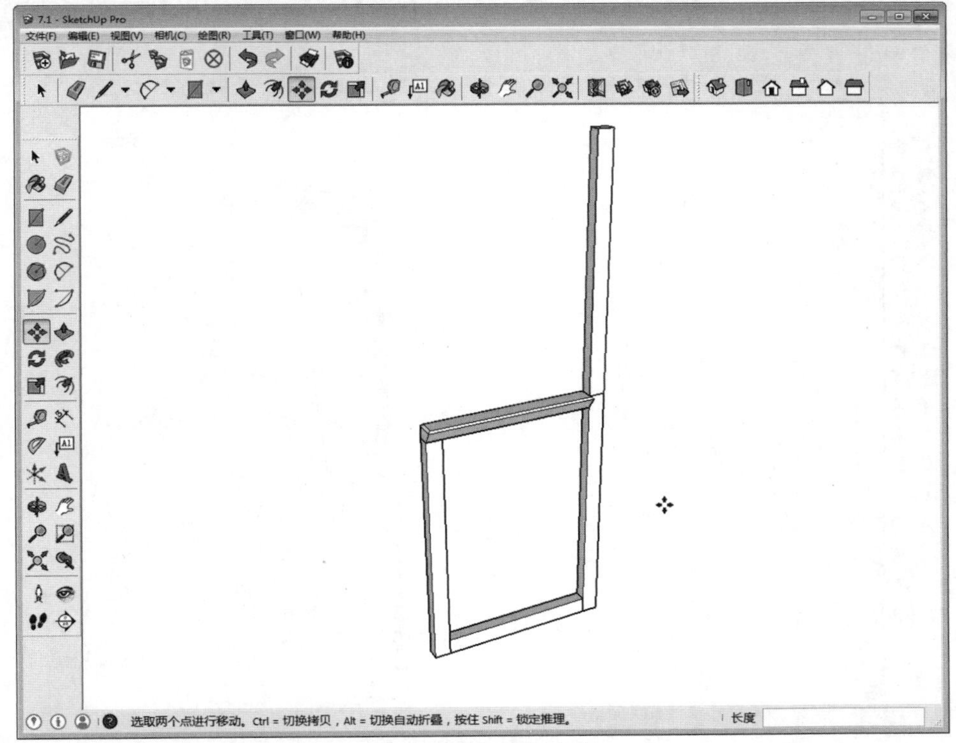

图7-15　复制长方体

⑯ 双击模型进入编辑模式，激活推/拉工具，将其向下推出400，如图7-16所示。

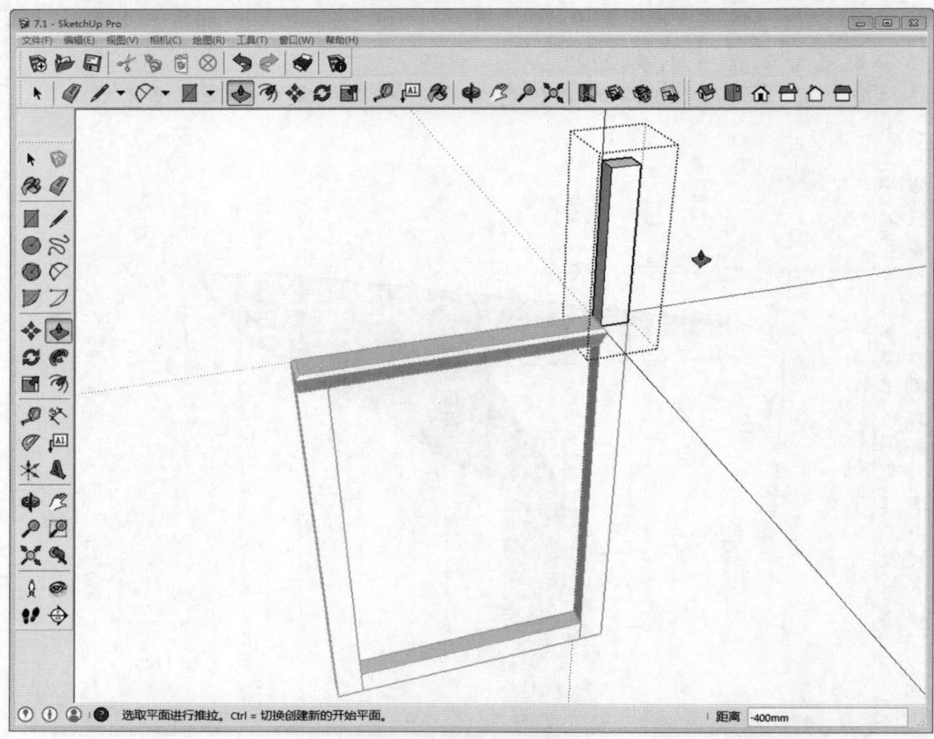

图7-16　改变高度

⑰ 选择模型上方的边和面，如图7-17所示。

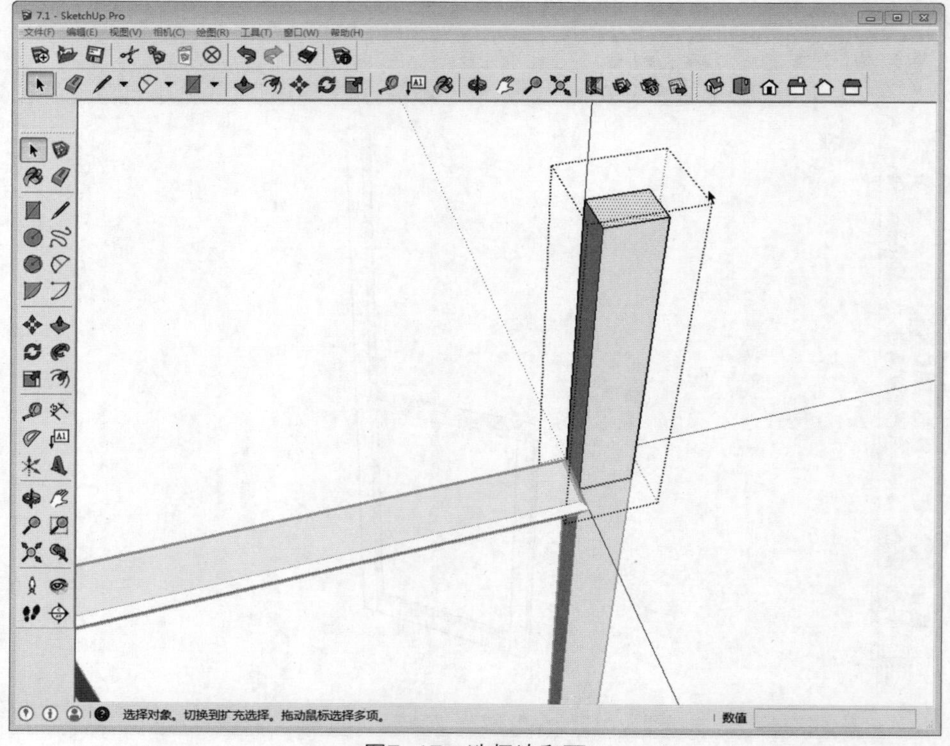

图7-17　选择边和面

⑱ 激活移动工具，沿轴移动50，如图7-18所示。

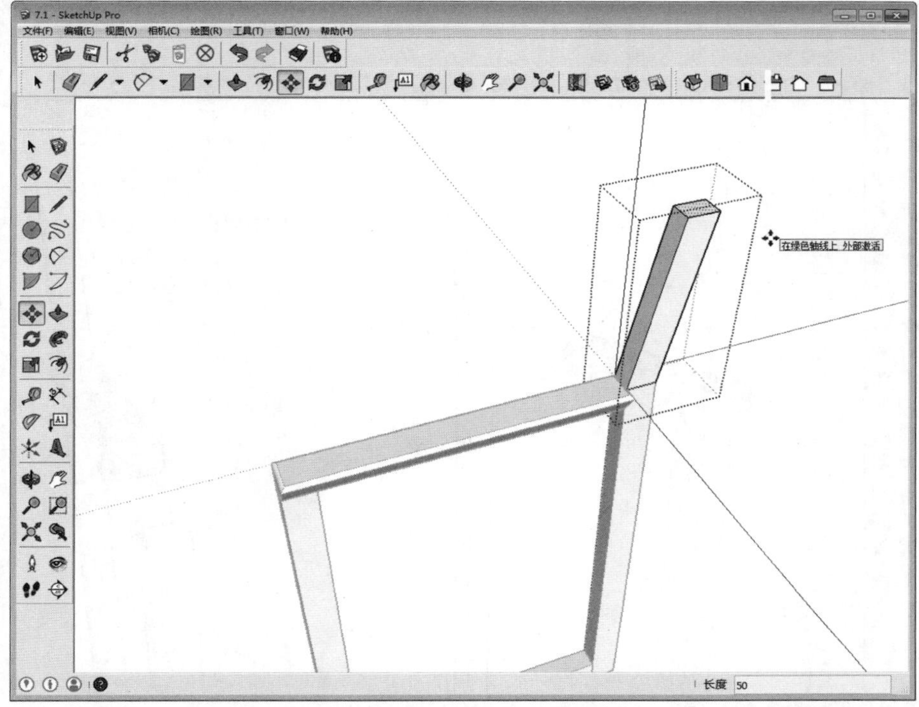

图7-18 移动图形

⑲ 退出编辑模式，全选模型，激活移动工具，按住Ctrl键向左侧移动复制，设置移动距离为480，如图7-19所示。

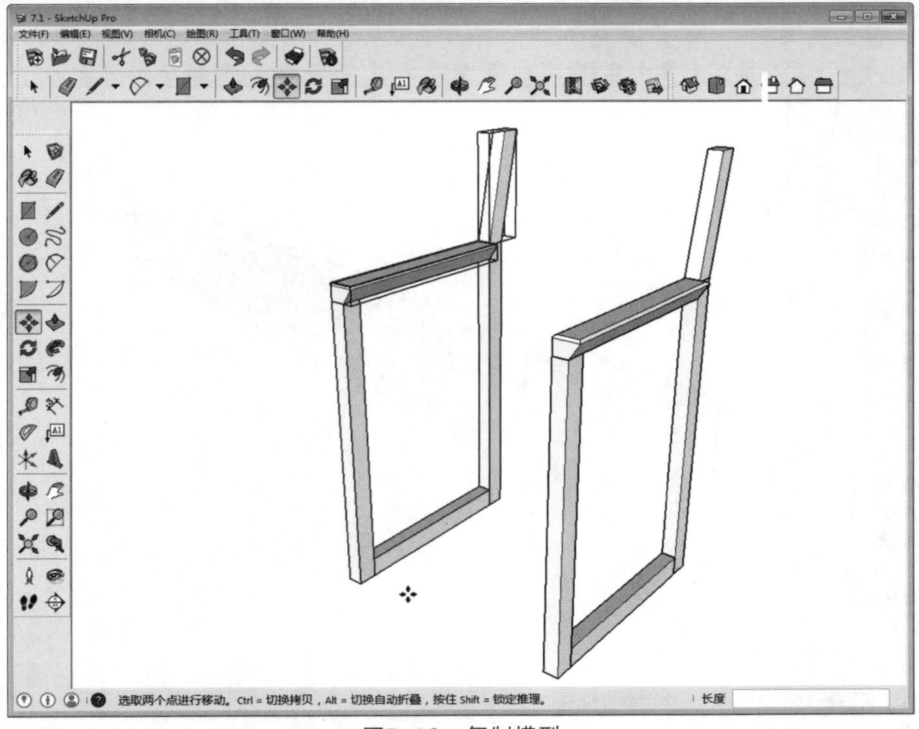

图7-19 复制模型

⑳ 利用旋转工具和移动工具，调整左侧扶手模型的角度，如图7-20所示。

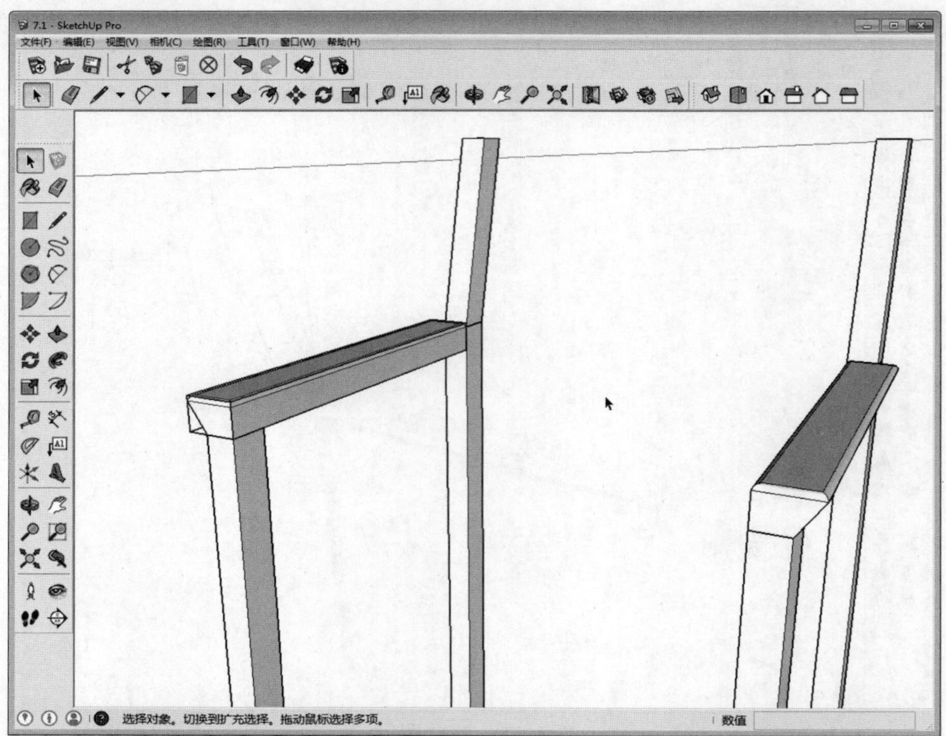

图7-20　调整角度

㉑ 创建一个40*500*30的长方体并将其创建成组，如图7-21所示。

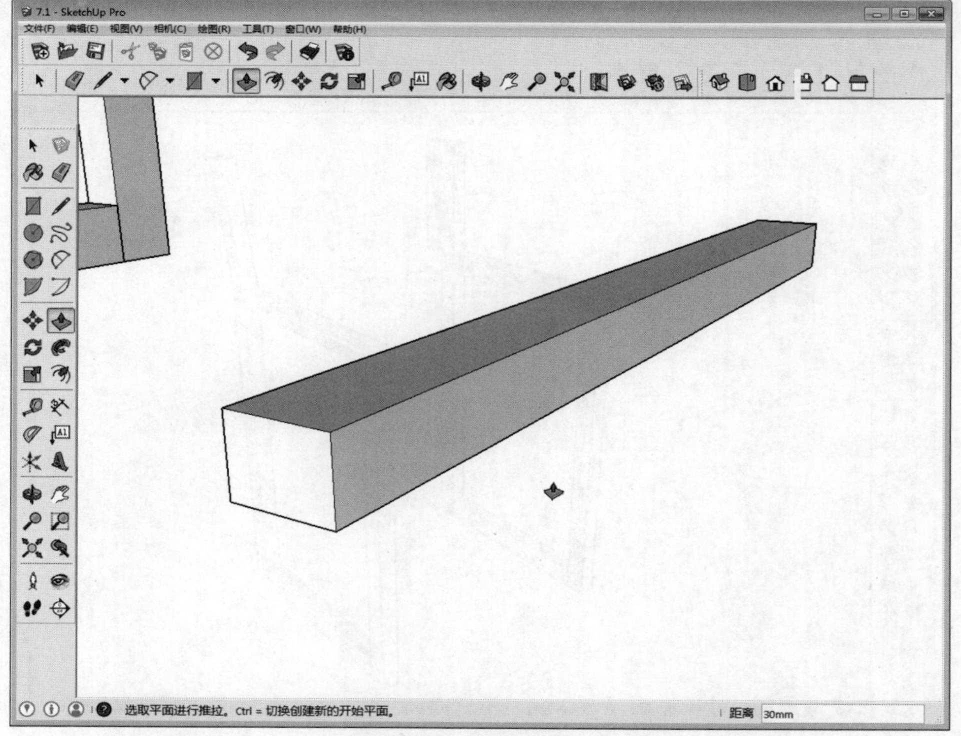

图7-21　创建长方体

㉒ 再创建一个20*560*30的长方体并创建成组，移动到合适位置，如图7-22所示。

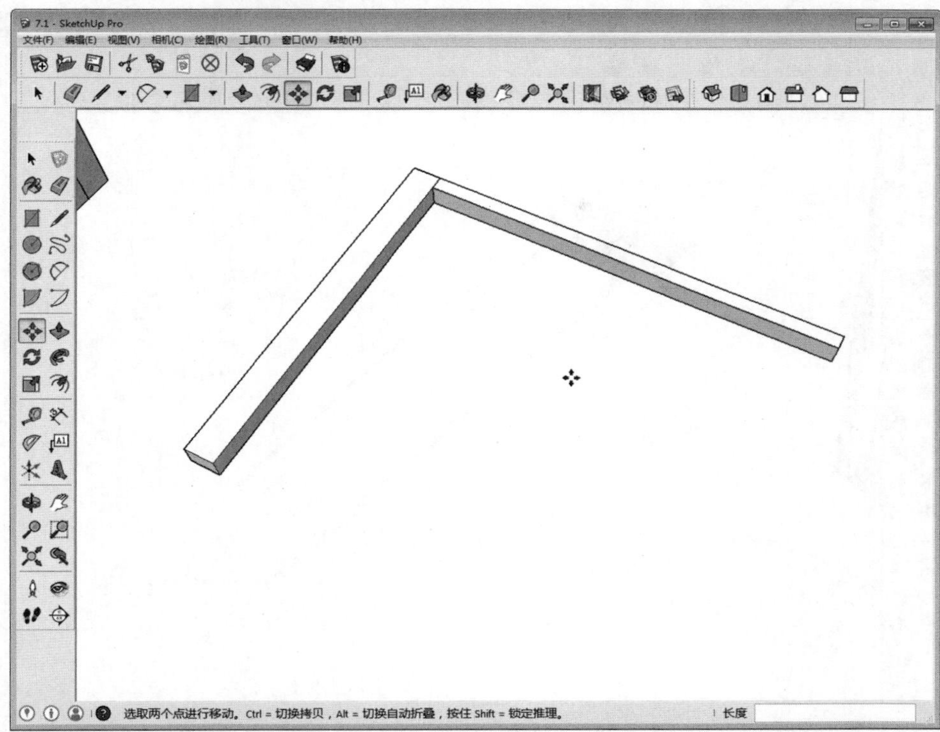

图7-22　创建长方体

㉓ 激活移动工具，按住Ctrl键移动复制长方体，设置移动距离为430，如图7-23所示。

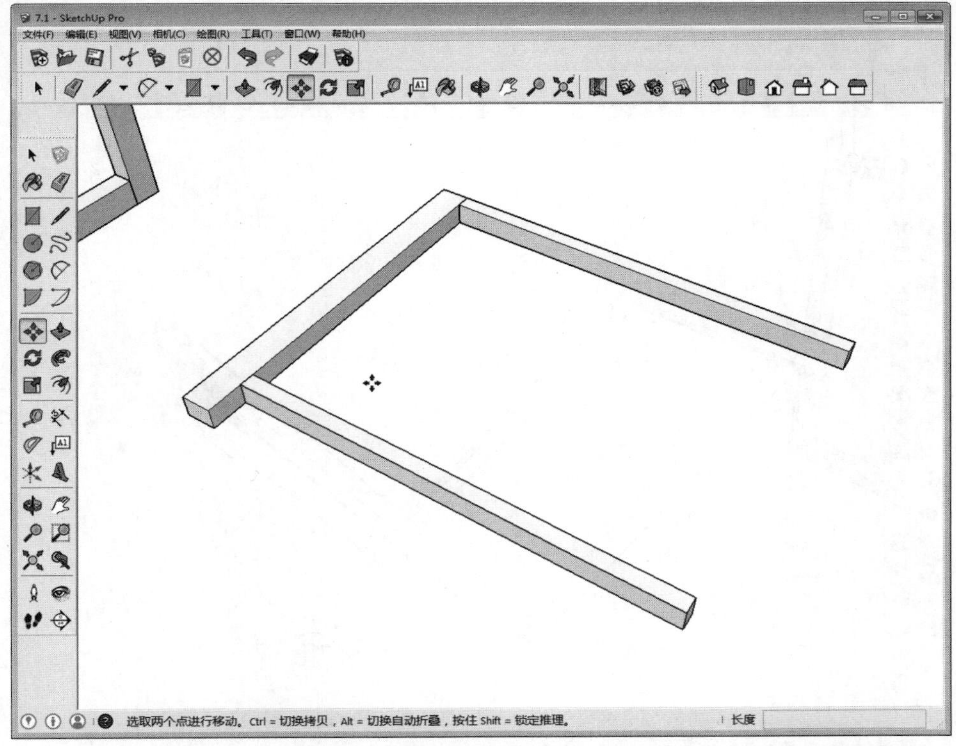

图7-23　复制模型

㉔ 激活旋转工具，将创建的三个长方体旋转42°，如图7-24所示。

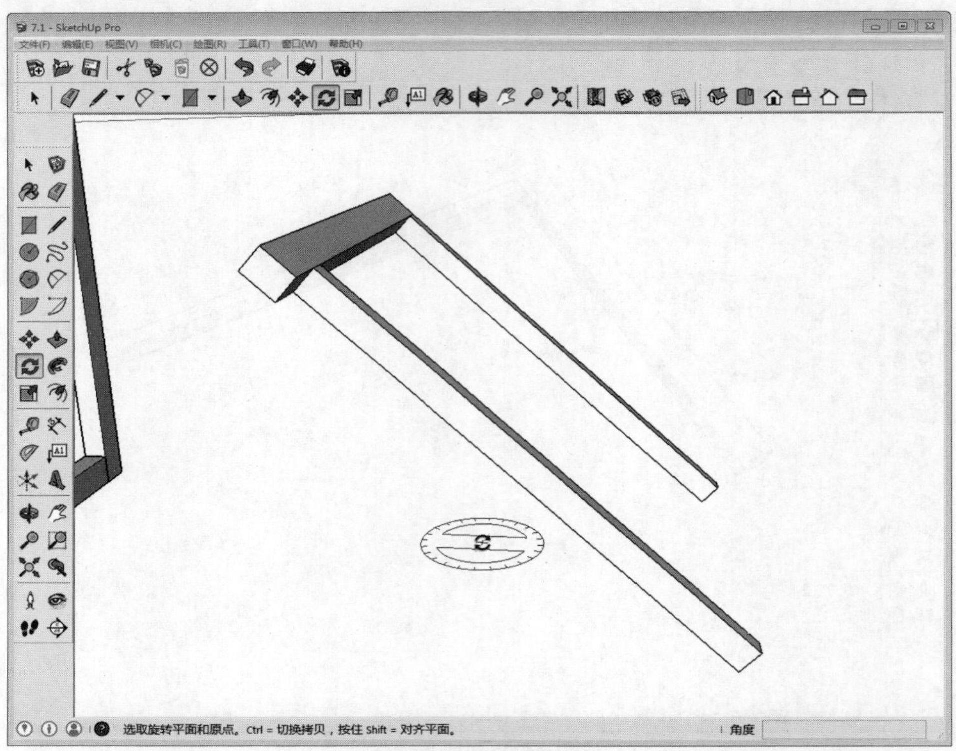

图7-24　旋转模型

㉕ 复制模型，并利用旋转工具旋转模型，如图7-25所示。

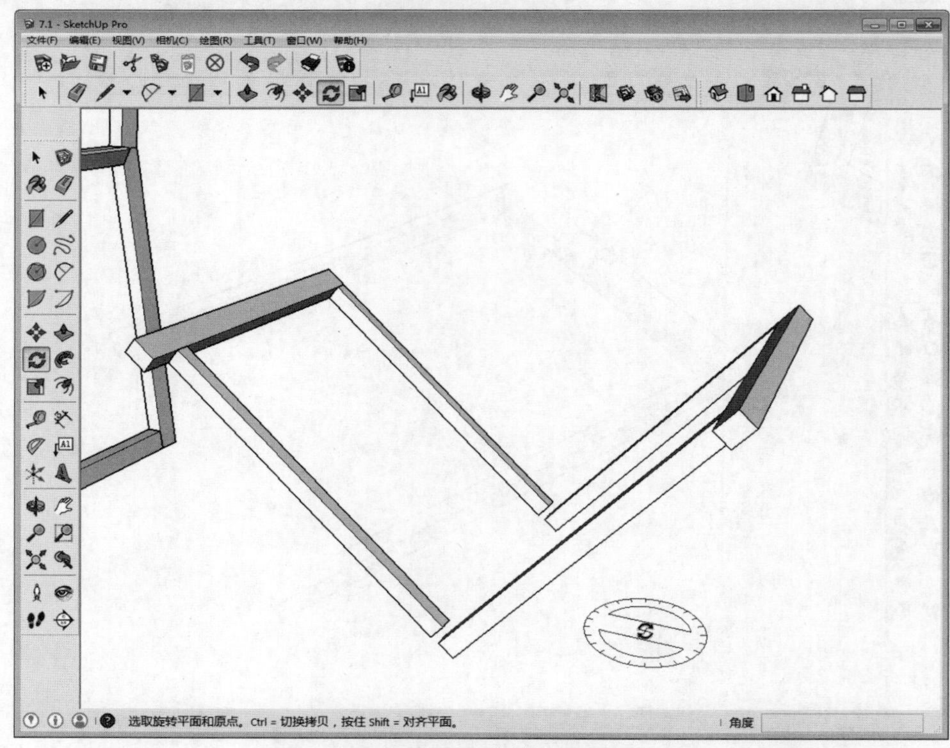

图7-25　复制并旋转模型

❷❻ 调整模型位置，如图7-26所示。

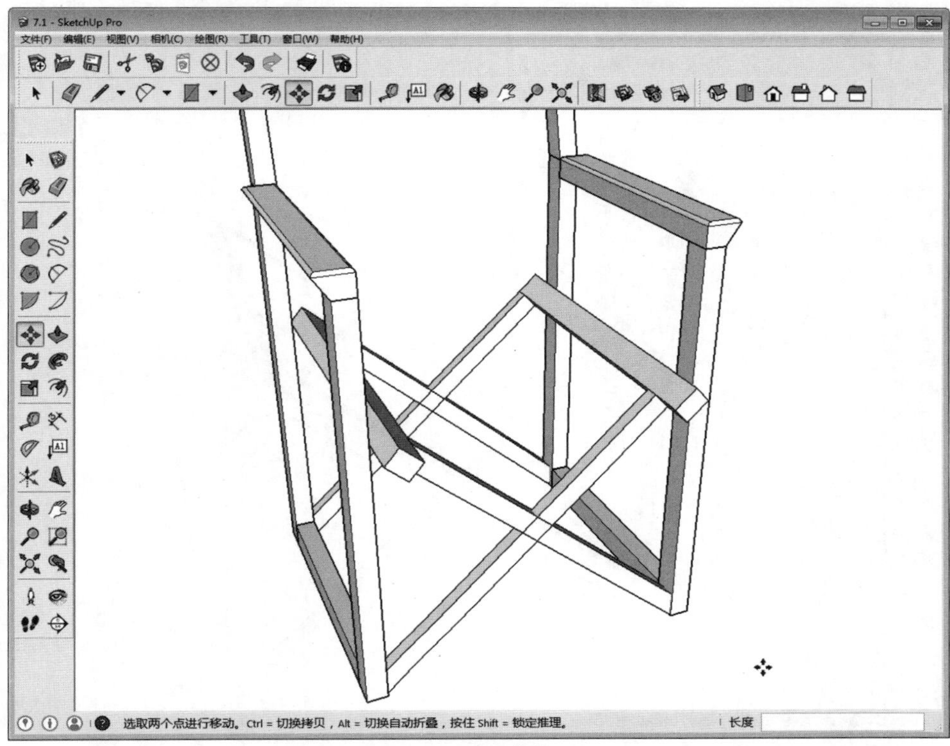

图7-26　调整位置

❷❼ 选择交叉的四个长方体组件，单击鼠标右键，在弹出的菜单中选择“分解”命令，如图7-27所示。

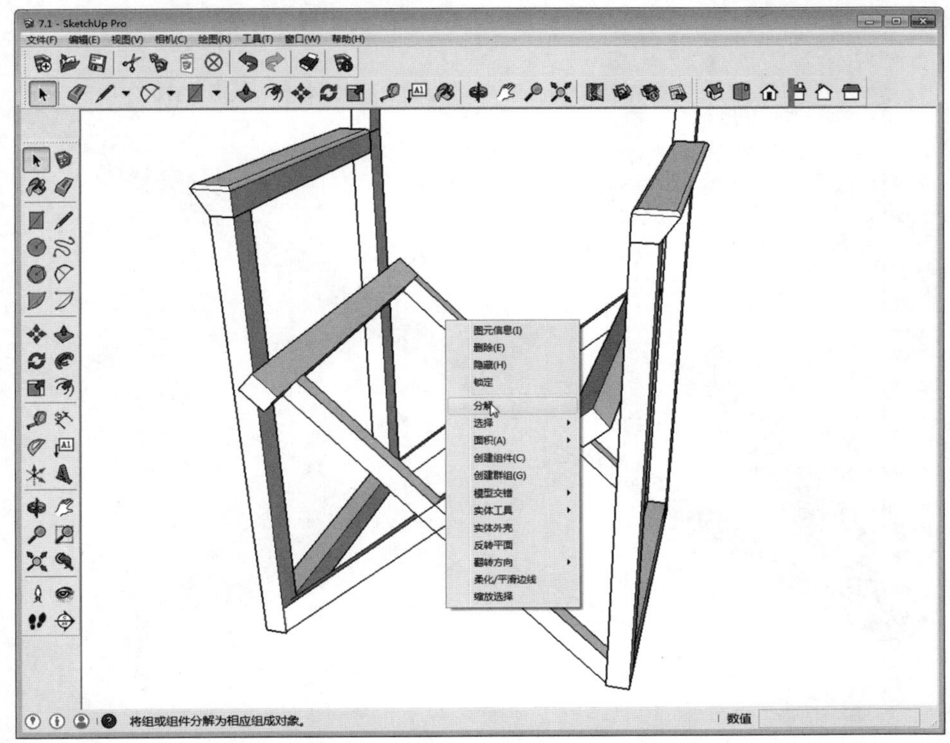

图7-27　分解模型

㉘ 再将其合并为一个组件，双击进入编辑状态，如图7-28所示。

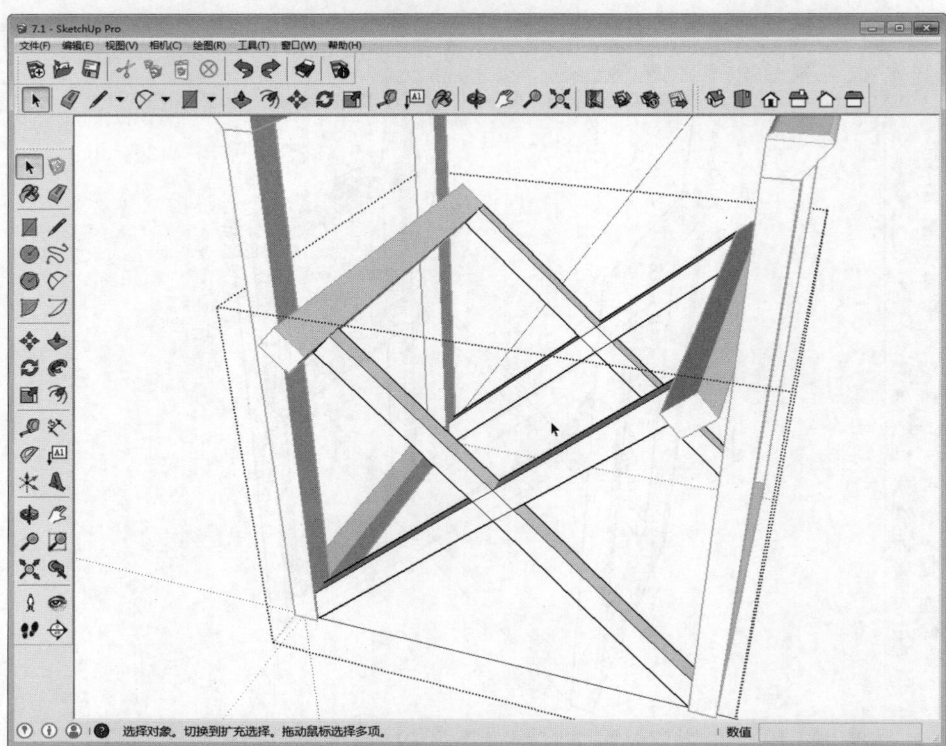

图7-28　再次创建成组

㉙ 激活直线工具，捕捉绘制交叉直线，如图7-29所示。

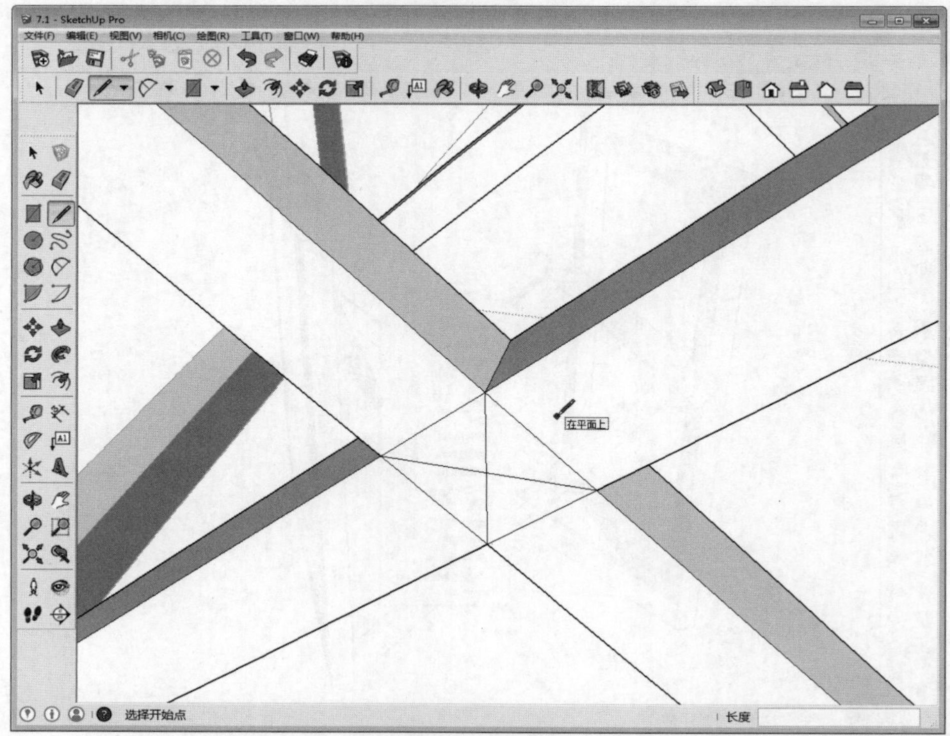

图7-29　绘制直线

30 激活圆工具，捕捉交点，绘制半径为15的圆，如图7-30所示。

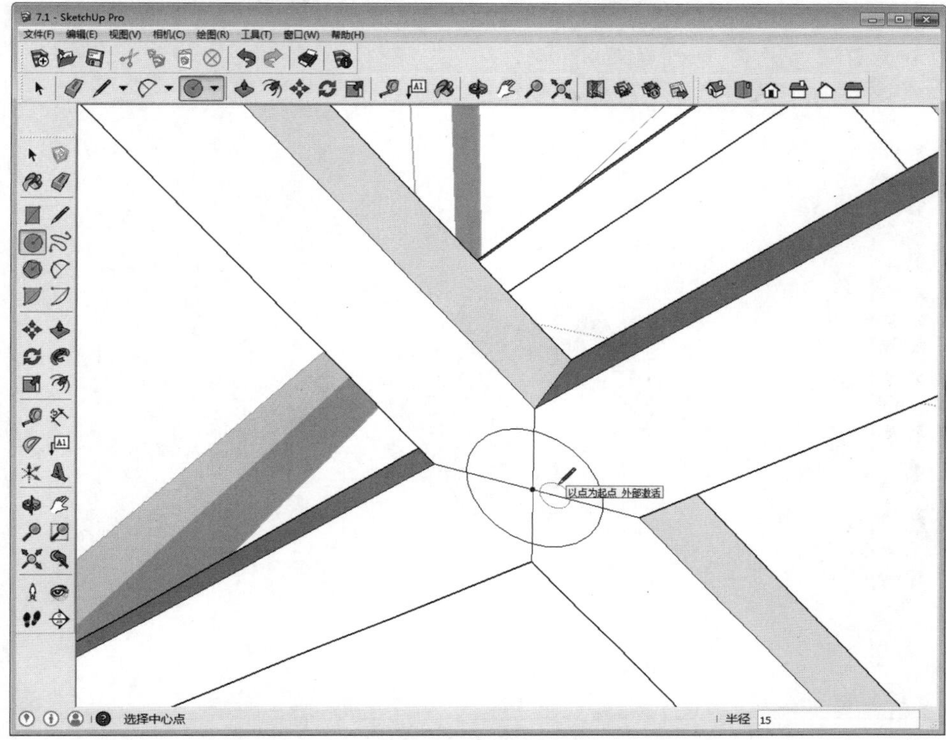

图7-30　绘制圆

31 删除交叉直线，再激活推/拉工具，将圆向内推出2，如图7-31所示。

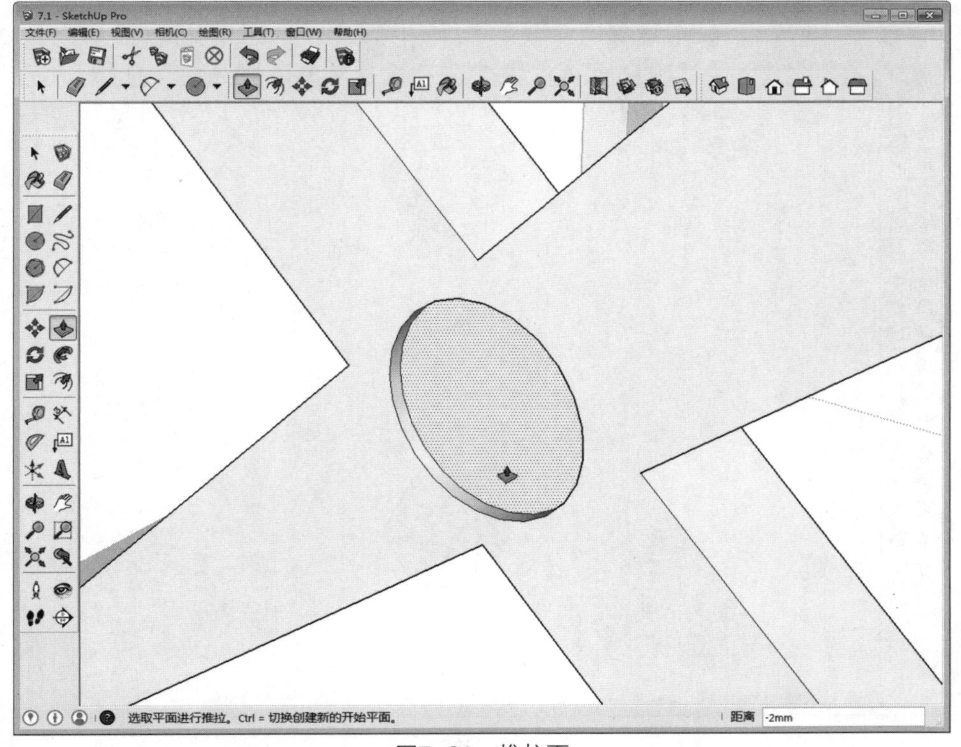

图7-31　推拉面

32 激活多边形工具，绘制一个半径为2的六边形，如图7-32所示。

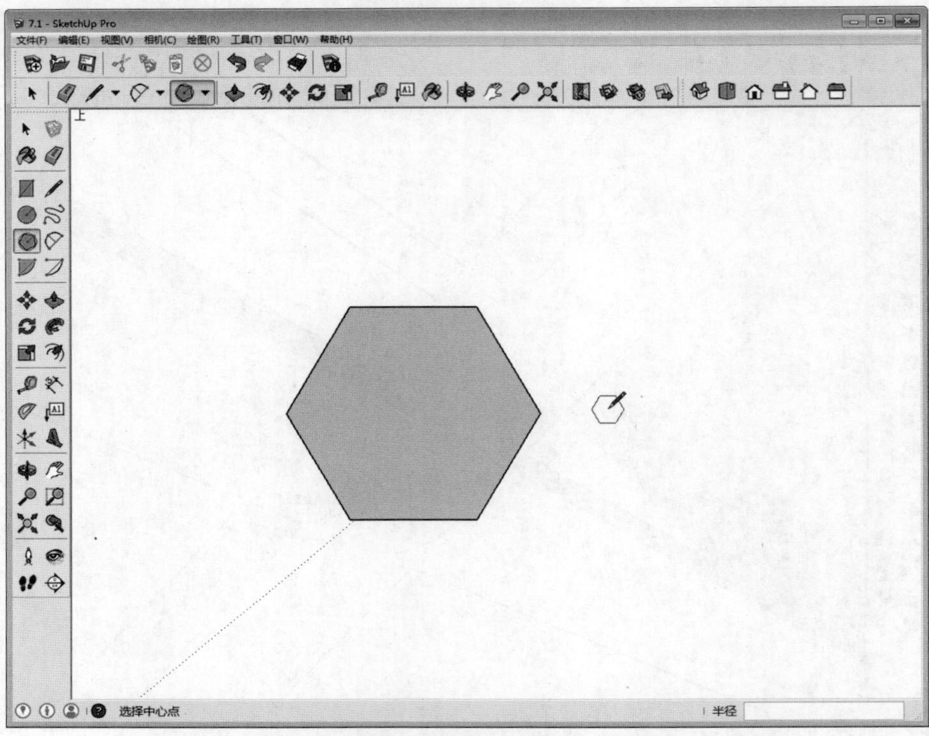

图7-32　绘制六边形

33 激活移动工具，按住Ctrl键向上移动复制，移动距离为11，如图7-33所示。

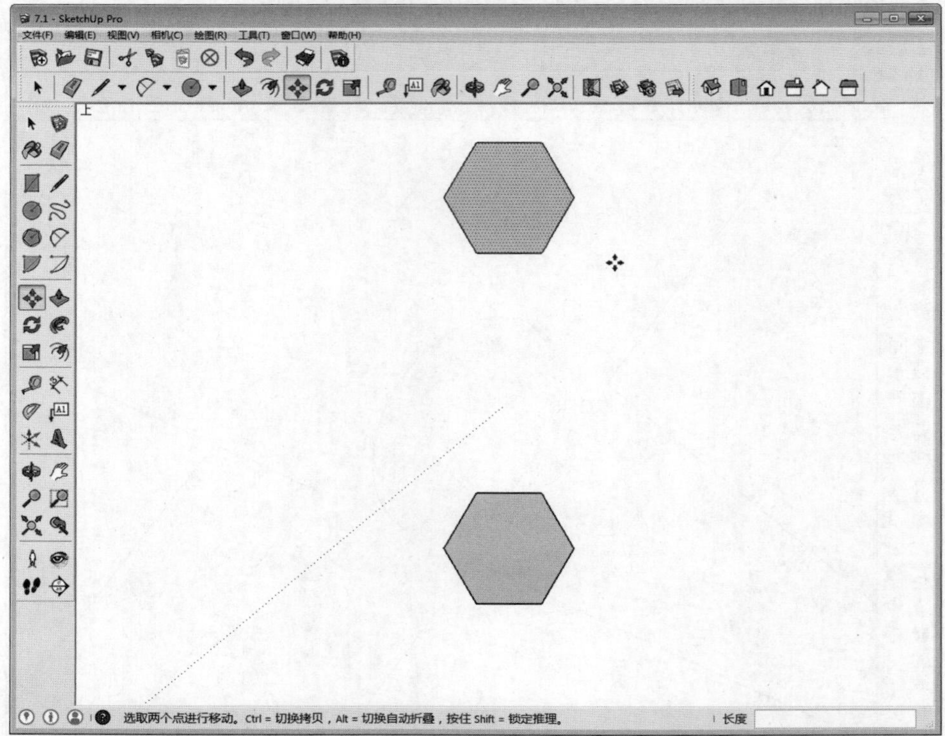

图7-33　复制图形

34 激活直线工具，连接两个六边形，再删除多余的线段，如图7-34所示。

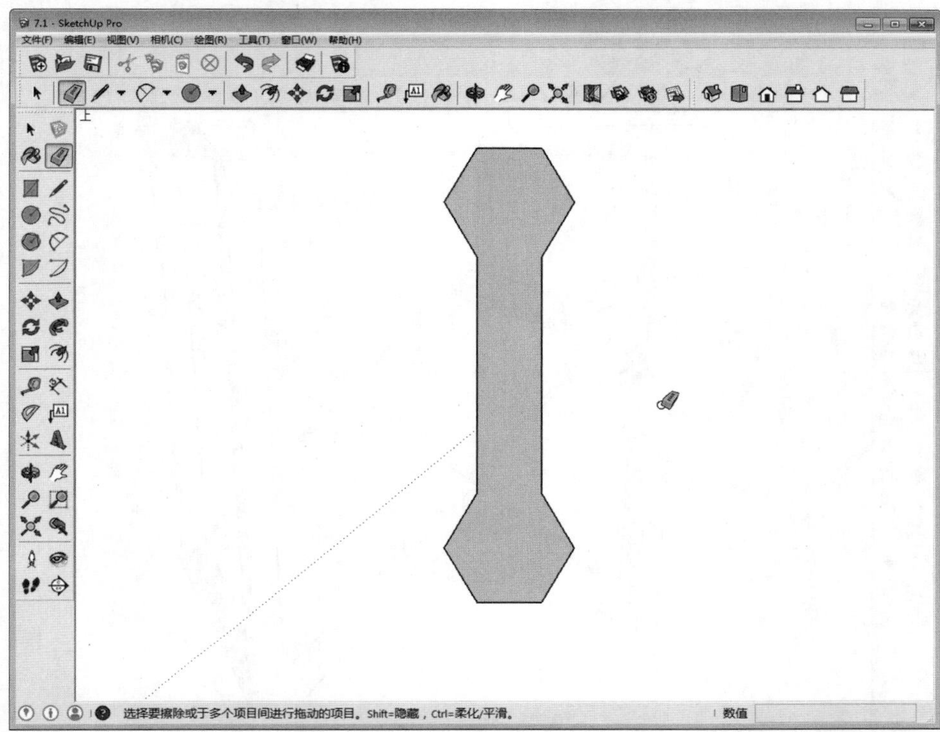

图7-34　连接图形

35 激活推/拉工具，将图形推出120，并创建成组，如图7-35所示。

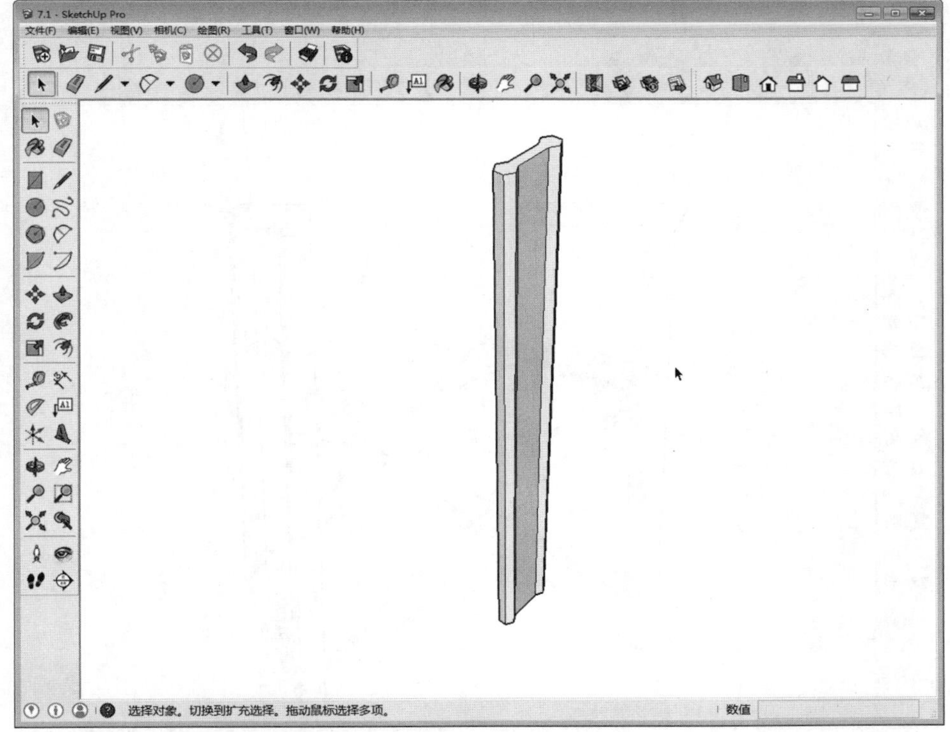

图7-35　推拉面

36 利用旋转工具、移动工具将创建好的模型旋转并移动到合适位置，如图7-36所示。

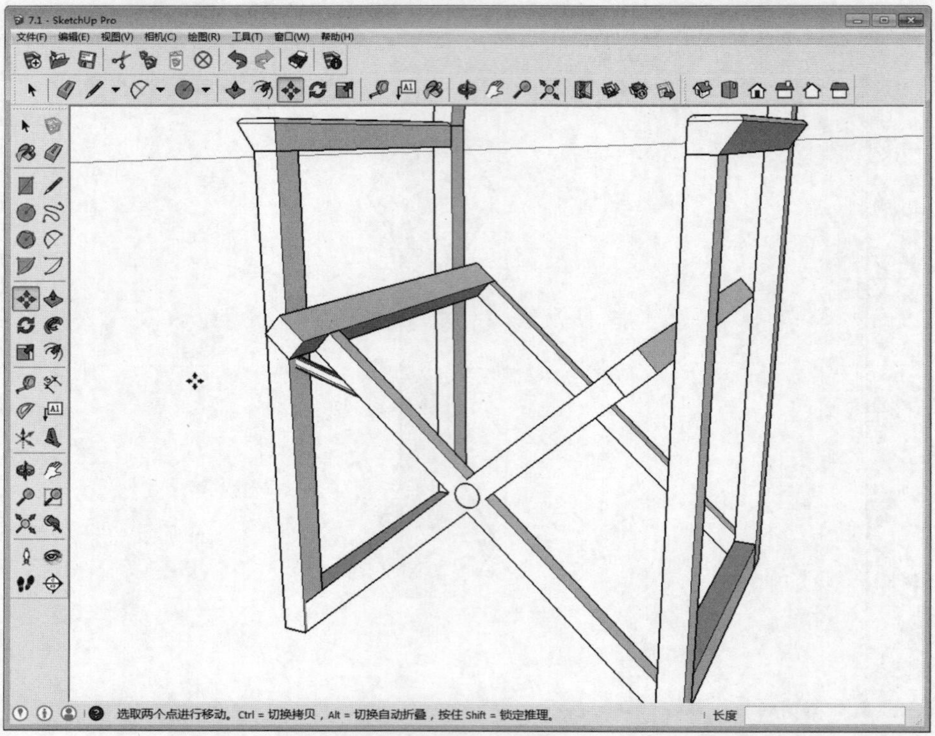

图7-36　移动模型

37 再利用移动命令、旋转命令复制模型并旋转相应的角度，如图7-37所示。

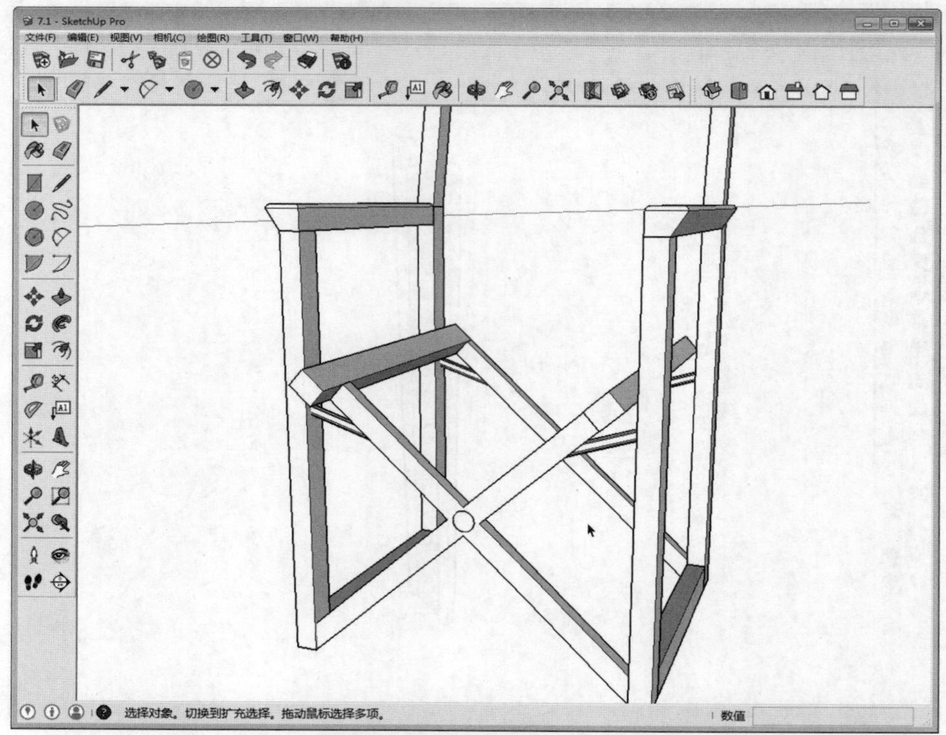

图7-37　复制并旋转模型

38 选择中间位置的模型，将其向上移动40，如图7-38所示。

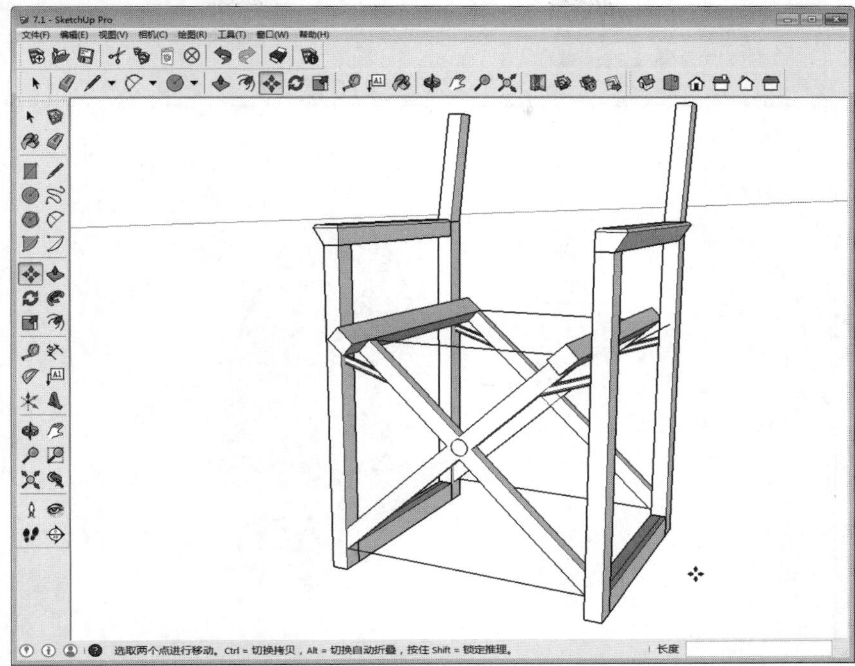

图7-38　移动模型

7.1.2　制作铆钉造型

接下来制作铆钉造型，操作步骤如下。

01 绘制两个相互垂直的圆，如图7-39所示。

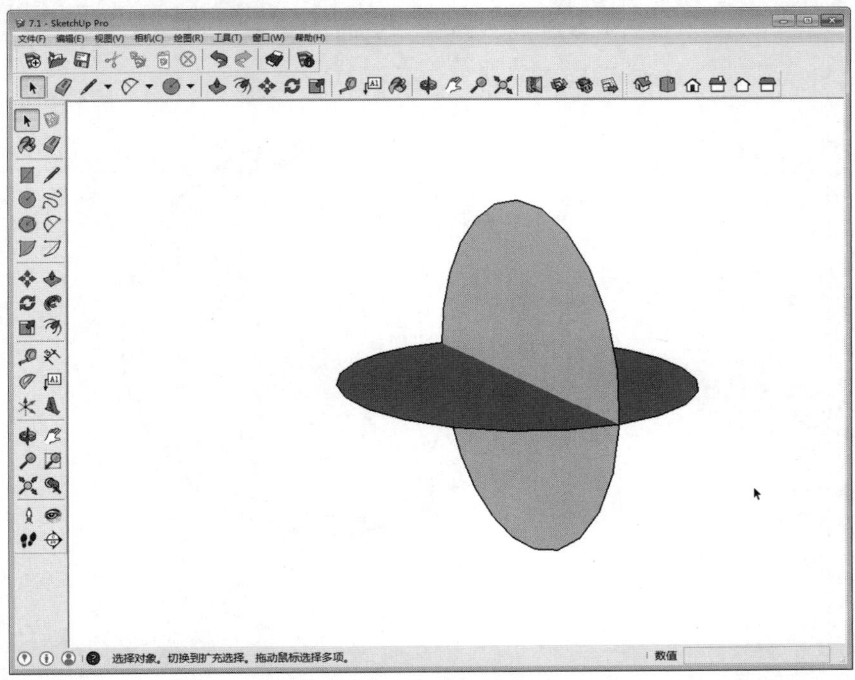

图7-39　绘制圆形

02 删除水平圆的面，仅剩下边线，如图7-40所示。

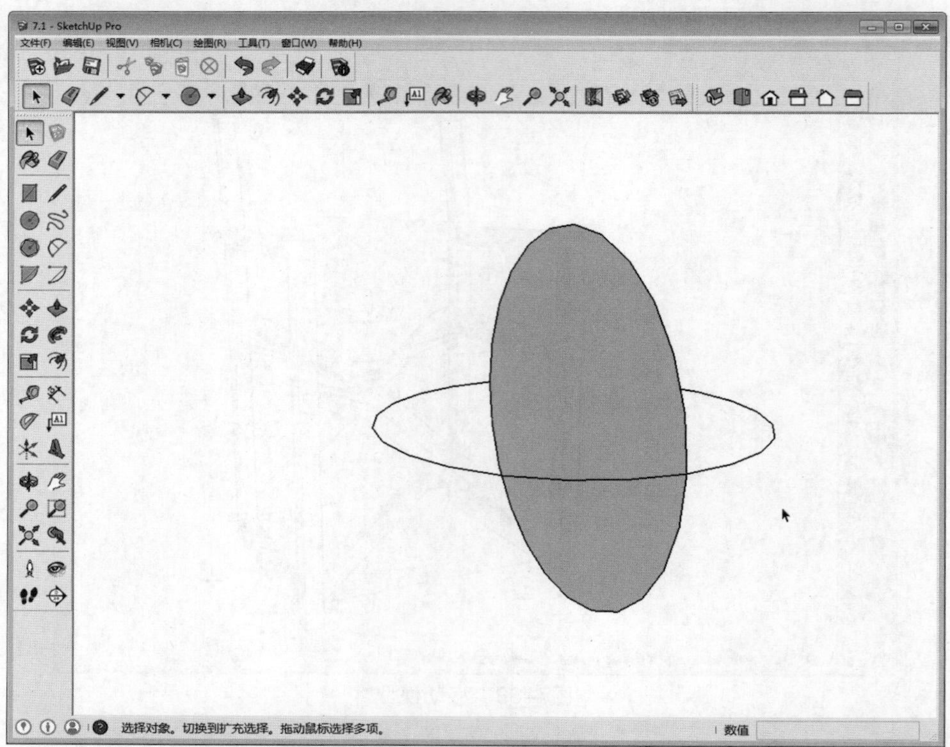

图7-40　删除面

03 选择圆形，激活路径跟随工具，再单击垂直的圆，制作出球体，如图7-41所示。

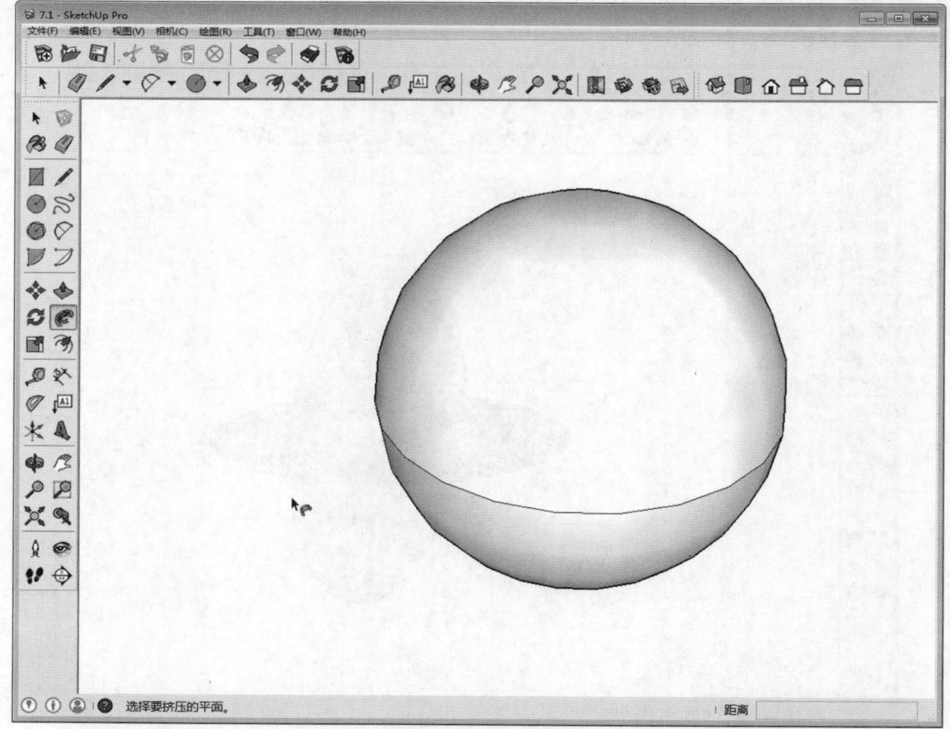

图7-41　制作球体

04 删除球体的下半部分，再激活旋转工具，旋转半球，如图7-42所示。

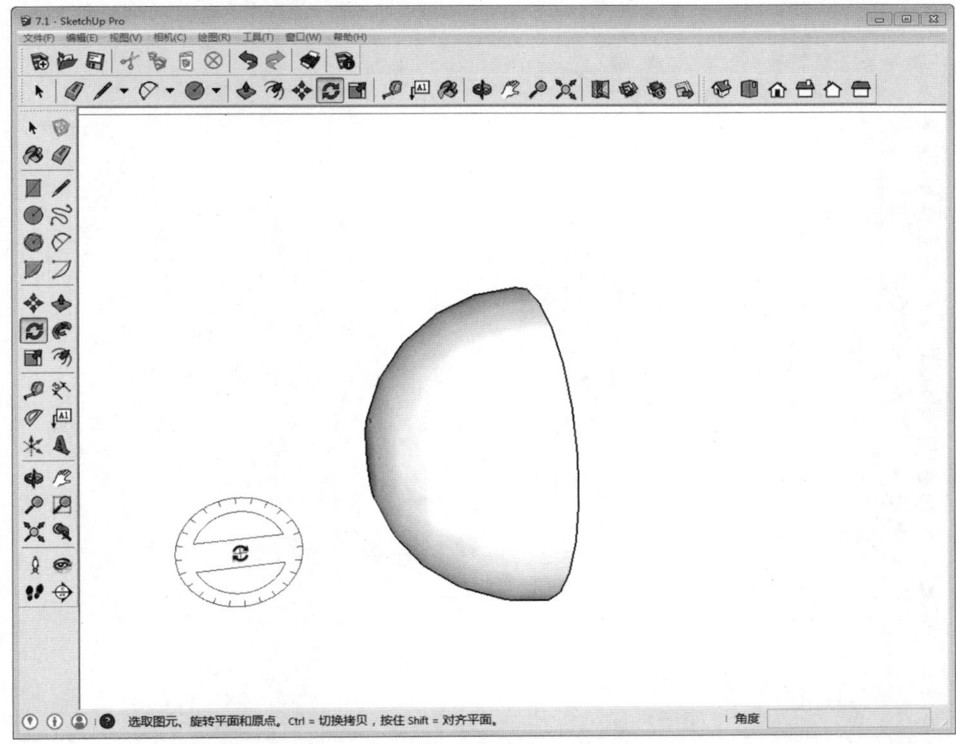

图7-42　删除并旋转

05 选择半球，将其创建成组，再激活缩放工具，选择中间的控制点调整缩放比例，如图7-43所示。

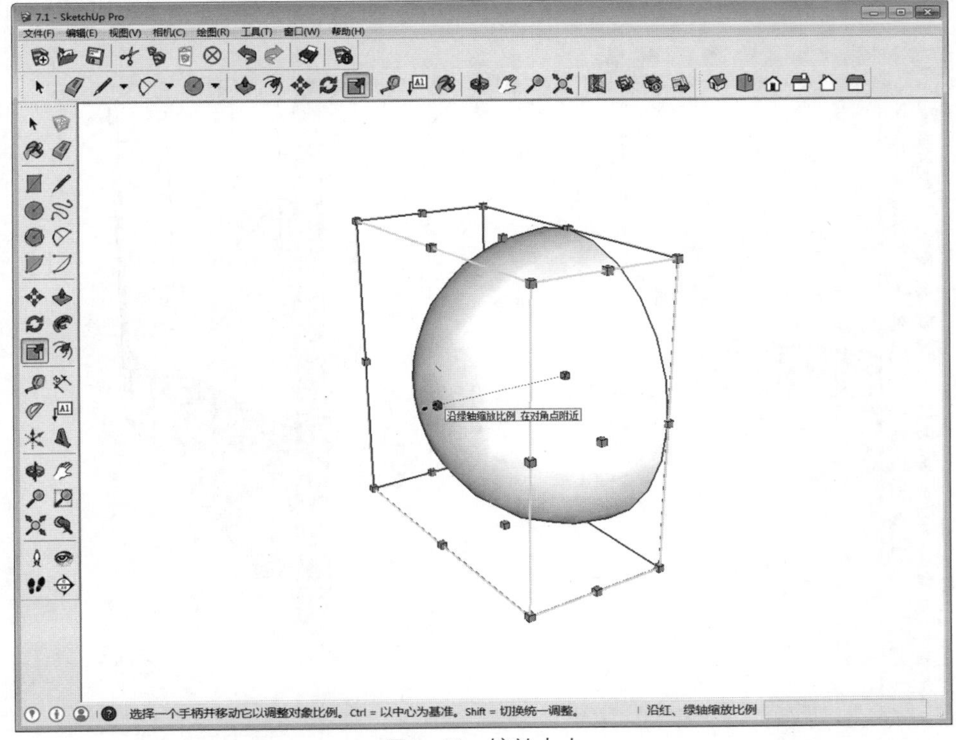

图7-43　缩放大小

06 调整半球的厚度，制作出螺钉顶部的造型，如图7-44所示。

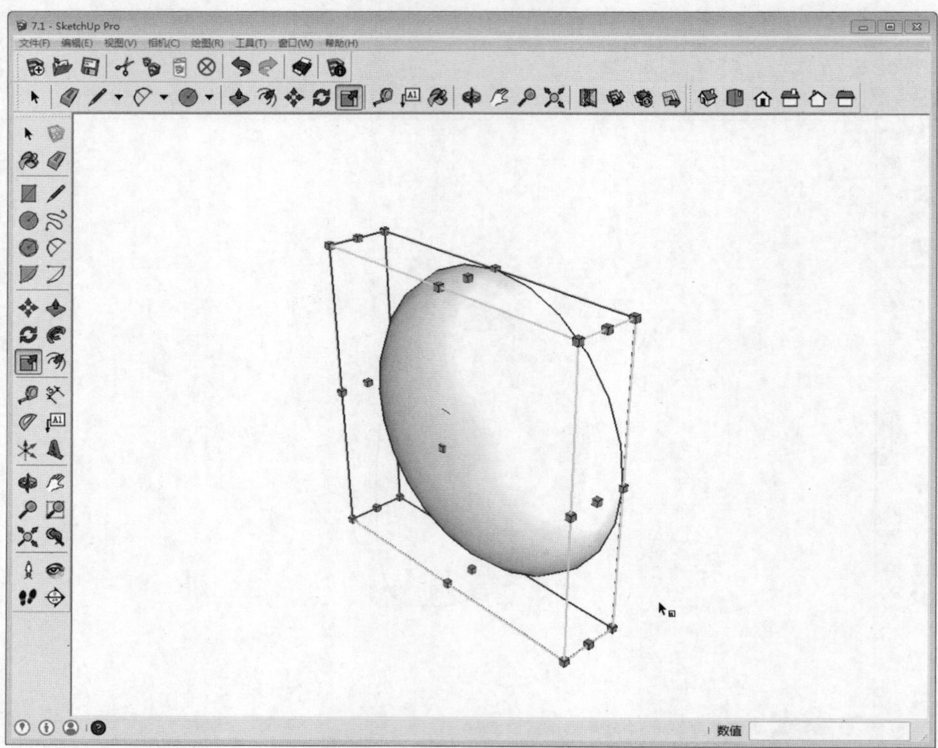

图7-44 调整厚度

07 移动模型到椅子腿的合适位置，如图7-45所示。

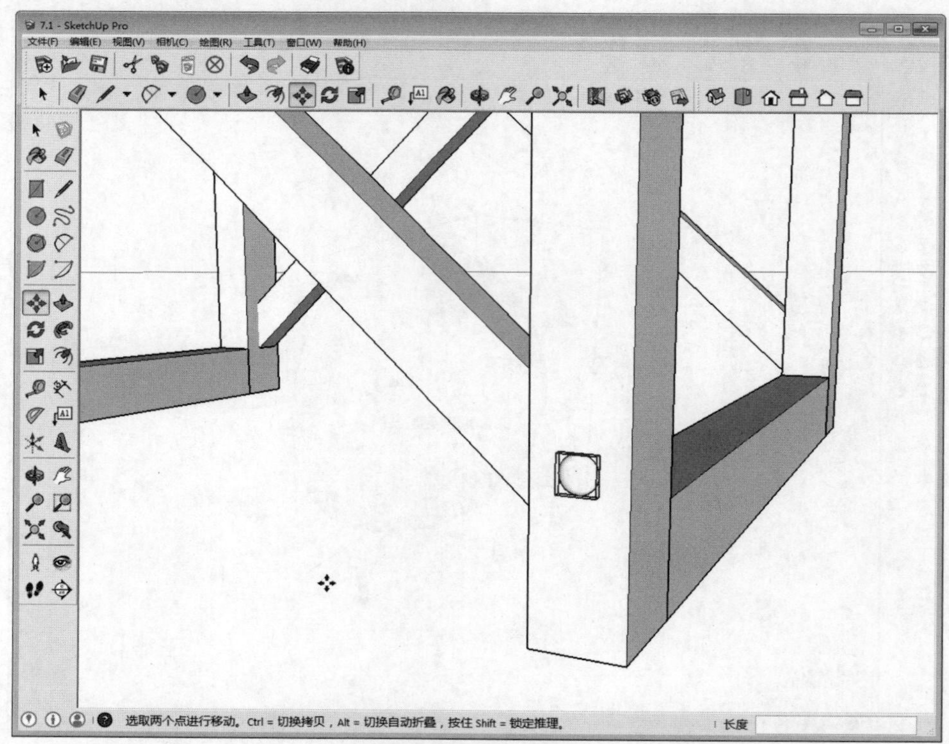

图7-45 移动模型

08 复制模型，调整到合适位置，如图7-46所示。

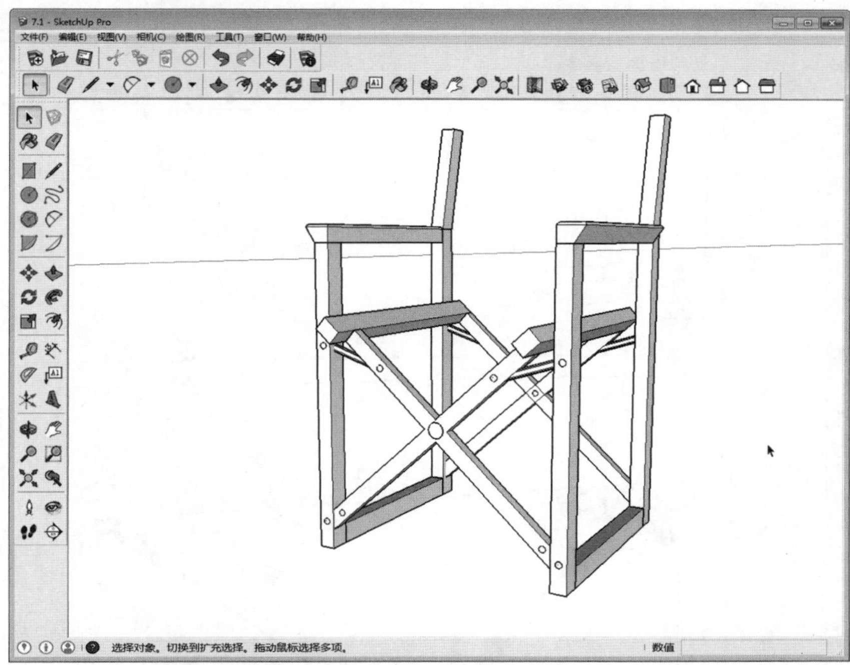

图7-46 复制模型

7.1.3 制作坐垫和靠背造型

接下来制作坐垫及靠背模型，操作步骤如下。

01 在椅子中间随意捕捉绘制一个矩形面，并将其创建成组，如图7-47所示。

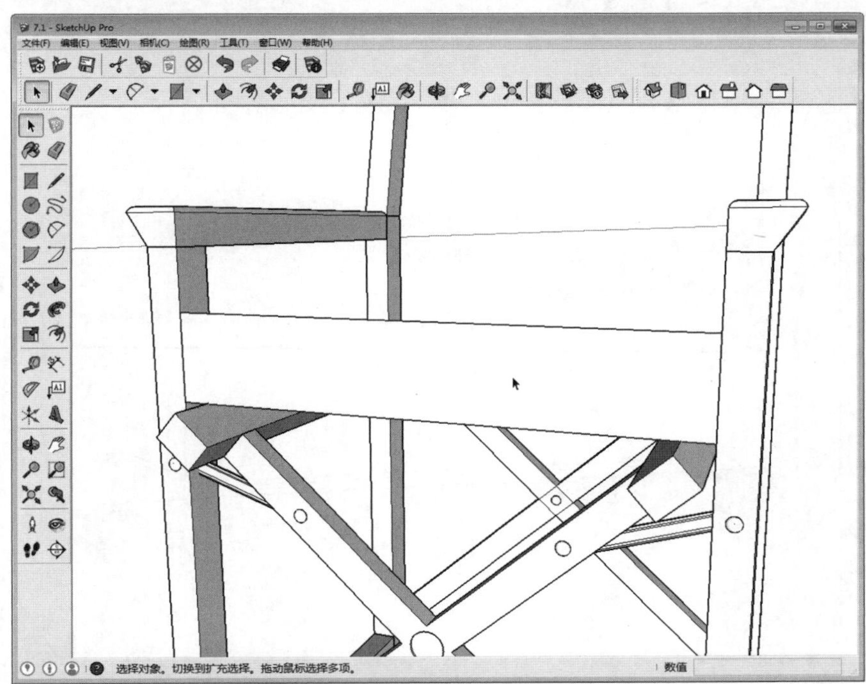

图7-47 绘制矩形并成组

02 双击进入编辑模式，利用圆弧工具和直线工具绘制一条曲线，如图7-48所示。

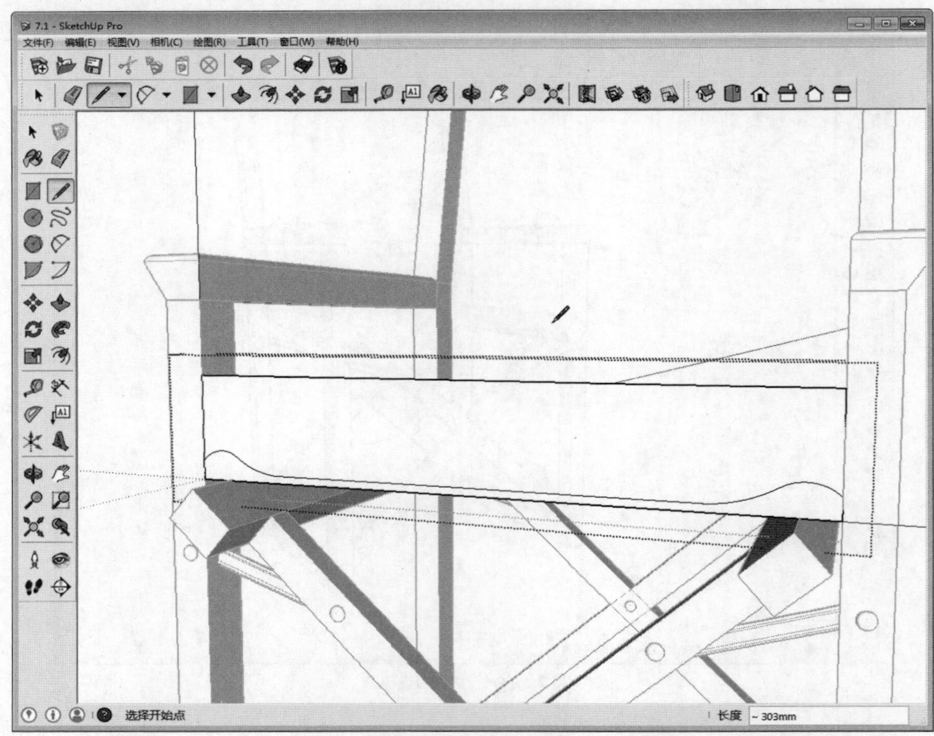

图7-48 绘制曲线

03 选择曲线，激活移动工具，按住Ctrl键向上复制，设置移动距离为3，如图7-49所示。

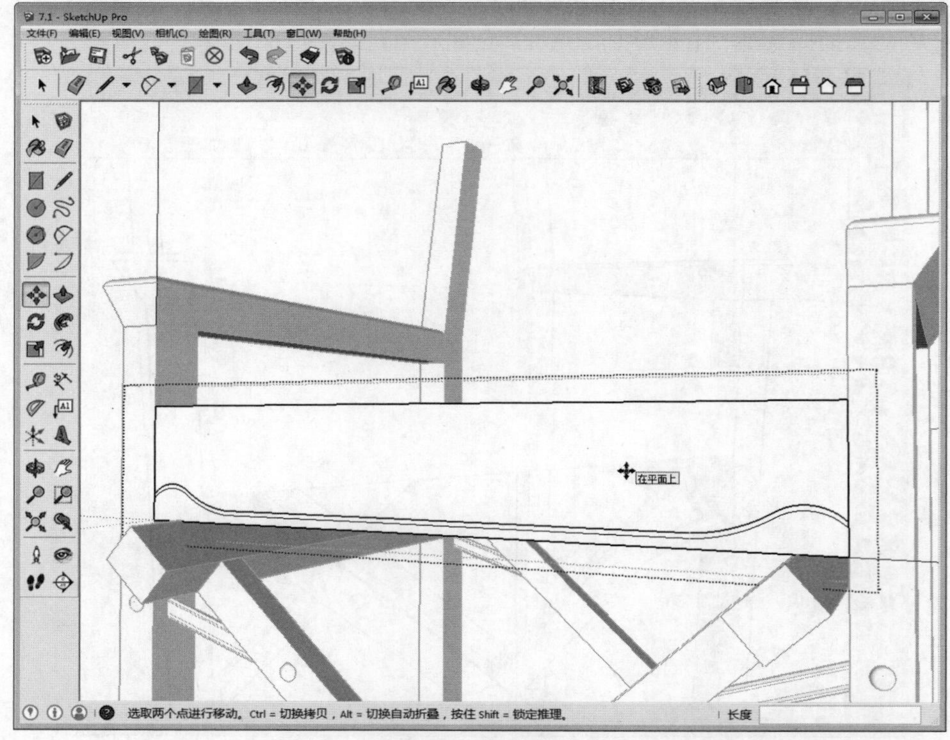

图7-49 复制曲线

04 删除多余线条，如图7-50所示。

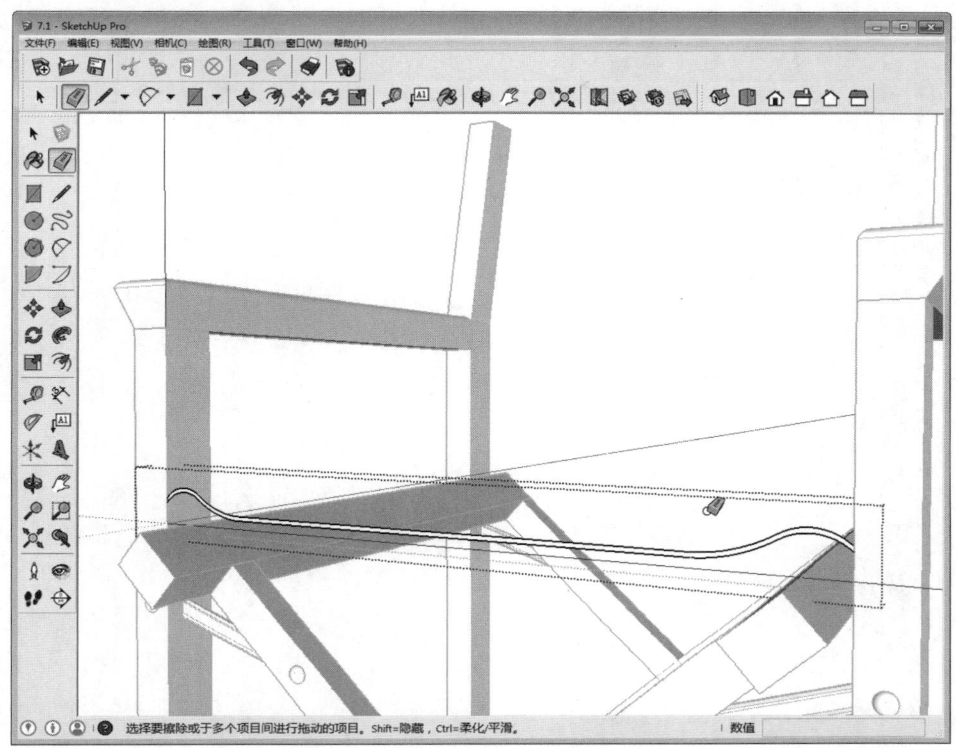

图7-50　删除线条

05 激活推/拉工具，将曲面推出500，退出编辑模式并调整位置，完成坐垫模型的制作，如图7-51所示。

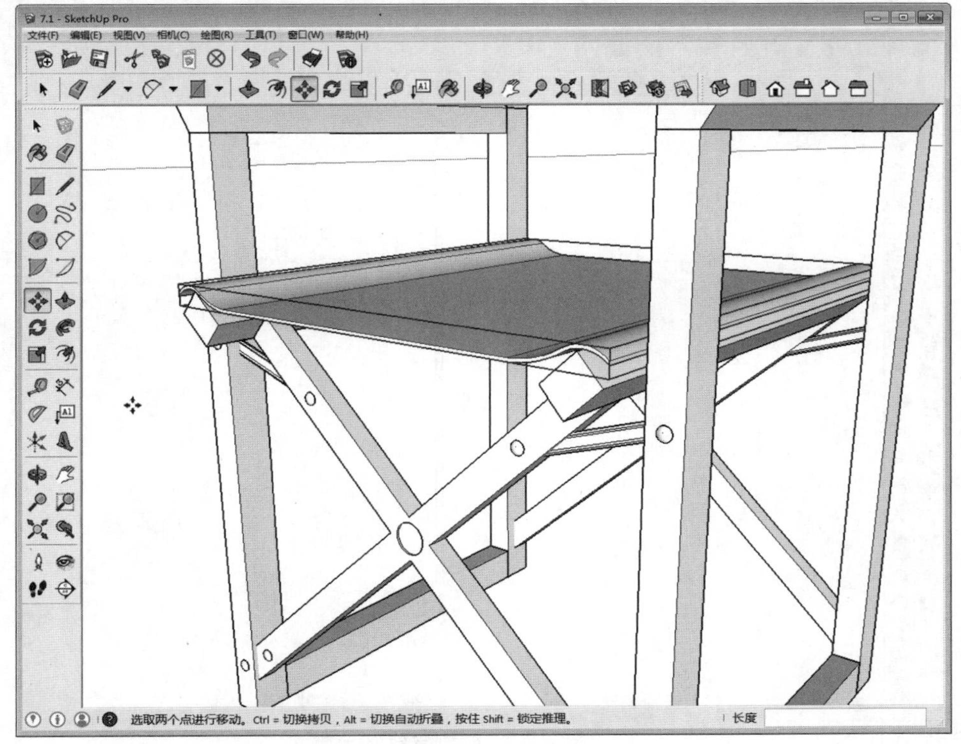

图7-51　推拉面

06 激活圆工具，绘制两个半径为10的圆，间隔距离为180，如图7-52所示。

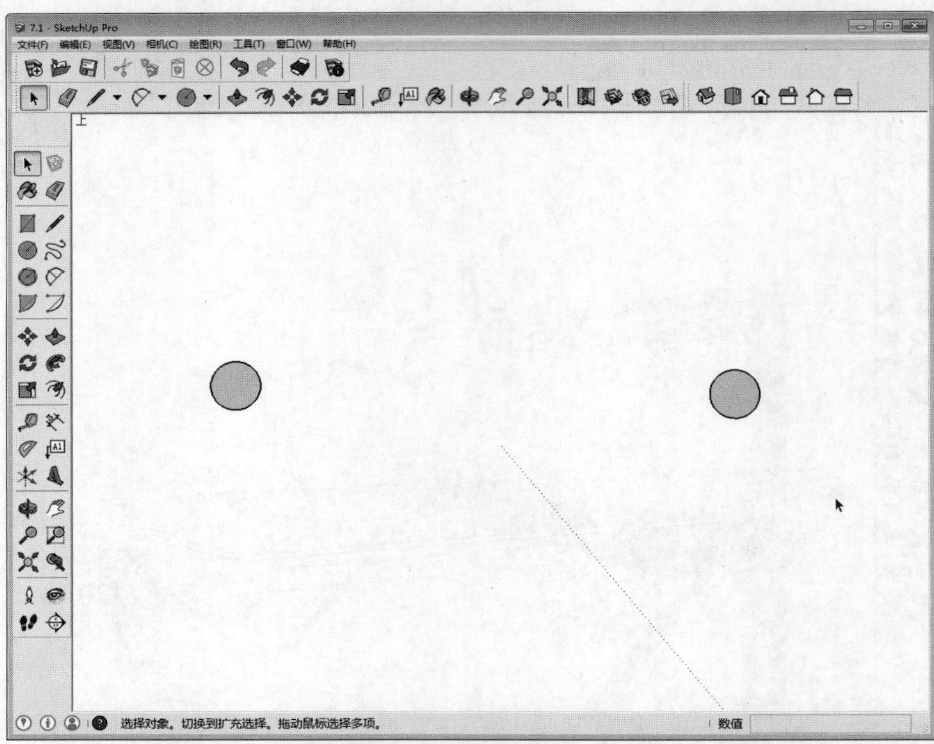

图7-52　绘制并复制圆

07 激活直线工具，绘制两个圆的连接线，如图7-53所示。

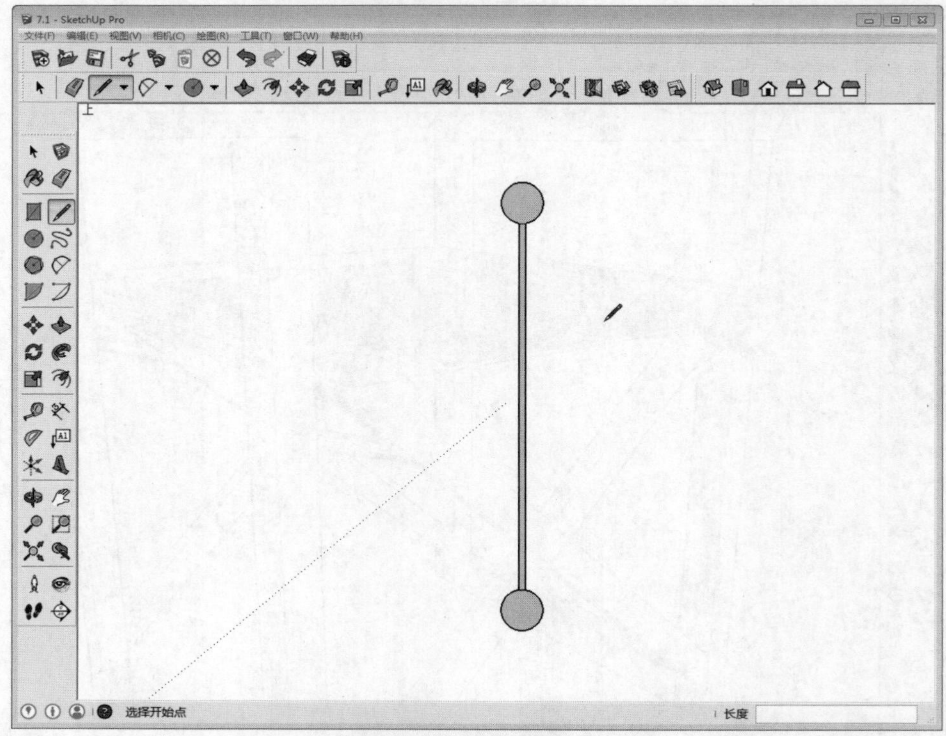

图7-53　绘制直线

08 删除多余直线，再激活推/拉工具，将图形推出450，如图7-54所示。

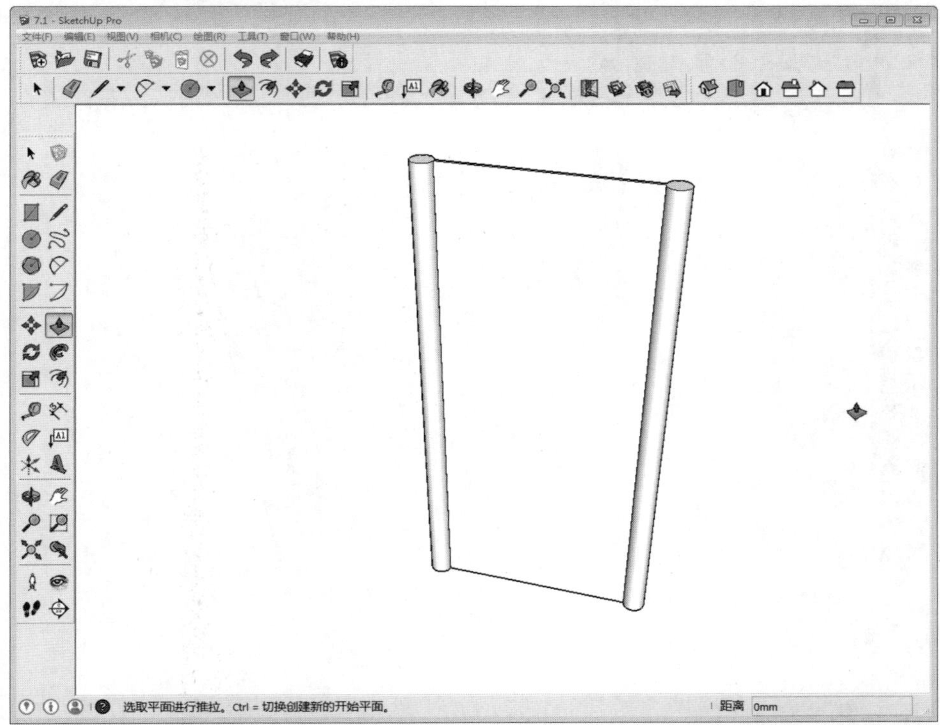

图7-54　推拉面

09 激活缩放工具，对模型进行缩放处理，如图7-55所示。

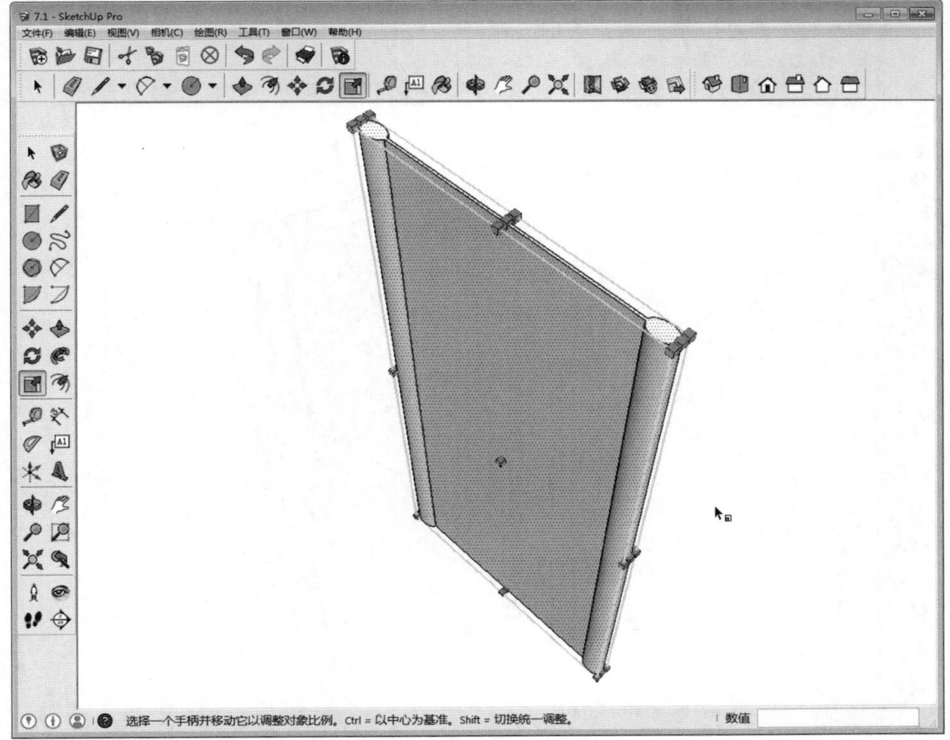

图7-55　缩放模型

⑩ 激活偏移工具，将边线向内偏移12，如图7-56所示。

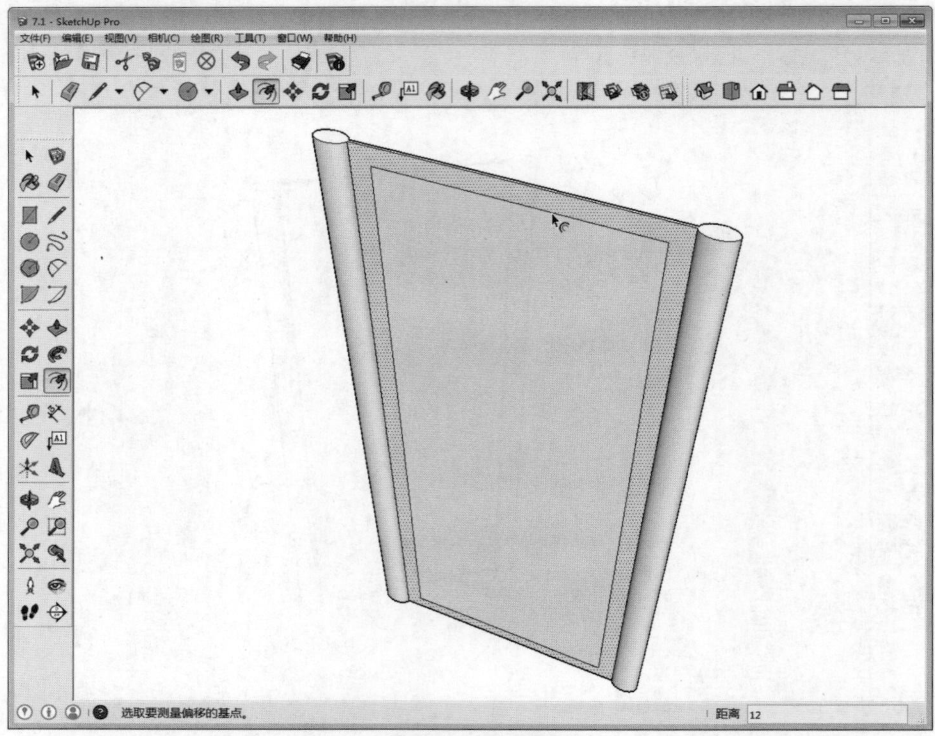

图7-56 偏移图形

⑪ 激活推/拉工具，将面推出10，如图7-57所示。

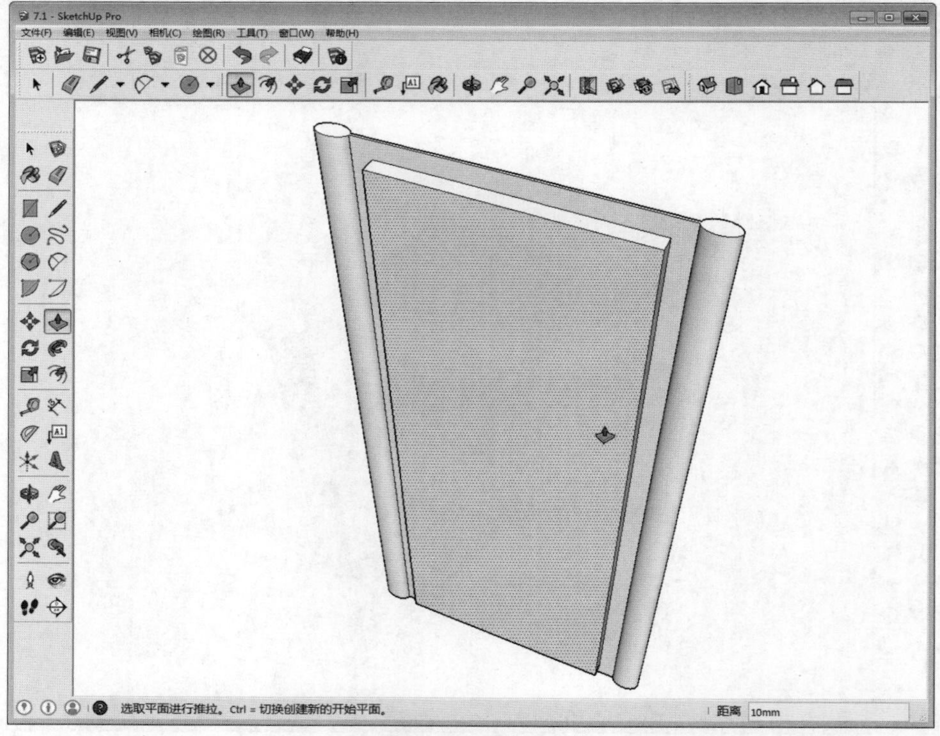

图7-57 推拉面

⑫ 激活圆弧工具，绘制圆弧，如图7-58所示。

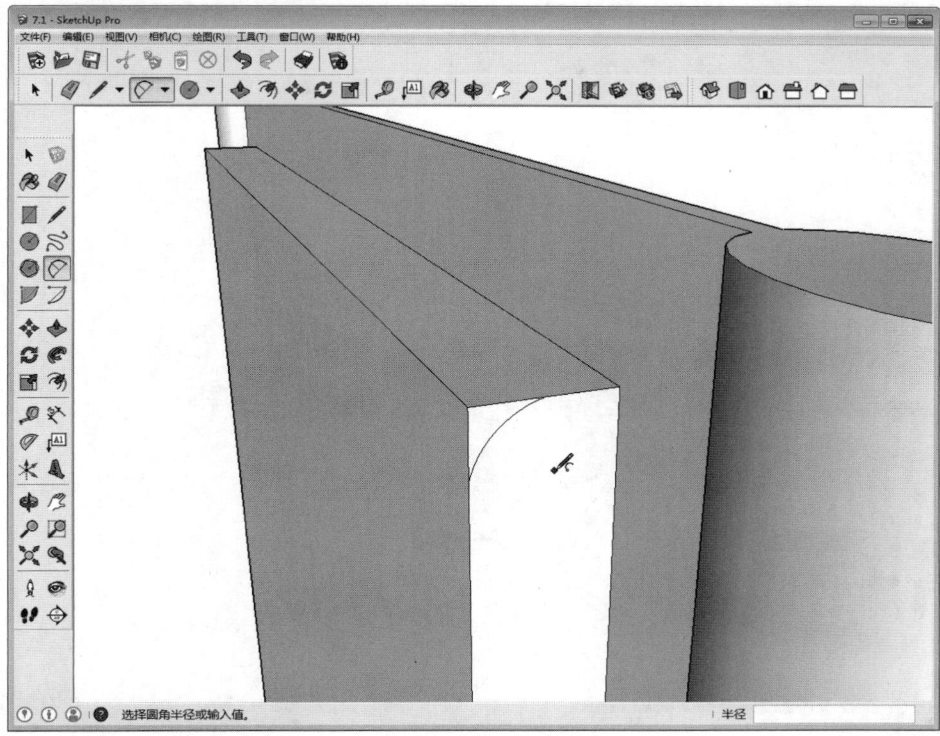

图7-58　绘制弧线

⑬ 激活路径跟随工具，对模型进行圆角处理，制作出靠背造型，如图7-59所示。

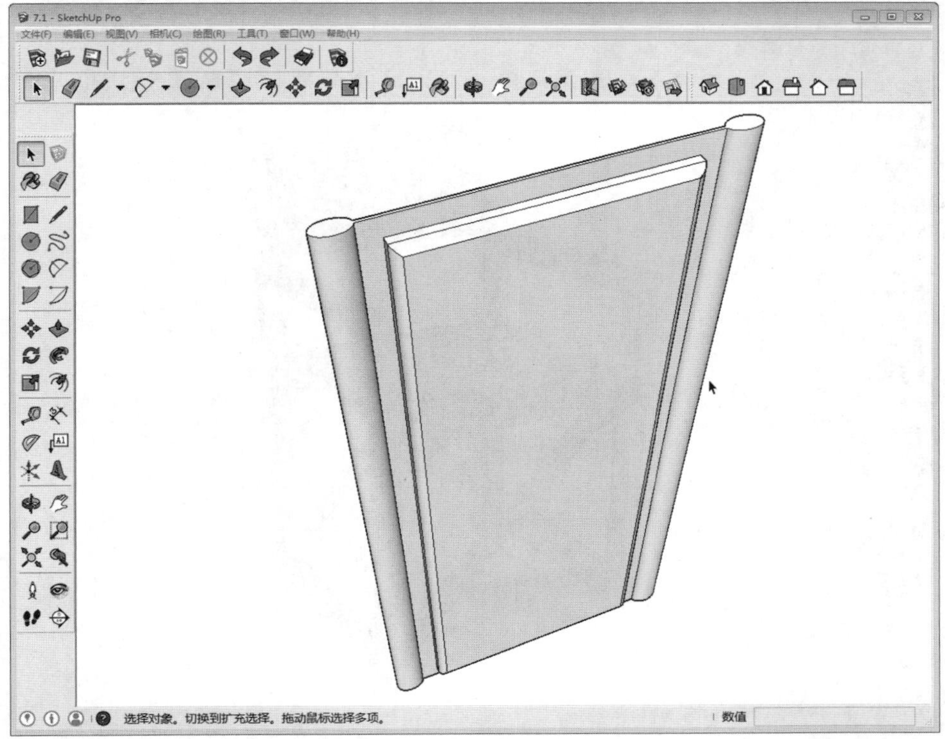

图7-59　路径跟随操作

⑭ 将模型成组，旋转角度并调整到合适的位置，完成扶手椅模型的制作，如图7-60所示。

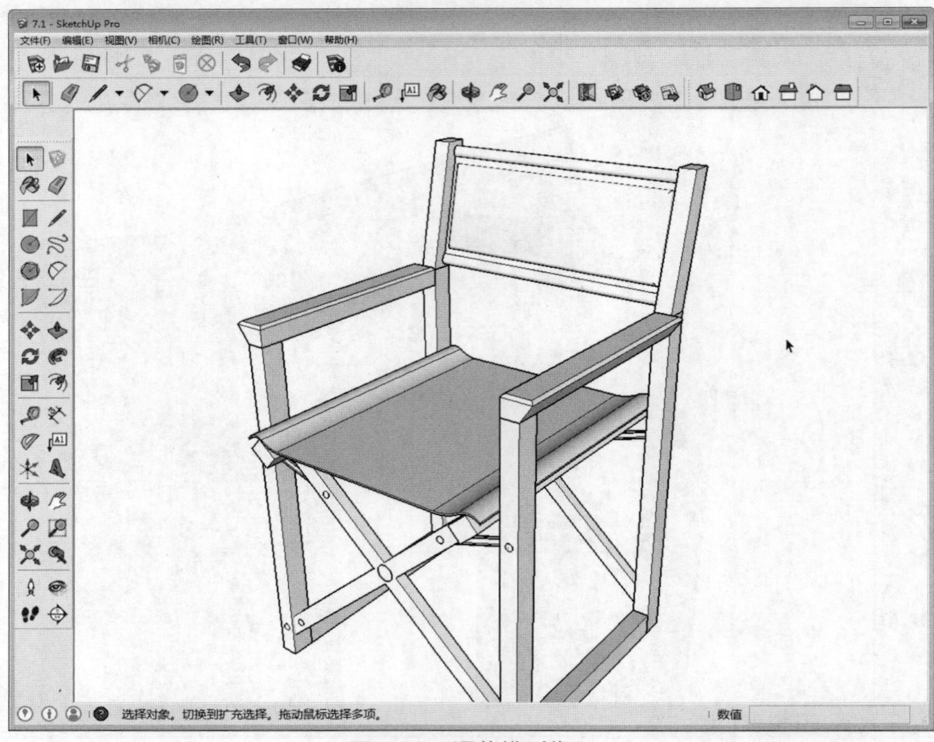

图7-60　调整模型位置

⑮ 最后为扶手椅模型添加材质贴图，即可看到最终效果，如图7-61所示。

图7-61　添加材质

7.2 制作双人床模型

下面将对双人床模型的制作过程进行介绍。

01 利用矩形工具和推拉工具制作一个120*120*1000的长方体，如图7-62所示。

02 向一侧复制长方体，间距设置为1900，如图7-63所示。

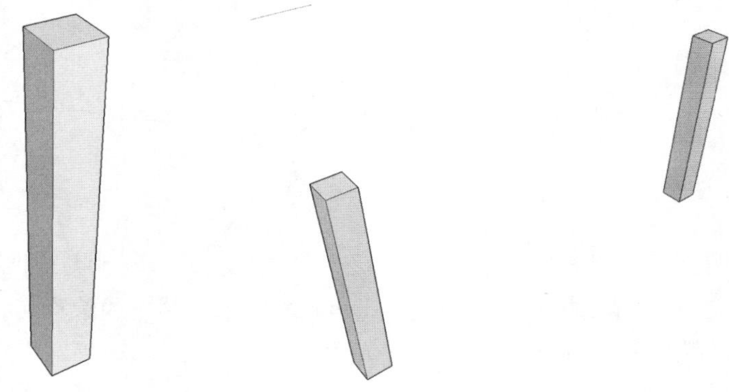

图7-62 创建长方体　　图7-63 绘制长方体

03 利用直线工具和弧线工具绘制上长为2400、下长为2240，高度为120的图形，如图7-64所示。

04 激活推拉工具，将图形推出120，如图7-65所示。

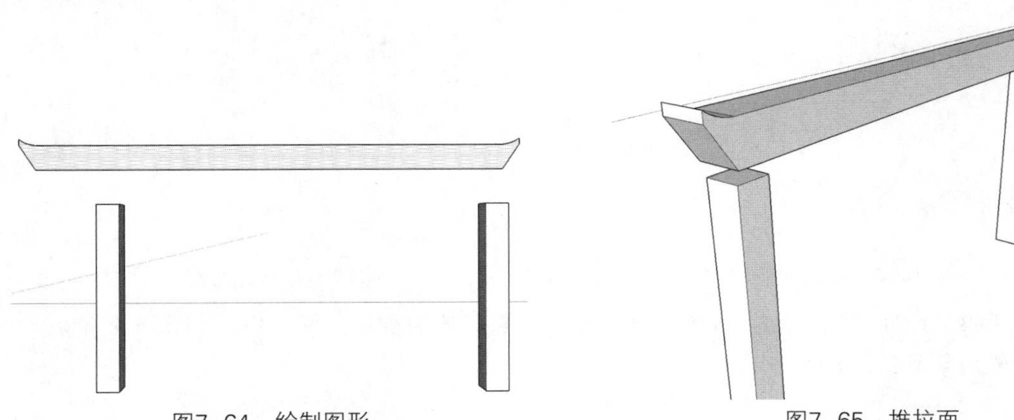

图7-64 绘制图形　　图7-65 推拉面

05 再制作一个80*120*800的长方体，移动到两个长方体之间，如图7-66所示。

06 调整模型位置，将其对齐，如图7-67所示。

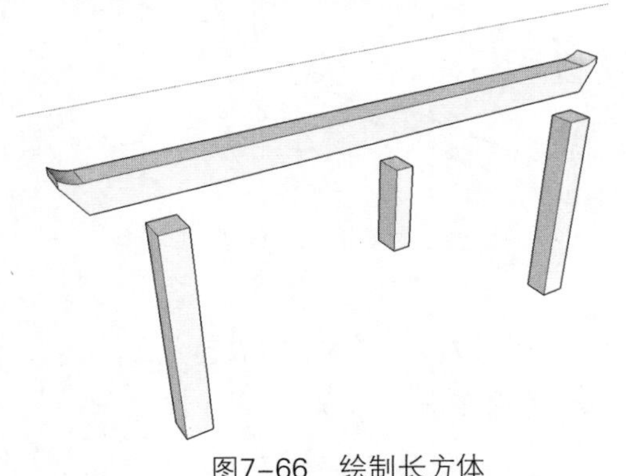

图7-66 绘制长方体

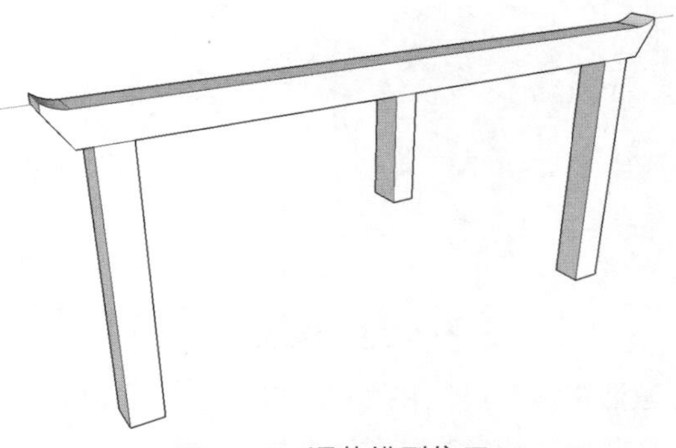

图7-67 调整模型位置

07 清除多余的图形，将其创建成组，如图7-68所示。

08 执行直线工具，绘制竖向的1900*380的矩形，如图7-69所示。

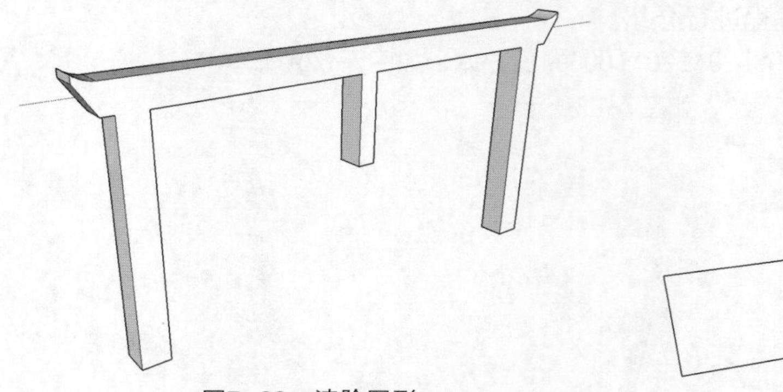

图7-68　清除图形

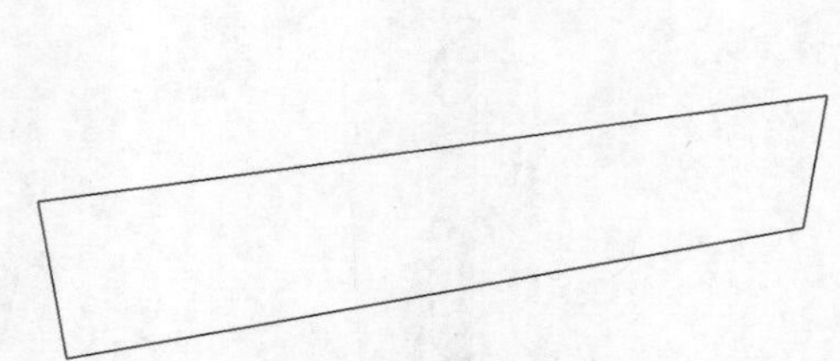

图7-69　绘制矩形

09 将其创建成组，双击进入编辑模式，激活偏移工具，将矩形边线向内偏移80，如图7-70所示。

10 激活直线工具，捕捉中点，绘制直线，如图7-71所示。

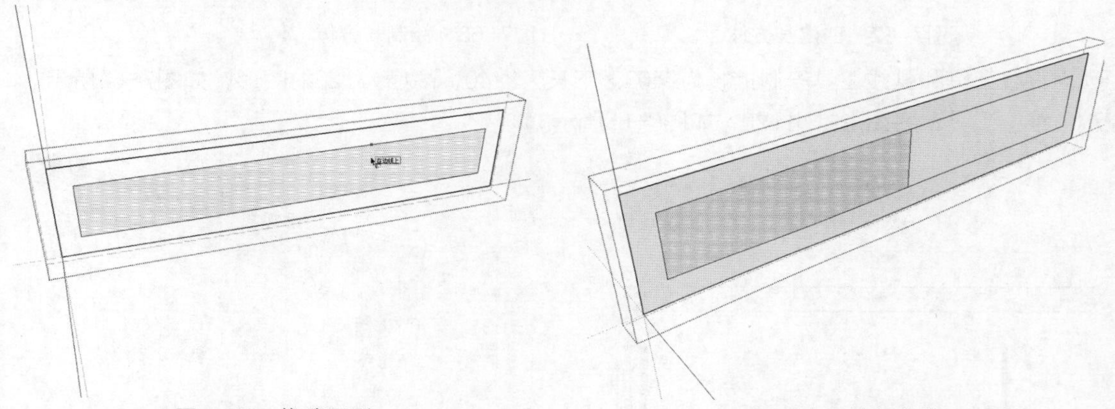

图7-70　偏移图形　　图7-71　绘制直线

11 激活移动工具，选择中线，按住Ctrl键移动复制该直线，向两侧各自移动40，如图7-72所示。

12 删除多余的线条及面，如图7-73所示。

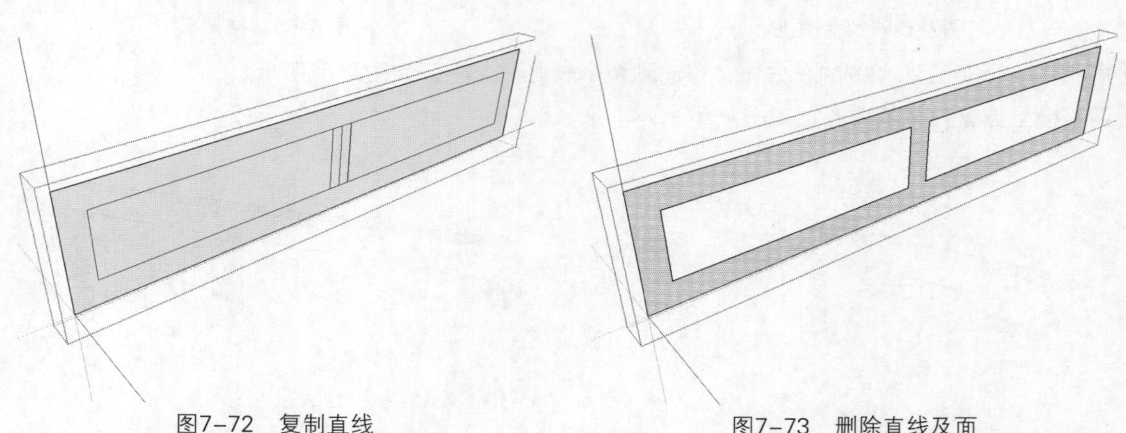

图7-72　复制直线　　图7-73　删除直线及面

13 激活推拉工具，将面推出50，制作出一个框架模型，如图7-74所示。

14 将两侧的线条进行移动复制，间距为80，如图7-75所示。

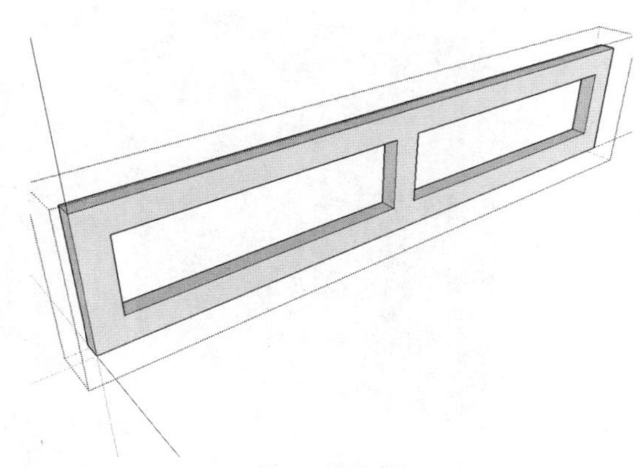
图7-74 推拉面

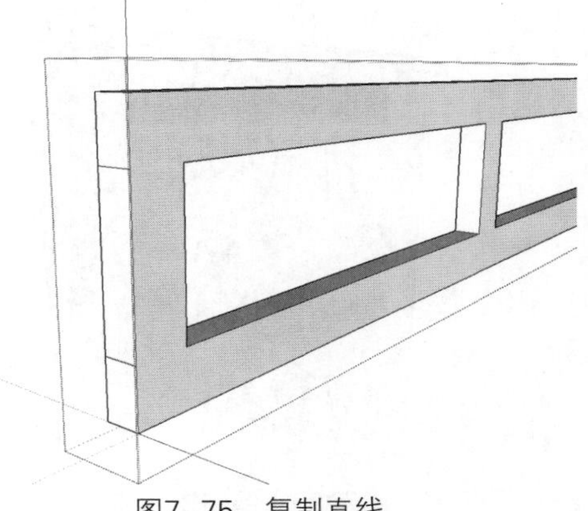
图7-75 复制直线

⑮ 激活推拉工具，将上下的面推出170，如图7-76所示。

⑯ 激活偏移工具，将边线向内偏移20，如图7-77所示。

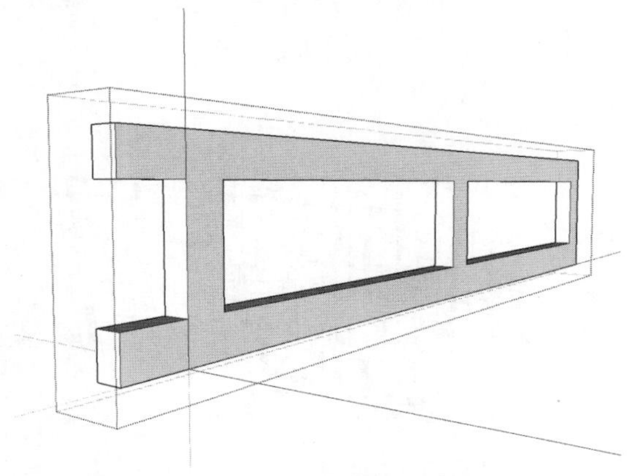
图7-76 推拉面

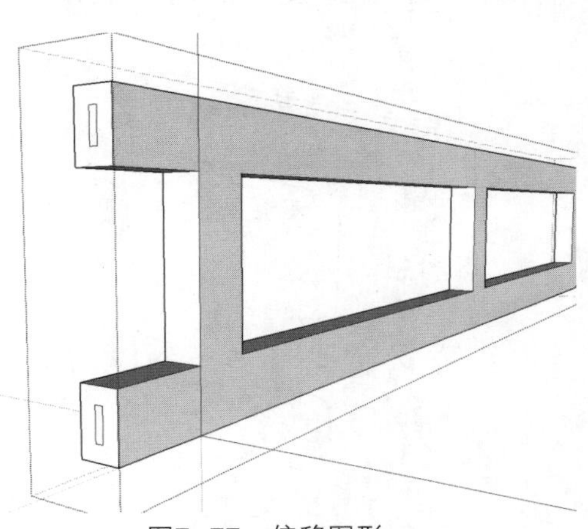
图7-77 偏移图形

⑰ 再激活推拉工具，将中间的面推出5，如图7-78所示。

⑱ 制作框架另一头的造型，如图7-79所示。

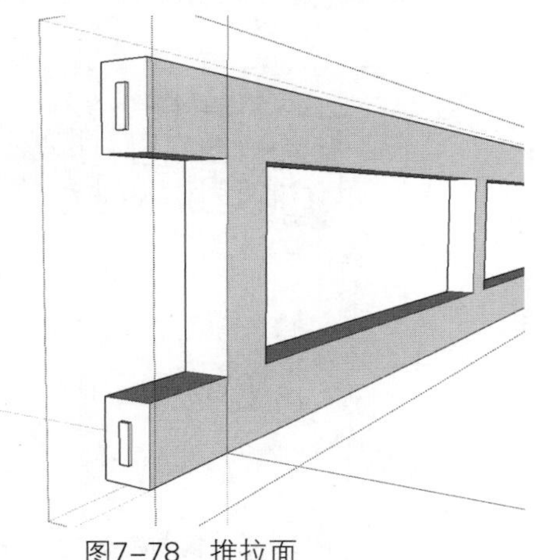
图7-78 推拉面

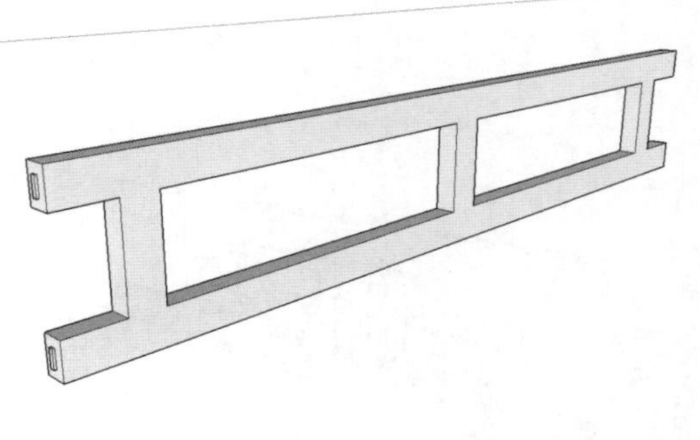
图7-79 制作造型

⑲ 激活矩形工具，绘制175*175的矩形，如图7-80所示。

⑳ 激活偏移工具，将边线向内偏移25，如图7-81所示。

图7-80　绘制矩形

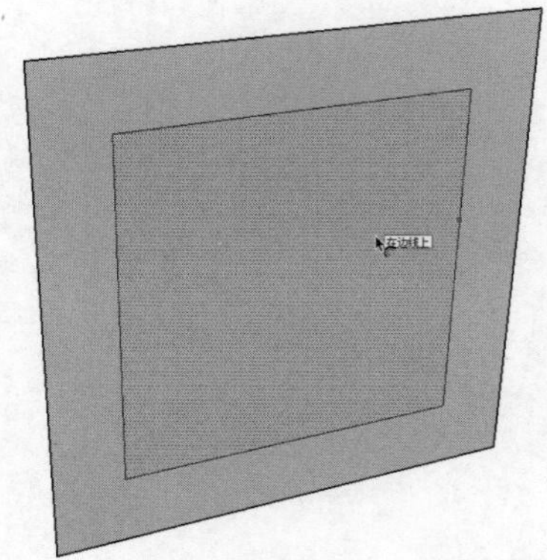

图7-81　偏移图形

21 删除中间的面，再激活推拉工具，将面推出25，如图7-82所示。

22 将模型创建成组，复制并调整到合适位置，制作出格栅造型，如图7-83所示。

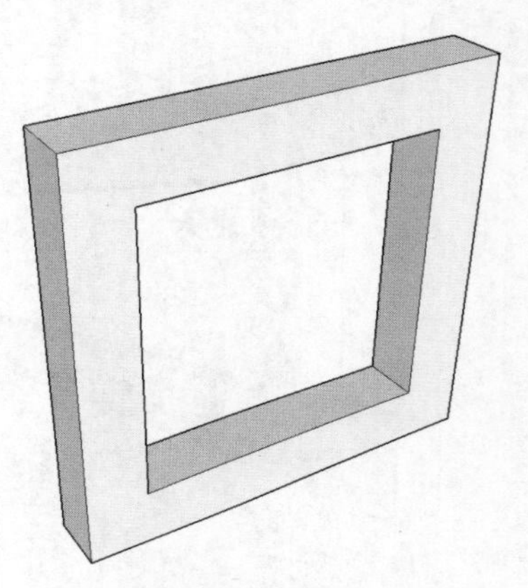

图7-82　推拉面

图7-83　成组并复制

23 将格栅模型移动到框架中，如图7-84所示。

24 复制格栅模型到框架另一侧，再将所创建的模型对齐，如图7-85所示。

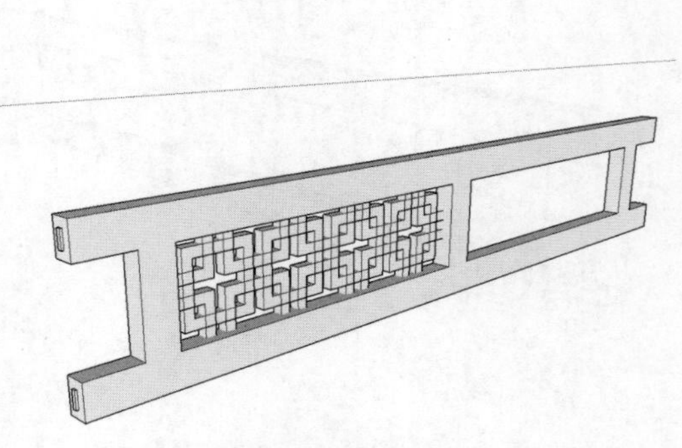

图7-84　移动模型

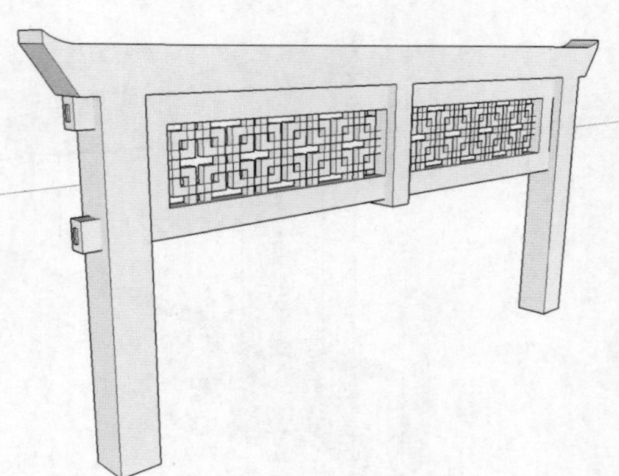

图7-85　复制模型

25 制作一个75*75*680的长方体，如图7-86所示。

26 激活偏移工具，将上面的边线向内偏移25，如图7-87所示。

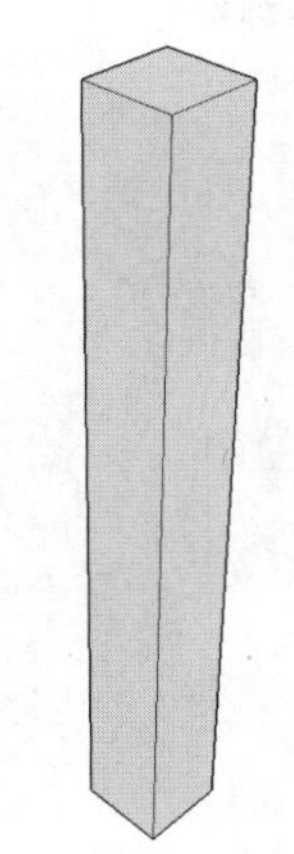

图7-86　制作长方体

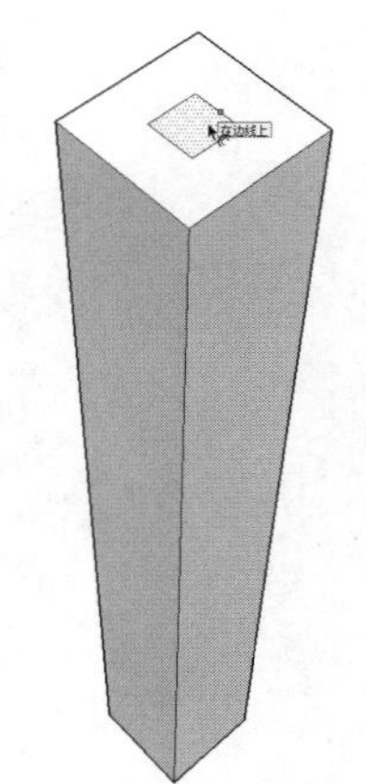

图7-87　偏移图形

27 激活推拉工具，将中间的面向上推出5，如图7-88所示。

28 将其创建成组，复制模型，总长为2050，如图7-89所示。

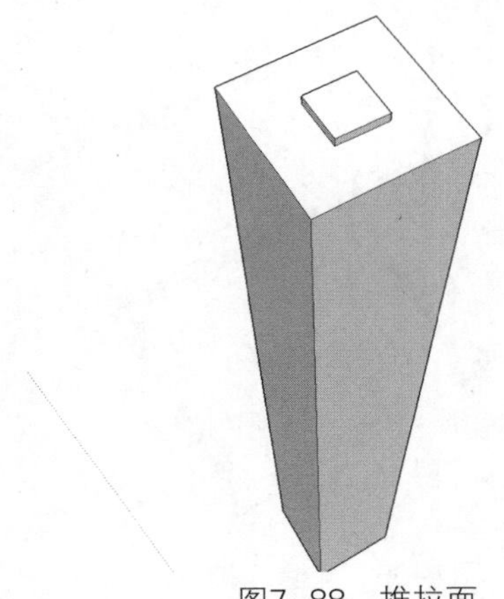

图7-88　推拉面

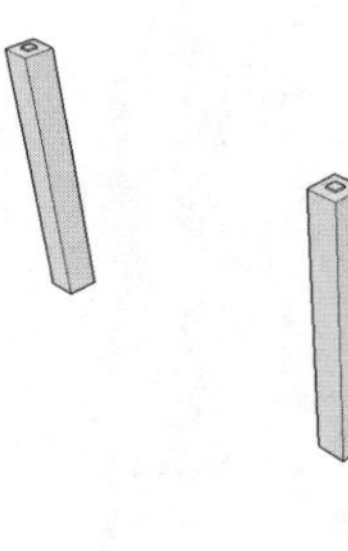

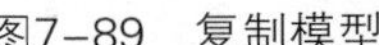

图7-89　复制模型

29 再制作一个75*2100*75的模型，移动到合适位置，如图7-90所示。

30 激活矩形工具，绘制一个2050*2100的矩形，如图7-91所示。

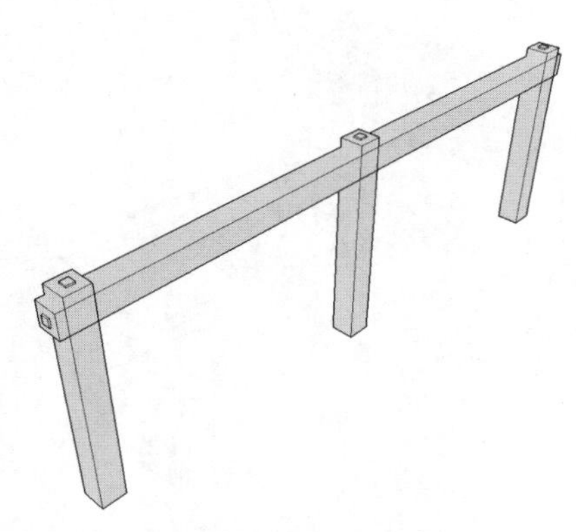

图7-90　制作模型并调整位置

图7-91　绘制矩形

31 将其创建成组，双击进入编辑模式，激活偏移工具，将边线偏移75，如图7-92所示。

32 激活直线工具，绘制中线，如图7-93所示。

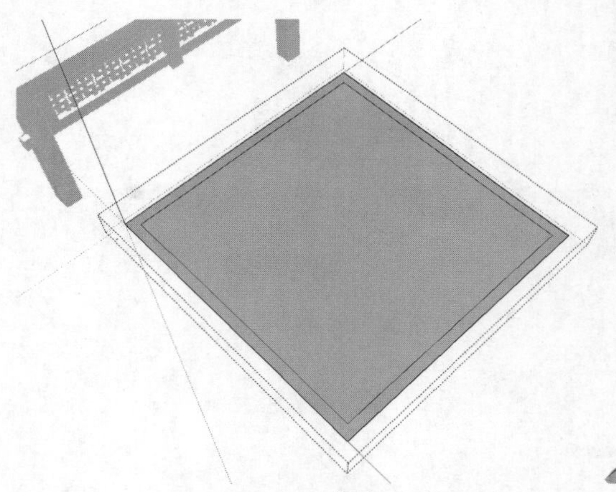
图7-92　偏移图形

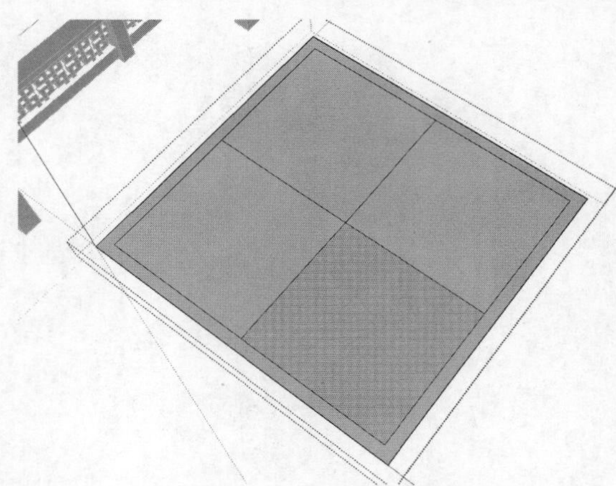
图7-93　绘制直线

33 将中线向两侧各自移动复制，距离为37.5，如图7-94所示。

34 删除多余线条和面，如图7-95所示。

图7-94　复制直线

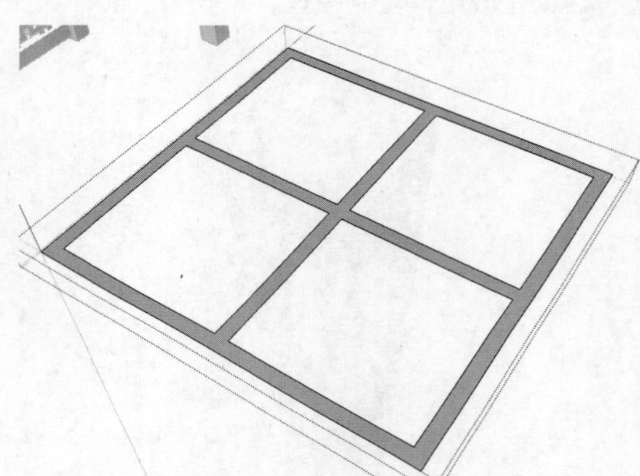
图7-95　删除线和面

35 激活推拉工具，将面推出75，如图7-96所示。

36 调整模型位置，如图7-97所示。

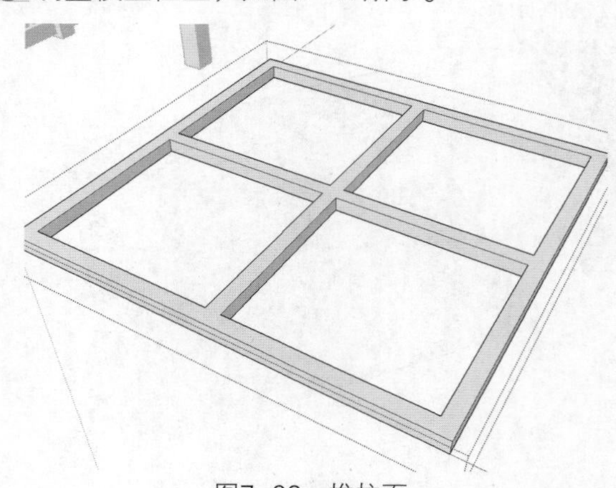
图7-96　推拉面

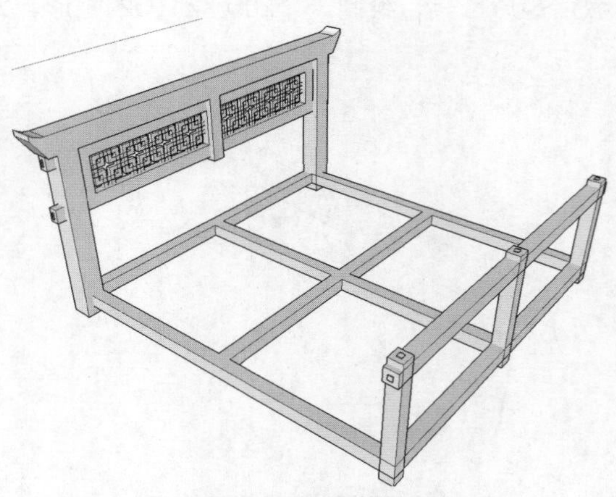
图7-97　调整模型

37 制作一个2025*2000*200的长方体，创建成组再移动到合适位置，如图7-98所示。

38 再制作一个2025*1900*250的长方体，如图7-99所示。

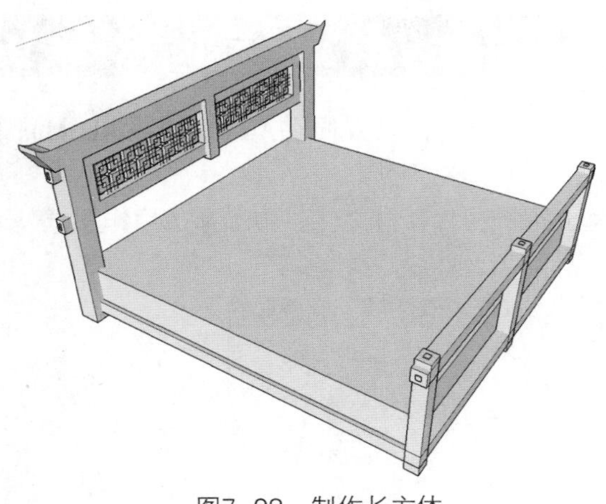

图7-98 制作长方体

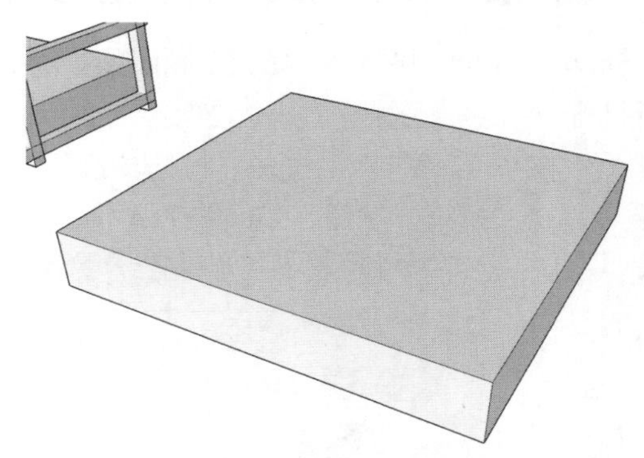

图7-99 制作长方体

39 激活弧形工具，在角上绘制一个半径为50的弧线，如图7-100所示。

40 选择上方边线，激活路径跟随命令，单击右上角的面，为长方体制作出一个造型，如图7-101所示。

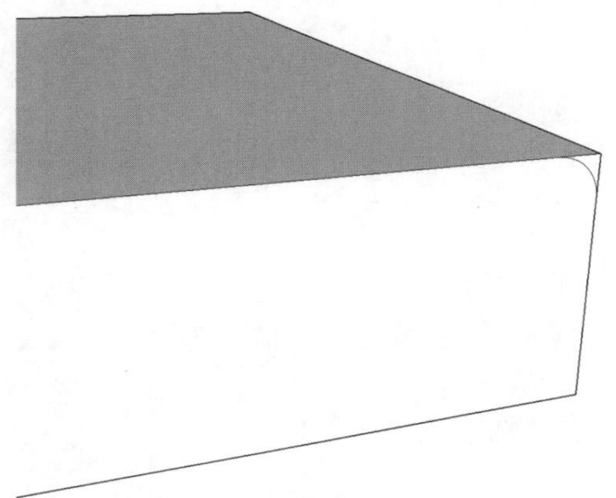

图7-100 绘制弧线

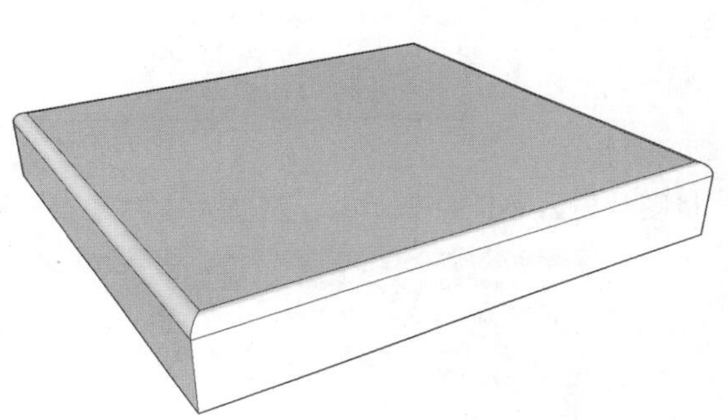

图7-101 路径跟随操作

41 将模型创建成组，再移动到合适的位置，完成双人床模型的制作，如图7-102所示。

42 为模型添加材质贴图，最终效果如图7-103所示。

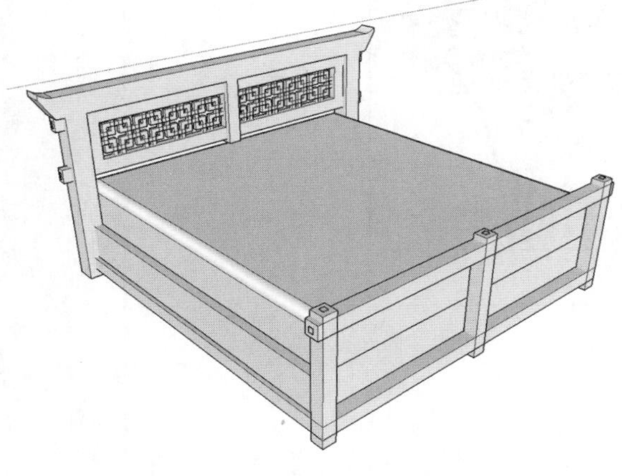

图7-102 移动模型

图7-103 添加贴图

7.3 制作2D植物模型

SketchUp可以将场景内的三维模型（包括单面对象）导出，以方便在AutoCAD或3ds Max中重新打开。

01 执行“文件”|“导入”命令，打开“打开”对话框，选择图片素材文件，再选择“用作图像”选项，单击“打开”按钮，如图7-104所示。

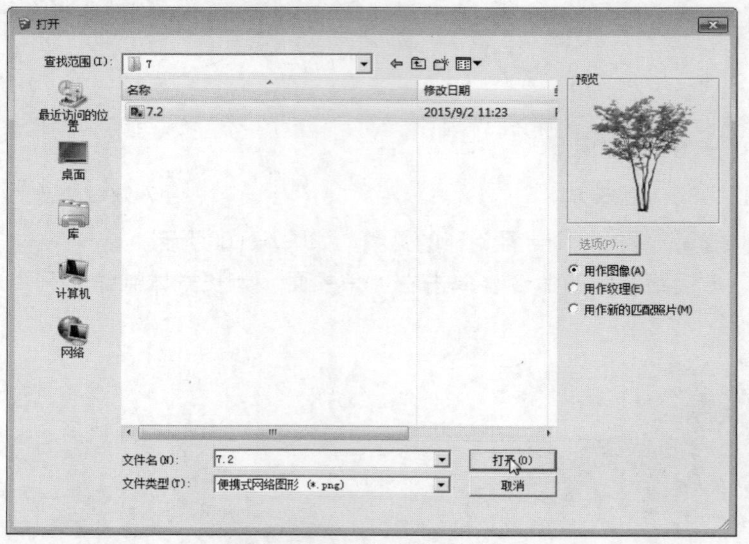

图7-104 “打开”对话框

02 将图片导入到SketchUp中，调整大小并竖直布局，如图7-105所示。

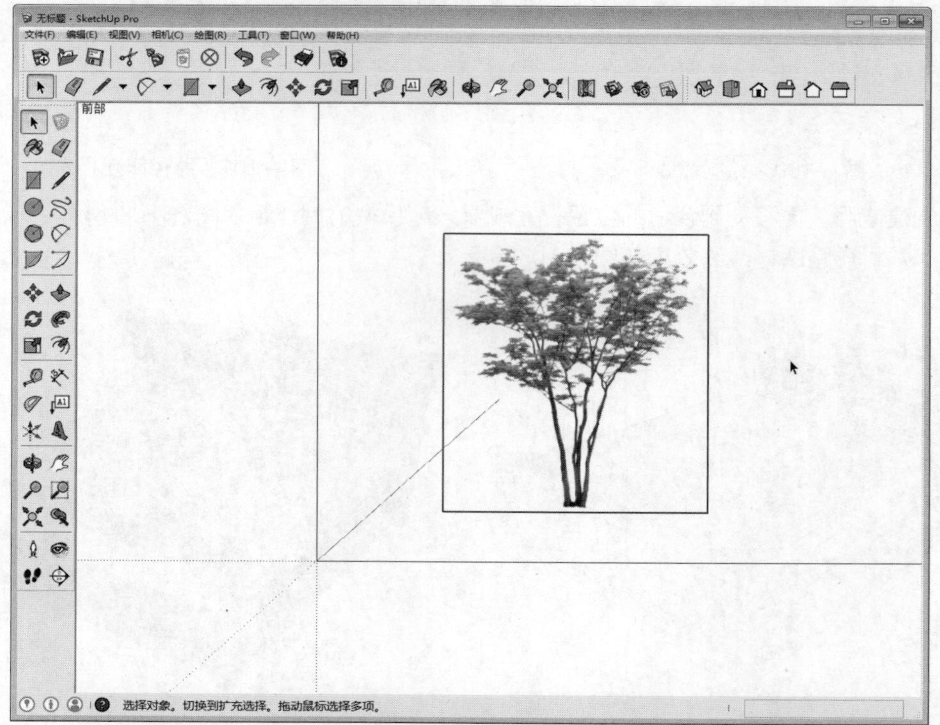

图7-105 导入素材

03 选择图片并单击鼠标右键，在弹出的快捷菜单中选择“分解”命令，如图7-106所示。

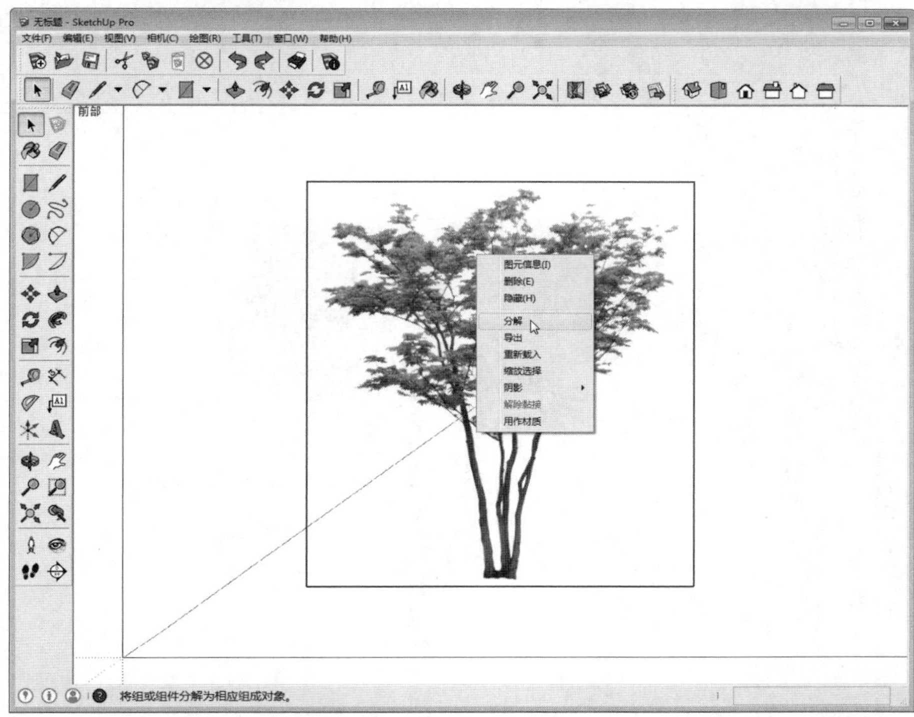

图7-106　分解图片

04 将图片分解后，再选择周边的黑色边框，单击鼠标右键，在弹出的快捷菜单中选择“隐藏”命令，如图7-107所示。

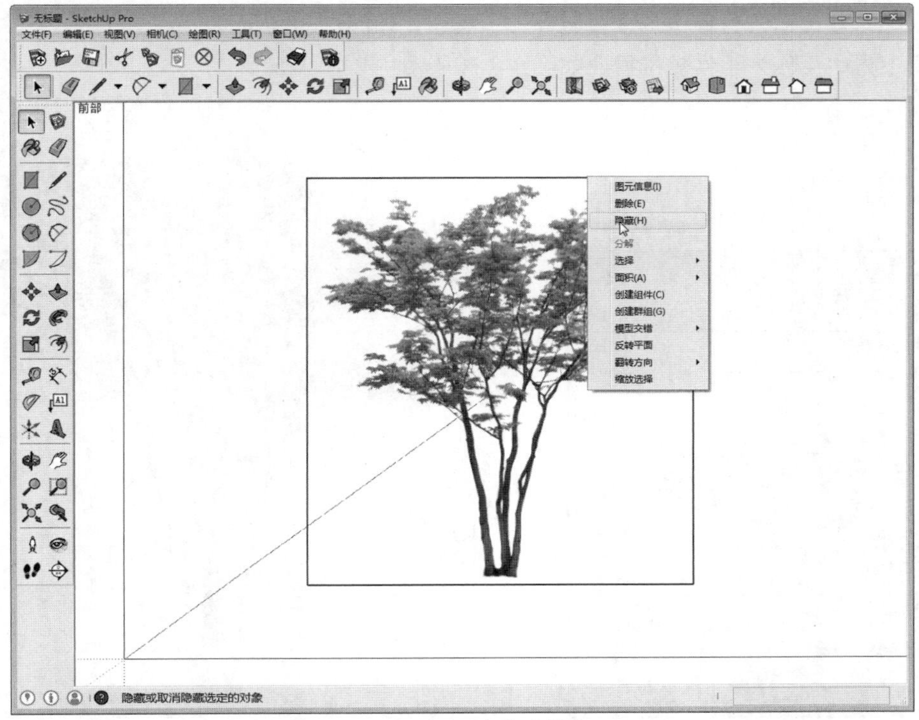

图7-107　隐藏边线

05 隐藏边框之后，全选图形，执行“编辑”|“创建组件”命令，如图7-108所示。

图7-108 创建组件命令

06 打开“创建组件”设置面板，为图形命名，勾选“总是朝向相机”复选框，系统会自动勾选“阴影朝向太阳”复选框，再单击“设置组件轴”按钮，如图7-109所示。

07 设置图像下方中点作为组件轴位置，如图7-110所示。

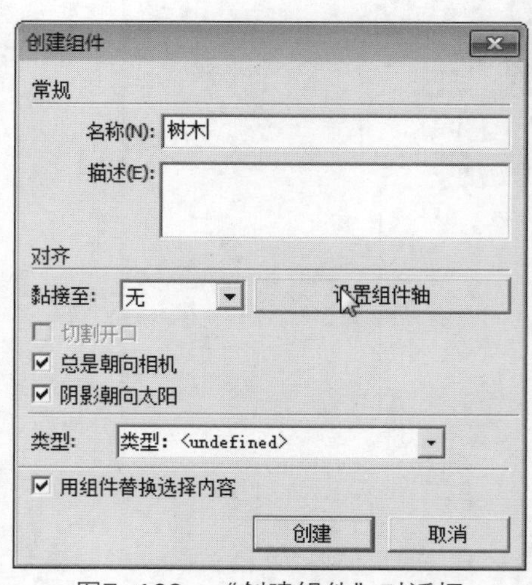

图7-109 “创建组件”对话框

图7-110 设置轴位置

08 返回到"创建组件"设置面板，单击"创建"按钮即可完成2D树木模型的制作，如图7-111所示。

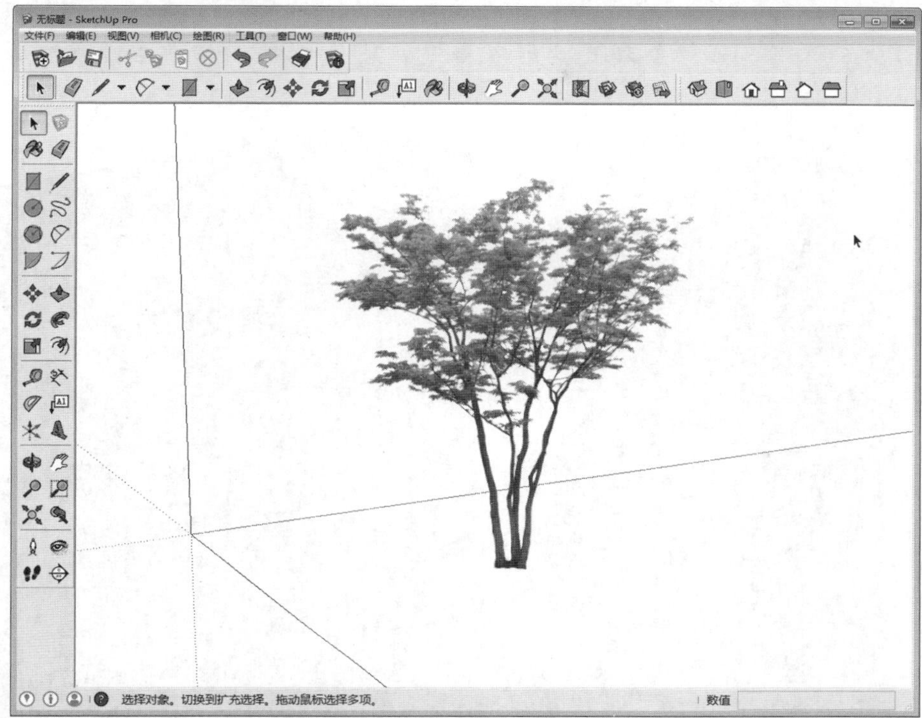

图7-111　完成模型的制作

09 照此操作方法再制作2D灌木模型，移动到合适位置，并进行复制，旋转视角即可看到效果，如图7-112、图7-113所示。

图7-112　灌木丛效果

无标题 - SketchUp Pro
文件(F) 编辑(E) 视图(V) 相机(C) 绘图(R) 工具(T) 窗口(W) 帮助(H)
选择对象。切换到扩充选择。拖动鼠标选择多项。
数值

图7-113 其他视角

第8章 居室轴测图的制作

本章概述 SketchUp软件虽然是一个面向方案设计的软件，但是其与AutoCAD、3ds Max、Photoshop及Piranesi几个常用的图形图像软件之间也是可以相互协作的。本章将以导入图纸的方式介绍居室轴测图模型的创建方法。

知识要点
- 门套线的制作；
- 衣柜模型的制作；
- 拆分命令的应用。

8.1 制作居室框架结构

本小节要制作的是居室框架结构图。其制作过程涉及到前面所学的许多知识要点。

8.1.1 制作墙体

制作户型轴测图的第一步，就是要将平面布局图的CAD文件进行清理，将多余的家具、门窗等图形删除，以方便在SketchUp中操作，再根据布面布局图进行居室框架的制作，操作步骤如下。

01 在AutoCAD中打开需要的平面布局图，如图8-1所示。

02 清理多余的图形，以便于在SketchUp中操作，如图8-2所示。

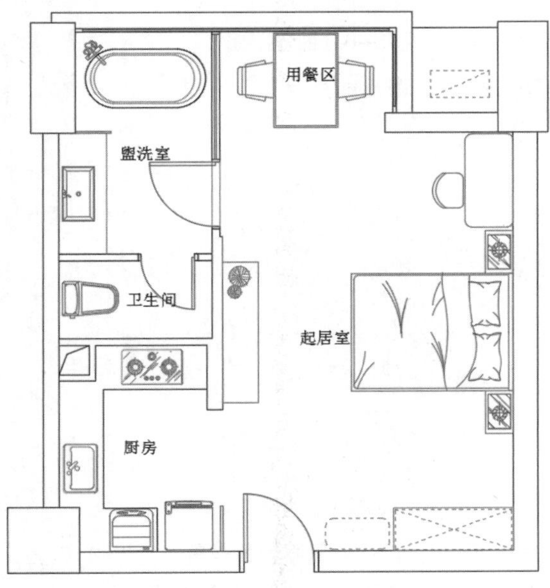

图8-1 打开平面布局图

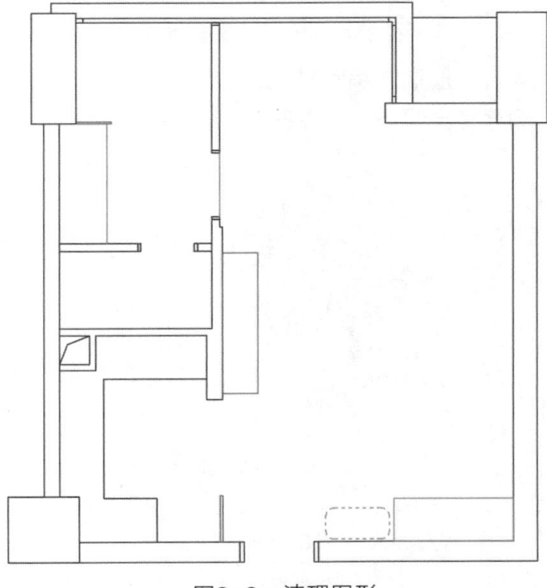

图8-2 清理图形

03 启动SketchUp应用程序，导入平面图，如图8-3所示。

04 将导入的平面图创建成组，再激活直线工具，捕捉绘制墙体平面，如图8-4所示。

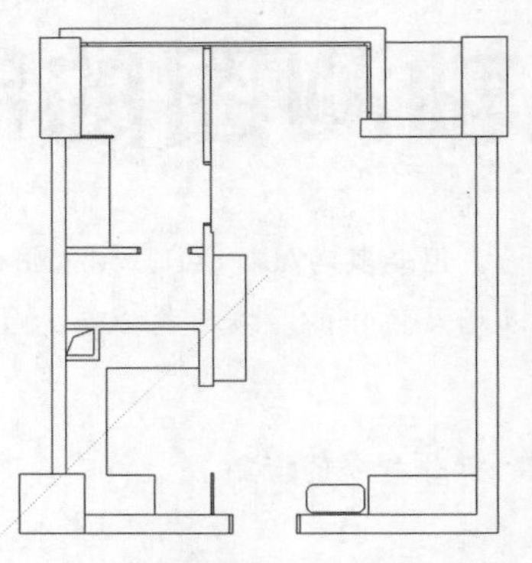

图8-3 导入图形

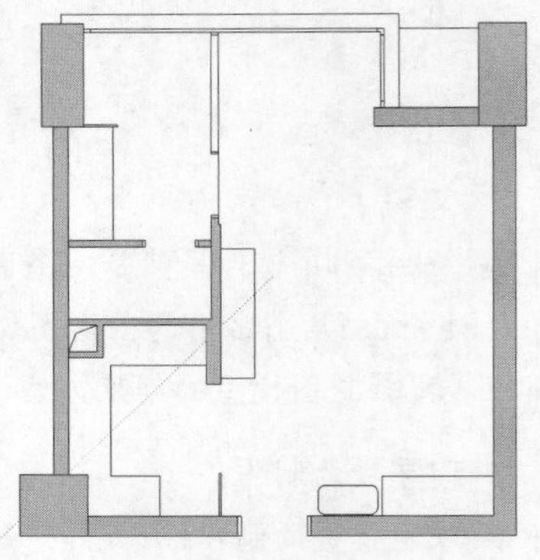

图8-4 绘制墙体

05 全选图形，单击鼠标右键，在弹出的快捷菜单中选择“反转平面”选项，将平面反转，如图8-5所示。

06 仅选择绘制的平面，将其创建成组，如图8-6所示。

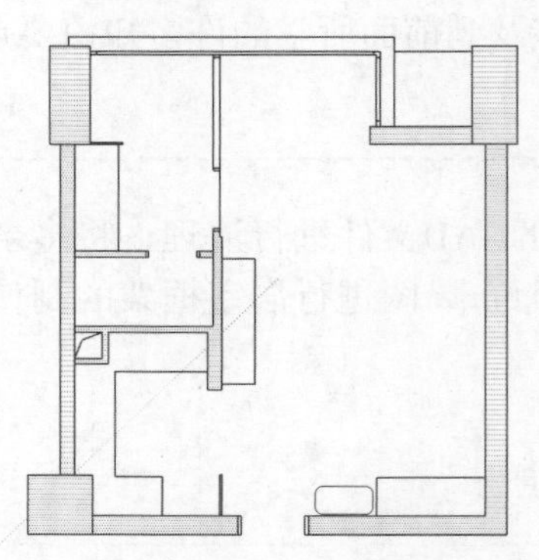

图8-5 反转平面

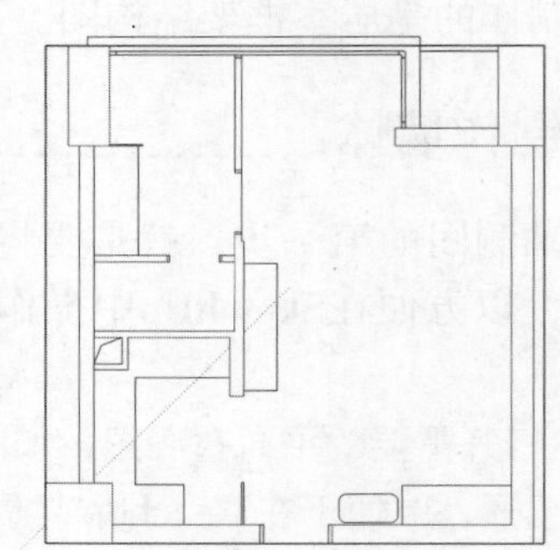

图8-6 创建成组

07 双击图形进入编辑模式，激活推拉工具，将墙体推出2900，如图8-7所示。

08 删除多余线条，如图8-8所示。

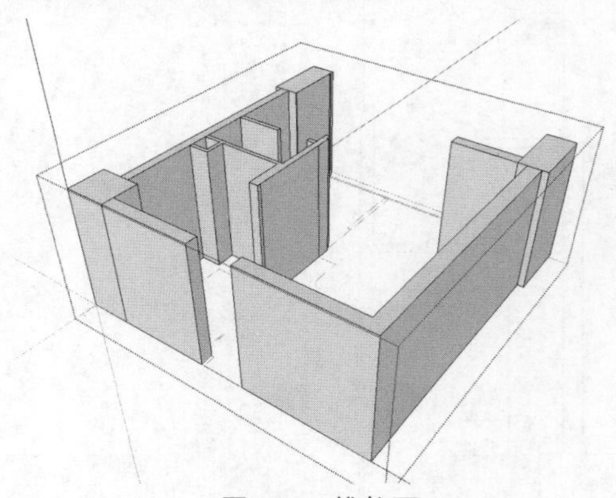

图8-7 推拉面

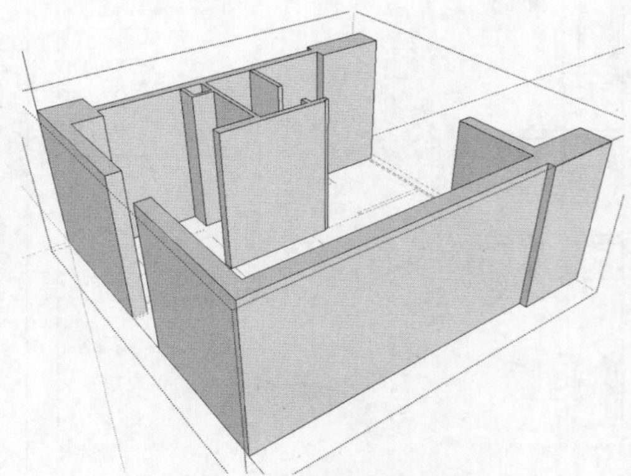

图8-8 删除多余线条

09 选择入户门下方的线条，激活移动工具，按住Ctrl键向上移动复制，移动距离为2100，如图8-9所示。

⑩ 激活推拉工具，将上方的面推出，封闭门洞，如图8-10所示。

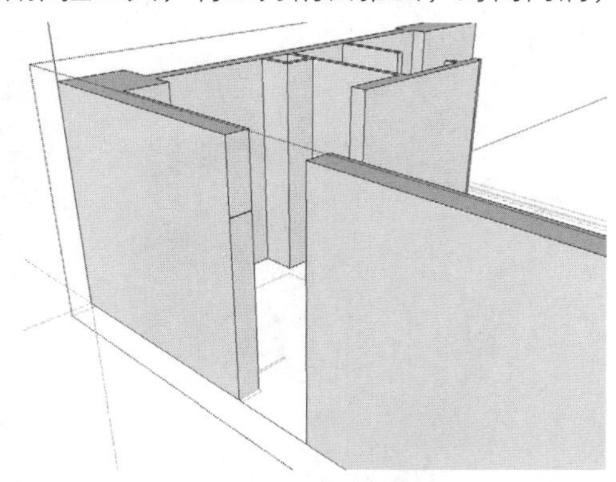
图8-9　复制图形

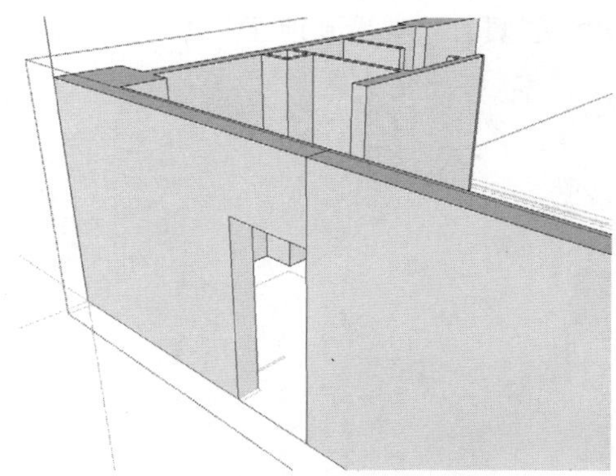
图8-10　推拉面

⑪ 删除多余线条，如图8-11所示。

⑫ 照此操作方法制作卫生间及盥洗室的门洞，门洞高度为2250，完成墙体框架的制作，如图8-12所示。

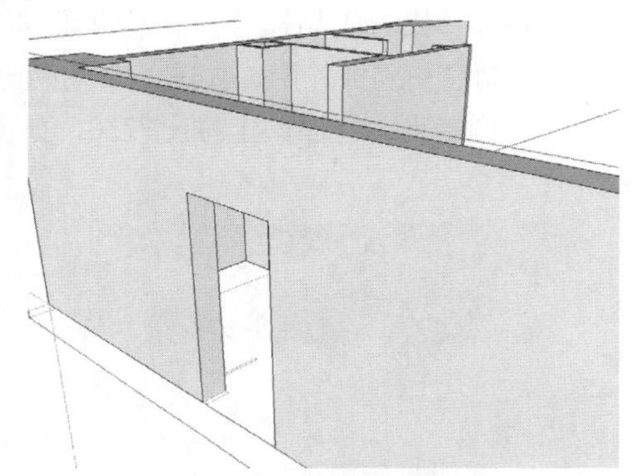
图8-11　删除线条

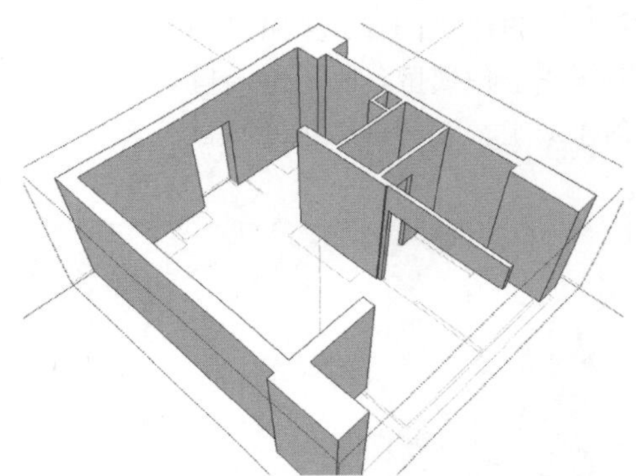
图8-12　制作门洞

8.1.2　制作地面

本案例中的地面不在同一水平线上，卫生间地面要高出150，因此在上一小节中制作门洞时，门洞高度要比入户门高出150。除此之外，利用地面区域的划分来区分居室各个空间。

01 退出墙体编辑模式，激活直线工具，捕捉绘制地面平面，如图8-13所示。

02 将其创建成组，双击进入编辑模式，再反转平面，如图8-14所示。

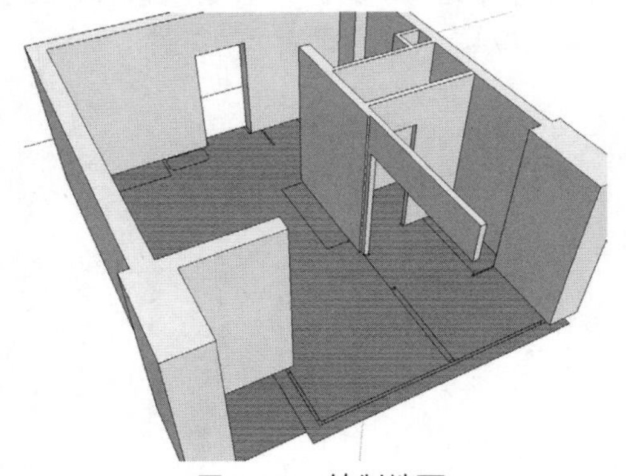
图8-13　绘制地面

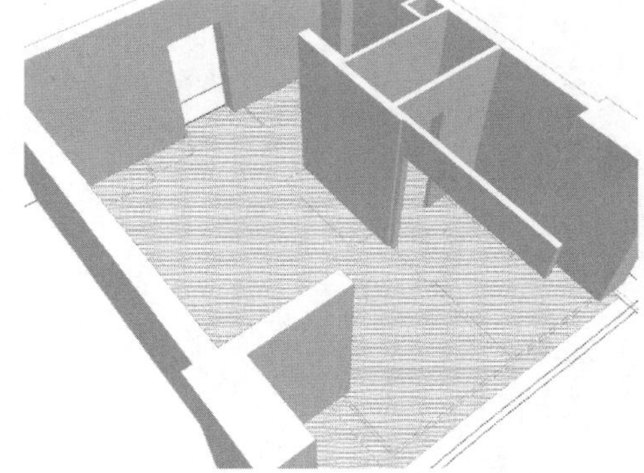
图8-14　反转平面

03 激活直线工具，划分厨房及卫生间地面区域，如图8-15所示。

04 激活推拉工具，将卫生间地面区域向上推出150，如图8-16所示。

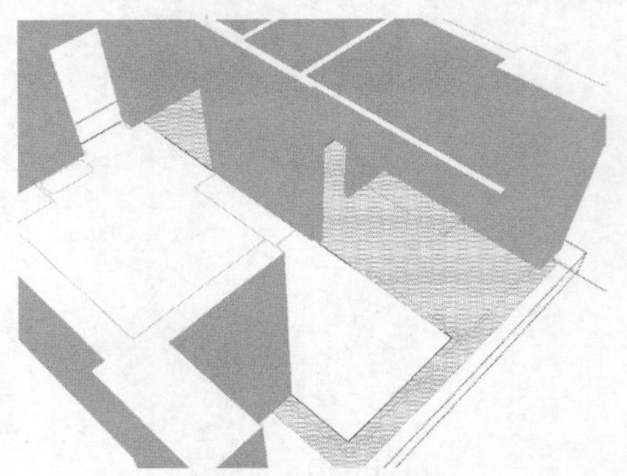

图8-15 划分区域

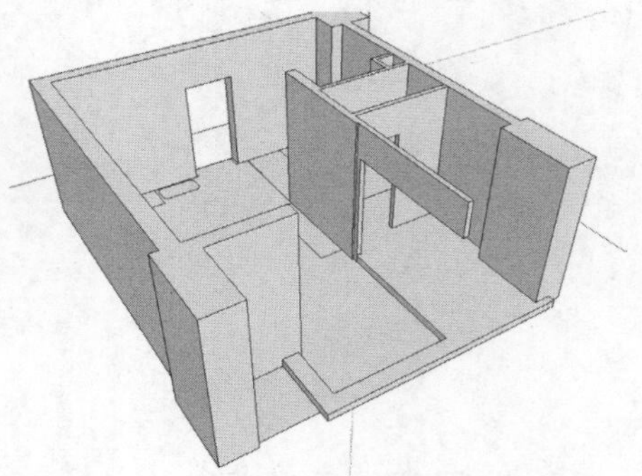

图8-16 推拉地面

8.1.3 制作门窗模型

本场景中的建筑门窗造型都非常简单，家具也可以使用下载的成品模型，操作步骤如下。

01 首先来制作窗户模型。阴影地面模型，激活直线工具，绘制窗户平面轮廓，如图8-17所示。

02 将其创建成组，双击进入编辑模式，反转平面，再激活推拉工具，将面向上推出2750，如图8-18所示。

图8-17 绘制窗户平面

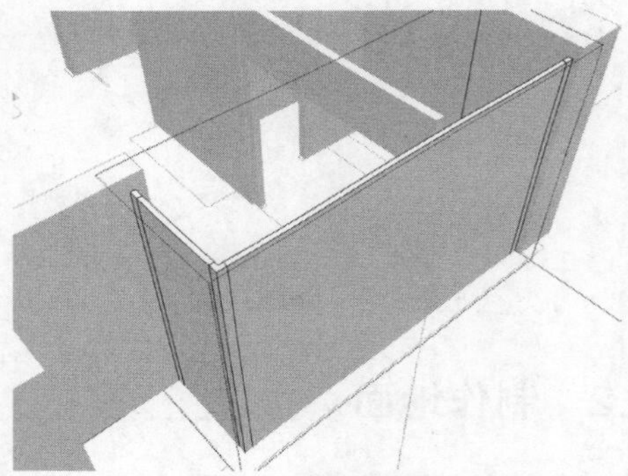

图8-18 推拉面

03 选择下方的直线，激活移动工具，按住Ctrl键向上移动复制，分别移动90、800、50、1170、50、500，如图8-19所示。

04 选择下方的一条直线，单击鼠标右键，在弹出的快捷菜单中选择“拆分”命令，如图8-20所示。

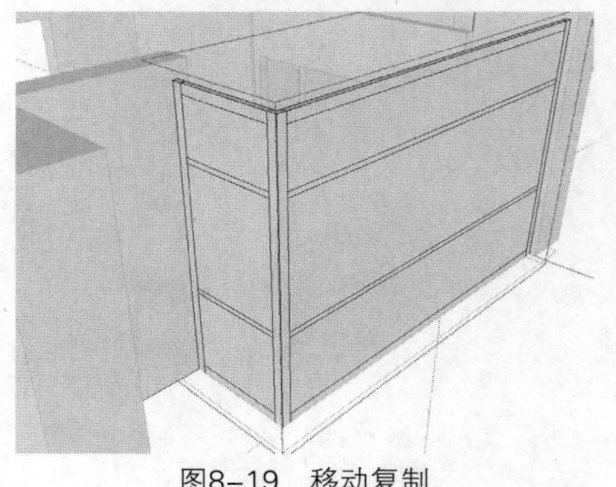

图8-19 移动复制

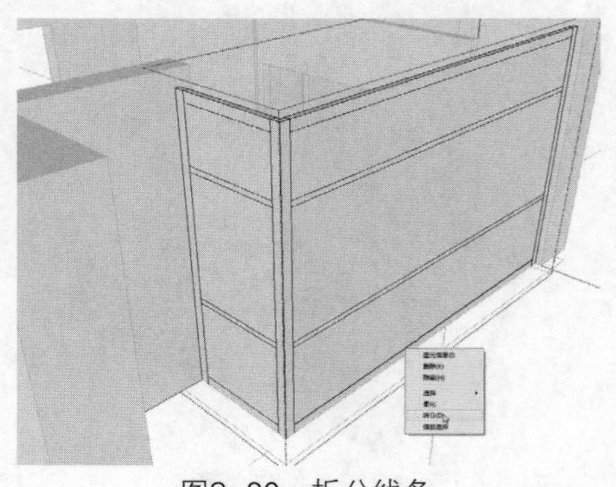

图8-20 拆分线条

05 根据提示移动鼠标，将直线分为4段，如图8-21所示。

06 激活直线工具，捕捉绘制竖直线，如图8-22所示。

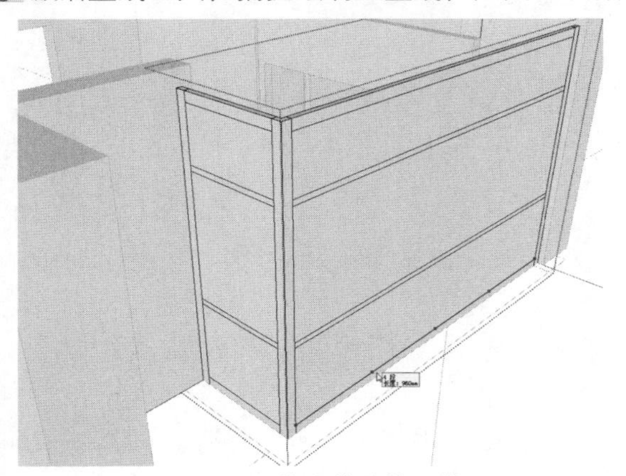

图8-21　将直线分为四段

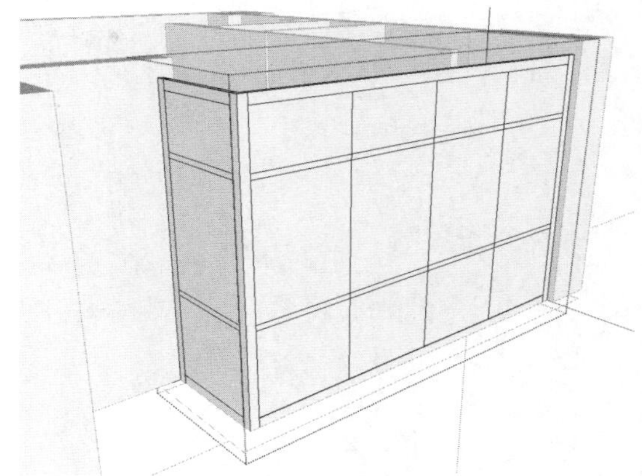

图8-22　绘制直线

07 选择直线，如图8-23所示。

08 激活移动工具，按住Ctrl键将其向左右两侧移动复制，如图8-24所示。

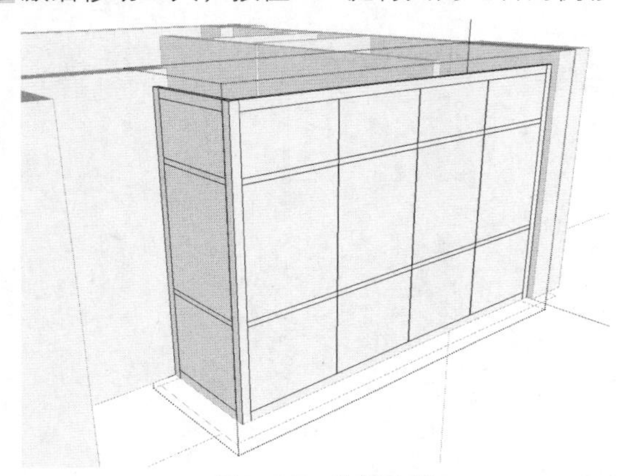

图8-23　选择直线

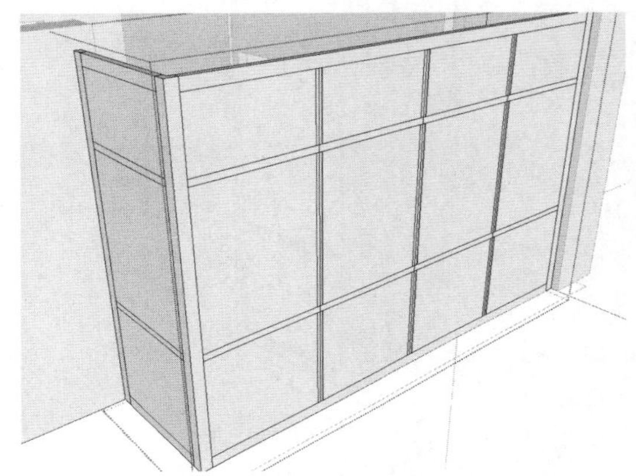

图8-24　复制图形

09 删除两侧多余的线条，如图8-25所示。

10 激活推拉工具，将框架中的面推出50，制作出窗户框架，如图8-26所示。

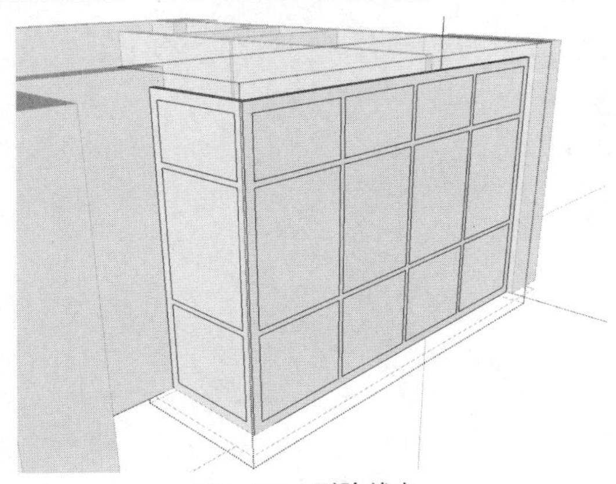

图8-25　删除线条

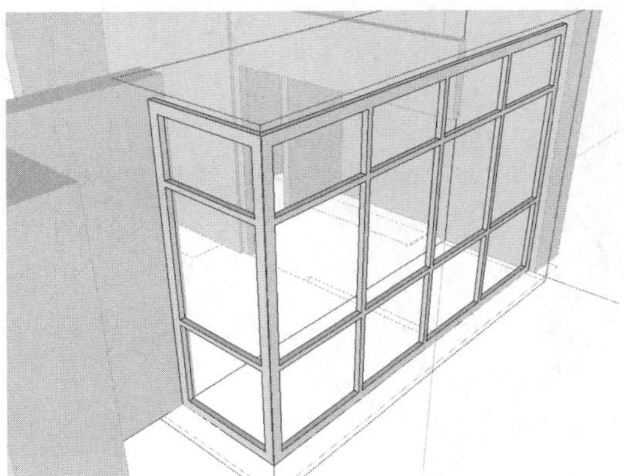

图8-26　制作框架

11 退出编辑模式，激活矩形工具，捕捉绘制一个矩形，如图8-27所示。

⑫ 激活推拉工具，将矩形推出10，再创建成组，制作出玻璃模型，如图8-28所示。

图8-27 绘制矩形

图8-28 制作玻璃

⑬ 移动到合适位置，如图8-29所示。

⑭ 同样制作另外一侧的玻璃模型，并移动到合适位置，如图8-30所示。

图8-29 移动图形

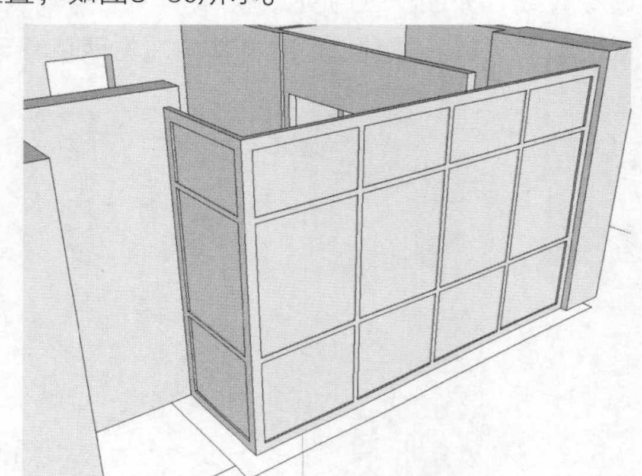

图8-30 制作玻璃模型

⑮ 取消隐藏地面模型，再次调整窗户模型的位置，如图8-31所示。

⑯ 接着来制作入户门。激活直线工具，绘制门套的横截面造型，如图8-32所示。

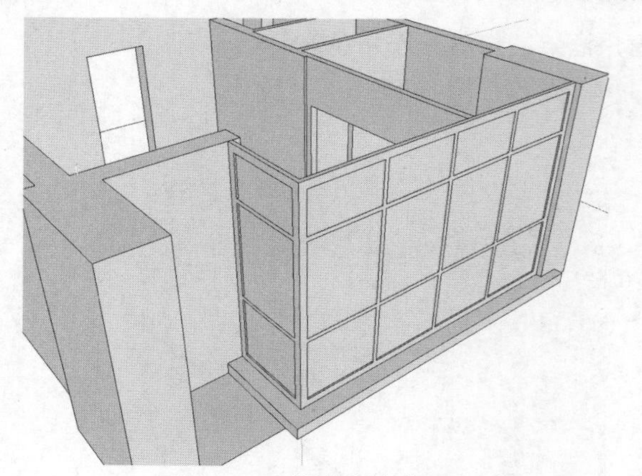

图8-31 调整窗户位置

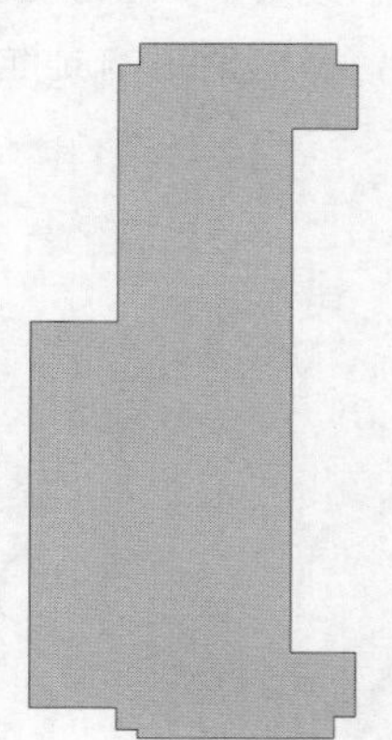

图8-32 绘制门套截面

⑰ 将图形移动到门洞边，再捕捉绘制门轮廓线，如图8-33所示。

⑱ 选择门轮廓线，激活路径跟随工具，再单击截面，制作出门套造型，如图8-34所示。

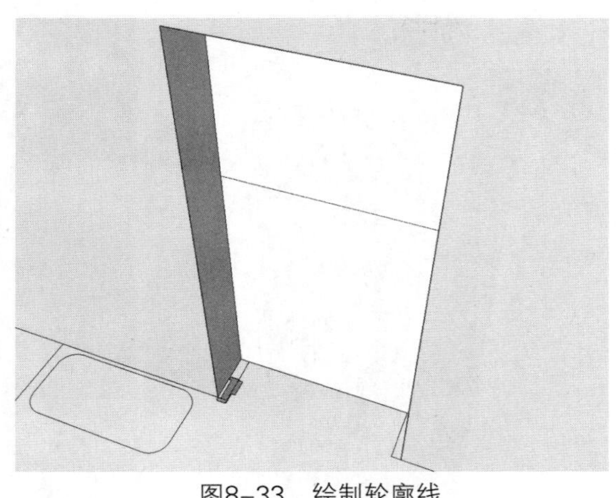
图8-33 绘制轮廓线

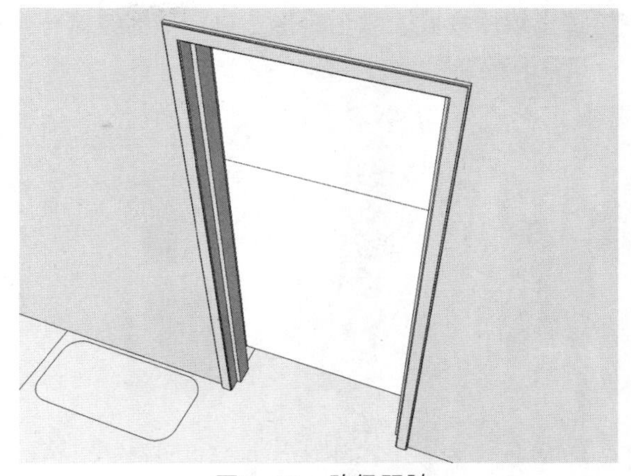
图8-34 路径跟随

⑲ 将门套和门模型各自创建成组，再导入门锁模型，将其调整到合适位置，完成入户门的制作，如图8-35所示。

⑳ 接着制作卫生间门。激活矩形工具，捕捉门洞绘制一个矩形，如图8-36所示。

图8-35 制作入户门

图8-36 绘制矩形

㉑ 将其创建成组，双击进入编辑模式，选择上面的三条边，如图8-37所示。

㉒ 激活偏移工具，将边向内偏移30，再删除多余的图形，如图8-38所示。

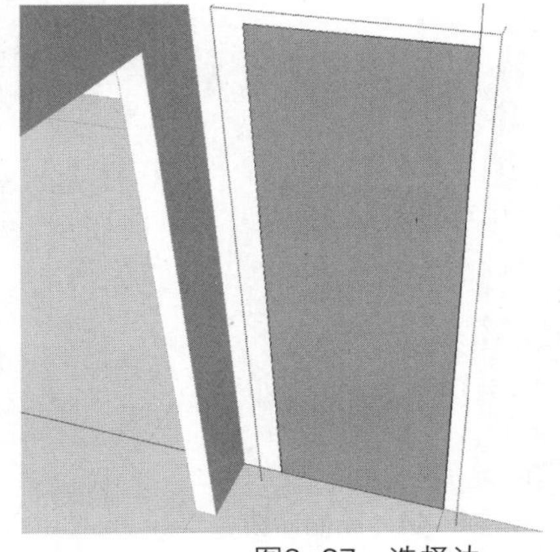
图8-37 选择边

图8-38 偏移图形

㉓ 激活推拉工具，将面推出90，如图8-39所示。

㉔ 退出编辑模式，激活矩形工具，捕捉绘制一个矩形，如图8-40所示。

图8-39　推拉面

图8-40　绘制矩形

㉕ 将其创建成组，双击进入编辑模式，激活推拉工具，将面推出20，如图8-41所示。

㉖ 将两侧底部的线条分别向上移动复制450、1220，如图8-42所示。

图8-41　推拉面

图8-42　移动复制

㉗ 调整模型位置，如图8-43所示。

㉘ 利用直线工具和弧线工具，绘制一条长为920，宽为80的曲线，如图8-44所示。

图8-43　调整位置

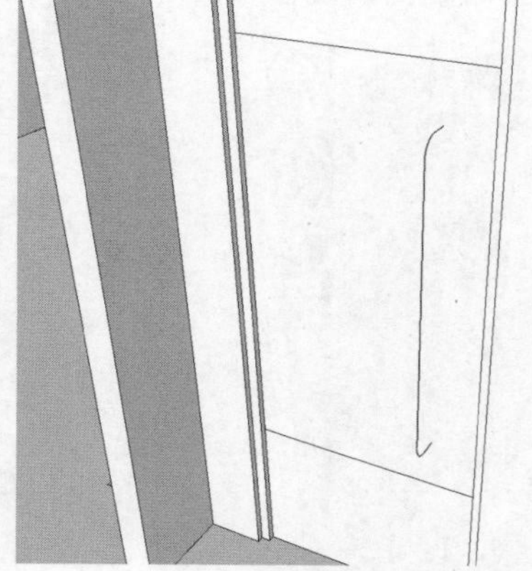
图8-44　绘制曲线

㉙ 激活圆形工具，捕捉绘制一个半径为10的圆形，如图8-45所示。

㉚ 选择曲线，激活路径跟随工具，单击圆形，即可制作出门把手模型，如图8-46所示。

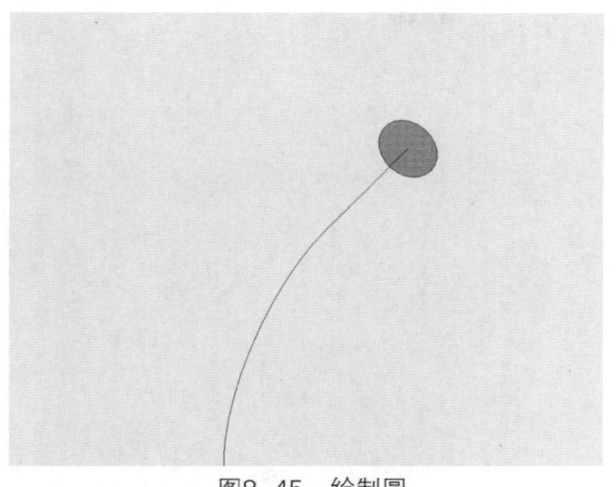

图8-45 绘制圆

图8-46 路径跟随

31 照此操作方法，在门的另一侧制作一个横向的把手，完成卫生间门模型的制作，如图8-47所示。

32 接下来制作窗户模型。隐藏地面模型，激活矩形工具，捕捉绘制一个矩形，如图8-48所示。

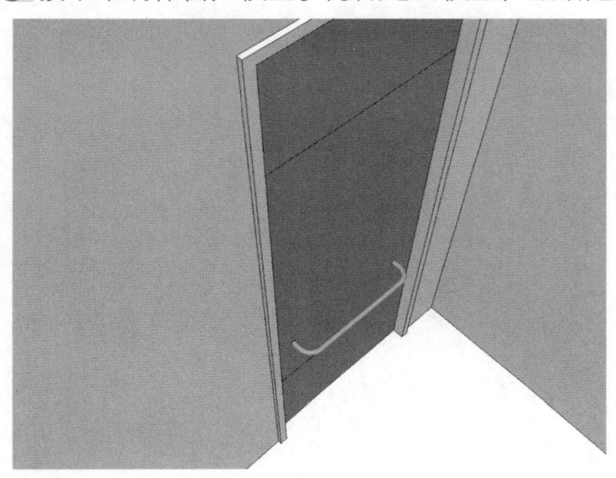

图8-47 制作门把手

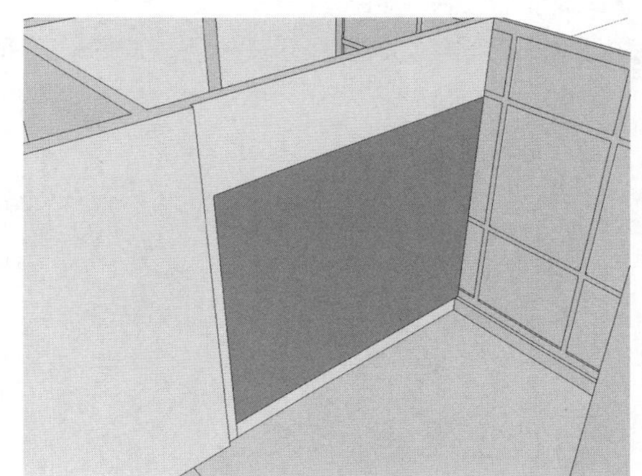

图8-48 绘制矩形

33 将其创建成组，双击进入编辑模式，激活偏移工具，将上方的三条边线向内偏移30，如图8-49所示。

34 再选择左侧边线，将其向右移动复制850、30，如图8-50所示。

图8-49 偏移图形

图8-50 复制图形

35 选择下方右侧的边线，将其向上移动复制30，如图8-51所示。

36 删除多余的线条和面，如图8-52所示。

图8-51 复制图形

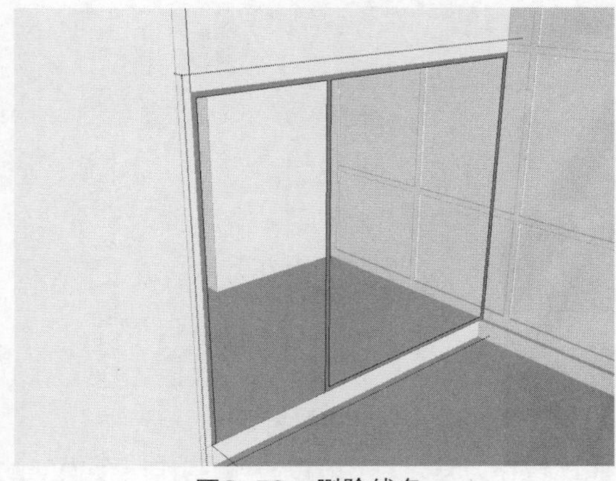
图8-52 删除线条

37 激活推拉工具，将面推出90，如图8-53所示。

38 复制卫生间门，调整尺寸及角度，如图8-54所示。

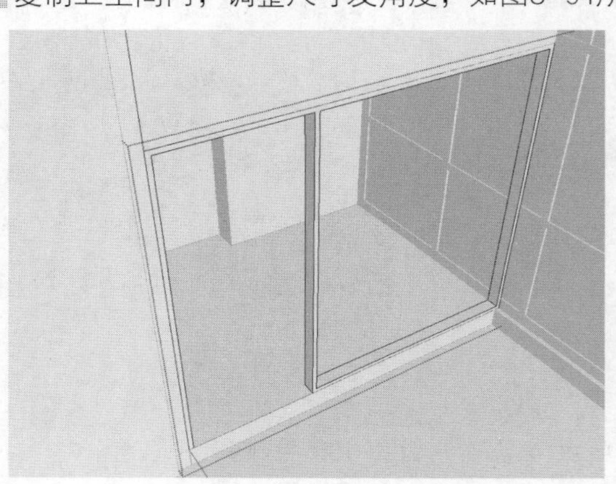
图8-53 推拉面

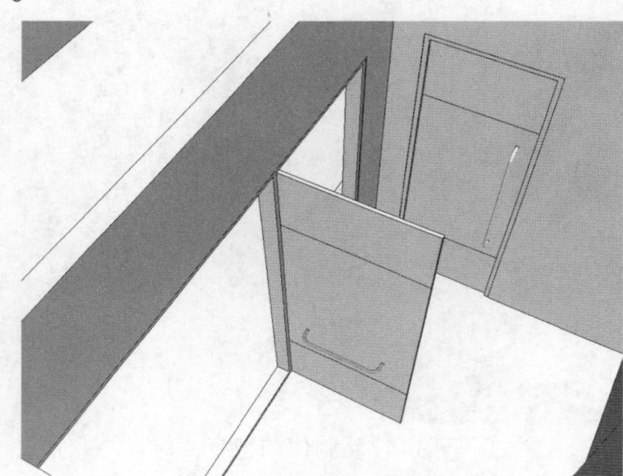
图8-54 复制门模型

39 激活矩形工具，捕捉绘制一个矩形，如图8-55所示。

40 将其创建成组，双击进入编辑模式，激活推拉工具，将面推出20，再将两侧下方的线条向上移动复制420、1220，如图8-56所示。

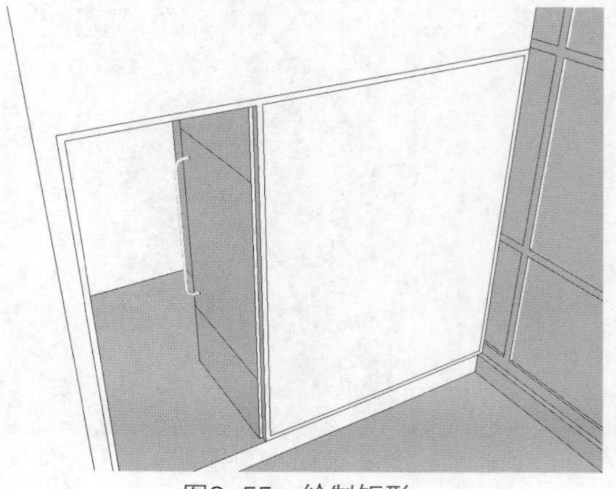
图8-55 绘制矩形

图8-56 推拉并复制图形

41 最后移动到厨房位置，激活矩形工具，捕捉绘制一个矩形，如图8-57所示。

42 将其创建成组，激活推拉工具，向上推出2900，如图8-58所示。

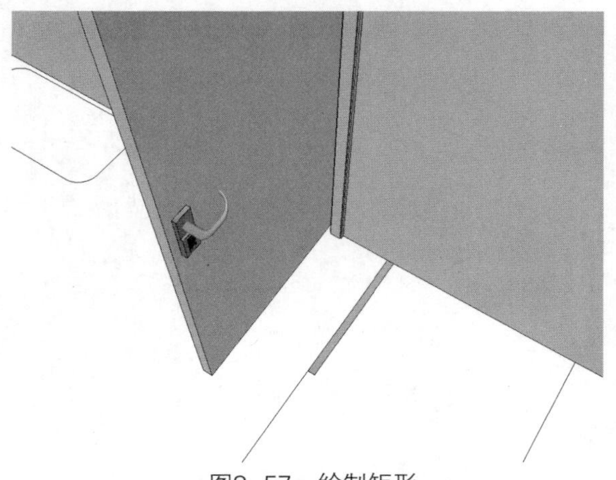

图8-57　绘制矩形

图8-58　推拉面

43 再移动到厨房的另一侧墙体，绘制一个220*40的矩形，与墙体居中对齐，如图8-59所示。

44 将其创建成组，双击进入编辑模式，激活推拉工具，将其推出2900，如图8-60所示。

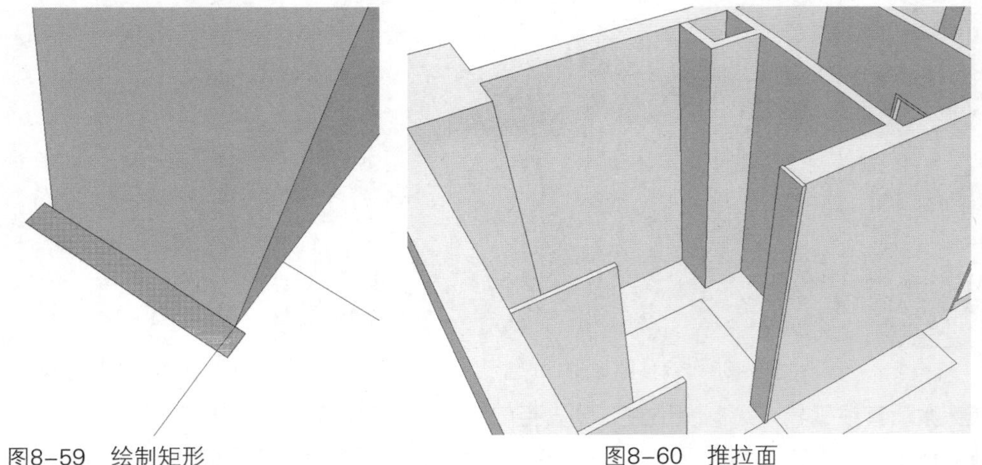

图8-59　绘制矩形

图8-60　推拉面

8.2 制作家具及装饰造型

本场景中有些家具模型及墙面造型需要建模制作，还有部分模型可以利用成品模型，省去了不少时间。

8.2.1　制作起居室场景

本场景中进门后首先看到的就是起居室，由于是一居室，起居室包括了客厅、餐厅、卧室等功能区域，这里逐步进行介绍。

01 首先来制作衣柜模型。激活矩形工具，捕捉绘制一个矩形，如图8-61所示。

02 将矩形创建成组，双击进入编辑模式，激活推拉工具，将矩形向上推出2000，如图8-62所示。

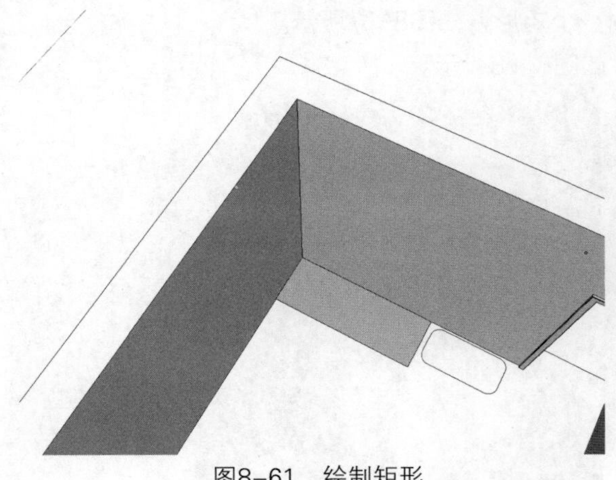
图8-61　绘制矩形

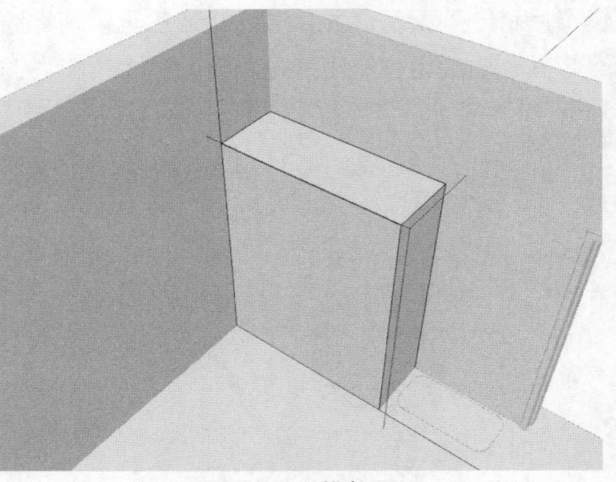
图8-62　推拉面

03 激活偏移工具，将边线向内偏移25，如图8-63所示。

04 激活推拉工具，将面向内推出5，如图8-64所示。

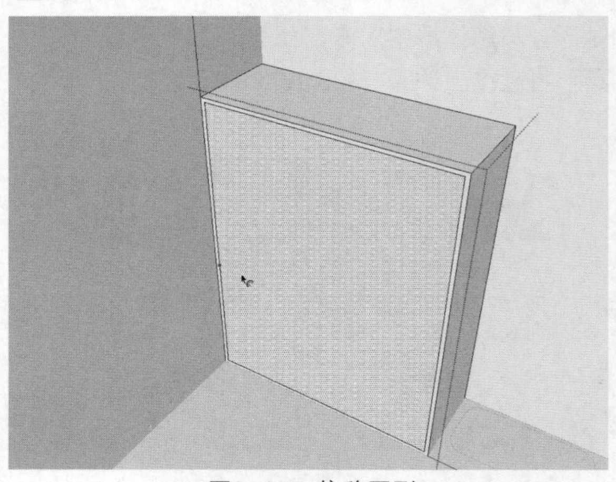
图8-63　偏移图形

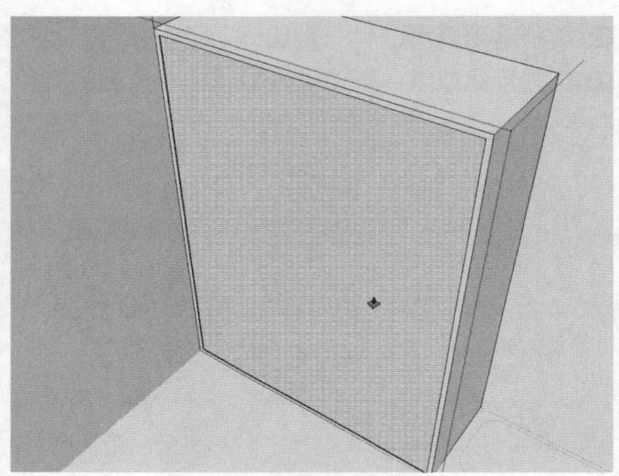
图8-64　推拉面

05 激活直线工具，绘制装饰线，分出柜门及抽屉轮廓，如图8-65所示。

06 退出编辑模式，创建一个半径为10，高度为15的圆柱体，并创建成组，如图8-66所示。

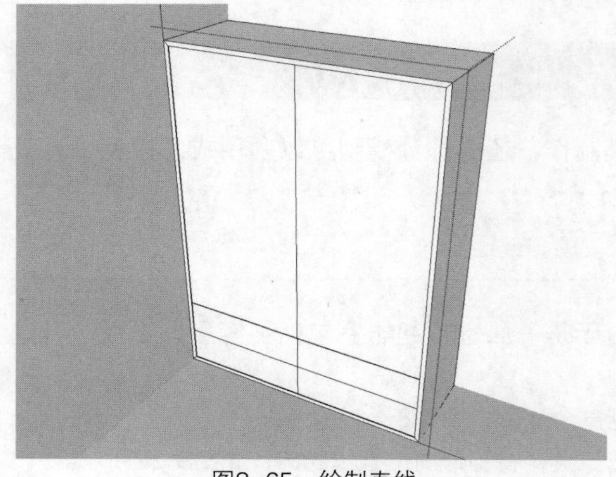
图8-65　绘制直线

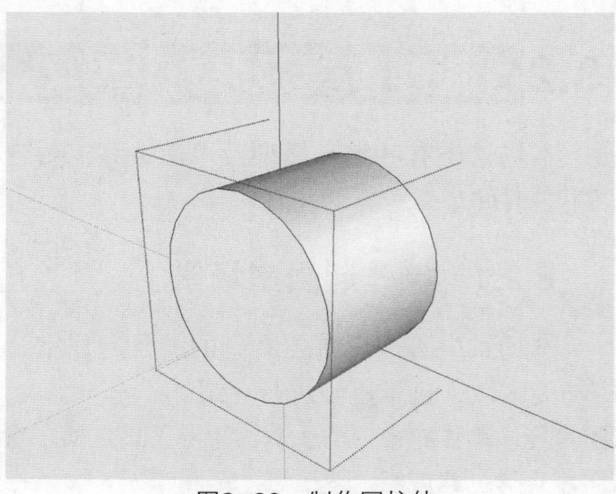
图8-66　制作圆柱体

07 选择一侧的面，激活缩放工具，对该面进行缩放调整，如图8-67所示。

08 再激活推拉工具，将面推出8，创建出柜门拉手模型，如图8-68所示。

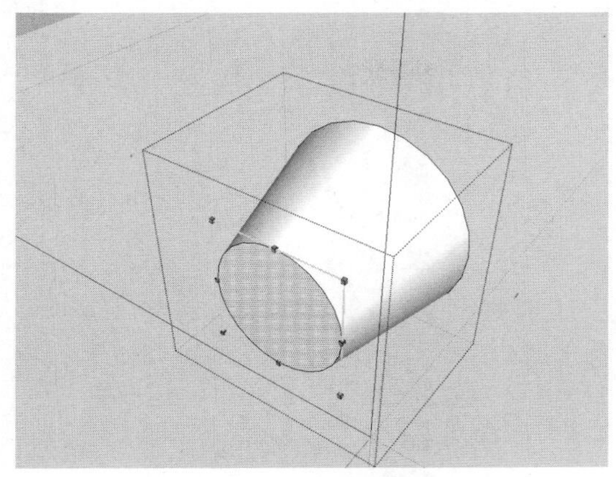
图8-67　缩放面

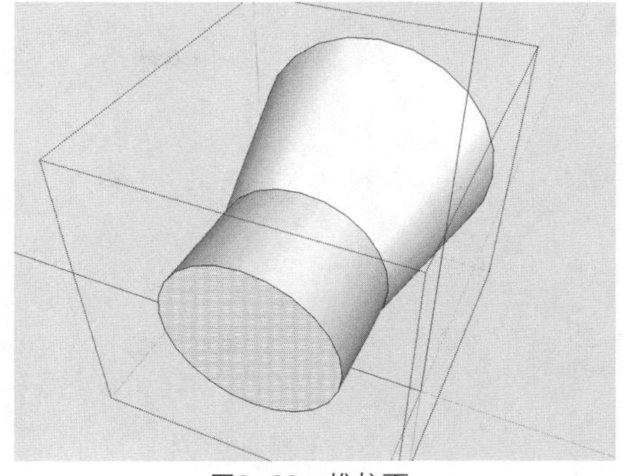
图8-68　推拉面

09 将模型移动到合适位置，并进行复制，如图8-69所示。

10 激活直线工具，绘制长为15，宽度为3的图形，如图8-70所示。

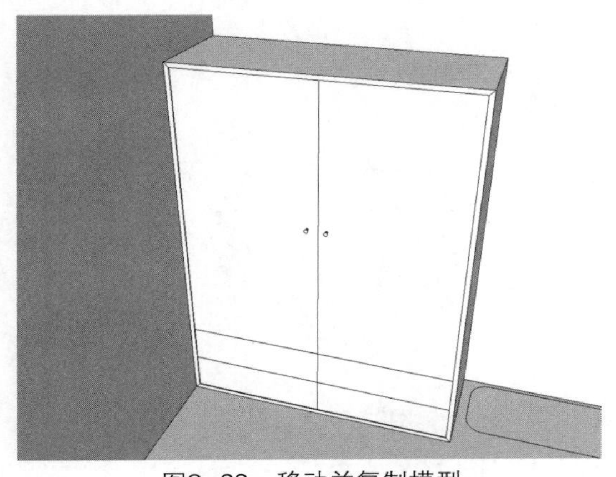
图8-69　移动并复制模型

图8-70　绘制图形

11 将其创建成组，双击进入编辑模式，激活推拉工具，推出100，制作出抽屉拉手模型，如图8-71所示。

12 将模型移动到合适位置，并进行复制，如图8-72所示。

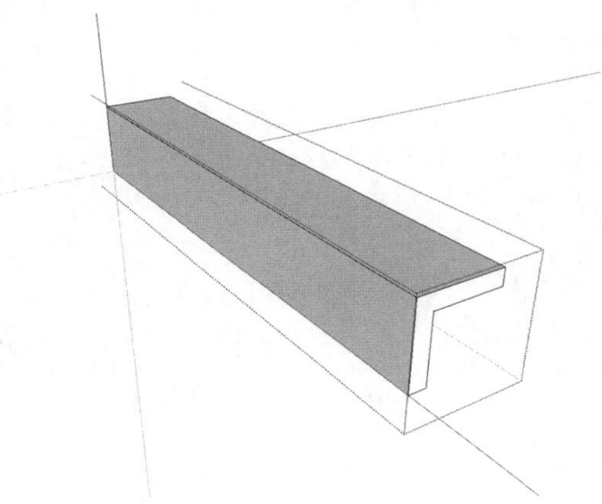
图8-71　推拉面

图8-72　复制模型

⑬ 激活矩形工具，绘制一个1460*510的矩形，如图8-73所示。

⑭ 将其创建成组，双击进入编辑模式，激活偏移工具，将边线向内偏移30，如图8-74所示。

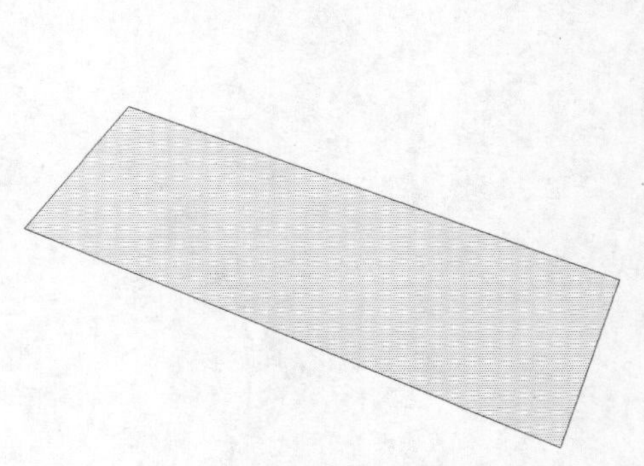

图8-73　绘制矩形

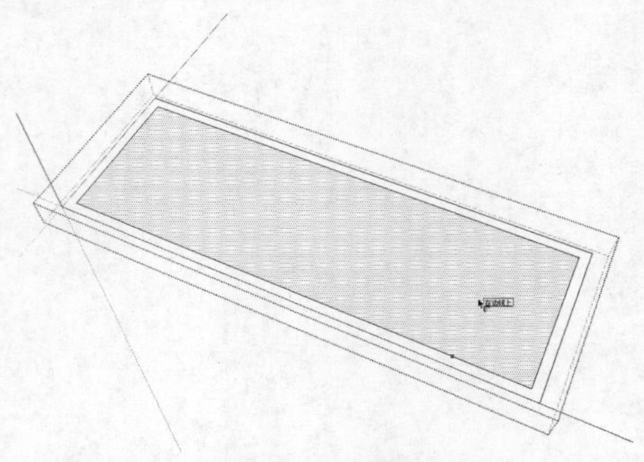

图8-74　偏移图形

⑮ 删除中间的面，再激活推拉工具，将剩下的面推出30，如图8-75所示。

⑯ 转到模型下方，激活直线工具，捕捉绘制线条，如图8-76所示。

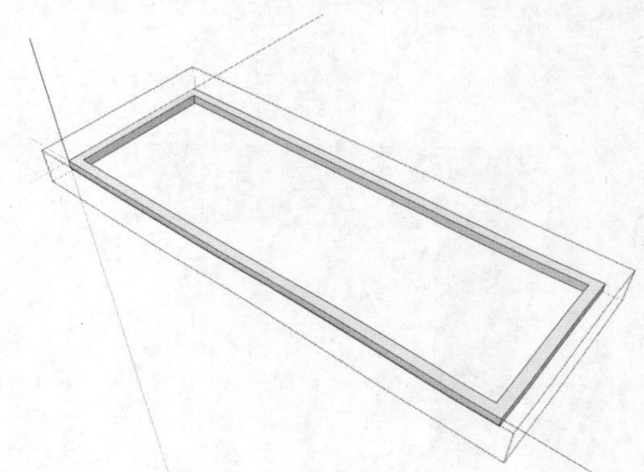

图8-75　推拉面

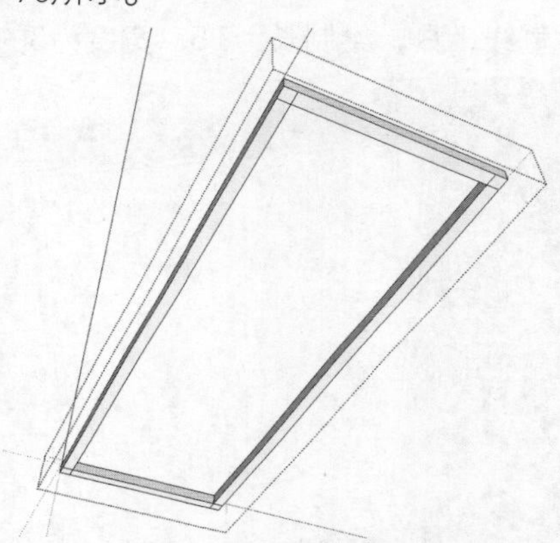

图8-76　绘制直线

⑰ 激活推拉工具，将四个面推出120，如图8-77所示。

⑱ 将模型移动到合适位置，完成衣柜模型的制作，如图8-78所示。

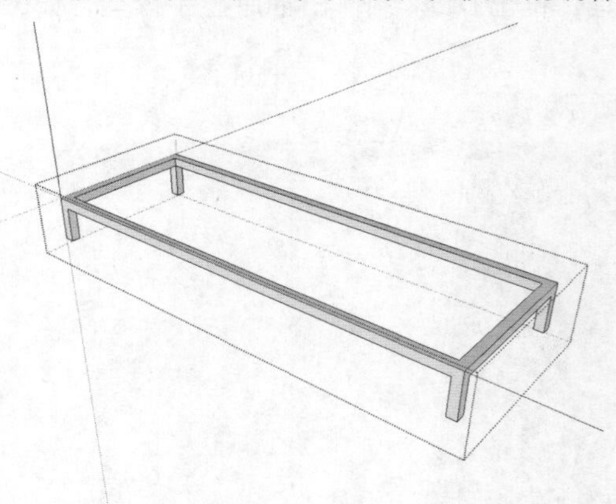

图8-77　推拉面

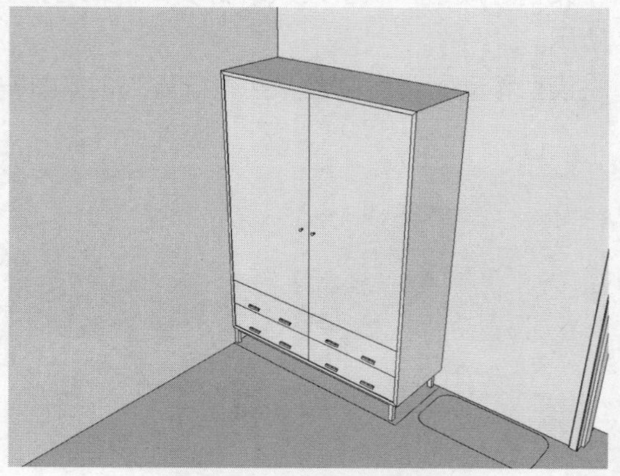

图8-78　完成衣柜模型

⑲ 在墙面上绘制一个4000*750的矩形，如图8-79所示。

⑳ 激活推拉工具，将其推出50，再创建成组，如图8-80所示。

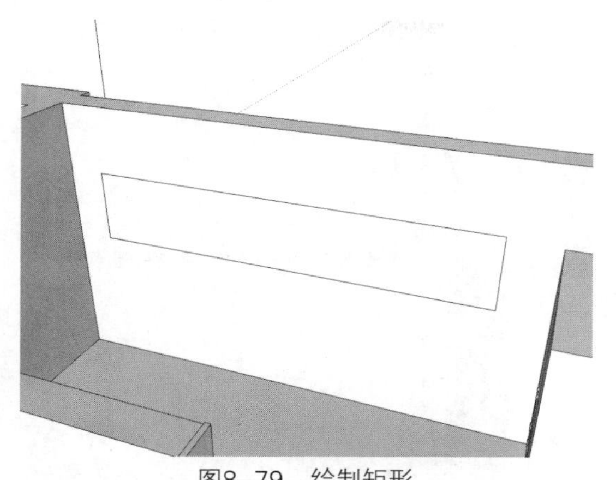
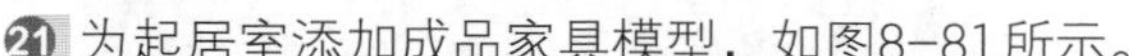

图8-79　绘制矩形

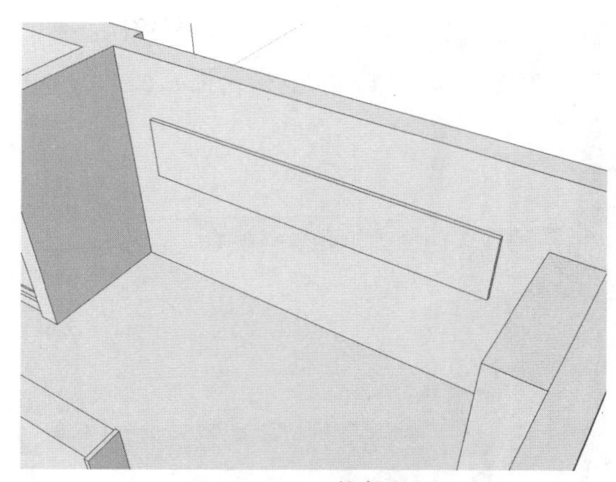

图8-80　推拉面

21 为起居室添加成品家具模型，如图8-81所示。

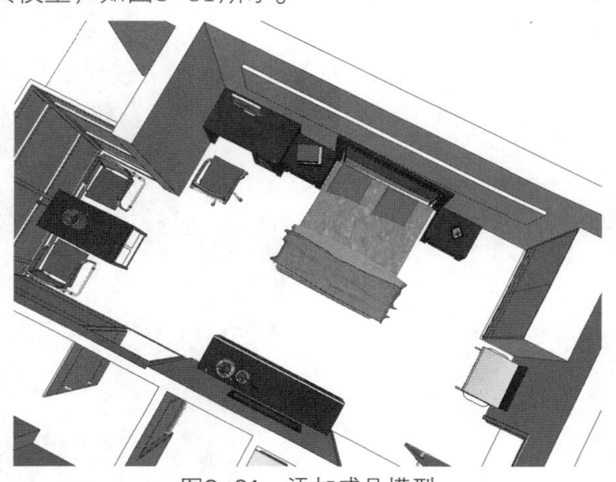

图8-81　添加成品模型

8.2.2　制作厨房场景

接下来制作厨房场景，其中橱柜模型需要根据实际尺寸来制作模型，操作步骤如下。

01 激活直线工具，在厨房区域捕捉绘制橱柜轮廓，如图8-82所示。

02 将其创建成组，双击进入编辑状态，激活推拉工具，将面推出800，如图8-83所示。

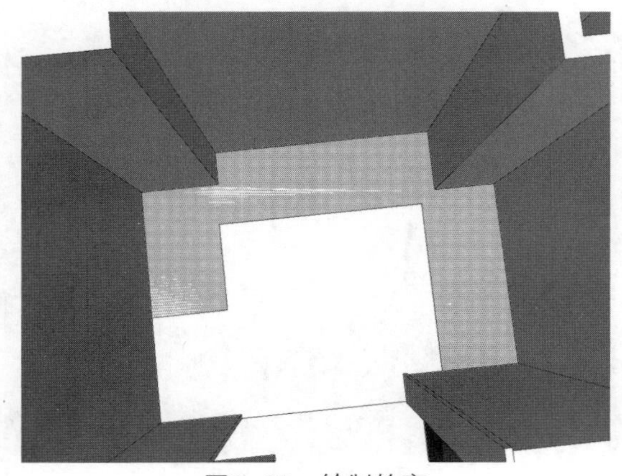

图8-82　绘制轮廓

图8-83　推拉面

03 选择上方边线，按住Ctrl键将其向下移动复制20、660，如图8-84所示。

04 激活推拉工具，推出20的柜台面，如图8-85所示。

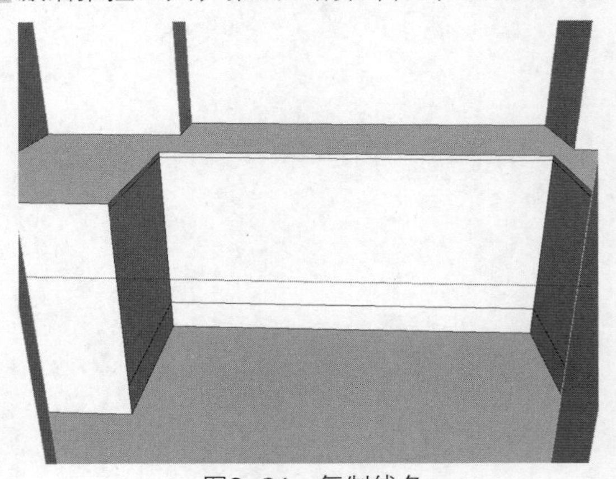
图8-84　复制线条

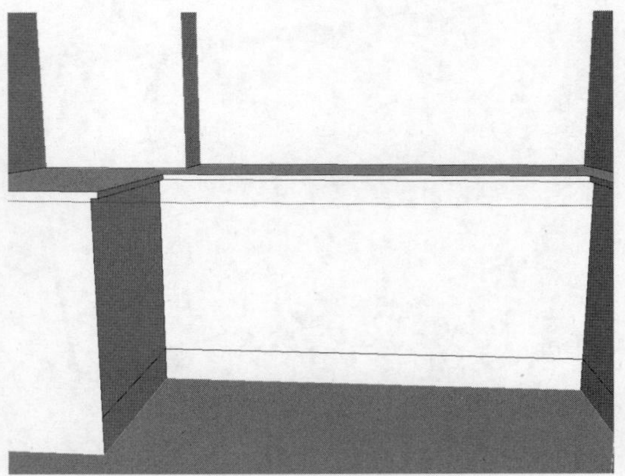
图8-85　推拉面

05 选择下方的第二条直线，激活移动工具，按住Ctrl键将其向上移动复制635，如图8-86所示。

06 选择直线，单击鼠标右键，选择“拆分”命令，将其分为4段，如图8-87所示。

图8-86　复制直线

图8-87　拆分直线

07 激活直线工具，捕捉分段点绘制直线，如图8-88所示。

08 激活偏移工具，将边线向内偏移5，如图8-89所示。

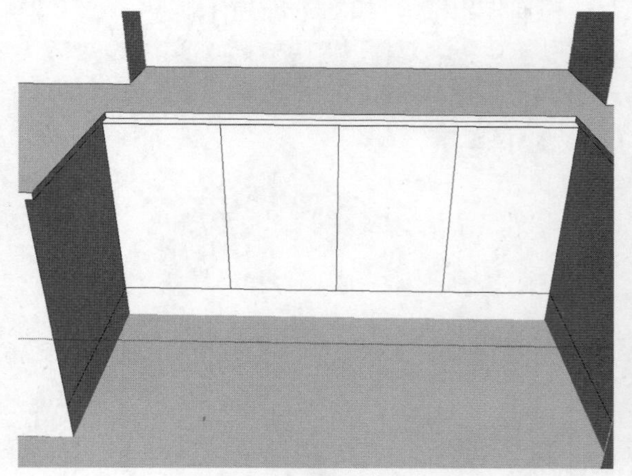
图8-88　捕捉绘制直线

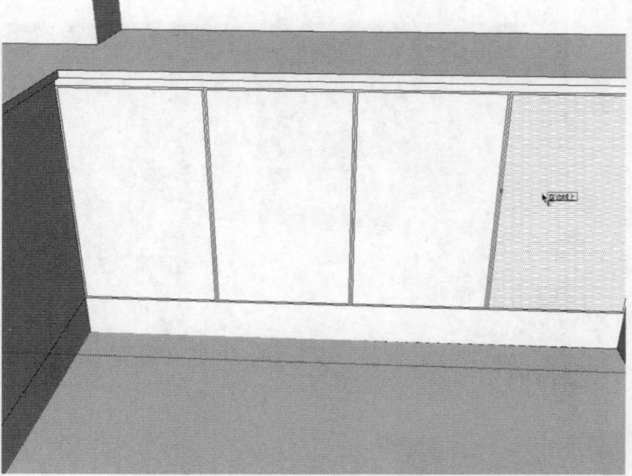
图8-89　偏移图形

⑨ 删除多余线条，如图8-90所示。

⑩ 激活推拉工具，推出厚度为10的柜门造型，如图8-91所示。

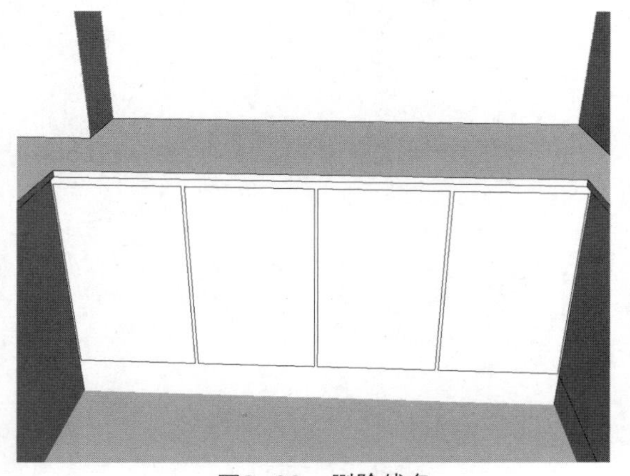

图8-90　删除线条

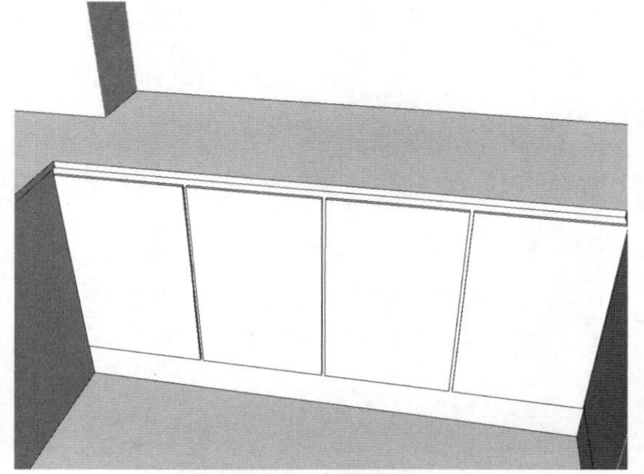

图8-91　推出面

⑪ 继续将左侧的面推进去，如图8-92所示。

⑫ 激活偏移工具，将橱柜右侧的面向内偏移100，如图8-93所示。

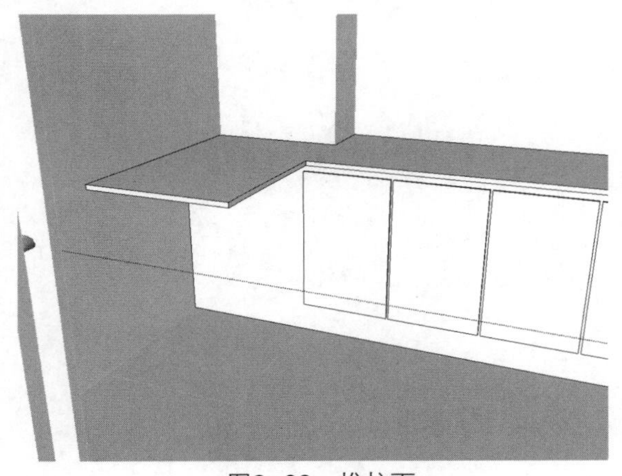

图8-92　推拉面

图8-93　偏移图形

⑬ 激活推拉工具，将内部的面向内推出10，如图8-94所示。

⑭ 激活直线工具，捕捉中点绘制直线，如图8-95所示。

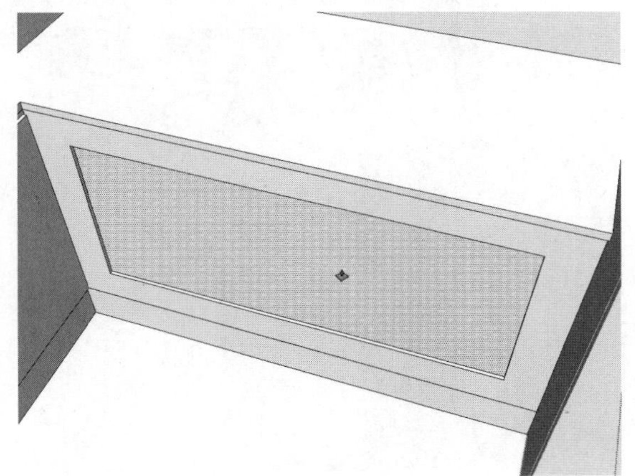

图8-94　推拉面

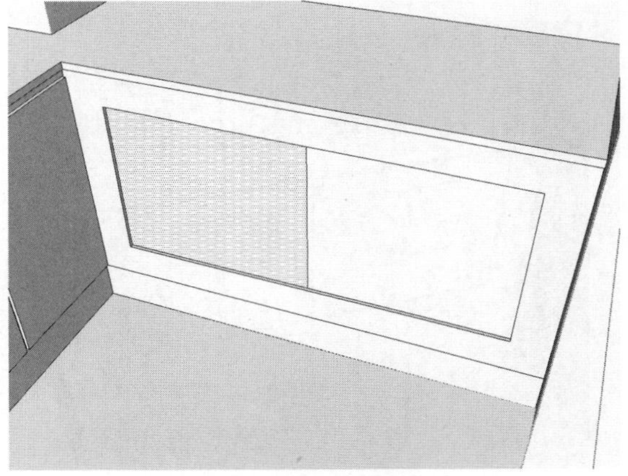

图8-95　绘制直线

15 激活偏移工具，将边线向内偏移10，如图8-96所示。

16 激活推拉工具，推出厚度为10的柜门，如图8-97所示。

图8-96　偏移图形

图8-97　推拉面

17 利用直线和圆弧工具绘制一个平面造型，总长为250，总宽为25，圆弧半径为25，如图8-98所示。

18 将其创建成组，双击进入编辑模式，激活推拉工具，将面推出15，制作出拉手模型，如图8-99所示。

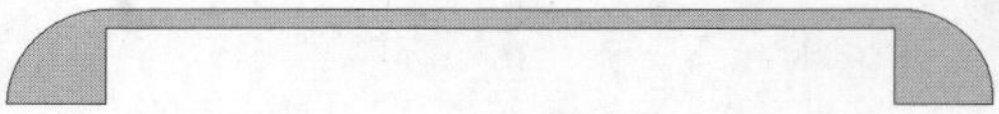

图8-98　绘制造型

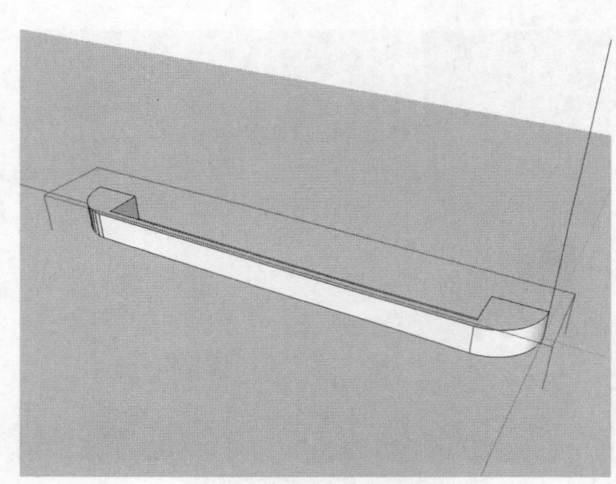

图8-99　推拉面

19 将拉手模型移动到合适位置，并进行复制，如图8-100所示。

20 双击橱柜进入编辑模式，激活弧形工具，在橱柜桌面的边缘绘制一条弧线，如图8-101所示。

图8-100　移动并复制

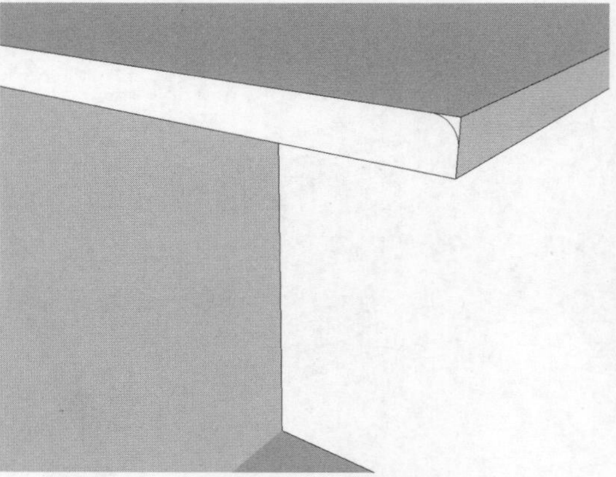

图8-101　绘制弧线

㉑ 激活路径跟随工具，按住弧形的面绕橱柜边缘一圈，完成橱柜台面边缘造型的制作，如图8-102所示。

㉒ 激活矩形工具，在橱柜台面上绘制一个570*380的矩形，如图8-103所示。

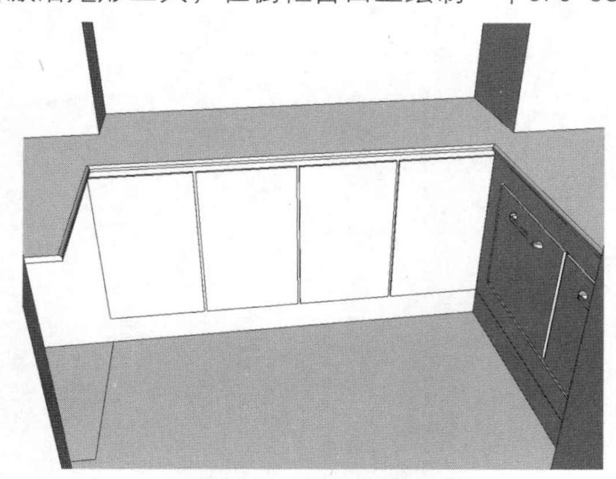
图8-102 路径跟随操作

图8-103 绘制矩形

㉓ 激活推拉工具，将矩形向下推出250，如图8-104所示。

㉔ 接下来制作吊柜模型。激活矩形工具，绘制一个高度为600的矩形，使其距地柜1000，如图8-105所示。

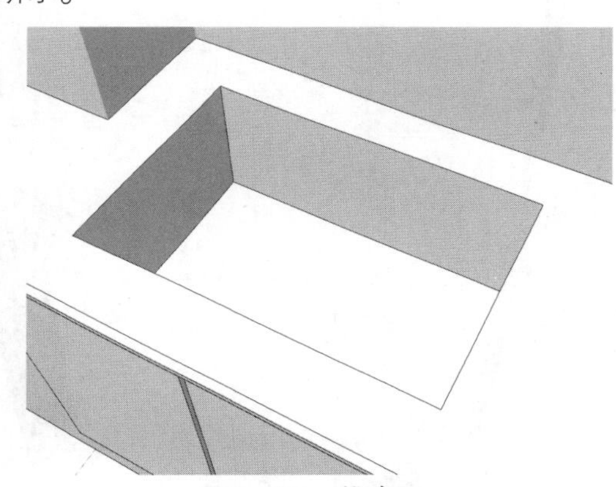
图8-104 推出面

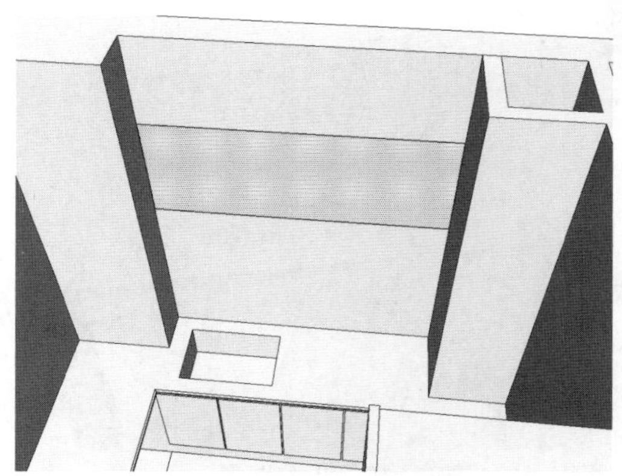
图8-105 绘制矩形

㉕ 将其创建成组，双击进入编辑模式，激活推拉工具，将面推出与左侧柱子对齐，如图8-106所示。

㉖ 激活偏移工具，将边线向内偏移15，如图8-107所示。

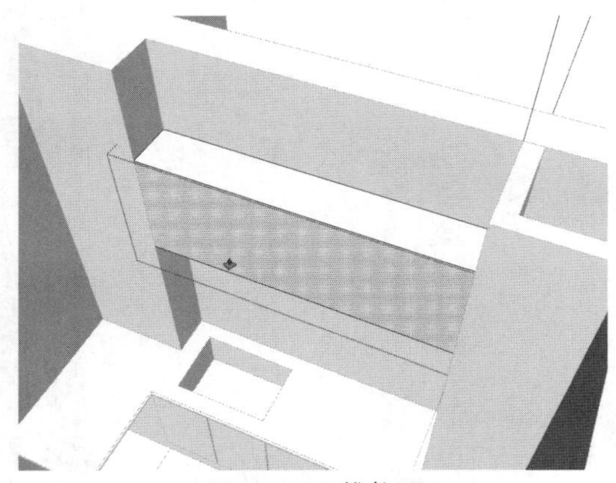
图8-106 推拉面

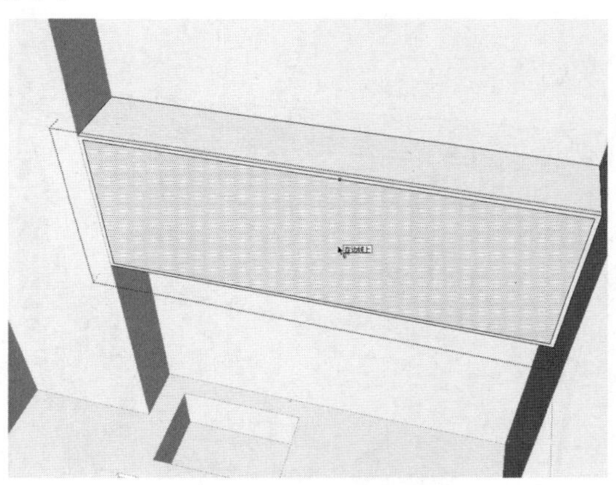
图8-107 偏移图形

㉗ 激活推拉工具，将面向内推出12，如图8-108所示。

㉘ 再次激活偏移工具，将线条偏移10，如图8-109所示。

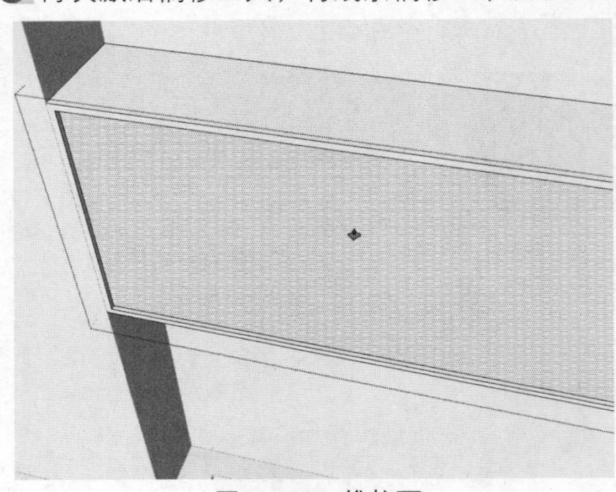

图8-108 推拉面

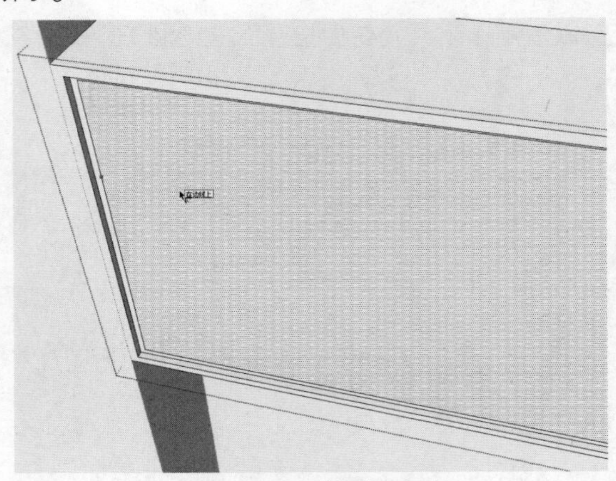

图8-109 偏移图形

㉙ 右键单击下方线条，在弹出的快捷菜单中选择“拆分”命令，将直线分为4段，如图8-110所示。

㉚ 激活直线工具，捕捉分段点绘制直线，将面分为4块，如图8-111所示。

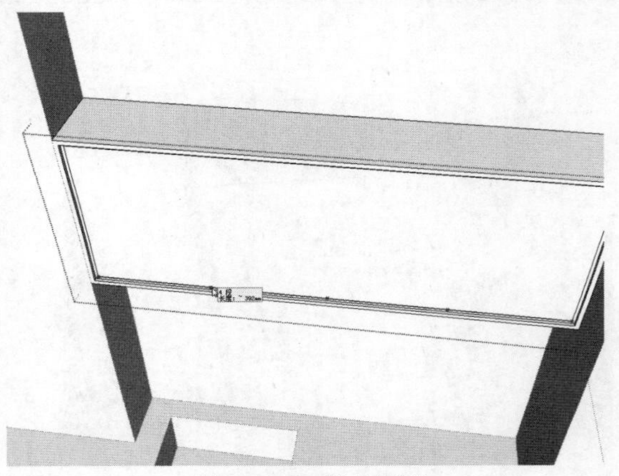

图8-110 拆分图形

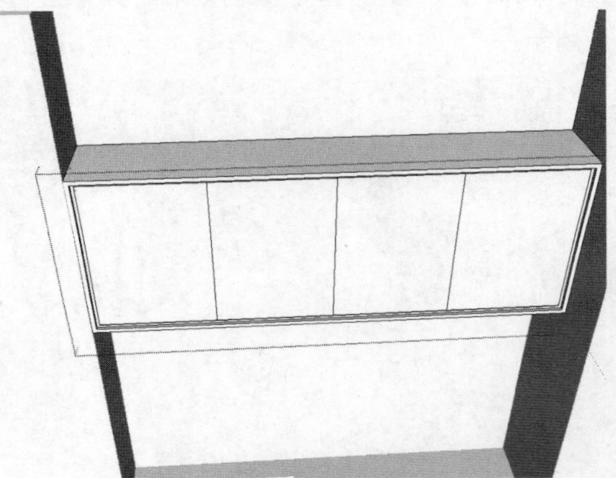

图8-111 绘制直线

㉛ 将直线向两侧各复制5，如图8-112所示。

㉜ 删除多余线条，如图8-113所示。

图8-112 复制直线

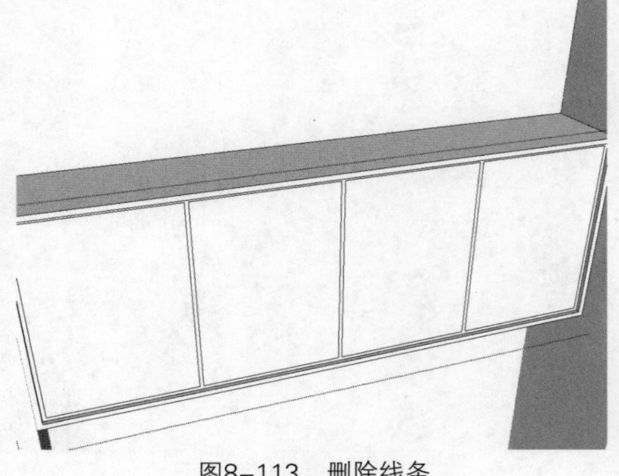

图8-113 删除线条

33 激活推拉工具，推出厚为12的柜门，如图8-114所示。

34 为吊柜和地柜添加把手模型，如图8-115所示。

图8-114 推拉面

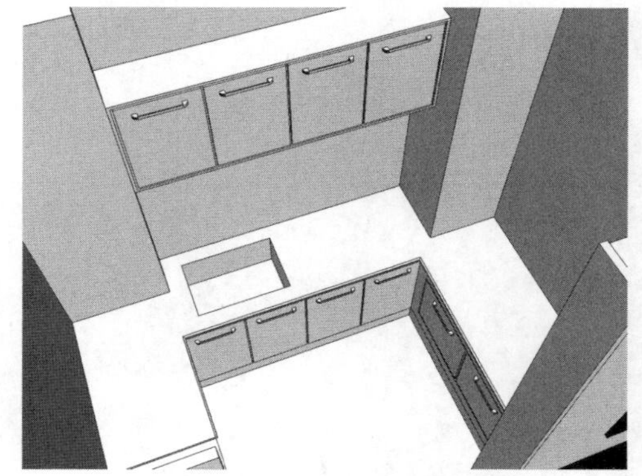

图8-115 添加把手模型

35 再为场景中添加冰箱、洗衣机、微波炉、水池、油烟机，完成厨房场景的制作，如图8-116所示。

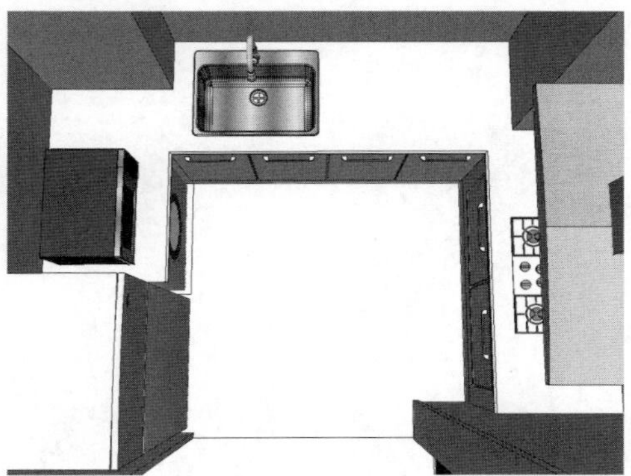

图8-116 添加成品模型

8.2.3 制作卫生间场景

最后来制作卫生间场景。操作步骤如下。

01 隐藏卫生间地面模型，激活矩形工具，捕捉绘制一个矩形，如图8-117所示。

02 将其创建成组，双击进入编辑模式，激活推拉工具，将面推出2200，再退出编辑模式，如图8-118所示。

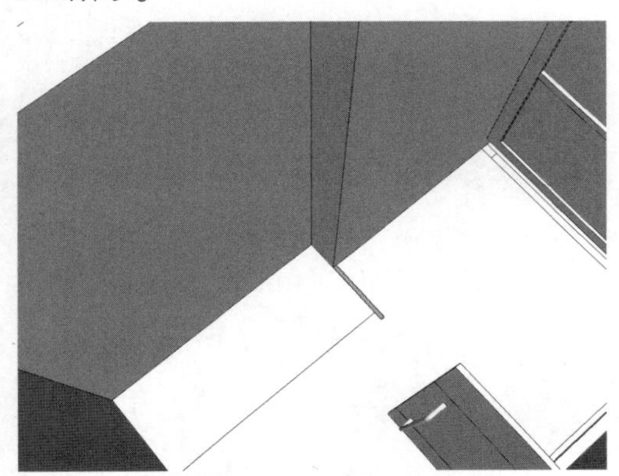

图8-117 绘制矩形

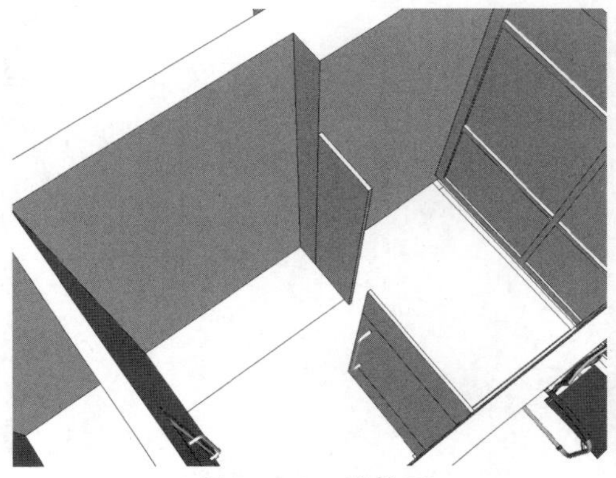

图8-118 推拉面

03 再次激活矩形工具，在洗手台位置捕捉绘制一个矩形，如图8-119所示。

04 将其创建成组，双击进入编辑模式，激活推拉工具，将面推出750，如图8-120所示。

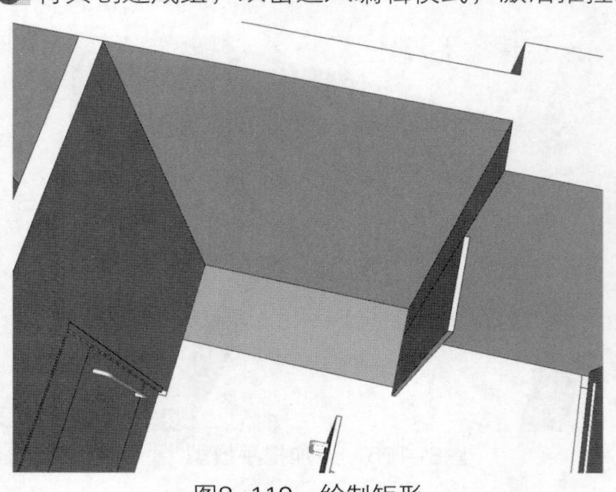
图8-119　绘制矩形

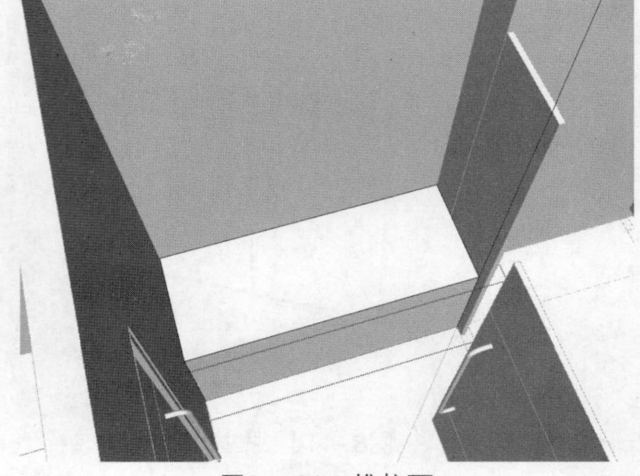
图8-120　推拉面

05 将两侧的边向内移动复制80，将上方的边向下移动复制120，如图8-121所示。

06 继续向下移动复制350,180，如图8-122所示。

图8-121　移动复制图形

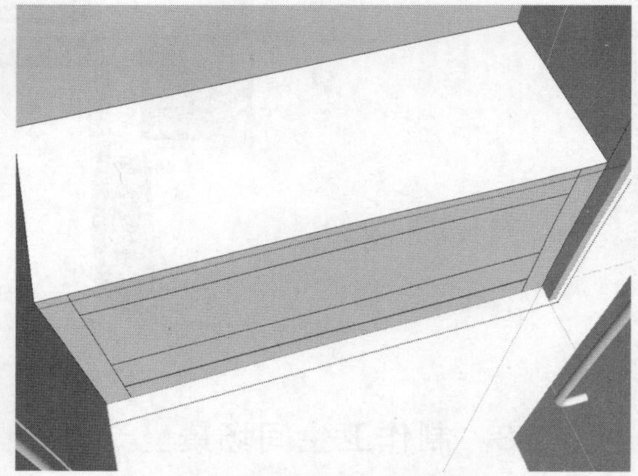
图8-122　移动复制图形

07 激活推拉工具，将面向后方推出600，再删除多余线条，如图8-123所示。

08 再将下方的面推进去10，如图8-124所示。

图8-123　推拉面并删除线条

图8-124　推拉面

09 利用上一小节中步骤26-34的操作方法，制作洗手台的抽屉造型，制作出洗手台的模型，如图8-125所示。

10 激活矩形工具，在洗手台面上绘制600*500的矩形，居中对齐到洗手台面，如图8-126所示。

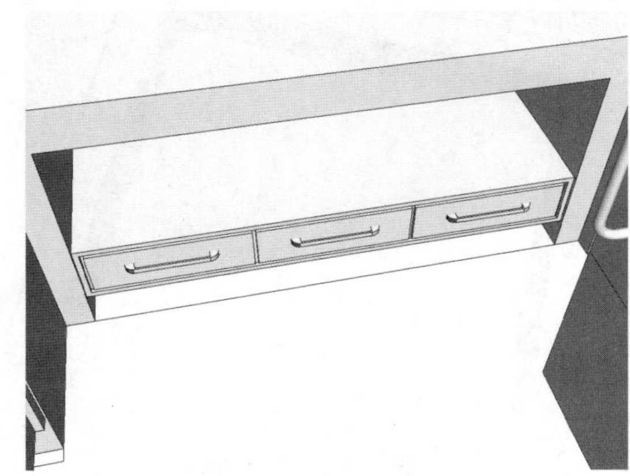
图8-125 制作洗手台模型

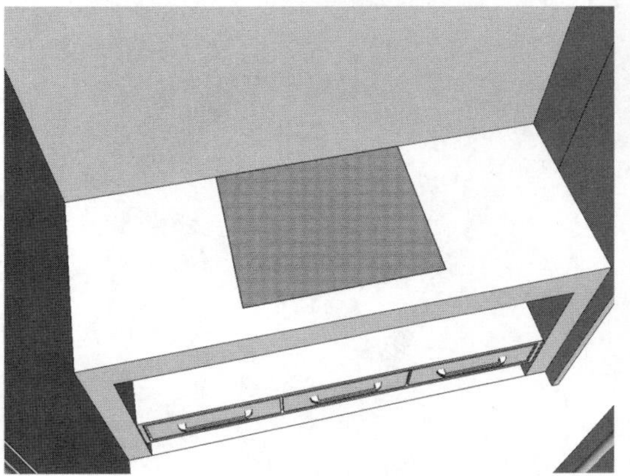
图8-126 绘制矩形

11 将其创建成组，双击进入编辑模式，激活推拉工具，将面推出150，如图8-127所示。

12 激活偏移工具，将边线向内偏移10，如图8-128所示。

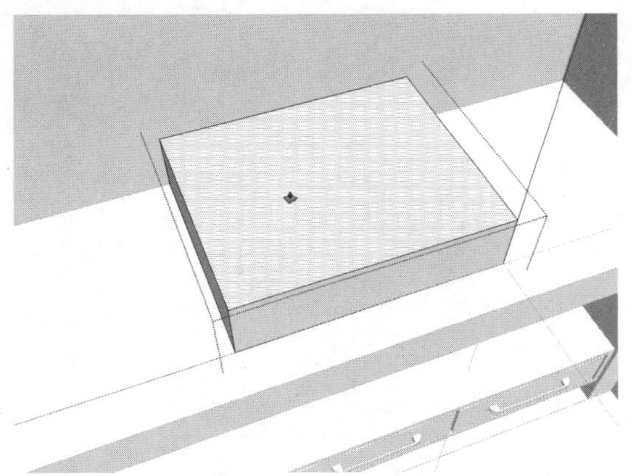
图8-127 推拉面

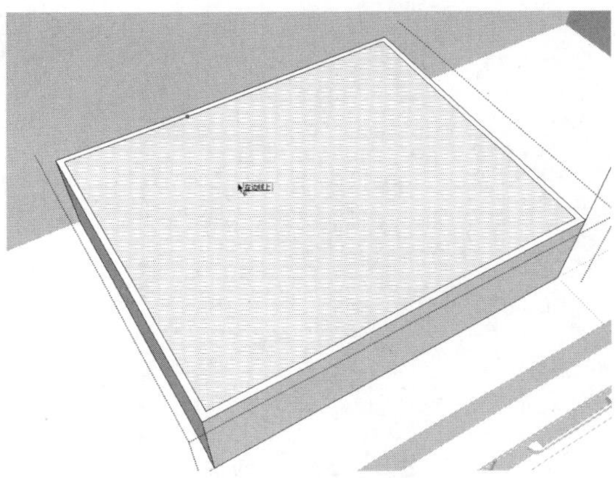
图8-128 偏移图形

13 激活推拉工具，将中心的面向下推出10，如图8-129所示。

14 再次激活偏移工具，将边线向内偏移45，如图8-130所示。

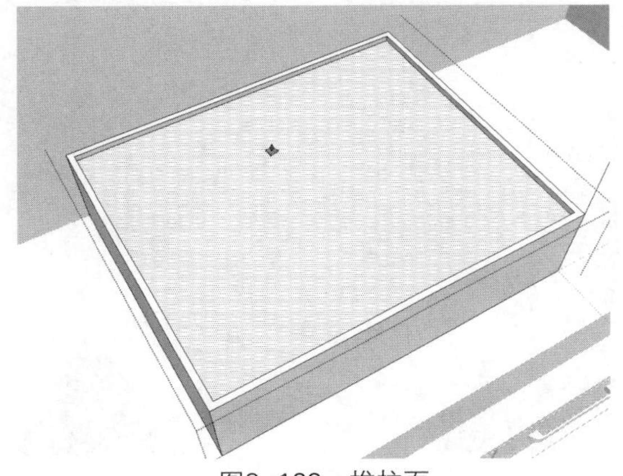
图8-129 推拉面

图8-130 偏移图形

⑮ 再次激活推拉工具，将面向下推出100，如图8-131所示。

⑯ 退出编辑模式，激活圆形工具，在洗手池中央绘制一个半径为10的圆形，如图8-132所示。

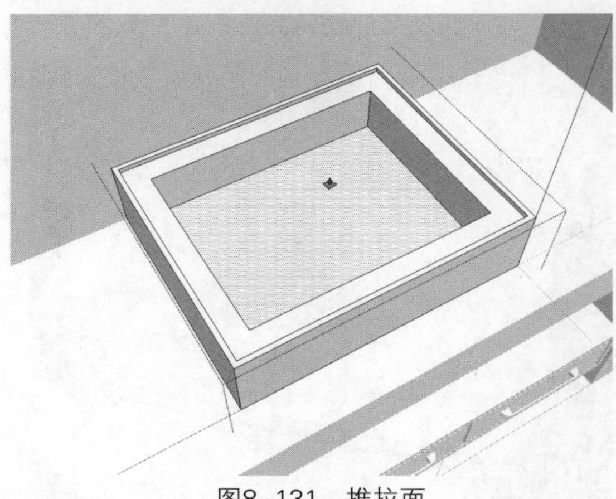
图8-131　推拉面

图8-132　绘制圆形

⑰ 将其创建成组，双击进入编辑模式，激活推拉工具，将面推出10，如图8-133所示。

⑱ 选择上方的面，激活缩放工具，将面放大，制作出下水按钮，如图8-134所示。

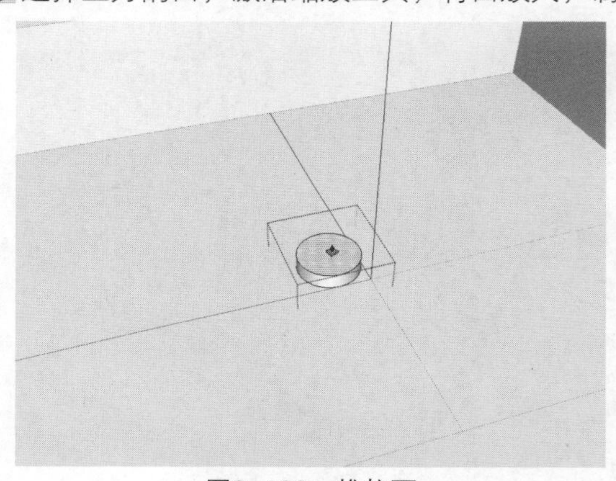
图8-133　推拉面

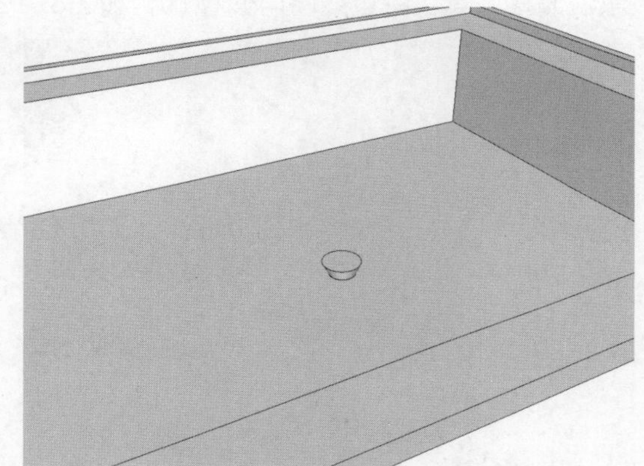
图8-134　缩放面

⑲ 激活矩形工具，绘制1550*1000的矩形，距离下方洗手台300，如图8-135所示。

⑳ 激活推拉工具，将面推出20，并创建成组，作为镜子模型，如图8-136所示。

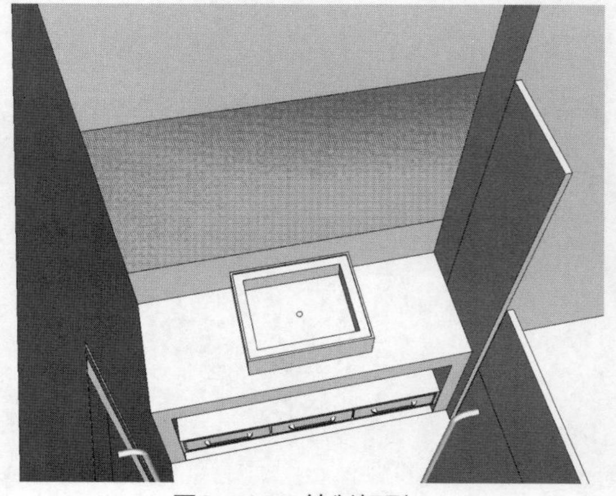
图8-135　绘制矩形

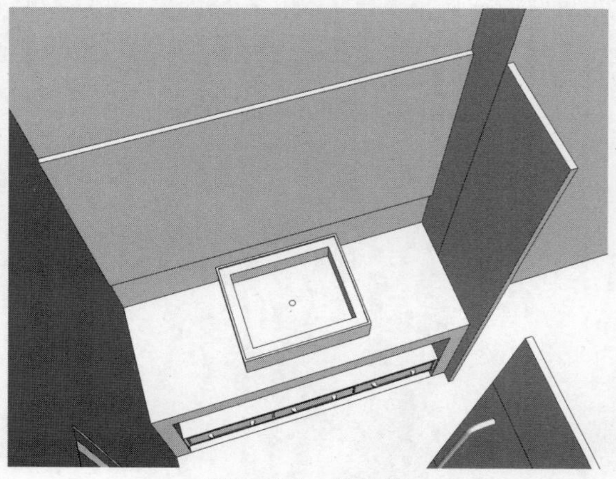
图8-136　推拉面

㉑ 为场景中添加马桶、浴缸、水龙头模型，调整到合适位置，如图8-137所示。

㉒ 取消隐藏地面模型，将卫生间中的所有模型向上移动150，完成整个场景模型的制作，如图8-138所示。

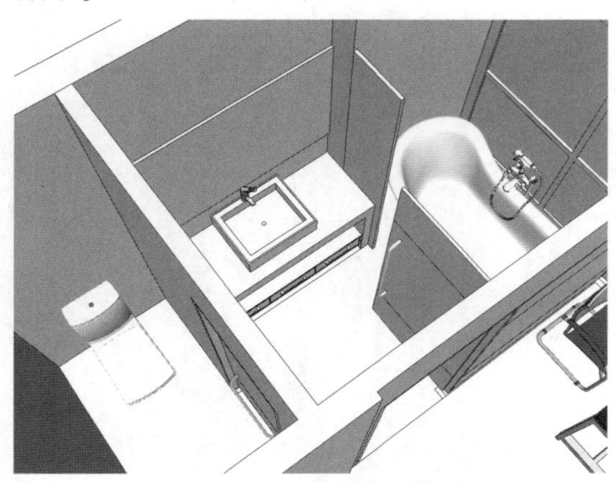

图8-137 添加成品模型

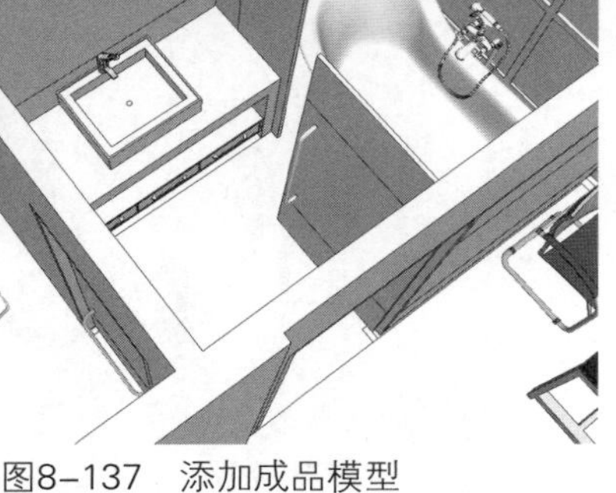

图8-138 移动模型

8.3 场景效果

整体模型已经制作完毕，最后我们需要为场景模型添加材质贴图，并且增加阴影效果，使得整个场景更加真实生动。

8.3.1 添加材质贴图

本小节先来制作材质贴图，操作步骤如下。

01 首先来制作地面材质。双击地面模型进入编辑模式，激活材质工具，打开材质编辑器，从中选择深色地板木质纹材质，将其赋予到起居室地面，如图8-139所示。

02 单击“创建材质”按钮，创建新的材质，为其命名为“地砖”材质，并添加纹理贴图，如图8-140所示。

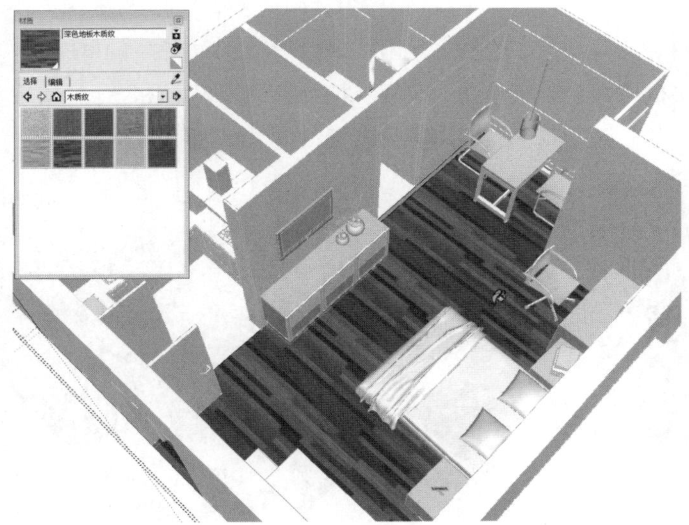

图8-139 创建地砖材质

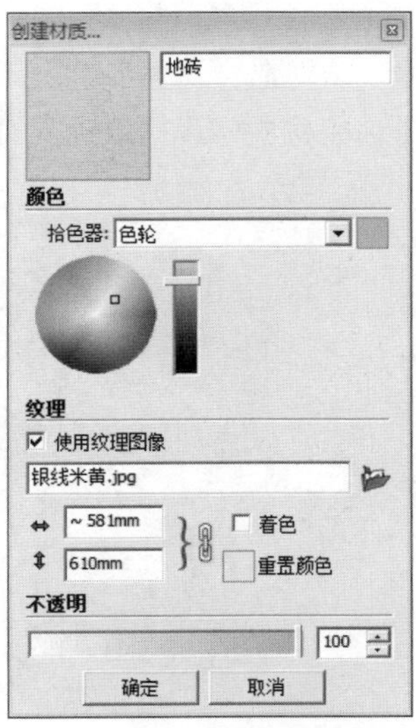

图8-140 新建地砖材质

03 单击“确定”按钮完成材质的创建，并将材质指定给卫生间及厨房地面，如图8-141所示。

04 双击墙体模型进入编辑模式，激活直线工具，在厨房冰箱位置的墙面上绘制一条直线，将厨房墙面分隔开，如图8-142所示。

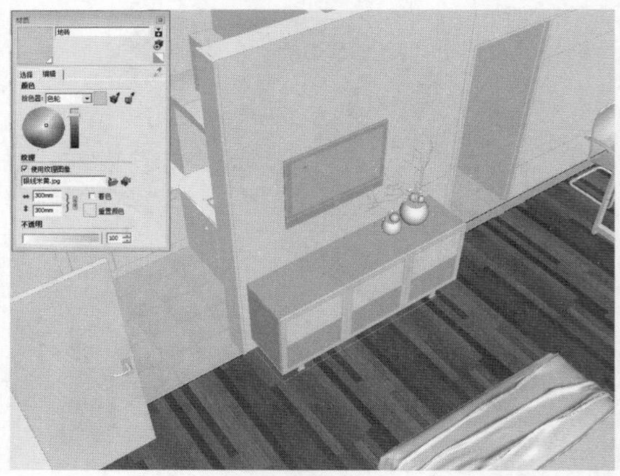
图8-141 指定材质

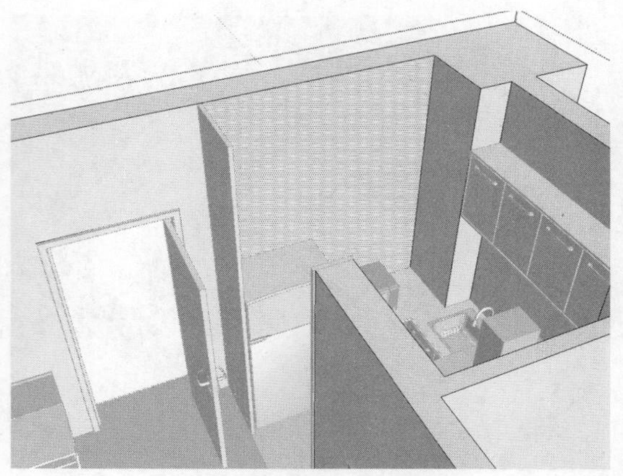
图8-142 绘制直线

05 再为厨房及卫生间墙体指定瓷砖材质，如图8-143所示。

06 选择亚麻色材质，将材质指定给起居室墙面，如图8-144所示。

图8-143 赋予材质

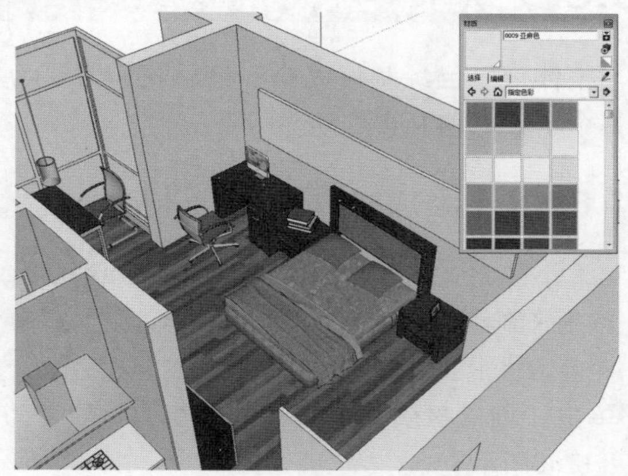
图8-144 选择并指定材质

07 创建玻璃材质，调整颜色及不透明度，将材质指定给场景中的玻璃模型，如图8-145所示。

08 选择金属材质，设置纹理尺寸，将材质指定给场景中的窗框、把手等模型，如图8-146所示。

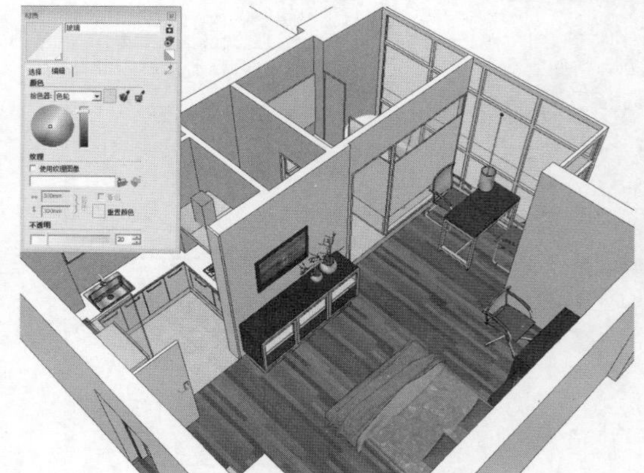
图8-145 创建玻璃材质并赋予对象

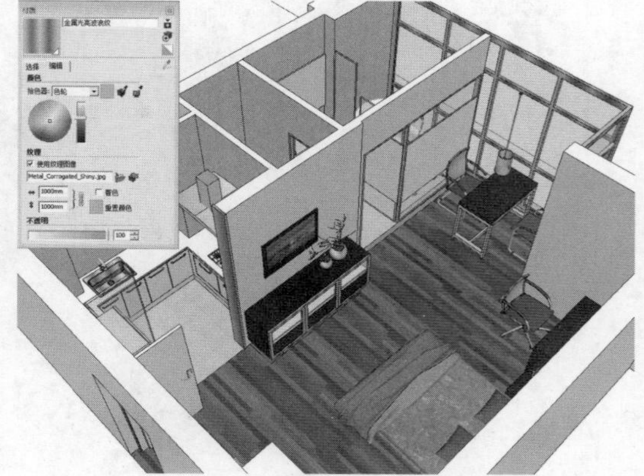
图8-146 创建金属材质并赋予对象

09 创建镜子材质，为其添加纹理贴图，并设置纹理尺寸，将材质指定给卫生间的镜子，如图8-147所示。

10 吸取床头柜材质，再赋予到场景中的衣柜、入户门、吊柜、洗手台抽屉等模型上，如图8-148所示。

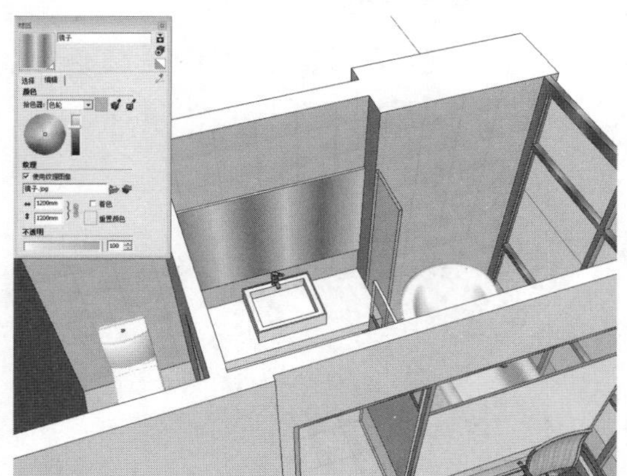

图8-147 创建镜子材质

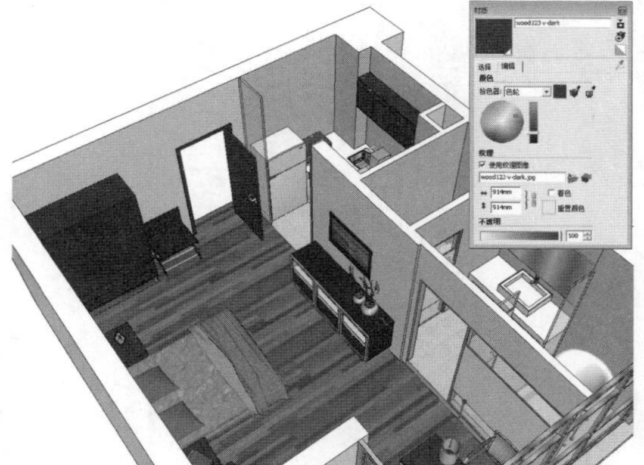

图8-148 吸取材质并指定给其他对象

11 制作黑金砂石材，添加石材贴图，调整材质颜色及贴图尺寸，将材质指定给橱柜台面面板及洗手台，如图8-149所示。

12 利用拆分命令将床头上方造型分为5段，如图8-150所示。

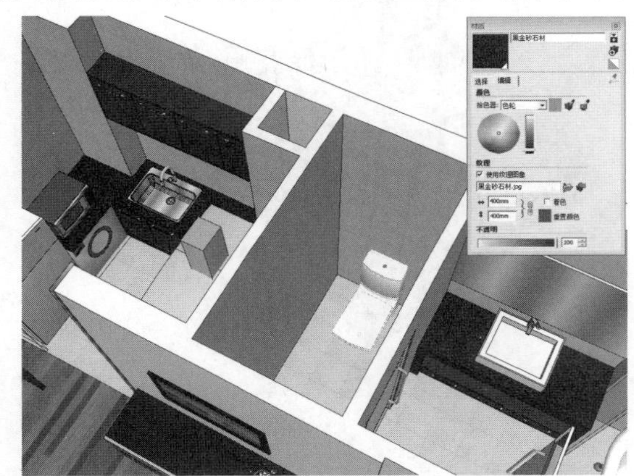

图8-149 创建橱柜台面及洗手台材质

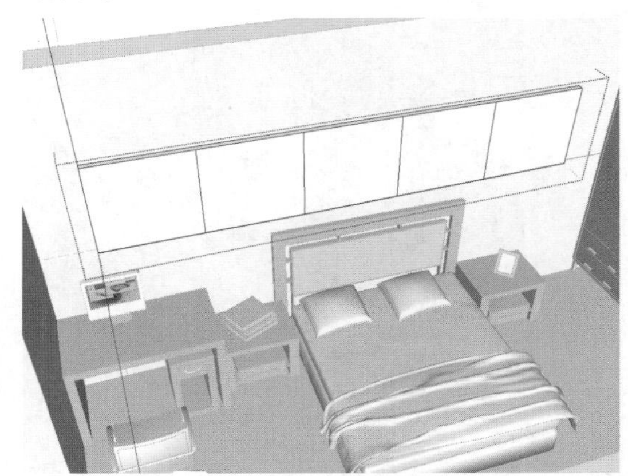

图8-150 制作床头上方造型

13 创建5种海报贴图，分别指定给5个面，完成整个场景的制作，如图8-151所示。

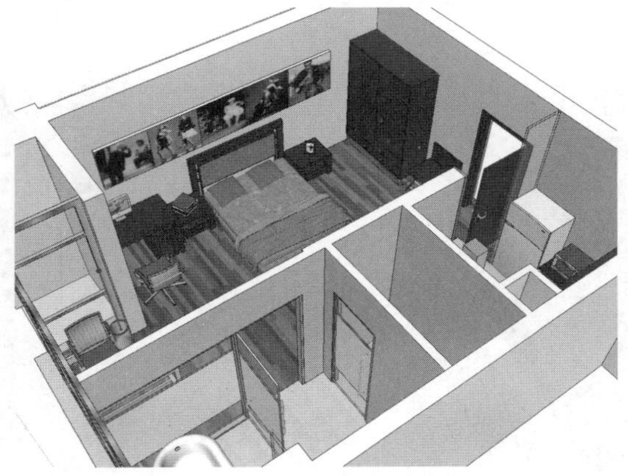

图8-151 完成模型制作

8.3.2 阴影效果调整

整体场景模型制作完毕后，再为其添加阴影效果，操作步骤如下。

01 执行“工具”|“阴影”命令，打开“阴影设置”对话框，如图8-152所示。

02 在“阴影设置”对话框中调整时间、日期以及亮度、暗度，再观看场景效果，如图8-153所示。

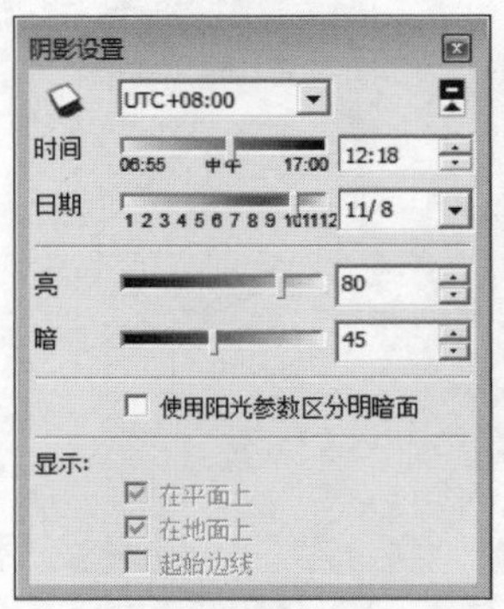

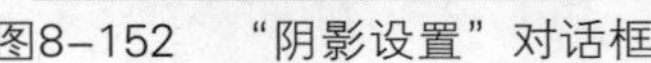
图8-152 “阴影设置”对话框

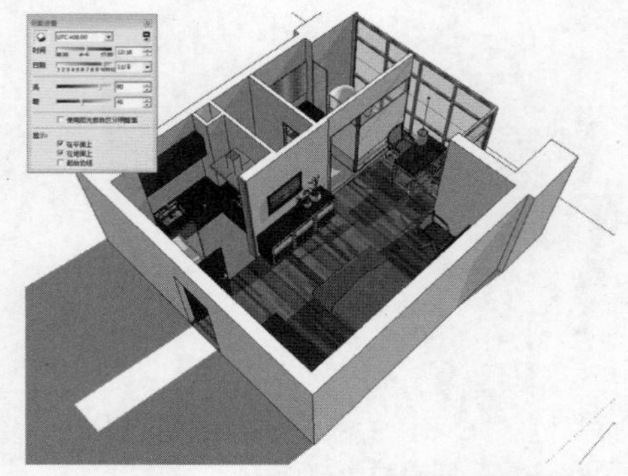
图8-153 开启阴影显示并调整参数

03 调整时间和日期以及亮度、暗度，场景中的投影发生了改变，如图8-154所示。

04 选择墙体模型，单击鼠标右键，在弹出的快捷菜单中选择“图元信息”命令，如图8-155所示。

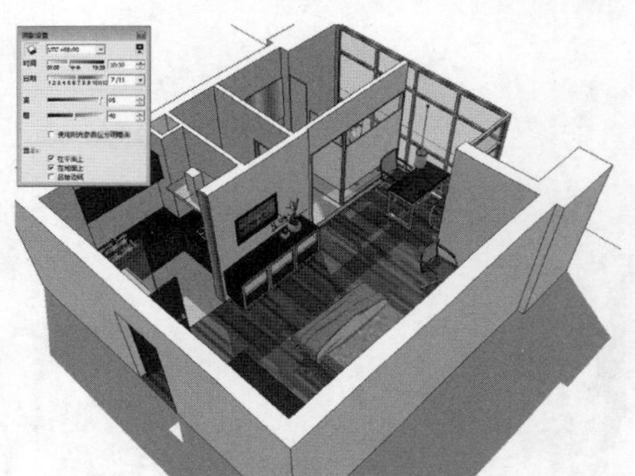
图8-154 调整参数

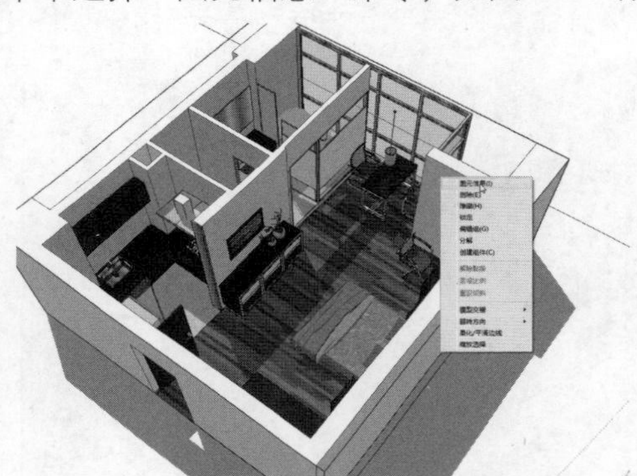
图8-155 图元信息

05 打开“图元信息”对话框，取消勾选“投射阴影”选项，可以看到场景中的投影又发生了变化，墙体不再出现投影，如图8-156所示。

06 再调整其他模型的投影效果，主要突出阳台窗户位置的投影效果，完成整个场景效果的制作，如图8-157所示。

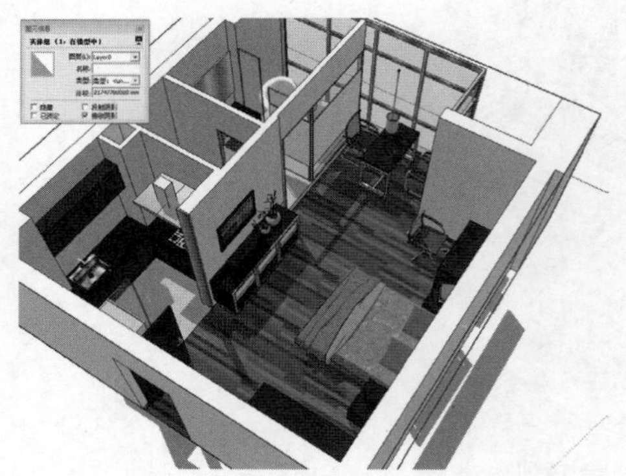
图8-156 取消投射阴影

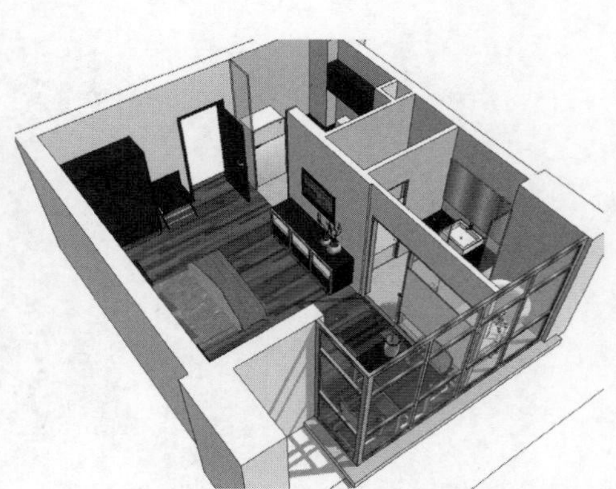
图8-157 调整其他阴影效果

第9章 冬日别墅场景的制作

本章概述 本章将利用所学的知识制作一个独特的冬日别墅场景，包括建筑模型的制作，地面造型的制作以及景观小品模型的制作。通过本章的学习，掌握建模技巧以及特殊场景气氛的营造。

知识要点
- 别墅主体的创建；
- 场景效果的创建；
- 室外场景的制作；
- 整体效果的打造。

9.1 制作别墅建筑主体

本小节要制作的是别墅建筑主体。其制作过程涉及到前面所学的许多知识要点。

9.1.1 导入AutoCAD文件

在制作模型之前，首先要将平面布置图导入，可以为后面模型的创建节省很多时间，操作步骤如下。

01 在AutoCAD中简化图形文件，如图9-1所示。

02 启动SketchUp应用程序，执行“文件”|“导入”命令，在“打开”对话框中选择AutoCAD图形文件，如图9-2所示。

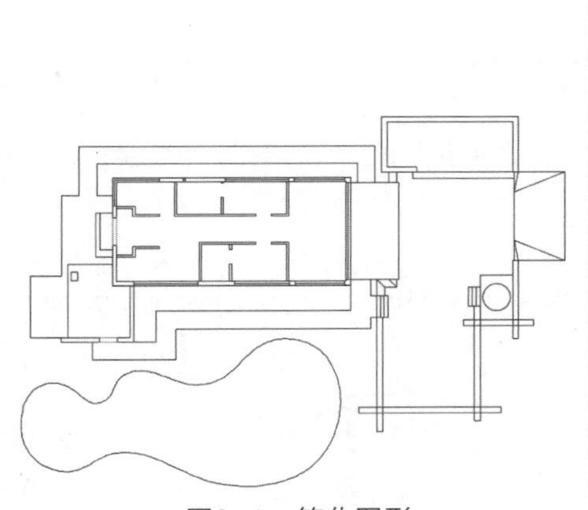

图9-1 简化图形

图9-2 选择图形文件

03 将平面图导入到SketchUp中，效果如图9-3所示。

04 执行“窗口”|“样式”命令，打开“样式”设置面板，在“编辑”选项板中取消勾选“轮廓线”选项，如图9-4所示。

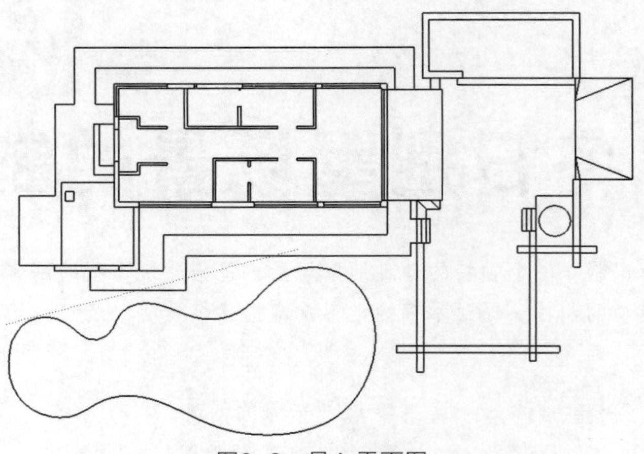
图9-3　导入平面图

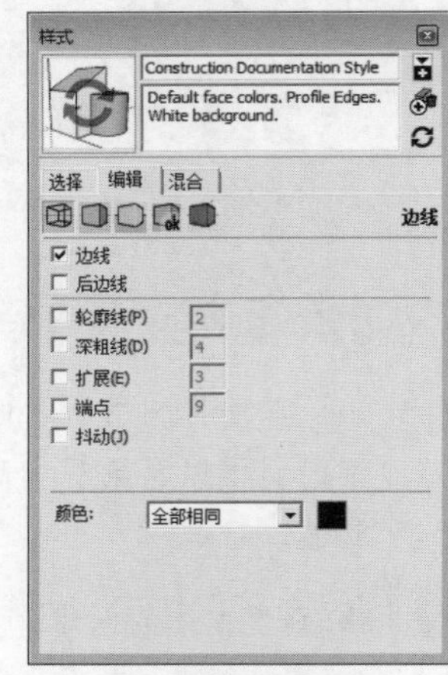

图9-4　设置轮廓线

05 仅剩边线的图形效果如图9-5所示。

06 激活擦除工具，删除窗户位置的辅助线，如图9-6所示。

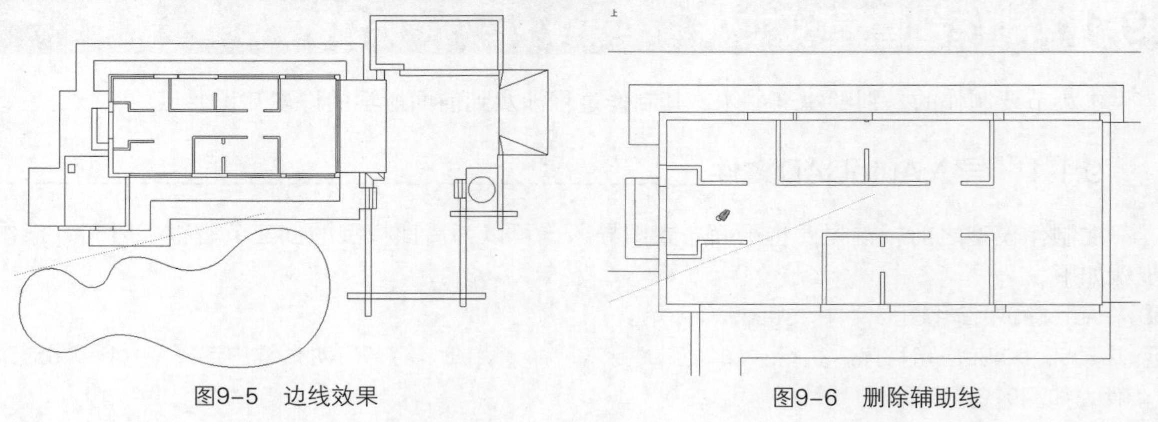
图9-5　边线效果　　图9-6　删除辅助线

9.1.2　制作别墅模型

接下来根据导入的平面图形来创建建筑模型，操作步骤如下。

01 激活直线工具，捕捉连接墙体平面，如图9-7所示。

02 选择平面，并单击鼠标右键，在弹出的快捷菜单中选择“创建群组”命令，如图9-8所示。

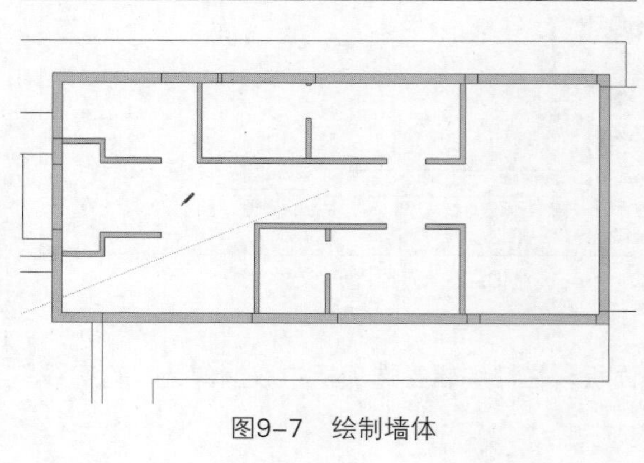
图9-7　绘制墙体

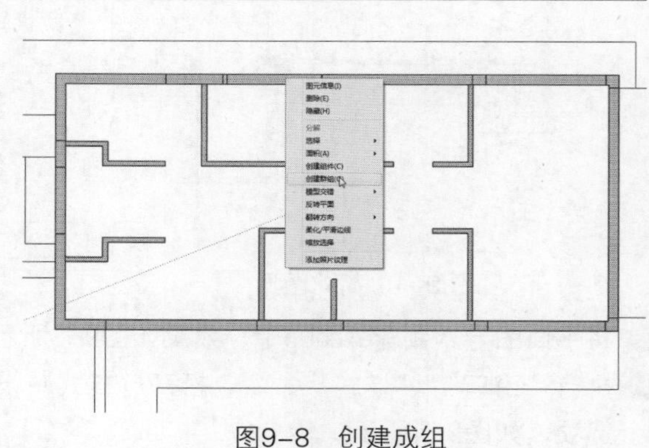
图9-8　创建成组

03 将图形平面创建成组，双击进入编辑模式，如图9-9所示。

04 全选图形，单击鼠标右键，在弹出的快捷菜单中选择“反转平面”命令，如图9-10所示。

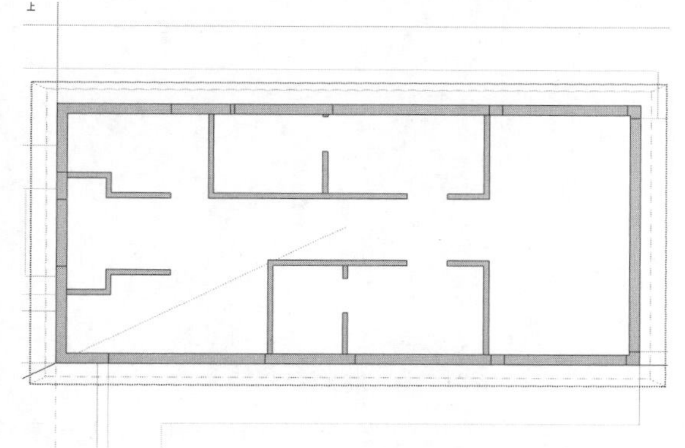

图9-9 进入编辑模式

图9-10 反转平面

05 激活推/拉工具，将部分墙体向上推出5960，如图9-11所示。

06 再推拉窗户位置的墙体，分别向上推出520、900、1460，如图9-12所示。

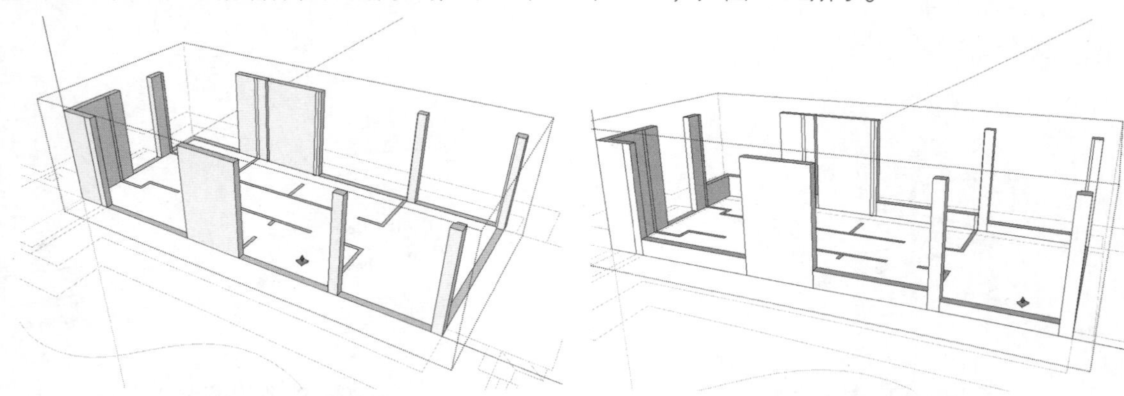

图9-11 推拉墙体

图9-12 推拉窗户

07 选择窗户下方的边线，激活移动工具，按住Ctrl键，向上移动复制，设置移动距离为1230，如图9-13所示。

08 激活推/拉工具，封闭窗户上方的墙体，如图9-14所示。

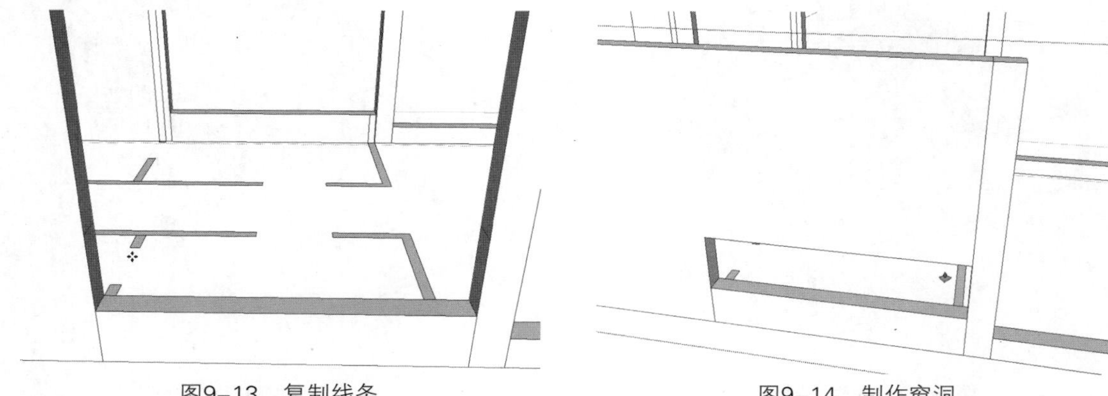

图9-13 复制线条

图9-14 制作窗洞

09 利用这种操作方法，制作出建筑墙体中的部分门洞及窗洞，如图9-15所示。

10 激活擦除工具，删除多余的线条，如图9-16所示。

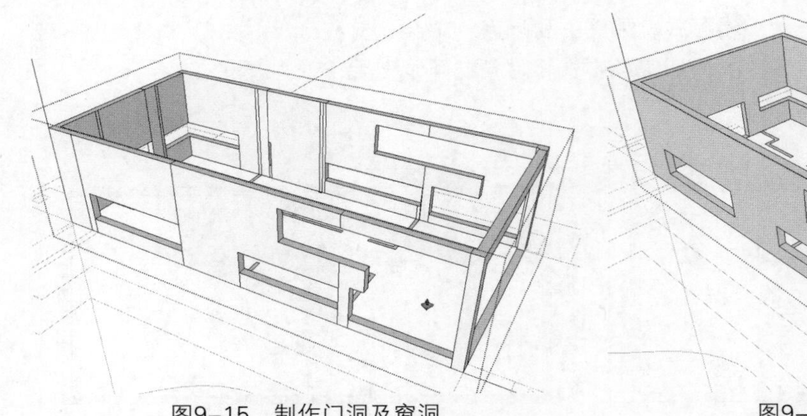

图9-15　制作门洞及窗洞　　　　图9-16　删除多余线条

⓫ 激活移动工具，按住Ctrl键，移动复制墙体边线，上方线条向下移动880、1340，左侧边线向右移动850、4020，如图9-17所示。

⓬ 激活推拉工具，推出400，创建窗洞，再删除多余的线条，如图9-18所示。

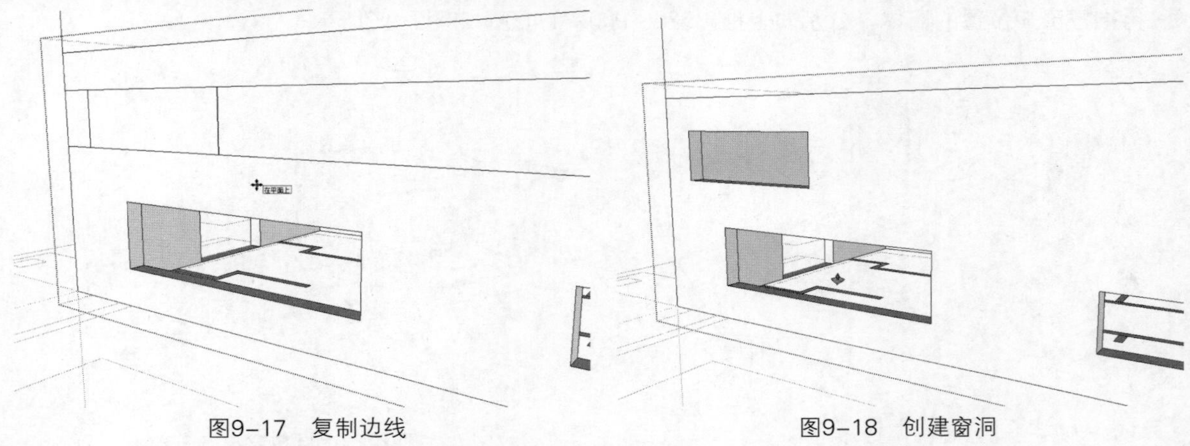

图9-17　复制边线　　　　图9-18　创建窗洞

⓭ 照此方法制作出二楼其他位置的窗洞，如图9-19所示。

⓮ 激活推/拉工具，推出室内一层墙体，高度为2670，如图9-20所示。

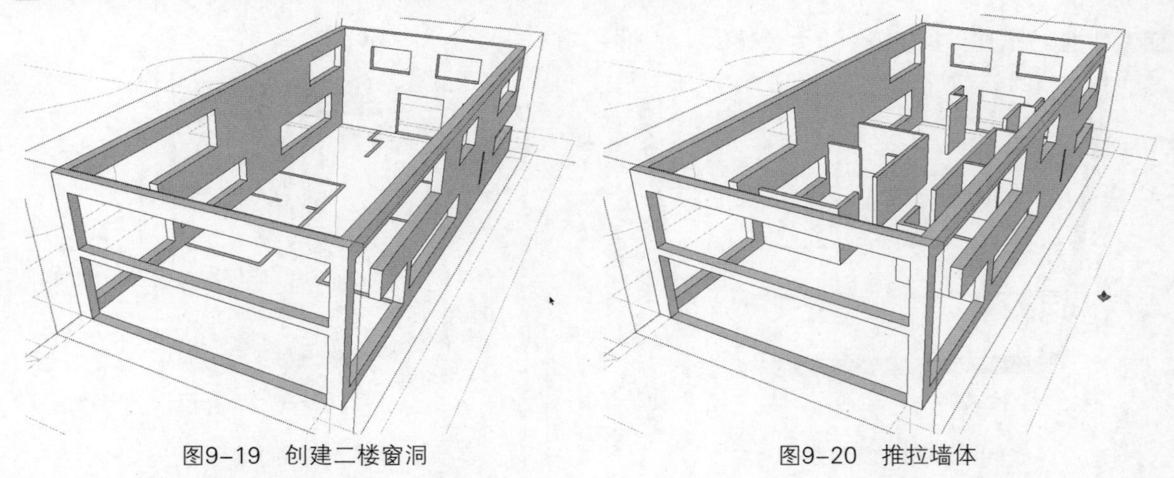

图9-19　创建二楼窗洞　　　　图9-20　推拉墙体

⓯ 导入二层平面框架图，如图9-21所示。

⓰ 删除多余的线条，如图9-22所示。

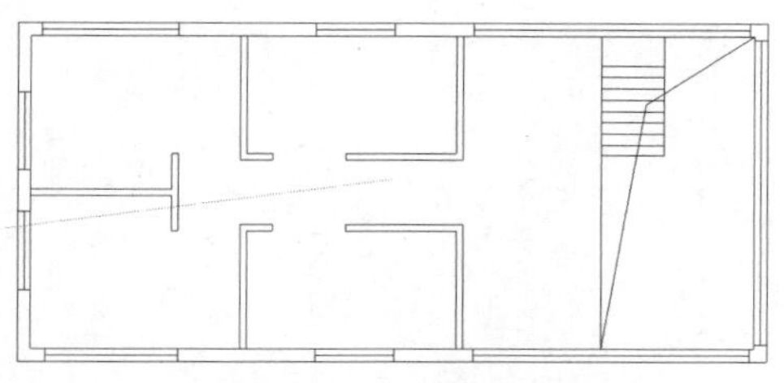
图9-21　导入框架图

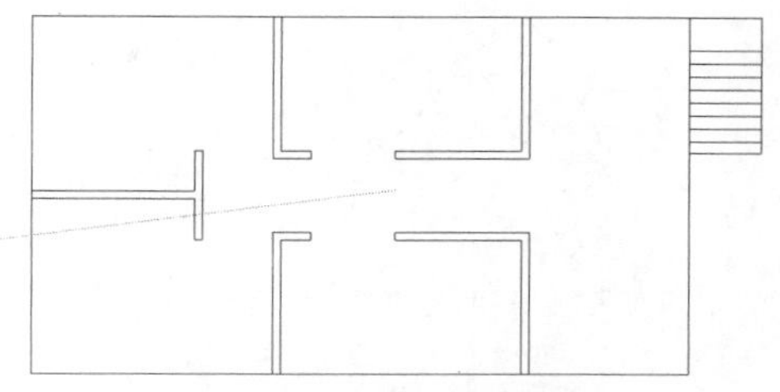
图9-22　删除多余线条

⑰ 激活直线工具，捕捉绘制平面，如图9-23所示。

⑱ 选择平面并执行“反转平面”操作，如图9-24所示。

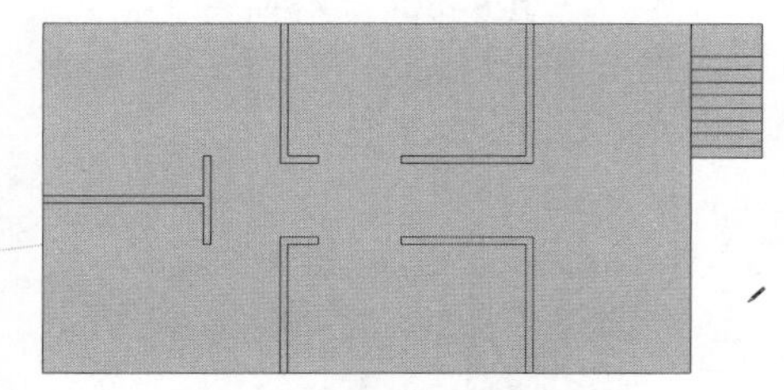
图9-23　绘制平面

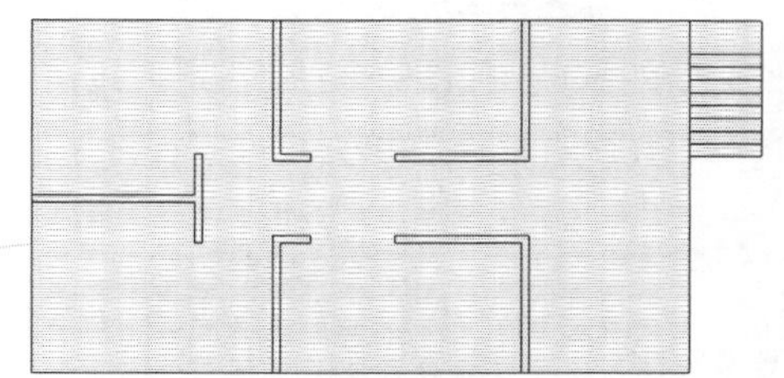
图9-24　反转平面

⑲ 激活推拉工具，将平面向上推出540，如图9-25所示。

⑳ 删除多余的线条，并将模型成组，留出楼梯图形，如图9-26所示。

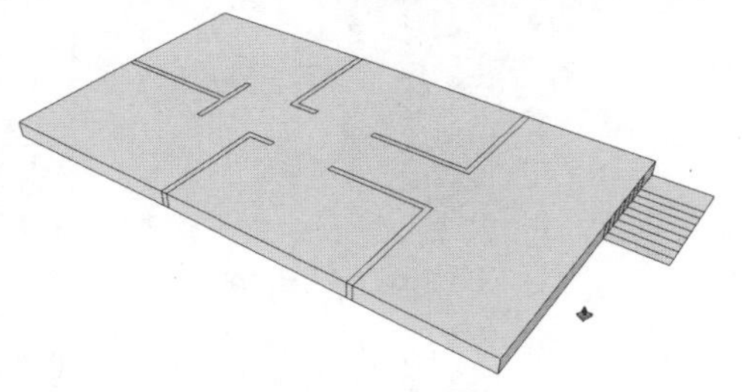
图9-25　推拉面

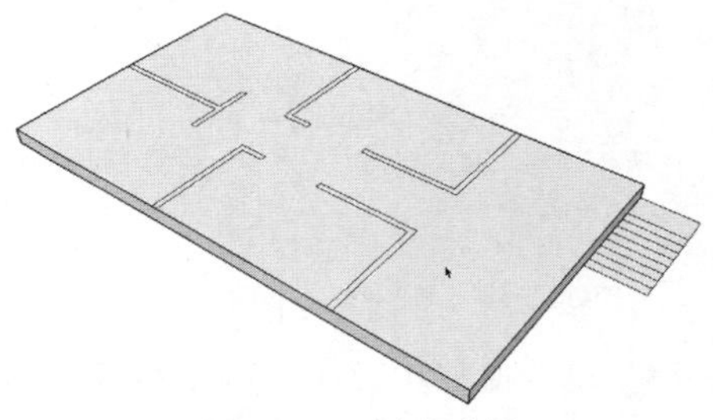
图9-26　创建成组

㉑ 双击进入编辑模式，激活推拉工具，将墙体向上推出2400，如图9-27所示。

㉒ 退出编辑模式，选择楼梯图形并将其创建成组，双击进入编辑模式，如图9-28所示。

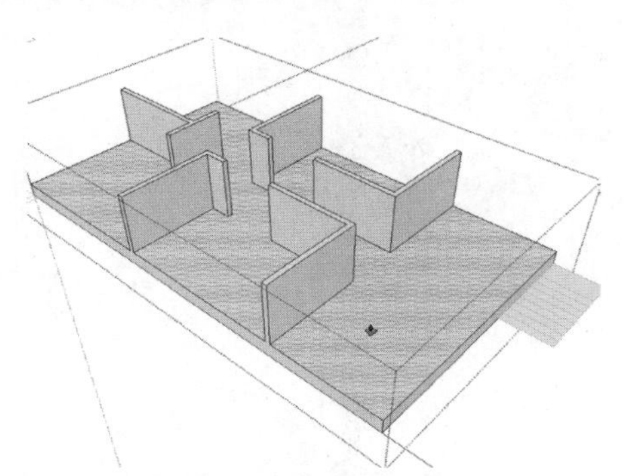
图9-27　推出墙体

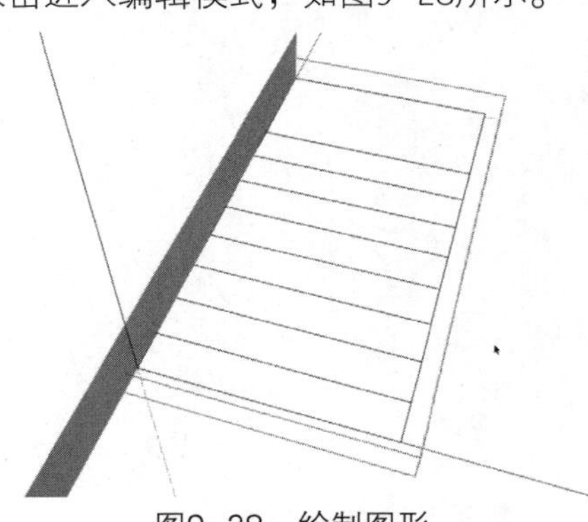
图9-28　绘制图形

㉓ 激活推拉工具，推出阶梯踏步高度301，如图9-29所示。

㉔ 继续依次向上推出，制作出阶梯造型，如图9-30所示。

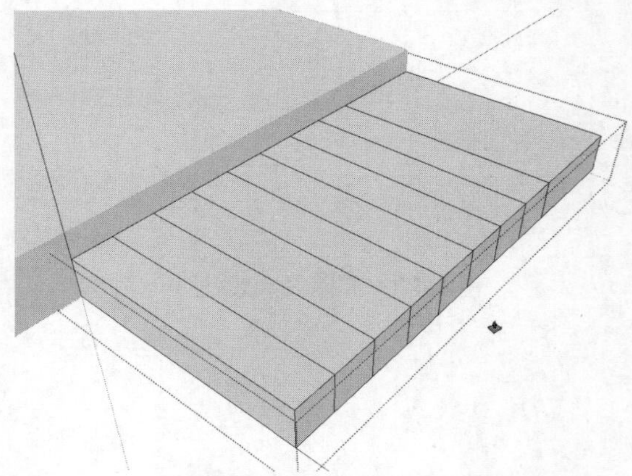

图9-29　推拉面

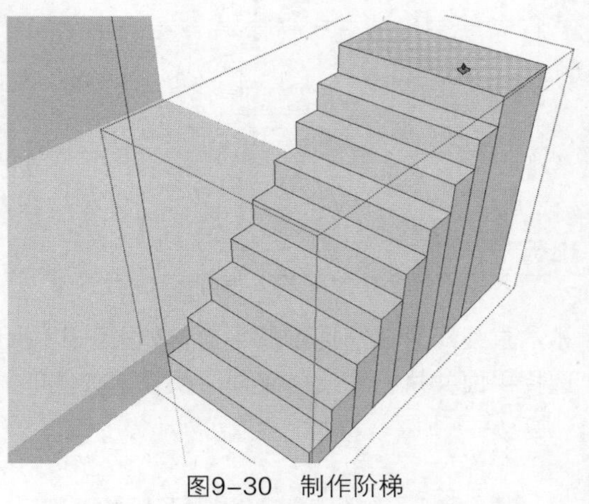

图9-30　制作阶梯

㉕ 删除多余的线条，如图9-31所示。

㉖ 选择如图9-32所示的边线。

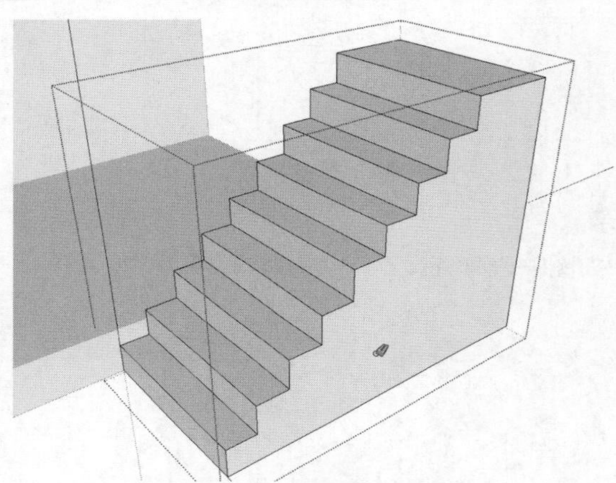

图9-31　删除多余图形

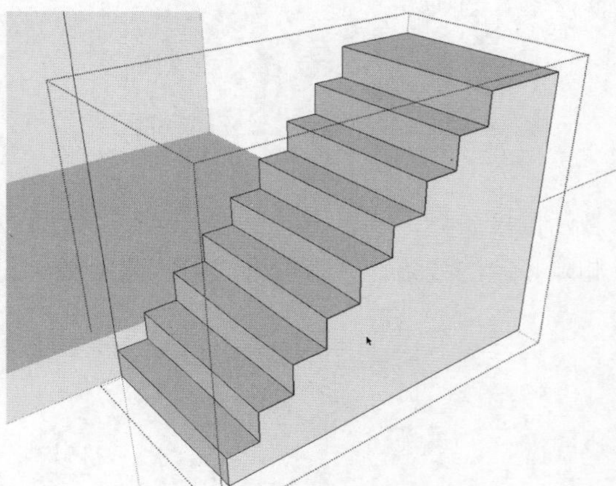

图9-32　选择边线

㉗ 激活偏移工具，偏移200，如图9-33所示。

㉘ 激活直线工具，连接线条，如图9-34所示。

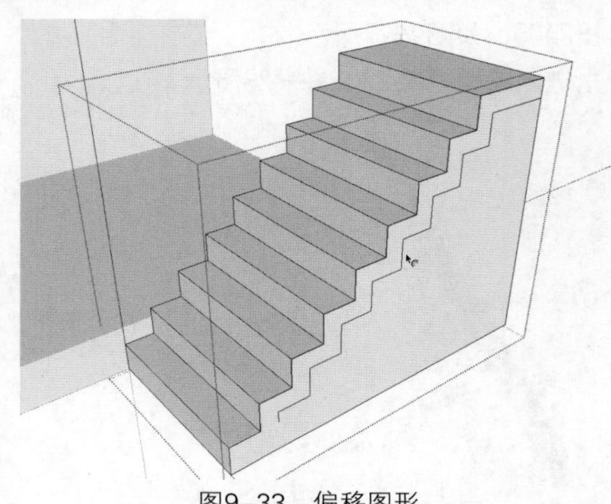

图9-33　偏移图形

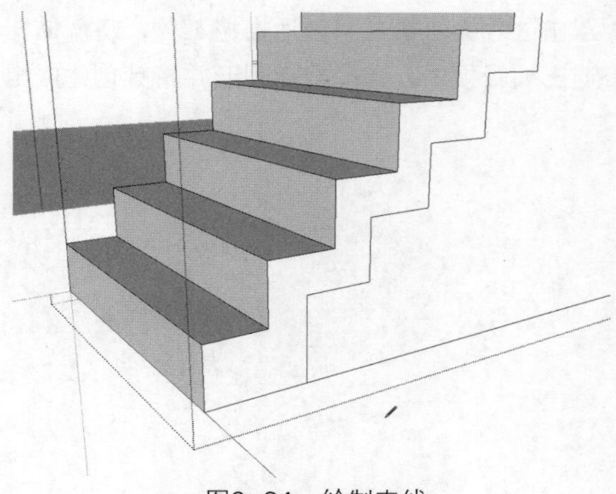

图9-34　绘制直线

㉙ 激活推拉工具，将面向一侧推出1900，如图9-35所示。

㉚ 退出编辑模式，激活移动工具，将阶梯模型移动到合适位置，如图9-36所示。

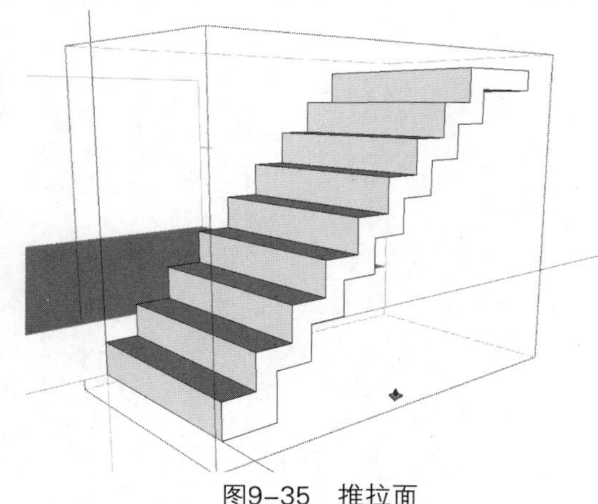

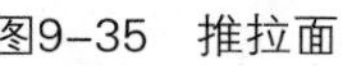

图9-35　推拉面

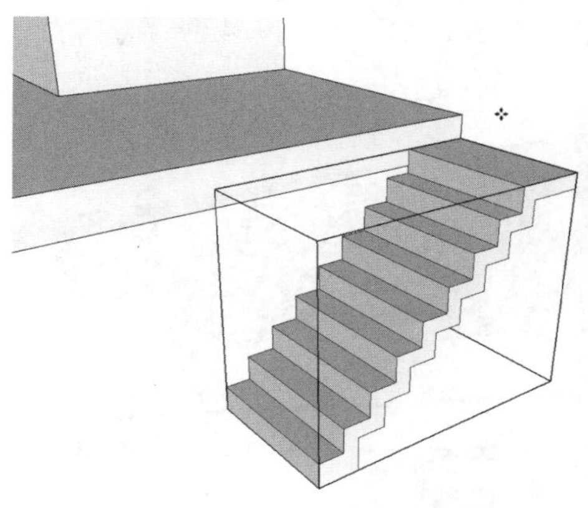

图9-36　调整阶梯位置

㉛ 将创建好的模型移动到室内，对齐到合适位置，如图9-37所示。

㉜ 激活直线工具，绘制8750*1150的矩形平面，如图9-38所示。

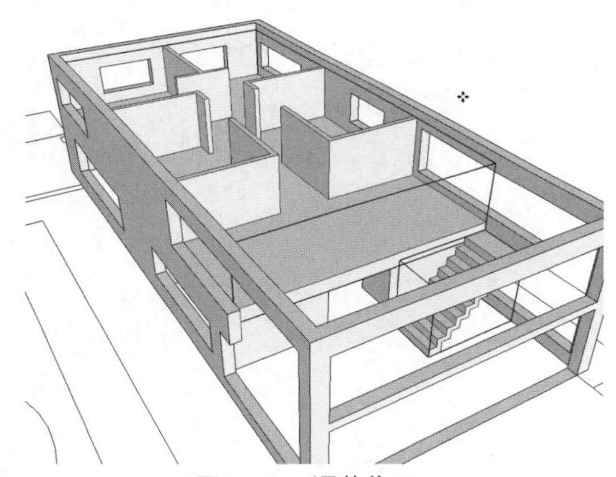

图9-37　调整位置

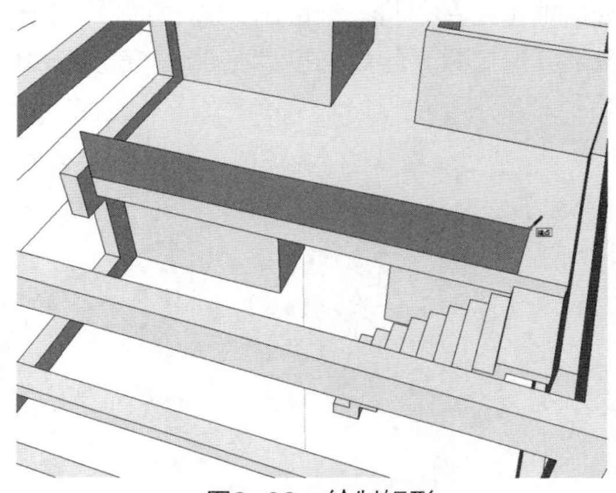

图9-38　绘制矩形

㉝ 继续在阶梯位置绘制垂直的面，高度为1150，如图9-39所示。

㉞ 双击建筑模型进入编辑模式，激活矩形工具，捕捉建筑顶部，绘制一个矩形平面，如图9-40所示。

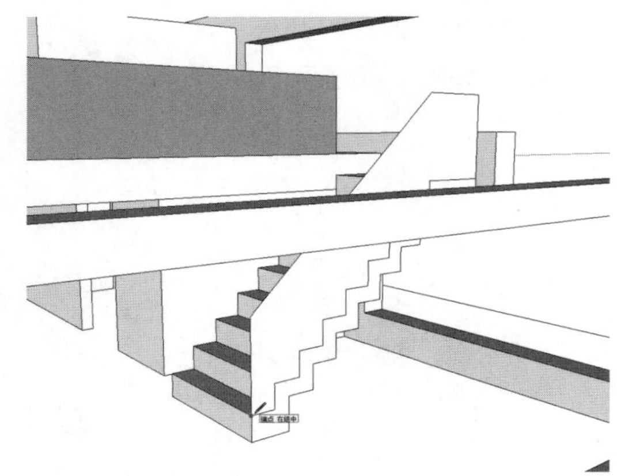

图9-39　绘制面

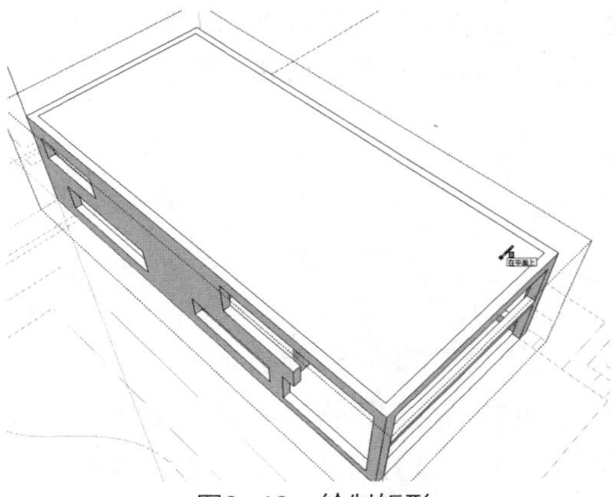

图9-40　绘制矩形

㉟ 激活推拉工具，将矩形面向下推出350，制作出二层顶部，如图9-41所示。

㊱ 删除顶部多余线条，激活移动工具，按住Ctrl键移动复制顶部的线条，将两侧线条向内复制，移动距离为1880、730，如图9-42所示。

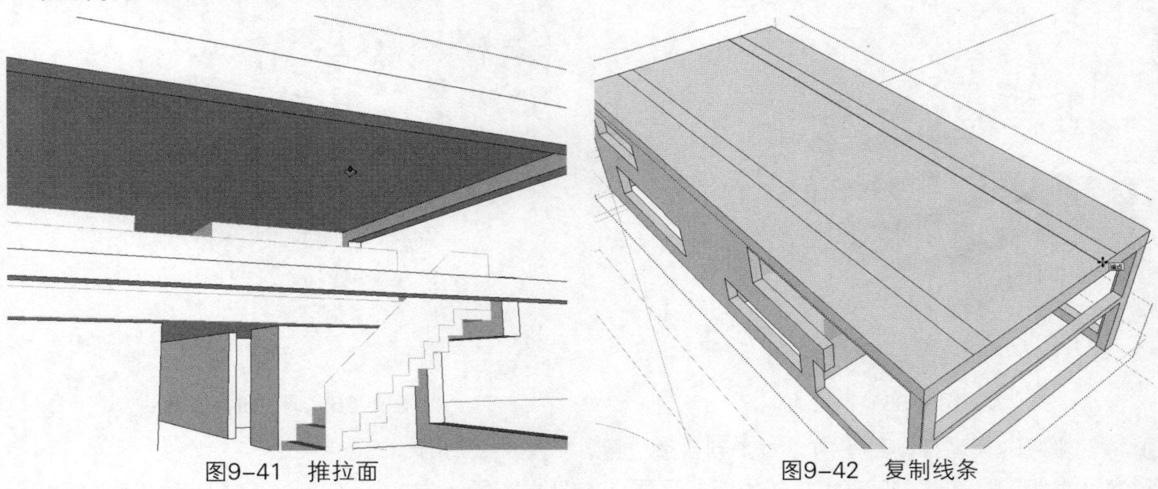
图9-41　推拉面　　图9-42　复制线条

㊲ 激活推拉工具，将模型推出900，如图9-43所示。

㊳ 激活弧形工具，绘制长度为15000，高度为800的弧形，如图9-44所示。

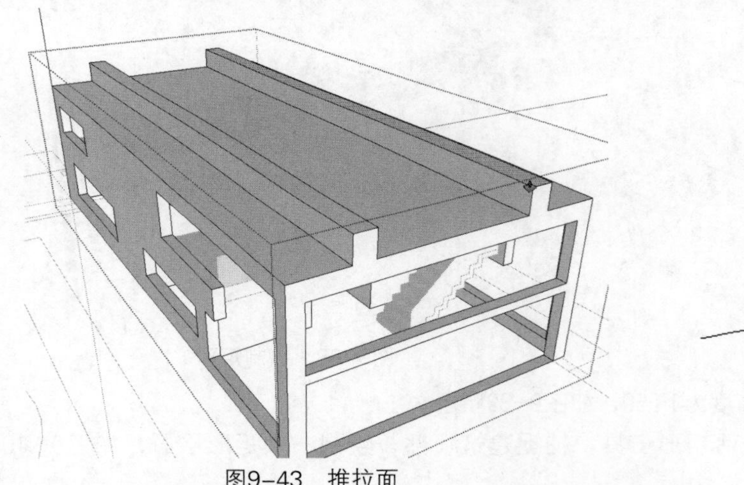
图9-43　推拉面　　图9-44　绘制弧线

㊴ 激活移动工具，按住Ctrl键向上移动复制弧形，移动距离为500，如图9-45所示。

㊵ 激活直线工具，绘制直线连接两个弧形，绘制出一个平面，如图9-46所示。

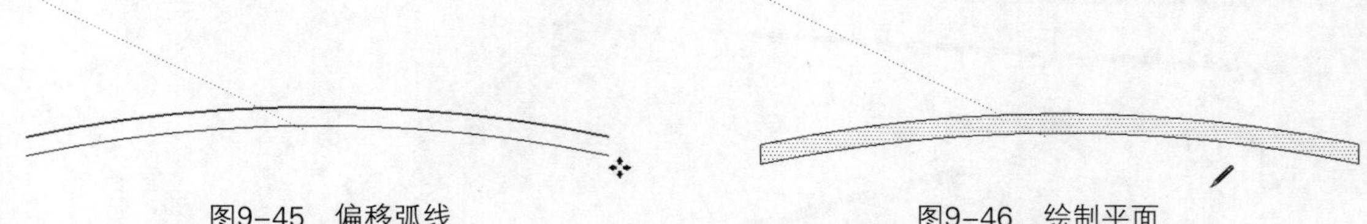
图9-45　偏移弧线　　图9-46　绘制平面

㊶ 激活推拉工具，将面推出26000，如图9-47所示。

㊷ 将模型成组，并调整到合适的位置，如图9-48所示。

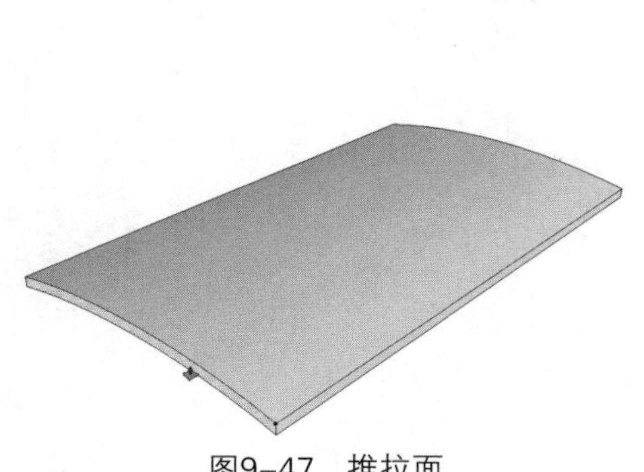

图9-47 推拉面

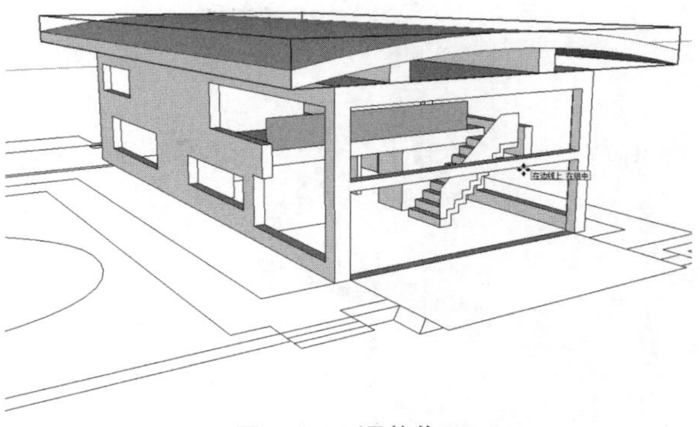

图9-48 调整位置

9.1.3 制作门窗并添加室内家具装饰

本场景中的建筑门窗造型都非常简单，家具也可以使用下载的成品模型，操作步骤如下。

01 激活直线工具，捕捉绘制平面，封闭一侧墙面的窗洞，如图9-49所示。

02 选择平面，将其反转，如图9-50所示。

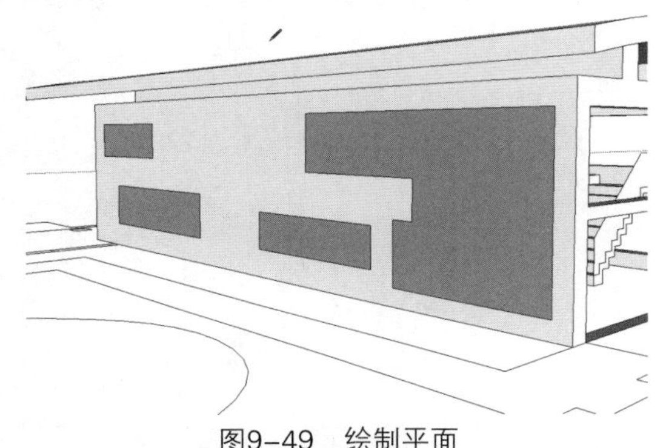

图9-49 绘制平面

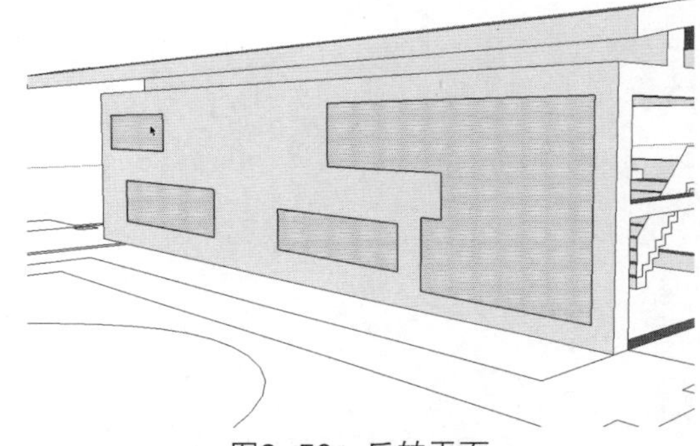

图9-50 反转平面

03 将平面创建成组，再调整到合适位置，如图9-51所示。

04 照此操作方法绘制其他墙面的窗户玻璃，如图9-52所示。

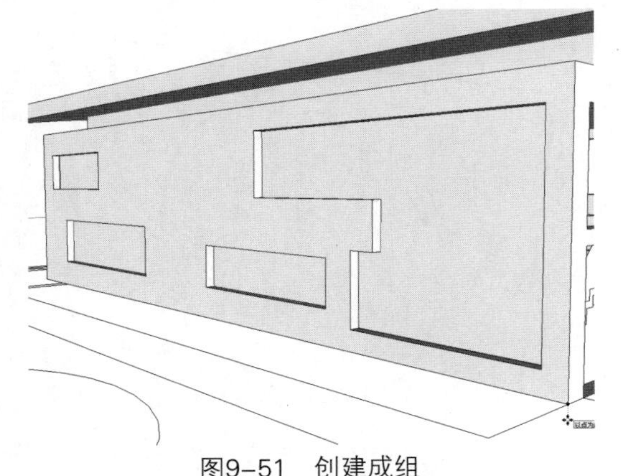

图9-51 创建成组

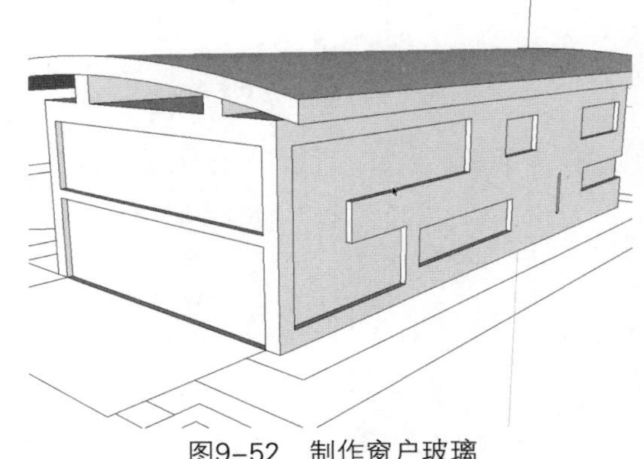

图9-52 制作窗户玻璃

05 激活推拉工具，将一楼门洞位置的底面向上推出320，如图9-53所示。

06 删除多余线条，再激活矩形工具，捕捉门洞，绘制矩形，如图9-54所示。

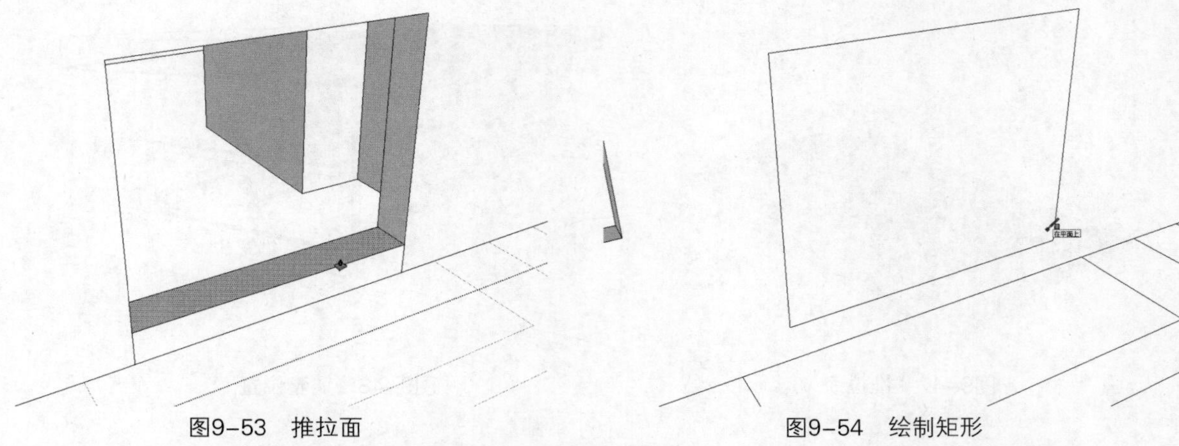

图9-53　推拉面　　　　图9-54　绘制矩形

07 依次激活直线工具和圆形工具，捕捉中点绘制直线及圆形，如图9-55所示。

08 激活移动工具，按住Ctrl键移动复制直线，移动距离为80，如图9-56所示。

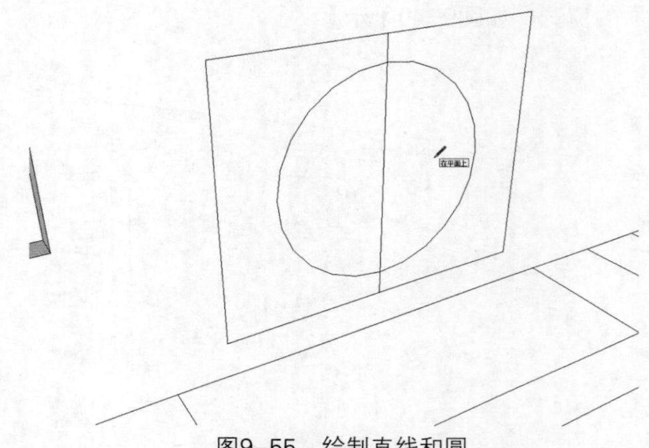

图9-55　绘制直线和圆

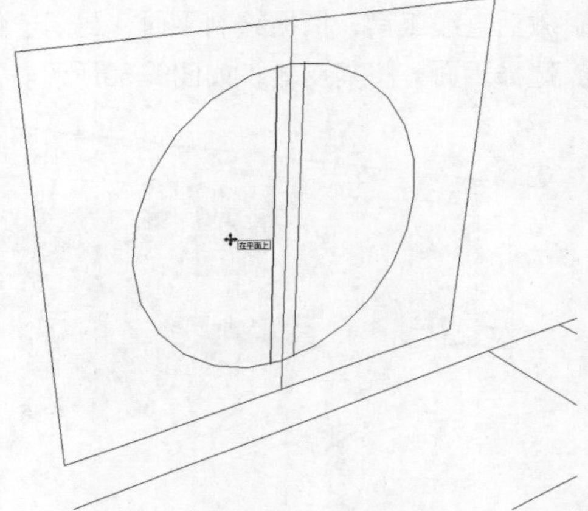

图9-56　复制直线

09 激活擦除工具，清理多余的线条，如图9-57所示。

10 激活推拉工具，将图形推出40，如图9-58所示。

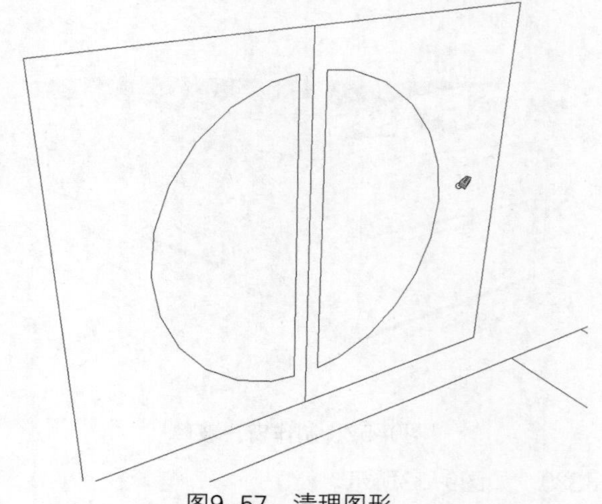

图9-57　清理图形

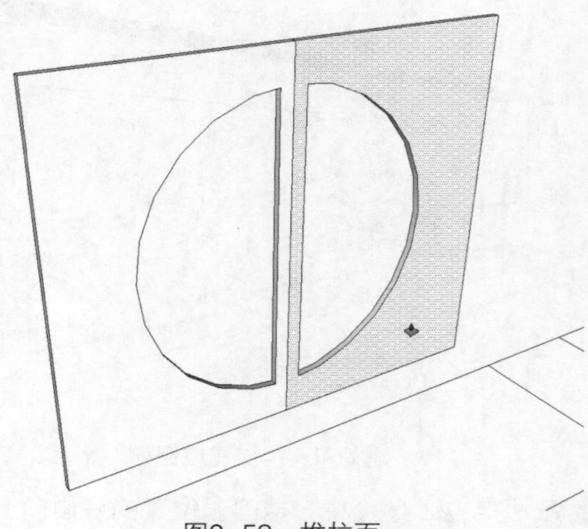

图9-58　推拉面

⑪ 将图形成组，制作出门模型，完成门窗模型的制作，如图9-59所示。

⑫ 隐藏门窗模型，双击模型进入编辑模式，激活直线工具，绘制地面平面，并删除多余线条，如图9-60所示。

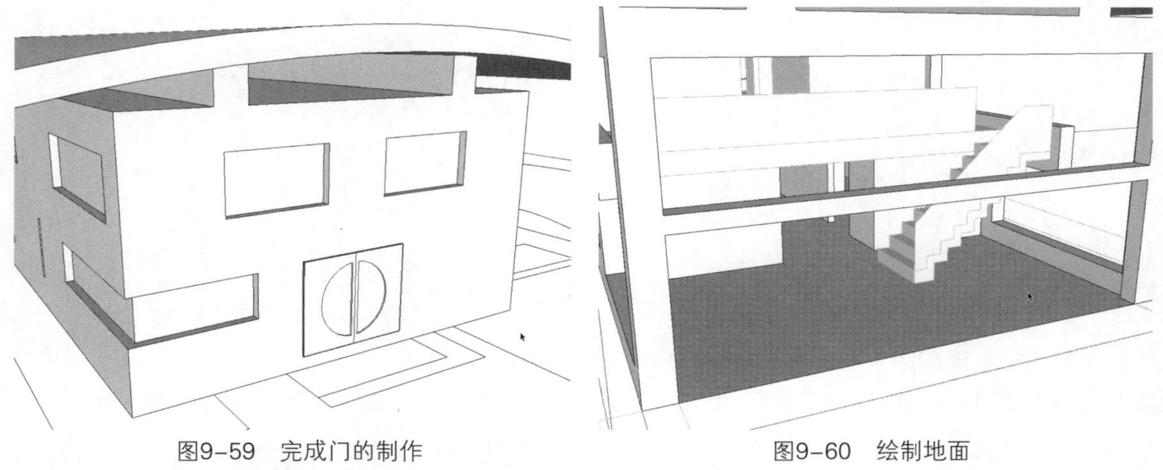

图9-59　完成门的制作　　　　图9-60　绘制地面

⑬ 激活推拉工具，将地面向上推出200，如图9-61所示。

⑭ 添加家具、装饰品等模型到场景中，调整到合适的位置，如图9-62所示。

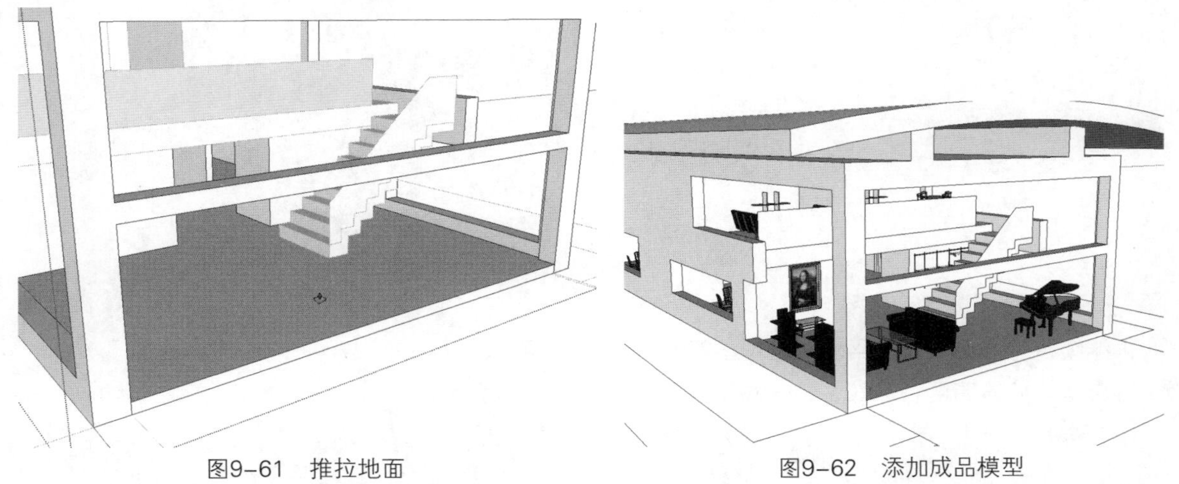

图9-61　推拉地面　　　　图9-62　添加成品模型

9.2 制作室外场景模型

SketchUp可以将场景内的三维模型（包括单面对象）导出，以方便在AutoCAD或3ds Max中重新打开。

9.2.1　制作室外墙体及地面造型

场景效果的制作除了建筑主体本身，另外还需要室外建筑造型及建筑小品来进行修饰，操作步骤如下。

01 激活直线工具，捕捉平面图，绘制室外地面造型，如图9-63所示。

02 依次激活弧形工具以及圆形工具，绘制小湖泊轮廓及圆形，如图9-64所示。

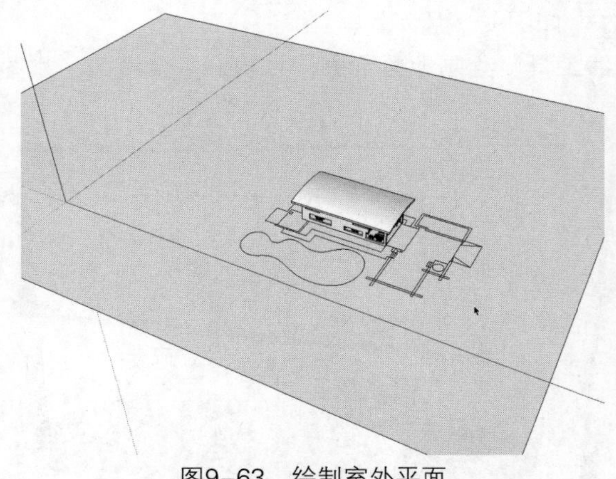

图9-63　绘制室外平面

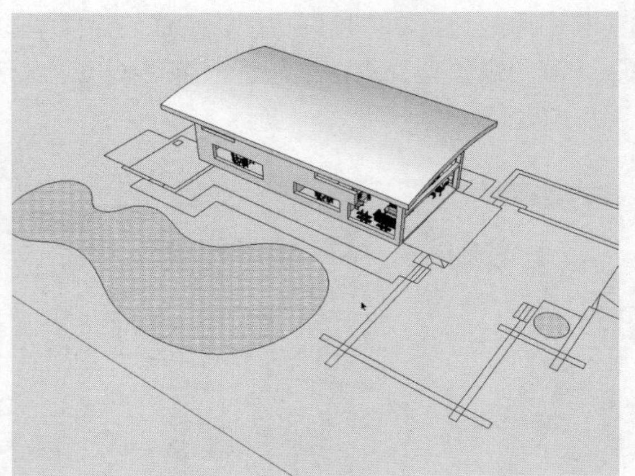

图9-64　绘制湖泊轮廓

03 将室外图形创建成组，再双击进入编辑模式，如图9-65所示。

04 激活推拉工具，将建筑门外的面向上依次推出160，制作出阶梯踏步造型，如图9-66所示。

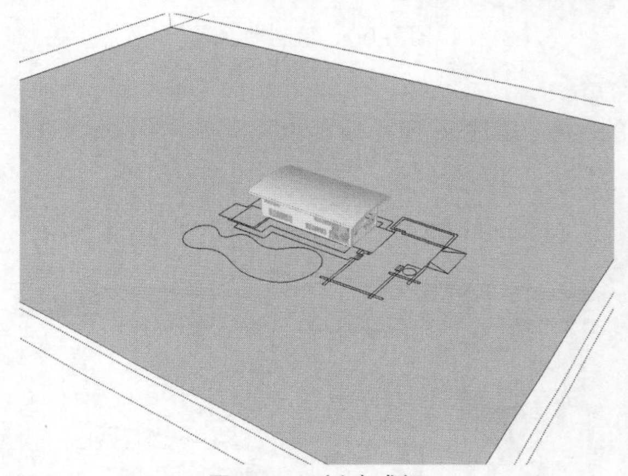

图9-65　创建成组

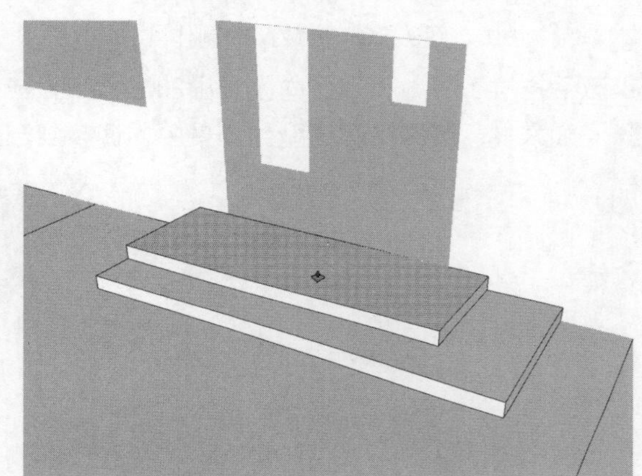

图9-66　制作阶梯踏步

05 再继续将另一侧室外的平台向上推出200，如图9-67所示。

06 推出室外墙体高度为3430，柱子高度为2600，如图9-68所示。

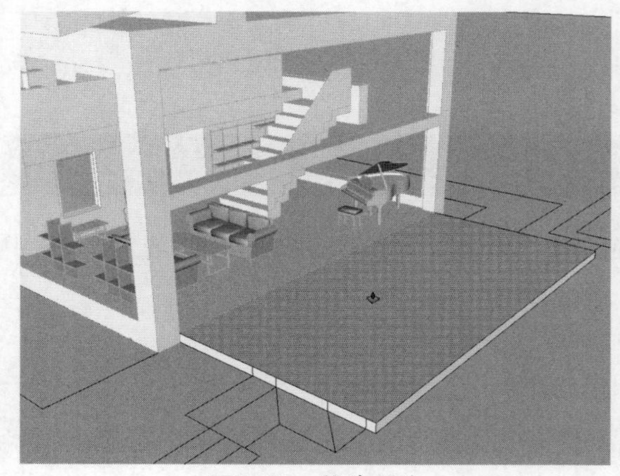

图9-67　推出平台

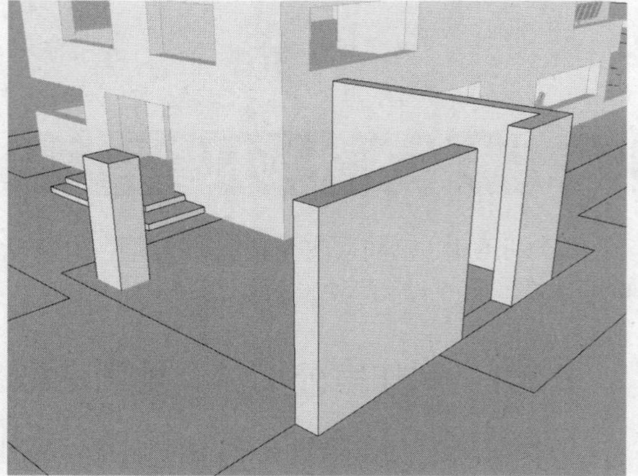

图9-68　推出墙体和柱子

07 激活移动工具，按住Ctrl键将墙体的一条线向下移动复制，移动距离为1030，如图9-69所示。

08 激活推拉工具，封闭门洞，再删除多余的线条，如图9-70所示。

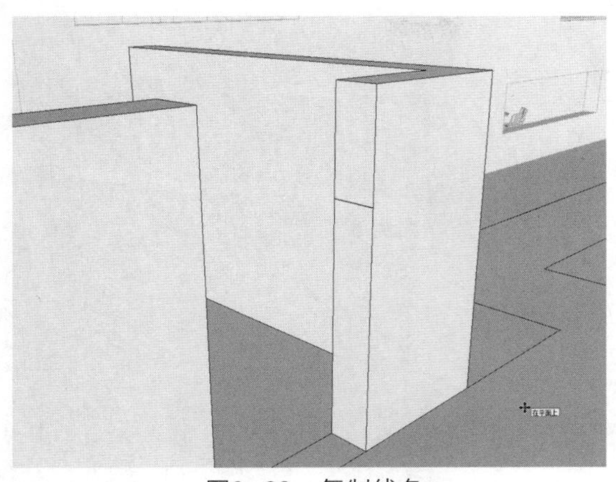
图9-69　复制线条

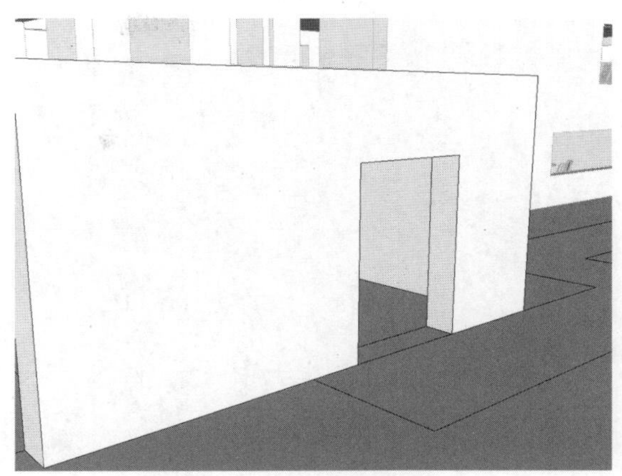
图9-70　制作门洞

09 激活直线工具，绘制竖向7200*200的长方形，如图9-71所示。

10 激活移动工具，按住Ctrl键移动复制右侧的线条，移动距离为2200，如图9-72所示。

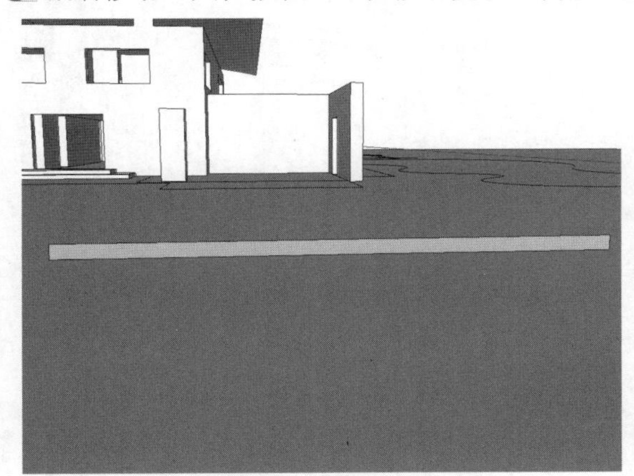
图9-71　绘制长方形

图9-72　复制线条

11 激活户型工具，捕捉绘制两条高度为250的弧线，如图9-73所示。

12 删除多余的线条，如图9-74所示。

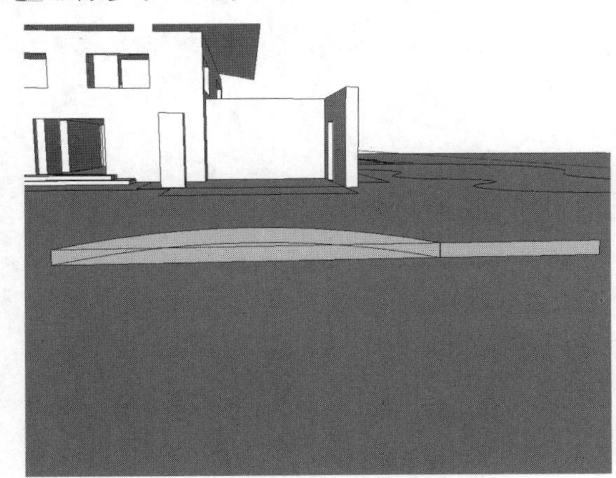
图9-73　绘制弧线

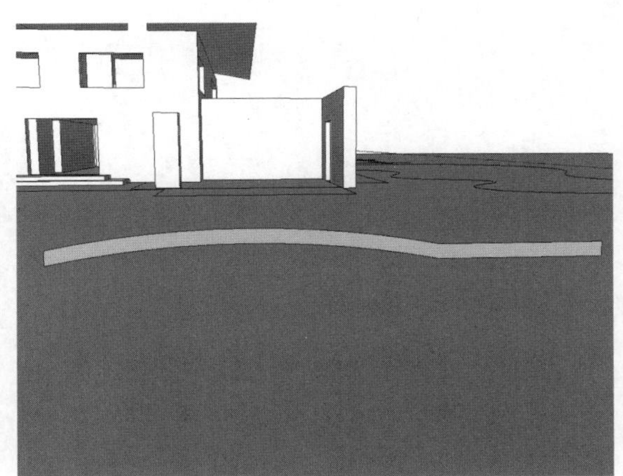
图9-74　删除多余线条

13 激活推拉工具，将面推出6000，如图9-75所示。

14 将模型创建成组，移动到合适的位置，如图9-76所示。

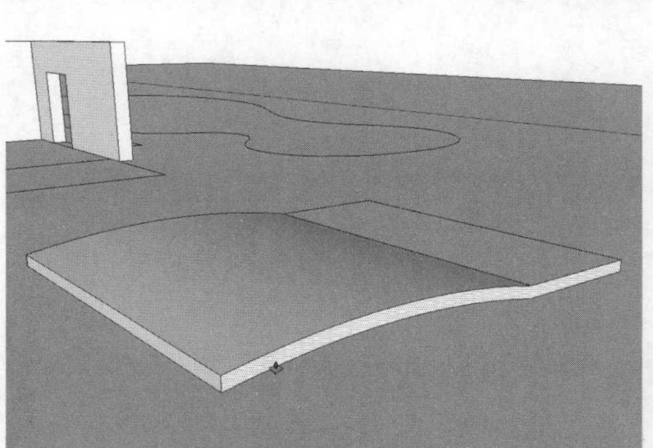
图9-75　推拉面

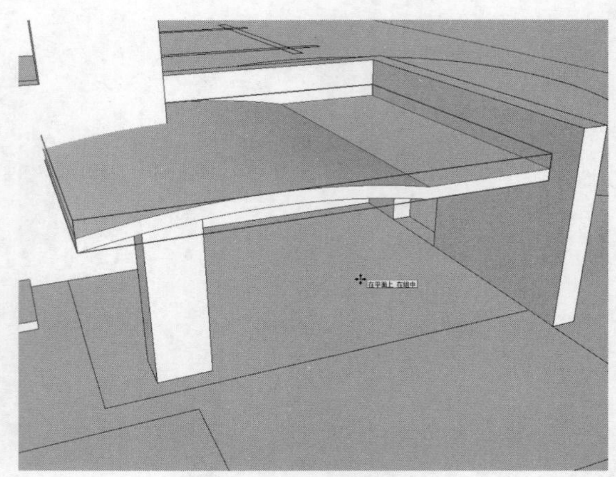
图9-76　移动模型位置

⑮ 激活推拉工具，将小湖泊面向下推出400，如图9-77所示。

⑯ 选择湖泊底面，激活移动工具，按住Ctrl键向上移动复制，如图9-78所示。

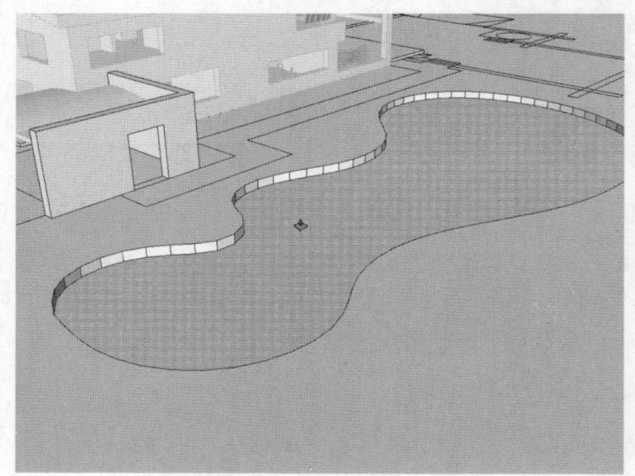
图9-77　制作湖泊

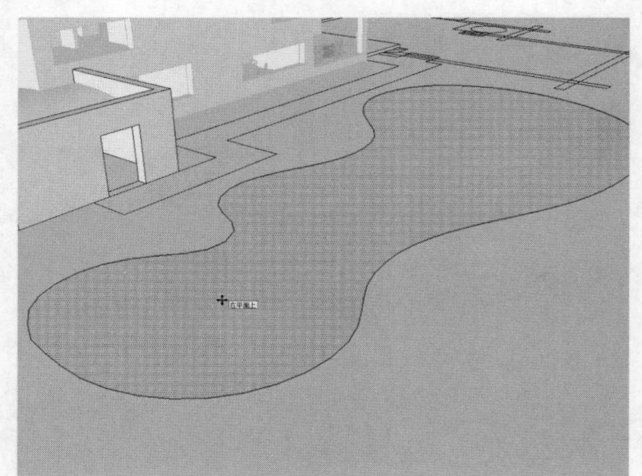
图9-78　移动复制面

⑰ 再将休闲区域的平面向下推出1370，如图9-79所示。

⑱ 删除多余线条，如图9-80所示。

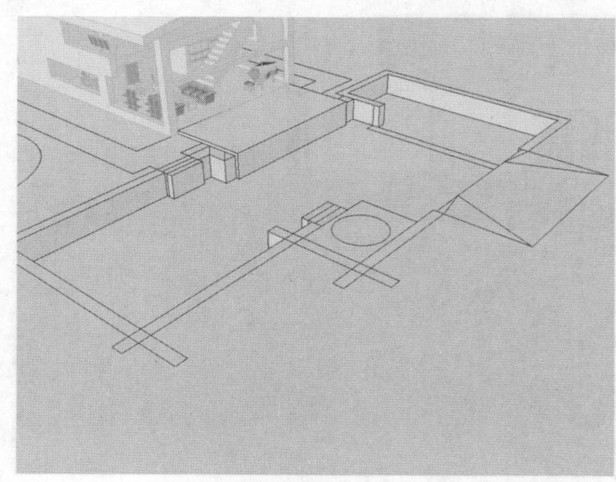
图9-79　推拉面

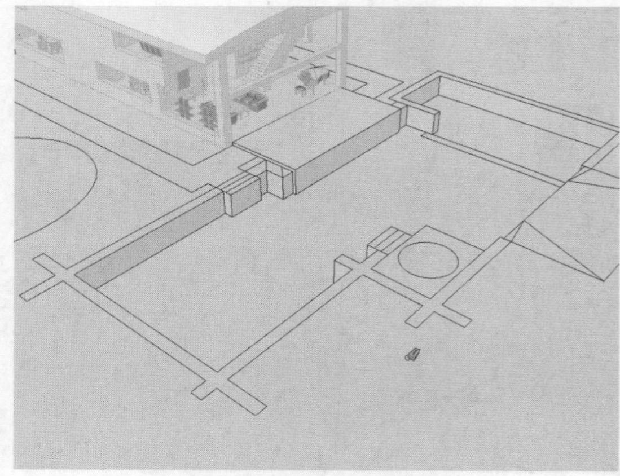
图9-80　删除多余线条

⑲ 激活推拉工具，向上推出150，制作出矮墙造型，如图9-81所示。

⑳ 再依次推出阶梯、水池造型，如图9-82所示。

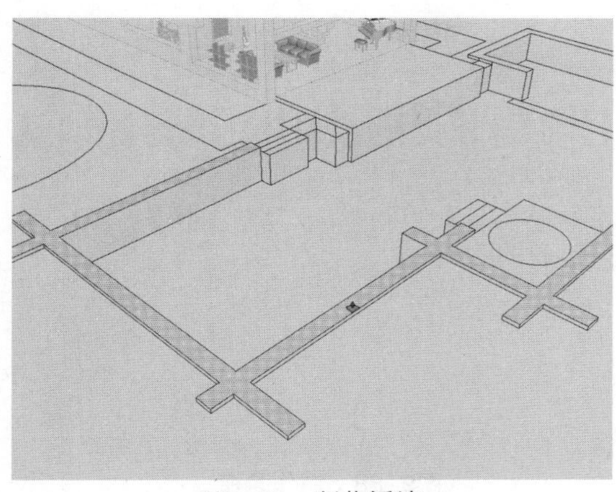
图9-81 制作矮墙

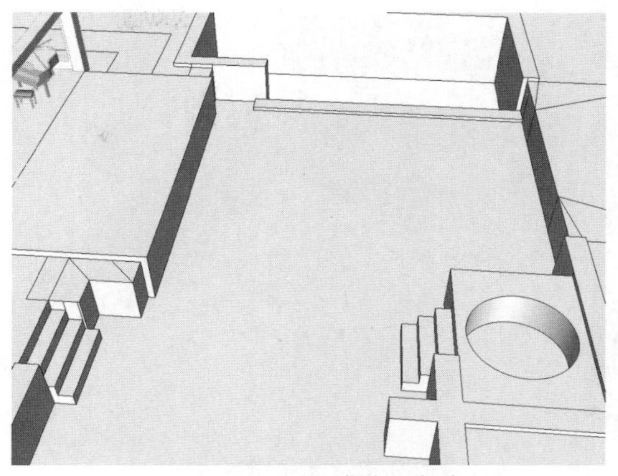
图9-82 制作阶梯和水池

21 将大水池的底部面向上移动复制，移动距离为1520，如图9-83所示。

22 将小水池的底部面向上移动复制，移动距离为800，如图9-84所示。

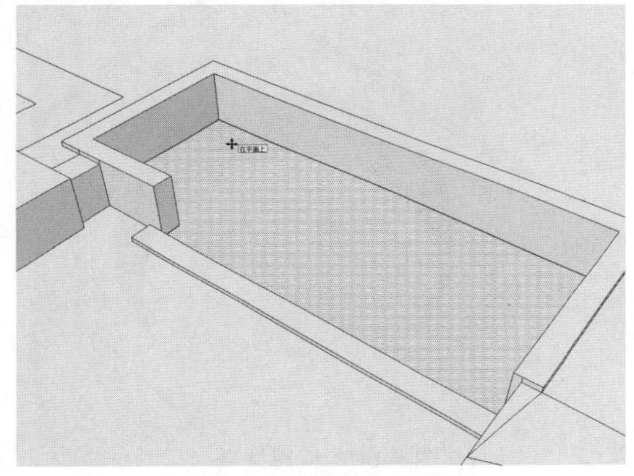
图9-83 复制大水池面

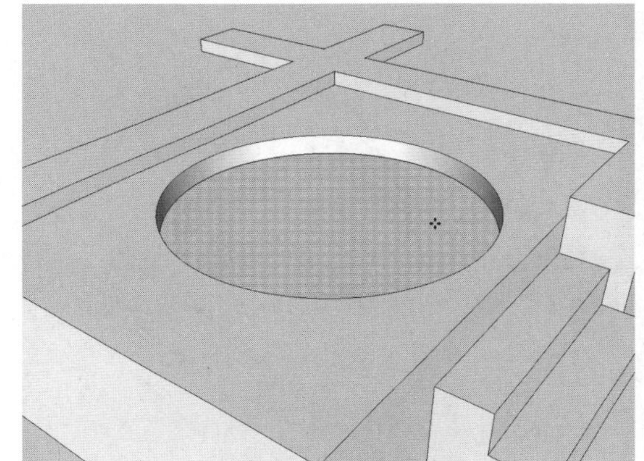
图9-84 复制小水池面

23 隐藏大水池上层的面，激活移动工具，按住Ctrl键移动复制底部线条，如图9-85所示。

24 激活直线工具，连接图形，如图9-86所示。

图9-85 复制线条

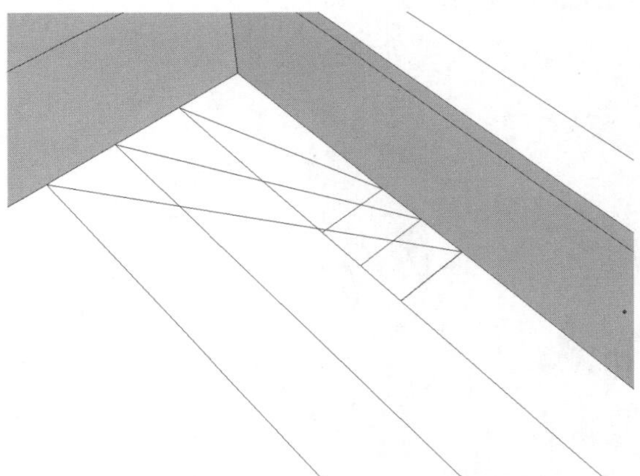
图9-86 绘制直线

25 删除多余线条，如图9-87所示。

26 激活推拉工具，推出高度为300的阶梯，如图9-88所示。

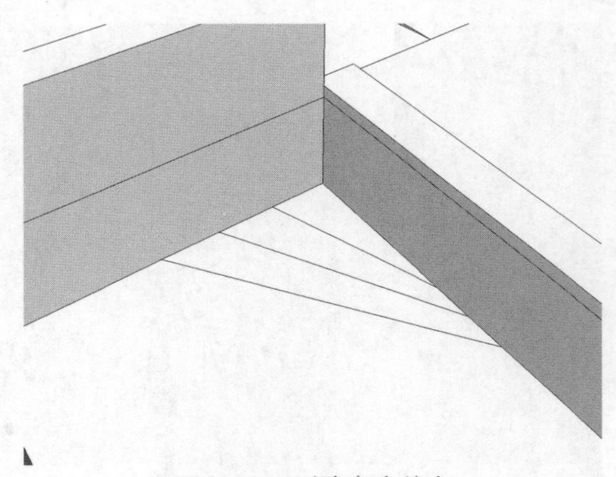

图9-87 删除多余线条

图9-88 制作阶梯

㉗ 隐藏小水池的面，如图9-89所示。

㉘ 激活偏移工具，将底部的圆向内偏移550，如图9-90所示。

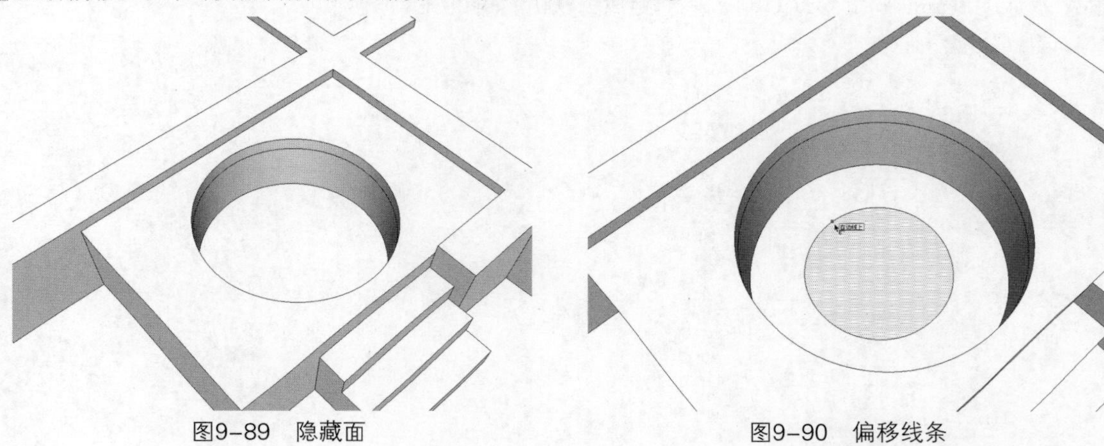

图9-89 隐藏面

图9-90 偏移线条

㉙ 激活推拉工具，将底面向上推出400，制作出小水池中的台阶造型，如图9-91所示。

㉚ 取消隐藏所有模型，退出编辑模式，激活直线工具，在水池表面捕捉绘制2600*2000的矩形平面，如图9-92所示。

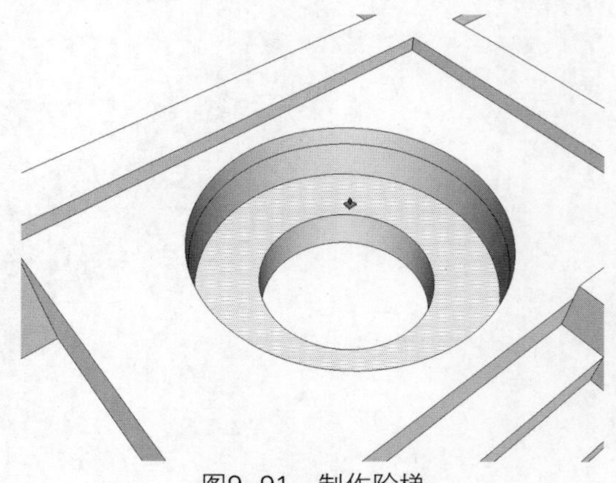

图9-91 制作阶梯

图9-92 绘制矩形

㉛ 激活弧形工具，在矩形表面绘制曲线造型，如图9-93所示。

㉜ 删除多余线条，制作出雾气造型，如图9-94所示。

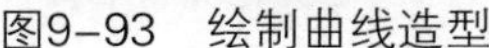
图9-93　绘制曲线造型

图9-94　删除多余线条

33 选择图形，单击鼠标右键，在弹出的快捷菜单中选择“创建组件”命令，如图9-95所示。

34 打开“创建组件”对话框，为组件命名，勾选“总是朝向相机”选项，系统会自动勾选“阴影朝向太阳”选项，如图9-96所示。

图9-95　右键菜单

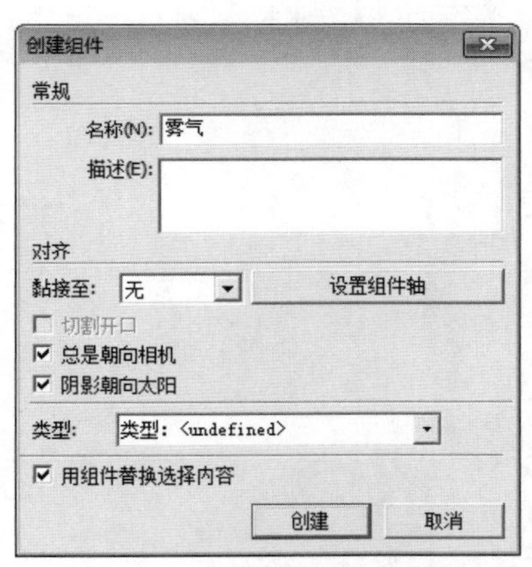

图9-96　“创建组件”对话框

35 单击“设置组件轴”按钮，返回到场景中，选择组件轴位置，这里设置图形的底部中心位置，如图9-97所示。

36 双击鼠标确认，返回到“创建组件”对话框，单击“创建”按钮即可完成组件的创建，如图9-98所示。

图9-97　设置轴位置

图9-98　完成组件的创建

37 绕轴观察视图，可以看到，所创建的组件总是正面朝向，如图9-99所示。

38 将视线移动到旁边，选择线段，向下移动到与底部平面重合，如图9-100所示。

图9-99 绕轴观察

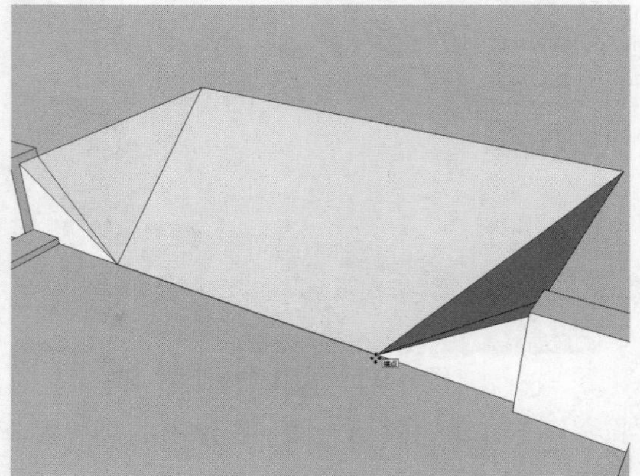

图9-100 移动边线

39 使用直线工具捕捉角点绘制直线，再删除外侧的线条，制作出斜坡造型，如图9-101所示。

40 照此操作方法，制作其他位置的斜坡，如图9-102所示。

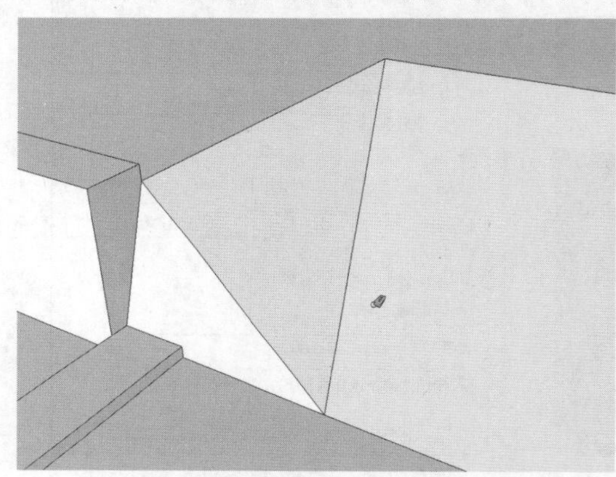

图9-101 制作斜坡

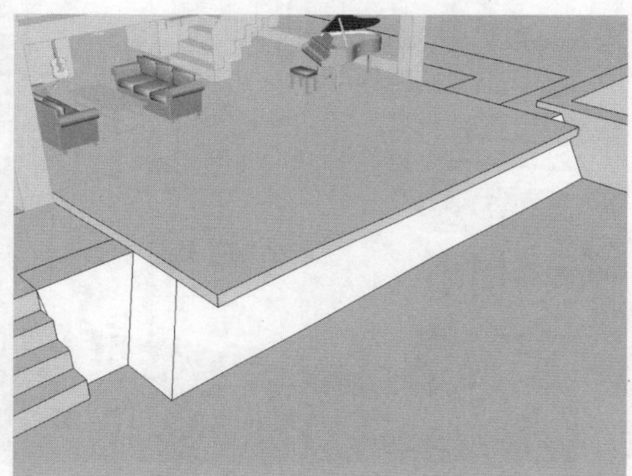

图9-102 制作其他位置斜坡

41 全部取消隐藏，如图9-103所示。

42 激活直线工具，绘制北侧的道路线条，如图9-104所示。

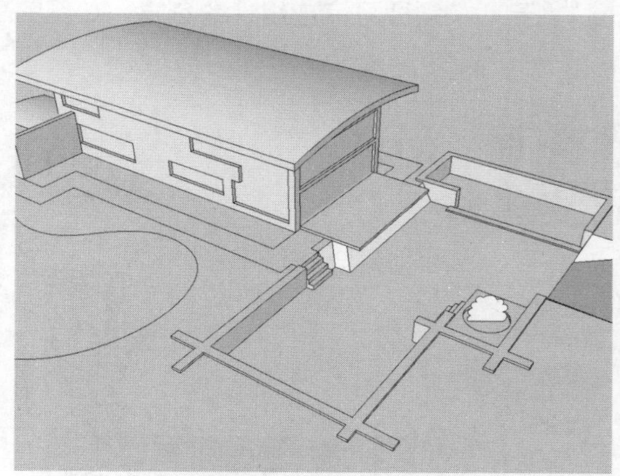

图9-103 取消隐藏

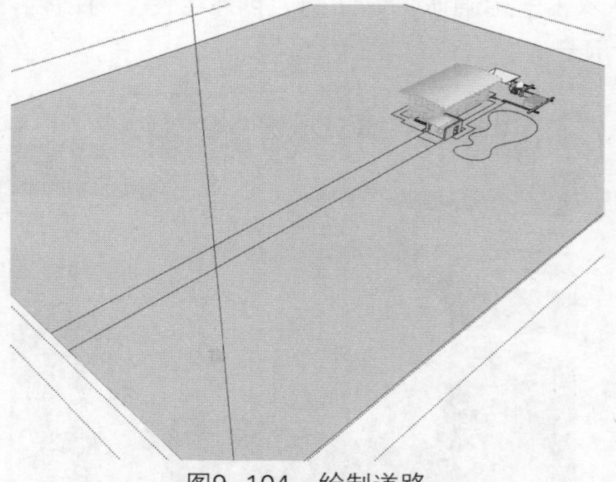

图9-104 绘制道路

43 激活移动工具，按住Ctrl键将两侧线条向内移动复制，距离设置为1000，如图9-105所示。

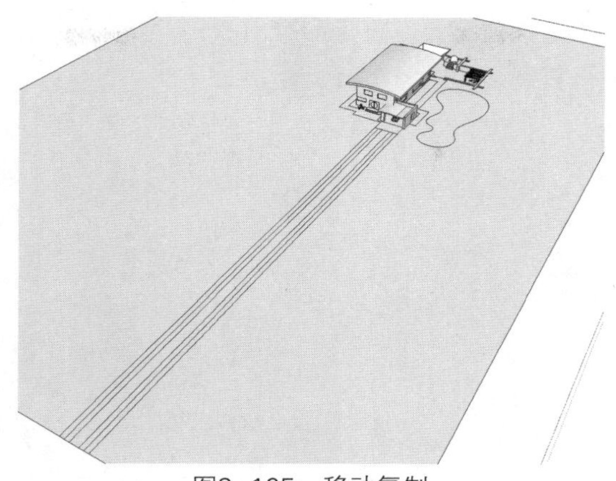

图9-105　移动复制

9.2.2　制作建筑小品并添加室外装饰模型

接下来制作建筑小品造型，操作步骤如下。

01 利用矩形工具和推拉工具，制作400*400*70的长方体，如图9-106所示。

02 激活直线工具，在一个角上分割出边长为30的等边三角形，如图9-107所示。

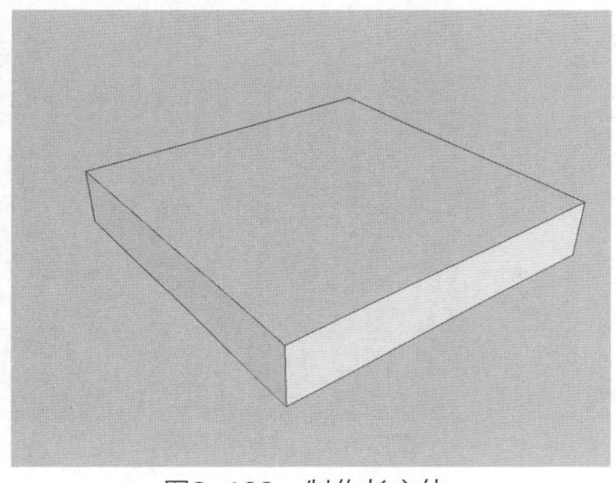

图9-106　制作长方体

图9-107　绘制直线

03 激活路径跟随工具，在三角形位置按住鼠标不放，环绕一周制作出梯形造型，如图9-108所示。

04 将模型创建成组，激活矩形工具，在模型表面绘制一个矩形并创建成组，移动到合适位置，如图9-109所示。

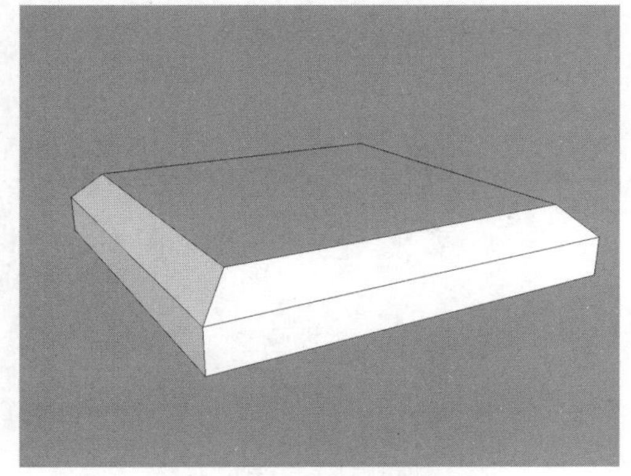

图9-108　路径跟随操作

图9-109　绘制矩形

05 双击矩形进入编辑模式，激活推拉工具，将矩形推出2250，如图9-110所示。

06 退出编辑模式，对模型进行复制，如图9-111所示。

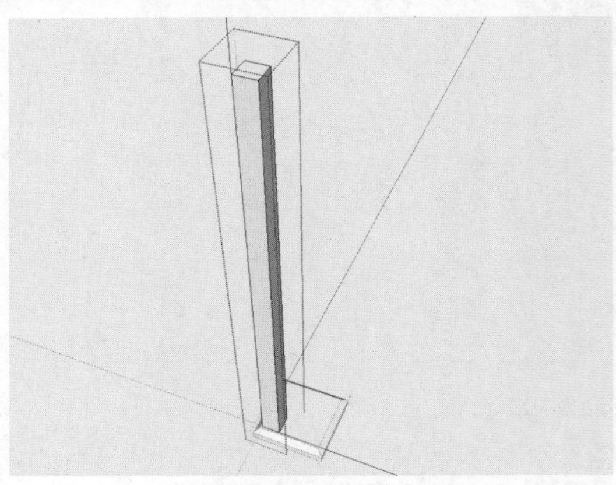

图9-110　推拉面

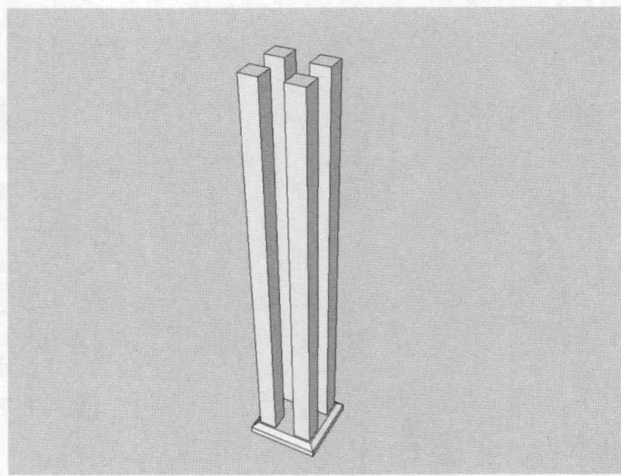

图9-111　复制模型

07 继续复制模型，间距为3150*4150，如图9-112所示。

08 激活直线工具，绘制竖直方向的矩形5500*160，如图9-113所示。

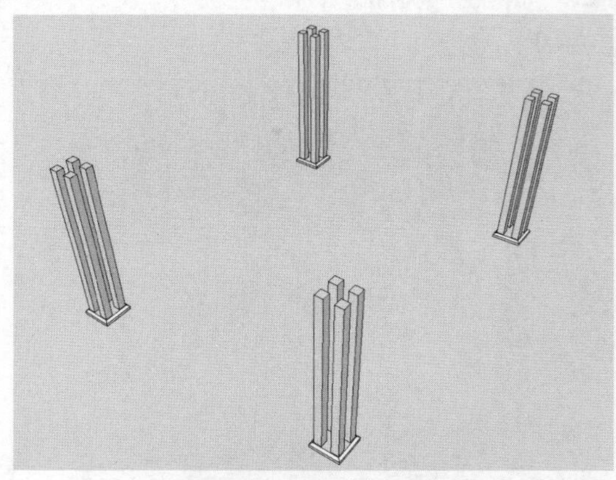

图9-112　继续复制模型

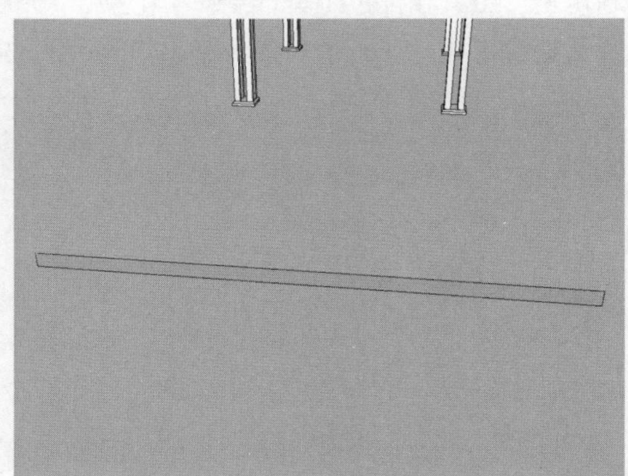

图9-113　绘制矩形

09 将其创建成组，双击进入编辑模式，激活移动工具，按住Ctrl键，对边线进行移动复制，上下各自移动20，左右各自移动250，如图9-114所示。

10 激活直线工具，连接角点，再删除多余直线，如图9-115所示。

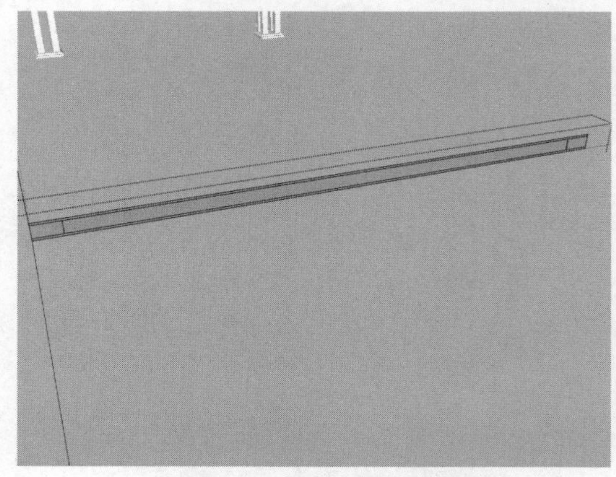

图9-114　移动复制边线

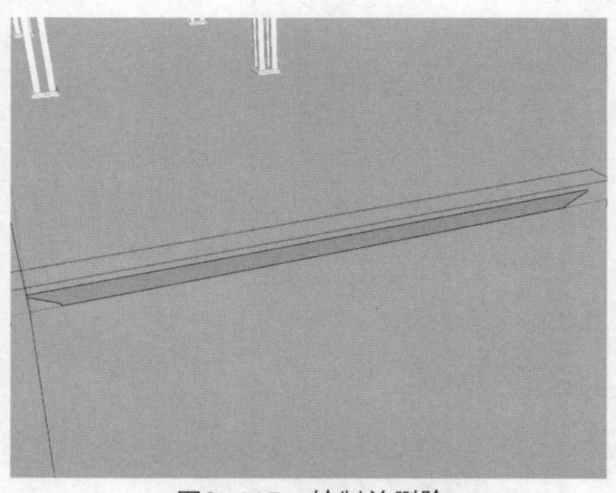

图9-115　绘制并删除

⑪ 激活推拉工具，将面推出120，再退出编辑模式，如图9-116所示。

⑫ 移动到合适位置，再复制到另一侧，如图9-117所示。

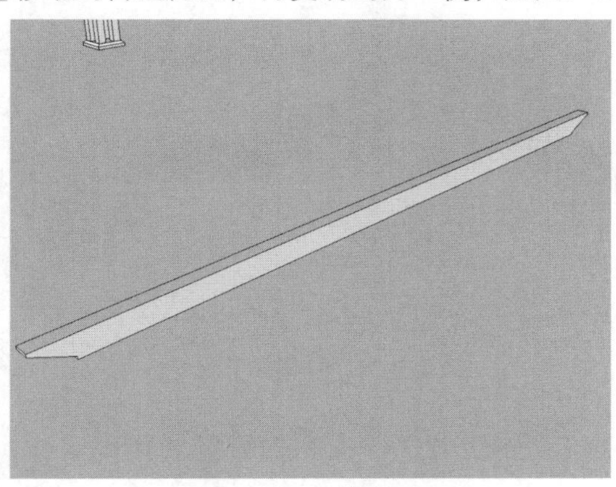

图9-116 推拉面

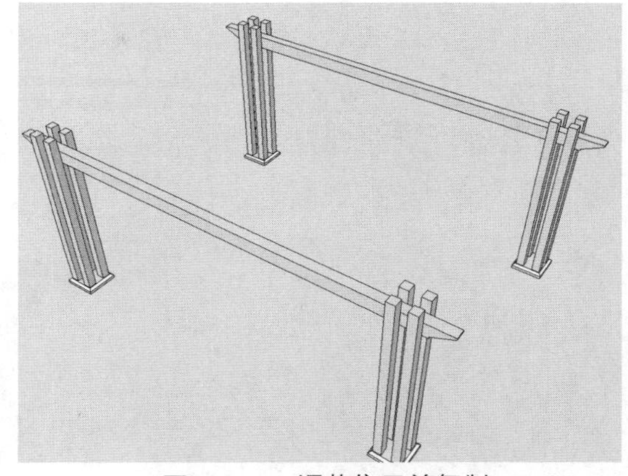

图9-117 调整位置并复制

⑬ 按照同样的操作方法制作长为4500的模型，进行移动复制并调整到合适位置，如图9-118所示。

⑭ 再按照同样的操作方法制作长为6100的模型，进行移动复制并调整到合适位置，完成廊架模型的制作，如图9-119所示。

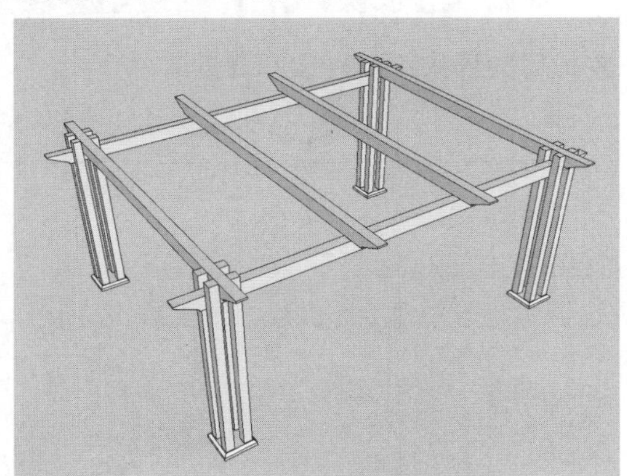

图9-118 制作模型并复制

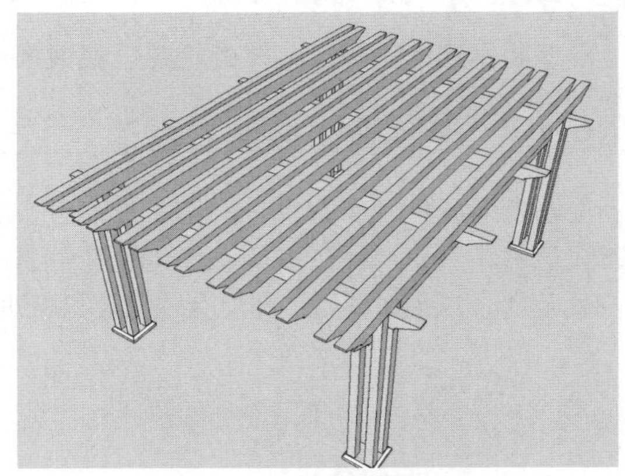

图9-119 制作模型并复制

⑮ 将模型移动到合适位置，如图9-120所示。

⑯ 添加桌椅模型到场景中的廊架下，如图9-121所示。

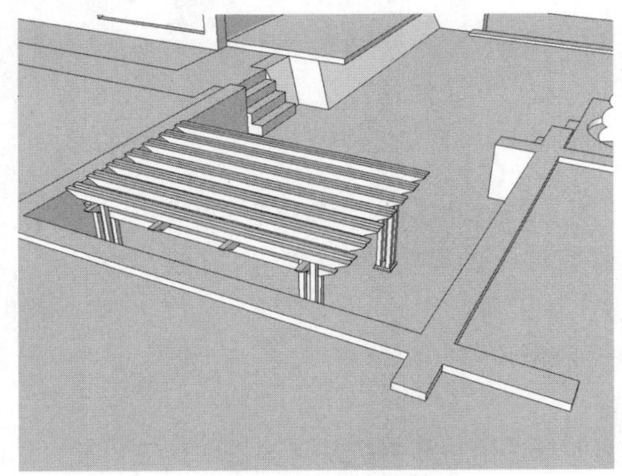

图9-120 移动模型

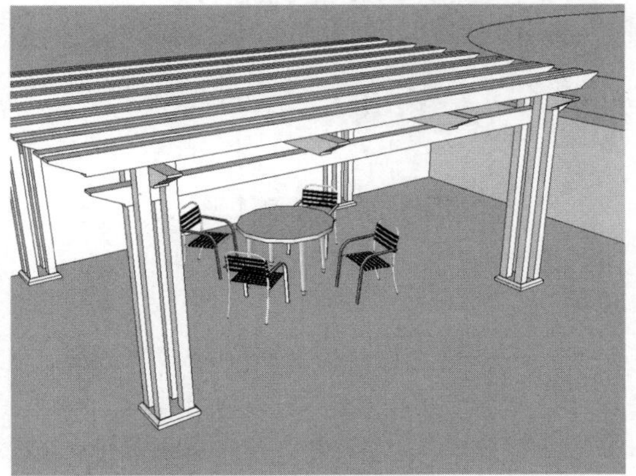

图9-121 添加桌椅模型

⑰ 再复制桌椅模型和汽车模型到北墙门外及车棚下，如图9-122所示。

⑱ 最后添加树木模型到建筑周围，如图9-123所示。

图9-122　添加桌椅和汽车模型

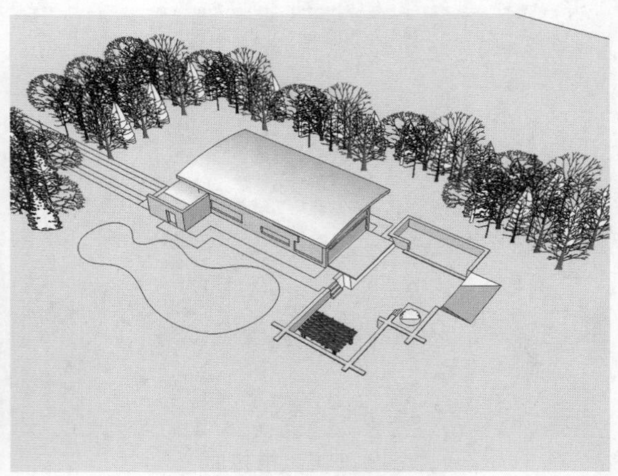

图9-123　添加树木模型

9.3 场景效果

模型制作到这一步，整体的轮廓已经清晰，只差最后为场景添加材质及背景效果。

9.3.1 添加背景效果及材质

首先来为场景制作背景，操作步骤如下。

01 激活直线工具，绘制240000*42000的竖向矩形，如图9-124所示。

02 将面反转，再创建成组，利用旋转工具和移动工具，调整矩形的角度和位置，如图9-125所示。

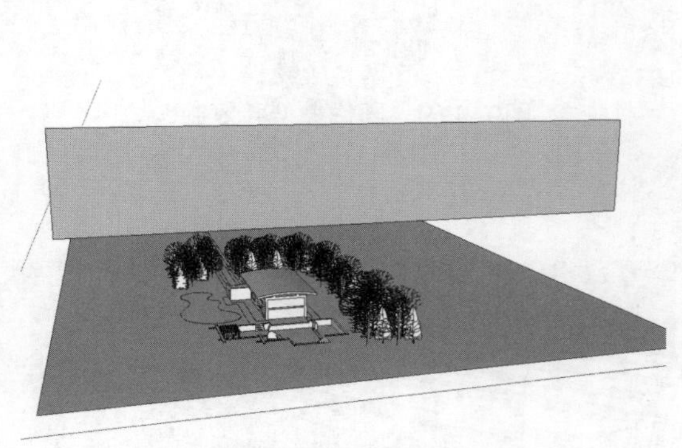

图9-124　绘制矩形

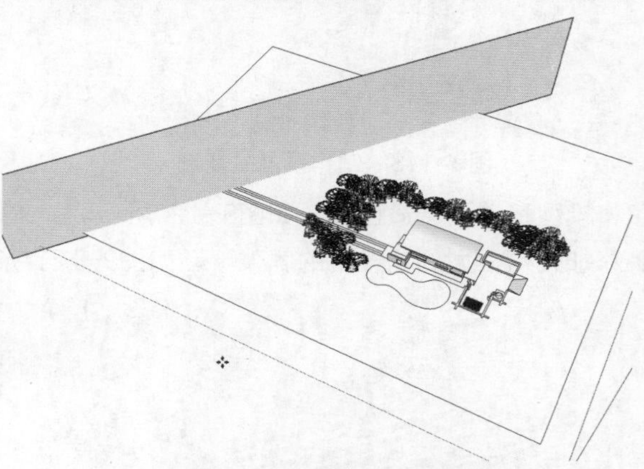

图9-125　调整角度和位置

03 执行“窗口”|“样式”命令，打开“样式”设置面板，切换到“编辑”选项板，如图9-126所示。

04 勾选“天空”选项，设置天空颜色为蓝色，如图9-127所示。

05 场景效果如图9-128所示。

06 在工具栏中单击“材质”按钮打开材质编辑器，选择半透明材质中的灰色半透明玻璃材质，如图9-129所示。

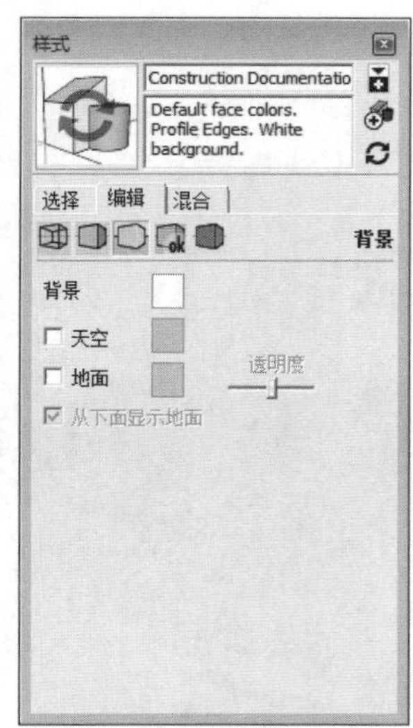

图9-126 编辑选项板

图9-127 调整天空颜色

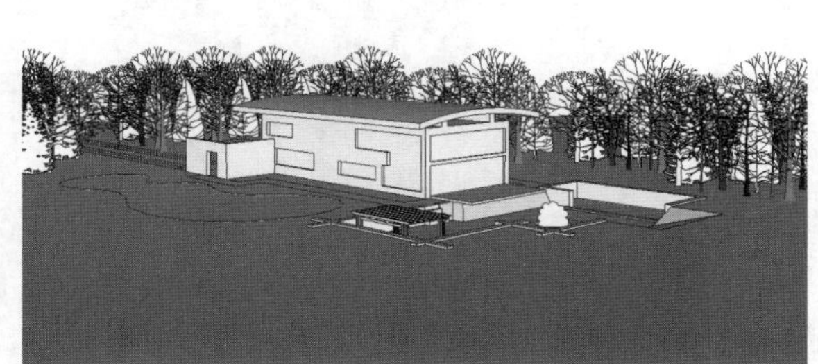
图9-128 场景效果

图9-129 玻璃材质

07 鼠标指针变成油漆桶样式，将材质赋予给建筑中的玻璃模型，半透明的玻璃模型如图9-130所示。

08 切换到“编辑”设置面板，调整玻璃材质的颜色及透明度，再看场景效果的变化，如图9-131所示。

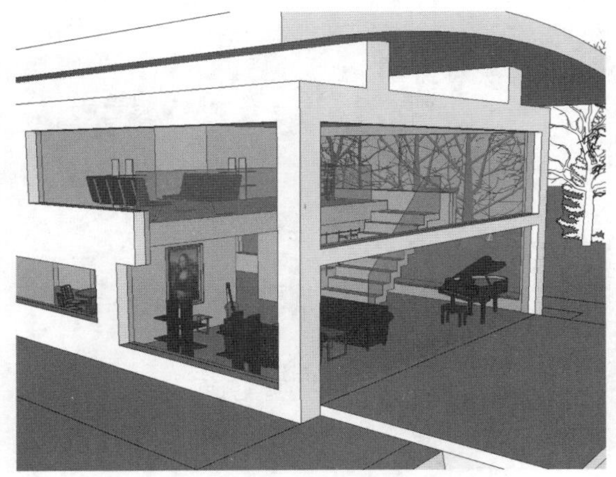
图9-130 赋予玻璃材质

图9-131 调整颜色与透明度

09 创建石材材质，为建筑外墙赋予材质，如图9-132所示。

10 在木质纹中选择浅色地板木质纹材质，指定给室内地面及楼梯，如图9-133所示。

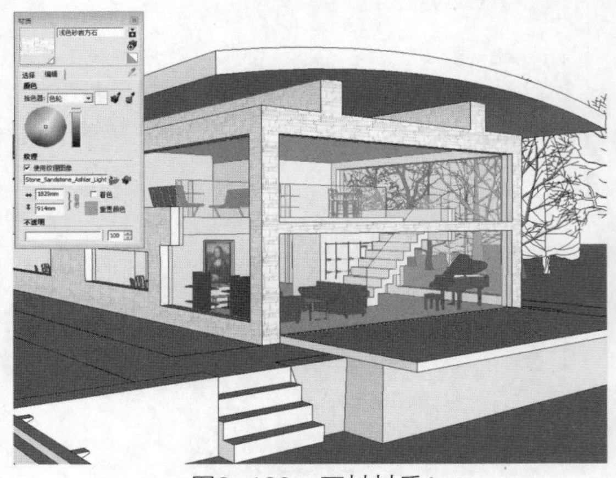

图9-132　石材材质1

图9-133　木地板材质

11 创建壁板材质，将材质指定给场景中的屋顶、室外平台等对象，如图9-134所示。

12 创建地面石材材质，将材质指定给场景中的地面，如图9-135所示。

图9-134　壁板材质

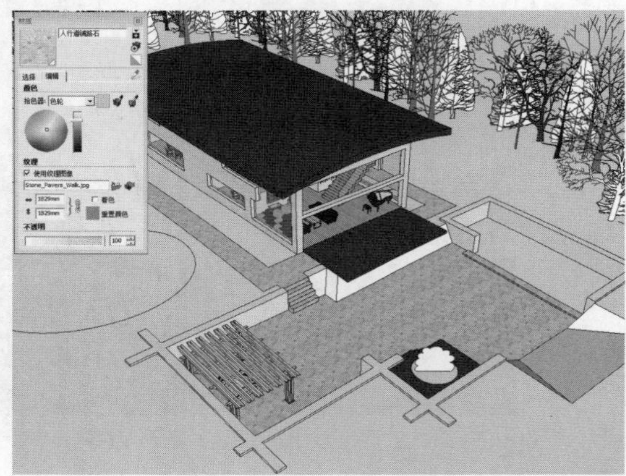

图9-135　石材材质2

13 继续创建石材材质，指定给场景中的地面，如图9-136所示。

14 创建石板材质，将材质指定给场景中的矮墙，如图9-137所示。

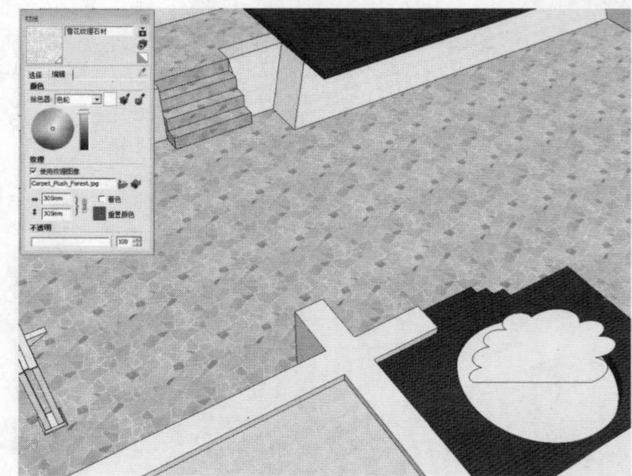

图9-136　石材材质3

图9-137　石材材质4

⑮ 创建水纹材质，指定给场景中的水池表面及湖泊表面，如图9-138所示。

⑯ 创建半透明的水雾材质，将其指定给雾气造型，如图9-139所示。

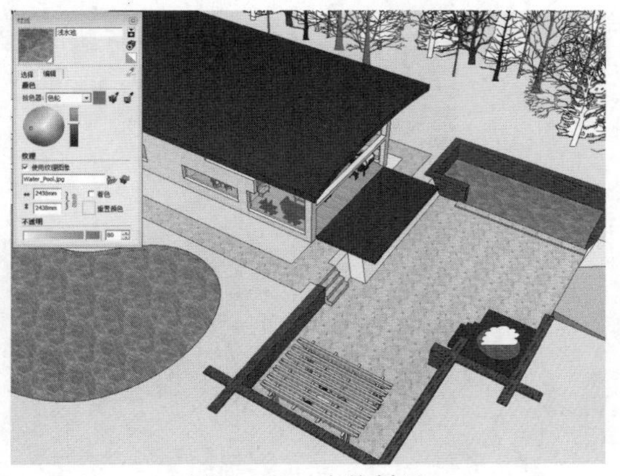

图9-138　水纹材质

图9-139　雾气材质

⑰ 在植被素材中选择草皮植被1，将材质指定给场景中的地面部分，如图9-140所示。

⑱ 在木质纹材质中选择原色樱桃木质纹，将材质指定给廊架模型，如图9-141所示。

图9-140　草皮材质

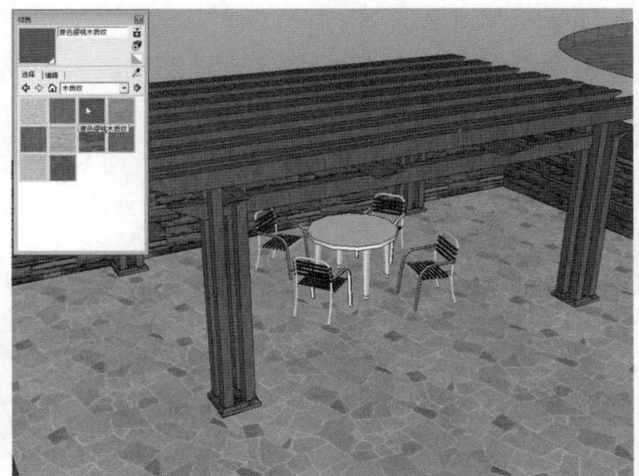

图9-141　木纹材质

⑲ 保持原色樱桃木质纹材质的选择，单击“创建材质”按钮，如图9-142所示。

⑳ 打开“创建材质”设置面板，为新材质命名，调整纹理尺寸，如图9-143所示。

图9-142　创建材质

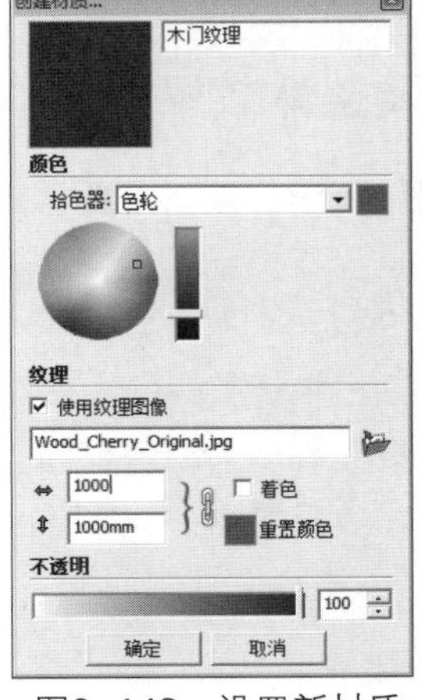

图9-143　设置新材质

㉑ 设置完毕单击“确定”按钮即可完成创建，并将材质指定给门模型，如图9-144所示。

㉒ 利用同样的操作方法创建阶梯材质，如图9-145所示。

图9-144　为门赋予材质

图9-145　创建阶梯材质

㉓ 在沥青和混凝土材质中选择烟雾效果骨料混凝土和压模方石混凝土两种材质，指定给路面，如图9-146所示。

㉔ 创建天空材质，纹理图像采用外部贴图，将材质指定给天空平面，如图9-147所示。

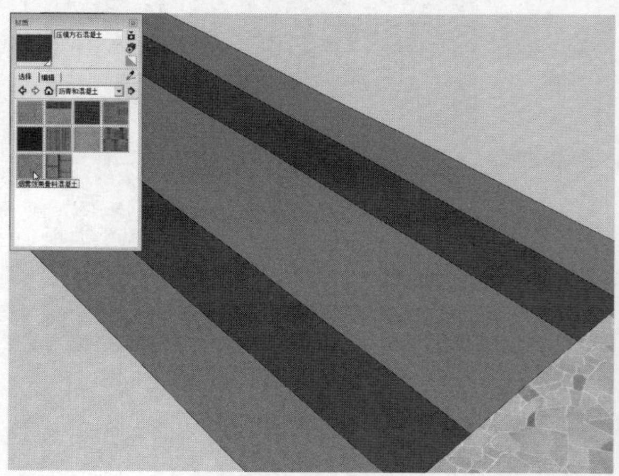

图9-146　路面材质

图9-147　天空贴图

9.3.2　阴影及整体效果调整

整体场景模型制作完毕，接下来要添加阴影等效果，增加场景的冬季氛围，操作步骤如下。

01 执行“工具”|“阴影”命令，打开“阴影设置”对话框，单击“显示阴影”按钮，为场景开启阴影效果，如图9-148所示。

02 在“阴影设置”对话框中调整时间、日期以及亮度、暗度，再观看场景效果，如图9-149所示。

03 执行“工具”|“雾化”命令，打开“雾化”对话框，勾选“显示雾化”选项，如图9-150所示。

04 调整雾化距离滑块，效果如图9-151所示。

05 重新调整角度，执行“视图”|“动画”|“添加场景”命令，保存该场景，完成本案例的制作，如图9-152所示。

图9-148 开启阴影

图9-149 调整阴影设置

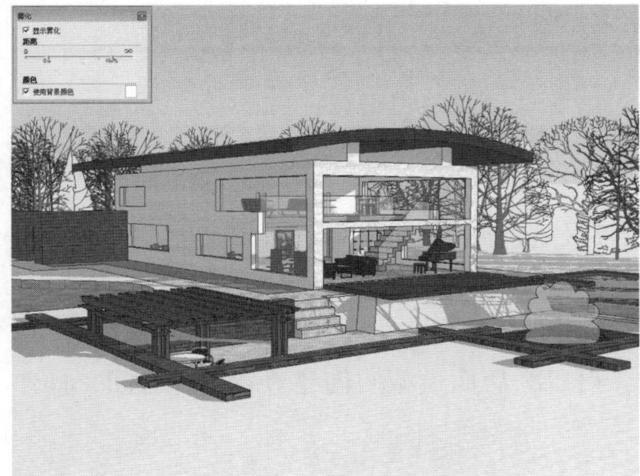
图9-150 雾化效果

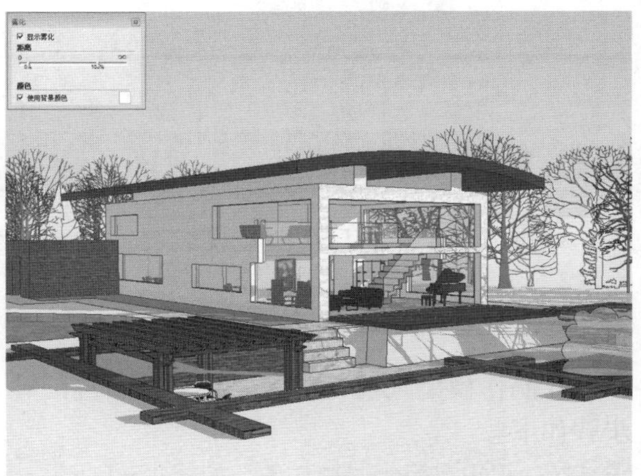
图9-151 调整滑块

图9-152 保存场景

第10章 小区景观场景的制作

本章概述 本章中将制作一个小区的景观场景，要制作住宅楼建筑、地面造型、露天厨房以及游泳池等模型，需要使用到前面所学习的很多操作知识，用户也可以学习到新的操作技巧，以加强对SketchUp的掌握。

知识要点
- 建筑模型的创建；
- 景观模型的创建；
- 泳池材质的赋予；
- 屋顶模型的制作；
- 材质贴图的编辑。

10.1 制作整体景观平面

本小节要制作的是整体景观平面。其制作过程涉及到前面所学的许多知识要点。

10.1.1 导入AutoCAD文件

在制作模型之前，首先要将平面布置图导入，可以为后面模型的创建节省很多时间，操作步骤如下。

01 在AutoCAD中简化图形文件，如图10-1所示。

02 启动SketchUp应用程序，执行“文件”|“导入”命令，在“打开”对话框中选择AutoCAD图形文件，如图10-2所示。

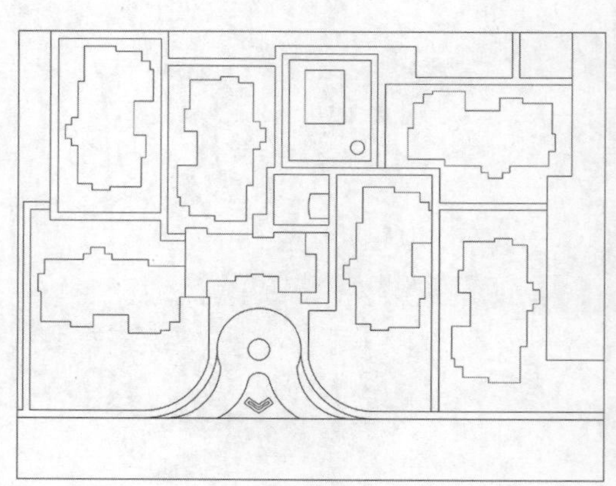

图10-1　简化图形

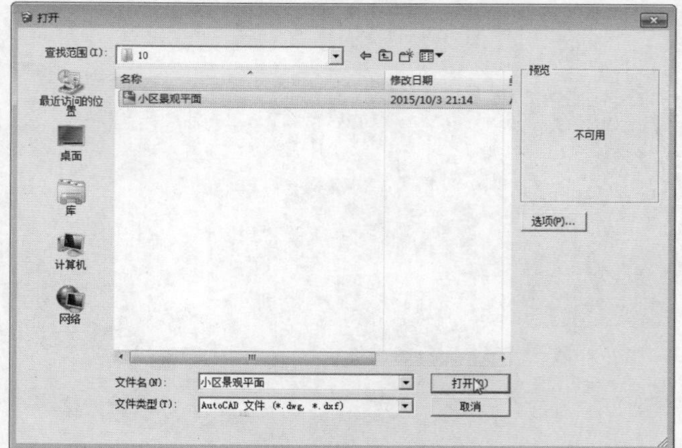

图10-2　选择图形文件

03 将平面图导入到SketchUp中，效果如图10-3所示。

04 执行“窗口”|“样式”命令，打开“样式”设置面板，在“编辑”选项板中取消选中 “轮廓线”选项，如图10-4所示。

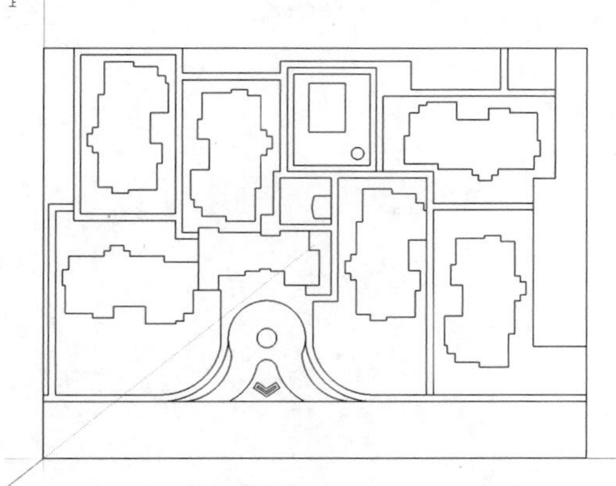

图10-3　导入平面图

图10-4　设置轮廓线

05 仅剩边线的图形效果如图10-5所示。

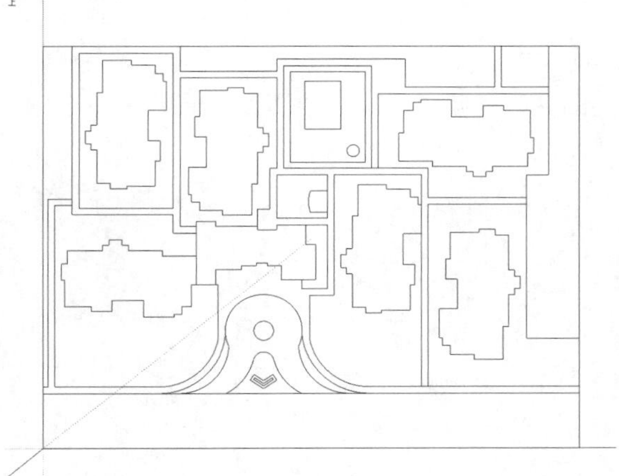

图10-5　边线效果

10.1.2　制作地面场景

接下来根据导入的平面图形来创建建筑模型，操作步骤如下。

01 将平面图形创建成组，如图10-6所示。

02 激活矩形工具，捕捉绘制矩形，如图10-7所示。

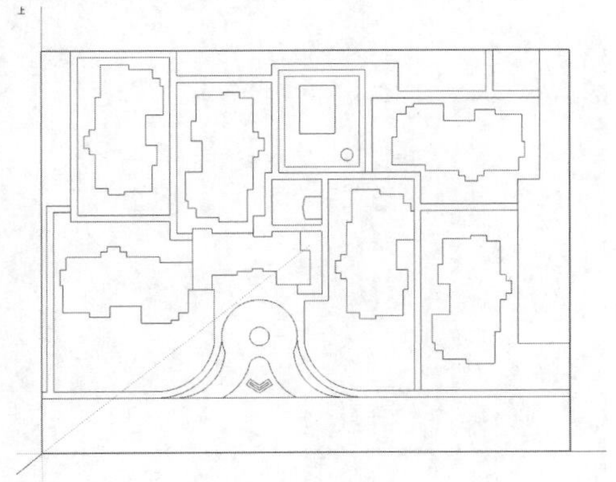

图10-6　创建成组

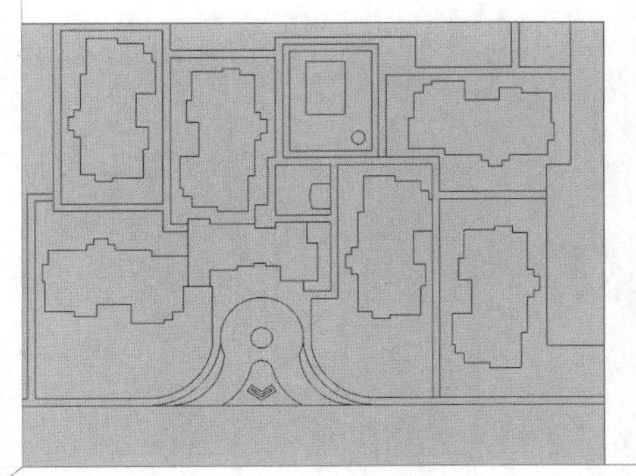

图10-7　绘制矩形

03 将矩形创建成组，双击进入编辑模式，利用直线工具和弧形工具捕捉绘制平面图形，如图10-8所示。

04 首先来制作小区入口的广场区域造型，选择图形，如图10-9所示。

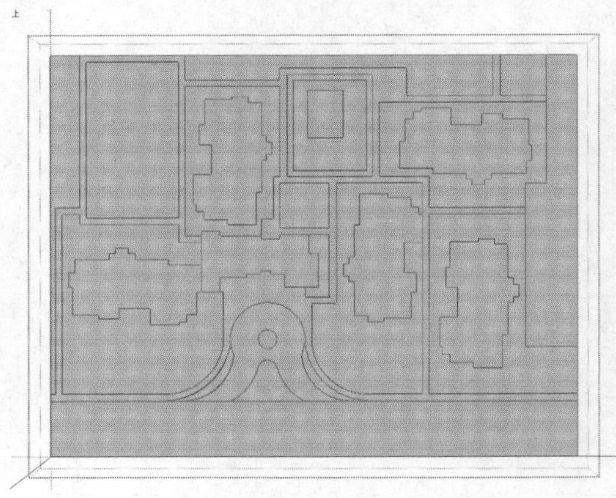
图10-8 绘制平面

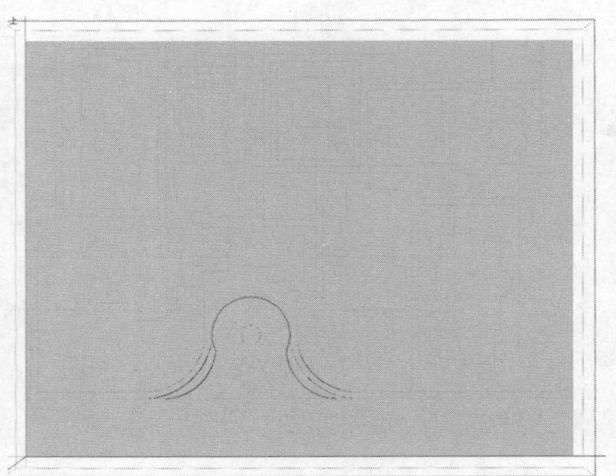
图10-9 选择图形

05 激活偏移工具，将选择的图形向内偏移450，如图10-10所示。

06 删除下方多余的线条，如图10-11所示。

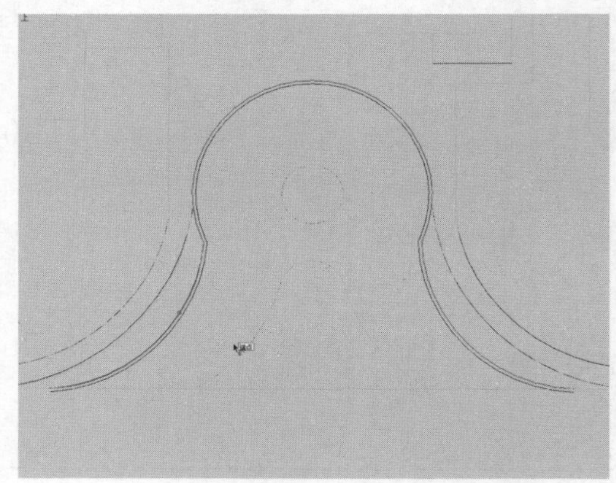
图10-10 偏移图形

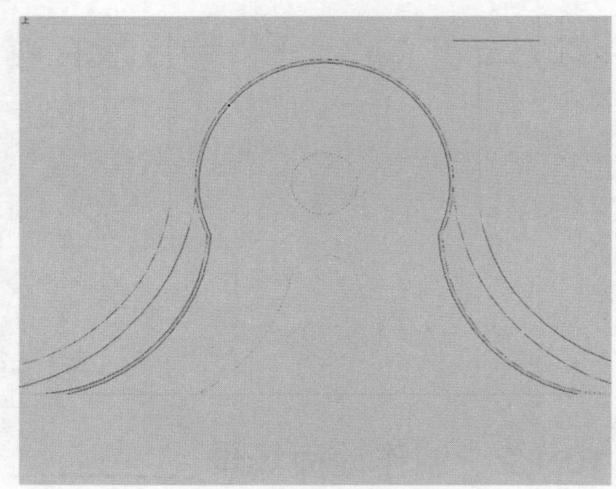
图10-11 删除线条

07 激活推拉工具，将地面道路平面向上推出50，如图10-12所示。

08 再将广场区域的圆向上推出300，如图10-13所示。

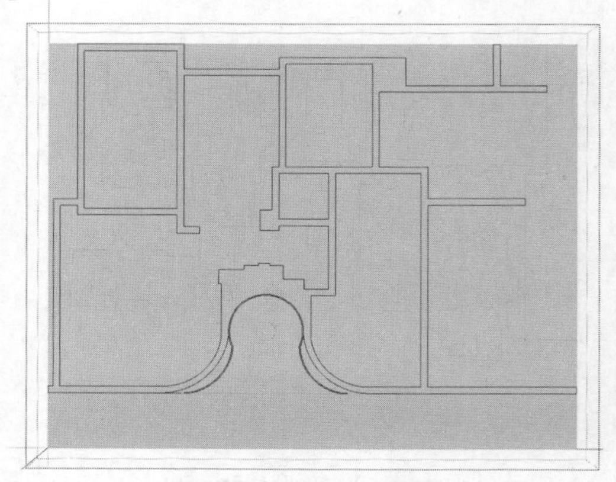
图10-12 推拉道路面

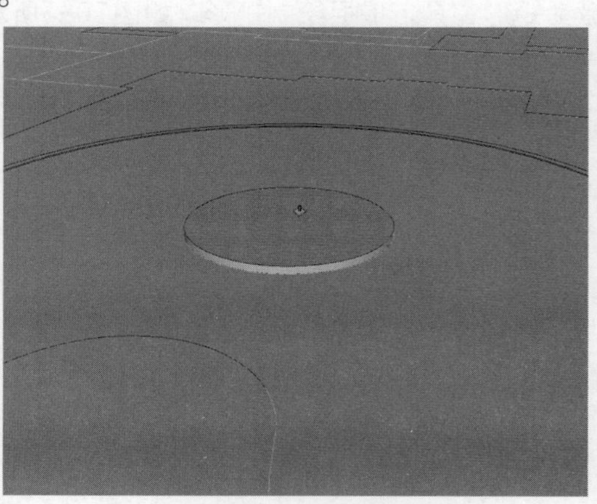
图10-13 推拉圆形

09 激活偏移工具，将圆形边线向内偏移350，如图10-14所示。

10 激活推拉工具，将中间的面向下推出50，如图10-15所示。

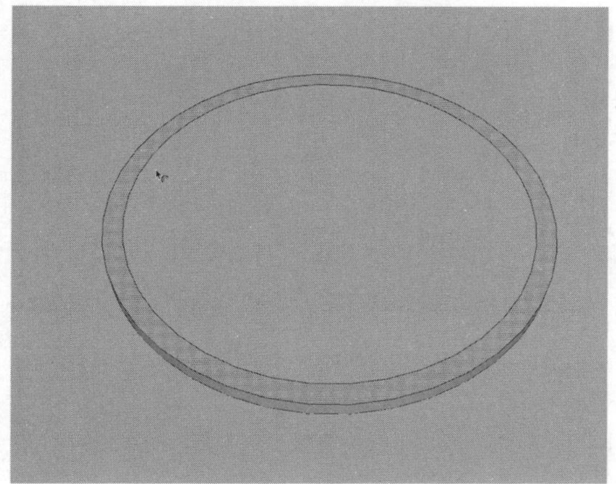

图10-14　偏移图形

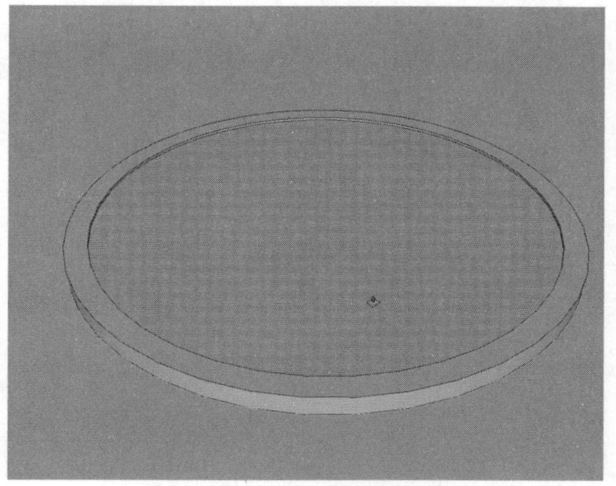

图10-15　推拉圆形面

11 将广场路面以及公路路面向下推出150，如图10-16所示。

12 激活偏移工具，将图形向内偏移350，如图10-17所示。

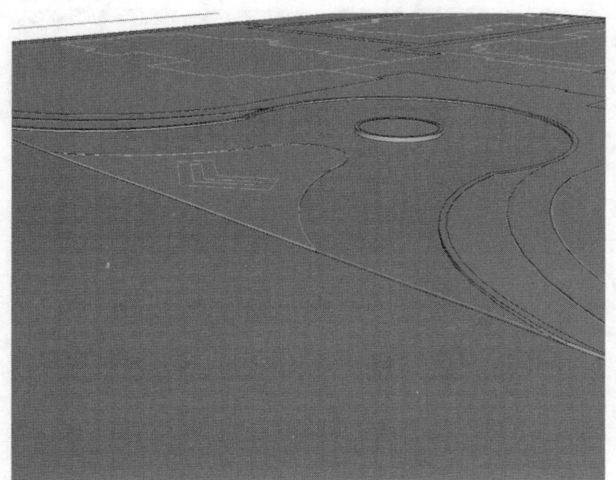

图10-16　推拉路面

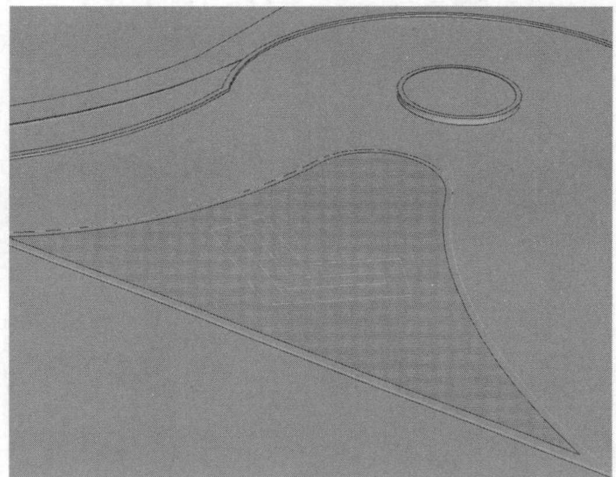

图10-17　偏移图形

13 激活推拉工具，将中间的面向下推出50，完成广场地面造型的制作，如图10-18所示。

14 激活推拉工具，将平面图右侧的面向下推出170，如图10-19所示。

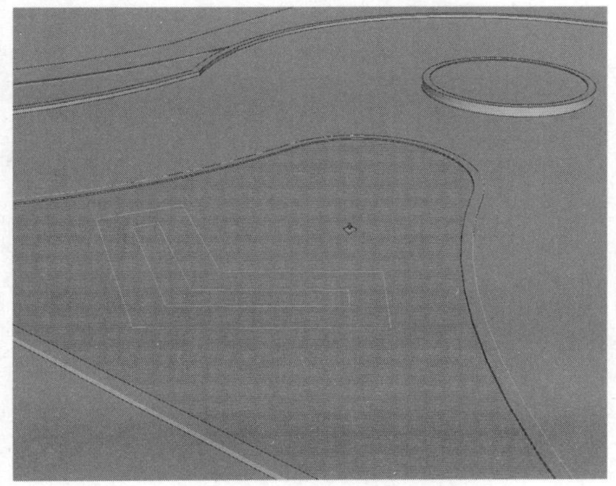

图10-18　制作广场造型

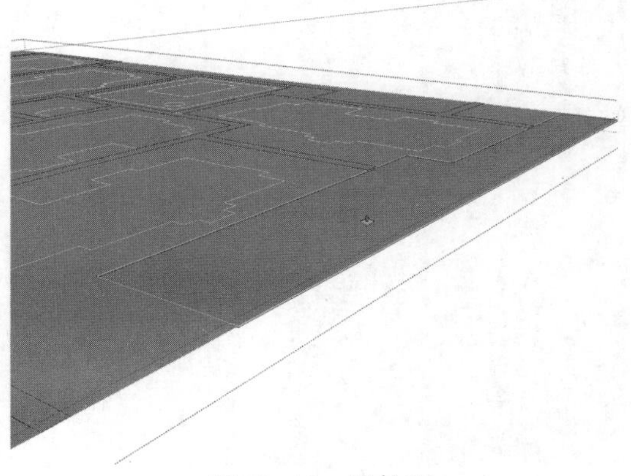

图10-19　推拉面

⑮ 将视线移动到该区域与道路连接处，选择一条边线，如图10-20所示。

⑯ 激活移动工具，按住Ctrl键将直线向左侧移动复制，移动距离为2000，如图10-21所示。

图10-20　选择边线

图10-21　移动复制

⑰ 再次选择该边线，如图10-22所示。

⑱ 激活移动工具，将边线向下移动直到与下方边线重合，如图10-23所示。

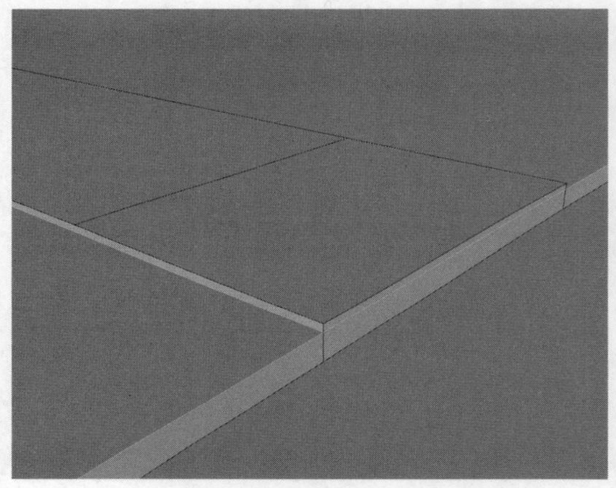

图10-22　选择边线

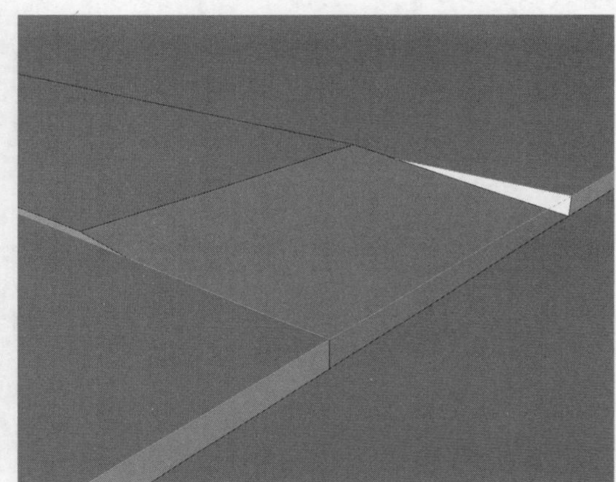

图10-23　重合边线

⑲ 激活直线工具，绘制直线填补道路两侧的空洞位置，制作出道路斜坡造型，如图10-24所示。

⑳ 按照同样的操作方式，制作旁边的道路斜坡造型，如图10-25所示。

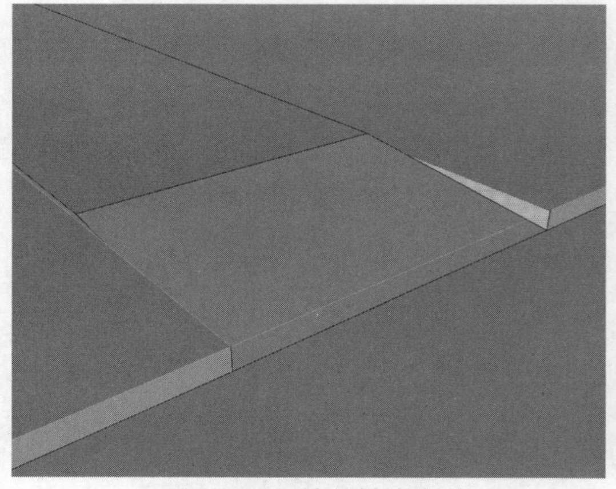

图10-24　绘制斜坡造型

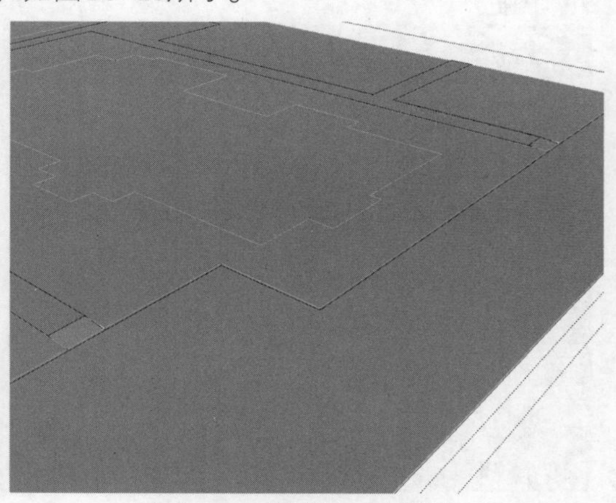

图10-25　制作另一个斜坡

㉑ 接下来制作游泳池造型，激活推拉工具，将平面向上推出50，如图10-26所示。

㉒ 再将中间的矩形面及圆形面向下推出1000，如图10-27所示。

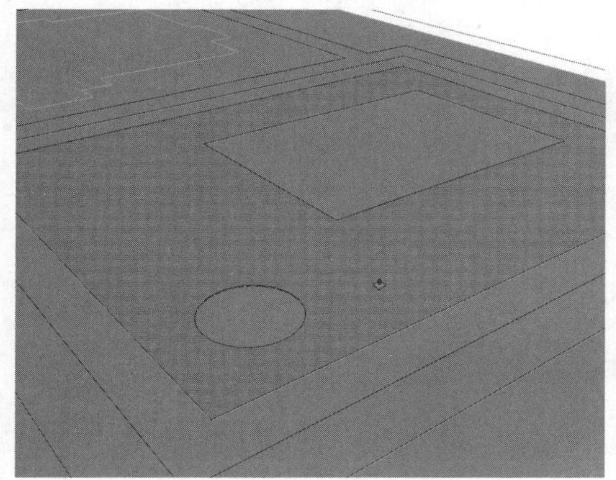

图10-26 推拉面

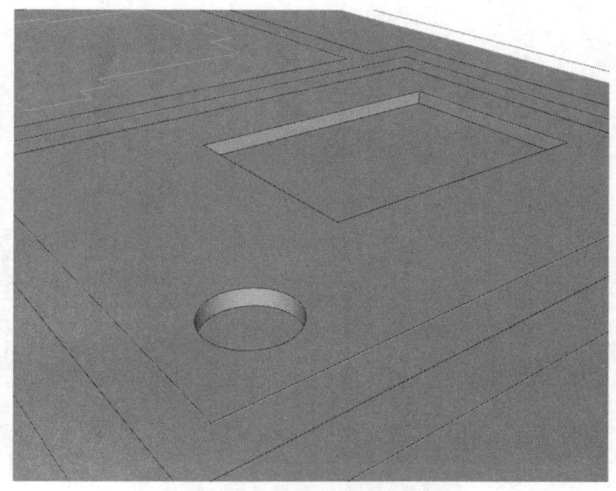

图10-27 制作泳池

㉓ 激活直线工具，从道路绘制直线连接到游泳池区域的地面，如图10-28所示。

㉔ 激活推拉工具，将面向上推出50，再删除多余线条，如图10-29所示。

图10-28 绘制直线

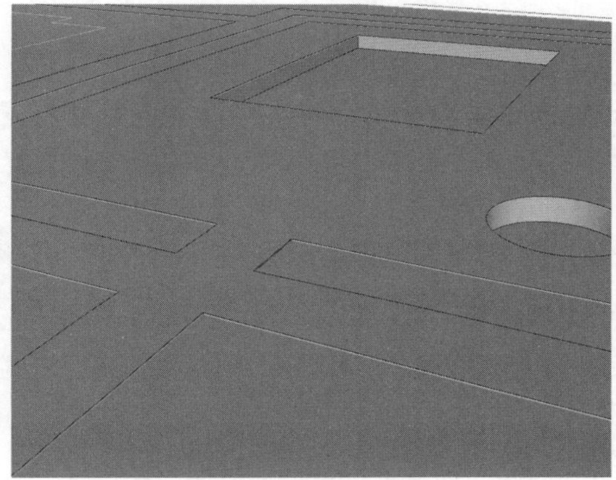

图10-29 推拉面

㉕ 利用直线工具和弧形工具绘制游泳池旁边的地面造型，如图10-30所示。

㉖ 激活推拉工具，将面向上推出50，如图10-31所示。

图10-30 绘制地面

图10-31 推拉面

㉗ 再将所有的住宅楼位置的面向上推出50，完成地面造型的制作，如图10-32所示。

㉘ 按Ctrl+A组合键，全选图形，单击鼠标右键，在弹出的快捷菜单中选择“反转平面”命令，将所有的面反转，如图10-33所示。

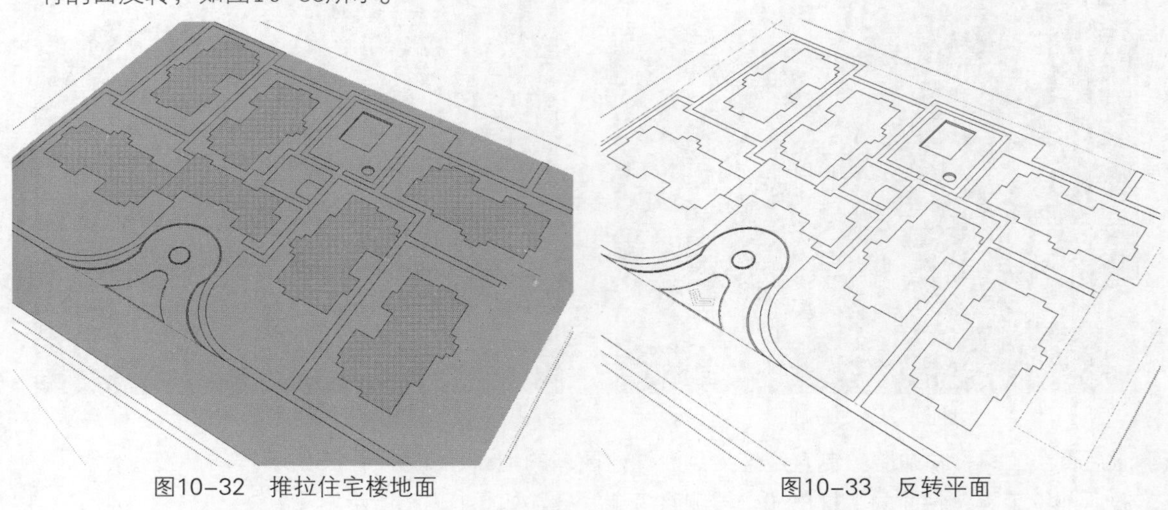

图10-32 推拉住宅楼地面　　图10-33 反转平面

10.1.3 制作景观造型

地面造型制作完毕后，接下来就要制作室外的一些景观造型，如小区入口处的标志造型、小区内部的开敞式厨房，这是本场景中较为复杂的两个造型，另外还有几个栏杆造型，涉及到本书中的许多操作技巧，操作步骤如下。

01 激活直线工具，捕捉绘制小区广场位置的图形，并将其成组，如图10-34所示。

02 双击进入编辑模式，反转平面，如图10-35所示。

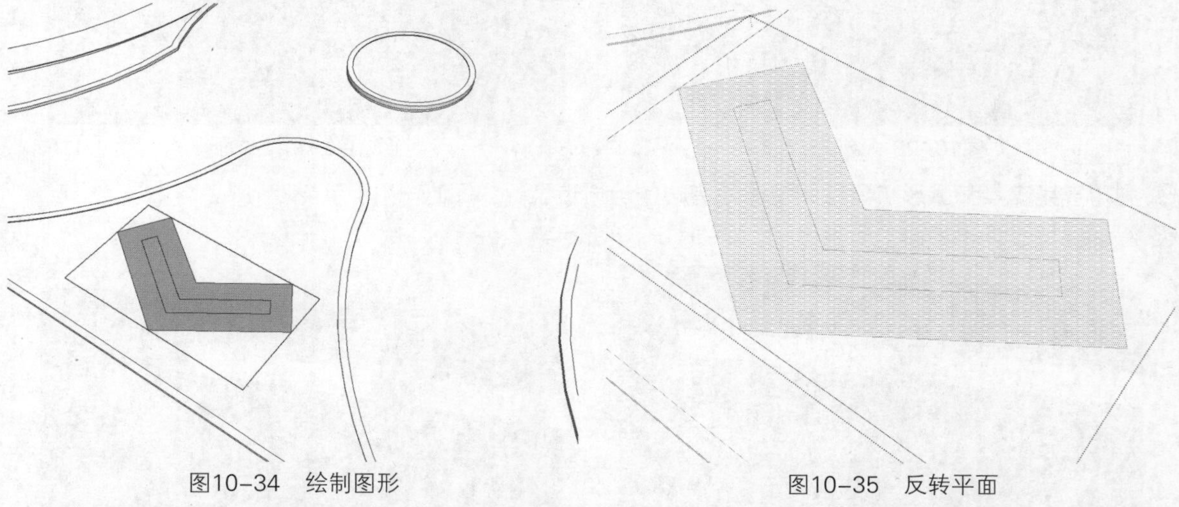

图10-34 绘制图形　　图10-35 反转平面

03 继续利用直线工具绘制内部图形，如图10-36所示。

04 激活推拉工具，将面向上推出600，如图10-37所示。

05 继续将中间的面向上推出1500，如图10-38所示。

06 选择如图10-39所示的线条。

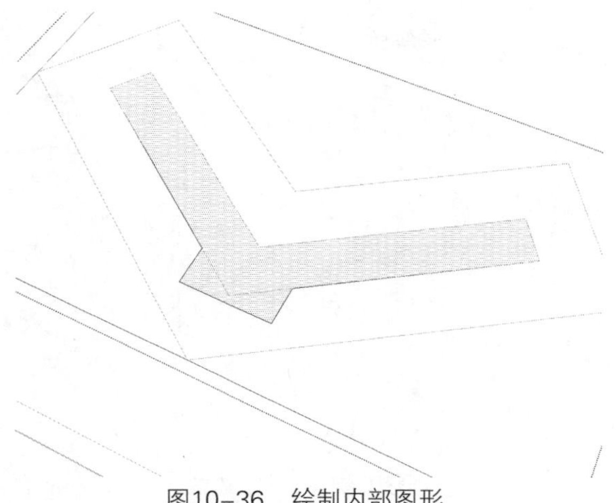
图10-36 绘制内部图形

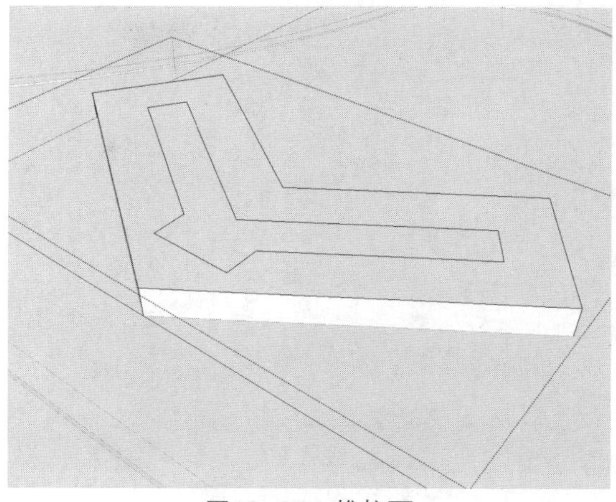
图10-37 推拉面

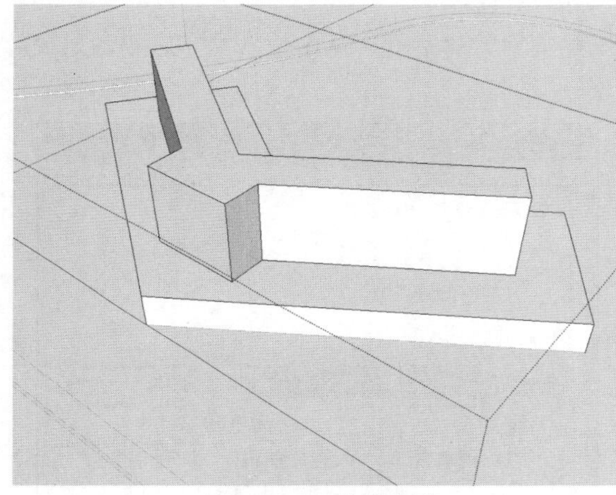
图10-38 推拉造型

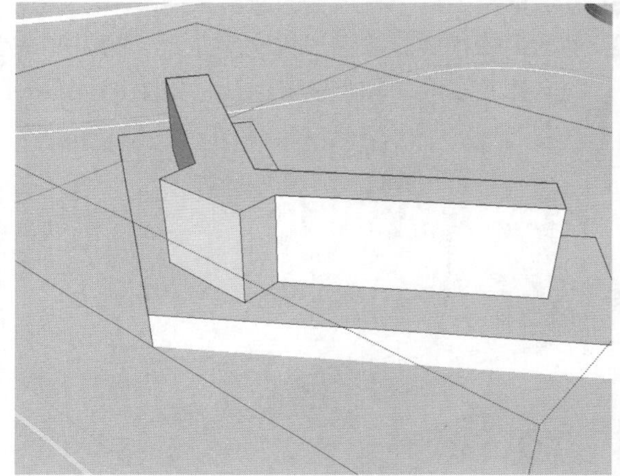
图10-39 选择边线

07 激活移动工具，按住Ctrl键将其向下移动复制，设置移动距离为150，如图10-40所示。

08 激活推拉工具，将两侧的面向内推出50，如图10-41所示。

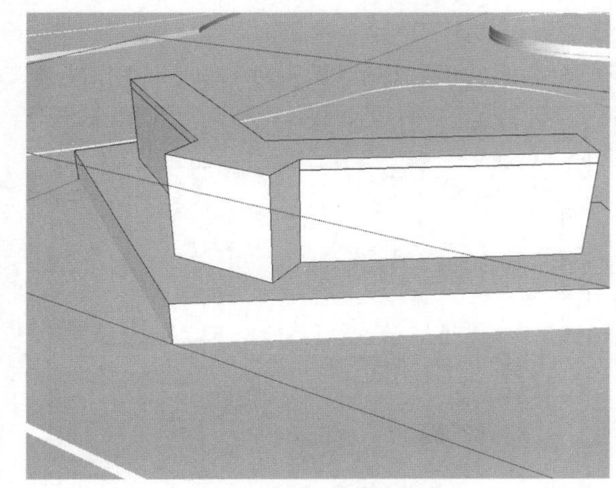
图10-40 移动复制

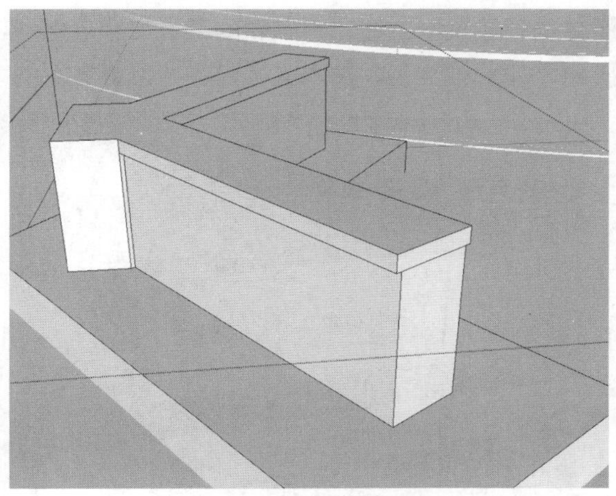
图10-41 推拉面

09 再将两头的面向内推出150，如图10-42所示。

10 激活偏移工具，将下方边线向内偏移100，如图10-43所示。

图10-42 推拉面

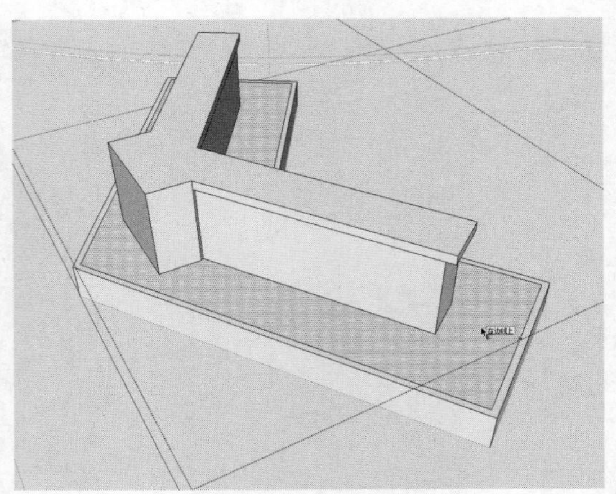

图10-43 偏移边线

⑪ 激活推拉工具，将边上的面向上推出50，如图10-44所示。

⑫ 退出编辑模式，激活三维文字工具，打开“放置三维文字”对话框，从中输入文字，再设置文字的字体及高度，其余设置默认，如图10-45所示。

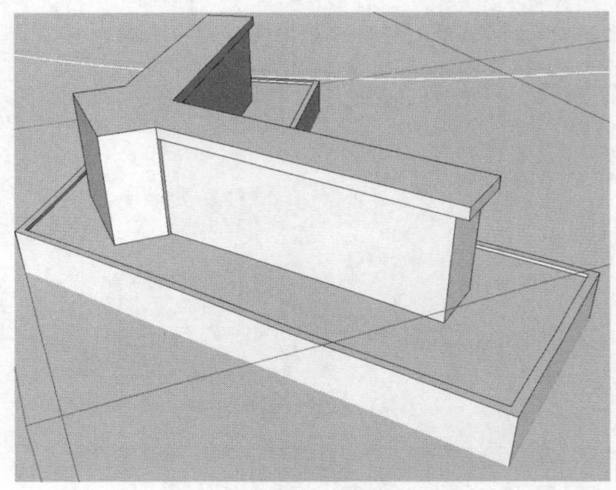

图10-44 推拉面

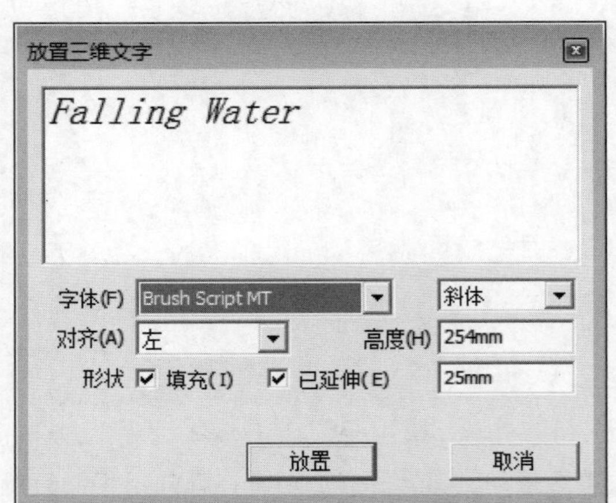

图10-45 设置三维文字

⑬ 单击“放置”按钮，将创建的三维文字放置到合适位置，如图10-46所示。

⑭ 再创建三维文字，输入文字内容并设置文字的字体及高度，如图10-47所示。

图10-46 放置文字位置

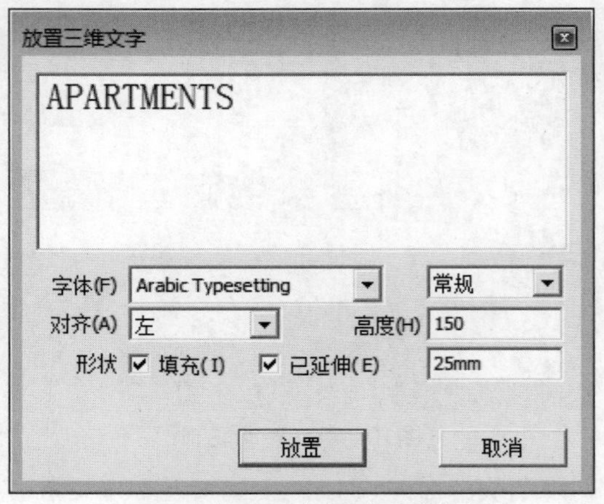

图10-47 再次设置三维文字

⑮ 将文字放置到合适位置，如图10-48所示。

⑯ 再创建另一侧的三维文字，完成小区入口标志景观的创建，如图10-49所示。

图10-48 放置文字

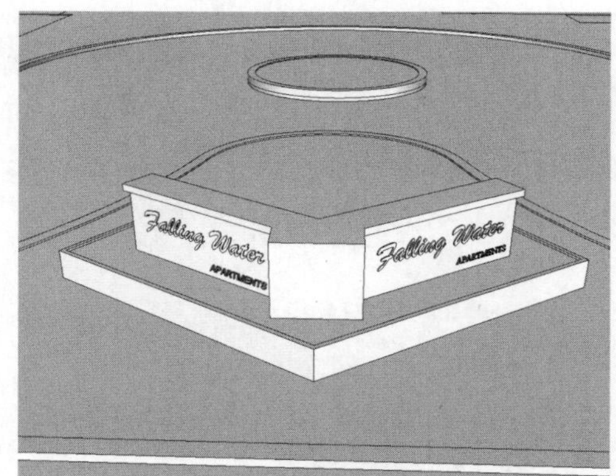

图10-49 复制文字

⑰ 将视线转到游泳池位置，激活直线工具，在游泳池外侧的地面中绘制一圈直线，如图10-50所示。

⑱ 向上绘制高度为1600的竖向面，将其创建成组，如图10-51所示。

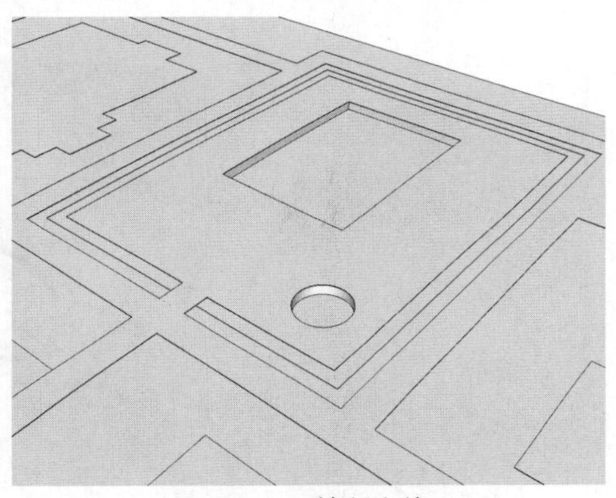

图10-50 绘制直线

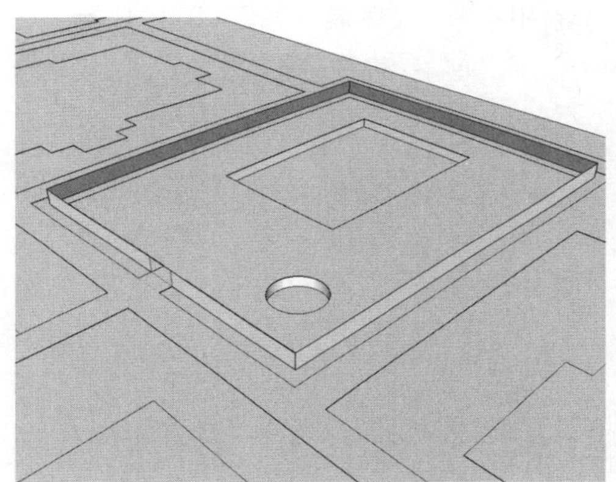

图10-51 绘制成面

⑲ 将视线转到游泳池旁边的平台，这里将要制作一个开敞式的厨房造型。激活直线工具，绘制如图10-52所示的平面。

⑳ 将平面创建成组，双击进入编辑模式，激活推拉工具，将面向上推出800，制作出橱柜的造型，如图10-53所示。

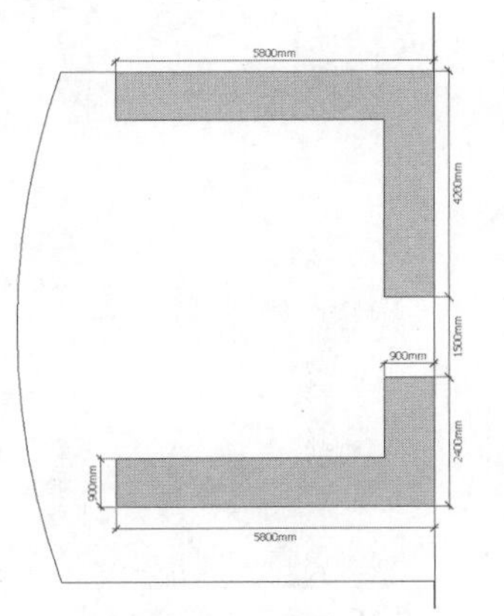

图10-52 绘制平面

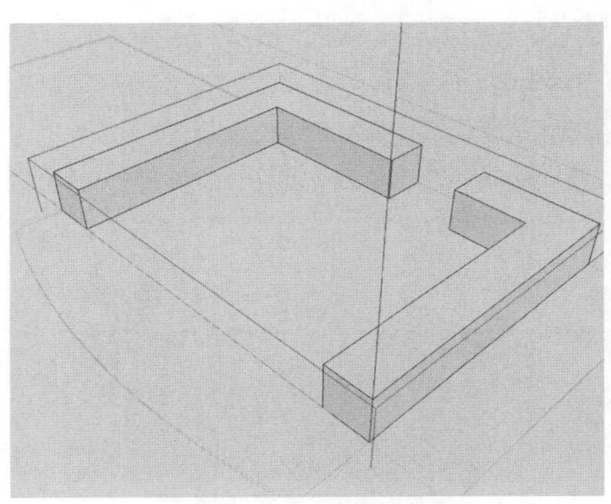

图10-53 推拉面

㉑ 将左侧边线向右移动复制1500、2400，如图10-54所示。

㉒ 激活直线工具，在桌面上绘制宽为300的图形，如图10-55所示。

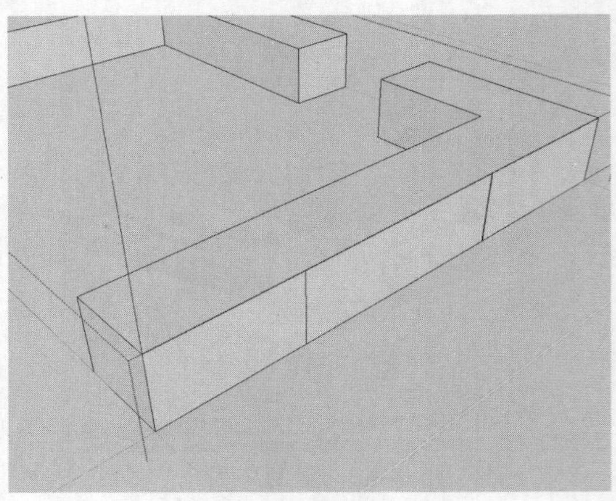

图10-54　复制边线

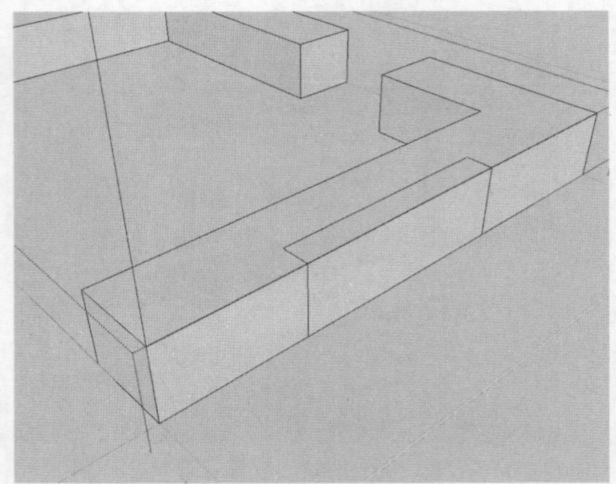

图10-55　绘制图形

㉓ 激活推拉工具，将面向上推出200，再向外侧推出250，如图10-56所示。

㉔ 移动复制线条，具体尺寸如图10-57所示。

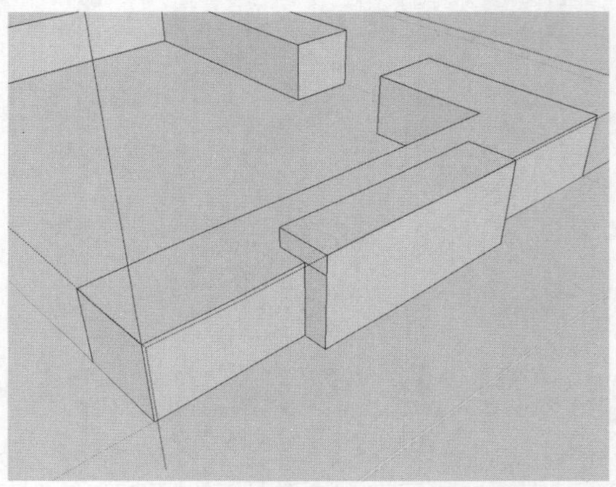

图10-56　推拉面

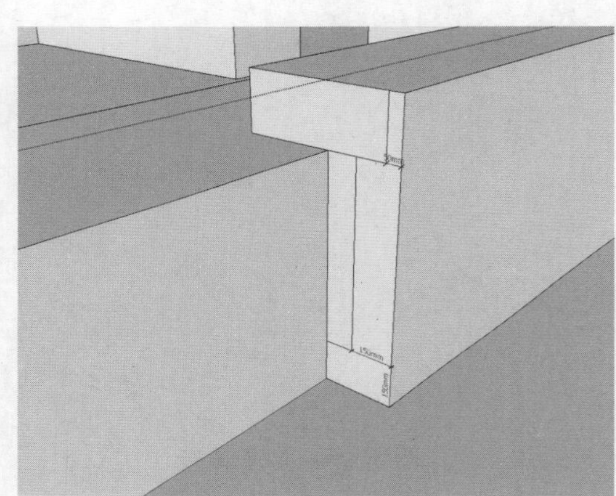

图10-57　复制线条

㉕ 激活弧线工具，捕捉直线两端绘制弧线，高度为50，如图10-58所示。

㉖ 删除多余的线条，如图10-59所示。

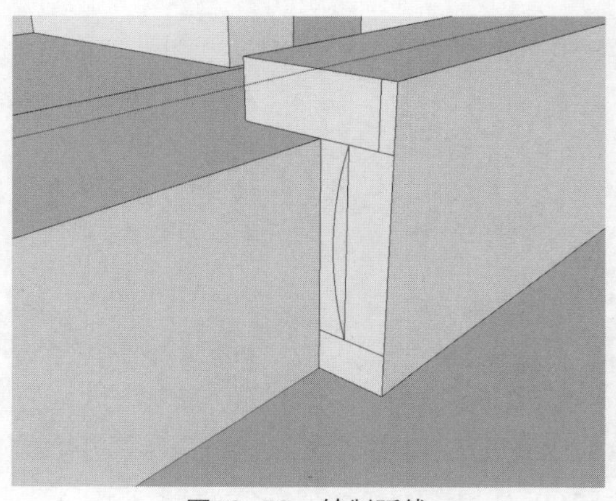

图10-58　绘制弧线

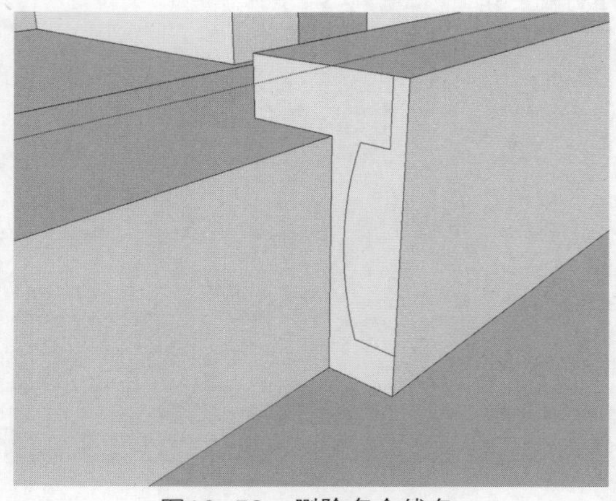

图10-59　删除多余线条

27 激活推拉工具，将面向另一侧推出，制作出一边橱柜的基本造型，如图10-60所示。

28 移动到另外一侧橱柜，激活直线工具，绘制两条直线，间距如图10-61所示。

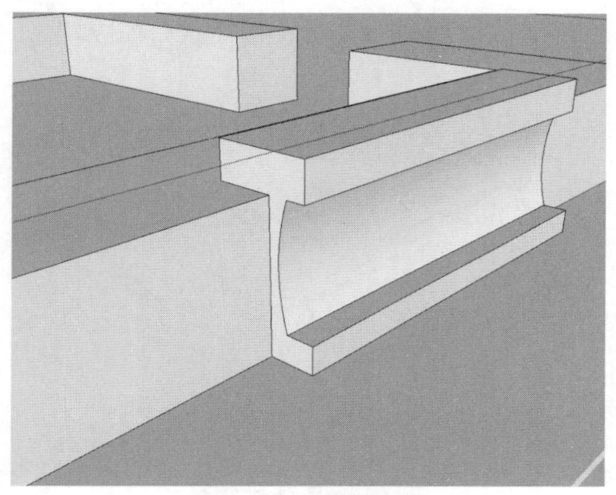

图10-60　制作造型

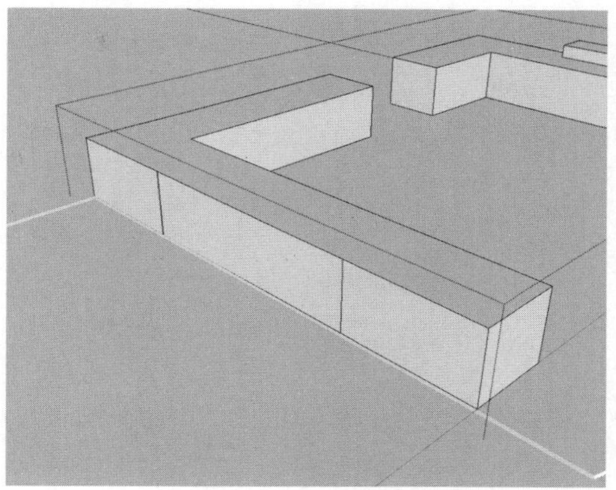

图10-61　绘制直线

29 激活推拉工具，将面向外推出600，如图10-62所示。

30 激活直线工具，绘制两条直线，如图10-63所示。

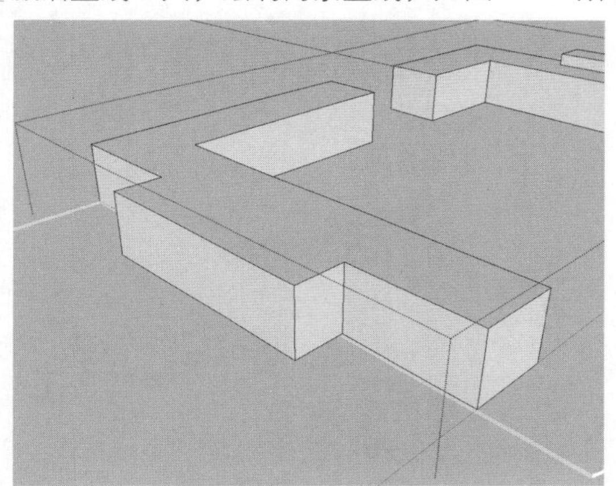

图10-62　推拉面

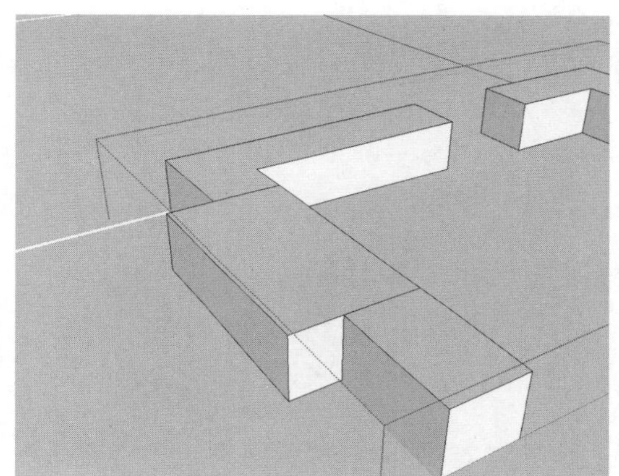

图10-63　绘制直线

31 激活推拉工具，将面向上推出150，如图10-64所示。

32 删除多余线条，再将边线向内移动复制260，如图10-65所示。

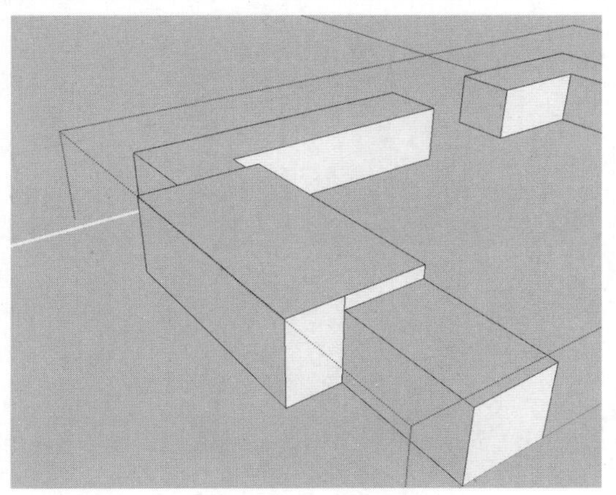

图10-64　推拉面

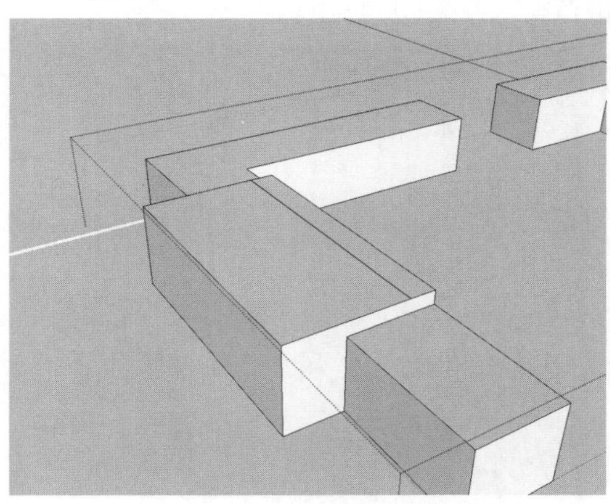

图10-65　复制边线

33 再激活推拉工具，将面继续向上推出850，如图10-66所示。

34 选择如图10-67所示的线条。

图10-66　推拉面

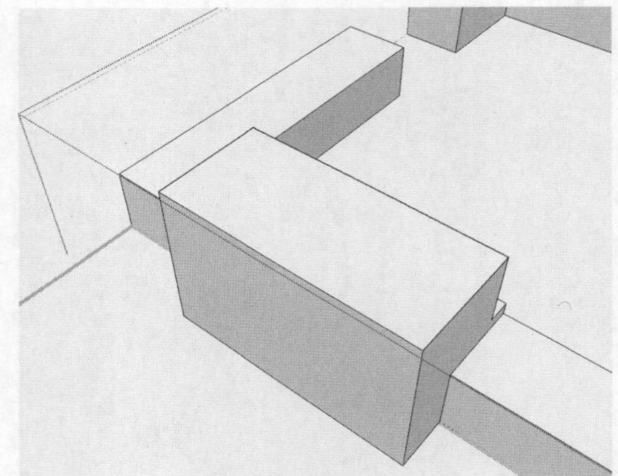
图10-67　选择线条

35 激活偏移工具，将边线向内偏移400，如图10-68所示。

36 激活推拉工具，将面向上推出2000，如图10-69所示。

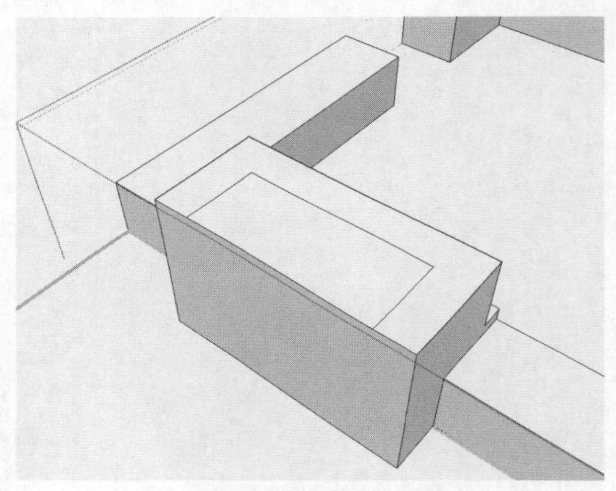
图10-68　偏移图形

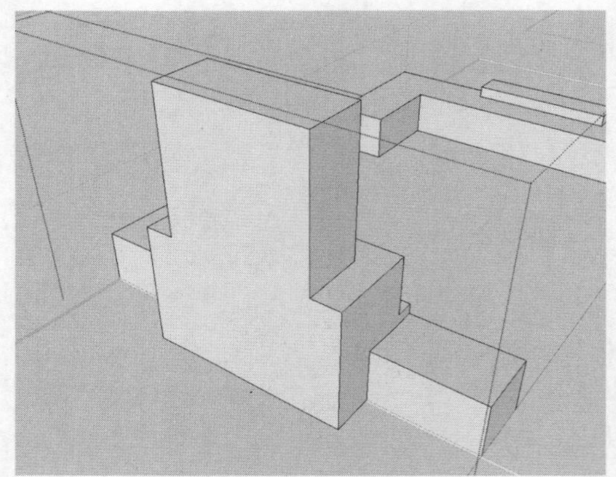
图10-69　推拉面

37 激活弧形工具，绘制一条弧线，如图10-70所示。

38 激活路径跟随工具，将鼠标指针放在右上角的面上，按住鼠标左键绕上方的三条边线，制作出烟囱造型，如图10-71所示。

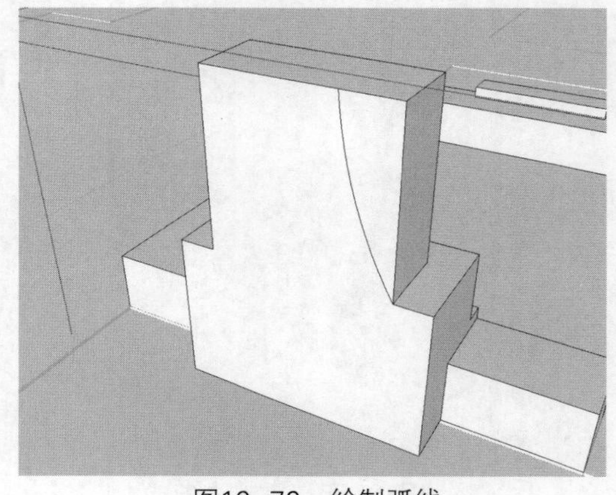
图10-70　绘制弧线

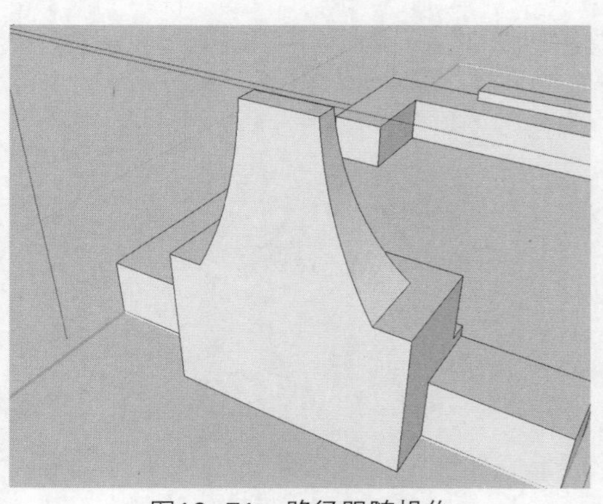
图10-71　路径跟随操作

39 选择如图10-72所示的边线。

40 按住Ctrl键向下移动复制，距离为150，如图10-73所示。

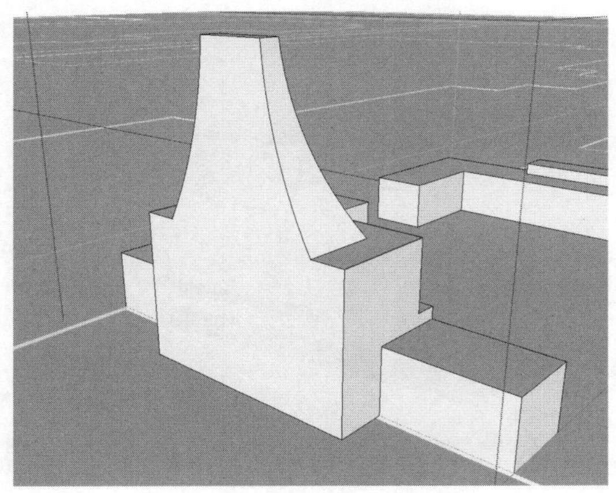

图10-72 选择边线

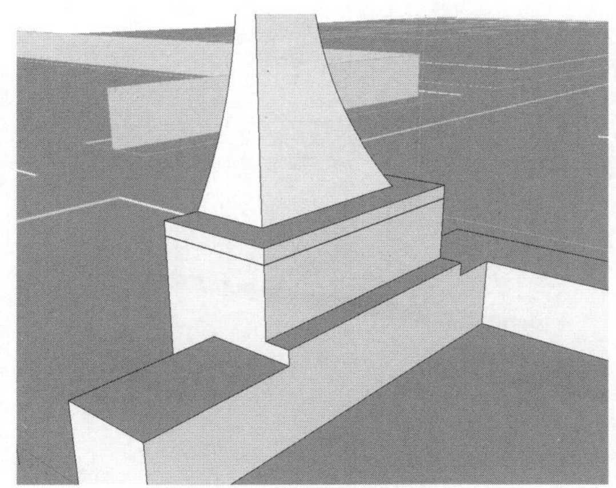

图10-73 复制边线

41 激活推拉工具，将三面都向外推出50，如图10-74所示。

42 利用直线工具和弧线工具绘制如图10-75所示的图形。

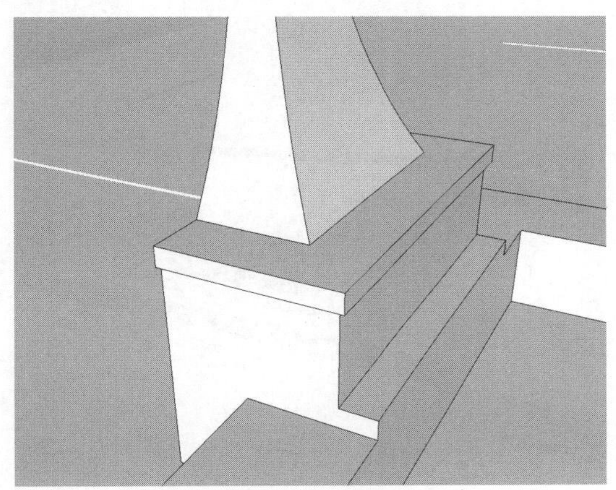

图10-74 推拉面

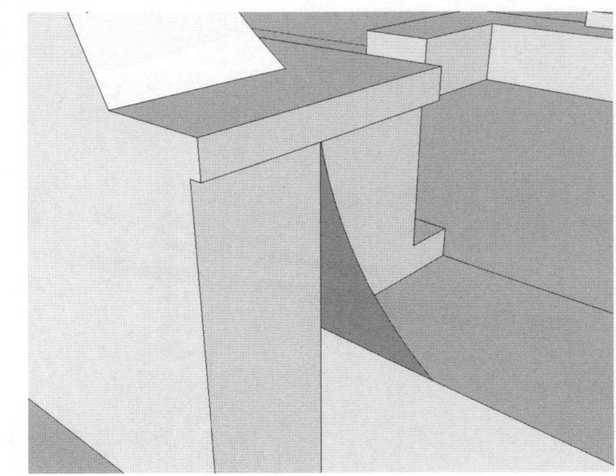

图10-75 绘制图形

43 激活推拉工具，将面推出480，如图10-76所示。

44 再制作另一侧造型，如图10-77所示。

图10-76 推拉面

图10-77 制作另一侧

45 移动复制边线，移动距离如图10-78所示。

46 激活推拉工具，将面向内推出150，再删除多余线条，如图10-79所示。

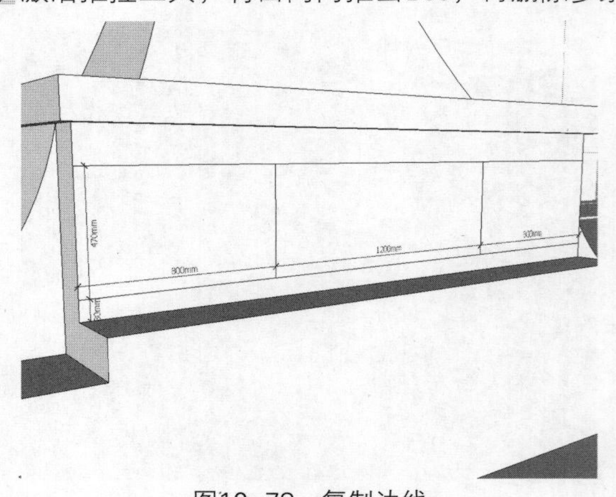

图10-78　复制边线

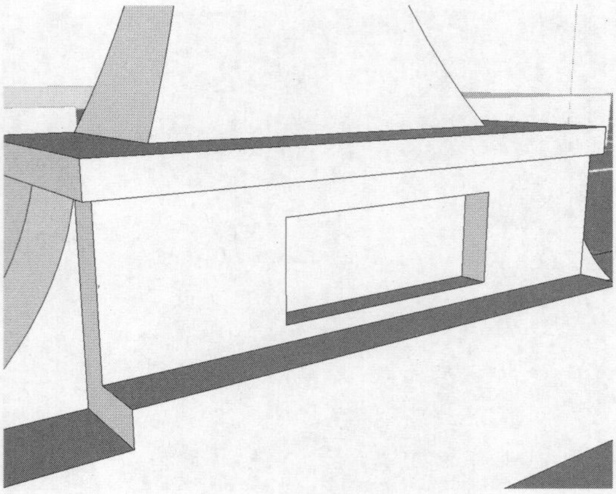

图10-79　推拉面

47 激活偏移工具，将内部边线向内偏移50，如图10-80所示。

48 再激活推拉工具，将面向内推出300，如图10-81所示。

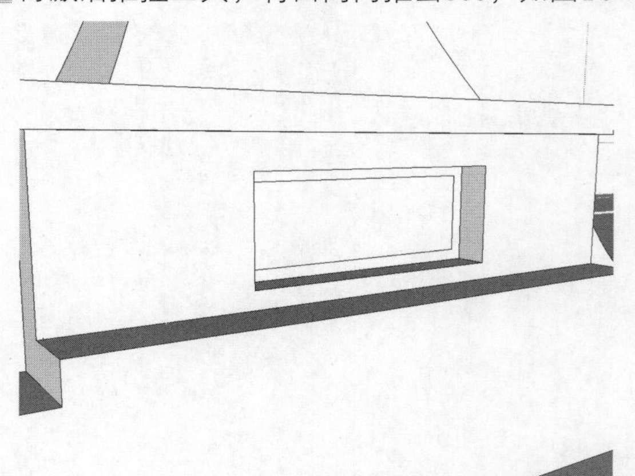

图10-80　偏移图形

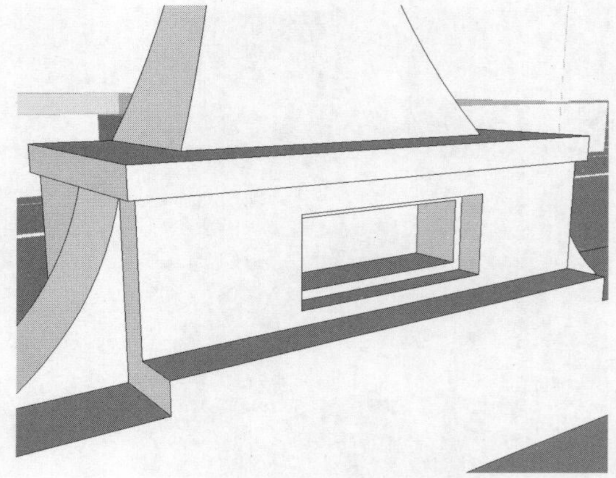

图10-81　推拉面

49 激活矩形工具，绘制两个500*550的矩形到合适的位置，距离设置如图10-82所示。

50 激活推拉工具，将面向内推出450，如图10-83所示。

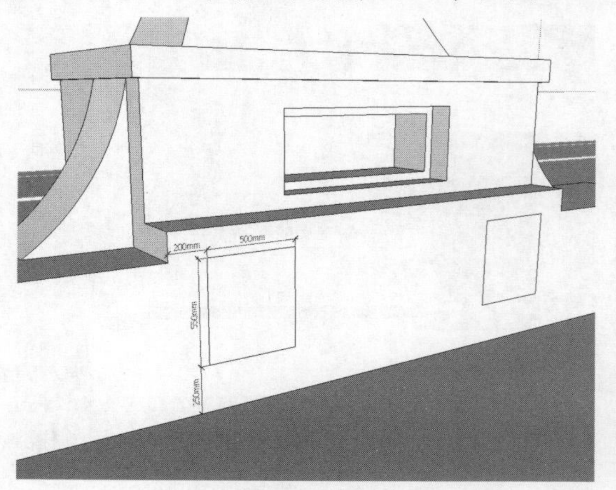

图10-82　绘制矩形

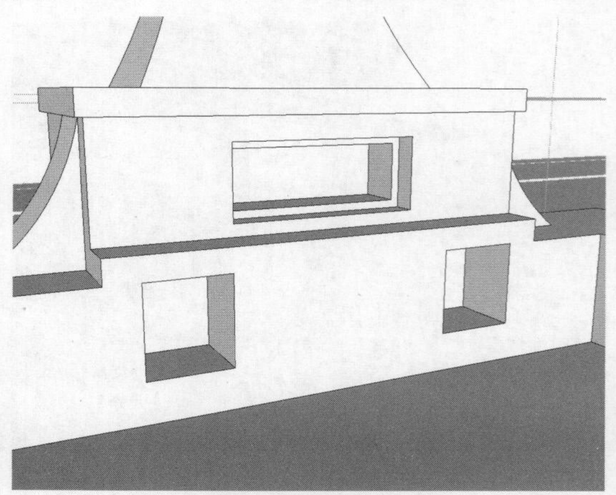

图10-83　推拉面

51 激活矩形工具，在橱柜台面的六个角上绘制300*300的矩形，如图10-84所示。

52 激活推拉工具，将六个矩形面向上推出180，如图10-85所示。

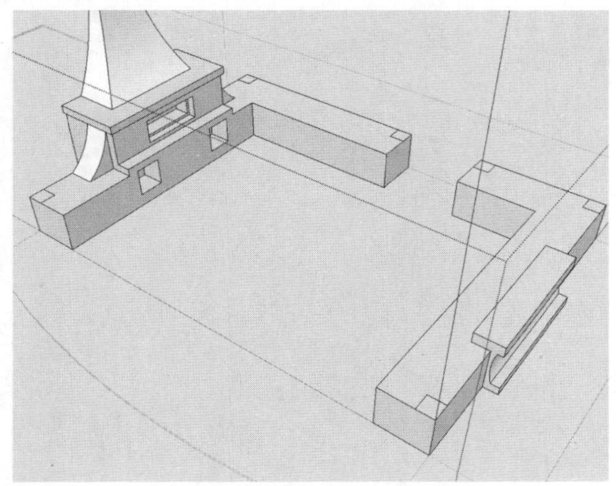

图10-84 绘制矩形

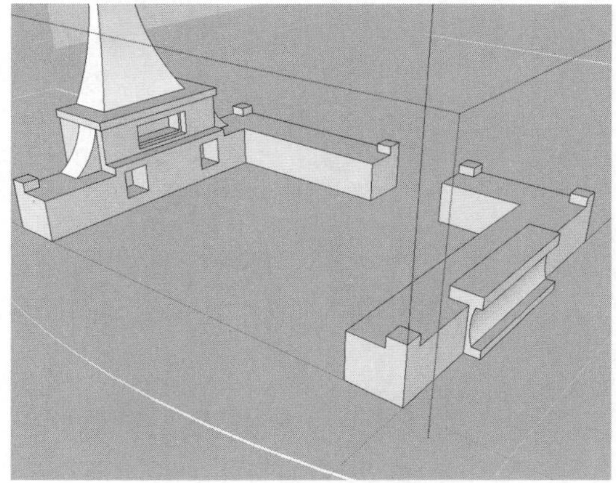

图10-85 推拉面

53 选择一侧橱柜底部的边线，如图10-86所示。

54 按住Ctrl键向上移动复制，移动距离为100，如图10-87所示。

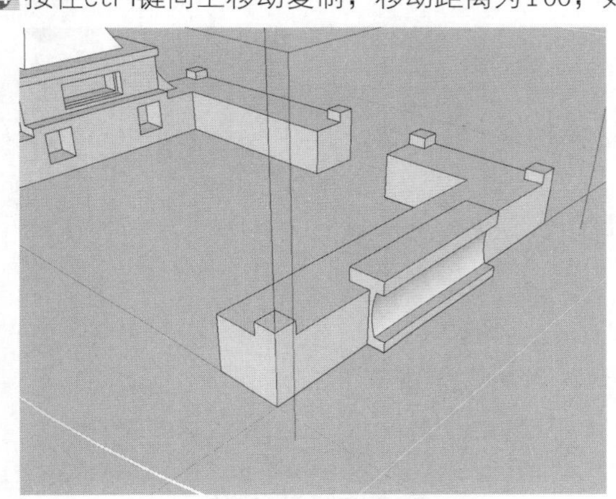

图10-86 选择边线

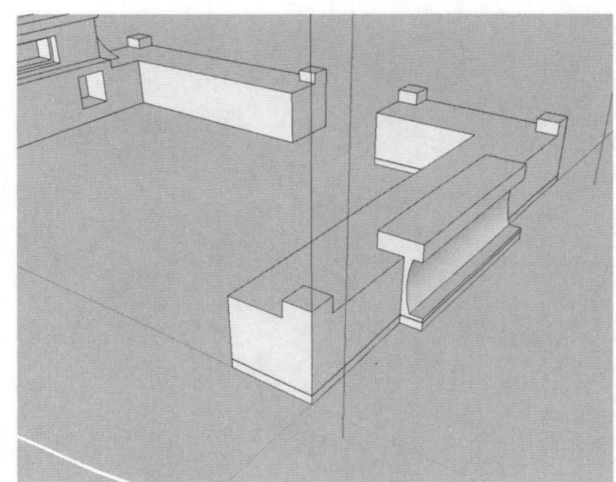

图10-87 复制边线

55 激活直线工具，在角落绘制一个15*100的矩形，如图10-88所示。

56 激活弧线工具，捕捉绘制一条弧线，高度为14，如图10-89所示。

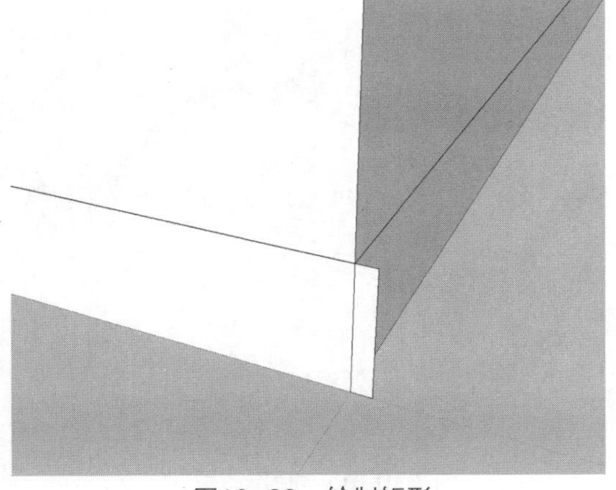

图10-88 绘制矩形

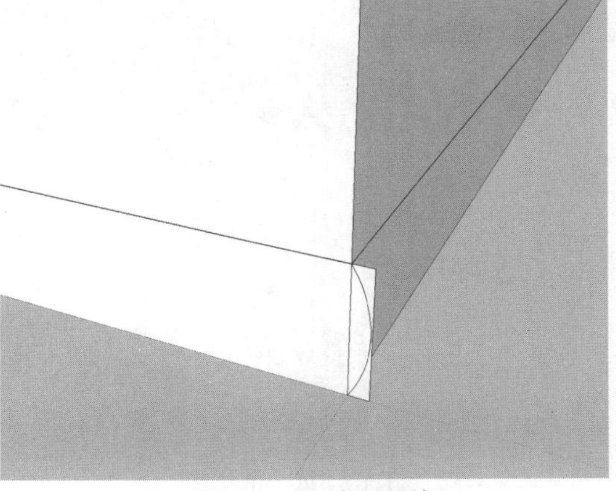

图10-89 绘制弧线

57 删除多余线条，再选择底部周圈线条，如图10-90所示。

58 激活路径跟随工具，单击弧形的面，制作出橱柜踢脚造型，如图10-91所示。

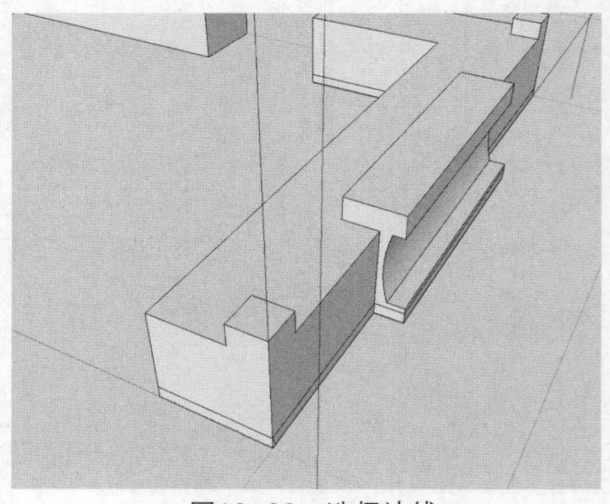
图10-90　选择边线

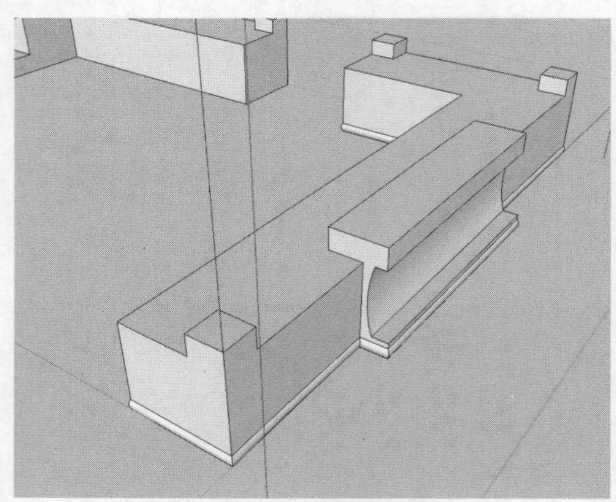
图10-91　路径跟随操作

59 依照同样的操作方法制作另一侧橱柜的踢脚造型，如图10-92所示。

60 激活弧形工具，捕捉绘制一条弧线，高度为150，如图10-93所示。

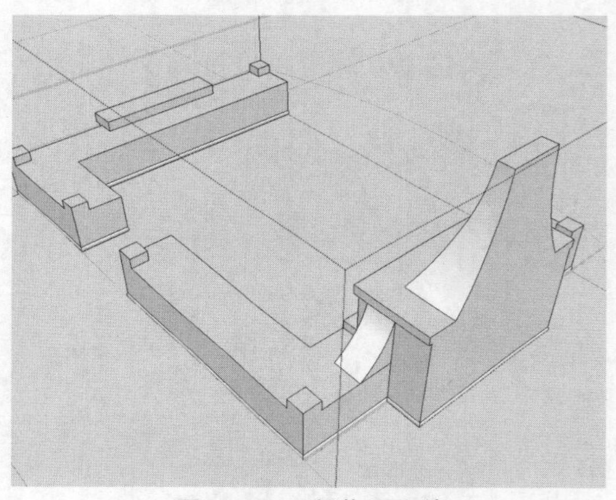
图10-92　制作踢脚线

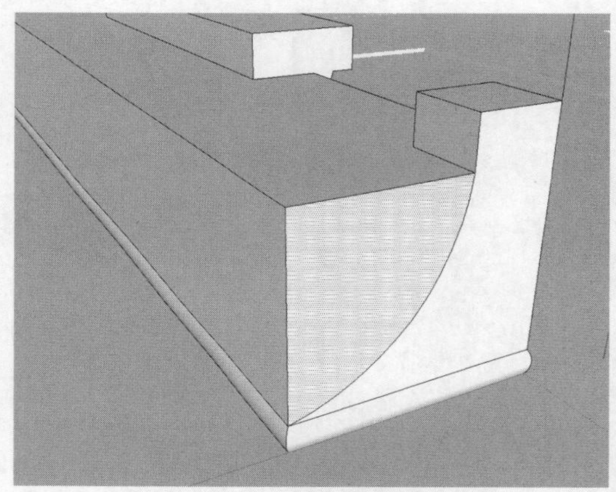
图10-93　绘制弧线

61 激活推拉工具，将面推进300，如图10-94所示。

62 照此操作方法制作其他三个位置的造型，如图10-95所示。

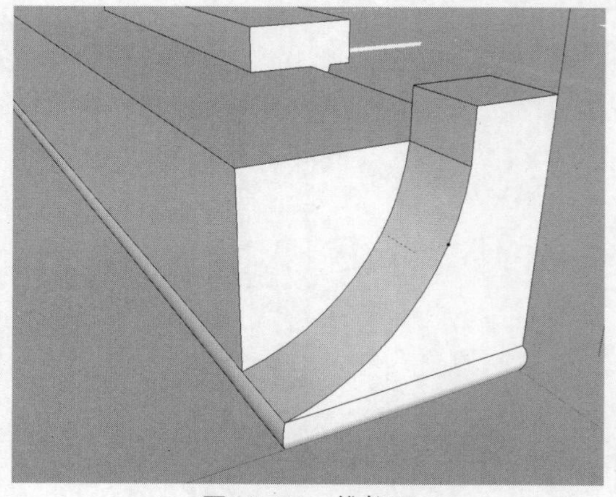
图10-94　推拉面

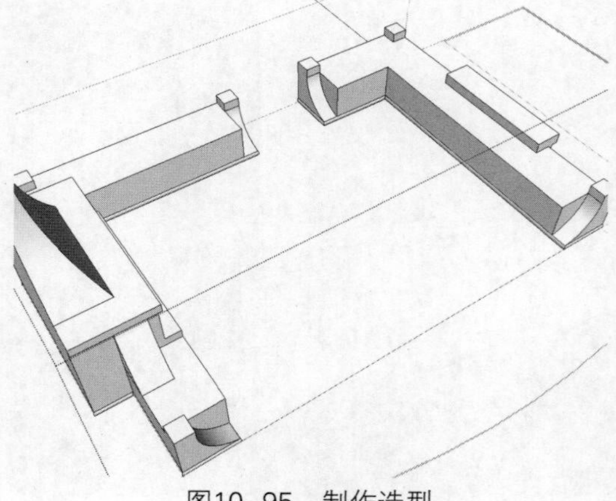
图10-95　制作造型

63 退出编辑模式，激活直线工具，捕捉绘制橱柜表面的平面，如图10-96所示。

64 将其创建成组，双击进入编辑模式，将部分边线向外移动50，如图10-97所示。

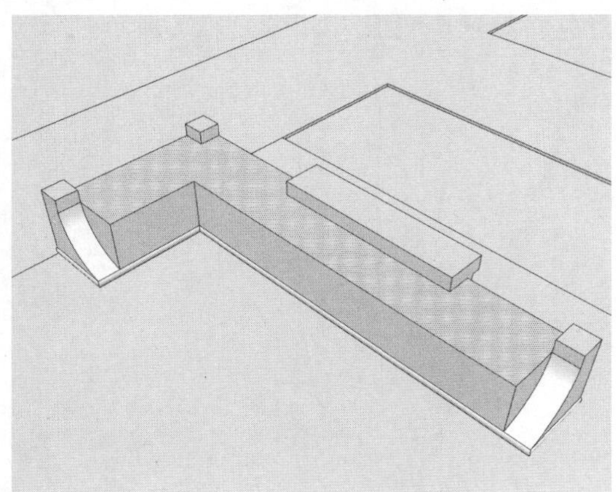

图10-96　绘制平面

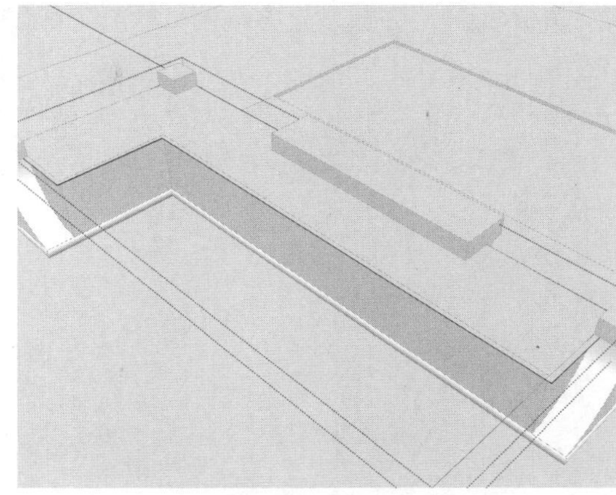

图10-97　移动边线

65 激活推拉工具，将面向上推出80，如图10-98所示。

66 激活弧形工具，在一侧绘制一条弧线，如图10-99所示。

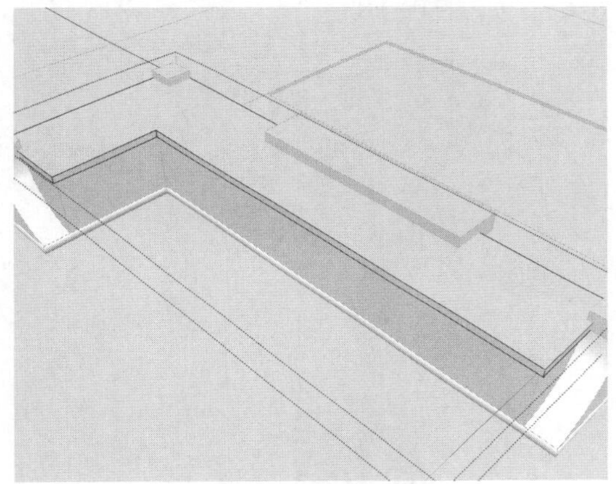

图10-98　推拉面

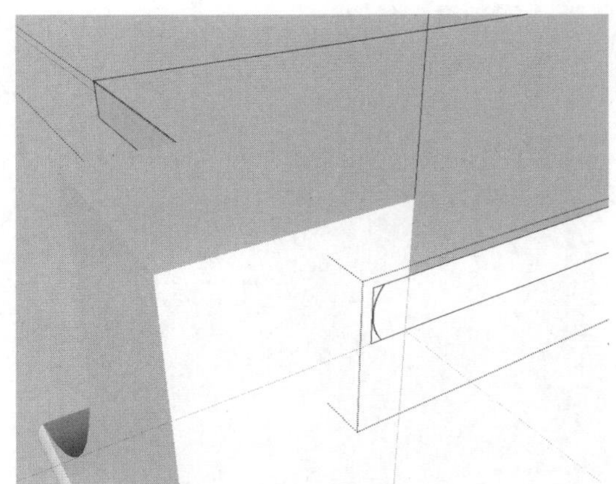

图10-99　绘制弧线

67 选择上方边线，激活路径跟随工具，再单击边上的面，制作桌面造型，如图10-100所示。

68 激活直线工具，绘制一条直线，将面分成两块，如图10-101所示。

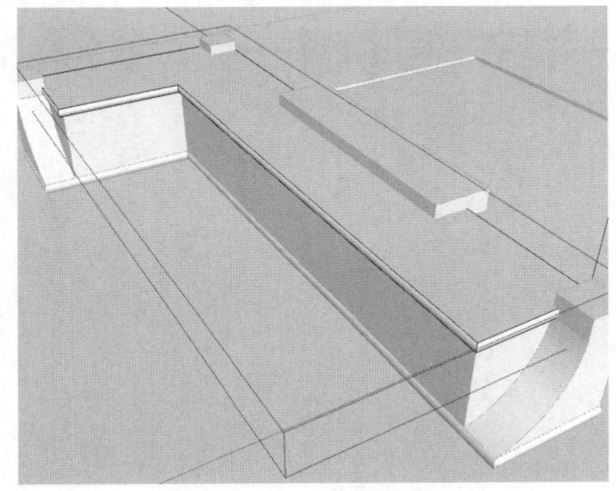

图10-100　路径跟随操作

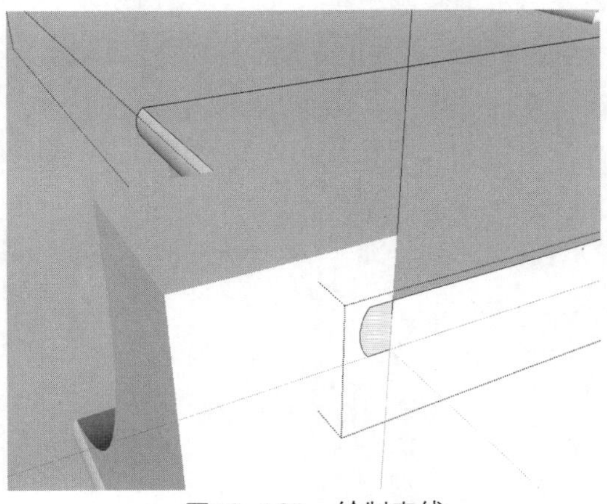

图10-101　绘制直线

69 激活推拉工具，将面推进去10，从外观上就看不到重叠的位置了，用同样的方法制作其他位置，如图10-102所示。

70 激活矩形工具，在造型上方绘制一个430*430的矩形并将其创建成组，如图10-103所示。

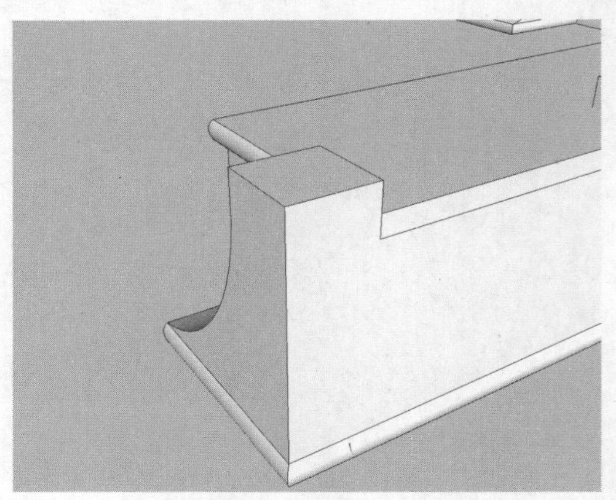
图10-102 推拉面

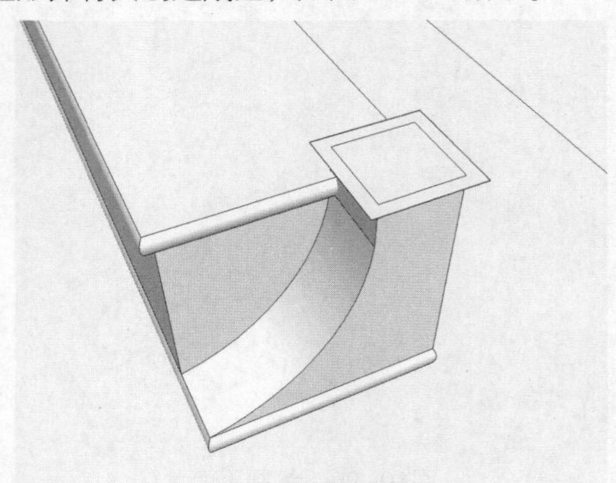
图10-103 绘制矩形

71 双击进入编辑模式，激活推拉工具，将矩形面向上推出80，如图10-104所示。

72 激活弧形工具，绘制一条弧线，高度为14，距离边线1，如图10-105所示。

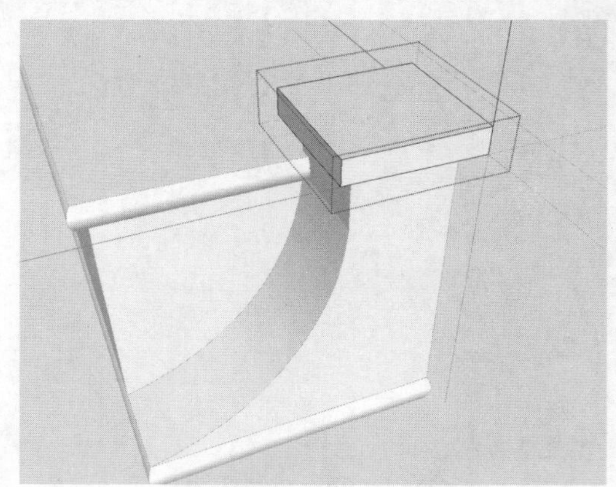
图10-104 推拉面

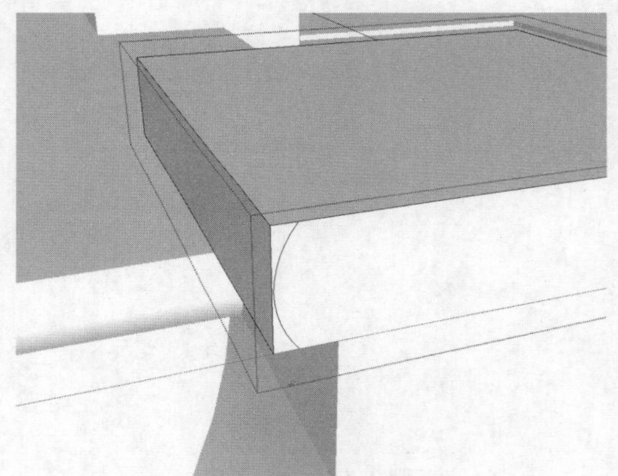
图10-105 绘制弧线

73 选择上方周圈边线，激活路径跟随工具，单击弧形的面，制作出造型，如图10-106所示。

74 复制模型到其他位置，如图10-107所示。

图10-106 路径跟随操作

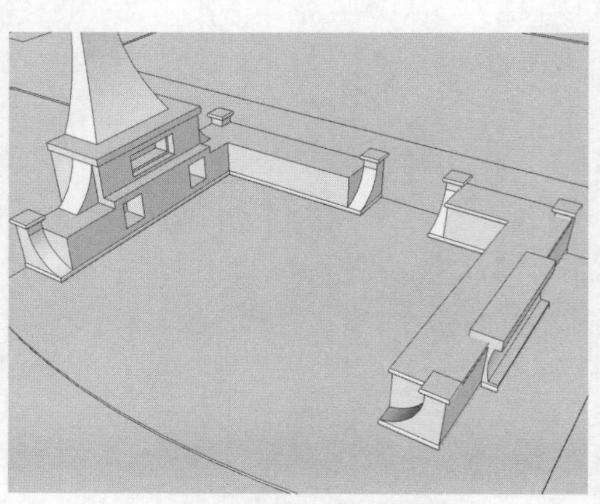
图10-107 复制模型

75 激活矩形工具，绘制一个2730*730的矩形并创建成组，调整到合适位置，利用步骤71-73的操作方法制作桌面面板，如图10-108所示。

76 复制面板模型到另一侧，将长度调整多出200，再移动到合适位置，作为壁炉上的台面，如图10-109所示。

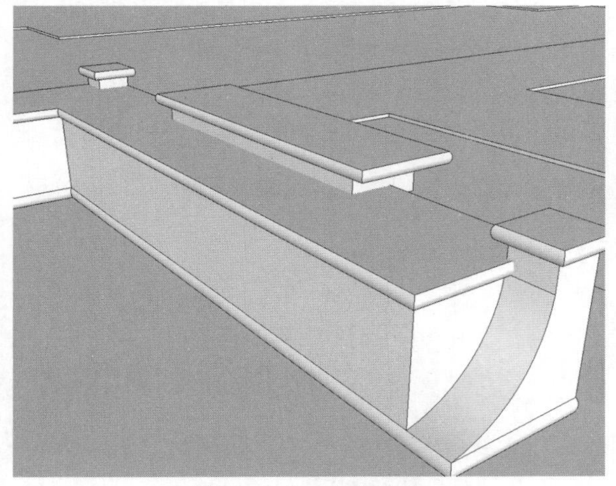
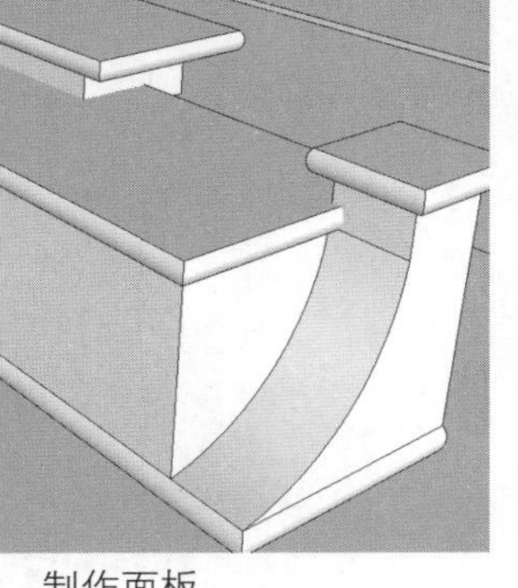

图10-108　制作面板　　图10-109　复制并调整面板

77 利用步骤63-69的操作方法制作壁炉位置的桌面，如图10-110所示。

78 利用圆形工具和推拉工具制作几个半径大小不一的圆柱体作为木材模型，放置在壁炉的炉洞里，如图10-111所示。

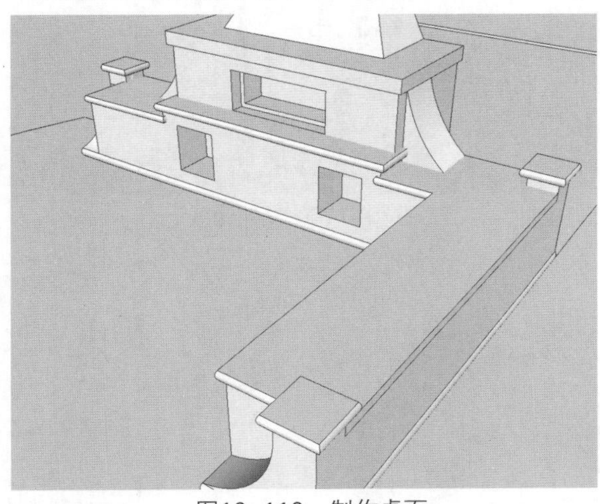
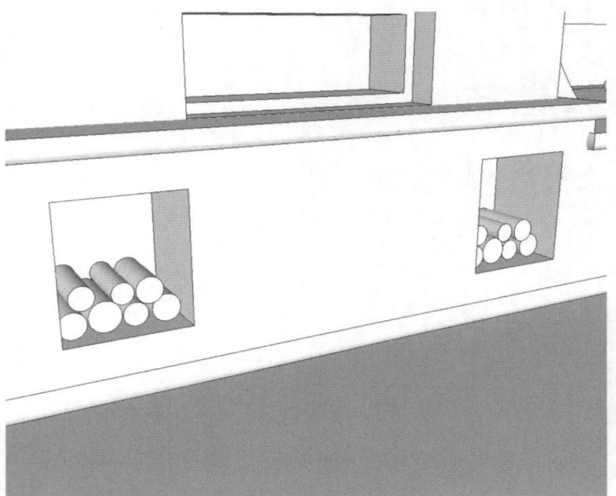

图10-110　制作桌面　　图10-111　制作木材

79 接下来制作椅子模型。利用矩形工具和推拉工具制作一个460*460*75的长方体，并将其创建成组，如图10-112所示。

80 双击模型进入编辑模式，在长方体底部的四个角分别绘制四个50*50的矩形，如图10-113所示。

81 激活推拉工具，将四个矩形向下推出800，制作出椅子的四条腿，如图10-114所示。

82 将一侧的面移动复制，移动距离为50，如图10-115所示。

83 激活推拉工具，将面向上推出570，如图10-116所示。

84 将上方的边向下移动复制，移动距离为150，如图10-117所示。

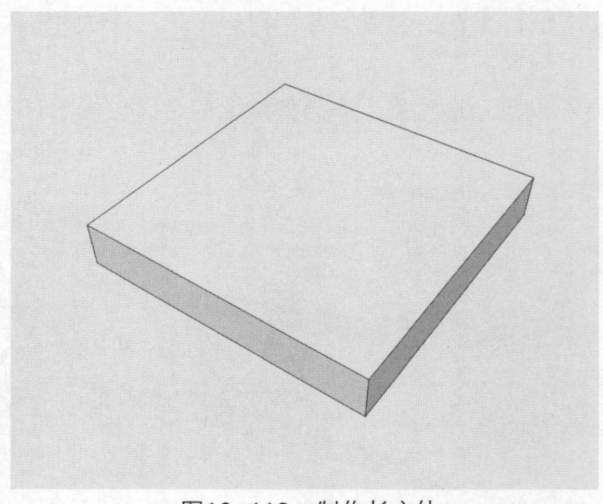

图10-112　制作长方体

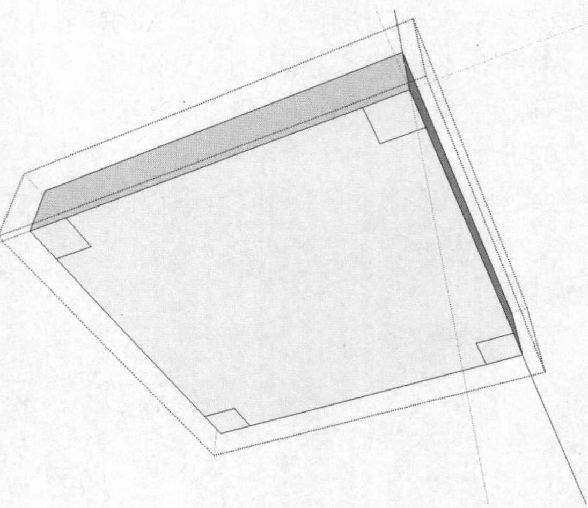

图10-113　绘制矩形

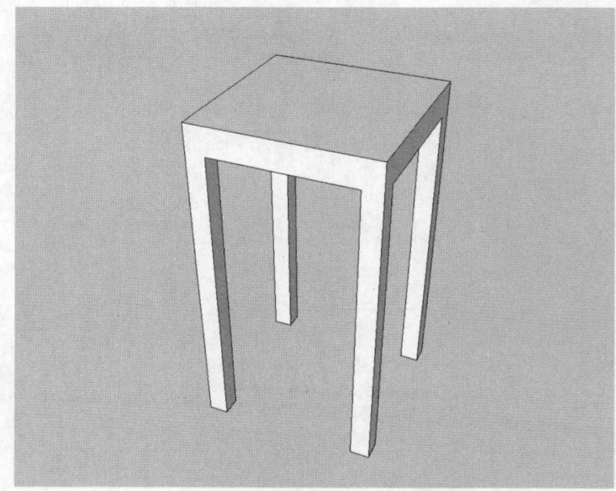

图10-114　制作椅子腿

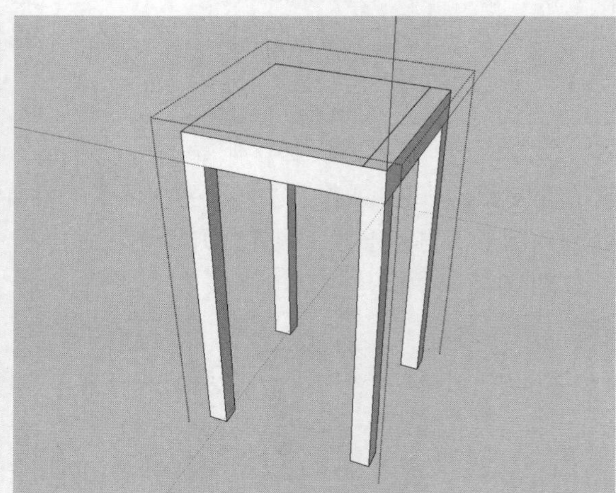

图10-115　复制边线

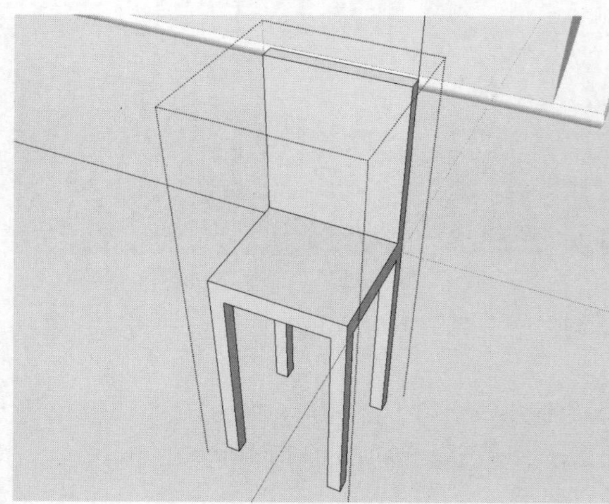

图10-116　推拉面

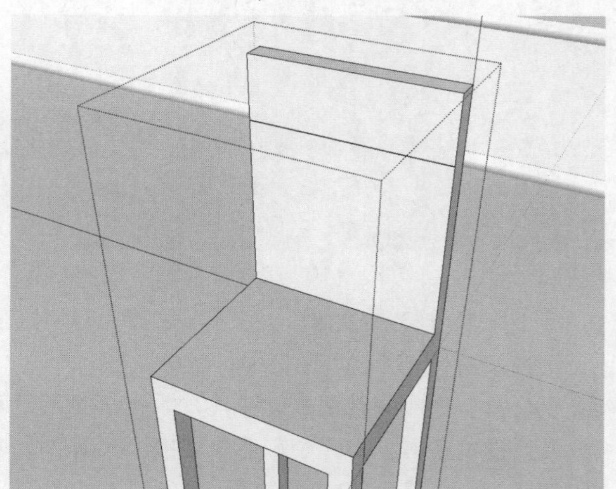

图10-117　复制边

85 激活弧形工具，捕捉绘制弧线，再删除直线，如图10-118所示。

86 激活推拉工具，将左右两个角的面推出50，制作出椅背的弧形造型，如图10-119所示。

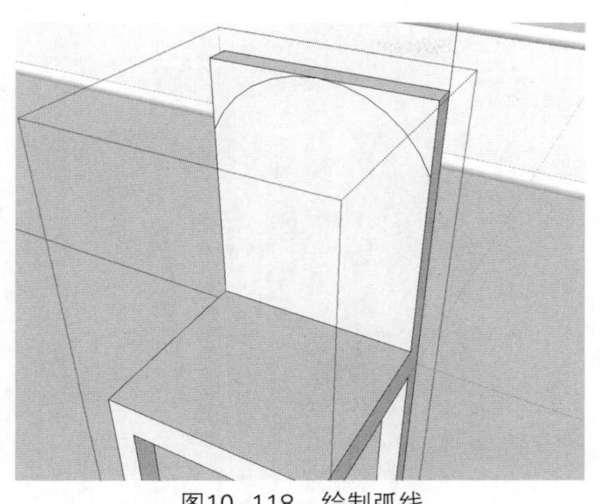
图10-118 绘制弧线

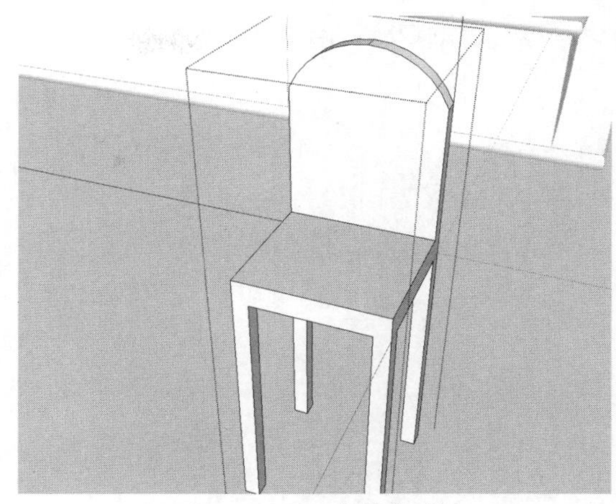
图10-119 制作造型

87 激活偏移工具，将边线向内偏移50，如图10-120所示。

88 激活直线工具，捕捉中点绘制中线，如图10-121所示。

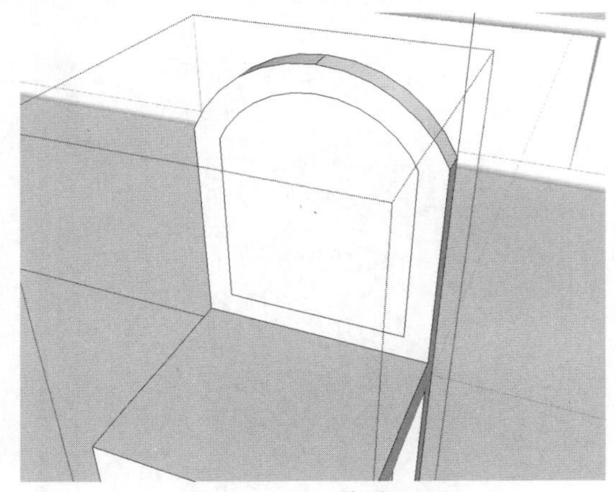
图10-120 偏移图形

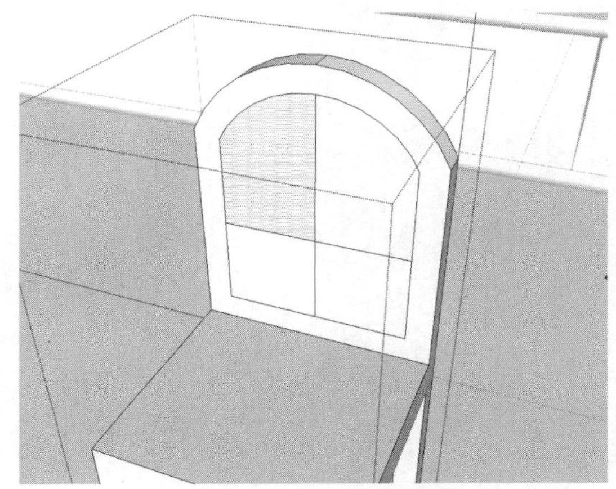
图10-121 绘制中线

89 将中线向两侧各自移动复制25，如图10-122所示。

90 删除多余的线条，如图10-123所示。

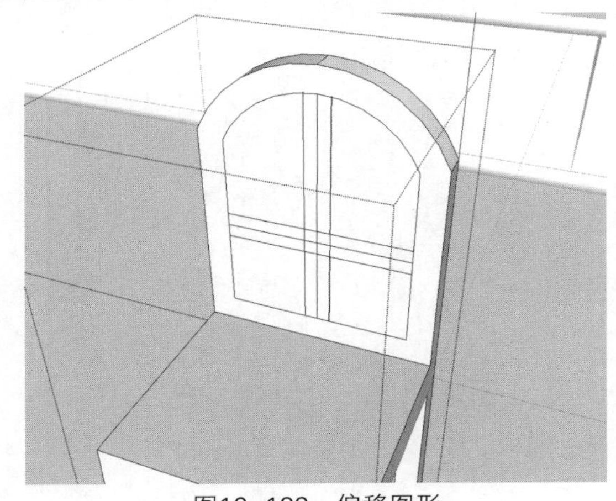
图10-122 偏移图形

图10-123 删除多余线条

91 激活推拉工具，将格子里的面推出50，制作出靠背造型，如图10-124所示。

92 选择椅子腿的边线，向上移动复制，移动距离为300、50，如图10-125所示。

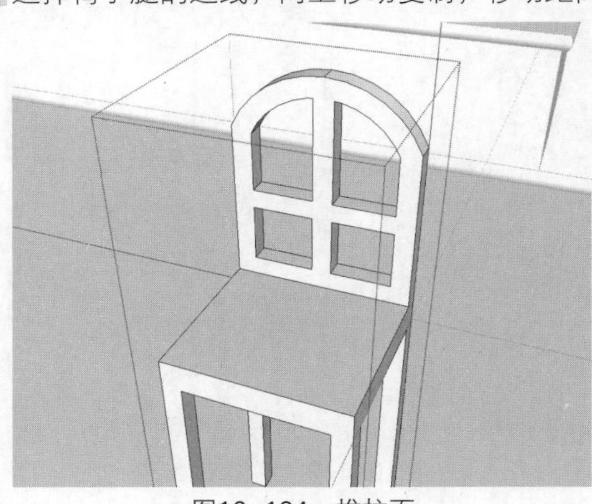
图10-124　推拉面

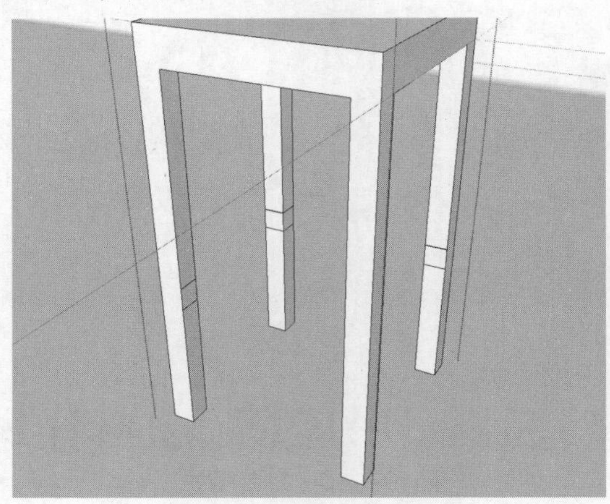
图10-125　复制线条

93 激活推拉工具，将面推出，完成椅子模型的制作，如图10-126所示。

94 将椅子移动到合适位置，并进行复制，如图10-127所示。

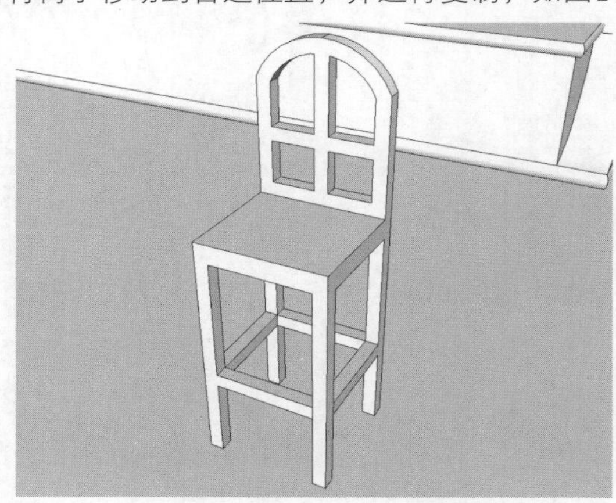
图10-126　完成椅子模型

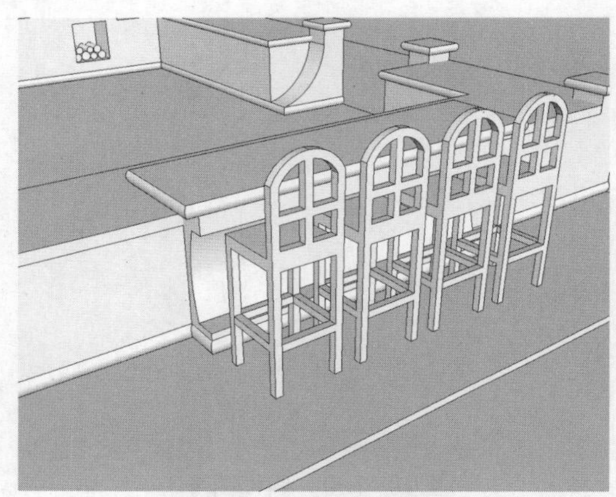
图10-127　复制模型

95 下面来制作厨房的柱子和顶棚。制作一个200*200*2000的长方体，并将其创建成组，如图10-128所示。

96 双击模型进入编辑模式，移动复制长方体到另一侧，如图10-129所示。

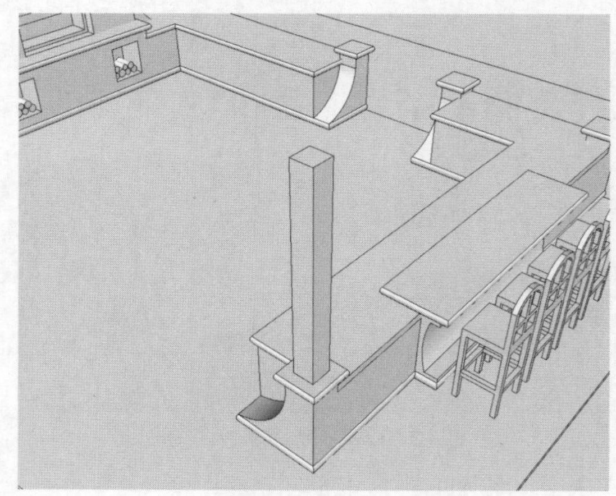
图10-128　制作长方体

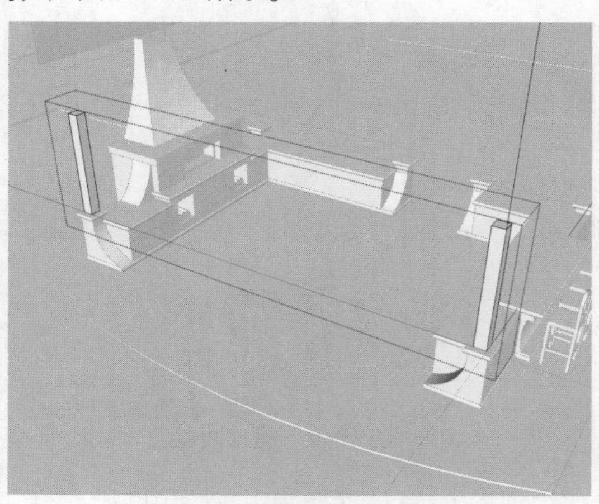
图10-129　复制长方体

97 利用直线工具和弧形工具绘制一个弧形的面，并创建成组，如图10-130所示。

98 双击进入编辑模式，激活推拉工具，将面推出200，如图10-131所示。

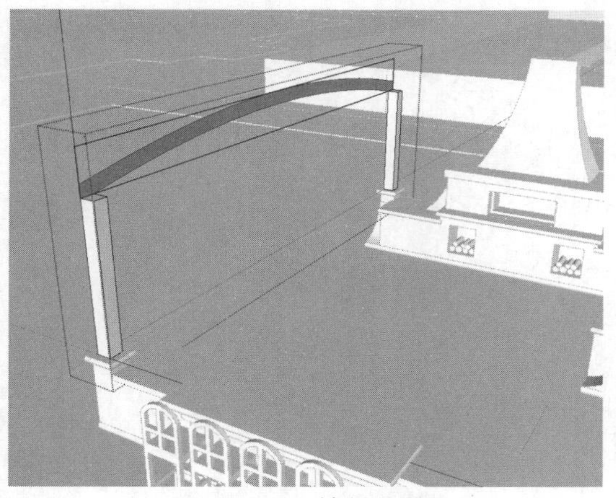

图10-130 绘制弧形面

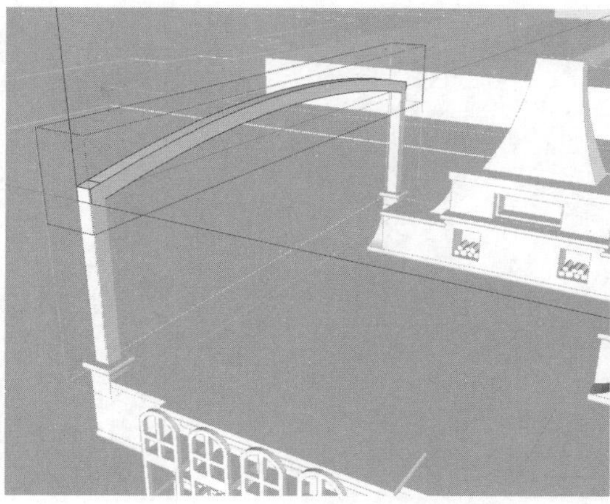

图10-131 推拉面

99 复制模型到另一侧，如图10-132所示。

100 复制上方的弧形模型，并利用推拉工具调整模型厚度，如图10-133所示。

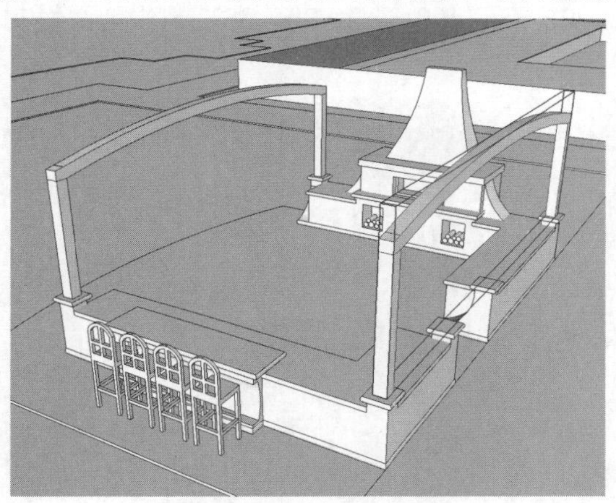

图10-132 复制模型

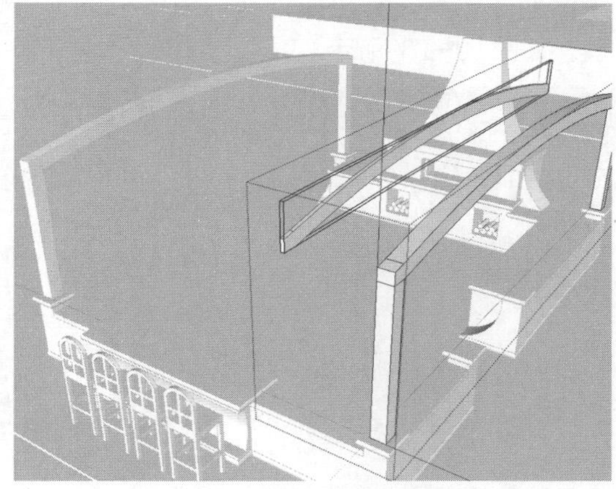

图10-133 复制模型并调整厚度

101 继续复制模型，使其均匀分布，如图10-134所示。

102 激活矩形工具，绘制6100*200的矩形并创建成组，如图10-135所示。

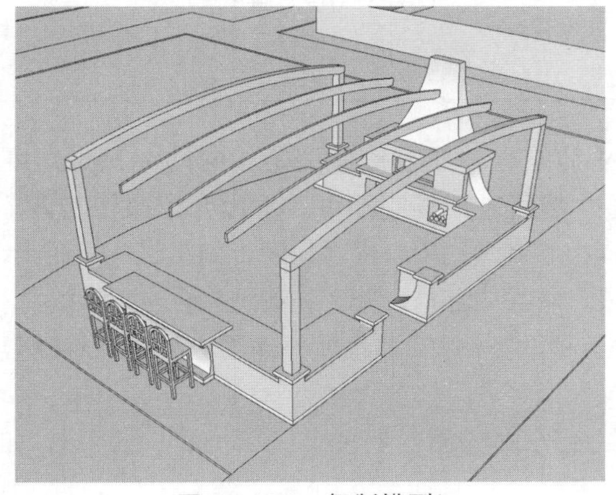

图10-134 复制模型

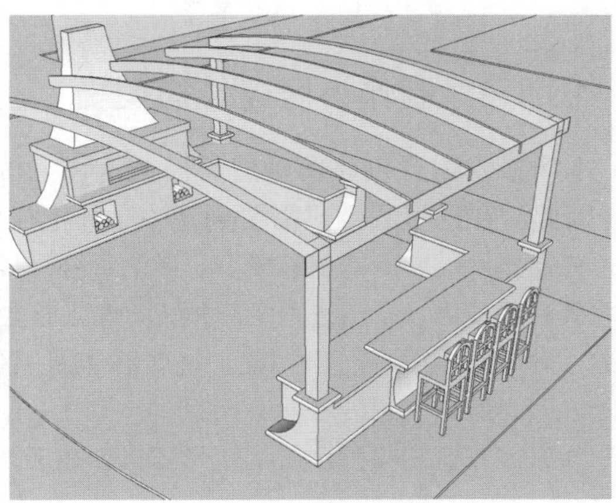

图10-135 绘制矩形

103 激活推拉工具，将矩形推出50，将模型向上调整位置，如图10-136所示。

104 复制模型，将顶部弧形均分为24份，制作出厨房顶部，如图10-137所示。

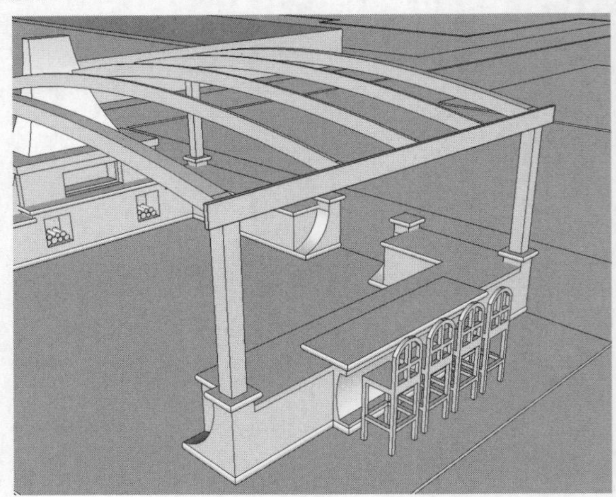

图10-136　推拉面并调整位置

图10-137　均匀复制模型

105 激活矩形工具，在地面绘制一个3800*2400的矩形，居中放置，如图10-138所示。

106 激活偏移工具，将边线依次向内偏移35、150、100、35、400、35、80、35，制作地面拼花造型，如图10-139所示。

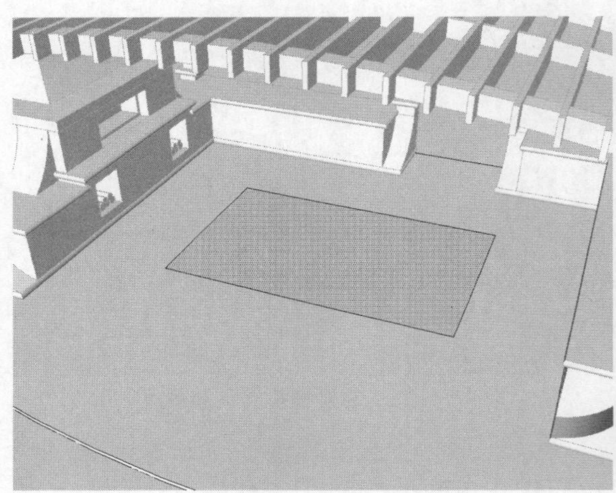

图10-138　绘制矩形

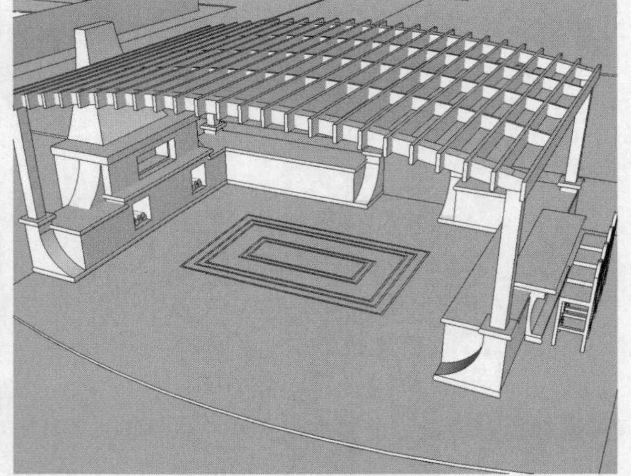

图10-139　偏移图形

10.1.4　制作小区建筑模型

本场景中需要创建两种建筑模型，住宅楼和活动中心。住宅楼造型是相同的，只是角度不同，因此，在这里我们只需要创建一个住宅楼模型，然后进行复制即可。下面介绍操作步骤。

01 首先制作活动中心的建筑模型。激活直线工具，捕捉绘制活动中心平面轮廓，如图10-140所示。

02 将其创建成组，双击进入编辑模式，激活推拉工具，将面向上推出3860，如图10-141所示。

03 激活移动工具，按住Ctrl键，将底部周圈边线向上移动复制700，将顶部周圈边线向下移动复制860，如图10-142所示。

04 下面来制作窗户模型。激活矩形工具，在下方边线上300的位置绘制多个1100*1350的矩形，如图10-143所示。

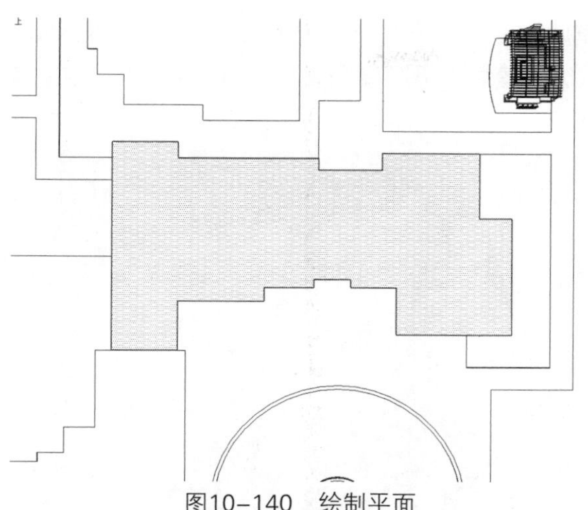
图10-140 绘制平面

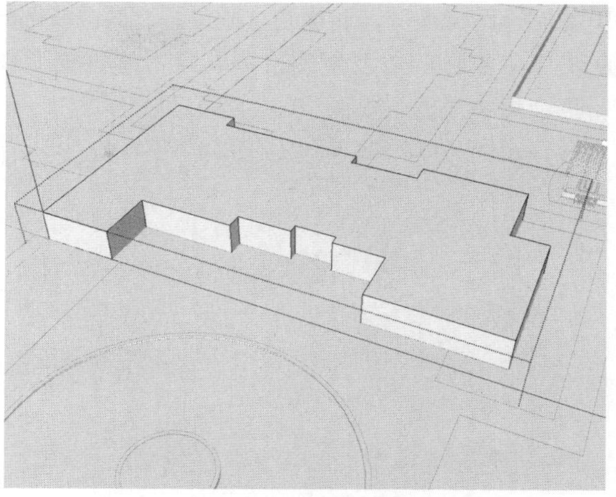
图10-141 推拉面

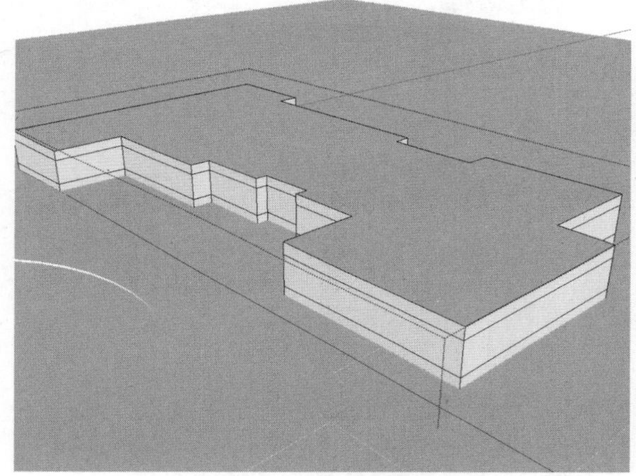
图10-142 复制边

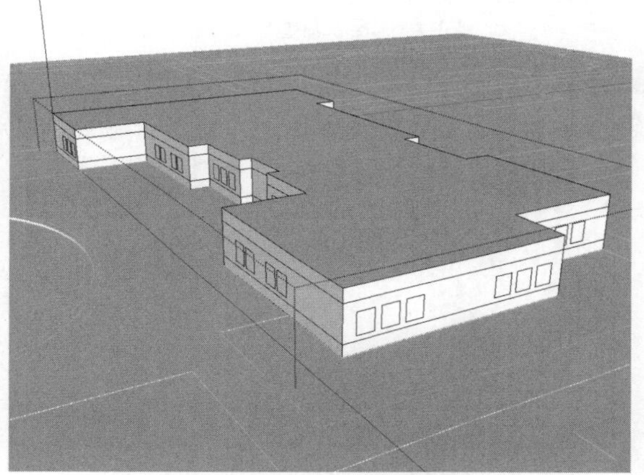
图10-143 绘制矩形

05 激活直线工具，绘制竖向的三角形，边长分别为900和1000，如图10-144所示。

06 将三角形创建成组，双击进入编辑模式，激活推拉工具，将面推出2850，制作出遮雨檐模型，如图10-145所示。

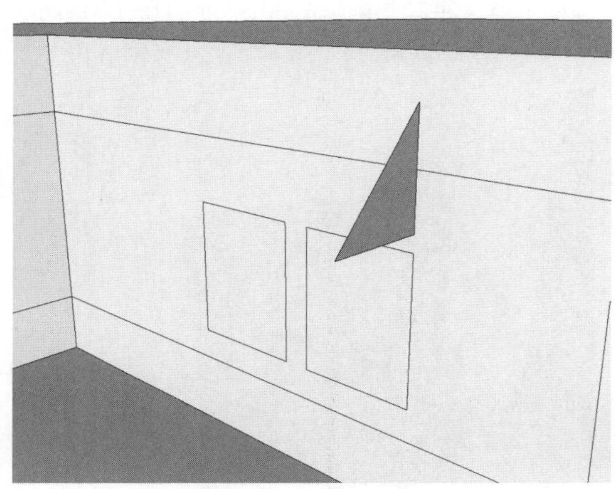
图10-144 绘制三角形

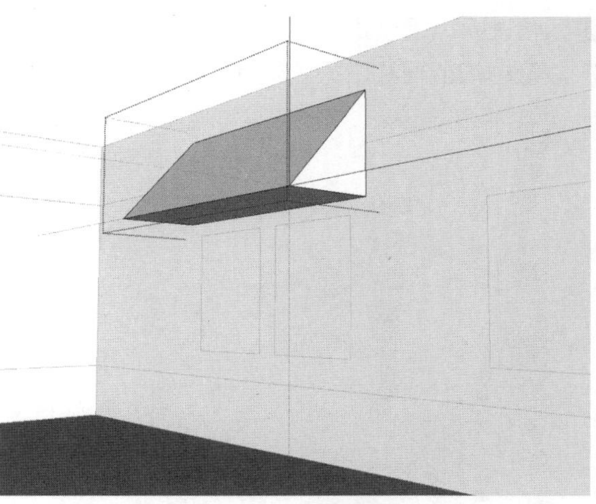
图10-145 推拉面

07 复制遮雨檐模型，调整到合适位置，再调整部分模型的长度，以适应窗户长度，如图10-146所示。

08 接下来制作门以及屋顶造型。双击建模模型进入编辑模式，激活矩形工具，绘制2400*2400的矩形，居中放置，如图10-147所示。

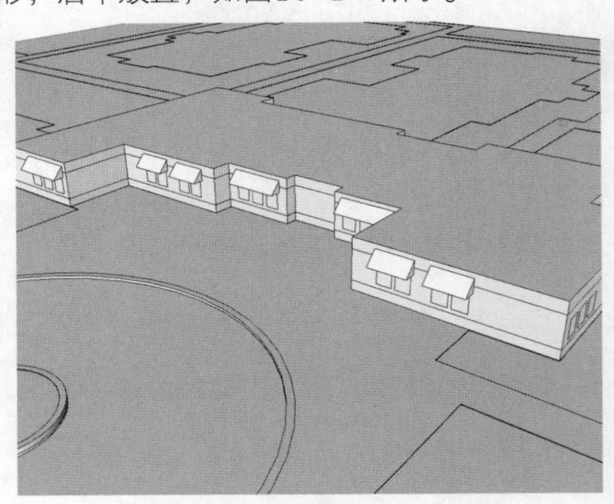

图10-146　调整位置及尺寸

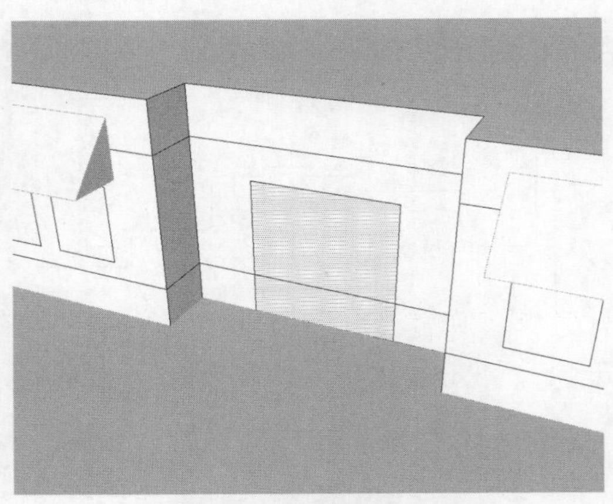

图10-147　绘制矩形

09 删除多余的线条及面，如图10-148所示。

10 激活矩形工具，捕捉绘制一个矩形，将其创建成组，如图10-149所示。

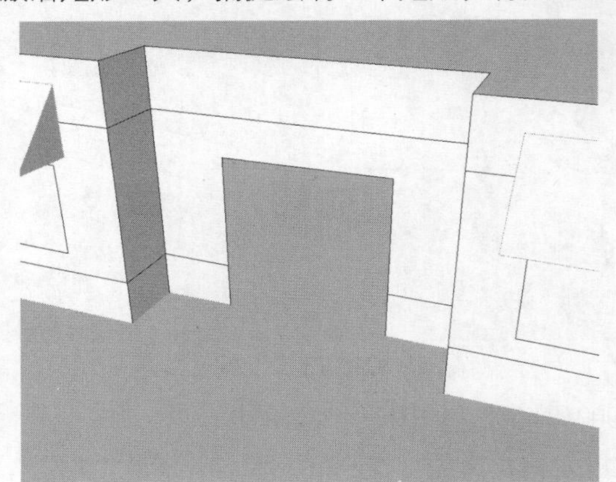

图10-148　删除多余图形

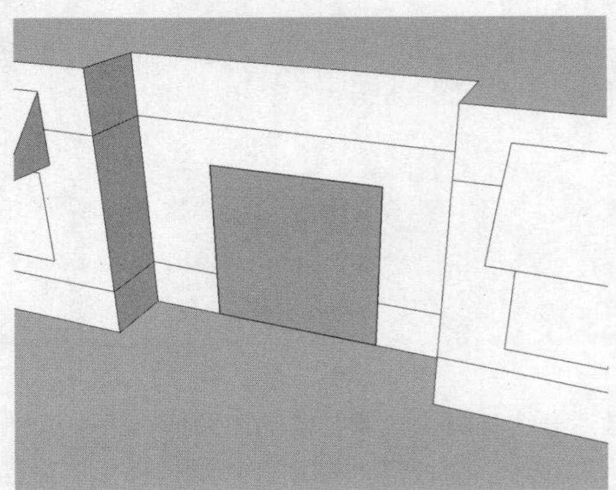

图10-149　绘制矩形

11 双击进入编辑模式，选择左右和上方的边线，激活偏移工具，将其向内偏移80，如图10-150所示。

12 删除中间的面和下方的边线，如图10-151所示。

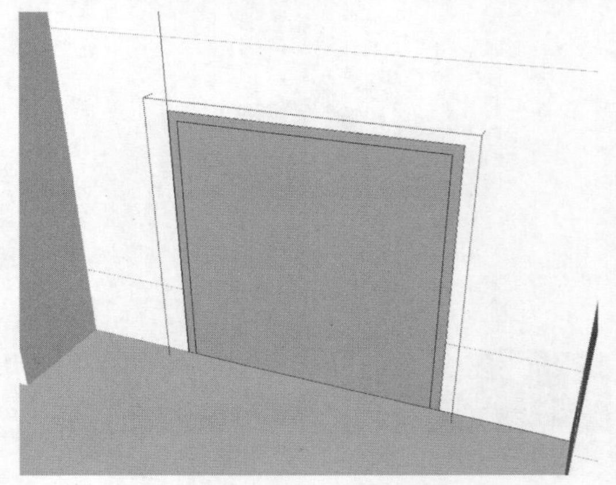

图10-150　偏移边线

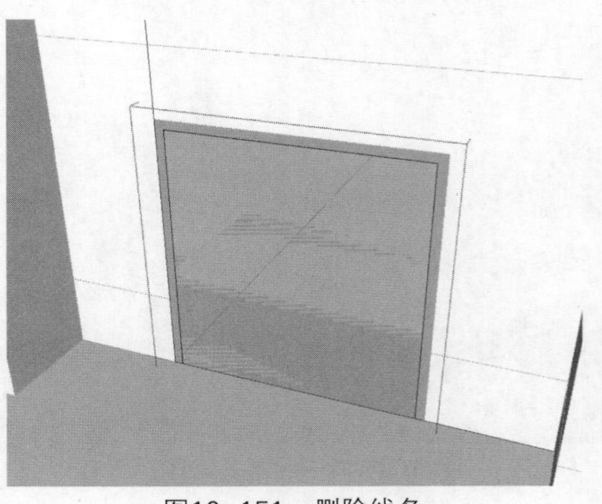

图10-151　删除线条

⑬ 激活推拉工具，将面向外推出30，制作出门套造型，如图10-152所示。

⑭ 退出编辑模式，激活矩形工具，捕捉中线绘制一个矩形，如图10-153所示。

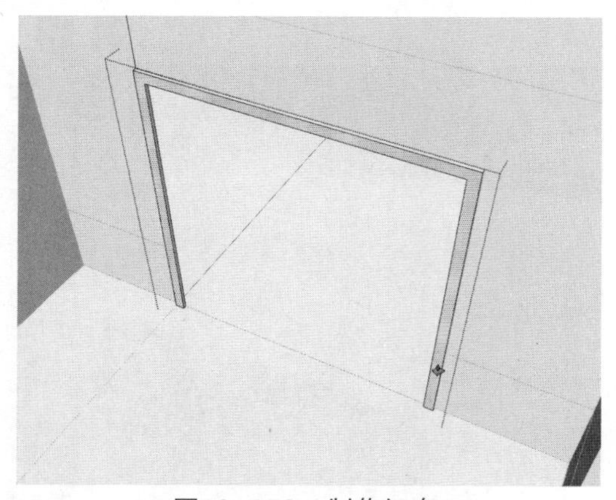

图10-152 制作门套

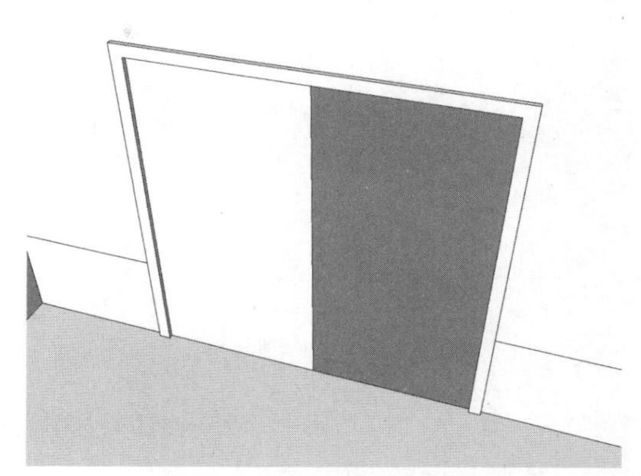

图10-153 绘制矩形

⑮ 将其创建成组，双击进入编辑模式，激活偏移工具，将边线向内偏移80，如图10-154所示。

⑯ 激活推拉工具，将中间的面向内推进30，制作出门模型，如图10-155所示。

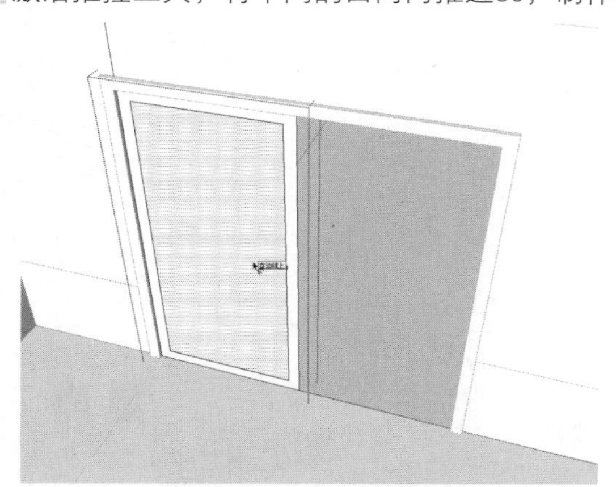

图10-154 偏移图形

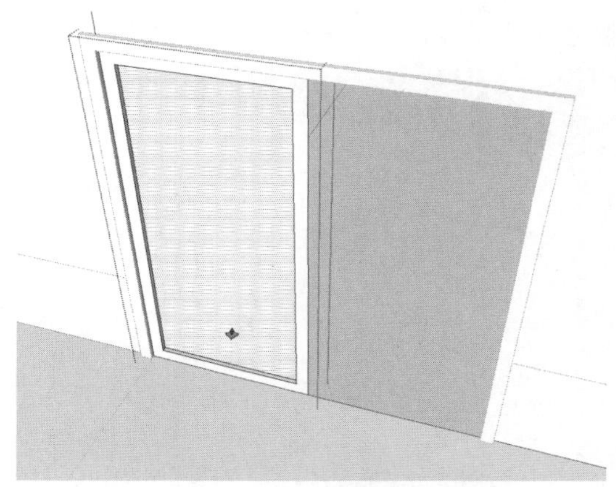

图10-155 制作门

⑰ 复制模型到另一侧，完成门模型的制作，如图10-156所示。

⑱ 双击建筑模型，进入编辑模式，激活推拉工具，将门上方的面向外推出，并删除多余线条，如图10-157所示。

图10-156 复制门模型

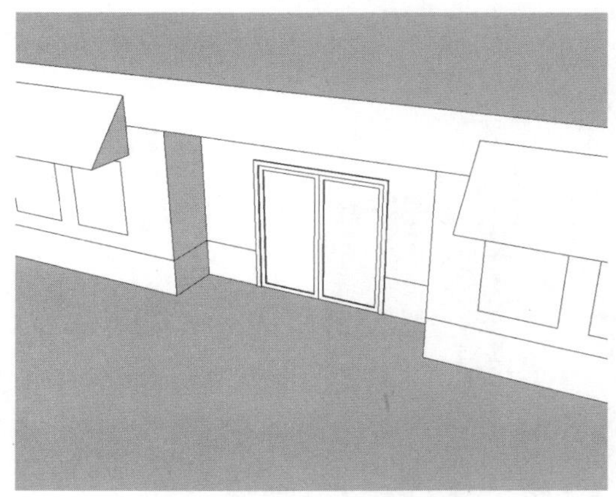

图10-157 推拉墙体面

⑲ 将视线转到东面的墙体，激活直线工具，捕捉中点绘制一条直线，再将直线向两侧各移动复制1600，如图10-158所示。

⑳ 删除多余的线条，如图10-159所示。

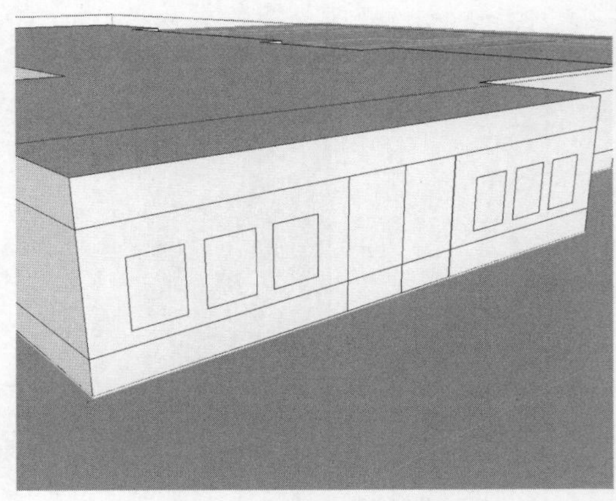

图10-158　绘制并复制直线

图10-159　删除多余线条

㉑ 激活推拉工具，将面向内推出700，如图10-160所示。

㉒ 激活矩形工具，绘制一个1000*2200的矩形，将其移动到合适位置，如图10-161所示。

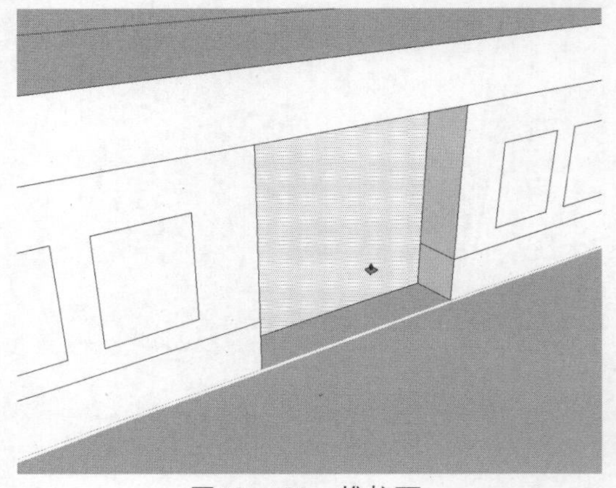

图10-160　推拉面

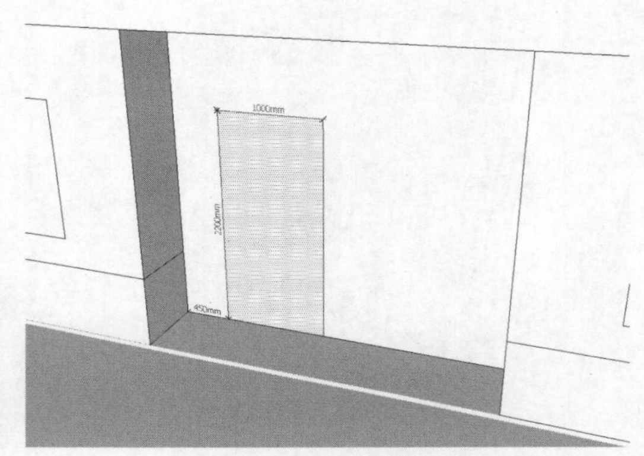

图10-161　绘制矩形

㉓ 删除面，如图10-162所示。

㉔ 按照步骤10-16的操作方法，制作一个门模型，如图10-163所示。

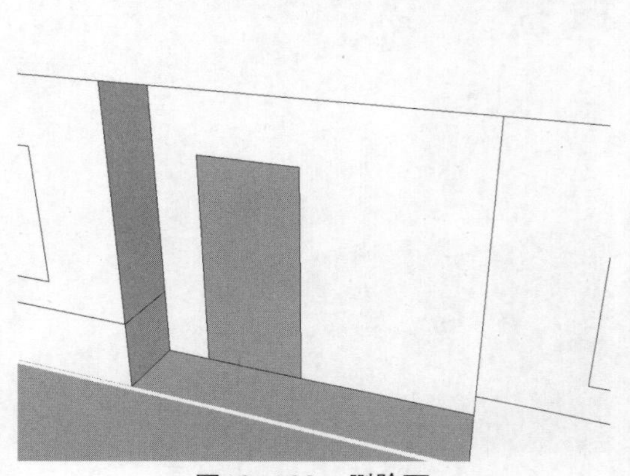

图10-162　删除面

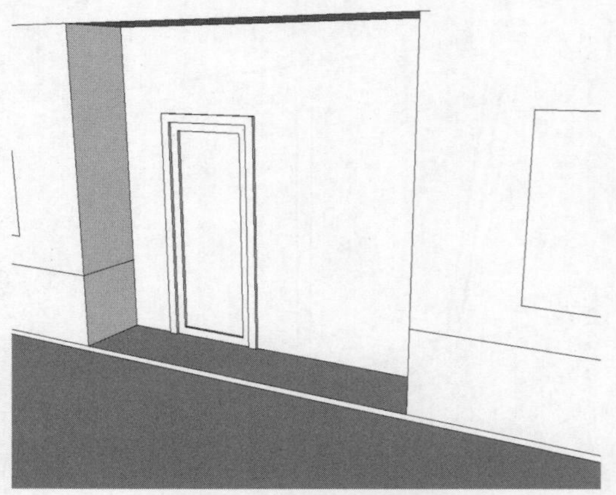

图10-163　制作门模型

25 双击地面模型，激活直线工具，捕捉绘制两条直线，如图10-164所示。

26 激活推拉工具，将面向上推出50，再删除多余的线条，为东门制作出一条通道，如图10-165所示。

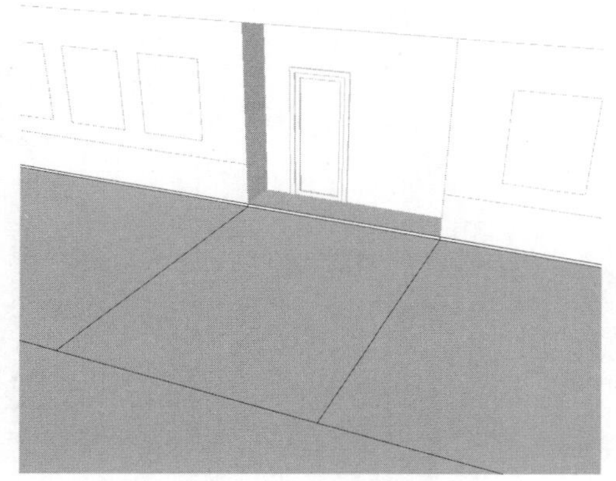
图10-164 绘制直线

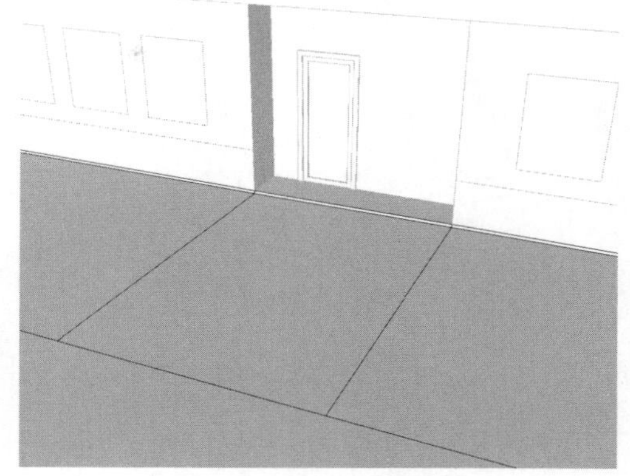
图10-165 制作通道

27 激活推拉工具，将东面墙面及北面墙面上方的面都向外推出150，再删除多余的线条，如图10-166所示。

28 接下来制作北面墙上的门，激活矩形工具，在墙面上绘制一个2200*2400的矩形，移动到合适位置，如图10-167所示。

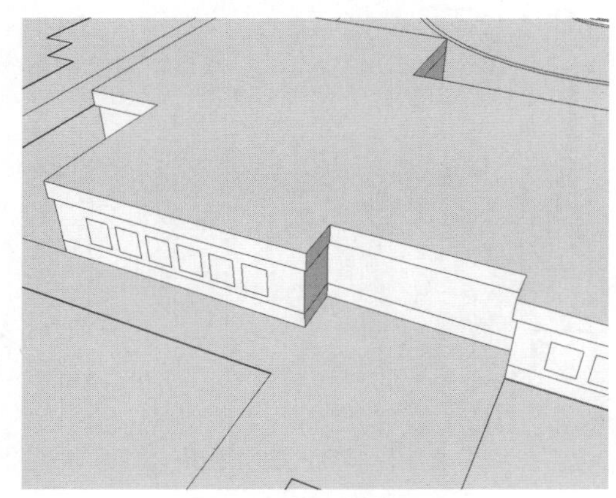
图10-166 推拉面

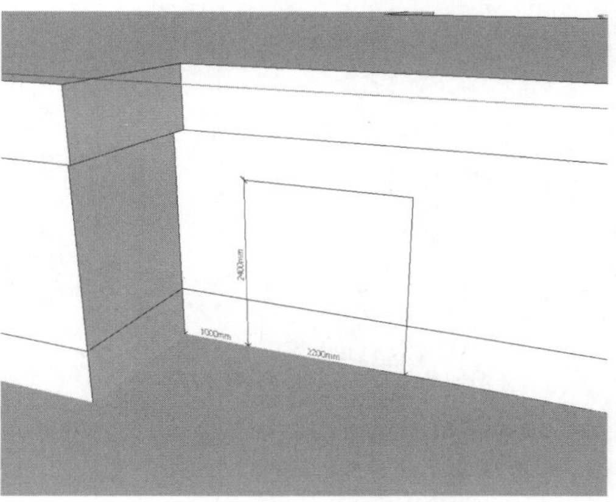
图10-167 绘制矩形

29 利用步骤09～17的操作方法，制作出北面墙上的门，如图10-168所示。

30 激活推拉工具，将门上方的面向外推出，与左侧墙面对齐，如图10-169所示。

图10-168 制作门模型

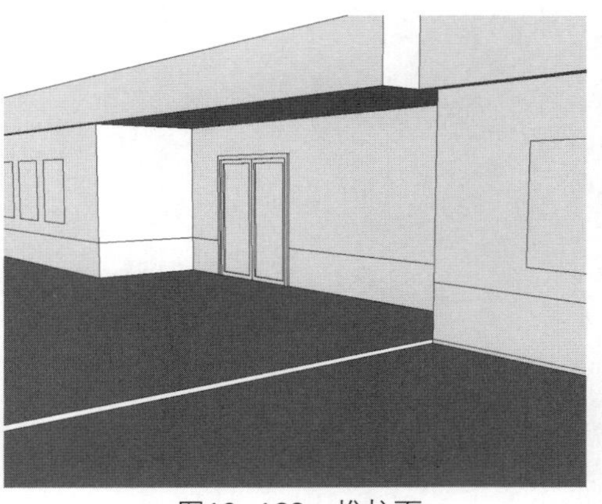
图10-169 推拉面

31 将视线转到西墙，激活直线工具，捕捉绘制两条直线，如图10-170所示。

32 删除多余线条，再激活推拉工具，将面向内推进700，如图10-171所示。

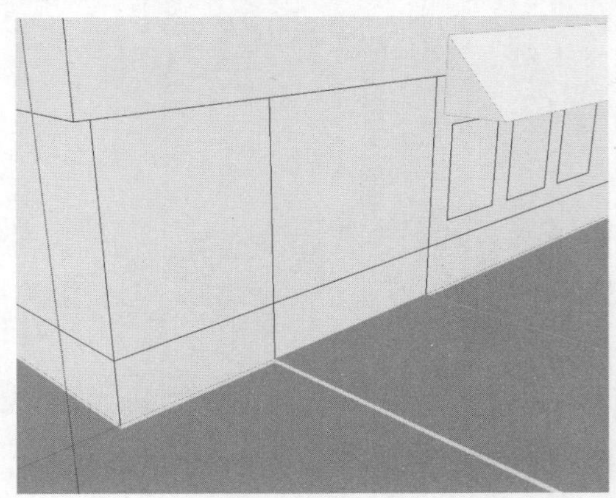

图10-170 绘制直线

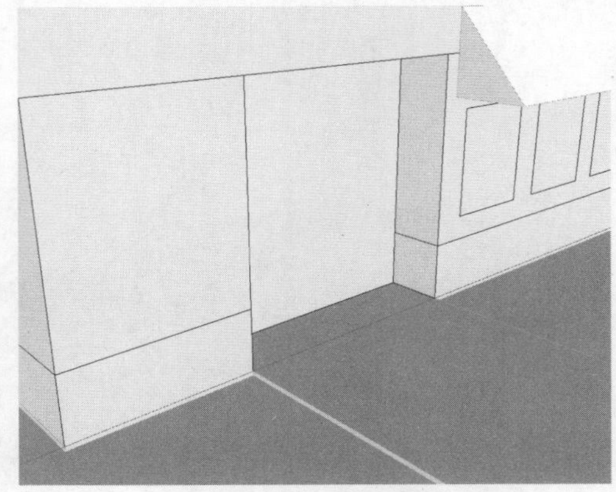

图10-171 推拉面

33 利用步骤10～16的操作方法为西墙制作一个门，如图10-172所示，至此，活动中心的模型已经创建完毕。

34 接下来制作住宅楼模型。激活直线工具，捕捉绘制一个住宅楼平面轮廓，如图10-173所示。

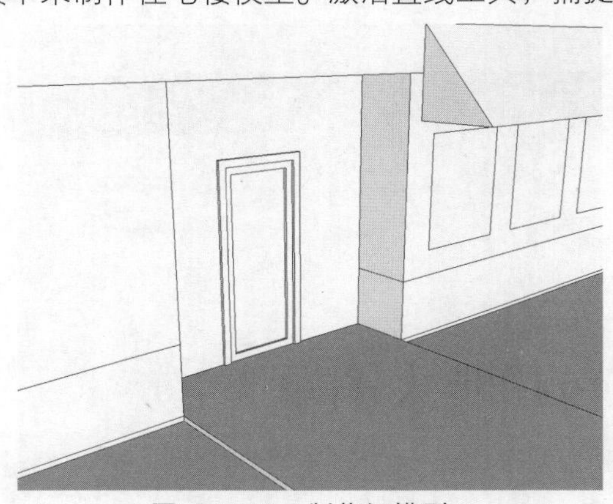

图10-172 制作门模型

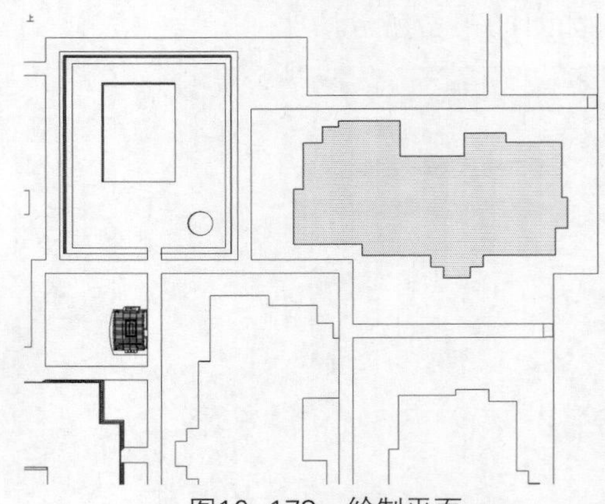

图10-173 绘制平面

35 将其创建成组，双击进入编辑模式，激活推拉工具，将面推出3000，如图10-174所示。

36 将视线移动到南边凸出的造型处，激活移动工具，按住Ctrl键移动复制边线，移动距离如图10-175所示。

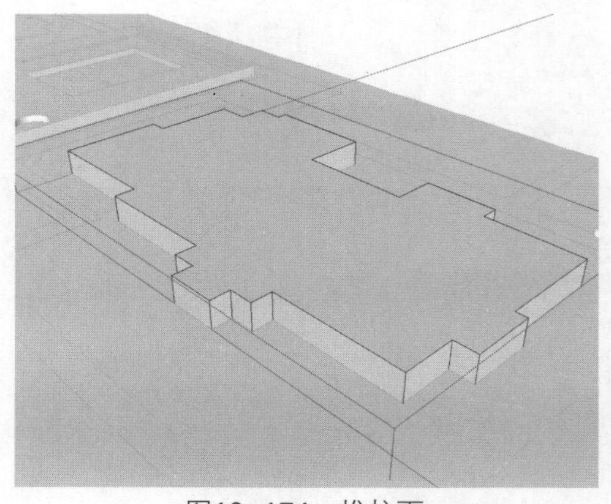

图10-174 推拉面

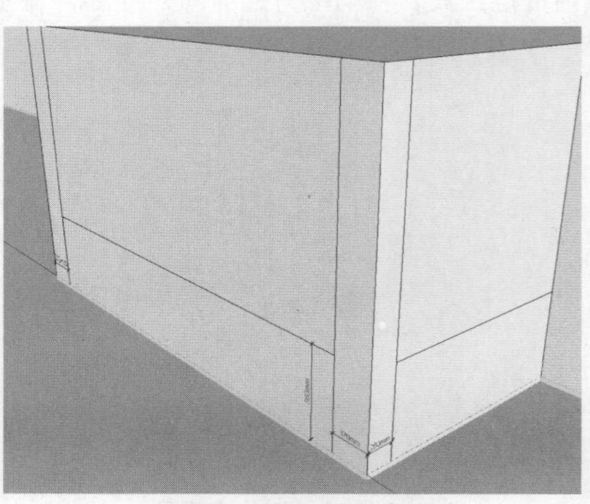

图10-175 复制直线

37 激活推拉工具，将面向对面推出，制作出两个柱子造型，如图10-176所示。

38 激活移动工具，将三侧的边线都向内移动复制150，如图10-177所示。

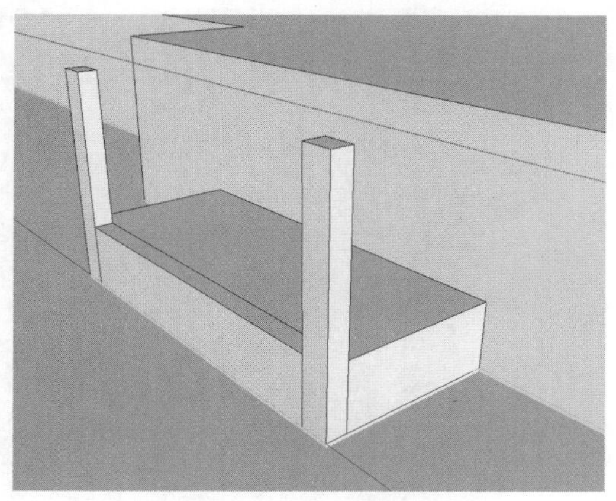
图10-176 制作柱子造型

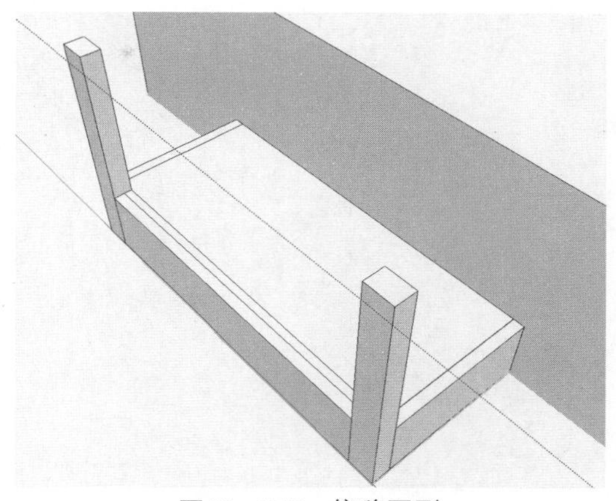
图10-177 偏移图形

39 删除多余线条，激活推拉工具，将中间的面向下推出850，如图10-178所示。

40 再次删除多余的线条，制作出阳台墙体造型，如图10-179所示。

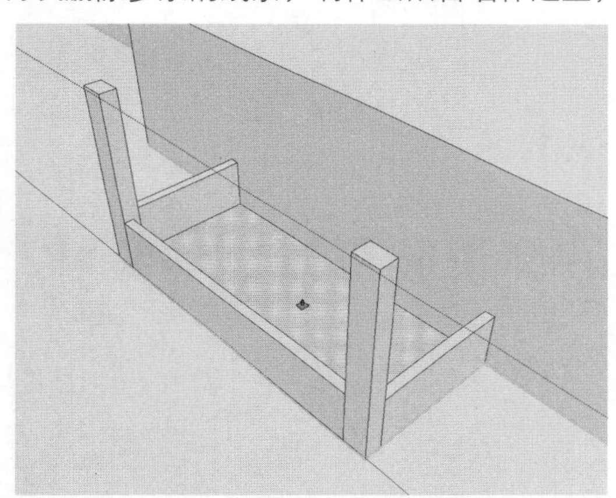
图10-178 推拉面

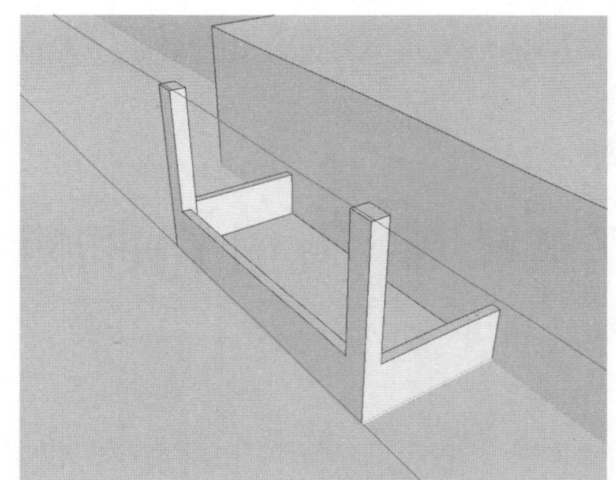
图10-179 删除多余线条

41 利用步骤36～40的操作方法制作西南角位置的两个阳台造型，尺寸为2250*5350，柱子尺寸为350*350，如图10-180所示。

42 制作西北角位置的阳台造型，如图10-181所示。

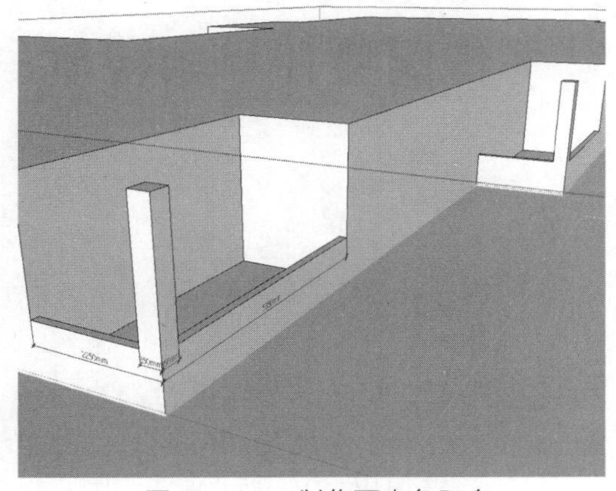
图10-180 制作西南角阳台

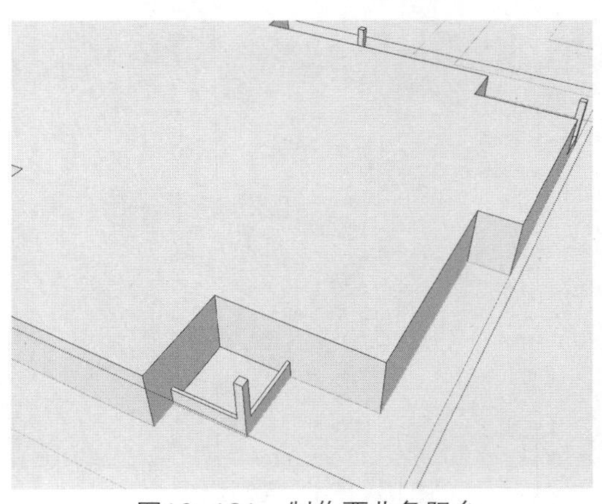
图10-181 制作西北角阳台

43 制作东北角位置的两个阳台造型，尺寸分别为4150*1960和2850*2950，如图10-182所示。

44 接着制作东墙位置的阳台造型。先利用前面介绍的操作方法制作出两个柱子造型，如图10-183所示。

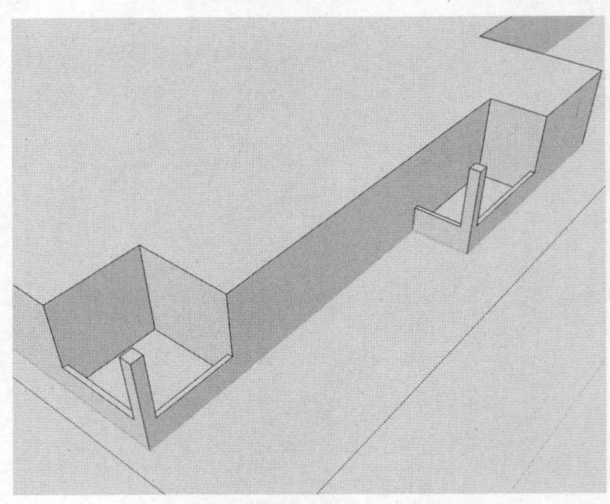

图10-182　制作东北角阳台

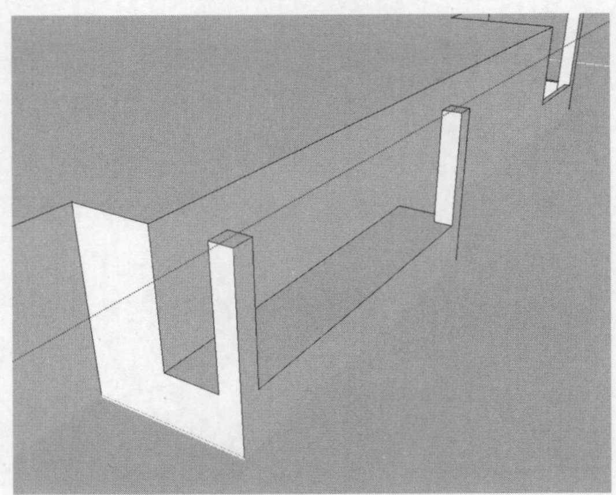

图10-183　制作东墙阳台柱子

45 激活移动工具，按住Ctrl键将一侧的边线向右移动复制5250，如图10-184所示。

46 激活推拉工具，将面向内推进与左侧墙面对齐，如图10-185所示。

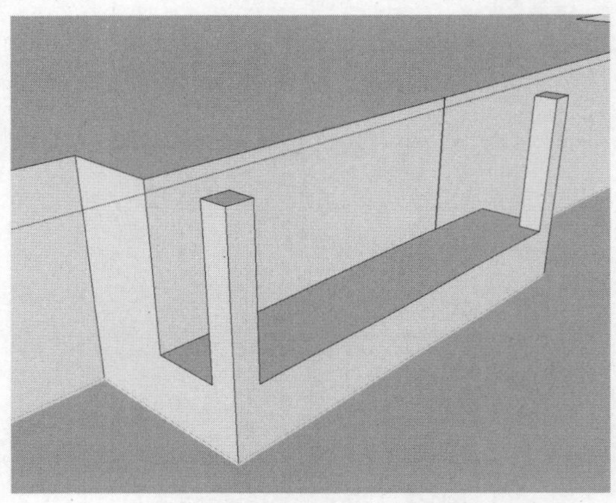

图10-184　复制图形

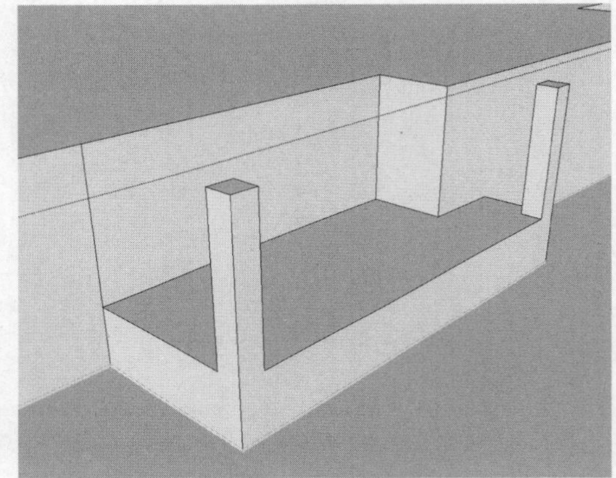

图10-185　推拉面

47 删除多余的线条，再将边线向内移动复制150，如图10-186所示。

48 激活推拉工具，将中间的面向下推出850，完成阳台的制作，如图10-187所示。

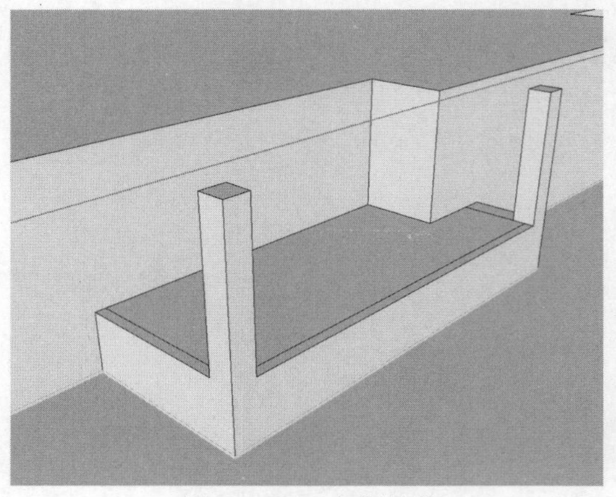

图10-186　复制边线

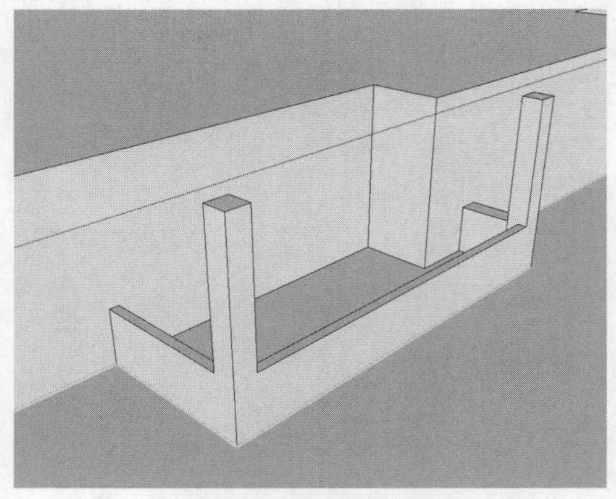

图10-187　推拉面

㊾ 接下来制作门窗造型。激活矩形工具，在墙面上绘制两个3940*1900的矩形，调整到合适位置，距离尺寸如图10-188所示。

㊿ 退出编辑模式，再捕捉绘制矩形，如图10-189所示。

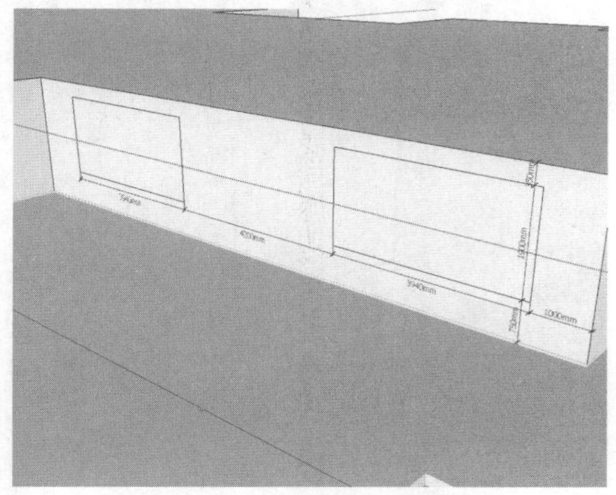

图10-188　绘制矩形并调整位置

图10-189　绘制矩形

51 将其创建成组，双击进入编辑模式，激活偏移工具，将边线向内偏移120，如图10-190所示。

52 选择下方边线并单击鼠标右键，在弹出的快捷菜单中选择“拆分”命令，将该边线分为4段，如图10-191所示。

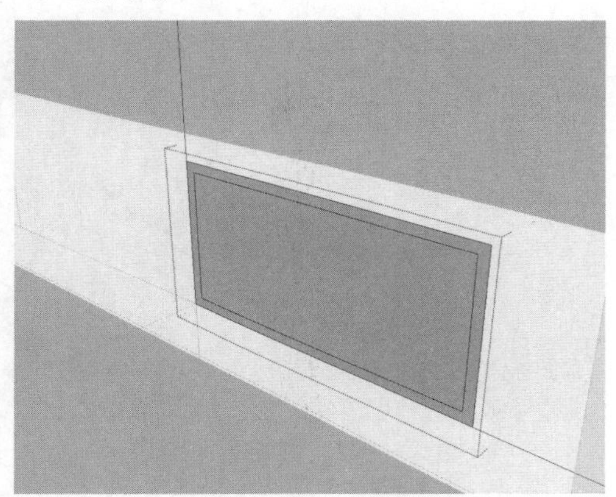

图10-190　偏移图形

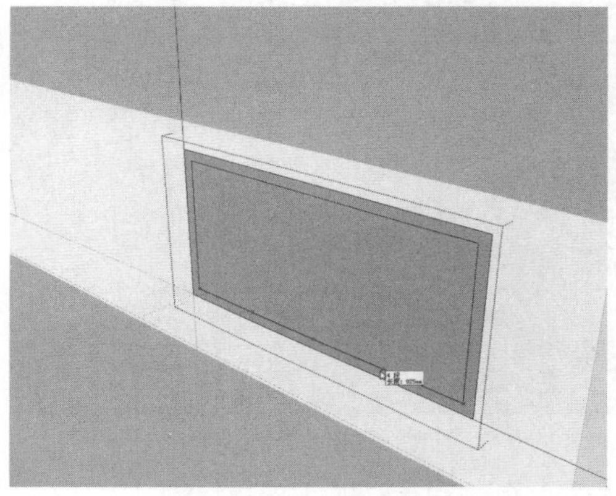

图10-191　拆分图形

53 激活直线工具，捕捉绘制直线，如图10-192所示。

54 激活移动工具，按住Ctrl键将直线向两侧各移动复制60的距离，如图10-193所示。

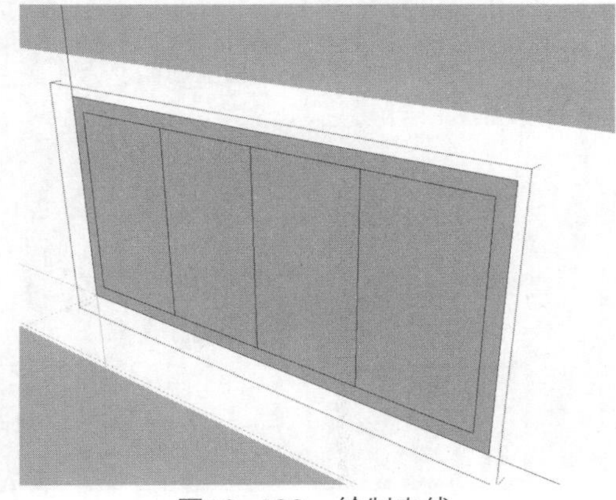

图10-192　绘制直线

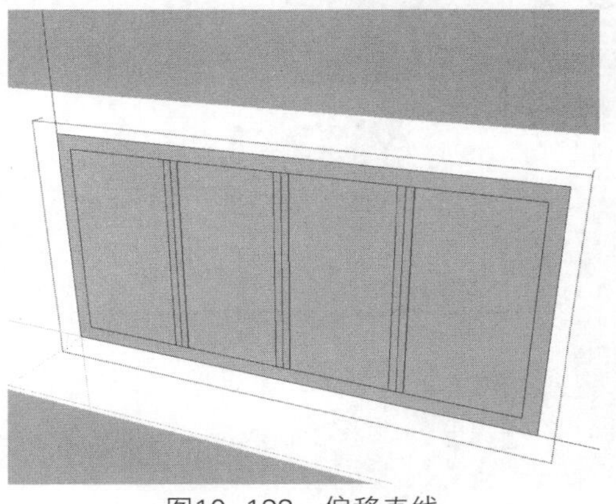

图10-193　偏移直线

55 删除中间的直线以及面，如图10-194所示。

56 激活推拉工具，将面推出40，制作出窗框造型，如图10-195所示。

图10-194 删除边与面

图10-195 推拉面

57 复制窗框模型，如图10-196所示。

58 按照上述操作步骤制作其他位置的窗户造型，如图10-197所示。

图10-196 复制模型

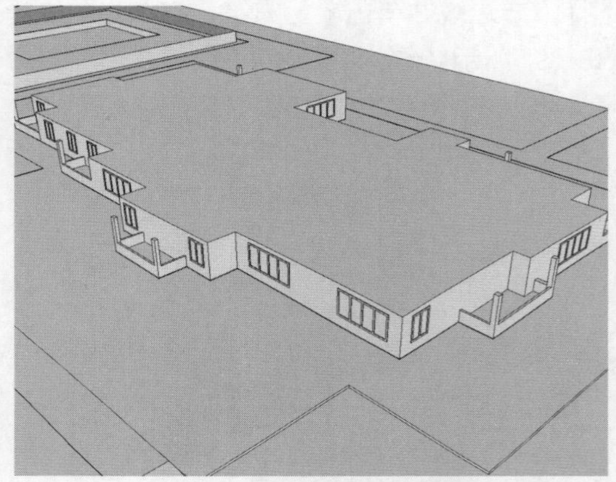

图10-197 制作其他窗户

59 接下来制作门模型。双击建模模型，进入编辑模式，激活矩形工具，绘制2200*2400的矩形，居中放置，如图10-198所示。

60 退出编辑模式，再次捕捉绘制矩形，如图10-199所示。

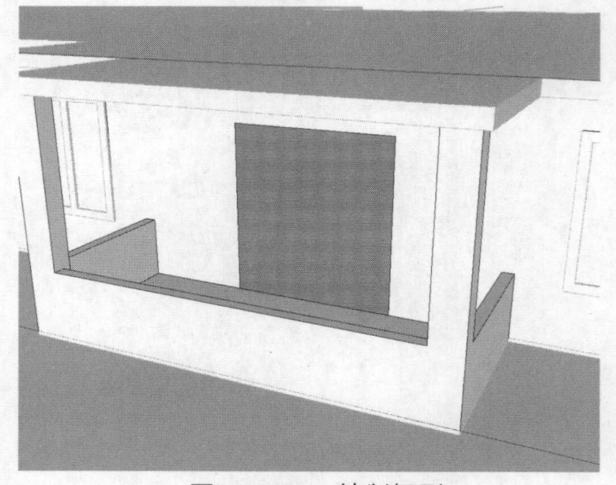

图10-198 绘制矩形

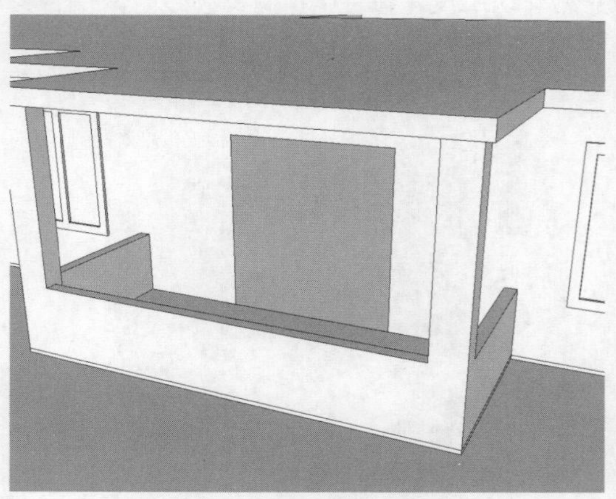

图10-199 绘制矩形

61 将其创建成组，双击进入编辑模式，选择左右和上方的边线，如图10-200所示。

62 激活偏移工具，将边线向内偏移120，如图10-201所示。

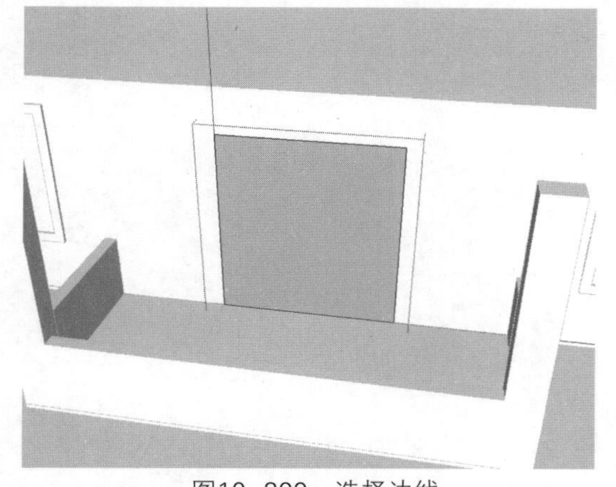
图10-200　选择边线

图10-201　偏移线条

63 激活直线工具，绘制中线，如图10-202所示。

64 将中线向左右两侧各自移动复制60，如图10-203所示。

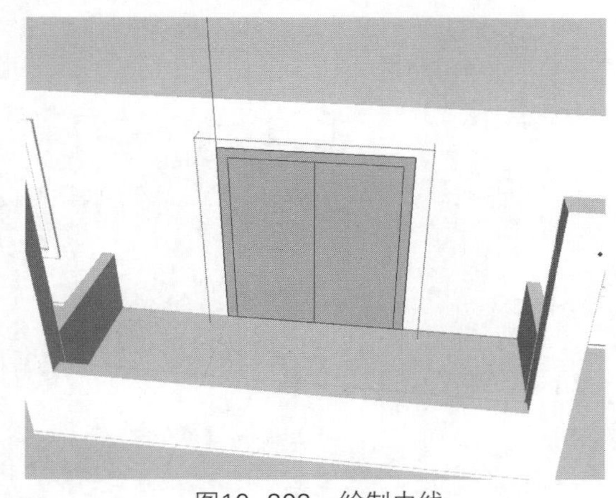
图10-202　绘制中线

图10-203　复制图形

65 删除多余的线和面，如图10-204所示。

66 激活推拉工具，将面推出40，制作出门套模型，如图10-205所示。

图10-204　删除多余图形

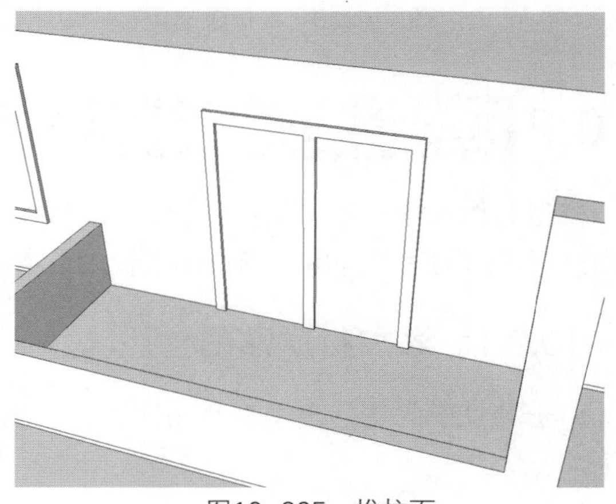
图10-205　推拉面

67 照此操作方法制作其他位置的门模型，如图10-206所示。

68 激活直线工具，捕捉建筑顶部绘制轮廓平面，如图10-207所示。

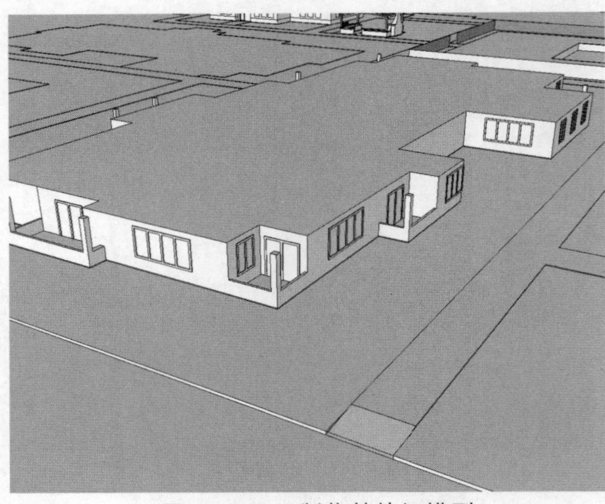
图10-206 制作其他门模型

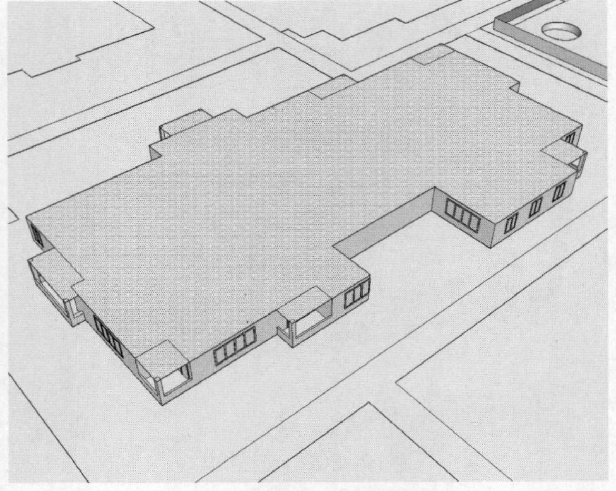
图10-207 绘制顶面

69 将其创建成组，双击进入编辑模式，激活推拉工具，将面向上推出200，如图10-208所示。

70 再将周圈的面皆向外推出100，完成楼层造型的制作，如图10-209所示。建筑模型制作到这一步，就要等到后面为其添加了材质贴图后再进行下一步的复制操作。

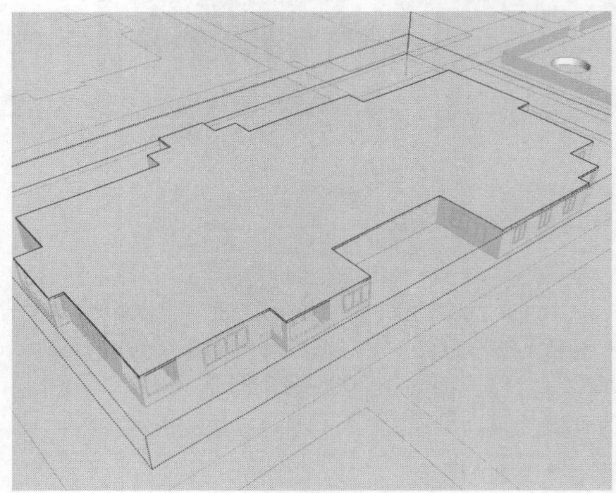
图10-208 推拉面

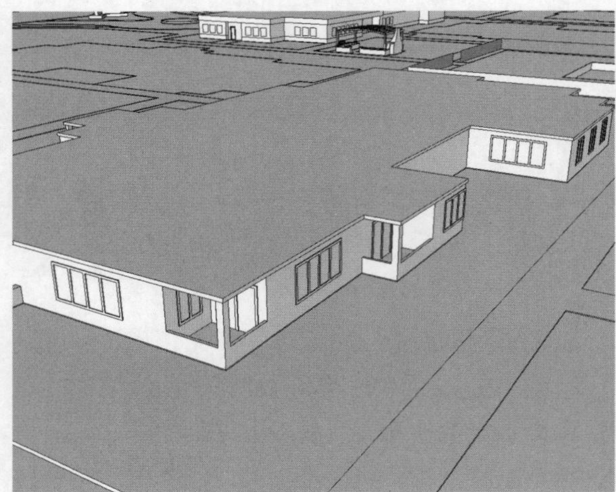
图10-209 向外圈推拉

10.2 贴图及后期完善

模型制作到这一步，整体的轮廓已经清晰，要为场景添加材质贴图并进行模型的复制，对模型进行最后的完善。由于场景模型较大，本章中将不进行阴影等特殊效果的添加。

10.2.1 添加材质贴图

由于场景中的住宅楼模型是相同的，这里需要先为模型赋予材质，再进行复制。操作步骤如下。

01 双击地面模型进入编辑模式，激活材质工具，从中选择人工草皮植被材质，调整纹理尺寸，如图10-210所示。

02 将材质指定给场景中的部分地面，如图10-211所示。

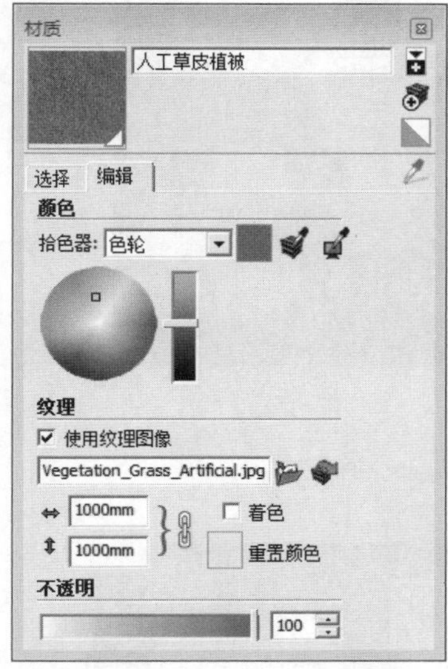

图10-210 调整草皮材质

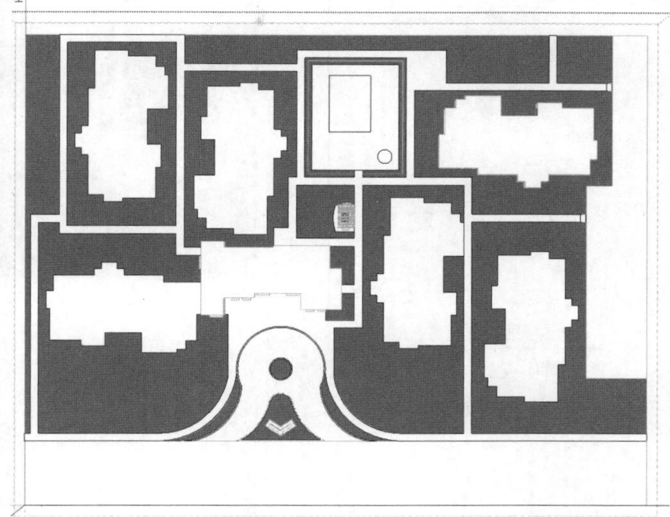

图10-211 赋予材质

03 创建新的路面材质，为其添加新的纹理贴图，并设置贴图尺寸，如图10-212所示。

04 将材质指定给场景中的路面，如图10-213所示。

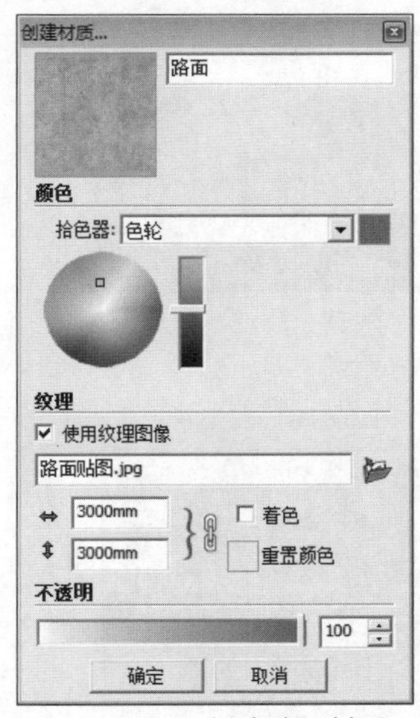

图10-212 创建路面材质

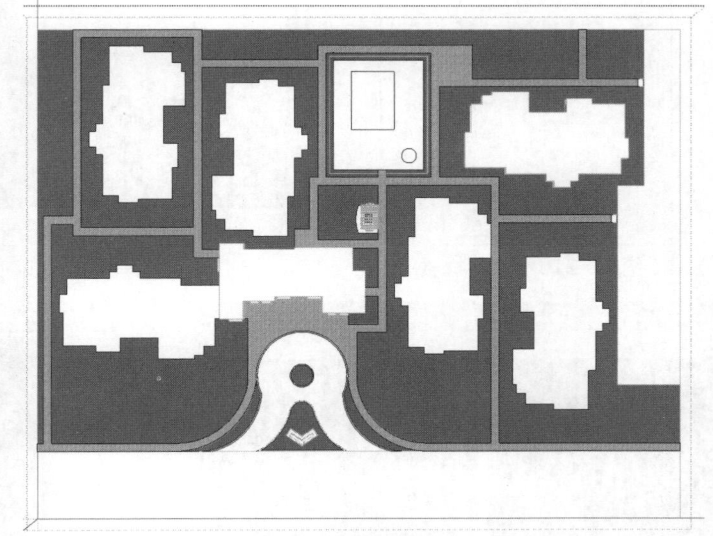

图10-213 赋予材质

05 创建沥青材质，设置贴图尺寸，如图10-214所示。

06 将材质指定给地面，如图10-215所示。

07 创建公路路面材质，如图10-216所示。

08 将材质指定给公路路面，如图10-217所示，可以看到贴图显示不正确。

09 从电脑中打开贴图文件，如图10-218所示。

10 单击旋转按钮，将图像旋转，如图10-219所示。

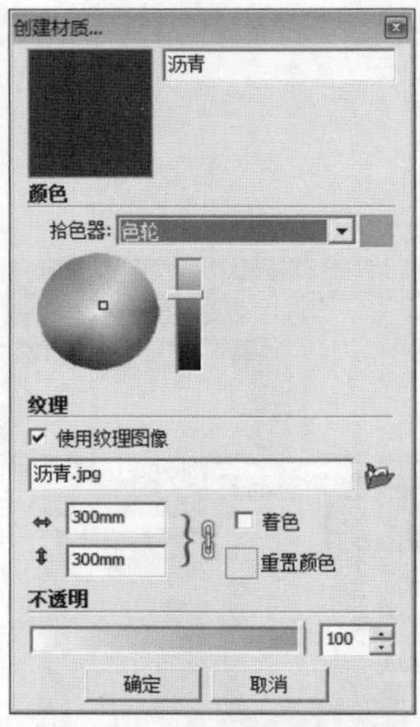

图10-214　沥青材质

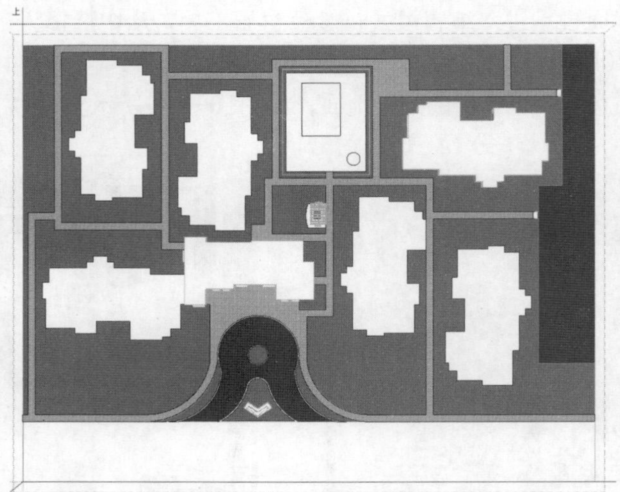

图10-215　赋予材质

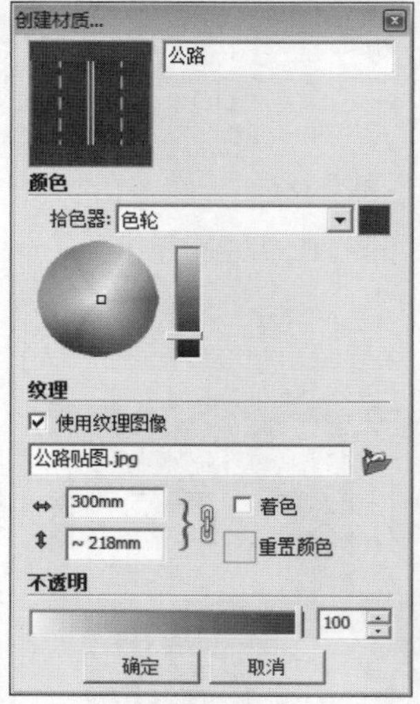

图10-216　公路材质

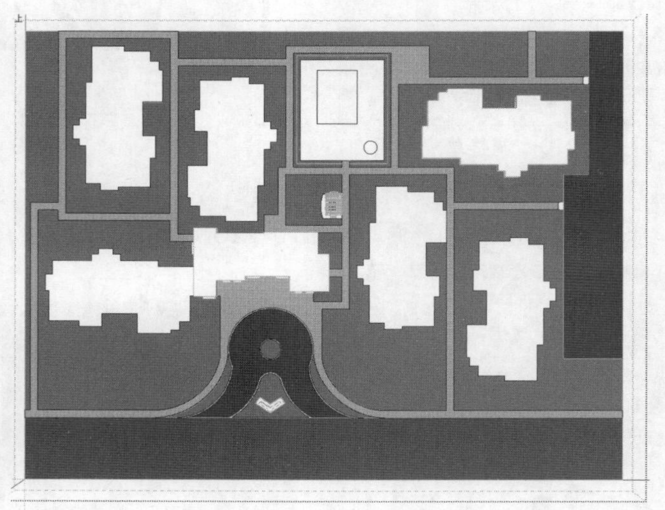

图10-217　赋予材质

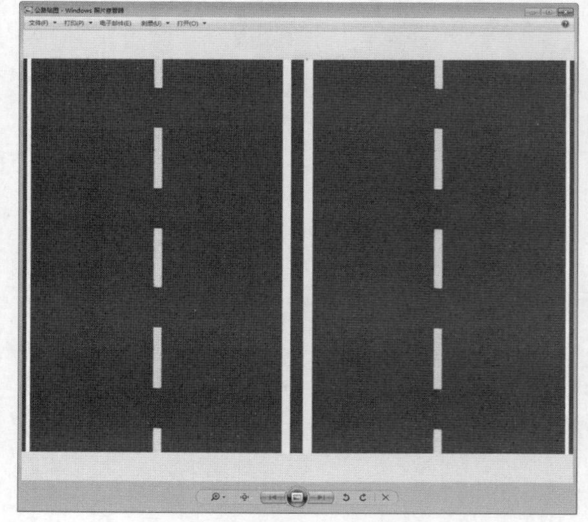

图10-218　打开贴图

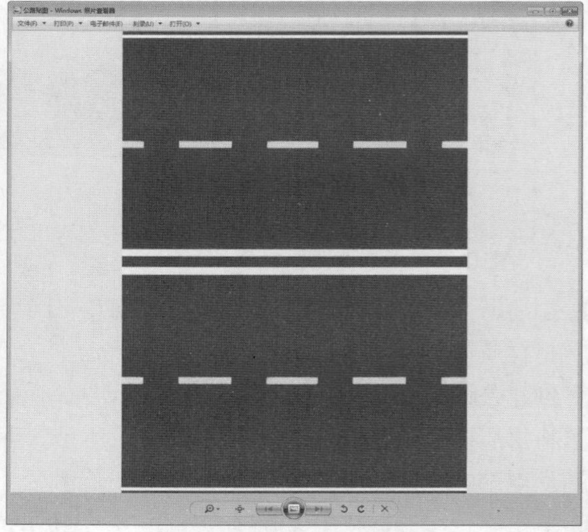

图10-219　旋转贴图

⑪ 返回到材质编辑器中，设置贴图尺寸，如图10-220所示。

⑫ 再观看场景，即可发现贴图已经正确显示，如图10-221所示。

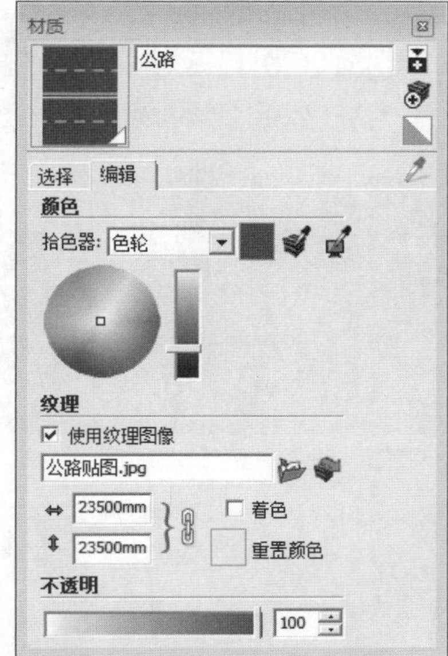

图10-220 设置贴图尺寸

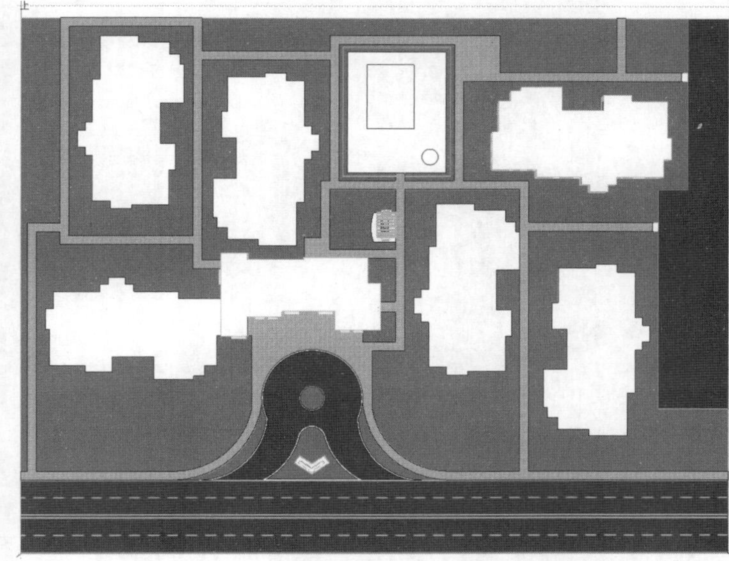

图10-221 场景效果

⑬ 将视线转移到小区入口处，创建文化石材质，调整贴图尺寸，如图10-222所示。

⑭ 将材质指定给小区入口处的景观标志，再赋予草皮植被材质，如图10-223所示。

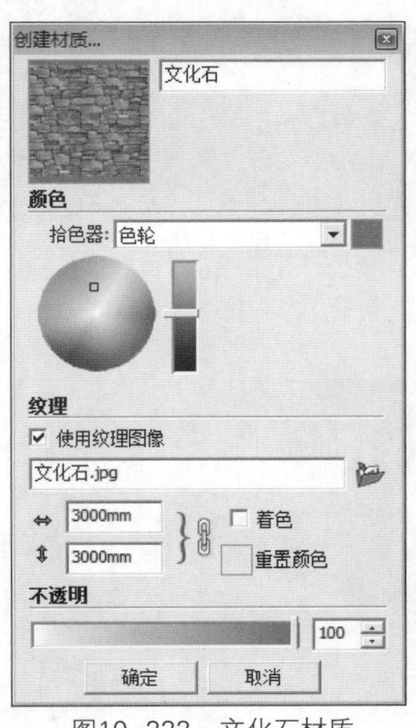

图10-222 文化石材质

图10-223 赋予材质

⑮ 选择0027核桃色材质，将材质继续指定给景观标志，如图10-224所示。

⑯ 再选择0135深灰材质，将材质指定给景观标识上的字，如图10-225所示。

⑰ 选择人字形铺路砖材质，指定给路牙石位置，如图10-226所示。

⑱ 将视线转到露天厨房位置，选择砖石建筑材质，指定给厨房地面，如图10-227所示。

图10-224　选择并赋予材质

图10-225　选择并赋予材质

图10-226　铺路转材质1

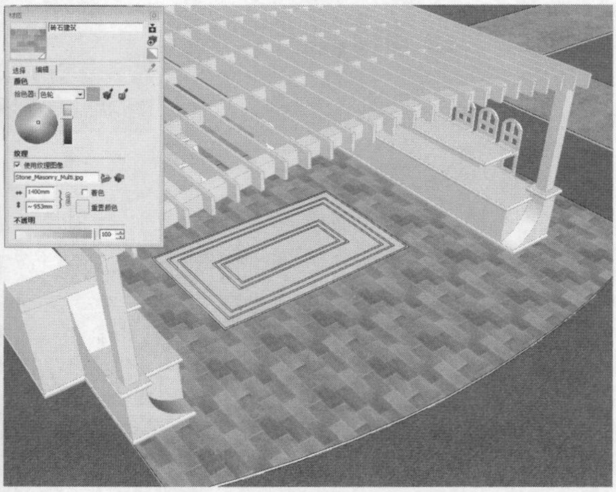

图10-227　砖石建筑材质

⑲ 选择人行道铺路石材质，指定给地面拼花，如图10-228所示。

⑳ 选择灰色石板铺路石材质，指定给地面拼花，如图10-229所示。

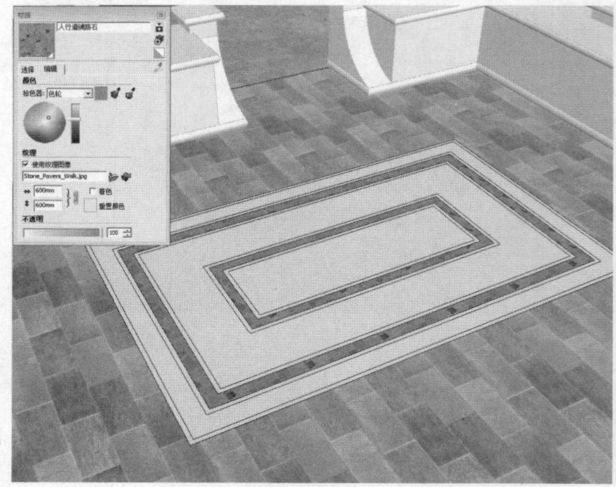

图10-228　铺路石材质2

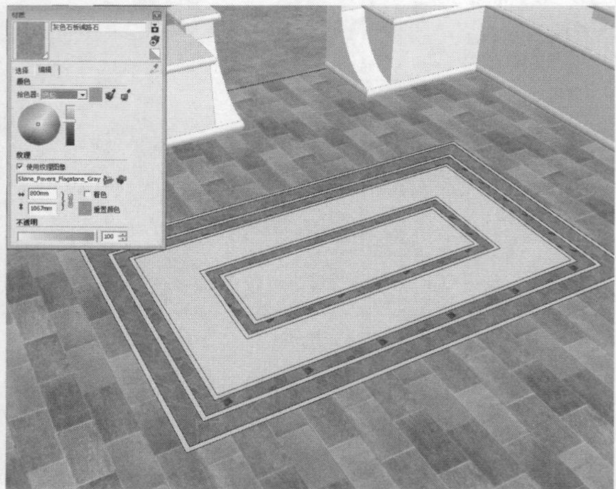

图10-229　灰色石板材质

㉑ 根据灰色石板铺路石材质，创建新的材质，为其重命名，并更改贴图颜色，如图10-230所示。

㉒ 将材质指定给地面拼花，如图10-231所示。

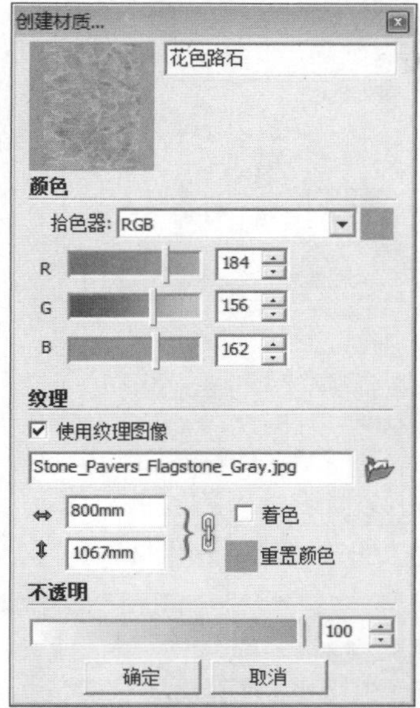

图10-230　更改材质颜色及名称

图10-231　赋予材质

㉓ 创建马赛克路石材质，添加纹理贴图并设置贴图尺寸，如图10-232所示。

㉔ 将材质指定给地面拼花，完成地面材质的制作，如图10-233所示。

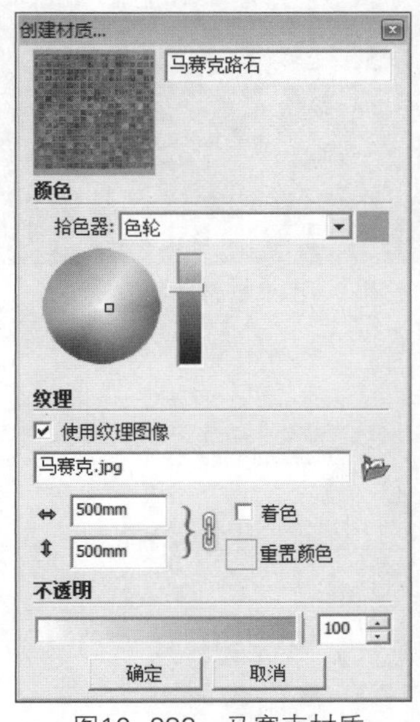

图10-232　马赛克材质

图10-233　赋予材质

㉕ 选择人行道铺路石材质，调整贴图颜色，将材质指定给橱柜及壁炉模型，如图10-234所示。

㉖ 根据人行道铺路石材质创建壁炉材质，调整贴图颜色，如图10-235所示。

㉗ 将材质指定给壁炉内部的造型，如图10-236所示。

㉘ 选择木地板材质，将其指定给场景中的橱柜台面、橱柜踢脚、椅子、木材以及亭子模型，如图10-237所示。

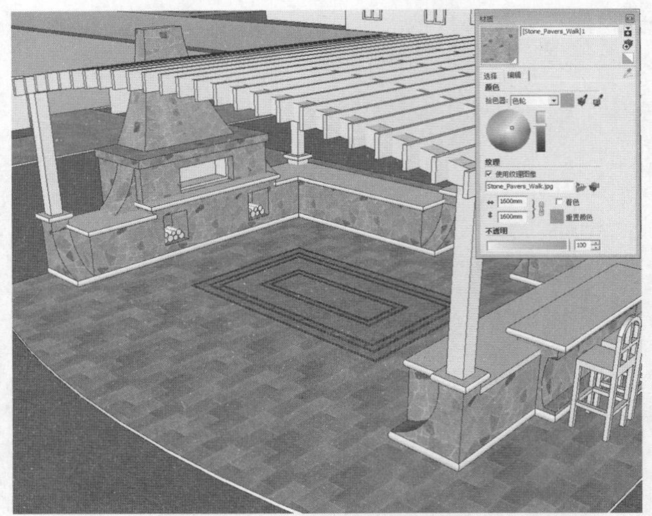

图10-234 橱柜材质

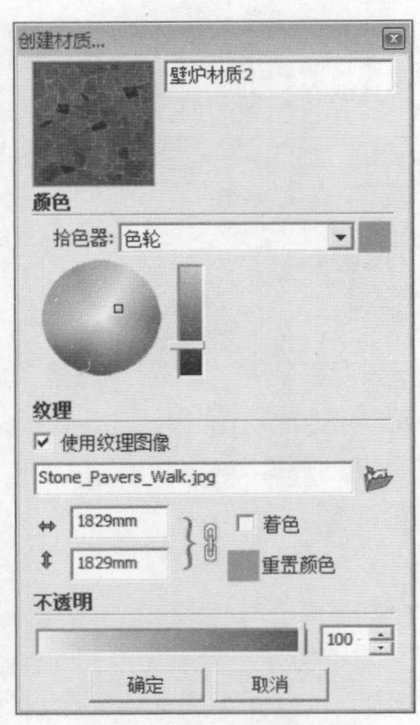

图10-235 创建材质

图10-236 赋予材质

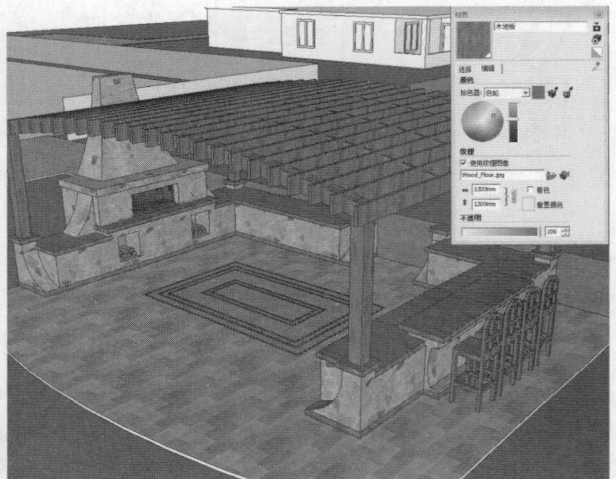

图10-237 木地板材质

㉙ 将视线转到游泳池位置，隐藏泳池方形和圆形上的面，如图10-238所示。

㉚ 选择模型中的砖石建筑材质，如图10-239所示。

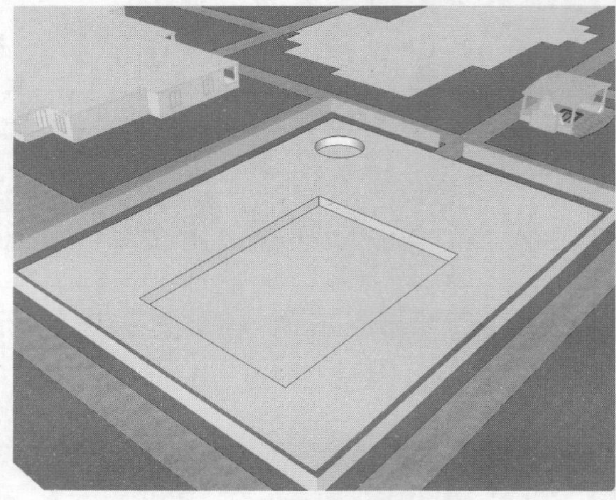

图10-238 隐藏面

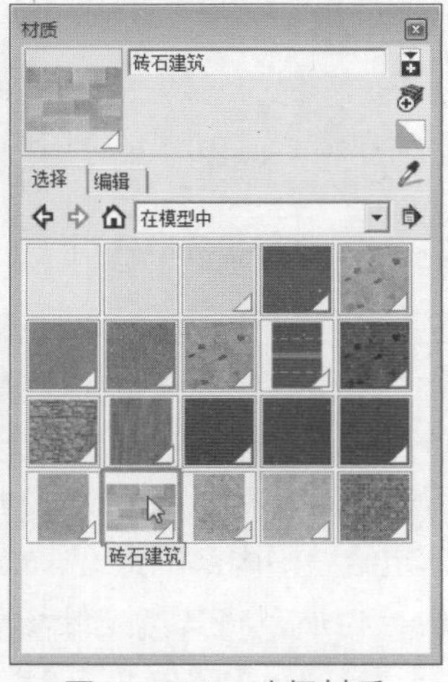

图10-239 选择材质

31 将材质指定给游泳池地面，如图10-240所示。

32 取消隐藏游泳池上方的面，如图10-241所示。

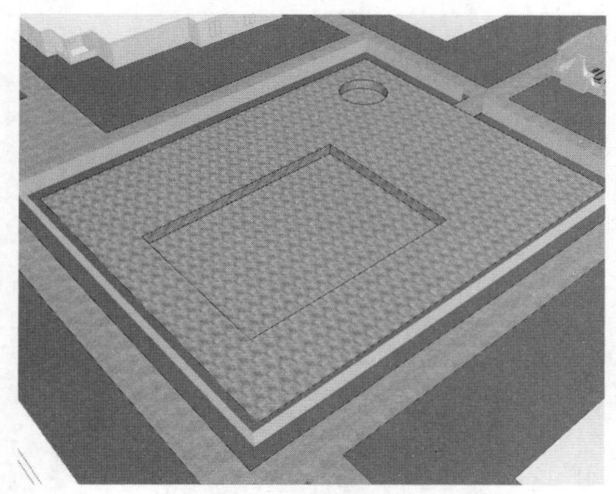
图10-240　赋予材质

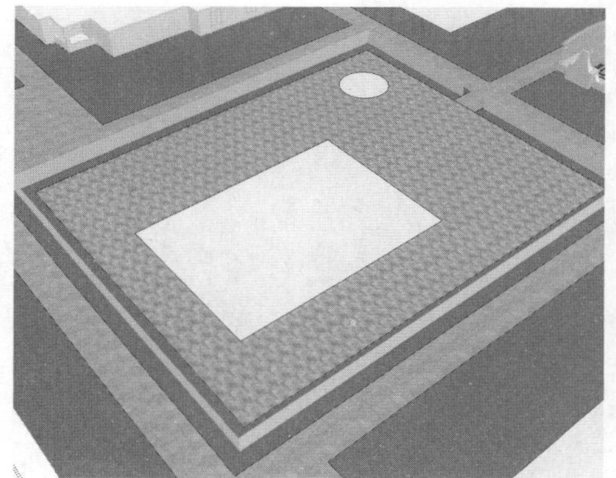
图10-241　取消隐藏

33 创建水材质，添加贴图并设置贴图尺寸，如图10-242所示。

34 将材质指定给游泳池水面，如图10-243所示，可以看到水面有些过于透明。

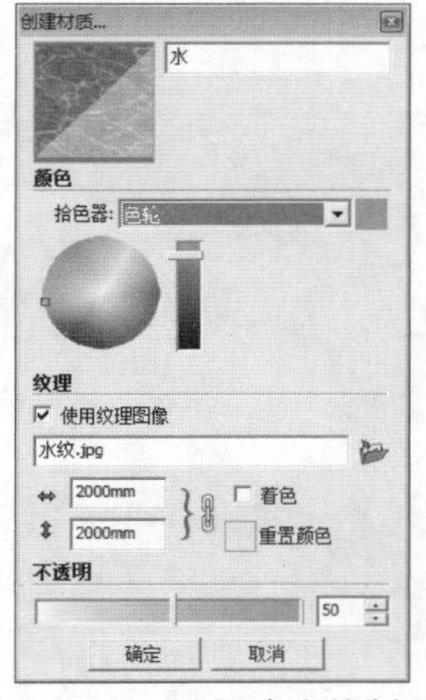

图10-242　创建水纹材质

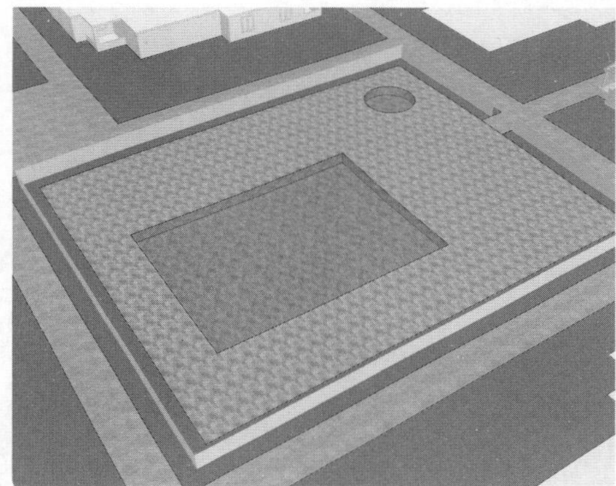
图10-243　赋予材质

35 调整材质的不通明度，再看场景中的效果，如图10-244所示。

36 创建栏杆材质，调整贴图尺寸，如图10-245所示。

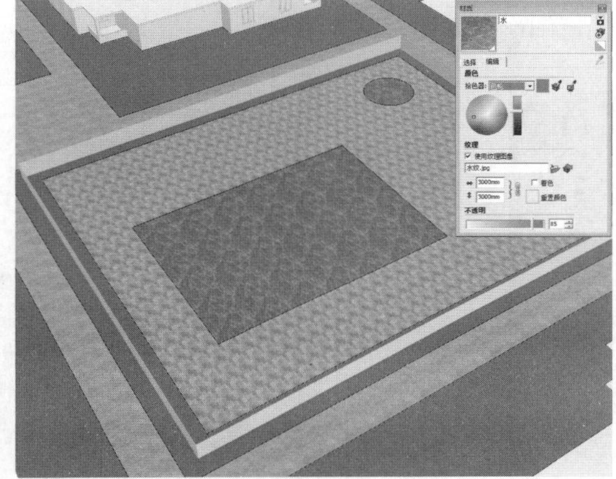
图10-244　调整不透明度

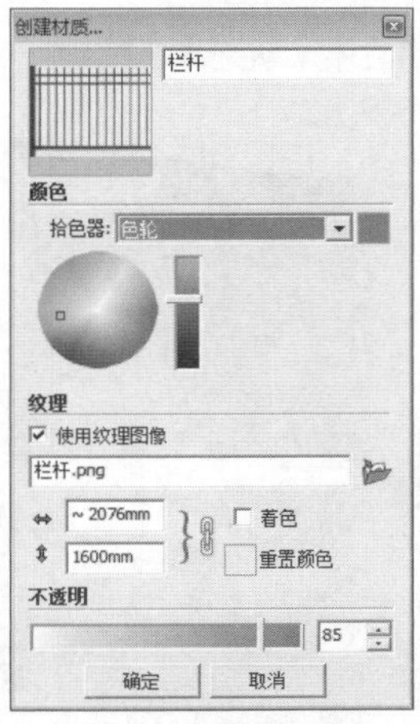

图10-245　创建栏杆材质

37 将材质指定给游泳池周围的面，如图10-246所示。

38 接下来制作建筑材质。创建屋顶颜色材质，并将材质指定给活动中心的屋顶周围部分，如图10-247所示。

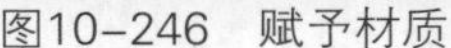

图10-246　赋予材质

图10-247　创建屋顶颜色材质

39 选择0034小麦色，将材质指定给活动中心的墙面中间部分，如图10-248所示。

40 选择模型中的创建好的文化石材质，指定给活动中心墙面下方，如图10-249所示。

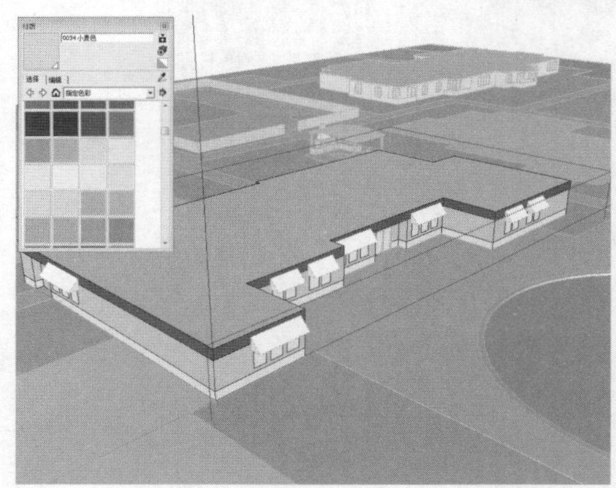

图10-248　选择颜色

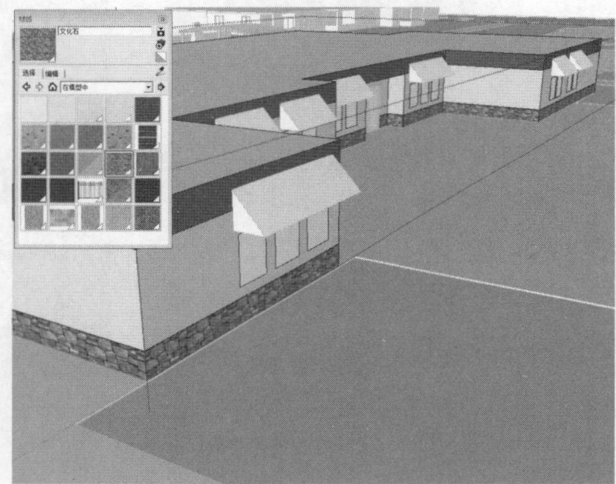

图10-249　赋予墙面

41 选择灰色半透明玻璃材质，指定给建筑中的门窗玻璃，如图10-250所示。

42 选择0022栗色材质，指定给窗户上方的遮阳棚，如图10-251所示。

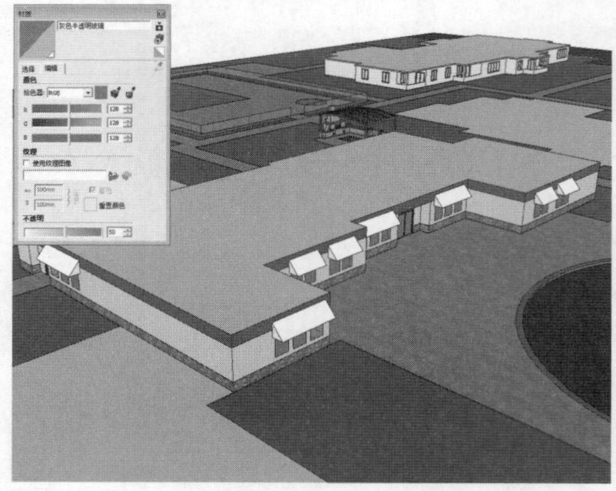

图10-250　玻璃材质

图10-251　遮阳棚材质

43 选择0136炭黑材质，指定给门框模型，活动中心建筑材质已经创建完毕，如图10-252所示。

44 再将已经创建好的玻璃材质、门框材质、屋顶材质指定给模型，则住宅楼一层的材质已经创建完毕，如图10-253所示。

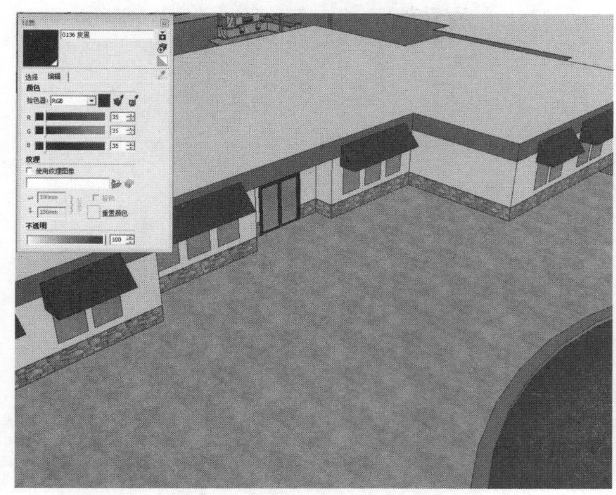

图10-252 门框材质

图10-253 材质创建完毕

10.2.2 完善建筑模型并添加景观小品

这里主要是对住宅楼模型进行完善并复制，之前仅创建了一层的模型，楼层复制完毕后，还需要制作屋顶模型。最后还要为整个场景添加景观小品，如室外家具、树木、路灯、车辆、人物等。操作步骤如下。

01 选择住宅楼模型，向上复制成五层楼，如图10-254所示。

02 双击顶层屋顶模型进入编辑模式，如图10-255所示。

图10-254 复制模型

图10-255 进入编辑模式

03 激活推拉工具，将东墙阳台两侧的地面推出对齐，如图10-256所示。

04 再转到南面，激活直线工具，在阳台位置的顶部绘制一条直线，再捕捉中点沿蓝轴向上绘制3000的直线，如图10-257所示。

05 绘制出一个三角形，删除中线，如图10-258所示。

06 照此操作方法绘制其他位置的三角形，东面屋顶的三角形高度为1800，如图10-259所示。

图10-256　推拉面

图10-257　绘制直线

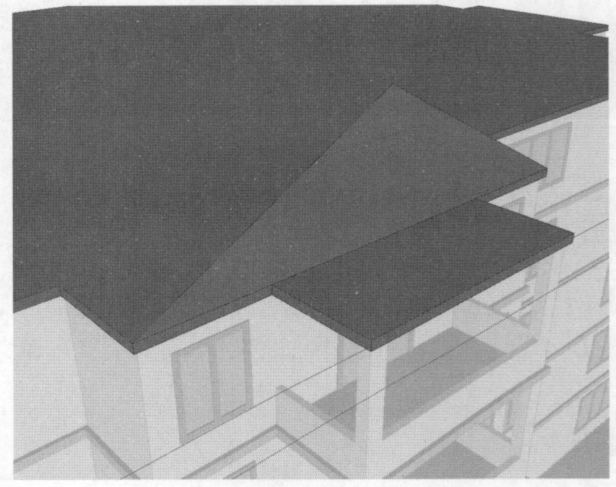

图10-258　绘制三角形

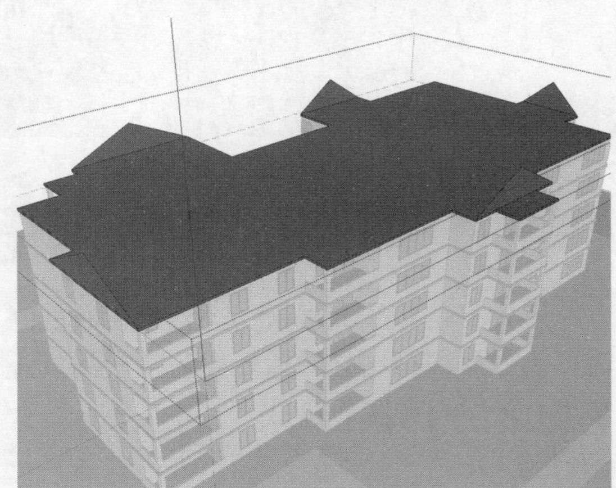

图10-259　绘制其他屋顶

07 从西墙的三角形处绘制一条46800的直线，如图10-260所示。

08 再从其他三角形处绘制直线，垂直连接到该直线，如图10-261所示。

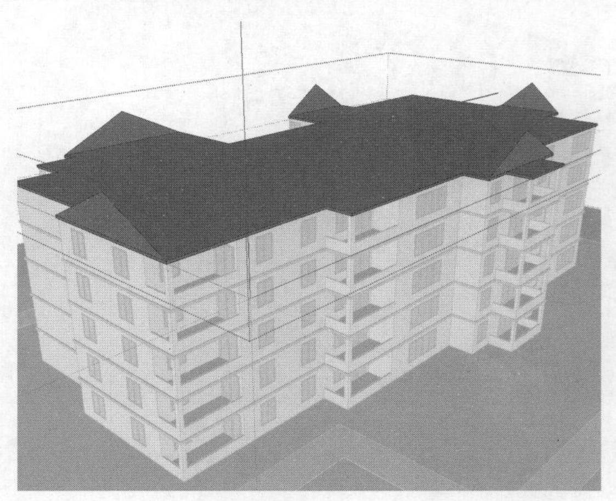

图10-260　绘制直线

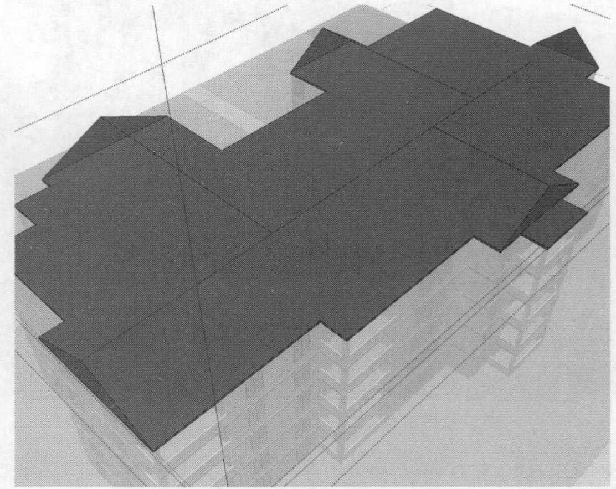

图10-261　连接屋顶

09 利用直线工具连接各个端点，制作屋顶大致轮廓，如图10-262所示。

10 接着制作东面屋顶造型。捕捉三角形顶点绘制高度为5424的直线，使其端点在面上，如图10-263所示。

图10-262　绘制屋顶轮廓

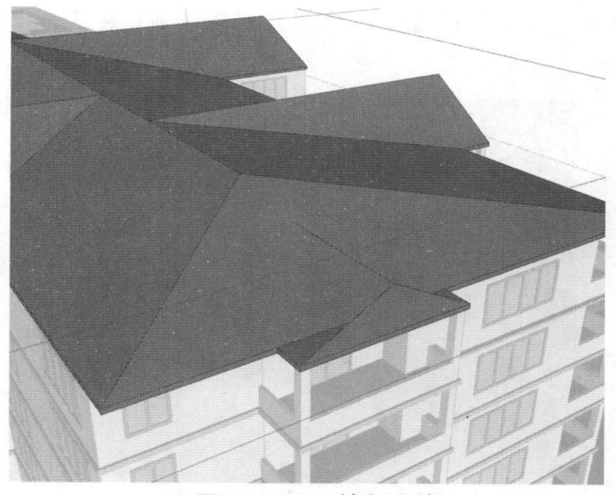
图10-263　绘制直线

⑪ 继续绘制直线完成屋顶造型，如图10-264所示。

⑫ 最后转到南面的阳台位置，捕捉绘制高度为1800的屋顶造型，如图10-265所示。

图10-264　制作屋顶造型

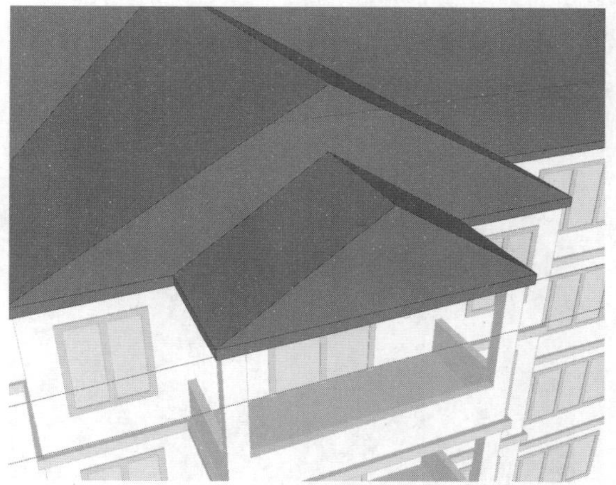
图10-265　制作南面阳台屋顶

⑬ 将屋顶的两条线向内偏移200，如图10-266所示。

⑭ 删除多余的线条，如图10-267所示。

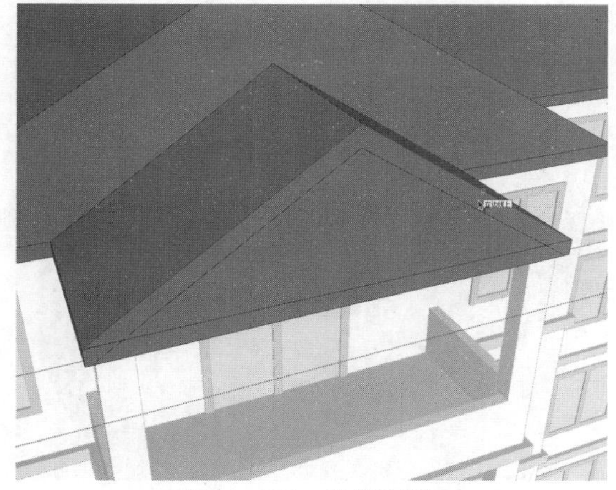
图10-266　偏移图形

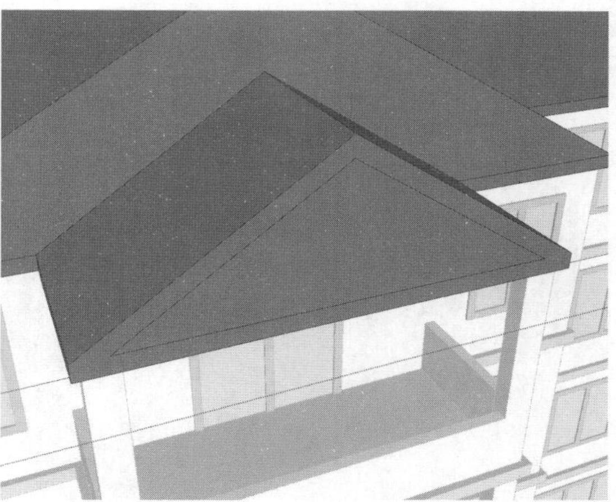
图10-267　删除多余线条

⑮ "激活推拉工具，将面向内推出50，如图10-268所示。

⑯ 为中间的面赋予墙板材质，如图10-269所示。

图10-268　推拉面

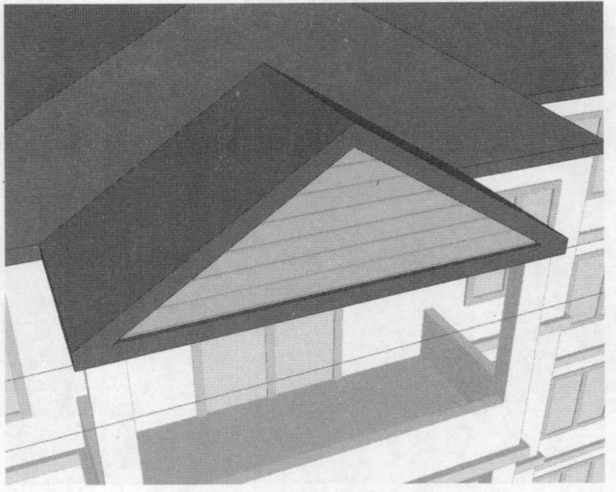

图10-269　赋予材质

⑰ 如此制作其他位置的屋顶造型，完成住宅楼模型的制作，如图10-270所示。

⑱ 将模型创建成组，并进行复制及旋转操作，如图10-271所示。

图10-270　制作其他屋顶造型

图10-271　复制并旋转建筑模型

⑲ 为场景中添加室外家具模型和树木模型，复制模型并进行合理布置，如图10-272所示。

⑳ 继续添加路灯、人物、汽车模型，完成模型的制作，如图10-273所示。

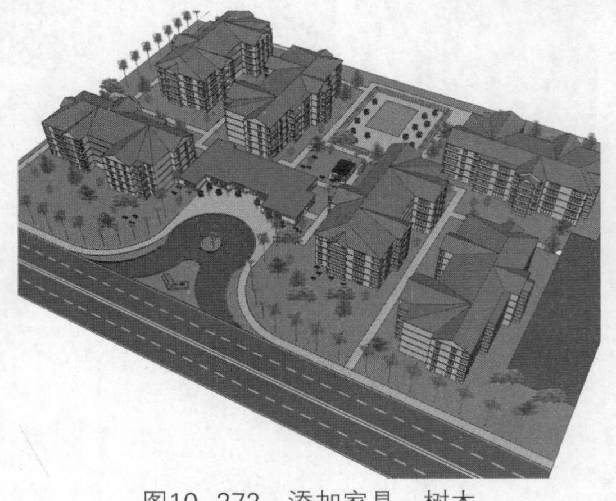

图10-272　添加家具、树木

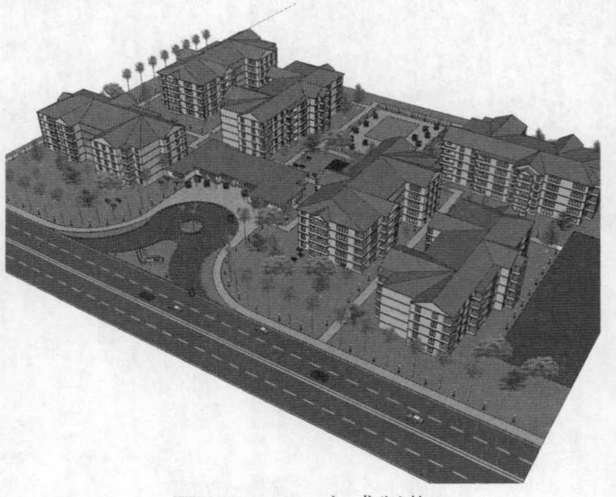

图10-273　完成制作